Organisation

Theorie, Gestaltung, Wandel

von
Univ.-Prof. Dr. Ewald Scherm
und
Dr. Gotthard Pietsch

Mit Aufgaben und Fallstudien

Oldenbourg Verlag München Wien

Bibliografische Information der Deutschen Nationalbibliothek

Die Deutsche Nationalbibliothek verzeichnet diese Publikation in der Deutschen Nationalbibliografie; detaillierte bibliografische Daten sind im Internet über <http://dnb.d-nb.de> abrufbar.

© 2007 Oldenbourg Wissenschaftsverlag GmbH
Rosenheimer Straße 145, D-81671 München
Telefon: (089) 45051-0
oldenbourg.de

Lektorat: Wirtschafts- und Sozialwissenschaften, wiso@oldenbourg.de
Herstellung: Anna Grosser
Coverentwurf: Kochan & Partner, München
Gedruckt auf säure- und chlorfreiem Papier
Gesamtherstellung: Druckhaus „Thomas Müntzer" GmbH, Bad Langensalza

ISBN 978-3-486-58333-5

Vorwort

Organisationen sind von herausragender Bedeutung für moderne Gesellschaften. Menschen werden das ganze Leben von ihnen begleitet und mitunter fühlen sie sich der Macht der Organisationen ausgeliefert. So kommt niemand umhin, sich mit Organisationen auseinanderzusetzen. Für Manager ist dies ebenso wie für Studierende der Wirtschafts- und Sozialwissenschaften von ganz besonderer Bedeutung, da diese in Organisationen Verantwortung tragen bzw. dort verantwortlich tätig sein wollen. Das Thema Organisation ist deshalb zu Recht zu einem selbstverständlichen Bestandteil der universitären Ausbildung unterschiedlicher Fachrichtungen avanciert. Ein interdisziplinärer Zugang zur Organisationsanalyse erweist sich dabei als besonders nützlich, weil er die Auseinandersetzung mit der facettenreichen Organisationspraxis fördert und die hohe Flexibilität im Umgang mit organisationalen Problemstellungen unterstützt.

Trotz der Vielzahl bereits existierender Organisationslehrbücher sind wir überzeugt, mit unserem Buch „Organisation – Theorie, Gestaltung, Wandel" einen eigenen Beitrag leisten zu können. Dieser beruht auf dem – bereits mit dem Titel signalisierten – Grundkonzept der gleichgewichtigen Darstellung von Theorien, Gestaltungsaspekten sowie Problemen bzw. Konzepten des Wandels von Organisationen, die jeweils in der Form eigenständiger inhaltlicher Teile behandelt werden.

Um dem Leser kein enges Analyseraster vorzugeben und einen offenen Blick für die Vielfalt der Anwendungsbereiche der Organisationsforschung zu fördern, bleibt das Grundkonzept des Buches damit zunächst recht abstrakt und orientiert sich z. B. nicht nur an einer theoretischen Perspektive oder an herausgehobenen – aber notwendiger Weise immer selektiven – Basisproblemen des Managements in bzw. von Organisationen. Der Brückenschlag von den Theorien über die Gestaltung zum Wandel von Organisationen soll es Lesern und Leserinnen ermöglichen, einen umfassenden Blick auf Organisationen zu gewinnen und eigene Erfahrungswelt in der Praxis von Organisationen darauf zu beziehen. Kontrollfragen sowie Fallstudien sollen dabei unterstützen.

Die umfangreiche Darstellung grundlegender Organisationstheorien in Teil I will nicht nur das Bewusstsein für die Notwendigkeit einer interdisziplinären Betrachtung schärfen; das Studium dieser Theorien soll den Leserinnen und Lesern auch eine breite Basis für die Reflexion und Interpretation organisationaler Phänomene bieten. Nicht zuletzt verdeutlicht es den fließenden Übergang von der Reflexion bzw. Interpretation organisationaler Phänomene einerseits zur organisationalen Gestaltung andererseits. Das Reflektieren und Interpretieren organisationaler Phänomene verändert Wirklichkeit und erweist sich deshalb als unmittelbar gestaltungsrelevant.

Die Organisationsgestaltung mit dem Fokus auf den formalen Strukturen in Organisationen wird jedoch keineswegs vernachlässigt. Durch ihre Verortung in Teil II des Buches, können die damit verbundenen Fragestellungen als klassischer Kern der betriebswirtschaftlich-technischen Auseinandersetzung mit Organisationen gewürdigt und zugleich mit vielfältigen Hinweisen z. B. auf die Wirksamkeit informeller Strukturen, unbewusster Sinnzuschreibungsprozesse sowie spontaner Ordnungsbildung (maßvoll) relativiert werden.

Die Analyse von Wandelphänomenen ist Gegenstand des Teils III und greift – teilweise implizit – die vorangestellten Überlegungen zu den Theorien sowie der Gestaltung der Organisation auf. Einerseits lässt sich ein umfassendes Verständnis des organisationalen Wandels nur vor dem Hintergrund unterschiedlicher Theorieperspektiven gewinnen, andererseits wirft die Komplexität von Wandelphänomenen unmittelbar die Frage nach einem adäquaten Steuerungsanspruch des Managements auf. Vor dem Hintergrund der skizzierten dreifachen Schwerpunktsetzung will der Band die inhaltliche Breite gewährleisten, die Relevanz der Perspektivenvielfalt verdeutlichen und nutzbar machen sowie bei der Durchdringung des Spannungsfeldes von Gestaltung und Emergenz in Organisationen behilflich sein.

Unsere inhaltliche Arbeit hat vielfältige operative Unterstützung erfahren. Für die Hilfeleistungen bei der Literaturbeschaffung, Erstellung von Abbildungen sowie Endformatierung des Textes danken wir Maciej Kuszpa, Bastian Neysters und Sandra Sperlich sehr herzlich. Last but not least danken wir dem Oldenbourg Verlag und insbesondere Herrn Martin Weigert sowie Herrn Dr. Jürgen Schechler für die gute Zusammenarbeit.

Hagen, im Juni 2007   Ewald Scherm und Gotthard Pietsch

Inhaltsverzeichnis

Teil I: Theorien der Organisation

Teil II: Organisationsgestaltung

Teil III: Organisationaler Wandel

Abbildungsverzeichnis

Teil I: Theorien der Organisation

1 Das Phänomen Organisation: begriffliche und gesellschaftliche Perspektiven

1.1 Begriffsbildungen der Organisation – Zwischen Funktion und Institution

Organisationen bilden einen sehr wichtigen Bestandteil unserer alltäglichen Lebenswelt. Menschen „gestalten Organisationen", sie „werden organisiert", „organisieren ihren Alltag und ihre Interessen", sind „Organisationsmitglieder" oder erleben sich mitunter „übermächtigen Organisationen" als hilflos ausgeliefert. Unser Erleben und Handeln wird daher sehr grundlegend von Organisationen beeinflusst, nicht zuletzt begründen sie Chancen und Risiken für die Erreichung unserer persönlichen Ziele. Vor diesem Hintergrund erweist sich auch der Organisationsbegriff als selbstverständlicher Teil unserer Alltagssprache. Die Bedeutungen, in denen dieser Begriff auftaucht, sind jedoch sehr unterschiedlich, so dass man kaum von „dem" Organisationsbegriff sprechen kann (vgl. Schreyögg 2003, S. 4). Um einen differenzierten Zugang zu den vielfältigen Facetten des Organisationsphänomens zu gewinnen, sollen hier zwei grundlegende Verständnisse vorgestellt werden: der funktionale und der institutionelle Organisationsbegriff. Während sich organisationstheoretische Überlegungen vorwiegend auf den institutionellen Organisationsbegriff beziehen, basiert die Organisationsgestaltung vor allem auf dem funktionalen Verständnis.

Den Ausgangspunkt des Letzteren bildet zunächst die übergeordnete **funktionale Sicht des Managements**. In funktionaler Sicht bezeichnet Management die Gesamtheit generell erforderlicher Steuerungshandlungen in den unterschiedlichsten sozialen Gebilden (z. B. Unternehmen, Non-Profit-Organisationen oder öffentlichen Verwaltungen) (vgl. auch Pietsch 2003, S. 16). Management (Gesamtheit der Steuerungshandlungen) bedeutet dabei Entscheidungen treffen, durchsetzen, hinterfragen und Verantwortung für getroffene Entscheidungen übernehmen. Die Vielgestaltigkeit dieser Managementhandlungen wird häufig durch die Unterscheidung verschiedener Managementfunktionen systematisiert (vgl. bereits Fayol 1916 und daran anknüpfend Koontz/O'Donnell 1972). Solche Managementfunktionen unterteilen das gesamte Bündel von Steuerungshandlungen in verschiedene Teilaufgabenkomplexe. Ein allgemein gültiger Katalog von Managementfunktionen entwickelte sich bisher nicht.

Besonders verbreitet ist aber die auf Koontz/O'Donnell (vgl. 1972) zurückgehende Unterscheidung von fünf Managementfunktionen, die mitunter als „klassisch" bezeichnet wird (vgl. z. B. Frech/Schmidt/Heimerl-Wagner 1999, S. 234-236; Steinmann/Schreyögg 2005, S. 9): planning, organizing, staffing, directing und controlling. Folgt man diesem funktionalen Verständnis stellt Organisation bzw. Organisieren eine Managementfunktion neben der Planung, der Personalbereitstellung, der Personalführung und dem Controlling dar (vgl. dazu auch Pietsch/Scherm 2000a; Pietsch 2003).

Im Vordergrund des funktionalen Organisationsbegriffs stehen dabei die Handlungen der organisatorischen Gestaltung bzw. des Organisierens. Organisation als eine Funktion des Managements setzt sich aus einem Bündel von (spezifischen) Handlungen zusammen, die auf die Erreichung jeweils meist formal fixierter Managementziele ausgerichtet sind. Man spricht also von dem funktionalen Organisationsbegriff, weil das damit bezeichnete Bündel von Handlungen eine wichtige Funktion zur Erreichung übergeordneter und im Einzelfall zu spezifizierender Managementziele übernimmt.

Der **funktionale Organisationsbegriff** umfasst insoweit die Handlungen des Organisierens, wobei eine eher sozial- bzw. organisationstechnische Sicht zugrunde liegt. Er wurde durch Überlegungen Gutenbergs grundlegend geprägt (vgl. 1983), der Organisation als Vollzug der Planung verstand. Während Planung den Entwurf eines Plans (auf die Zukunft gerichtetes Handlungsprogramm) bezweckt, kommt der Organisation die Aufgabe des Vollzugs der geplanten Handlungsprogramme zu. Organisation soll danach zielorientiert und bewusst eine Ordnung (Regelsystem) schaffen, die die Umsetzung des Geplanten unterstützt; Gutenberg unterscheidet dabei zwischen generellen und fallweisen Regeln (vgl. 1983, S. 239-240). Während die generellen Regeln relativ allgemein gültig sind, kommt den fallweisen Regeln nur eine singuläre, auf den Einzelfall bezogene Bedeutung zu. Vor diesem Hintergrund eröffnen regelmäßig wiederkehrende Routineaufgaben weit reichende Möglichkeiten genereller Strukturierung, während komplexe und selten auftretende Aktivitäten meist nur fallweise geregelt werden können (vgl. Gutenberg 1983, S. 240).

Gutenbergs Verständnis des funktionalen Organisationsbegriffs hat sich jedoch nur begrenzt durchsetzen können. Vor allem die fallweise Regelung als Teilaufgabe der Organisationsfunktion wurde in Frage gestellt, da sich nicht zuletzt erhebliche Überschneidungen zur Personalführung ergeben (vgl. auch Pietsch/Scherm 2000b). So verstand bereits Kosiol die Organisationsfunktion als dauerhafte Strukturierung von Aufgaben (vgl. 1976, S. 28). Damit ist nur die Schaffung genereller Regeln der Organisationsfunktion zuzuweisen. Folgt man diesen Überlegungen, lässt sich der funktionale Organisationsbegriff folgendermaßen charakterisieren: Die Organisationsfunktion bzw. das Organisieren ist als spezifische Managementfunktion darauf ausgerichtet, ein relativ stabiles Regelsystem bewusst und planvoll zu schaffen, das die Erreichung übergeordneter Zwecke sowie die Erfüllung daraus abgeleiteter Aufgaben unterstützt. In dieser Hinsicht schließt der funktionale Organisationsbegriff spontan entstandene Regelsysteme (z. B. die Organisationskultur oder informelle Strukturen) aus. Solche Ordnungselemente können allerdings dann Teil des funktionalen Begriffs werden, wenn es gelingt, sie im Dienste übergeordneter Managementziele bewusst zu instrumentalisieren (ähnlich Bea/Göbel 2006, S. 5).

Im Gegensatz zu dem funktionalen Verständnis richtet der **institutionelle Organisations-begriff** die Aufmerksamkeit nicht auf den rationalen Entwurf und die gezielte Gestaltung relativ stabiler Regelstrukturen, sondern auf die deutlich umfassenderen und mitunter spontan entstehenden sowie partiell instabilen Regelstrukturen in einem sozialen Gebilde. Die Organisation als recht klar abgegrenzte soziale Institution, als regelhaft strukturierte soziale Ganzheit steht dabei im Vordergrund der Analyse (vgl. Schreyögg/Werder 2004, Sp. 969-970). Im Sinne des institutionellen Begriffs sind Organisationen zwar als „zweckorientierte Kooperationssysteme" einer Mehrzahl beteiligter Personen zu verstehen (Walter-Busch 1996, S. 1); es wird jedoch nicht unterstellt, dass die gesamten Regelstrukturen dieses Kooperationssystems per se auf den gemeinsamen – mitunter formal fixierten – Organisationszweck ausgerichtet sind. Die im institutionellen Organisationsbegriff hervorgehobenen Regelstrukturen können im Hinblick auf den Organisationszweck funktional oder dysfunktional wirken. Das institutionelle Verständnis weist Organisationen einige grundlegende **Merkmale** zu (vgl. z. B. Kieser/Walgenbach 2003, S. 6-26; Schreyögg 2003, S. 9-10; Bea/Göbel 2006, S. 6-7):

- Organisationen sind als soziale Institutionen auf jeweils spezifische – meist auch formal, d. h. schriftlich, fixierte – Zwecke ausgerichtet. In der Regel wird ihre Existenz vor allem durch diese formalen – sozial akzeptierten – Zwecke begründet. Aufgrund dieser Ausrichtung erweisen sich Organisationen meist als vorsätzlich geschaffene soziale Institutionen.

- Organisationen grenzen sich über die Konstruktion der Mitgliedschaft recht deutlich gegenüber ihrer (sozialen) Umwelt ab. Personen werden erst Teil der Organisation, wenn sie nach jeweils formal fixierten Regeln als Organisations-„Mitglied" aufgenommen wurden. Dabei sind sie nur in ihrer Mitgliedsrolle (Partialinklusion) und keineswegs als ganze Person mit ihrer jeweiligen Vielfalt sozialer Rollen (Totalinklusion) als ein Teil der Organisation anzusehen.

- Organisationen ergeben sich somit als ein Zusammenschluss einer Mehrzahl von Mitgliedern, die jeweils mehr oder weniger spezifische Beiträge zur Erfüllung des formalen Organisationszwecks leisten, und stellen mithin multi-personale Handlungssysteme dar. Dabei müssen die Ziele der Mitglieder keinesfalls mit dem formalen Organisationszweck übereinstimmen. Sie erbringen ihre Beiträge zur Erfüllung des Organisationszwecks häufig nur als Mittel zur Erreichung ihrer – davon abweichenden – persönlichen Ziele.

- In Organisationen haben die Mitglieder grundsätzlich die Möglichkeit, ihre Mitgliedschaft aufzugeben bzw. in andere Organisationen zu wechseln; es besteht also die Möglichkeit des Ein- oder Austritts.

- Organisationen weisen ein bewusst gestaltetes formales Regelsystem (formale Organisationsstruktur) auf, das das Verhalten der Mitglieder auf den formalen Zweck ausrichten soll. Neben dieser formalen Struktur existieren vielfältige informelle Regeln, die weit gehend spontan entstehen und nur partiell auf den formalen Organisationszweck ausgerichtet sind.

1.2   Organisieren als klassisches Phänomen

Seitdem Menschen schwierige Probleme zu bewältigen haben und sich dabei um die Koordination unterschiedlicher (Teil-)Aufgaben bemühen, organisieren sie ihre Vorhaben. Das Organisieren von größeren Projekten stellt insoweit ein klassisches Phänomen dar, das bereits seit Jahrtausenden bekannt ist. Organisatorische Regelsammlungen bzw. Handreichungen ergaben sich schon sehr früh aus Erfahrungen im Zusammenhang mit der Bewältigung komplexer Aufgabenstellungen (vgl. Kieser 1999, S. 107). Bereits der Bau der Pyramiden, der chinesischen Mauer oder die Errichtung antiker Militär- und Produktionsstätten erforderte sehr weit reichende organisatorische und logistische Problemlösungen, die bereits damals zu umfangreichen Managementleitfäden führten. Perikles, Xenophon oder Aristoteles beschäftigten sich in der griechischen Antike bereits mit der „oikonomia" als Bezeichnung für das vernünftige Gestalten aller mit dem Haus („oikos") eines freien Bürgers zusammenhängenden Angelegenheiten (vgl. Schneider 1999, S. 4). Dazu gehörten nicht zuletzt die organisatorischen Fragen bei der Bewältigung der häuslichen Leistungserstellung. Die Organisation der Klöster und insbesondere der klösterlichen Produktion beschäftigte den Klerus im Mittelalter. Im Merkantilismus wurden zur Errichtung von Arbeitshäusern und Manufakturen umfangreiche organisatorische Leitfäden verfasst (vgl. dazu Kieser 1999).

Die Tätigkeit des Organisierens größerer Vorhaben beschäftigt die Menschen also seit jeher. **(Formale) Organisationen** im Sinne des institutionellen Verständnisses bilden sich allerdings erst spät heraus und etablieren sich vor allem im Zuge der industriellen Entwicklung. So sind die Zünfte des Mittelalters keineswegs als Organisationen zu betrachten, weil sie ihre Mitglieder noch als ganze Personen mit allen ihren Lebensbereichen (Totalinklusion) aufnahmen und ein flexibler Ein- bzw. Austritt nicht möglich war. Aus diesem Grunde übernahmen sie nicht nur ökonomische, sondern zugleich z. B. religiöse, politische, caritative oder militärische Aufgaben. Nach Kieser/Walgenbach gehörten zu den ersten, nur vereinzelt auftretenden Organisationen unterschiedliche Gesellschaften von Fernhandelskaufleuten, die im 13. Jahrhundert auftauchten (z. B. die Große Ravensburger Gesellschaft) (vgl. 2003, S. 5; auch Coleman 1979, S. 21-22). Die Kaufleute konnten freiwillig Mitglied werden und auch wieder austreten. Sie wurden nur im Sinne der Partialinklusion und nicht als ganze Person Teil dieser Organisationen und wickelten ihre Geschäfte nur zum Teil über die Fernhandelsgesellschaften ab.

Vor allem die Industrialisierung und die sich entwickelnde Massenproduktion sowie ihre Verknüpfung mit den (Geschäfts-)Interessen des aufstrebenden Bürgertums im 18. bzw. 19. Jahrhundert hat die flächendeckende Verbreitung von Organisationen maßgeblich gefördert (ähnlich Türk 1995, S. 50-51). Die Massenproduktion erforderte soziale Strukturlösungen, die zugleich hohe Produktivität und weit reichende Flexibilität des Ressourceneinsatzes ermöglichen. Formale Organisationen (z. B. als Fabriken, Großunternehmen oder staatliche Bürokratien) leisten dafür sehr wichtige Beiträge, weil sie entpersonalisierte und primär von Sachgesichtspunkten geprägte Strukturlösungen darstellen, die einen Mitgliederwechsel und somit hohe Flexibilität der Humanressourcen ermöglichen. Da Organisationen ihre Mitglieder nicht als ganze Person, sondern nur in jeweils (aufgaben-)relevanten Rollen aufnehmen, unterstützen sie zugleich unmittelbar die Arbeitsteilung und die Generierung von Produktivitätszuwächsen. Als zweckorientierte Kooperationssysteme ermöglichen Organisationen mittels hierarchischer Strukturen eine effiziente und zugleich weit gehend legitime soziale Kontrolle, die nicht zuletzt den Aufstieg des Bürgertums im Zuge der Industrialisierung deutlich befördert hat. Gleichzeitig wird jedoch kritisch darauf hingewiesen, dass sich Organisationen im Zuge dieses Entwicklungsprozesses von den Bedürfnissen der meisten Individuen emanzipierten (vgl. Coleman 1979, 1986). Hier knüpft die These von der modernen Gesellschaft als einer Organisationsgesellschaft an.

1.3 Die moderne Gesellschaft als Organisationsgesellschaft

Vielfach wird die moderne Gesellschaft (im Gegensatz zu früheren Epochen) als Organisationsgesellschaft bezeichnet (vgl. Perrow 1989; 1991). Hiermit soll die weit reichende Durchdringung der Moderne mit Organisationen zum Ausdruck gebracht werden. Sie prägen alle gesellschaftlichen Teilbereiche und die Lebenswelten der Menschen, so dass Schimank von der „**hochgradigen Organisationsförmigkeit** der allermeisten Lebensbereiche" spricht (2005, S. 22). Organisationen gelten demnach „als Grundkonstituenten der gesellschaftlichen Moderne" (Nassehi 2002, S. 443). Gedacht ist dabei vor allem an formale Organisationen, die sowohl in ihren Innen- als auch in ihren Außenverhältnissen auf weit gehend formal fixierten und zumindest partiell sanktionierten Regeln beruhen (z. B. Unternehmen, Schulen und Hochschulen, Krankenhäuser, Gerichte, Kirchen, politische Parteien, Verbände, Vereine).

Kritisch sieht Perrow Organisationen als „**Surrogat für Gesellschaft**" (1991, S. 726) bzw. als „Gesellschaftsersatz" (1989, S. 4). Er behauptet, „dass Organisationen (...) zu einer Schlüsselerscheinung unserer Zeit werden und folglich Politik, soziale Klassen, Wirtschaft, Familie und sogar psychologische Prozesse den Charakter von abhängigen Variablen einnehmen, deren Inhalt derart vom Vorhandensein der Organisationen abhängig ist, dass die Untersuchung der Organisationen deren eigenen Untersuchungen vorangehen muss", und diagnostiziert, „dass die Organisationen die Gesellschaft einverleibt haben" (1989, S. 3-4). Die Kehrseite der Verbreitung formaler Organisationen besteht mithin vor allem in einer wachsenden Abhängigkeit der Individuen und einer durch die Vielfalt ihrer differierenden organisationalen Rollen bedingten Partialisierung der Persönlichkeit. Dies werde verschärft durch eine steigende Bürokratisierung menschlicher Kommunikations- und Interaktionsprozesse, eine zunehmende Lohnabhängigkeit und eine verstärkte Externalisierung negativer organisationaler Effekte.

Darüber hinaus versteht die Soziologie die moderne (Organisations-)Gesellschaft im Unterschied zu ihren historischen Vorläufern als primär funktional differenziertes soziales Gebilde (vgl. z. B. Luhmann 1988, S. 10). Sie hat sich danach in unterschiedliche Teilsysteme ausdifferenziert, die für den gesellschaftlichen Gesamtzusammenhang jeweils spezifische Funktionen erfüllen. Zu diesen gesellschaftlichen **Funktionssystemen** zählen das Wirtschaftssystem, das Rechtssystem, das Wissenschaftssystem, das politische System, das Religionssystem und das Erziehungssystem (Luhmann 1988, S. 10; auch Abb. I.1.1).

Funktionssystem	Code	Medium
Wirtschaft	Zahlen/Nichtzahlen Haben/Nichthaben	Geld Eigentum
Recht	recht unrecht	Recht (= Gesetze, Entscheidungen)
Wissenschaft	wahr unwahr	wissenschaftliche Erkenntnisse
Politik	Regierung/Opposition Innehaben/Nichtinnehaben	Macht (öffentliche Ämter)
Religion	Immanenz Transzendenz	Glaube
Erziehung	gute/schlechte Zensuren	Karriereerwartungen

Abb. I.1.1:   Funktionssysteme moderner Gesellschaften

Diese Systeme gelten in gesellschaftstheoretischer Sicht als die wichtigsten – funktional ausgerichteten – Kommunikationsbereiche moderner Gesellschaften. So erfüllt z. B. das **Wirtschaftssystem** die soziale Funktion der Befriedigung von Bedürfnissen sowie der Minderung der damit verbundenen Knappheiten. Das Wirtschaftssystem operiert auf der Basis der Kommunikationsmedien Geld und Eigentum (vgl. Luhmann 1988). Im Rahmen dieser Kommunikationsmedien greift es auf die (binären) Codes von Zahlen vs. Nichtzahlen und Haben vs. Nichthaben zurück (vgl. Abb. I.1.1). In diesem Sinne ist die moderne Gesellschaft – abweichend von den Annahmen der klassischen politischen Ökonomie – nicht nur von einem Funktionssystem, d. h. insbesondere von der Wirtschaft, her zu verstehen, sondern sie ergibt sich erst im Zusammenspiel aller. Organisationen können demgemäß als **Vollzug funktionaler Differenzierung** in modernen Gesellschaften angesehen werden. Dieser erfolgt in einem doppelten Sinne: Einerseits richten Organisationen menschliches Handeln auf spezifische Funktionssysteme einer Gesellschaft aus, andererseits schaffen sie gleichzeitig strukturelle Kopplungen zwischen den unterschiedlichen Funktionssystemen und ermöglichen damit hohe Flexibilität.

In diesem Sinne ist auch die (globalisierte) Wirtschaft in der Moderne Ausdruck einer organisierten (Welt-)Gesellschaft und von vielfältigen Organisationen durchdrungen. Es treten nicht nur private Unternehmen auf; gleichermaßen ist die Wirtschaft eine Spielwiese von Verbänden (Arbeitgeberverbänden, Gewerkschaften, Verbraucherverbänden, Fachverbänden unterschiedlicher Professionen), öffentlichen Verwaltungen, Trägern sozialer Sicherungssysteme, Nichtregierungsorganisationen (z. B. Greenpeace, Attac) oder internationalen Organisationen (z. B. OECD).

2 Die theoretische Organisations-forschung

2.1 Organisationstheorien zwischen Erklären, Verstehen und Gestalten

Angesichts der großen Bedeutung von Organisationen in modernen Gesellschaften verwundert es nicht, dass sie zum Gegenstand vieler moderner Theorien geworden sind. Einigkeit, was unter einer **Organisationstheorie** zu verstehen ist, liegt allerdings nicht vor. Vor diesem Hintergrund lässt sich auch die Menge der Organisationstheorien von anderen (nicht-organisationsbezogenen) Theorien in keiner Weise strikt abgrenzen. Zudem vereint die theoretische Organisationsforschung Analyseperspektiven und Forschungsparadigmen aus den unterschiedlichsten Disziplinen. Hierzu zählen beispielsweise Ökonomie, Soziologie, Psychologie, Sozialphilosophie und Anthropologie. Das komplexe und nur schwer überschaubare Feld der Organisationstheorien lässt sich daher auf keinen gemeinsamen Nenner bringen.

Grundsätzlich verfolgen Organisationstheorien jedoch das Ziel, unterschiedlichste organisationale Phänomene nach wissenschaftlichen Kriterien der Erkenntnisgewinnung zu analysieren. Dabei geht es häufig darum, diese Organisationsphänomene zu erklären und somit auf Ursachen zurückzuführen. Beispielsweise sollen die Ursachen für das Entstehen, die Existenz, den Wandel oder die Funktionsweise von Organisationen aufgezeigt werden (ähnlich Kieser/Walgenbach 2003, S. 31). Da menschliches Handeln (auch in Organisationen) nicht allein von Ursachen angetrieben wird, kommt in der Organisationsforschung neben dem **Erklären** häufig eine zweite wissenschaftliche Analyseperspektive hinzu, das so genannte **Verstehen** (vgl. z. B. Esser et al. 1977; Konegen/Sondergeld 1985). Menschliches Handeln und die von Menschen gebildeten Organisationen werden demnach beeinflusst von alltäglichen Weltinterpretationen bzw. Bedeutungszuweisungen, die sozial konstruiert sind und mit denen Menschen und Organisationen ihren Wahrnehmungsgegenständen „Sinn" zu weisen. Das ermöglicht ihnen erst, angemessen bzw. sinnvoll auf diese Wahrnehmungsgegenstände zu reagieren. Organisationstheorien versuchen deshalb, Organisationsphänomene nicht nur oder nicht immer zu erklären, sondern sie vielfach zu verstehen, d. h., den Sinn (bzw. die sozialen Bedeutungen) deutend zu rekonstruieren. Dabei schließen sich das Erklären und das Verstehen nicht grundsätzlich aus, denn die sozialen Bedeutungszuweisungen können auch im Rahmen von Kausalerklärungen aufgenommen werden (vgl. dazu Esser 1991).

Organisationstheorien sind aber nicht allein darauf ausgerichtet, organisationale Phänomene zu erklären oder zu verstehen. Nicht selten wird auch das pragmatische Ziel verfolgt, Empfehlungen für die **Gestaltung** der Wirklichkeit in Organisationen zu geben und zu einer „Verbesserung der Organisationspraxis" (Scherer 2006, S. 1) beizutragen. Mitunter können dabei die Erkenntnisse über die Ursachen bzw. den Sinn organisationaler Phänomene aufgegriffen werden. Bei den meisten Organisationstheorien erweist sich jedoch das Gestaltungsziel nur als mittelbar relevant. Aus der wissenschaftlichen Perspektive setzt die Unterbreitung von Gestaltungsvorschlägen eine umfassende Kenntnis von Ursache-Wirkungs- bzw. Sinnzusammenhängen voraus, da nur auf dieser Basis Prognosen der Wirksamkeit von Gestaltungsalternativen möglich sind (ähnlich Wolf 2005, S. 8-9).

2.2   Entwicklungslinien der Organisationstheorie

Zur Rekonstruktion organisationstheoretischer Entwicklungslinien wird insbesondere in der angelsächsischen Literatur immer noch weit gehend auf die Überlegungen von Scott (vgl. 1961 und 1974) zurückgegriffen. Er nimmt eine historisch-entwicklungsgeschichtliche Klassifikation von Organisationstheorien vor, zeigt damit auch inhaltliche Entwicklungslinien auf und unterscheidet zwischen der „classical doctrine", der „neoclassical theory of organization" und der „modern organization theory", ohne konkrete zeitliche Entwicklungsphasen zu betrachten. Dies lässt sich damit begründen, dass die Erkenntnisse klassischer Entwicklungsstufen bzw. Organisationstheorien nicht einfach verschwinden, sondern auf späteren Entwicklungsstufen wieder aufgegriffen und gegebenenfalls in die Analyseperspektiven neuerer Organisationstheorien integriert werden.

Die **klassischen Organisationstheorien (classical doctrine)** sind eng verbunden mit den sozialen und ökonomischen Verhältnissen der Industrialisierung, des sich entwickelnden Fabriksystems sowie der maschinellen Produktion. Letztere wurde – zumindest partiell – auf die Leitungs- sowie Ausführungsaufgaben in Organisationen übertragen (vgl. auch Morgan 1997, S. 23-50). Die klassischen Organisationstheorien verstehen Organisationen als zweckgebundene und strikt rational gestaltbare soziale Systeme, die auf Basis einer streng hierarchischen Struktur – ähnlich einem Werkzeug – weit gehend friktionsfrei steuerbar sind. Sie sind geprägt von der Idee der Zweck-Mittel-Rationalität, und es wird erwartet, dass sich diese auf und zwischen allen Hierarchieebenen problemlos realisieren lässt. Ihre mechanistische Perspektive richtet sich auf die formalen Organisationsstrukturen, deren zweckorientierte und rationale Gestaltung die organisationale Zielerreichung sicherstellen soll (und kann). Zu den zentralen Arbeiten im Rahmen der klassischen Organisationstheorie zählen der Bürokratie-Ansatz von Max Weber (vgl. z. B. 1985), die wissenschaftliche Betriebsführung von Frederick W. Taylor (vgl. 1983) sowie die Administrations- und Managementlehre von Henri Fayol (vgl. 1916).

Die **neoklassischen Organisationstheorien (neoclassical theory of organization)** führen zu einer deutlichen Verschiebung des Analyseschwerpunktes. Im Vordergrund steht nicht mehr die Untersuchung der formalen Organisationsstrukturen, sondern vielmehr das tatsächliche menschliche Verhalten in Organisationen. Die Mesoebene der Formalstrukturen wird somit verlassen und die Mikroebene der Individuen und Gruppen stärker betrachtet, so dass der Mensch in der Organisation zunehmend in das Blickfeld der Forschung gerät. Im Vergleich zur klassischen Analyse und den dabei dominierenden harten Fakten der Steuerung von Organisations-„Maschinen" treten nun die „romantic dimensions of organizational life" (Gergen 1994, S. 208), d. h. die zwischenmenschlichen Interaktionen, informelle Verhaltensmuster und Erwartungen sowie nicht zuletzt motivationale Aspekte, in den Vordergrund. Es wird in Abgrenzung zur klassischen Doktrin deutlich, dass formale Organisationsstrukturen keineswegs eine friktionsfreie Verhaltenssteuerung in Organisationen ermöglichen. Zu den neoklassischen Theorien zählen der Human-Relations-Ansatz (vgl. Roethlisberger/Dickson 1939; Mayo 1949) und die Anreiz-Beitrags-Theorie (vgl. Barnard 1938).

Als nächste Entwicklungsstufe folgt die **moderne Organisationstheorie („modern organization theory")**, bei deren inhaltlicher Eingrenzung Scott jedoch skeptisch bleibt: „Modern organization theory is in no way a unified body of thought" (1961, S. 16). Sie beginnt zeitlich ungefähr mit dem Ende des zweiten Weltkriegs. Im Gegensatz zu den neoklassischen Ansätzen wird die strikte Fokussierung auf das Individuum vermieden, jedoch zugleich – im Gegensatz zur Klassik – die Idee der Organisation als ein nicht nur technisches, sondern primär soziales System bewahrt (vgl. Mayntz 1964, S. 98). Die aktuell diskutierten Ansätze sind im Wesentlichen den modernen Organisationstheorien zuzuordnen. Hierzu zählen die verhaltenswissenschaftlichen Analysen sowie der situative Ansatz. Diese Forschungsrichtungen waren in den 1960er bis 1980er Jahren besonders einflussreich. Schließlich können sich in den 1970er und 1980er Jahren auch die institutionenökonomische und die evolutionstheoretische Analyse von Organisationsphänomenen etablieren. Daraufhin kommt es in den 1980er bzw. 1990er Jahren zur weiteren Ausdifferenzierung der Organisationstheorie, wobei verstärkt eine Inspiration durch die (Organisations-)Soziologie erfolgt (Türk 1989, S. 8). Ausdruck dessen sind systemtheoretische, soziologisch-neoinstitutionalistische oder strukturationstheoretische sowie nicht zuletzt postmoderne Ansätze (vgl. Kieser 1999).

2.3 Systematisierungskonzepte: der problematische Überblick

Wie bereits verdeutlicht, werden Organisationen unter einer Vielfalt von Perspektiven betrachtet und analysiert. So stellt Schreyögg treffend fest: „Die Organisationstheorie ist eine lebendige und produktive Wissenschaft mit immer wieder neuen Entwicklungen und Perspektiven" (2003, S. V). Dies bedeutet gleichzeitig: „Die Organisationstheorie gibt es nicht" (Heinl 1996, S. 68). Sie stellt sich vielmehr als ein **Konglomerat** unterschiedlichster Forschungsansätze dar, wobei die organisationstheoretischen Perspektiven teilweise erheblich voneinander abweichen und unvereinbaren wissenschaftlichen Basisaxiomen sowie Forschungsparadigmen folgen. Die (partielle) Unvereinbarkeit organisationstheoretischer Analysen ist nicht zuletzt auf das Fehlen eines archimedischen Punktes zurückzuführen, von dem aus erst die Definition eindeutiger (Vergleichs-)Kriterien und ein umfassender Theorienvergleich möglich wären (vgl. Scherer 2006, S. 40-44).

Um zumindest einen groben Überblick über den Facettenreichtum der Organisationstheorie(n) zu geben, wurden vielfältige Systematisierungs- und Klassifikationsversuche unternommen (vgl. z. B. Burrell/Morgan 1979; Pfeffer 1982; Astley/Van de Ven 1983; für einen Überblick z. B. Kirsch/Meffert 1970, S. 18-24; Türk 1989, S. 11-22; Heinl 1996, S. 68-155). Insbesondere der **Systematisierungsansatz von Burrell/Morgan** hat die organisationstheoretische Grundlagendiskussion nachhaltig geprägt (vgl. 1979). Er basiert auf einer zweidimensionalen Betrachtung der Organisationstheorien (vgl. Abb. I.2.1). Die erste Dimension betrifft zentrale metatheoretische Grundannahmen; hinsichtlich ihrer Ausprägungen werden subjektive und objektive Ansätze unterschieden. Die zweite Dimension stellt auf grundlegende soziologische Erkenntnisinteressen der Organisationstheorien ab und differenziert zwischen einer Soziologie der Regulation („sociology of regulation") sowie einer Soziologie des radikalen Wandels („sociology of radical change").

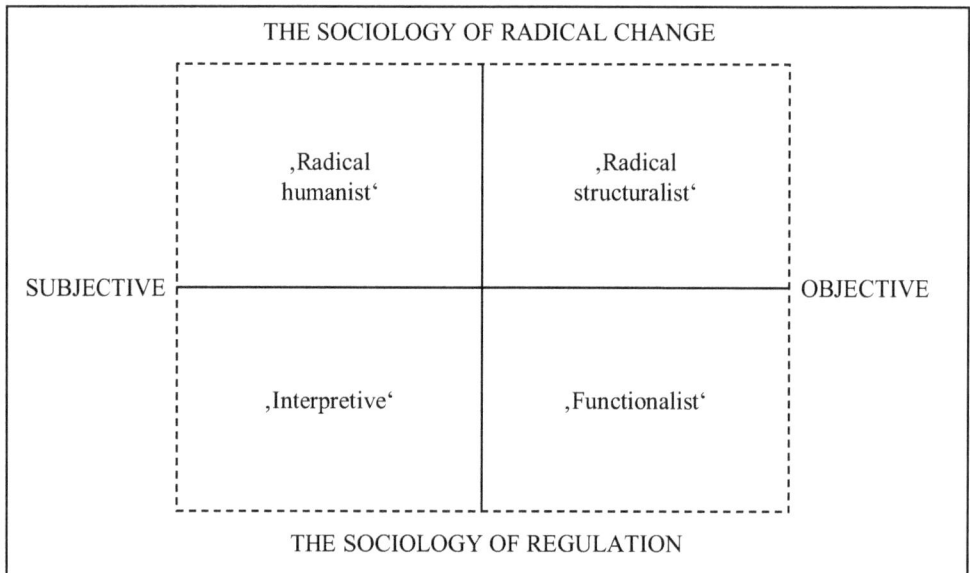

Abb. I.2.1:   Paradigmen der theoretischen Organisationsforschung (vgl. Burrell/Morgan 1979, S. 22)

Im Rahmen der **horizontalen Dimension** beinhaltet die Kategorie der objektiven Ansätze solche Perspektiven, die realistische, positivistische, deterministische und nomothetische Grundannahmen über sozialwissenschaftliche Forschung setzen, während die subjektiven Ansätze (jeweils im Gegensatz zu den vorgenannten Merkmalen der objektiven Perspektiven) durch nominalistische, antipositivistische, voluntaristische und idiographische Grundhaltungen charakterisiert werden (vgl. auch Ochsenbauer 1989, S. 156-157).

Die **objektiven Ansätze** gehen zunächst von einer realistischen Grundposition aus und unterstellen die Existenz einer objektiven sozialen Wirklichkeit. Danach sind organisationale Phänomene grundsätzlich als harte Fakten zu behandeln. Die Ansätze basieren darüber hinaus auf einer positivistischen Sicht und nehmen deshalb an, dass die objektiv gegebene soziale Wirklichkeit in Organisationen auch vollständig durch Theorien abgebildet werden kann, vertreten aber auch eine deterministische Auffassung, nach der Handeln in und von Organisationen vollständig auf Ursachen zurückgeführt und insbesondere mit Reiz-Reaktions-Mechanismen umfassend erklärt werden kann. Schließlich werden die objektiven Ansätze als nomothetisch charakterisiert, wonach Organisationen mithilfe naturwissenschaftlicher Methoden der Erkenntnisgewinnung zu analysieren und allgemeine Gesetzesaussagen im Sinne von Naturgesetzen zu identifizieren sind.

Die **subjektiven Ansätze** sind im Gegensatz dazu durch einen Nominalismus geprägt, nach dem Organisationen und organisationale Phänomene nur in den Köpfen der Individuen existieren und insoweit als sozial bzw. subjektiv konstruiert anzusehen sind; sie haben keineswegs den Charakter objektiver Fakten. Die antipositivistische Sicht dieser Ansätze verneint zudem die Möglichkeit objektiver Erkenntnis. Da Wirklichkeit auch in der Wissenschaft sozial konstruiert ist, können organisationale Phänomene nur aus der Teilnehmerperspektive der handelnden Individuen analysiert werden (vgl. Burrell/Morgan 1979, S. 5). Darüber hinaus betonen die Ansätze die Handlungsfreiheit der Individuen und sind deshalb als voluntaristisch zu kennzeichnen. Menschen können demnach weit gehend frei zwischen ihren Motiven, Wünschen, Zielen, Kognitionen und Handlungen wählen und sind nicht völlig durch Reiz-Reaktions-Ketten fremdbestimmt. Subjektive Ansätze sind auch nicht nomothetisch, sondern ideographisch geprägt und streben statt der Entdeckung grundlegender sozialer Naturgesetze das Verstehen der jeweils spezifischen individuellen bzw. sozialen Sinnkontexte in Organisationen an.

Die **vertikale Dimension** richtet sich auf das soziologische Erkenntnisinteresse. Die Soziologie der Regulation unterstellt die Stabilität und Kohärenz gesellschaftlicher oder organisatorischer Strukturen und richtet das Augenmerk auf die Integration und Sicherung des Status Quo in Gesellschaft und Organisation (vgl. Burrell/Morgan 1979, S. 17). Demgegenüber betont eine Soziologie des radikalen Wandels die Veränderlichkeit sozialer und organisationaler Strukturen und versucht eher, den radikalen Wandel in Gesellschaft und Organisation sowie Spannungsfelder bzw. „structural conflicts" (Burrell/Morgan 1979, S. 17) zwischen den individuellen Bedürfnissen und organisationalen Erwartungen aufzuzeigen.

Durch Kreuztabellierung der beiden Dimensionen gelangen Burrell/Morgan zu **vier zentralen Forschungsparadigmen** (vgl. Abb. I.2.1):

- funktionalistische Ansätze (objektiv und Soziologie der Regulation)
- interpretative Ansätze (subjektiv und Soziologie der Regulation)
- radikaler Strukturalismus (objektiv und Soziologie des radikalen Wandels)
- radikaler Humanismus (subjektiv und Soziologie des radikalen Wandels)

Das **funktionalistische Paradigma** dominiert in der Organisationstheorie, wobei die darunter fallenden Theorien sehr heterogen sind. Zu ihnen zählen z. B. der situative Ansatz (vgl. I.5), die entscheidungstheoretisch geprägten bzw. institutionenökonomischen Theorien (vgl. I.6) und mit Einschränkungen die älteren Systemtheorien (vgl. Burell/Morgan 1979; Heinl 1996, S. 155). Unter der Annahme eines objektivistischen Standpunktes des sozialwissenschaftlichen Forschers (Beobachterperspektive) untersuchen diese funktionalistischen Ansätze meist mit den Methoden naturwissenschaftlicher Forschung soziale Regelmäßigkeiten sowie Kausalzusammenhänge und orientieren sich vor allem an der Erhaltung des Status Quo von sozialen Gebilden (z. B. von Organisationen).

Demgegenüber beruhen die **interpretativen Ansätze** auf der Annahme, dass die soziale bzw. organisationale Wirklichkeit sozial konstruiert ist und nicht als objektives Faktum behandelt werden kann. Der Forscher nimmt deshalb an den Aktivitäten in organisationalen Forschungsfeldern selbst teil, um die sozialen Bedeutungen bzw. Sinnzusammenhänge der Akteure aus der Teilnehmerperspektive rekonstruieren zu können. Die Ansätze sind weiterhin orientiert an der Erhaltung des Status Quo sozialer Ordnung. Solche Annahmen finden sich in der Strukturationstheorie (vgl. I.8) und der neueren Theorie autopoietischer Systeme (vgl. I.9).

Der **radikale Strukturalismus** analysiert aus einer objektivistisch interpretierten Beobachterperspektive des Forschers objektiv gegebene Strukturen der sozialen Wirklichkeit auf zugrunde liegende (strukturelle) Konflikte. Es steht nicht die Erhaltung des Status Quo, sondern die Erklärung von sozialem bzw. organisationalem Wandel im Vordergrund. Dazu zählen insbesondere politikorientierte Ansätze (z. B. Mikropolitik) (vgl. Burrell/Morgan 1979, S. 349-357; I.8). Mitunter werden auch die soziologisch-neoinstitutionalistischen Ansätze zugeordnet (vgl. Heinl 1996, S. 151-154; I.7).

Die Ansätze des **radikalen Humanismus** analysieren ausgehend von der Idee der sozialen Konstruktion organisationaler Phänomene vor allem Konflikte mit den Wünschen und Bedürfnissen der Individuen. Kategorien wie Entfremdung, Ausbeutung und Unterdrückung des Menschen in Organisationen spielen hier eine entscheidende Rolle (vgl. Scherer 2006, S. 37). Die Analyse zielt folgerichtig auf die an humanistischen Zielen ausgerichtete Herbeiführung grundlegenden sozialen bzw. organisationalen Wandels. Dem radikalen Humanismus werden vor allem Ansätze zugeordnet, die auf der kritischen Theorie der Frankfurter Schule und insbesondere auf den sozialphilosophischen Arbeiten von Jürgen Habermas beruhen. Scherer zählt auch diskursorientierte Ansätze der Unternehmensethik (z. B. Steinmann/Löhr 1994; Ulrich 2001) zu dem radikalen Humanismus (vgl. 2006).

Jeder Ansatz zur Systematisierung von Organisationstheorien ist jedoch mit erheblichen Problemen verbunden, da er die Vielfalt und Komplexität der Perspektiven und Forschungsansätze übermäßig reduziert. Diesen Einwand gibt es auch gegen den Systematisierungsansatz von Burrell/Morgan. Da die weit überwiegende Zahl der Organisationstheorien dort dem Funktionalismus zuzuordnen ist, beklagt Türk die relativ geringe Differenzierungsleistung und befürchtet eine „Übergeneralisierung", die schließlich sehr bedeutsame Differenzen zwischen verschiedenen – insbesondere funktionalistischen – Theorien bagatellisiert (vgl. 1989, S. 19-21). Kritisiert wird auch der relativistische Standpunkt, da Burrell/Morgan (vgl. 1979, S. 397-398) alle Forschungsperspektiven aufgrund der fehlenden Möglichkeit eines Theorievergleichs als gleichberechtigt ansehen und eine theorie- und paradigmenübergreifende Beurteilung dann unmöglich ist (vgl. Scherer 2006, S. 38).

3 (Neo-)Klassische Organisations-theorien

3.1 Überblick

In einer historisch-chronologischen Perspektive lassen sich klassische und neoklassische Ansätze unterscheiden. Während Erstere die Anfänge der (wissenschaftlichen) Organisationstheorie zu Beginn des 20. Jahrhunderts markieren, erweisen sich Letztere als Ausdruck einer (ersten) grundlegenden theoretischen Neuausrichtung, die nur zum Teil durch die klassischen Perspektiven vorbereitet wurde.

Dabei beruhen die Anfänge der Organisationstheorie insbesondere auf zwei (klassischen) Theoriegebäuden. Es handelt sich hierbei um

- den Bürokratie-Ansatz (vgl. Weber 1985) und
- die wissenschaftliche Betriebsführung (vgl. Taylor 1983).

Die neoklassische Neuausrichtung ist geprägt durch

- den Human-Relations-Ansatz (vgl. Roethlisberger/Dickson 1939; Mayo 1949) und
- die Anreiz-Beitrags-Theorie (vgl. Barnard 1938).

Diese Ansätze werden im Folgenden kurz vorgestellt.

3.2 Bürokratie-Ansatz

Der Bürokratie-Ansatz basiert auf den Arbeiten des deutschen Soziologen und Nationalökonomen Max Weber (1864-1920). Eine umfassende Grundlegung seines Ansatzes der „bürokratischen Herrschaft" erarbeitete er in seinem äußerst umfangreichen Werk „Wirtschaft und Gesellschaft" (vgl. 1985), das erst nach seinem Tode im Jahre 1921 veröffentlicht wurde. Die Charakterisierung der **bürokratischen Herrschaft** knüpfte zwar vor allem an den sich in der Neuzeit entwickelnden Strukturen der staatlichen Verwaltung an, eröffnete zugleich aber ein grundlegendes Verständnis der Funktionsmechanismen in allen großen Organisatio-nen (vgl. auch Schreyögg 2003, S. 32).

Den Ausgangspunkt seiner Betrachtungen zu organisational relevanten Fragestellungen stellt die aus einer soziologischen Perspektive vorgenommene Unterscheidung verschiedener Ty-pen der Herrschaft dar, da er diese auch auf Organisationen überträgt (vgl. Weber 1985, S. 122-176). Für Max Weber ist Herrschaft zu verstehen als „die Chance (...), für spezifische (oder: für alle) Befehle bei einer angebbaren Gruppe von Menschen Gehorsam zu finden" (Weber 1985, S. 122). Der Begriff der Herrschaft bezieht sich mithin auf die systematische Bereitschaft von Menschen, den Befehlen bestimmter Personen zu folgen.

Bei Max Weber ist der Begriff der Herrschaft unmittelbar verknüpft mit dem Begriff der Legitimität. Demnach sind es die **Legitimitätsgründe**, die einer Herrschaftsform – auf Dau-er angelegte – faktische Geltung verleihen und „Fügsamkeit" bei den Beherrschten sichern (Weber 1985, S. 123). Allerdings verwendet Max Weber Legitimität im Rahmen seiner Herrschaftsanalyse – im Gegensatz zu den meisten zentralen Begriffen seines Werkes „Wirt-schaft und Gesellschaft – als nicht explizit definierten Grundbegriff (vgl. 1985; Heins 1990, S. 13). Legitimation bezeichnet jedoch das Bemühen der Herrschenden darum, dass die Herrschaftsausübung von den Beherrschten als gerechtfertigt eingeschätzt wird (vgl. ähnlich Fritsch 1983, S. 34). Legitimität schafft eine zentrale Voraussetzung dafür, dass sich die Beherrschten mit der Herrschaftsausübung identifizieren und auf dieser Basis handeln. Es liegt somit nicht eine bloße Fügsamkeit aus Furcht vor angedrohten negativen Konsequenzen vor (vgl. Fritsch 1983, S. 35), sondern eine darüber hinausgehende Motivation, ein Sich-Einbringen in die Herrschaftsbeziehung. Der Legitimationsbegriff beinhaltet dabei eine aus-geprägte subjektive Komponente. So kreist Legitimation nicht um faktische bzw. objektive Gründe, sondern um subjektive Überzeugungen der Beteiligten, d. h. die Legitimitätsver-ständnisse der Herrschenden und der davon Betroffenen. Dabei wird deutlich, dass Legitima-tion im Zuge der Interaktion entsteht (vgl. Borchert 1987, S. 36). Den Legitimitätsansprü-chen der Herrscher steht der Legitimitätsglauben der davon Betroffenen gegenüber und im Idealfall beziehen sich Legitimitätsanspruch und Legitimitätsglaube wechselseitig aufeinan-der.

Vor diesem Hintergrund beruht bei Max Weber die Unterscheidung zwischen den verschie-denen **Herrschaftstypen** auf unterschiedlichen Legitimitätsgründen (Legitimitätsansprüchen der Herrscher bzw. Legitimitätsglauben der Beherrschten; vgl. Weber 1985, S. 122), so dass er schließlich zwischen einer charismatischen, traditionalen und legalen Herrschaft unter-scheidet:

- Die charismatische Herrschaft „stellt eine streng persönlich, an die Charisma-Geltung persönlicher Qualitäten und deren Bewährung, geknüpfte soziale Beziehung dar" (Weber 1985, S. 142). Sie beruht auf dem besonderen Vorbild einer Person sowie der durch diese Person geschaffenen (Herrschafts-)Ordnung.
- Die traditionale Herrschaft basiert hingegen „auf dem Alltagsglauben an die Heiligkeit von jeher geltender Traditionen und die Legitimität der durch sie zur Autorität Berufe-nen" (Weber 1985, S. 124). Ihre Grundlage bildet somit der Glaube an die unbedingte Geltung altüberkommener sozialer Ordnung und Herrschaft.

- Der legalen Herrschaft liegt hingegen der Glaube an die unbedingte Geltung der rational gesetzten Ordnung sowie des Anweisungsrechts der durch diese rationale Ordnung zur Herrschaft berufenen Personen zugrunde.

Insbesondere Webers Analyse der legalen Herrschaft förderte das Verständnis von Organisationen in Staat und Wirtschaft. Die **legale Herrschaft** basiert auf der Grundannahme, dass Rechtsprinzipien festgelegt werden können, die für die Mitglieder des Herrschaftsverbandes absolut verbindlich sind. Der legale Herrscher wird durch diese abstrakten Rechtsprinzipien zur Herrschaftsausübung autorisiert und legitimiert. Die Mitglieder des Verbandes folgen seinen Anweisungen somit nicht aufgrund persönlicher Eigenschaften des Herrschers oder traditionell gewachsener sozialer Strukturen, sondern aufgrund einer rational gesetzten, „unpersönlichen" Rechtsordnung (Weber 1985, S. 125).

Die legale Herrschaft stützt sich auf einen bürokratischen Verwaltungsstab und wird insoweit mittelbar zur bürokratischen Herrschaft. Der **bürokratische Verwaltungsstab** unterscheidet sich dabei deutlich von Verwaltungsstäben der vorrationalen (charismatischen oder traditionalen) Herrschaftsformen (vgl. Weber 1985, S. 551-553). Er ist auf die Begrenzung eines Willkürverhaltens seitens des Herrschers oder der Administration selbst ausgerichtet und handelt zu diesem Zweck allein nach generellen und personenunabhängigen Regeln, die in rationaler Weise auf die Erreichung gesellschaftlicher Ziele ausgerichtet sind. Der Bürokratie kommt somit die Aufgabe zu, die auf der Rechtsordnung basierenden Anweisungen des legalen Herrschers stringent und in Orientierung an rein sachlichen Erwägungen umzusetzen. Dabei arbeitet sie im Kontext strenger Amtsdisziplin, d. h. jedem verwaltungsbezogen ausgebildeten, fix entlohnten und lebenslänglich angestellten Beamten werden im Rahmen der amtlichen Regelordnung (Amtshierarchie) feste Entscheidungskompetenzen und Aufgabenbereiche zugewiesen, die es strikt einzuhalten gilt. Um die rationale Kontrolle der Bürokratie zu ermöglichen, wird das Verwaltungshandeln konsequent in Form von Schriftstücken (Akten) dokumentiert.

Bürokratie stellt für Weber – auch für nichtstaatliche Institutionen wie z. B. Unternehmen – die rationale bzw. effiziente Organisationsform dar und garantiert die Berechenbarkeit organisationalen Handelns. Zunehmend geriet jedoch diese These zur Effizienz der Bürokratie in die Kritik. Insbesondere die starre Regeltreue wurde als Grund für **dysfunktionale Effekte** und Effizienzeinbußen angesehen (vgl. Gmür 2004, Sp. 118-119). Nicht selten gerät die zielgerichtete Aufgabenerfüllung zugunsten eines strengen Regelgehorsams aus dem Blick. Selbstverantwortliches Handeln und eine dynamische Anpassung an wechselnde Umweltlagen werden drastisch erschwert. Darüber hinaus bleibt Webers Analyse der Bürokratie weit gehend blind für die informalen sozialen Beziehungsstrukturen, die sich in Verwaltungen entwickeln und großen Einfluss auf das Verwaltungshandeln entfalten. Dennoch prägen auch heute Grundzüge der Bürokratie nicht nur die Strukturen der öffentlichen Verwaltung, sondern auch der privaten Unternehmen.

3.3 Wissenschaftliche Betriebsführung (Scientific Management)

Die wissenschaftliche Betriebsführung (Scientific Management) ist unmittelbar mit dem Namen des Ingenieurs Frederick Winslow Taylor (1856-1915) verbunden, der dieses Konzept in seinen beiden Hauptwerken „Shop Management" (1903/1920) und „The Principles of Scientific Management" (1911/1983) entwickelte und in der Bezeichnung „**Taylorismus**" folgerichtig auch als Namensgeber auftritt. Taylor entwarf das Konzept der wissenschaftlichen Betriebsführung im Zuge seiner kritischen Auseinandersetzung mit der im Übergang von dem 19. auf das 20. Jahrhundert immer noch vorherrschenden handwerklichen Produktion. Sein Anliegen war es, die Effizienzprobleme der handwerklichen Produktion herauszuarbeiten und zu beseitigen. Diese sah er vor allem in dem Schlendrian der Arbeiter sowie den unzureichenden Betriebs- und Arbeitsmethoden.

Aufgrund der weit reichenden Selbstverantwortlichkeit der Arbeiter im Handwerkssystem verstand Taylor die Arbeiter als „Herren der Werkstatt" und interpretierte die Nutzung ihrer Handlungsspielräume vor allem als „Drückebergerei". Mit der Beseitigung dieser Drückebergerei verband er hohe Erwartungen hinsichtlich einer Effizienzsteigerung in der Produktion: Wenn man „dieses ‚Sich-Drücken' in jeglicher Form ausmerzen (…) könne (…), so würde sich im Durchschnitt die Produktion jeder Maschine und jedes Arbeiters annähernd verdoppeln" (Taylor 1983, S. 12). Darüber hinaus waren das unsystematische Erlernen von Arbeitsvorgängen sowie die Nutzung von Erfahrungswissen, die Anwendung unterschiedlicher Werkzeuge für dieselben Tätigkeiten und die unzureichende Berücksichtigung der Talente unterschiedlicher Arbeiter für Taylor deutliche Signale mangelhafter Betriebs- und Arbeitsmethoden, die eine effiziente Arbeitsorganisation behinderten (vgl. Taylor 1983, S. 25).

Vor diesem Hintergrund widmete Taylor seine Überlegungen der Entwicklung eines Konzepts zur konsequenten **Optimierung aller Arbeitsvollzüge** in der gewerblichen Produktion. Diese Optimierung der Arbeitsvollzüge sollte Methoden der Wissenschaft integrieren, weshalb er auch von einem „Scientific Management" (wissenschaftliche Betriebsführung) sprach. Insbesondere ging es ihm um die Methode des wissenschaftlichen Experiments, deren Einsatz er in der Praxis der Arbeitsorganisation als äußerst gewinnbringend ansah. Unter der Methode des Experiments verstand Taylor die systematische Beobachtung des Einsatzes unterschiedlicher Werkzeuge, Verfahren ihrer Anwendung, der Arbeiter, ihrer Bewegungsabläufe bzw. Zeitverbräuche im Arbeitsvollzug (so genannte Zeit- und Bewegungsstudien) sowie nicht zuletzt der Entlohnungssysteme und schließlich die kontrollierte Variation dieser Parameter, um die optimale Arbeitsorganisation zu identifizieren.

Neben der konsequenten Anwendung der wissenschaftlichen Methode des Experiments beruht der Ansatz der wissenschaftlichen Betriebsführung auf einem programmatischen System von **Strukturprinzipien** für die Arbeitsorganisation. Diese bestehen in

- der strikten horizontalen und vertikalen Arbeitsteilung,
- der konsequenten Kontrolle und Sanktionierung des Arbeiterverhaltens sowie
- der gezielten Auswahl und Unterweisung der Arbeiter.

Als Grundlage der vertikalen **Arbeitsteilung** empfiehlt der Taylorismus eine strenge Trennung zwischen Hand- und Kopfarbeit. Während die managementnahe Kopfarbeit besonderen Arbeitsbüros mit Ingenieuren zugewiesen werden soll, gilt die Handarbeit als Aufgabe der den Arbeitsbüros unterstellten Arbeiter. Hinsichtlich der Handarbeit der Arbeiter erfolgt eine sehr weit reichende Zerlegung (horizontale Arbeitsteilung) ihrer ausführenden Tätigkeiten in Elementaraktivitäten. Diese werden den dafür geeigneten Arbeitern zugewiesen, die dann besonders hohe Spezialisierungsvorteile realisieren sollen. Die Arbeitsbüros wenden wiederum die wissenschaftliche Methode des Experimentierens an, um z. B. die relevanten Elementaraktivitäten und das zu erwartende Arbeitspensum eines Arbeiters zu ermitteln.

Die zentrale Voraussetzung zur Beendigung der identifizierten Drückebergerei der Arbeiter ist die **konsequente Kontrolle** ihres Arbeitspensums durch die Arbeitsbüros. In diesem Sinne genügt es nach Taylor (1983, S. 130) nicht, „das tägliche Pensum für jeden Arbeiter festzusetzen. Er muss auch eine erhebliche Belohnung – eine Prämie – ausgezahlt erhalten, so oft er sein Pensum in der ihm zugemessenen Zeit erledigt." Dabei soll ein so genanntes „Differentiallohnsystem" zugrunde liegen, das nicht nur eine hohe Arbeitsleistung mit höherem Lohn belohnt, sondern zugleich die Minderleistung von Arbeitern mit Lohnabzügen oder Aussperrung bestraft.

Schließlich unterstellt Taylor eine ungleiche Verteilung von Kenntnissen und Fähigkeiten zwischen den Arbeitern. Aus diesem Grund sind die Arbeiter nicht für alle Tätigkeiten in gleicher Weise geeignet (vgl. Taylor 1983, S. 131). Die Arbeitsbüros haben demnach geeignete **Verfahren der Personalauswahl** anzuwenden, um bereits bei der Einstellung die jeweils für einen spezifischen Arbeitsvorgang besonders talentierten Bewerber zu selektieren. Darüber hinaus sind die bereits beschäftigten Arbeiter kontinuierlich zu unterweisen, so dass ihnen die jeweils optimalen Arbeitsmethoden bekannt sind.

Von den Effizienzwirkungen seines Systems des Scientific Management versprach sich Taylor nicht zuletzt eine **Harmonisierung** der Beziehungen zwischen Arbeitern und Arbeitgebern. Die erwartete enorme Steigerung der Arbeitsproduktivität durch das Scientific Management schaffe genügend materielle Verteilungsmasse, die sowohl Arbeitgeber als auch Arbeitnehmer hinreichend zufrieden stellen könne und somit den klassischen Konflikt zwischen Arbeit und Kapital beseitige (vgl. Taylor 1983, S. 8).

Taylors Ansatz des Scientific Management erweist sich dabei als Ausdruck der am Beginn des 20. Jahrhunderts erfolgenden Hinwendung zur Massenproduktion. Der Taylorismus hat diesen Trend beeinflusst und verstärkt, obwohl z. B. in den USA der so genannte „Fordismus" (d. h. der erstmals bei Ford erfolgende Einsatz der Fließbandarbeit) unmittelbar einflussreicher war (vgl. Kieser 2006a, S. 116). Die Massenproduktion konnte dabei durchaus auch gesellschaftspolitisch relevante Ergebnisse hervorbringen. Infolge der gestiegenen Arbeitsproduktivität wurden höhere Löhne bei verkürzten Arbeitszeiten realisiert und zugleich günstigere Produkte angeboten. Gleichzeitig bedeutete die Massenproduktion für viele Arbeitnehmer eine erhebliche Dequalifizierung (vgl. Kieser 2006a, S. 125) sowie einen zunehmenden Sinnverlust bei der Arbeit.

Trotz des von Taylor angestrebten Interessenausgleichs zwischen Kapital und Arbeit ist sein Ansatz auf vielfältige **Kritik** gestoßen und dem Vorwurf ausgesetzt, eine letztlich unmenschliche Form der Arbeitsorganisation herbeizuführen. Die propagierte extreme Arbeitsteilung steht einer umfassenden Entfaltung menschlicher Fähigkeiten im Wege, setzt Arbeiter einer erheblichen Monotonie sowie mitunter einer psycho-sozialen Isolation aus. Dem liegt ein sehr pessimistisches und teilweise widersprüchliches Menschenbild zugrunde (vgl. Staehle 1999, S. 191-193). Während den Arbeitern generell ein drückebergerisches Arbeitsverhalten unterstellt wird, übernehmen die Ingenieure sogar die Rolle von pflichtbewussten und menschenfreundlichen Pädagogen, denen nicht zuletzt Aufgaben der „Erziehung" der Arbeiter zukommen. Die Organisation wird primär als eine Art Maschine gesehen, die sich gedanklich vollständig durchdringen und rational gestalten lässt sowie routinemäßig, effizient und verlässlich reagiert (vgl. Morgan 1997, S. 27). Nicht zuletzt werden die komplexen Probleme der sozialen Beziehungen in Organisationen sowie die Subjektivität der Individuen vollständig vernachlässigt.

3.4   Human-Relations-Ansatz

Eine Abkehr von den klassischen organisationstheoretischen Ansätzen insbesondere tayloristischer Prägung bewirkte zunächst der „Human-Relations-Ansatz". Er entstand auf der Grundlage der so genannten „**Hawthorne-Experimente**", die im Hawthorne-Werk der Western Electric Comp. stattfanden. Hierbei handelt es sich um empirische Forschungsarbeiten, die von 1924 bis 1932 insbesondere von George Elton Mayo (1880-1949) (vgl. 1949) und Fritz J. Roethlisberger (1898-1974) (vgl. Roethlisberger/Dickson 1939) – beide Professoren an der Harvard-Universität – durchgeführt wurden. Zunächst folgten jedoch auch die Hawthorne-Experimente einer klassisch tayloristischen Fragestellung. Es ging darum, den Einfluss äußerer Arbeitsbedingungen auf die Arbeitsproduktivität zu untersuchen und insoweit Elemente einer produktivitätssteigernden Arbeitsorganisation zu identifizieren. Die Experimente riefen unerwartete Produktivitätsänderungen hervor, die sich mit den klassischen – insbesondere tayloristischen – Annahmen nicht erklären ließen.

In den ersten Experimenten veränderte man die Lichtverhältnisse bei der Arbeit, wobei man unterstellte, dass die Beleuchtungsstärke positiv mit der Arbeitsleistung korreliert. Zunächst wurde diese Hypothese bestätigt. Bei besseren Lichtverhältnissen stieg die Arbeitsleistung tatsächlich an. Bei einer im Anschluss erfolgenden Reduktion der Beleuchtungsstärke verblieb allerdings die Arbeitsleistung auf hohem bzw. ansteigendem Niveau. Sogar bei sehr schlechten Lichtverhältnissen war die Arbeitsleistung hoch. Ähnliche Effekte zeigten sich bei der Variation anderer Elemente der Arbeitsbedingungen (z. B. Ruhepausen, Arbeitszeit, Entlohnungssystem). Vor diesem Hintergrund zog man den Schluss, dass die zentralen Ursachen für die beobachteten Produktivitätssteigerungen nicht im Lohnsystem oder den Arbeitsbedingungen zu finden seien, sondern in den interpersonellen, sozialen Beziehungen (human relations). Für den Produktivitätszuwachs war danach vor allem die besondere Aufmerksamkeit der Vorgesetzten bzw. Forscher verantwortlich, die den Arbeiterinnen im Zuge des Experiments gewidmet wurde. Insofern waren nicht die hypothetisch unterstellten Kausalvariablen für die Ergebnisse verantwortlich, sondern vielmehr die Einflüsse, die von der Experimentalsituation selbst ausgingen (so genannter „Hawthorne-Effekt").

Im Jahr 1931 erfolgte eine weitere Studie im Hawthorne-Werk, die auf die Methode der teilnehmenden Beobachtung zurückgriff. Untersucht wurden die Einflüsse der informellen Beziehungen in Arbeitsgruppen auf die Arbeitsleistung. Diese Arbeitsgruppen hatten die Aufgabe, unter Beobachtung der Forscher Spulen zu wickeln („bank wiring observation room"). Die Ergebnisse zeigten, dass die Arbeitsgruppen schnell informelle soziale Normen über die angemessene Tagesleistung entwickelten, deren Nichteinhaltung mit Sanktionen verbunden war (vgl. Roethlisberger/Dickson 1939, S. 131-135). Darüber hinaus wurde der große Einfluss von Freundschaftsbeziehungen deutlich, die auch über die einzelnen Arbeitsgruppen hinweg wirksam waren.

Der Human-Relations-Ansatz erhob somit primär die sozialen Beziehungen zwischen Arbeitern bzw. Vorgesetzten zum Gegenstand der Analyse; das Augenmerk richtete sich verstärkt auf die informellen sozialen Beziehungen in Unternehmen sowie deren Auswirkungen auf den Arbeits- bzw. Unternehmensoutput. Dabei galt die informelle Organisation erstmals nicht mehr nur als Störgröße, sondern zugleich als wesentlicher Einflussfaktor für wirtschaftlichen Erfolg. Aus den Erkenntnissen des Human-Relations-Ansatzes entstand die so genannte „**Human-Relations-Bewegung**", die die Zufriedenheit und Emotionalität der Mitarbeiter stärker in den Fokus der Betrachtung stellte. Es wurde die Entwicklung von einem aufgabenbezogenen zu einem personenbezogenen Führungsstil gefordert, der nicht nur durch Befehl und Gehorsam, sondern auch durch soziale Unterstützung geprägt ist. Damit vollzog sich ein radikaler Wandel in der organisationstheoretischen Analyse. Die Organisation wurde nicht mehr als Maschine betrachtet, deren Strukturen rein effizienzorientiert zu gestalten sind; vielmehr galt sie nun als ein soziales System, in dem Menschen mit ihren vielfältigen Wünschen und Bedürfnissen Berücksichtigung finden müssen. Allerdings führte dies wiederum zu einer Verengung der Analyseperspektive. Während die klassischen Ansätze ihre Aufmerksamkeit nur auf die Strukturen in Organisationen richteten, verengte der Human-Relations-Ansatz die Perspektive einseitig auf das Verhalten in Organisationen (vgl. Schreyögg 2003, S. 47).

3.5   Anreiz-Beitrags-Theorie

Die Anreiz-Beitrags-Theorie wurde von Chester I. Barnard (1886-1961) insbesondere in seinem Buch „The Functions of the Executive" entwickelt (vgl. 1938). Barnard erbrachte damit eine wichtige und folgenreiche „Pionierleistung" (Walter-Busch 1996, S. 191) zur Begründung und Weiterentwicklung der organisationstheoretischen Forschung. Er war jedoch nicht als Forscher, sondern als erfolgreicher Manager tätig und konnte sich daher nur nebenbei mit der Organisationstheorie auseinander setzen.

Barnard verstand Organisationen als einen **zweckorientierten Kooperationsverbund**, dessen Funktionsfähigkeit bzw. Zielerreichung von der Bereitschaft der Mitglieder abhängt, konstruktiv mitzuarbeiten (vgl. 1938, S. 8). Damit Organisationen ihren Bestand sichern können, müssen sie nicht nur den formalen Organisationszweck erfüllen, sondern zugleich ein brüchiges Gleichgewicht zwischen unterschiedlichen kooperationsrelevanten Einflüssen sicherstellen. Danach gilt es informelle und formelle Beziehungen, interne und externe Ansprüche an die Organisation sowie nicht zuletzt das Verhältnis von Anreizen und Beiträgen auszubalancieren.

Da die Existenzsicherung der Organisation insbesondere von der **Kooperationsbereitschaft** der Individuen bzw. Gruppen und ihren spezifischen Beiträgen abhängt, sind deren Erwartungen an die Organisation zu berücksichtigen und auf dieser Grundlage Anreize für die Mitarbeit zu schaffen. Organisationen müssen danach für die beteiligten Individuen und Gruppen ein Anreiz-Beitrags-Gleichgewicht sicherstellen. Beiträge stellen die für die Organisation relevanten Handlungen dar; Anreize bilden demgegenüber die von der Organisation erbrachten Gegenleistungen für die Beitragsgewährung. Die Existenz einer Organisation ist dann bedroht, wenn den Mitgliedern keine hinreichenden Anreize für ihre Beiträge geboten werden. Da die Erwartungen und Bedürfnisse der beteiligten Individuen ausschlaggebend sind, können die ihnen gewährten Anreize sowohl materieller als auch immaterieller Natur sein (vgl. Frey/Benz 2004). Insofern steht nicht nur der Lohn als Anreiz im Vordergrund, es gibt z. B. auch die Möglichkeit zur Partizipation, erweiterte Handlungsspielräume oder die Identifikation mit einem besonderen Organisationsimage. Vor diesem Hintergrund versteht Barnard – abweichend von modernen Vorstellungen – Organisationen als effektiv, wenn sie ihre (formalen) Ziele erreichen, und als effizient, wenn sie ihren Teilnehmern hinreichende Kooperationsanreize gewähren (vgl. 1938, S. 60).

Barnard begreift Organisation als ein „unpersönliches System koordinierter menschlicher Bestrebungen" (1938, S. 94). Organisationen setzen sich demnach nicht unmittelbar aus den relevanten Individuen zusammen, sondern „ausschließlich aus koordinierten menschlichen Aktivitäten" (Barnard 1938, S. 73). Sie bestehen aus (unpersönlichen) Handlungen, die „zum konstitutiven Bestandteil formaler Organisationen" werden (Schreyögg 2003, S. 49). Deshalb nehmen Individuen nie als ganze Personen, sondern jeweils nur in spezifischen organisational relevanten Rollen und im Kontext von spezifischen Verhaltenserwartungen an der Organisation teil. Da die organisational relevanten **Handlungen im Vordergrund** der Analyse stehen, lassen sich die Teilnehmer an der Organisation nicht mehr eindeutig abgrenzen. Es handelt sich dabei neben Arbeitnehmern und Managern z. B. um Kapitalgeber, Lieferanten, Kunden. Organisationen haben somit auch ein Gleichgewicht zwischen den internen und externen Ansprüchen herzustellen.

Darüber hinaus weist Barnard nicht zuletzt unter dem Eindruck der Hawthorne-Experimente darauf hin, dass formale Organisationen nur in der Kombination mit den darin wirksamen informellen Beziehungen, Routinen bzw. Normen und Werten funktionieren können. Diese **informellen Strukturen** festigen den sozialen Zusammenhalt in der Organisation und fördern die Kooperationsbereitschaft ihrer Mitglieder. Organisationen müssen daher immer auch ein Gleichgewicht zwischen formellen und informellen Kommunikationsprozessen anstreben.

Barnard hat zu einer erheblichen Weiterentwicklung der Organisationstheorie beigetragen. Sein Verständnis der Organisation als Handlungssystem schaffte wesentliche Grundlagen für die systemtheoretische Betrachtung und seine Analyse von Anreiz-Beitrags-Gleichgewichten beeinflusste vor allem die verhaltenswissenschaftliche Organisationsforschung. Gleichzeitig gelang es ihm im Gegensatz zum Taylorismus und dem Human-Relations-Ansatz, sowohl Struktur- als auch Verhaltensaspekte in Organisationen genauer zu analysieren.

4 Verhaltenswissenschaftliche Entscheidungsprozessforschung

4.1 Überblick

Die verhaltenswissenschaftliche Organisationsforschung setzt sich mit dem (realen) Verhalten von Menschen in Organisationen auseinander. Damit hebt sie ausdrücklich die besondere **Bedeutung des menschlichen Verhaltens** für das Verständnis von Organisationsphänomenen und die Organisationsgestaltung hervor. Der zugrunde liegende Verhaltensbegriff bleibt dabei sehr allgemein (vgl. Wolf 2005, S. 182-183) und kennzeichnet jegliches (bewusste oder unbewusste) Tun oder Unterlassen von Menschen in (organisationalen) Kontextsituationen. Er ist somit deutlich weiter gefasst als der auf das bewusste, intentional-rationale Agieren von Menschen gerichtete Begriff des Handelns. In der verhaltenswissenschaftlichen Forschung werden unter dem Verhaltensbegriff daher auch rein habituelle, rituelle und unreflektierte menschliche Aktionen, nicht selten sogar innere bzw. psychische Prozesse analysiert (z. B. subjektives Erleben, Kognitionen oder Willensprozesse). Ungeachtet dessen liegt aber immer die Absicht zugrunde, dieses sehr allgemein gefasste menschliche Verhalten sowie seine Bestimmungsgründe bzw. Wirkungen messbar zu machen und empirisch zu untersuchen. Den Ausgangspunkt bilden nicht normativ-präskriptive Vorstellungen, sondern ein realanalytischer Ansatz, der auf die deskriptive Erfassung, kausale Erklärung und gegebenenfalls die Prognose des Verhaltens in bzw. von Organisationen gerichtet ist.

Da das menschliche Verhalten den zentralen Erkenntnisgegenstand der verhaltenswissenschaftlichen Organisationsforschung darstellt, bildet zunächst das **Individuum (in der Organisation)** den Ausgangspunkt der Analyse. Damit weist die verhaltenswissenschaftliche Forschung eine Nähe zu dem sozialtheoretischen Untersuchungsrahmen des methodologischen Individualismus auf, der soziale Phänomene aus dem Verhalten der Individuen zu erklären versucht. In der verhaltenswissenschaftlichen Analyse ergeben sich jedoch organisationale Phänomene keineswegs nur „als eine triviale Aufaddierung bzw. Aggregation des Verhaltens der einzelnen Organisations- bzw. Unternehmensmitglieder" (Wolf 2005, S. 187). Obwohl somit kollektive bzw. organisationale Phänomene durchaus mehr sind als die Summe der Einzelaktivitäten der Menschen, bleibt jedoch die Wechselbeziehung zwischen individuellem Verhalten und kollektiven Strukturen häufig weit gehend ungeklärt.

Angesichts des bereits sehr weiten Verhaltensbegriffs verwundert es nicht, dass die **verhaltenswissenschaftliche (Organisations-)Forschung** eine fast unüberschaubare Zahl von Theorien und empirischen Erkenntnissen hervorgebracht hat. Wolf unterscheidet zwischen motivationstheoretischen, entscheidungsorientierten sowie soziologisch ausgerichteten Theorievarianten verhaltenswissenschaftlicher Organisationsforschung (vgl. 2005, S. 186-199). Während die erste Theoriegruppe die Motivation bzw. die Motivationsprozesse der Individuen in der Organisation in den Vordergrund der Analyse stellt, analysiert die letzte vor allem den Einfluss von Werten der Organisationsmitglieder auf Organisationsphänomene. Die folgende Darstellung fokussiert jedoch auf die zweite Gruppe, die entscheidungsorientierten Theorievarianten (bzw. die verhaltenswissenschaftliche Entscheidungsprozessforschung), die einen sehr engen Bezug zu organisatorischen Fragestellungen aufweist.

Diese **verhaltenswissenschaftliche Entscheidungsprozessforschung** ist vor allem deskriptiv-empirisch ausgerichtet und beabsichtigt, Regelmäßigkeiten in den realen Entscheidungsprozessen von Menschen in Organisationen aufzuzeigen, ohne zugleich ein rationales Verhalten zu unterstellen. Im Vordergrund stehen dabei ausdrücklich die empirisch erfassbaren Prozesse der Entscheidungsfindung, nicht aber normative Vorstellungen von rationalen Entscheidungen oder konkreten Entscheidungsinhalten. Damit grenzt sich die verhaltenswissenschaftliche Entscheidungsprozessforschung von den theoretischen Optimierungskalkülen der Entscheidungslogik und der formalen Ökonomik ab. Es geht nicht um die normativ-analytische Durchdringung von Entscheidungssituationen, sondern um die zunächst deskriptive sowie schließlich erklärende Analyse des realen Entscheidungsverhaltens in Organisationen. Deshalb ist die zugrunde liegende Perspektive als „verhaltenswissenschaftlich" bzw. „behavioral" zu kennzeichnen.

Organisationen gelten „als Informationen handhabende Entscheidungsfindungssysteme" (Theis 1994, S. 128), die durch die Beteiligung einer Vielzahl von Personen (Organisationen als multipersonale Systeme) als außerordentlich komplex einzuschätzen sind. In diesem Sinne werden die Existenz einer Organisation sowie ihre Anpassung an wechselnde Rahmenbedingungen mit dem organisationalen Entscheidungsverhalten erklärt. Die verhaltenswissenschaftliche Organisationsanalyse setzt sich dabei insbesondere mit der Frage auseinander, wie der hohe interne Koordinationsbedarf und die Wirkungen externer Einflussfaktoren durch das (reale) Entscheidungsverhalten in Organisationen bewältigt werden.

4.2 Entscheidungsverhalten bei begrenzter Rationalität

Den Ausgangspunkt der Analyse des Entscheidungsverhaltens in Organisationen bildet die Auseinandersetzung mit den **kognitiven Begrenzungen des Menschen**. Die klassischen Arbeiten zu dem begrenzt rationalen Entscheidungsverhalten stammen von Simon (vgl. 1945) sowie March/Simon (vgl. 1958). So bemerkt Simon (1957, S. 198): „The capacity of the human mind for formulating and solving complex problems is very small compared with the size of the problems whose solution is required for objectively rational behaviour in the real world – or even for a reasonable approximation to such objective rationality." Insbesondere weisen Menschen nur sehr eingeschränkte Fähigkeiten zur Aufnahme und Verarbeitung von Informationen auf, weshalb sie bei ihren Entscheidungen in ausgeprägter Weise selektiv vorgehen müssen und nur einige subjektiv ausgewählte Aspekte berücksichtigen können (vgl. March/Simon 1958, S. 150). Aus diesem Grund laufen auch die Entscheidungsprozesse in Organisationen weit weniger rational ab, als z. B. die formale neoklassisch-ökonomische Forschung oder die theoretische Entscheidungslogik unterstellen. Komplexe organisatorische Entscheidungen erweisen sich demnach immer als die Folge einer durch die limitierten kognitiven Fähigkeiten geprägten gebundenen bzw. begrenzten Rationalität des Menschen (vgl. Simon 1977; Bronner 2004, Sp. 232-233).

Das **begrenzt rationale Entscheidungsverhalten** des Menschen weist einige zentrale Merkmale auf. Da in den realen und komplexen Entscheidungssituationen den Organisationsmitgliedern aufgrund ihrer kognitiven Begrenzungen grundsätzlich nicht alle (potenziell) relevanten Umweltsituationen mit ihren Eintrittswahrscheinlichkeiten, Handlungsalternativen sowie Konsequenzen bekannt sind, kann es Menschen grundsätzlich nicht gelingen, Optimierungsentscheidungen zu treffen und z. B. den eigenen Nutzen zu maximieren. Um dennoch Entscheidungen vornehmen zu können, müssen Menschen auf Vereinfachungsstrategien bzw. weniger anspruchsvolle Entscheidungsregeln zurückgreifen.

Das Konzept der begrenzten Rationalität beruht insbesondere auf der Vereinfachungsstrategie des „satisficing" (**Satisfizierung**) (vgl. March/Simon 1958, S. 47-52; Simon 1977, S. 86-87). Danach suchen Individuen gerade nicht nach optimalen Lösungen, sondern Ihnen genügen bereits zufrieden stellende Ergebnisse. Solche befriedigenden Ergebnisse beruhen darauf, dass sie dem spezifischen Anspruchsniveau des jeweiligen Entscheidungssubjekts entsprechen. Hier erfolgt also lediglich eine so genannte „schwache Auslese" von Handlungsalternativen (vgl. Simon 1983, S. 69). Es wird somit nicht die beste Handlungsalternative, sondern vor dem Hintergrund relativ leicht verfügbarer Informationen lediglich eine bessere Lösung gewählt (vgl. auch Picot 1991, S. 149).

Die – immer äußerst selektive – Ermittlung relevanter Handlungsalternativen, Umweltsituationen und Handlungskonsequenzen erfolgt dabei in der Form eines mitunter von Zufallsereignissen beeinflussten, sequenziellen Suchprozesses. In diesem finden Handlungsalternativen sowie weitere relevante Informationen weit gehend unsystematisch und subjektiv willkürlich Berücksichtigung. Im Gegensatz zu den theoretischen Modellen der Entscheidungslogik erfolgt somit keineswegs erst eine vollständige Sammlung aller Alternativen und im Anschluss daran ein umfassender Alternativenvergleich. Sobald in dem sequenziellen Suchprozess nach entscheidungsrelevanten Informationen eine brauchbare Handlungsalternative auftaucht, die das Anspruchsniveau des Entscheidungssubjekts erfüllt, wird der Prozess der Suche nach weiteren Informationen abgebrochen (vgl. March/Simon 1958, S. 47-52 und 182; Simon 1976, S. XXVIII-XXXI; 1977, S. 86-87).

Für das begrenzt rationale Entscheidungsverhalten ist somit das Anspruchsniveau des jeweiligen Entscheiders von Bedeutung. Aufgrund seiner Erfahrungen kommt es auch zu **Anpassungen des individuellen Anspruchsniveaus**. Gelingt es ihm, sein Anspruchsniveau über eine längere Zeit hinweg zu erfüllen, wird er dieses tendenziell steigern. Kann er jedoch sein Anspruchsniveau dauerhaft nicht erreichen, wird er seine Ansprüche senken (vgl. March/Simon 1958, S. 182-183). Im Zeitablauf kommt es somit tendenziell zu einer Balance zwischen dem Anspruchsniveau einerseits und den gesammelten Erfahrungen mit vergangenen Entscheidungen bzw. Zielerreichungen andererseits.

Eine weitere – alltägliche – Vereinfachungsstrategie des begrenzt rationalen Entscheidungsverhaltens besteht darin, in ähnlicher Weise wiederkehrende komplexe Entscheidungssituationen mit situationsübergreifenden Routineprogrammen zu bewältigen (vgl. Simon 1976, S. 84-92). Die Komplexität der Entscheidung verringert sich in diesem Fall drastisch, da sie in bekannte Wahrnehmungs- und Kognitionsmuster eingeordnet und mit gewohnten Verhaltensmustern reagiert wird. Im Extremfall erfolgt dann – nicht zuletzt zur Entlastung des Bewusstseins – ein rein habituelles Verhalten, das aber eine (scheinbar?) angemessene Zielerreichung sicherstellt.

Vor dem Hintergrund der skizzierten Vereinfachungsstrategien wird im Konzept der begrenzten Rationalität zudem die ausgeprägte Prozessperspektive deutlich, die der Analyse des menschlichen Entscheidungsverhaltens zugrunde liegt. Welche Entscheidung von einem Individuum in einer organisationalen Kontextsituation getroffen wird, ist demnach von dem subjektiven Prozess der Suche nach Informationen und der Anpassung relevanter Anspruchsniveaus sowie externen Einflüssen auf den Informationsfluss abhängig. Da dieser entscheidungsbezogene Suchprozess weit gehend durch das Individuum und seine spezifischen (organisationalen) Rahmenbedingungen geprägt ist, fällt es schwer, Entscheidungen zu prognostizieren.

4.3   Organisationen und begrenzte Rationalität

Die Annahmen zu dem begrenzt rationalen Entscheidungsverhalten von Individuen prägen die verhaltenswissenschaftliche Organisationsanalyse. Es wird davon ausgegangen, dass auch die Entscheidungen in Organisationen nicht dem Schema formaler Rationalität folgen. Deshalb steht die Frage im Vordergrund, wie es Organisationen angesichts der kognitiven Beschränkungen ihrer Mitglieder gelingen kann, die Komplexität der Umwelt angemessen zu verarbeiten. Die Aufmerksamkeit richtet sich dabei auf die **Vereinfachung organisationaler Entscheidungssituationen**. Zur Charakterisierung dieser wird auf den Begriff der „Entscheidungsprämisse" zurückgegriffen (vgl. Simon 1976). Die in Organisationen getroffenen Entscheidungen erweisen sich vor allem als das Resultat der jeweils zugrunde gelegten und nicht zuletzt organisationsstrukturell geprägten, Komplexität reduzierenden Entscheidungsprämissen.

Solche **Entscheidungsprämissen** können sich auf entscheidungsrelevante Wissensbestände beziehen (Sachprämissen bzw. „factual premises"), aber auch Ziele sowie Bewertungskriterien (Wertprämissen bzw. „value premises") betreffen (vgl. Simon 1976, S. 223; Berger/Bernhard-Mehlich 2006, S. 179-181). Zwar determiniert die Organisation die Entscheidungsprämissen der Individuen nicht vollständig, jedoch können organisationale Rahmenbedingungen sie erheblich einschränken. Zu diesen Rahmenbedingungen zählt beispielsweise eine bürokratisch geprägte Herrschaftsstruktur, die die Interaktionen, Verhaltensmöglichkeiten sowie letztlich den Entscheidungsraum der Organisationsmitglieder begrenzt und eine Dominanz von Sachprämissen bzw. weit gehend unpersönlichen Wertprämissen hervorruft. Zudem fungieren innerhalb von Hierarchien Entscheidungsresultate auf höherer Ebene als Prämissen für die daran anschließenden Umsetzungsentscheidungen (vgl. Witt 1995, S. 194). Mit der Arbeitsteilung und der Zuweisung von Teilaufgaben an die Organisationsmitglieder verringern sich der für jedes Individuum relevante Realitätsausschnitt sowie die Menge der zu berücksichtigenden Sach- und Wertprämissen. Letztere werden weit gehend durch die zugewiesene Aufgabe oder standardisierte Verfahren vorgeprägt.

Die unpersönliche formale Ordnung wird zudem unterstützt durch die „**informale Organisation**" (vgl. Simon 1976, S. 148-149). Diese ergänzt das organisationale Repertoire formaler Vorgaben um weitere Entscheidungsprämissen, die die interpersonalen Beziehungen betreffen und meist deutlich stärker durch die von einer Entscheidung betroffenen Personen geprägt sind. Beispielsweise können hier persönliche Wertprämissen einflussreich werden. Die informale Organisation füllt damit Steuerungslücken, die von der formalen Organisation offen gelassen werden. Gleichzeitig sieht Simon jedoch die Gefahr, dass sich die informellen Entscheidungsprämissen in einer Organisation zunehmend von den formellen Vorgaben entkoppeln und die zielgerichtete Entscheidungskoordination gefährden (vgl. 1976, S. 150). Gerade die informale Organisation hat aufgrund divergierender Ziele und Interessen einen ausgeprägt polyzentrischen Charakter, der die stringente Ausrichtung der organisationalen Entscheidungsprämissen auf das organisatorische Gesamtziel behindert und zu einer „Zweckentfremdung von Ressourcen" der Organisation beiträgt (Witt 1995, S. 195).

Eine besondere Bedeutung kommt der **Kommunikation** in Organisationen zu. Sie erweist sich als das zentrale Strukturelement zur Bewältigung der begrenzten Rationalität des Menschen. Organisationale Kommunikation bewirkt eine Filterung von Informationen, ist somit immer selektiv. Dabei produziert sie ständig – mitunter hochselektive – Entscheidungsprämissen. Die besondere Relevanz der Kommunikation ergibt sich nicht zuletzt dadurch, dass sie die gesamten organisationalen Strukturen bzw. Interaktionen durchdringt und insoweit den zentralen Modus der organisationalen Informationsverarbeitung darstellt. Dabei ist zu berücksichtigen, dass die in den organisationalen Kommunikationsnetzwerken weitergegebenen Informationen einer permanenten Veränderung unterliegen. Vor allem ziehen die Organisationsmitglieder unterschiedliche Schlüsse aus den transferierten Informationen. Da jedoch nicht mehr die Anfangsinformationen selbst, sondern lediglich die damit verknüpften Interpretationen weitertransportiert werden, erfolgt eine so genannte „Unsicherheitsabsorption" in Organisationen (vgl. March/Simon 1958, S. 167). Im Zuge dieser Prozesse werden aus der Vielfalt der möglichen Informationsinterpretationen wenige ausgewählt und die informationale Unsicherheit reduziert. Die Unsicherheitsabsorption erweist sich aber nicht nur als kognitiv relevant, sondern tangiert unmittelbar die Macht- bzw. Einflussstrukturen in Organisationen (vgl. March/Simon 1958, S. 165). Vor allem können dadurch Entscheidungen in bestimmte Richtungen gelenkt werden. Dieser Einfluss auf Entscheidungen ist weit gehend unabhängig von formalen Hierarchien sowie Kompetenzzuweisungen und erfolgt vor allem durch Organisationsmitglieder, die weit reichend in die organisationalen Informationsverarbeitungsprozesse einbezogen sind. Damit wird die Organisationskommunikation recht stark aus einer Machtperspektive heraus analysiert (vgl. dazu I.8.2 und I.8.3.3.3).

4.4   Verhaltensorientierte Theorie der Firma und Zielbildung

In Orientierung an dem verhaltenswissenschaftlichen Konzept der begrenzten Rationalität entwickelten Cyert/March eine „verhaltensorientierte Theorie der Firma", die ebenfalls das (Entscheidungs-)Verhalten der Individuen bzw. Gruppen analysiert (vgl. 1995). Den Ausgangspunkt dieser Theorie der Firma bildet die Annahme, dass in Unternehmen vielfältige konfliktäre Erwartungen, Interessen und Ziele der am Unternehmen beteiligten Individuen und Gruppen aufeinander treffen. Aus diesem Grund wird ein entscheidungslogisch und rationalistisch geprägtes Organisationsverständnis strikt abgelehnt. Organisationen sind demnach keineswegs vollständig rational strukturierte Einheiten, die strikt ihre Ziele verfolgen und quasi wie eine Maschine getroffene Entscheidungen konsequent umsetzen. Vielmehr wird das Unternehmen bzw. die **Organisation als eine „konfliktregulierende Koalition"** (Neuberger 1995, S. 179) betrachtet, die vor allem auf ihr eigenes Überleben im Kontext der internen Interessenvielfalt und einer komplexen Umwelt ausgerichtet ist.

Da die Organisation (bzw. das Unternehmen) als eine Koalition von Beteiligten bzw. Betroffenen mit – zumindest partiell – divergierenden Zielen und Interessen angesehen wird, erweist sich bereits die Festlegung der übergeordneten **Organisationsziele als ein Verhandlungsproblem**. Die Organisationsziele sind daher abhängig von der personellen Zusammensetzung der Koalition einflussreicher Stakeholder. Eine Veränderung der Machtstruktur oder das Hinzutreten neuer Stakeholder kann umfangreiche Modifikationen des Zielsystems einer Organisation bewirken. Allerdings sind die Zielstrukturen nicht vollständig willkürlich veränderbar. Die Organisationsziele stellen nicht nur das Ergebnis der Aushandlungsprozesse zwischen den Stakeholdern dar, sondern erweisen sich stets auch als Ausdruck von Umweltanforderungen an die Organisation. Darüber hinaus rufen Zielanpassungen hohe Kosten hervor, die zusätzlich stabilisierend wirken.

In den durch Verhandlungen geprägten Zielbildungsprozessen in Organisationen gilt bei weitem nicht nur die Überzeugungskraft des besseren Arguments, vielmehr kommt es zum Einsatz von Macht und Einflusstaktiken. Dabei werden die Zielbildungsprozesse keineswegs durch langfristige strategische Analysen angeregt, sondern sie ergeben sich als Folge der Konfrontation mit akuten organisationalen Problemen. Diese Probleme erweisen sich nicht zuletzt als das Resultat modifizierter Interessenstrukturen in der Organisation und/oder sich wandelnder Rahmenbedingungen in der Organisationsumwelt. Die Aushandlungsprozesse beziehen sich zudem nicht allein auf die informalen Zielstrukturen, sondern gleichermaßen auf die übergeordneten formalen Ziele der Gesamtorganisation und die Konkretisierung globaler Oberziele in Form von Subzielen sowie spezifischen Aufgaben der Organisationseinheiten. Dabei entsteht nicht notwendig ein konsistentes Zielsystem. Da vielfältige Gruppen (Subkoalitionen) mit unterschiedlichen Interessen an den Zielbildungsprozessen teilnehmen, können auch die Subziele von Organisationseinheiten miteinander oder mit dem Gesamtziel der Organisation konfligieren.

Bei der Bestimmung von Zielen ist neben Aushandlungsprozessen sowie Macht und Einflusstaktiken die begrenzte Rationalität der Akteure maßgebend. Die Konkretisierung der (formalen) Organisationsziele orientiert sich nicht an dem (maximal) Erreichbaren, sondern bleibt – soweit die Umwelt- und Interessenanforderungen es erlauben – eher dem Gewohnten bzw. Üblichen verhaftet. Vor dem Hintergrund, dass sich die Zielaushandlung an dem in der Vergangenheit gesammelten Erfahrungsschatz und den Kompromissen zwischen divergierenden Interessen orientiert, beziehen sich die letztlich vereinbarten Ziele auf vergleichsweise niedrige Anspruchsniveaus und bewegen sich im Bereich des für alle Beteiligten Akzeptablen.

Wenn es sich somit bei Organisationen um konfliktregulierende Koalitionen von Teilnehmern mit teilweise extrem widersprüchlichen Interessen handelt, dann kann es grundsätzlich nicht gelingen, alle organisationalen Konflikte zu beseitigen. Um auch bei Fortbestehen grundlegender organisationaler Konflikte die Existenz der Gesamtorganisation zu sichern, werden nicht selten so genannte „**Quasi-Konfliktlösungen**" praktiziert (vgl. Cyert/March 1995, S. 157-159). Diese sollen den Teilnehmern die weitere Zusammenarbeit trotz Interessendivergenzen ermöglichen. Eine solche Quasi-Konfliktlösung stellt die Beschränkung auf rein lokale Rationalitäten dar. Probleme werden dann nicht ganzheitlich bearbeitet, sondern zunächst in Teilprobleme zerlegt und ihre Bewältigung organisatorischen Untereinheiten zugewiesen. Eine Lösung dieser Teilprobleme erfolgt aber lediglich aus der (beschränkten) Perspektive der damit befassten Organisationseinheit. Die erarbeiteten Lösungen unterliegen somit bestenfalls einer lokalen Rationalität, die regelmäßig Inkonsistenzen bei der Bewältigung des umfassenderen Gesamtproblems hervorruft. Eine weitere Quasi-Konfliktlösung besteht darin, konfliktträchtige formale Organisationsziele für das Handeln im operativen Prozess lediglich als Nebenbedingung aufzugreifen. Zwar muss dann das formale Organisationsziel mit einem bestimmten Anspruchsniveau erreicht werden; durch die Interpretation als Nebenbedingung ergibt sich jedoch ein erheblicher Freiraum für die (mitunter vorrangige) Verfolgung weiterer Ziele. Konfliktentschärfend erweist sich gegebenenfalls auch das sequenzielle Abarbeiten von Zielen. Hierdurch können Überforderungen einzelner Koalitionsteilnehmer vermieden und mitunter im Zeitablauf neue Verhandlungsspielräume eröffnet werden.

4.5   Organisationale Anarchie

Der Ansatz der organisationalen Anarchie knüpft an den bereits dargestellten verhaltenswissenschaftlichen Theorien an, geht jedoch in seiner Kritik an der Annahme einer rationalen Gestaltbarkeit von Organisationen noch deutlich darüber hinaus. Organisationen und ihre Strukturen bzw. Prozesse sind demnach in keiner Weise das Resultat eines rational gestalteten und systematischen (Entscheidungs-)Prozesses, in dessen Verlauf zunächst Probleme identifiziert, Ziele definiert, Handlungsalternativen generiert und schließlich optimale Lösungen gewählt sowie konsequent von den Teilnehmern der organisationalen Koalition umgesetzt werden. Während die zuvor erwähnten Ansätze (begrenzt rationales, organisationales Entscheidungsverhalten und Theorie der Firma) in ihren Analysen zumindest partiell noch systematische Kopplungen zwischen den verschiedenen Entscheidungsphasen unterstellen, verneint dies der Ansatz zum Teil grundlegend und bietet sogar ausdrücklich ein **Gegenmo-**

dell zur Vorstellung rationalen Wahlverhaltens in Organisationen an. Der Ansatz der organisationalen Anarchie sieht zwar in überschaubaren, gut strukturierten Entscheidungssituationen durchaus Möglichkeiten eines systematischen Vorgehens im Sinne des rationalen Entscheidungsverhaltens; moderne Organisationen sind jedoch in vielfältiger Weise mit äußerst komplexen, mehrdeutigen (internen sowie externen) Situationen konfrontiert, die die klassische Systematik der Entscheidungsprozesse mitunter völlig demontieren. In vielen Organisationen stellen diese Situationen der Unsicherheit und Ambiguität sogar den Regelfall dar (vgl. March/Olsen 1982, S. 12).

Solche **mehrdeutigen Situationen (Ambiguität)** lassen sich durch einige zentrale Merkmale kennzeichnen (vgl. March/Olsen 1982):

- Es liegen zunächst inkonsistent definierte Ziele vor („ambiguity of intention") und vor dem Hintergrund unklarer Ziele und Präferenzstrukturen bleibt das jeweils relevante Entscheidungsfeld völlig unklar.
- Das Wissen über die Ursache-Wirkungs-Beziehungen ist in dem – nur diffus abgegrenzten – Entscheidungsfeld völlig defizitär („ambiguity of understanding"). In Unkenntnis der Kausalstrukturen lassen sich aber auch keine eindeutigen Zweck-Mittel-Relationen bilden und sicheren Handlungsalternativen generieren.
- Nach getroffenen organisationalen Entscheidungen können die wirksamen Kausalzusammenhänge nicht klar identifiziert werden, so dass vielfältige Interpretationen, Geschichten über die Vergangenheit und nicht zuletzt Mythen nebeneinander existieren („ambiguity of history").
- Schließlich verändert sich die Zusammensetzung der Teilnehmer an den Entscheidungen laufend, die sich zudem nur mit einer sehr wechselnden Aufmerksamkeit unterschiedlichen Entscheidungsgelegenheiten widmen („ambiguity of organization").

Vor dem Hintergrund der Merkmale dieser – regelmäßig auftretenden – mehrdeutigen Situationen kann das traditionelle Konzept einer systematischen Verknüpfung von Entscheidungsresultaten („decision as an outcome") und Entscheidungsprozessen („decision-making as a process") nicht aufrecht erhalten bleiben. Der Ansatz der organisationalen Anarchie entwickelt nun ein Modell, das die Elemente von Entscheidungsprozessen weitaus flexibler miteinander kombiniert als das traditionelle Konzept des rationalen Wahlverhaltens. Um die weit gehend unsystematische Grundstruktur organisationaler Wahl in mehrdeutigen Situationen zu verdeutlichen, werden organisationale Entscheidungsprozesse mit der Metapher des Mülleimer-Modells („garbage can model") beschrieben (vgl. March/Olsen 1982).

Nach dem **Mülleimer-Modell** werden die Elemente von Entscheidungen – Probleme, Ziele, Lösungen und Teilnehmer – in den „Mülleimern" unterschiedlicher Entscheidungsgelegenheiten durcheinander geworfen. Dieses wilde Durcheinanderwerfen von Entscheidungselementen verdeutlicht die anarchischen Züge organisationalen Wahlverhaltens. Solche Mülleimer-Prozesse erweisen sich als extrem zeit- und kontextabhängig. Beispielsweise hängt das Entscheidungsresultat nicht selten von der zeitlichen Reihenfolge ab, in der verschiedene Entscheidungselemente in einen Mülleimer geworfen werden. Auch die – mitunter von Zufallskonstellationen bestimmten – konkreten situativen Rahmenbedingungen prägen das organisationale Wahlverhalten. Vor diesem Hintergrund sind die Ergebnisse von Mülleimer-Entscheidungen nicht prognostizierbar.

Um das Mülleimer-Modell und die Abhängigkeit der Entscheidungsergebnisse von den komplexen zeitlich-situativen Rahmenbedingungen zu illustrieren, wird auf ein weit gehend diffus-zufälliges **Zusammenfließen unterschiedlicher Ströme** von Entscheidungselementen bei organisationalen Wahlsituationen hingewiesen. Demnach treffen jeweils Ströme von Problemen, Lösungen, Teilnehmern und Entscheidungsgelegenheiten unsystematisch aufeinander. Diese Ströme erweisen sich als relativ unabhängig voneinander und stehen nicht selten unter einem erheblichen (entscheidungs-)externen Einfluss. Die Ströme der Probleme, Lösungen und Teilnehmer fließen dabei in unterschiedliche Mülleimer. Letztere basieren auf dem Strom der Entscheidungsgelegenheiten, wobei jede Entscheidungsgelegenheit einen Mülleimer darstellt. „In a garbage can situation, a decision is an outcome or an interpretation of several relatively independent 'streams' within an organization" (March/Olsen 1982, S. 26; vgl. Abb. I.4.1).

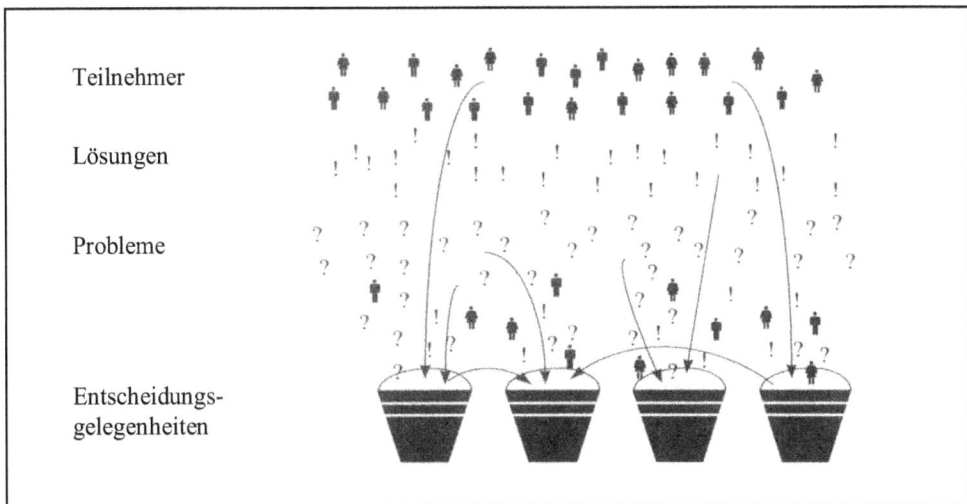

Abb. I.4.1:   Das Mülleimer-Modell (vgl. Berger/Bernhard-Mehlich 2002, S. 150)

- Der Strom der **Teilnehmer** mit ihrer beschränkten Aufmerksamkeit fließt nach keinem klaren Muster in die verschiedenen Entscheidungsgelegenheiten (Mülleimer) und das Auftreten neuer Entscheidungsgelegenheiten kann die Verteilung der Teilnehmer grundlegend verändern.

- Der Strom der **Lösungen** beinhaltet generelle Möglichkeiten der Problembewältigung. Es handelt sich insoweit um Lösungsangebote, die in keiner Weise an konkrete Probleme gebunden sein müssen. Sie eröffnen gegebenenfalls Möglichkeiten, für die die zugehörigen Probleme erst noch zu identifizieren sind.

- Der Strom der **Probleme** fließt unsystematisch und wird insbesondere von den Zielen, Ideen usw. des wechselnden Teilnehmerstroms gespeist. Ob allerdings die Probleme tatsächlich den Weg in spezifische Entscheidungsgelegenheiten finden und dort gegebenenfalls sogar mit passenden Lösungen verknüpft werden, bleibt zunächst grundsätzlich offen.

- Der Strom der **Entscheidungsgelegenheiten** eröffnet immer wieder neue Mülleimer als „Anlässe, bei denen Entscheidungen erwartet werden" (Berger/Bernhard-Mehlich 2006, S. 188). Entscheidungsgelegenheiten können in vielfältiger Weise inspiriert sein und erweisen sich keineswegs nur als das Resultat sachlicher Erfordernisse. Entscheidungsarenen werden z. B. zur Klärung von Machtverhältnissen oder zur Begleichung persönlicher Rechnungen eröffnet.

Letztlich bilden Organisationen, die überwiegend unter den Bedingungen der Unsicherheit und Ambiguität agieren, ein sich ständig in Bewegung befindendes Set von Entscheidungsarenen, das von den unterschiedlichen Strömen der Entscheidungselemente getragen wird. Dabei differenzieren March/Olsen (vgl. 1982, S. 33) zwischen drei verschiedenen **Entscheidungsstilen**, um mit mehrdeutigen Mülleimer-Situationen umzugehen:

- Die **Problemlösung** („decision by resolution") löst tatsächlich ein (oder mehrere) Problem(e), die in einem Mülleimer aktiviert wurden. In diesen Fall sind Verhaltensmuster einer kontinuierlichen Abarbeitung aktivierter Probleme tatsächlich zu beobachten. Problemlösungen werden jedoch als vergleichsweise selten angesehen.

- Die Entscheidung durch **Übersehen** („decision by oversight") lässt wesentliche Aspekte aktivierter Probleme außer Acht oder übersieht sogar zentrale Probleme vollständig. Dies ermöglicht es, Entscheidungen zügig und mit einem Minimum an Energie zu treffen.

- Bei einer Entscheidung durch **Flucht** („decision by flight") wurden in einer spezifischen Entscheidungsarena zunächst über längere Zeit erfolglose Versuche unternommen, ein komplexes Problem zu lösen. Wandern schwierige Probleme schließlich zu anderen Entscheidungskontexten ab, ermöglicht das nach ihrer Flucht die Alternativenwahl in der ursprünglichen Arena.

Der Ansatz der organisationalen Anarchie macht deutlich, dass Wahlsituationen in Organisationen häufig den Charakter von Mülleimer-Prozessen aufweisen und vielfach eher durch Nicht-Entscheidung („non-decision") als durch gezielte Entscheidung gekennzeichnet sind. Unter den Bedingungen von Unsicherheit und Ambiguität kann sich die Intentionalität der Teilnehmer in den verschiedenen Entscheidungsarenen häufig nicht organisational durchsetzen. Komplexe Wahlsituationen in Organisationen weisen meist keinen zweckrationalen Charakter auf und können deshalb nicht mit den klassischen Verfahrensmustern der Entscheidungstheorie oder mit Konzepten begrenzter Rationalität bewältigt werden. March/Olsen empfehlen vielmehr eine so genannte „**technology of foolishness**", die zweckrationales Verhalten („technology of rationality") in mehrdeutigen Wahlsituationen substituieren kann (vgl. 1982, S. 69-81). Danach ist nicht das im Voraus strikt durchdachte und rational kalkulierte Verhalten zielführend, sondern eher ein (mitunter naives) spielerisches Experimentieren („playfulness") sowie anschließendes Beobachten bzw. Entdecken der Konsequenzen (unter Einschluss der zugehörigen Ziele und korrespondierenden Probleme des eigenen Verhaltens). Dies setzt die Offenheit für subjektive Verunsicherungen und neue Erfahrungen voraus (vgl. Brentel 1999, S. 251). In organisationalen Anarchien erfordert mithin eine Rationalität höherer Ordnung die – zumindest temporäre – Außer-Kraft-Setzung von Rationalität. Insofern ein (nachträgliches) Lernen in mehrdeutigen Situationen angesichts der Vielfalt potenzieller Ex-post-Interpretationen überhaupt möglich ist, eröffnet die technology of foolishness sogar Lernpotenziale. Mit dieser geben March/Olsen ihrer Kritik an der Rationalitätsmaxime eine konstruktive und optimistische Wendung. In dieser Interpretation wird die organisationale Anarchie die spielerischen Impulse der technology of foolishness aufgreifen und irgendwie integrieren oder (ohne größere Komplikationen!) einfach übersehen.

4.6 Kritische Würdigung

Im Gegensatz zu den klassischen Organisationstheorien, der präskriptiven Entscheidungstheorie oder der neoklassischen Ökonomik geht die verhaltenswissenschaftliche Entscheidungsprozessforschung davon aus, dass Individualentscheidungen aufgrund der beschränkten menschlichen Informationsverarbeitungskapazität nur als begrenzt rational verstanden werden können. Nicht zuletzt bereits aus diesem Grunde weisen Kollektiventscheidungen in Organisationen nur einen geringen Grad an Strukturiertheit und Zielgerichtetheit auf. Simons Konzept der begrenzten Rationalität erweiterte somit zunächst das Verständnis für die kognitiven Aspekte des Entscheidungsverhaltens in Organisationen. Die Individuen in Organisationen streben keine Optimallösungen an, sondern begnügen sich als Satisfizierer mit hinreichend zufrieden stellenden Ergebnissen. Die verhaltenswissenschaftliche Entscheidungsprozessforschung identifizierte somit sehr bedeutsame Diskrepanzen zwischen den realen Entscheidungen in Organisationen und den normativen Vorstellungen entscheidungslogischer bzw. ökonomischer Analysen. Der Blick auf reale Entscheidungssituationen und das zunächst besonders ausgeprägte deskriptive Erkenntnisinteresse der verhaltenswissenschaftlichen Forschung förderte somit eine **realitätsnähere Betrachtung organisationaler Entscheidungen** und verdeutlichte „die Unzulänglichkeiten des Homo-Oeconomicus-Weltbilds" (Wolf 2005, S. 200).

Im Zuge dessen identifizierte sie weit reichende Differenzen zwischen Individuum und Organisation bzw. zwischen individuellen und organisationalen Entscheidungen. Während individuelle Entscheidungen zumindest partiell als (satisfizierende) Wahlakte und in Orientierung an den logischen Strukturen des Entscheidungsprozesses konzeptualisiert werden können, erscheint dies bei organisationalen Entscheidungen nicht mehr möglich. Organisationen als multipersonale Handlungssysteme mit einer Vielzahl von interessendivergenten Teilnehmern vollziehen kaum stringent auf den Organisationszweck ausgerichtete, rationale Wahlakte, vielmehr unterliegen sie insbesondere bei schlecht-strukturierten Entscheidungsproblemen (hohe Komplexität und Unsicherheit) sehr **diffusen Entscheidungsmustern**. Zur Analyse solcher schlecht-strukturierten Entscheidungsprobleme in Organisationen nimmt die verhaltenswissenschaftliche Forschung eine radikale Flexibilisierung des Prozessdenkens in Entscheidungszusammenhängen vor, da Phasen der Problemidentifikation, Zielfixierung, Alternativengenerierung und -auswahl gerade in Organisationen keineswegs linear ablaufen, sondern vielfach eher zufällig miteinander kombiniert werden. Organisationale Entscheidungen lassen sich folglich nicht prognostizieren und bestenfalls ex post rekonstruieren.

Allerdings stellt die verhaltenswissenschaftliche Entscheidungsprozessforschung **keine systematisch integrierte Theorieperspektive** dar. So wird z. B. der Zusammenhang zwischen individuellen und organisationalen Entscheidungen nur unzureichend theoretisch geklärt (vgl. Wolf 2005, S. 197). Darüber hinaus verbleiben die Forschungsbemühungen häufig bei der rein deskriptiven Analyse realer Entscheidungsprozesse, und es gelingt ihnen nicht, normative Empfehlungen abzuleiten. Sie eröffnen damit zwar ein heuristisches Potenzial zur wissenschaftlichen Untersuchung organisationaler Entscheidungsprozesse und zur (nachträglichen) kognitiven Durchdringung organisationaler Entscheidungspraxis, die pragmatische Relevanz bleibt jedoch eng begrenzt.

5 Der situative Ansatz

5.1 Herkunft, Ziel und Forschungsprogramm

Der situative Ansatz (auch Kontingenzansatz bzw. „contingency approach") bildet eine sehr weit verbreitete Analyseperspektive in der Organisationsforschung. Er entstand in den 1950er Jahren mit dem Ziel, im Vergleich zur klassischen Organisationstheorie differenziertere Aussagensysteme abzuleiten (vgl. Udy 1958; Woodward 1958; Stichcombe 1959). Er wurde maßgebend geprägt durch die so genannte „**Aston-Gruppe**" um Derek S. Pugh in Birmingham (vgl. Pugh et al. 1968; Pugh/Hickson 1976; Pugh/Hinings 1976), aber z. B. auch durch den Harvard-Ansatz von Lawrence/Lorsch (vgl. 1967). Da bei dem situativen Ansatz die Organisationsstrukturen im Fokus der Betrachtung stehen, knüpft er an den klassischen Ansätzen der Organisationstheorie (vor allem dem Bürokratie-Ansatz) an (vgl. Udy 1958; Stichcombe 1959; Pugh et al. 1968; auch Türk 1989, S. 1; Schreyögg 2003, S. 55). Organisationen werden somit als besondere soziale Institutionen betrachtet, die auf der Grundlage einer konkreten formalen Struktur bestimmte – weit gehend formalisierte – Ziele verfolgen und das Verhalten der Organisationsmitglieder auf diese Ziele mehr oder weniger erfolgreich ausrichten (vgl. auch Bea/Göbel 2006, S. 106).

Im Vordergrund steht die formale Struktur, d. h. das bewusst gestaltete und unpersönlich geltende Regelsystem in Organisationen (vgl. Kubicek/Welter 1985, S. 14; Frese 1992, Sp. 1670-1671), während informelle Interaktionsmuster weitest gehend vernachlässigt werden. Der situative Ansatz orientiert sich jedoch – im Gegensatz zu den Annahmen des Bürokratie-Ansatzes oder des Taylorismus – an der Erkenntnis, dass Organisationsstrukturen in der Praxis recht breit streuen und dennoch gleichermaßen zum Organisationserfolg beitragen können. Insofern betont, dass es keine generell effiziente Organisationsstruktur bzw. keinen „one best way" des Organisierens gibt; vielmehr sind Organisationen gehalten, ihre Struktur an die vorliegenden konkreten situativen Rahmenbedingungen anzupassen. Unterstellt wird die Notwendigkeit einer situationsbezogenen Relativierung organisationstheoretischer Aussagen (vgl. Pietsch 2003, S. 31). Dabei steht die Frage im Vordergrund, inwieweit bestimmte Strukturmerkmale in Kombination mit bestimmten situativen Merkmalen statistisch regelmäßig auftreten und insoweit als kontingent einzuschätzen sind (vgl. Bea/Göbel 2006, S. 105).

Ziel des situativen Ansatzes ist es daher, Merkmale der Organisationsstruktur mithilfe der konkreten situativen Rahmenbedingungen zu erklären. Daran anknüpfend können dann gegebenenfalls Gestaltungsempfehlungen abgeleitet werden, wie die Organisationsstruktur an die vorliegende Situation bestmöglich anzupassen ist (vgl. Kieser 2006b, S. 115). Um diese beiden (erklärungs- und gestaltungsorientierten) Ziele zu erreichen, bedient sich der situative Ansatz der empirisch-vergleichenden Organisationsforschung. In diesem Rahmen beabsichtigt er, organisatorische Strukturen in der Praxis empirisch zu erfassen und in Abhängigkeit von situativen Einflussfaktoren zu erklären, Wirkungen der Organisationsstruktur auf den Organisationserfolg zu ermitteln und schließlich auf dieser Basis Gestaltungsempfehlungen zu geben (vgl. z. B. Bea/Göbel 2006, S. 111-112; Kieser 2006b, S. 218).

Der situative Ansatz richtet sich somit insbesondere auf die empirische Analyse von Situation-Struktur-Erfolg-Zusammenhängen, wobei häufig das Verhalten der Organisationsmitglieder als vermittelnde Variable mit einbezogen wird (vgl. Abb. I.5.1). Das grundlegende Ziel des situativen Ansatzes setzt daher die empirische Erfassung unterschiedlicher Variablen der Organisationsstruktur, der situativen Rahmenbedingungen sowie schließlich des Organisationserfolges voraus.

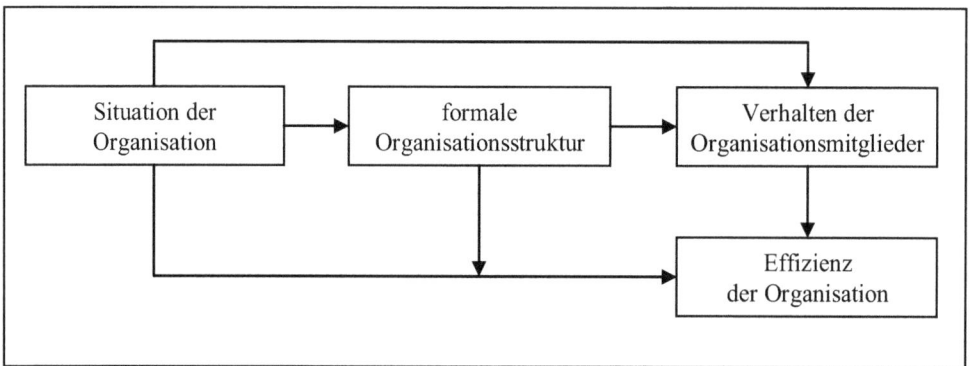

Abb. I.5.1:   Forschungsprogramm des situativen Ansatzes (vgl. Kieser/Kubicek 1992, S. 57)

5.2   Operationalisierung der Organisationsstruktur

Die Erfassung der Organisationsstruktur basiert – wie die Erfassung jedes empirischen Sachverhalts – auf ihrer Operationalisierung und somit der Übersetzung in konkrete Messoperationen. Um die potenziell unendliche Zahl zu erfassender Merkmale im Rahmen der Operationalisierung einzugrenzen, erfolgte schließlich die Fokussierung der Analyse auf unterschiedliche **Dimensionen der Organisationsstruktur**. Diese fassen jeweils zentrale Eigenschaften der Organisationsstrukturen unter einem gemeinsamen Begriff zusammen und werden letztlich zur genaueren Analyse noch in weitere Merkmale („Strukturvariablen") untergliedert (ähnlich Ebers 1992, Sp. 1822; Walgenbach/Beck 2004). Es gibt bisher jedoch keinen einheitlichen Katalog von Organisationsstrukturdimensionen (für einen Überblick über unterschiedliche Dimensionenkataloge vgl. Kubicek/Welter 1985, S. 15-21; Breilmann 1995); in der klassischen Konzeption der Aston-Gruppe (vgl. Pugh/Hickson 1971; Pugh/Hinings 1976;

auch z. B. Kieser 2006b, S. 219; Schreyögg 2003, S. 57) wurden die folgenden Dimensionen betrachtet:

- Spezialisierung (Grad der Arbeitsteilung bzw. Ausmaß, in dem die Aufgabenerfüllung in spezialisierte Rollen aufgeteilt ist)
- Formalisierung (Grad der schriftlichen Fixierung bzw. Aktenmäßigkeit von Verfahrensrichtlinien, Regeln und Vorgängen)
- Standardisierung (Ausmaß, in dem die Aufgabenerfüllung durch Richtlinien und bürokratische Regeln vorprogrammiert ist)
- Zentralisierung (Grad der Zentralisierung von Entscheidungskompetenzen)
- Konfiguration (Strukturgestalt der Organisation, z. B. Hierarchieebenen, Kontrollspannen, Anteil der Verwaltungskräfte)
- Flexibilität (Veränderlichkeit der Organisationsstruktur)

Aus pragmatischen Gründen wurde die Strukturdimension der Flexibilität aufgrund der dafür notwendigen und nur schwer zu realisierenden langen Beobachtungszeiträume später aus dem Dimensionenkatalog entfernt (vgl. Pugh et al. 1968; Schreyögg 2003, S. 57). Kieser/Kubicek führten zudem **Koordination als weitere Organisationsstrukturdimension** ein, die in enger (aber flexibler) Wechselbeziehung zur Spezialisierung steht (vgl. 1992, S. 73-75). Danach steigt mit zunehmender Spezialisierung tendenziell auch der Koordinationsbedarf.

Die genannten Dimensionen der Organisationsstruktur können in der Praxis deutlich unterschiedlich ausgeprägt sein. Sie fungieren als verdichtete Variablen zur Erfassung, Beschreibung und Gestaltung formaler Organisationsstrukturen.

5.3   Operationalisierung der Situation

Aus der Perspektive des situativen Ansatzes existiert keine generell optimale Organisationsform. Vielmehr hängt die Vorteilhaftigkeit formaler Strukturen von den situativen Rahmenbedingungen ab. Man geht von einem „Zueinanderpassen(-müssen) von Organisation und Umwelt" aus (Schreyögg 2003, S. 61). Es wird dabei vermutet, dass es **unabhängige situative Determinanten** der formalen Struktur gibt, die im Sinne eines Ursache-Wirkungs-Zusammenhangs die Organisationsform determinieren. Insoweit müssen auch die jeweils spezifischen situativen Einflüsse, unter denen Organisationen agieren, erfasst werden. Im situativen Ansatz wurden diese Einflussfaktoren jedoch – ohne Rückgriff auf eine Theorie – lediglich plausibilitätsgestützt abgeleitet (vgl. Kieser 2006b, S. 221). Ziel war es, diejenigen Kontextfaktoren zu identifizieren, die die Varianz der formalen Strukturen in der Organisationspraxis am weit gehendsten erklären. Abbildung I.5.2 gibt einen Überblick über besonders häufig untersuchte Kontextfaktoren.

Dimensionen der internen Situation
- gegenwartsbezogene Faktoren
    - Leistungsprogramm
    - Größe
    - Fertigungstechnik
    - Informationstechnik
    - Rechtsform und Eigentumsverhältnisse

- vergangenheitsbezogene Faktoren
    - Alter der Organisation
    - Art der Gründung
    - Entwicklungsstadium der Organisation

Dimensionen der externen Situation
- aufgabenspezifische Umwelt
    - Konkurrenzverhältnisse
    - Kundenstruktur
    - Dynamik der technischen Entwicklung

- globale Umwelt
    - gesellschaftliche Bedingungen
    - kulturelle Bedingungen

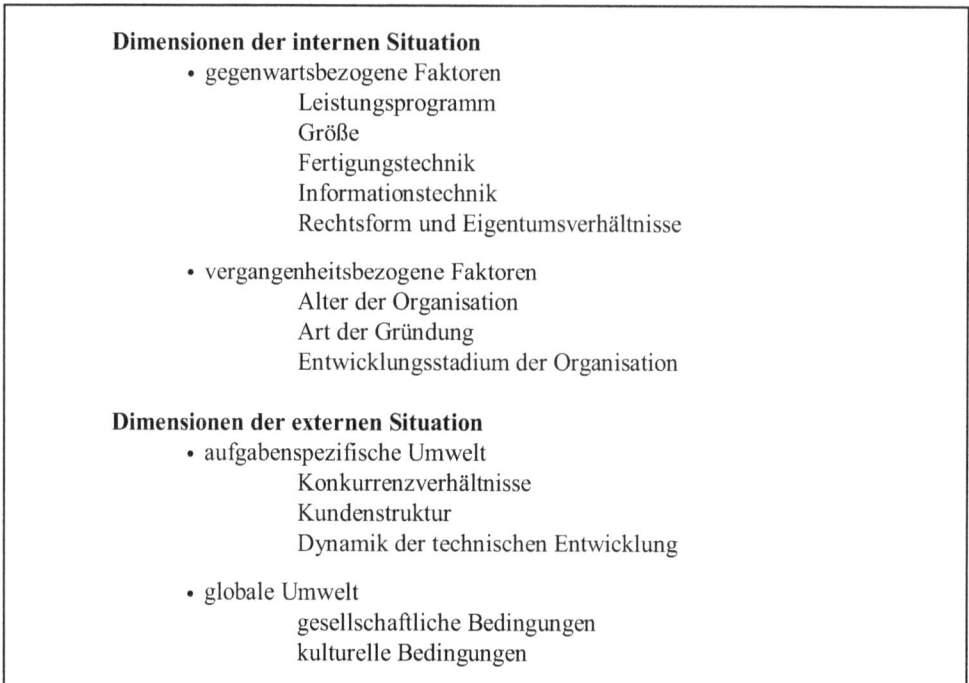

Abb. I.5.2:   Einflussfaktoren der Organisationsstruktur (vgl. Kieser 2006b, S. 222)

5.4   Operationalisierung des Organisationserfolgs

Der situative Ansatz unterstellt, dass eine an die Situation möglichst genau angepasste Struktur zu einem hohen Organisationserfolg führt (vgl. auch Türk 1989, S. 2). Allerdings wirkt die Struktur dabei nur vermittelnd über das Verhalten der Organisationsmitglieder auf den Erfolg (vgl. Abb. I.5.1). Die empirische Analyse dieses Zusammenhangs zwischen der Situation, der formalen Struktur sowie dem Verhalten und schließlich dem Erfolg stellt sich jedoch als äußerst schwierig dar. So wirken die formalen Strukturen bei weitem nicht allein auf das Verhalten der Akteure; gleichermaßen gilt das z. B. für motivationale, qualifikatorische oder kulturelle Faktoren. Die Isolation der strukturell bedingten Wirkungen auf das Verhalten fällt daher schwer (vgl. Kieser 2006b, S. 222-223).

Auch die **Ermittlung des Organisationserfolgs** erweist sich als problematisch. Im Fall von (erwerbswirtschaftlich ausgerichteten) Unternehmen sind z. B. die Gewinn- bzw. Umsatzentwicklung typische Messgrößen des Erfolgs (vgl. Bea/Göbel 2006, S. 117). Dennoch besteht bisher eine große Unklarheit darüber, was der Erfolg einer Organisation überhaupt ist. Er hat zwar mit den Zielen einer Organisation zu tun, jedoch fehlen allgemein und nicht nur temporär gültige Messkriterien. So werden Organisationsziele vielfach situationsbezogen zwischen einer Vielzahl von Beteiligten ausgehandelt und erweisen sich bereits deshalb als zeitlich instabil (vgl. Wolf 2005, S. 166). Der Messung der Erfolgswirkungen alternativer formaler Organisationsstrukturen stehen zudem erhebliche **Methodenprobleme** gegenüber, die grundsätzlich zu berücksichtigen sind (vgl. Pietsch 2003, S. 60; grundlegend Fessmann 1980, S. 70-87; Grochla 1982, S. 61-65):

- **Zurechnungsproblem**: Da die Realität durch eine große Vielfalt und ausgeprägte Vernetzung der Variablen gekennzeichnet ist, bestehen erhebliche Schwierigkeiten, die Wirkungen organisatorischer Strukturen auf Erfolgsziele zu isolieren. Nur unter restriktiven Annahmen, die mit realen Problemstellungen nichts mehr zu tun haben, kommen Aussagen zustande.

- **Konkretisierungs- und Aggregationsproblem**: Es ist notwendig, übergeordnete Leistungsziele des Unternehmens durch Bildung von Ersatzkriterien zu präzisieren, die einen direkten Bezug zu den erfassten Organisationsstrukturdimensionen aufweisen. Während das Konkretisierungsproblem die Schwierigkeiten einer inhaltlichen Präzisierung übergeordneter Erfolgsziele bezeichnet, ergibt sich das Aggregationsproblem bei der Zusammenfassung von Einzelmerkmalen zu Merkmalskomplexen. Eine streng deduktive Konkretisierung bzw. Aggregation ist in der Regel nicht möglich.

- **Relativierungsproblem**: Jede Aussage zu den Erfolgswirkungen organisatorischer Strukturen bedarf im Grunde der Relativierung. Nicht zuletzt aufgrund der Vielzahl simultan wirkender situativer Einflussfaktoren, die gar nicht alle bekannt bzw. isolierbar sind, können auch im Einzelfall keine unzweifelhaft gültigen Aussagen vorgenommen werden.

- **Schwellenwertproblem**: Im Hinblick auf das Gestaltungsziel des situativen Ansatzes ergibt sich schließlich das Problem der Schwellenwertbestimmung. Im Idealfall wäre ein Schwellenwert für das zugrunde gelegte Erfolgskriterium anzugeben, welcher die Grenze zwischen Erfolg und Misserfolg angibt. Da aber die Beurteilung der Erfolgswirkungen organisatorischer Strukturen nicht über den Status von Tendenzaussagen hinausgeht, sind Schwellenwerte nicht eindeutig festlegbar. Letztlich lässt sich bei dem Vergleich konkreter Organisationsstrukturalternativen immer nur ein fallibles „Mehr oder Weniger" feststellen.

Die erläuterten Probleme verdeutlichen ein **Dilemma des situativen Ansatzes**. Einerseits erscheinen die skizzierten Methodenprobleme nicht endgültig lösbar, andererseits ist der situative Ansatz nicht zuletzt zur Realisierung seines Gestaltungsziels auf die Ermittlung von Erfolgswirkungen angewiesen. Als wichtig erweist sich hier der Hinweis Fessmanns, dass das Konstrukt des Organisationserfolgs eher ein anwendungsorientiertes und weniger ein streng wissenschaftlichen Maßstäben genügendes Forschungsfeld darstellt, das allerdings angesichts seiner grundlegenden Bedeutung für die Organisationsgestaltung nicht vernachlässigt werden darf (vgl. 1980, S. 337).

5.5   Der Fit-Gedanke im situativen Ansatz

Der Zusammenhang zwischen der Organisationsstruktur, der Kontextsituation und dem Organisationserfolg wird im situativen Ansatz nicht zuletzt vor dem Hintergrund von Fit-Überlegungen interpretiert. Der aus der englischsprachigen Literatur stammende Begriff „Fit" (ähnlich auch die Begriffe „Congruence", „consistancy", „Match" oder „Alignment") bezeichnet die **Kompatibilität von Struktur- und Situationsvariablen** einer Organisation (vgl. auch Venkatraman 1989, S. 423). Eine Fit-Betrachtung bezieht sich somit auf die „Stimmigkeit" (Scholz 1992, Sp. 543), das Zueinanderpassen bzw. die Kompatibilität von Variablen(-ausprägungen). Dabei wird davon ausgegangen, dass durch den Fit der betrachteten Struktur- und Situationsvariablen auch der Organisationserfolg gefördert wird (vgl. Van de Ven/Drazin 1985, S. 334). Fit bzw. Stimmigkeit zwischen verschiedenen Variablen liegt nicht nur dann vor, wenn die Kombination der Variablenausprägungen konfliktfrei realisierbar ist (vgl. Scherm 1999, S. 56). Vielmehr schließt die Fit-Betrachtung durchaus die Kompromissbildung zwischen Variablenausprägungen mit gegensätzlichen Zielwirkungen ein. Sie kann somit auch Zielgewichtung und -hierarchiebildung erforderlich machen.

Venkatraman hat unterschiedliche Fit-Konzepte unter anderem danach unterschieden, ob sie ein Ziel- oder Stimmigkeitskriterium (**Fit-Kriterium**) zur Beurteilung des Zueinanderpassens von Variablenausprägungen heranziehen oder dies unterlassen (vgl. 1989, S. 424). Eine kriterienfreie Fit-Betrachtung ist allerdings nur bedingt sinnvoll, da letztlich unklar bleibt, hinsichtlich welcher Aspekte von einem Zueinanderpassen der betrachteten Variablen gesprochen werden kann. Es handelt sich letztlich um eine „Fit-Beziehung ohne Ankerpunkt" (Schewe 1998, S. 71; vgl. als Gegenposition Wolf 2000, S. 49-50). Kriterienbasierte Fit-Konzepte verwenden zur Beurteilung des Zueinanderpassens von Variablen vielfach den Organisationserfolg (vgl. z. B. Schewe 1999, S. 70-71). Somit passen nur diejenigen Ausprägungen von Kontextsituation und Organisationsstruktur zusammen, die in ihrer Interaktion mittel- oder unmittelbar einen positiven – oder zumindest keinen negativen – Beitrag zum Organisationserfolg leisten.

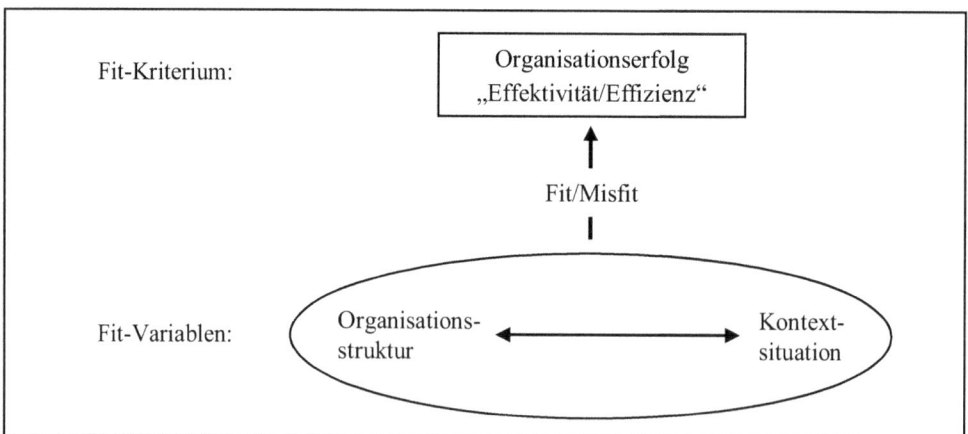

Abb. I.5.3:   *Das Fit-Konzept im situativen Ansatz (vgl. Pietsch 2003, S. 100)*

Grundsätzlich sind bei einer kriterienbasierten Vorgehensweise neben dem Fit-Kriterium auch die abzustimmenden **Fit-Variablen(-gruppen)** zu erläutern. Im situativen Ansatz ergeben sich diese vor allem aus der Organisationsstruktur und der Kontextsituation. Das in Abbildung I.5.3 skizzierte Fit-Konzept kann somit als Ausdruck der im situativen Ansatz untersuchten Situation-Struktur-Erfolg-Zusammenhänge interpretiert werden (ähnlich Hoffmann/ Kreder 1985). Ein Fit ergibt sich demnach dann, wenn die Variablen der Organisationsstruktur mit der Kontextsituation derart interagieren, dass ein positiver Einfluss auf den Organisationserfolg gegeben ist. Ein Misfit liegt demgegenüber vor, wenn Letzteres nicht der Fall ist.

5.6   Kritische Würdigung

Der situative Ansatz entwickelte sich in den 1960er Jahren zu einem der einflussreichsten Ansätze in der Organisationsforschung, verlor jedoch in den 1980er Jahren wieder an Bedeutung (ähnlich Kieser/Walgenbach 2003, S. 45). Der Bedeutungsverlust ist mit einigen grundlegenden Kritikpunkten an dem Ansatz verbunden.

Diese Kritikpunkte beziehen sich zunächst auf **methodische Schwächen** (vgl. z. B. Starbuck 1981; Kubicek/Welter 1985). Hingewiesen wird darauf, dass nicht alle relevanten Situations- und Strukturmerkmale hinreichend erfasst werden (können). Die Annahme, dass es weit gehend deterministische Zusammenhänge zwischen der Situation, der Struktur und dem Organisationserfolg gibt, muss zudem als widerlegt gelten (vgl. bereits Schreyögg 1978). Bereits Starbuck verdeutlicht, dass die Ergebnisse zu den Korrelationen zwischen Situations- und Strukturmerkmalen sehr weit gehend streuen und kaum eindeutige Schlüsse zulassen (vgl. 1981). Insofern existieren für eine spezifische Situation bereits mehrere erfolgreiche Strukturformen. Starbuck weist auch kritisch auf die methodisch unterstellte weit reichende Stabilität von Ursache-Wirkungs-Zusammenhängen zwischen Situations- und Strukturmerkmalen, die unzureichende Berücksichtigung der Interdependenz von Situationsvariablen sowie die fehlende Trennschärfe zwischen zentralen Variablen hin. Die Gültigkeit und Zuverlässigkeit vieler empirischer Konstrukte wurde ebenso wie die Repräsentativität der Ergebnisse in Frage gestellt (vgl. Kubicek/Welter 1985). Darüber hinaus gilt der Informationsgehalt der Ergebnisse in Form grober statistischer Tendenzaussagen als sehr gering und kaum gestaltungsrelevant (vgl. Kieser 2006b, S. 232).

Die Kritik am situativen Ansatz richtet sich jedoch nicht nur auf seine methodischen Schwächen. Darüber hinaus gibt es auch grundlegende konzeptionelle bzw. **theoretische Einwände**. Insbesondere wird dem Ansatz aufgrund seiner Fixierung auf – lediglich potenziell plausible – statistische Zusammenhänge Theorielosigkeit vorgeworfen (vgl. Türk 1989, S. 3; Wolf 2005, S. 169). Hingewiesen wird auch auf die Vernachlässigung von Interessen und Macht sowie ihren Einflüssen auf Organisationsstrukturen (vgl. Benson 1983). Da der Ansatz die faktischen bzw. empirisch ermittelten Situation-Struktur-Erfolgs-Zusammenhänge zugleich legitimiert, wird ihm ein ausgeprägter Strukturkonservativismus vorgeworfen (vgl. Türk 1989, S. 4). Darüber hinaus unterstellt er dem Management ein weit reichendes Anpasserverhalten in der Interaktion mit den situativen Rahmenbedingungen und unterschätzt somit systematisch die Chancen zur Einflussnahme auf Situationsmerkmale (vgl. Child 1972).

Trotz dieser und weiterer grundlegender Einwände gegenüber dem situativen Ansatz muss bedacht werden, dass er die Neigung der klassischen Organisationstheorie zu universalistischen Aussagen ohne explizite situative Relativierung grundlegend in Zweifel gezogen hat und insoweit deutlich realitätsnähere Analyseperspektiven eröffnete. Zudem prägt der situative Ansatz immer noch große Teilbereiche der empirischen Organisationsforschung (vgl. Wolf 2005, S. 152), weil seine Grundgedanken einer empirisch-situativ aufgeklärten Organisationsgestaltung weiterhin Gültigkeit beanspruchen können.

6 Ökonomische Theorien der Organisation

6.1 Basisannahmen der Neoklassik und der Institutionenökonomik

Zunächst blieben die neoklassische (Mikro-)Ökonomik und die Organisationstheorie auf längere Zeit voneinander getrennt. Den frühen Organisationstheoretikern galt die Mikroökonomik als zu abstrakt, um einen eindeutigen Bezug zu realen organisationalen Problemstellungen aufweisen zu können. Demgegenüber betrachtete die Mikroökonomik die Organisationstheorie als einen nicht ausreichend von formal-analytischer Methodik durchdrungenen und deshalb eher defizitären Forschungsbereich (vgl. Barney/Ouchi 1986, S. 4). So basiert das **neoklassisch-mikroökonomische Forschungsprogramm** auf vier zentralen Basisannahmen (ähnlich z. B. Becker 1976, S. 5; Eggertsson 1990, S. 5-6.; Söllner 2001, S. 52-54; Pietsch 2005, S. 5-6), die bei der Analyse von Organisationsphänomenen in der Regel nicht umfassend erfüllt sind:

- Die Neoklassik ist von dem utilitaristischen Verhaltensmodell der Klassik und dem forschungsleitenden Grundprinzip des methodologischen Individualismus geprägt. Im Sinne des **Utilitarismus** ist jede Handlung nach ihrer Nutzenstiftung zu beurteilen. Aus der Perspektive des methodologischen Individualismus hat die ökonomische Theoriebildung von den Handlungen des Individuums auszugehen und kollektive Meso- bzw. Makrostrukturen aus dem individuellen Verhalten abzuleiten.

- Modelltheoretisch wird den Akteuren ein optimierendes Verhalten unterstellt. Die Akteure verwirklichen ihr Eigennutzstreben, indem sie eine Zielfunktion maximieren (z. B. Nutzen oder Gewinn) oder minimieren (z. B. Disnutzen oder Kosten) und im Zuge dessen bestimmte Nebenbedingungen (z. B. Budgetrestriktionen) beachten. Die grundlegende Voraussetzung für die Analyse der Entscheidungen dieses modelltheoretisch unterstellten „**maximizing animal**" (Simon 1959, S. 277) bildet die mathematische Grenzwertbetrachtung. Den Akteuren werden stabile, vollständige und transitive Präferenzen unterstellt, die zudem als exogen bestimmt gelten und bei denen vor allem materielle Interessen (z. B. Gewinn, Konsum) im Vordergrund stehen (vgl. Güth/Kliemt 2002, S. 3).

- Die neoklassische Mikroökonomik beruht auf der **Analyse von Gleichgewichten** und betrachtet in diesem Zusammenhang sowohl individuelle Gleichgewichte (Nutzenmaxima) als auch pareto-effiziente Marktgleichgewichte in der Form einer Partial- oder Totalanalyse.

- Traditionelle neoklassische Modelle unterstellen eine **friktionsfreie und perfekte Welt**, die für die Individuen vollständig transparent und kontrollierbar ist. Damit schließt sie im Interesse der stringenten Modellierung eine Vielzahl bedeutsamer Effekte der Realität aus. Dazu gehören insbesondere die Ausblendung von Raum und Zeit sowie die Annahme einer vollständigen Verfügbarkeit von Informationen (vgl. Blum et al. 2005, S. 59-60). Die Vernachlässigung räumlicher Aspekte begünstigt den Verzicht auf die Analyse externer Effekte (z. B. im Umweltbereich) oder des Ressourcenverbrauchs im Zusammenhang mit der Raumüberwindung (z. B. Transportkosten). Die Ausklammerung der Zeit ermöglicht eine komparativ-statische Analyse unter Vernachlässigung stetiger Entwicklungsverläufe und des ökonomischen Werts der Zeit (in der Form von Zeitpräferenzraten). Die Annahme der vollständigen Information erlaubt z. B. die Vernachlässigung von Informationskosten oder der Effekte asymmetrisch verteilter Informationen zwischen Akteuren.

Durch die sich auf der Grundlage der Neoklassik entwickelnde **Institutionenökonomik** entstanden jedoch zunehmend überschneidende Erkenntnisinteressen zwischen der ökonomischen und der organisationstheoretischen Forschung. Hierauf verweisen nicht zuletzt auch ökonomisch ausgerichtete Management- bzw. Organisationslehrbücher (vgl. z. B. Milgrom/Roberts 1992; Jost 2000; Kräkel 2004a; Picot/Dietl/Franck 2005; Brickley/Smith/Zimmermann 2007). Bereits durch geringfügige Modifikationen dieses Annahmengerüsts der Neoklassik gelang es der neuen Institutionenökonomik die ökonomische Forschung für eine differenzierte Analyse von Institutionen und schließlich von Organisationen zu öffnen und institutionelle bzw. organisationale Regelstrukturen als endogene Variable in die Modellbildung einzuführen (vgl. Terberger 1994, S. 21; auch Pietsch 2005). Im Hinblick auf die neoklassischen Annahmen ergeben sich in der Institutionenökonomik folgende Modifikationen:

- unvollständige Information der Akteure
- Berücksichtigung von Raum- und Zeitdifferenzen
- begrenzte Rationalität der Akteure

Insbesondere modifiziert die Institutionenökonomik die neoklassische Annahme der vollständigen Information aller Beteiligten. Sie unterstellt vielmehr eine ungleiche Verteilung von Informationen zwischen den eigennützig handelnden Akteuren. Dabei ist jeder Akteur mit dem Problem konfrontiert, dass seine Interaktionspartner ihre Informationsvorsprünge zu seinem Nachteil ausnutzen können. Zur Reduktion dieser Unsicherheiten über das Verhalten der Interaktionspartner bietet sich dann die Institutionenbildung an. Mit der **Annahme unvollständiger und ungleich verteilter Information** löst sich die neue Institutionenökonomik von einer perfekten Modellwelt. Bei unvollständigen Informationen entstehen im Zuge ökonomischer Transaktionen Friktionen und Kosten (vgl. z. B. Picot/Dietl/Franck 2005, S. 57). Mitunter muss für die Abwicklung von Transaktionen nach zusätzlichen Informationen gesucht werden, oder es sind Beratungsleistungen in Anspruch zu nehmen. Transaktionskosten entstehen auch aus der Notwendigkeit der **Überwindung räumlicher oder zeitlicher**

Distanzen (z. B. Reisekosten oder Kosten der Terminüberwachung bzw. nachvertraglicher Terminänderungen).

Einige institutionenökonomische Theorien (z. B. die Transaktionskostentheorie) greifen in Anlehnung an Simon (vgl. 1979) auf den **Begriff der beschränkten Rationalität** zurück. In diesem Sinne bezweckt der Akteur zwar ein rationales Verhalten, verzichtet aber auf eine Optimierungsentscheidung und begnügt sich mit einem ausreichenden Maß der Zielerreichung (satisficing) (z. B. Simon 1979, S. 503; zu verschiedenen Konzepten beschränkter Rationalität vgl. Conlisk 1996). Simons Konzept der beschränkten Rationalität wird von der Institutionenökonomik jedoch nur verkürzt als begrenzte Informationsverarbeitungskapazität oder unvollständige Vertragsgestaltung aufgegriffen (vgl. z. B. Williamson 1988, S. 68; ähnlich Furubotn/Richter 1991, S. 4; Schneider 2001, S. 258). Die Annahme der beschränkten Rationalität reicht damit kaum über die unvollständige und ungleich verteilte Informationsausstattung der Akteure hinaus, so dass weiter gehende Modifikationen des neoklassischen Annahmengerüstes dadurch nicht bewirkt werden.

6.2   Forschungsrichtungen der Institutionenökonomik

Die (neue) Institutionenökonomik bildet einen Gattungsbegriff für eine **Vielzahl heterogener Theorieansätze**, die eine unterschiedliche Nähe zu organisatorischen Fragestellungen aufweisen (vgl. Picot/Schuller 2004). So wurde das Erkenntnisobjekt der neuen Institutionenökonomik als die „Organisation der Wirtschaft" (Richter/Bindseil 1995, S. 132) oder sogar als die „Organisation der Gesellschaft" (Blum et al. 2005, S. 44) bezeichnet. Indem die neue Institutionenökonomik „Institutionen" in den Mittelpunkt der Betrachtung stellt, steht sie in Bezug zu organisatorischen Fragestellungen. Institutionen können dabei recht allgemein als sanktionierte Regeln bzw. Regelbündel sozialen Verhaltens (institutionelle Normen) oder Verhaltensregelmäßigkeiten (institutionelle Praktiken) verstanden werden (vgl. Hummell 1991, S. 79; ähnlich Richter 1998, S. 325), wobei der Analysefokus der neuen Institutionenökonomik primär auf formale bzw. vertraglich kodifizierte Verhaltensregeln gerichtet ist.

Die neue Institutionenökonomik umfasst **drei zentrale Forschungsrichtungen** (vgl. z. B. Ebers/Gotsch 2002, S. 199; Blum et al. 2005, S. 45): die Theorie der Verfügungsrechte (Property Rights Theory), die Transaktionskostentheorie (Transaction Cost Economics) und die ökonomische Vertragstheorie, wobei sich die Letztere wiederum aus der Agency-Theorie, der Theorie relationaler Verträge sowie der Theorie der impliziten (d. h. sich selbst durchsetzenden) Verträge zusammensetzt. Im Vordergrund der folgenden Überlegungen stehen die Transaktionskostentheorie und die Agency-Theorie, weil sie die Organisationsforschung weit gehend beeinflusst haben.

6.3   Transaktionskostentheorie

6.3.1   Grundbegriffe

6.3.1.1   Transaktion als Analyseeinheit

Die Transaktionskostentheorie wurde insbesondere von Williamson (vgl. 1975; 1985) auf der
Basis grundlegender Überlegungen bei Coase (vgl. 1937/1991) entwickelt. Ausgangspunkt
der Transaktionskostentheorie war die Erkenntnis, dass in der Wirklichkeit Institutionen
existieren, die aus Sicht der neoklassischen Theorie friktionsloser Märkte weitest gehend
überflüssig sind (vgl. Kräkel 2004a, S. 5). In der **perfekten Modellwelt** können marktliche
Tauschbeziehungen ohne Kosten abgewickelt werden, alle Marktteilnehmer sind vollständig
informiert und die Ressourcenallokation erfolgt unendlich schnell. Unter diesen Bedingungen lässt sich bereits die Existenz von Unternehmen als hierarchische, arbeitsteilig gegliederte
te Mehr-Personen-Zusammenschlüsse nicht erklären.

Im Umkehrschluss folgert die Transaktionskostentheorie nun, dass es Unternehmen bzw.
Organisationen deshalb gibt, weil Märkte gegenüber dem neoklassischen Modell der vollständigen Konkurrenz Funktionsschwächen aufweisen. Diese **Funktionsschwächen** realer
Märkte verursachen Kosten, die im neoklassischen Analyserahmen gar nicht auftauchen und
zu deren Reduktion sich jedoch gerade institutionelle Arrangements (z. B. hierarchisch organisierte Unternehmen) anbieten. Folgerichtig geht die Transaktionskostentheorie davon aus,
dass institutionelle Arrangements („governance structures") aufgrund ökonomischer Vorteile
gewählt und geschaffen werden (vgl. Schmidt 1992, Sp. 1854; auch Williamson 1997, S. 8).
Dementsprechend will sie institutionelle bzw. organisationale Gegebenheiten unter Rückgriff
auf eine Effizienzbetrachtung erklären und greift zu diesem Zweck auf einen Kostenver-
gleich zurück.

Den Grundbegriff dieser effizienzorientierten Analyse institutioneller Arrangements stellt die
Transaktion dar. Für diese fehlt aber (ebenso wie für die darauf basierenden Transaktionskosten) bisher eine exakte Definition (vgl. Picot 1982, S. 270; Welker 1993, S. 67; Terberger
1994, S. 125). Man kann zwischen einer weiten und einer engen **Interpretation des Begriffs
Transaktion** unterscheiden (vgl. Pietsch 2003, S. 88-91):

Das **weite Begriffsverständnis** der Transaktion knüpft an den grundlegenden Vorstellungen
Williamsons an, der folgende Definition anbietet: „A transaction occurs when a good or
service is transferred across a technologically separable interface. One stage of activity ter-
minates and another begins" (1985, S. 41). Transaktion bezeichnet somit die Übertragung
einer materiellen oder immateriellen Leistung (Sachen, Dienstleistungen, Nutzungs- bzw.
Verfügungsrechte) über eine technisch trennbare Schnittstelle. Folgt man diesem Begriffsverständnis steht bei der Transaktion nicht per se der Austausch von Leistungen, sondern die
Bewältigung von Schnittstellenproblemen im Vordergrund (ähnlich Grote 1990, S. 29). Diese treten nicht nur bei dem zweiseitigen Tausch, sondern auch bei einer einseitigen Leis-

tungsübertragung auf. In einem weiten Sinne lässt sich daher die Transaktion in Orientierung an Williamson als Leistungsübertragung über eine Schnittstelle definieren.

In der **engen Begriffsinterpretation** wird das Verständnis der Transaktion in zweifacher Hinsicht stärker eingegrenzt. Im Vordergrund stehen erstens Tauschvorgänge als Gegenstand der Transaktion, womit die Vorstellung einer Wechselseitigkeit von Leistung und Gegenleistung verbunden ist (vgl. Michaelis 1985, S. 70). Zweitens bleibt die Transaktion ausdrücklich auf den Austausch von Verfügungsrechten („property rights") begrenzt, da auch beim Tausch materieller Güter zunächst Verfügungsrechte (Ansprüche zur Herrschaftsausübung über Dienste und Sachen; vgl. Schneider 1995, S. 3-4) an der zugrunde liegenden Leistung übertragen werden. Bei dieser engen Interpretation des Begriffes Transaktion erfolgt somit im Gegensatz zum weiten Verständnis die Unterscheidung zwischen der verfügungsrechtlichen Ebene (Transaktion) und der physischen Tauschebene, wobei der zugrunde liegende Güteraustausch lediglich von sekundärer Bedeutung ist (vgl. z. B. Grote 1990, S. 27). Diese enge Begriffsfassung der Transaktion geht letztlich auf Commons zurück, der folgende Definition vornimmt (1931, S. 652): „Transactions are, not the ‚exchange of commodities', but the alienation and acquisition, between individuals, of the rights of property and liberty created by society, which must therefore be negotiated between the parties concerned before labor can produce, or consumers can consume, or commodities be physically exchanged." Nach Meyer resultiert damit aus der Transaktion zwingend eine „Neukombination von Verfügungsrechten" (1983, S. 38), die in der Regel durch den Abschluss formaler Verträge erfolgt (vgl. z. B. Michaelis 1985, S. 49-54; Brand 1990, S. 92; Williamson 1990, S. 22 und 1991, S. 91).

Im Folgenden wird jedoch auf den weiten Transaktionsbegriff im Sinne Williamsons zurückgegriffen, da dieser leichter auf organisatorische Phänomene anwendbar ist. Nach Göbel handelt es sich hierbei um „die gebräuchlichste (...) Definition" der Transaktion (2002, S. 132).

6.3.1.2 Transaktions- und Produktionskosten

Transaktionskosten kann man zunächst als Kosten der Verwirklichung von Transaktionen im Sinne einer Leistungsübertragung über Schnittstellen verstehen. Diese umfasst die Aktivitäten der Vorbereitung, Durchführung und Kontrolle einer Leistungsübertragung. Der Begriff der Transaktions-„Kosten" in der institutionenökonomischen Forschung basiert auf dem englischen Begriff „cost". Dieser entspricht nicht dem im deutschsprachigen Raum gebräuchlichen wertmäßigen Kostenbegriff (periodenbezogener, monetär bewerteter Güterverzehr), sondern umfasst grundsätzlich alle erlittenen Nachteile und geht auf Coase zurück (1937/1991, S. 21): „There are, however, other disadvantages – or costs – of using the price mechanism." So hebt auch Picot zur Klärung des Transaktionskostenbegriffs hervor, „daß nicht nur monetär erfaßbare Kosten gemeint sind, sondern alle mit der Transaktion verbundenen Anstrengungen und Opfer (Kosten im Sinne von hinzunehmenden Nachteilen)" (vgl. 1985, S. 224). Transaktionskosten stellen somit im Folgenden erlittene Nachteile dar, die für eine Leistungsübertragung über eine Schnittstelle anfallen und mit denen ein irgendwie gearteter – aber nicht zwingend monetär bewerteter – Güterverzehr verbunden ist.

In Anlehnung an Picot lassen sich schließlich folgende **Transaktionskostenarten** unterscheiden (vgl. 1982; z. B. auch Matje 1996, S. 76-81):

- Anbahnungskosten als Kosten für die Informationssuche und -beschaffung über potenzielle Transaktionspartner sowie über deren Konditionen
- Vereinbarungskosten als Kosten für die Verhandlungen über die Transaktion sowie mitunter deren vertragliche Fixierung
- Abwicklungskosten als Kosten für die eigentliche Durchführung der Transaktion
- Kontrollkosten zur Sicherstellung der Einhaltung von Termin-, Qualitäts-, Mengen- und Preis- sowie eventuellen Geheimhaltungsvereinbarungen
- Anpassungskosten für die Durchsetzung von Termin-, Qualitäts-, Mengen- und Preisänderungen aufgrund veränderter Bedingungen während der Laufzeit von Vereinbarungen

Im Rahmen eines Kostenvergleichs zwischen verschiedenen institutionellen Arrangements sind jedoch neben den Transaktions- auch die Produktionskosten zu berücksichtigen (vgl. Jost 2004, Sp. 1452). Die Abgrenzung zwischen **Produktions- und Transaktionskosten** fällt jedoch schwer (vgl. z. B. Grote 1990, S. 40-44). In einem streng neoklassischen Sinne gelten die Produktionskosten (unter Rückgriff auf das Konzept der neoklassischen Produktionsfunktion) als diejenigen Kosten, die durch reine Ausführungshandlungen zur Erstellung von Gütern und Dienstleistungen führen (vgl. z. B. Alston/Gillespie 1989, S. 193; Matje 1996, S. 76; Weichselbaumer 1998, S. 152; Martiensen 2000, S. 274). Daran anknüpfend werden die Transaktionskosten als „die realen Aufwendungen für ökonomische Handlungsstrukturen und Handlungen außerhalb der unmittelbaren Produktionstätigkeit" definiert (Buhbe 1980, S. 21). Wegehenkel unterscheidet aus einer volkswirtschaftlichen Perspektive zwischen den Produktionskosten als Kosten bei vollständiger Konkurrenz und den Transaktionskosten als Residualgröße, die sich als Differenz zwischen den realen Gesamtkosten und den Produktionskosten bei vollständiger Konkurrenz ergeben (vgl. 1980a, S. 8-9; 1980b, S. 15-17). Gegenüber diesen Abgrenzungsversuchen gilt jedoch der grundlegende Einwand Welkers, dass die „Unterscheidung zwischen Produktion und Transaktion (...) eine formaltheoretische Konstruktion" bleibt, die die praktische Anwendung der Transaktionskostentheorie erschwert (1993, S. 68).

Im Folgenden soll daher eine einfache, aber ebenfalls nicht völlig trennscharfe Unterscheidung vorgenommen werden (ähnlich Pietsch 2003, S. 93-94). Transaktionskosten gelten demnach als Kosten (erlittene Nachteile) der Leistungsübertragung über Schnittstellen und sind Ausdruck arbeitsteilig strukturierter Leistungsbeziehungen auf Märkten oder in Organisationen. Demgegenüber stellen Produktionskosten die Kosten der Leistungserbringung dar und umfassen denjenigen aggregierten Faktorverzehr, der für die Leistungserbringung zwischen den jeweils betrachteten Schnittstellen anfällt. In Abhängigkeit von den betrachteten Leistungsprozessen können bei diesen Schnittstellen die Transaktionspartner beispielsweise auf Märkten oder als Aufgabenträger in Organisationen aufeinander treffen.

6.3.2 Organizational Failures Framework

Existenz und Höhe der Transaktionskosten sind bedingt durch unterschiedliche Einflussgrößen. Dabei handelt es sich um das Zusammenspiel allgemeiner Verhaltensannahmen (begrenzte Rationalität, Opportunismus) mit den konkreten Transaktionsbedingungen, die sich durch die Merkmale der Spezifität, Häufigkeit und Unsicherheit konkretisieren lassen (vgl. Williamson 1975, S. 20-40). Dieses Zusammenspiel von **Verhaltensannahmen und Transaktionsbedingungen als Einflussvariablen** auf die Höhe der Transaktionskosten versucht Williamson, in dem so genannten „Organizational Failures Framework" zu visualisieren und zu systematisieren (vgl. 1975, S. 20; Abb. I.6.1).

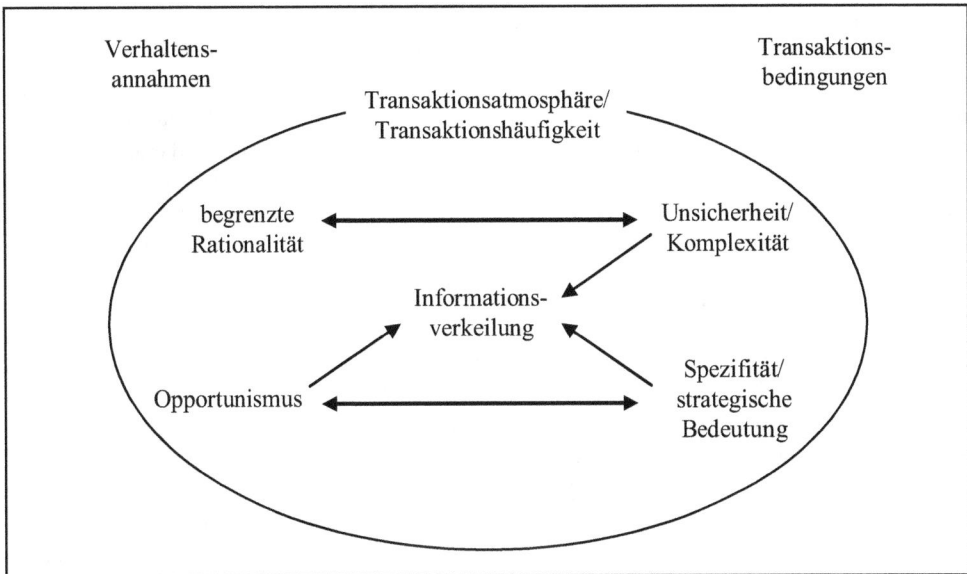

Abb. I.6.1: Organizational Failures Framework (vgl. Williamson 1975, S. 40; Picot 1999, S. 118)

Hinsichtlich ihrer **Verhaltensannahmen**, begrenzte Rationalität und Opportunismus, löst sich die Transaktionskostentheorie von der Vorstellung perfekter Rationalität der Akteure (insbesondere der Annahme der vollständigen Information sämtlicher Beteiligter), wie sie noch für die Neoklassik prägend war. Diese Überlegungen gehen auf das Konzept der begrenzten Rationalität („bounded rationality") Simons zurück (vgl. 1976, S. 39-41). Unter Berücksichtigung der Grenzen menschlicher Informationsverarbeitungsfähigkeit besitzen die beteiligten Individuen nur äußerst unvollständige Informationen über die Umwelt, die Handlungsalternativen und die Handlungsfolgen. **Begrenzte Rationalität** im Sinne der Transaktionskostentheorie basiert auf dem Anerkennen „that cognitive competence is limited" (Williamson 1985, S. 45), ohne dass jedoch auch das Satisfizierungskonzept von Simon vollständig übernommen wird (vgl. Williamson 1988, S. 360; auch I.4.2). Die Transaktionskostentheorie entnimmt dem Konzept der begrenzten Rationalität vor allem die Annahme, dass die Wirtschaftssubjekte zwar durchaus beabsichtigen, rational zu handeln, aber aufgrund unvollständiger Informationen nur in begrenztem Umfang dazu fähig sind.

Unvollständige Informationen bzw. begrenzte Rationalität eröffnen den eigennützig handelnden Akteuren die Möglichkeit zu opportunistischem Verhalten. Die Transaktionskostenanalyse konzipiert Opportunismus dabei als generell schädliche Verhaltensweise, die die Stabilität institutioneller Regelungen gefährdet (vgl. Witt 1995, S. 231) und – den eigenen Vorteil berechnend – günstig erscheinende Gelegenheiten rücksichtslos ausnutzt (vgl. Ganske 1996, S. 119). Individuen können sich in diesem Sinne strategisch verhalten, setzen dann ihre Interessen auch bewusst auf Kosten anderer durch und fühlen sich nicht an moralische Werte gebunden. So versteht Williamson unter **Opportunismus** „die Verfolgung des Eigeninteresses unter Zuhilfenahme von List. Das schließt krassere Formen ein, wie Lügen, Stehlen und Betrügen" (1990, S. 54). Individuen verhalten sich zwar nicht generell opportunistisch, Opportunismus gehört aber zu ihrem Verhaltensrepertoire. Bereits die Möglichkeit zu opportunistischem Verhalten kann einen erheblichen Einfluss auf die Ausgestaltung von Institutionen ausüben. So sind institutionelle Regelungen vielfach darauf ausgerichtet, die Möglichkeiten opportunistischen Verhaltens zu beschränken: „Wäre nicht der Opportunismus, so könnte offensichtlich alles Verhalten nach Regeln erfolgen" (Williamson 1990, S. 55). Maßnahmen zur Begrenzung des Opportunismus zielen beispielsweise darauf, die Handlungsspielräume im Zuge einer Transaktion einzugrenzen bzw. die Durchführung der Transaktion einer Kontrolle zu unterziehen – beides verursacht Transaktionskosten. Diese entstehen infolge der Opportunismusannahme insbesondere aufgrund von Vertrauensdefiziten, die wiederum durch das Fehlen gemeinsamer Wertvorstellungen und eine asymmetrische Informationsverteilung bedingt sind (vgl. Welker 1993, S. 59).

Im Hinblick auf die beiden zentralen Verhaltensannahmen der Transaktionskostentheorie (begrenzte Rationalität und Opportunismus), lassen sich die diesbezüglichen Überlegungen mit einer Aussage Williamsons folgendermaßen zusammenfassen: „Organisiere Transaktionen so, daß die begrenzte Rationalität sparsam eingesetzt wird, die Transaktionen aber gleichzeitig vor den Risiken des Opportunismus geschützt werden" (1990, S. 36). Diese Aussage verdeutlicht, dass es sich bei den Verhaltensannahmen gleichzeitig um „Restriktionen, unter denen die Entscheidung für eine bestimmte Institution (...) getroffen werden muss", handelt (Martiensen 2000, S. 282).

Inwiefern opportunistische Verhaltensspielräume genutzt werden (können), hängt jedoch von den – interdependenten – **Transaktionsbedingungen** der Faktorspezifität bzw. strategischen Bedeutung, der Transaktionshäufigkeit und Unsicherheit ab. Die **Faktorspezifität bzw. strategische Bedeutung** betrifft die Frage, ob ein Transaktionspartner transaktionsspezifische Investitionen vornehmen muss, um die Transaktion durchführen zu können (vgl. Jost 2001, S. 11). In diesem Fall setzt er für die Transaktion Ressourcen bzw. Faktoren ein, die nicht oder nur unrentabel für eine andere Transaktion verwendbar sind. Der Nutzen dieser faktorspezifischen Investition hängt somit vom Bestehen der Transaktionsbeziehung ab. Der Investor bleibt dann zur Vermeidung von sunk costs an die Transaktionsbeziehung gebunden, ein Wechsel des Transaktionspartners wird ihm erheblich erschwert („lock-in"-Effekt; vgl. Williamson 1990, S. 60-61). Der andere Transaktionspartner ist in dieser Situation geneigt, die Gebundenheit des Investors opportunistisch auszunutzen. Die Spezifität einer Transaktion hat aber häufig weit reichende strategische Bedeutung. Investitionen in sehr spezifische Produkte bzw. Verfahren ermöglichen es, sich von der Konkurrenz abzuheben und Wettbewerbsvorteile zu generieren.

Das Merkmal der **Transaktionshäufigkeit** beeinflusst ebenfalls die Höhe der Transaktionskosten. Mit zunehmender Häufigkeit gleichartiger bzw. ähnlicher Transaktionen zwischen den Beteiligten können Größendegressionseffekte (economies of scale) erzielt werden. Darüber hinaus beeinflusst die Transaktionshäufigkeit die Beziehung zwischen den Transaktionspartnern. Bei einer einmaligen Transaktion stehen sie sich eher als Fremde gegenüber, während sich bei wiederholten Transaktionen eine Art Vertrauensverhältnis – wechselseitige Reputation – entwickeln kann, die kostensenkend wirkt (vgl. Jost 2001, S. 14). Dieser Effekt tritt nicht nur bei der Wiederholung ähnlicher, sondern mitunter auch unterschiedlicher Transaktionen zwischen denselben Transaktionspartnern auf. Die Wiederholung der Transaktionen zwischen den Transaktionspartnern kann somit die Gefahr opportunistischen Verhaltens verringern. „Insgesamt ist mit steigender Häufigkeit der Transaktionsdurchführung aufgrund des dadurch notwendigen höheren Ausmaßes an Koordinationsaktivitäten absolut ein Anstieg der Transaktionskosten zu erwarten, während die Transaktionskosten je Transaktion sinken dürften" (Weichselbaumer 1998, S. 71).

Die Transaktionsbedingung **Unsicherheit** bezieht sich auf die unvollständigen Informationen über die situativen Rahmenbedingungen der Transaktion (parametrische Unsicherheit) sowie über die Neigung des/der Transaktionspartner(s) zu opportunistischem Verhalten (Verhaltensunsicherheit) (vgl. Weichselbaumer 1998, S. 67; auch Jost 2001, S. 42) und somit auch über den erwarteten Erfolg der Transaktion. Unsicherheit stellt eine unmittelbare Folge der begrenzten Rationalität dar. Aufgrund der Komplexität der Rahmenbedingungen können bei begrenzter Rationalität die Umstände der Transaktion im Vorhinein nicht detailliert festgelegt werden, so dass Handlungsspielräume bestehen bleiben, die wiederum im Zeitablauf die Notwendigkeit von Kontroll- und Anpassungsmaßnahmen bedingen und jeweils Transaktionskosten verursachen.

Die Verhaltensannahmen und Transaktionsbedingungen bewirken danach eine „**Informationsverkeilung**" zwischen den Transaktionspartnern, die im Zentrum der graphischen Darstellung des Organizational Failures Framework dargestellt ist (vgl. Abb. I.6.1). Sie besteht vor allem in Informationsasymmetrien, deren Bewältigung Transaktionskosten verursacht. Die Transaktion findet dabei auch im Kontext der „Transaktionsatmosphäre" statt, die wiederum stark von der Transaktionshäufigkeit beeinflusst ist. Die **Transaktionsatmosphäre** umfasst die soziokulturellen und technischen Rahmenbedingungen der Transaktion. Bei den soziokulturellen Faktoren kann es sich um Aspekte wie Freundschaft, Reputation, kulturelle, religiöse oder soziale Normen handeln, die die Gefahr opportunistischen Verhaltens häufig begrenzen (vgl. Picot 1999, S. 121). Die Entstehung von Reputation bzw. gemeinsamen Normen des Austauschs wird durch die Erwartung einer häufigen Wiederholung der Transaktion gefördert. Daneben beeinflusst die **technische Infrastruktur** die Höhe der Transaktionskosten, wobei insbesondere an die neuen Informations- und Kommunikationstechnologien zu denken ist. Sie besitzen das „Potential, die Grenzen der menschlichen Informationsverarbeitungs- und Kommunikationsfähigkeit in vielen Bereichen auszudehnen" und auf diese Weise Transaktionskosten zu senken (Picot 1999, S. 121).

6.3.3   Institutionelle Arrangements: Zwischen Markt und Hierarchie

Unter Berücksichtigung der Verhaltensannahmen und Transaktionsbedingungen stellt sich nun die Frage, inwiefern durch unterschiedliche institutionelle Arrangements tendenziell Kosten reduziert werden können. Williamson betrachtet als zentrale institutionelle Arrangements den Markt einerseits sowie die Hierarchie/Organisation andererseits und beabsichtigt, ihre Entstehung auf der **Grundlage eines Effizienzvergleichs** zu erklären. Im Rahmen dieses Vergleichs berücksichtigt er vor allem drei Aspekte, die den Umgang mit den grundlegenden verhaltensbedingten Transaktionsproblemen (Opportunismus und begrenzte Rationalität) erleichtern bzw. erschweren (vgl. Williamson 1991, S. 277-286; auch Ebers/Gotsch 2006, S. 284-289):

- Anreizintensität
- Kontrollmechanismen
- Anpassungsfähigkeit

Bei den ersten beiden Aspekten steht die Frage im Vordergrund, inwiefern durch ein spezifisches institutionelles Arrangement die Setzung gezielter Anreize (**Anreizintensität**) bzw. eine direkte Verhaltenskontrolle (**Kontrollmechanismen**) gelingt, um opportunistisches Verhalten zu verringern. Demgegenüber ist der Aspekt der **Anpassungsfähigkeit** auf die Bewältigung der begrenzten Rationalität der Akteure gerichtet. Hierbei geht es – bedingt durch die begrenzte Rationalität der Transaktionspartner – um die Frage, inwieweit die transaktionsrelevanten Regeln eines institutionellen Arrangements bei neu zufließendem Wissen im Zeitablauf modifizierbar sind (Ex-post-Anpassungen).

Neben diesen unterschiedlichen Wirkungen institutioneller Arrangements auf die verhaltensbedingten Transaktionsprobleme ist zu berücksichtigen, dass ihre Etablierung und Nutzung Kosten verursacht. Diese Kosten sind natürlich ergänzend zu den genannten drei Kriterien in einem Vorteilhaftigkeitsvergleich zu berücksichtigen.

Marktliche Transaktionen weisen im Allgemeinen eine hohe Anreizintensität auf. Die Marktpartner treten in einen direkten Tauschprozess ein und der Transaktionserfolg fließt ihnen unmittelbar zu, so dass Anreize für eine effiziente Mittelverwendung bestehen. Wettbewerbsdruck sowie ein wirksamer Preismechanismus unterstützen die Anreizintensität marktlicher Lösungen. Eine direkte Verhaltenskontrolle zur Reduktion opportunistischen Verhaltens findet jedoch nur begrenzt statt. Allerdings besteht eine weit reichende Anpassungsfähigkeit von Markttransaktionen, da jeder Transaktionspartner sich autonom – d. h. ohne weiteren Abstimmungsbedarf mit anderen Marktteilnehmern – an wechselnde Angebots- bzw. Nachfragebedingungen anpassen kann. Die grundlegenden institutionellen Voraussetzungen für die Etablierung von Märkten werden vor allem von Seiten des Staates bereitgestellt (z. B. Eigentumsgarantie) und die Nutzung des Marktes ist zumindest bei hoch standardisierten Gütern äußerst kostengünstig.

Die **hierarchische und organisationsinterne Leistungserstellung** weist zunächst eine geringere Anreizintensität als marktliche Lösungen auf, weil sich organisationsinterne Austauschbeziehungen häufig über mehrere Stufen vollziehen sich deshalb Leistung und Gegenleistung nicht unmittelbar erfassen, klar gegeneinander aufrechnen sowie auf spezifische Aufgabenträger zurechnen lassen. Ein organisationsinterner Wettbewerbsdruck besteht vielfach nicht oder allenfalls in deutlich geringerem Umfang (z. B. durch Verrechnungspreise bei internen Märkten), so dass eine effiziente Leistungserstellung nicht zwingend sichergestellt ist. Allerdings erlauben Organisationen eine – im Vergleich zum Markt – umfangreiche Verhaltenskontrolle durch den Aufbau interner Kontrollsysteme und erleichtern das Aufdecken opportunistischen Verhaltens. Darüber hinaus können sie eine deutlich höhere, längerfristige Anpassungsfähigkeit als Märkte realisieren. Dies ist vor allem dann wichtig, wenn vielfältige, schwer zu prognostizierende und permanente Abstimmungsprobleme zwischen den Transaktionspartnern bestehen. In diesem Fall werden in der Organisation laufend Koordinationsaktivitäten vorgenommen und auftretende Konflikte mittels hierarchischer Anweisung gelöst. Die Kosten der Etablierung und Nutzung der hierarchischen Lösung sind meist sehr hoch und müssen bei einem Effizienzvergleich mit dem Markt durch die Vorteile der organisatorischen Lösung im Einzelfall kompensiert werden. Darüber hinaus ist zu bedenken, dass hybride (Misch-)Formen (z. B. Kooperationen, Netzwerke) hinsichtlich der Effizienzvor- und -nachteile vielfach eine Zwischenstellung einnehmen und in einer allgemeinen Betrachtung Tendenzaussagen über deren Erfolgswirkungen schwer fallen (vgl. dazu Picot/ Dietl/Franck 2005, S. 177-202).

6.3.4   Kritische Würdigung

Williamson betont, dass sich mit der Transaktionskostentheorie jedes – in die Vertragsform reformulierbare – Problem analysieren lasse (vgl. Williamson 1985, S. 42), und tatsächlich bietet die Transaktionskostentheorie **vielfältige Anknüpfungspunkte** für die Untersuchung organisatorischer Problemstellungen.

So wurden Outsourcing- bzw. Make-or-Buy-Entscheidungen ausgiebig unter Rückgriff auf von der Transaktionskostentheorie inspirierte Effizienzvergleiche analysiert (vgl. z. B. Williamson 1990; Welker 1993). Auch die theoretische Analyse der Vorteilhaftigkeit interorganisationaler Beziehungen (Kooperationen, Netzwerke) erfolgte mithilfe der Transaktionskostentheorie (vgl. z. B. Kogut 1988; Osborn/Baughn 1990; Hennart 1991; Parkhe 1993). Darüber hinaus wurden Grundprobleme der Effizienzbeurteilung bei der internen organisatorischen Gestaltung diskutiert (z. B. Jones 1984 und 1987; Michaelis 1985; Theuvsen 1997; Pietsch 2003, S. 87-98). Schließlich liefert die Transaktionskostentheorie einen eigenständigen Beitrag zur Theorie der Unternehmung. Während beispielsweise die meisten sozialwissenschaftlichen Theorien die Existenz von Organisationen bzw. Unternehmen voraussetzen, kann die Transaktionstheorie auch eine Erklärung zur Entstehung von Unternehmen bzw. anderen formalen Organisationen anbieten. Durch die Bezugnahme auf das Konzept der begrenzten Rationalität fördert die Transaktionskostentheorie eine Annäherung der ökonomischen Theorie an die Verhaltenswissenschaften.

Dennoch ist die Transaktionskostentheorie auch grundlegenden **kritischen Einwänden** ausgesetzt. Diese beziehen sich auf die unklare Definition und Operationalisierung der Transaktion sowie der Transaktions- und Produktionskosten. Welker gelangt aufgrund dessen zu der

Einschätzung: „Das grundsätzliche Fehlen der (...) Definitionen führt in der Literatur zu Rätselraten und spekulativem Diskutieren" (1993, S. 69). Terberger spricht von der „Verwirrung um den Transaktionskostenbegriff" (1994, S. 125; vgl. auch Frambach/Eissrich 2002, S. 44-53). Nicht zuletzt aufgrund dieser Definitionsprobleme ist es nicht gelungen, Transaktionskosten eindeutig zu messen (vgl. auch Ebers/Gotsch 2002, S. 247), so dass die Transaktionskostentheorie nur sehr grobe Tendenzaussagen über die Vorteilhaftigkeit institutioneller Arrangements ableiten kann.

Auch die **Verhaltensannahme des Opportunismus** stößt auf Kritik (vgl. z. B. Ghoshal/Moran 1986; Griesinger 1990; Sydow 1999; Pietsch 2005). Die Behandlung des Opportunismus als Konstante menschlichen Verhaltens gilt danach als Ausdruck eines einseitigen und äußerst negativen Menschenbildes, das der Wirklichkeit nicht entspricht. So wird der Opportunismus generell als ein „hinterhältiges" (Frey/Osterloh 1997, S. 309), sozial-schädliches Verhalten konzipiert, das die Wirksamkeit und Stabilität von Institutionen gefährdet (vgl. auch Witt 1995, S. 231). Williamson weist zwar darauf hin, dass sich Menschen nicht immer opportunistisch verhalten, da die Motivation eines Akteurs von außen aber nicht erkennbar und somit opportunistisches Verhalten nie völlig auszuschließen sei, erweise es sich dennoch als notwendig, stets das „Worst-Case-Szenario" eines opportunistischen Interaktionspartners zu unterstellen (1990, S. 73; vgl. dazu auch Frey/Osterloh 1997, S. 309; Ripperger 1998, S. 23). Da die Interpretation des Opportunismus als Worst-Case-Annahme keine weiteren Überlegungen zu alternativen Verhaltensorientierungen angeregt hat, kann dieses Argument jedoch nur begrenzt überzeugen. Nicht zuletzt werden dabei relevante Einflüsse der institutionellen Umwelt vernachlässigt, die gegebenenfalls die Opportunismusgefahr deutlich verringern (z. B. die Wirksamkeit kultureller Solidaritätsnormen). In jüngerer Zeit wurden jedoch Überlegungen zu einer verhaltenstheoretisch erweiterten institutionenökonomischen Betrachtung angestellt (vgl. z. B. Pietsch 2005).

Zwar ist es der Transaktionskostentheorie gelungen, im Organizational Failures Framework wichtige Einflussfaktoren für die Ausgestaltung institutioneller Arrangements aufzuzeigen. Dennoch richtet sie lediglich einen „**Tunnelblick**" (Ebers/Gotsch 2006, S. 306) auf Organisationen, weil andere zentrale Einflüsse unberücksichtigt bleiben. So wird die Vernachlässigung von Macht oder von Kultur, Gesellschaft bzw. (makro-)politischen Wirkungen auf die Ausdifferenzierung institutioneller Arrangements mitunter äußerst kritisch gesehen (vgl. z. B. Granovetter 1985; Perrow 1986; Pirker 2000). Die Leistungsfähigkeit des Organizational Failures Framework bleibt zudem nicht nur aufgrund der Vernachlässigung von Einflussfaktoren begrenzt; auch die Interdependenzen zwischen den Einflussfaktoren der Transaktionskosten sind bisher nicht hinreichend geklärt und theoretisch berücksichtigt (z. B. der Zusammenhang zwischen der strategischen Bedeutung einer Transaktion und der Transaktionshäufigkeit). Darüber hinaus können Transaktionen häufig nicht isoliert betrachtet werden, da vielfältige Interdependenzen zwischen verschiedenen Transaktionen bestehen. Mitunter sprechen Skalen- und Synergievorteile für eine organisatorische Lösung, obwohl eine isolierte Betrachtung der Transaktion die marktliche Realisierung präferieren würde. Schließlich erweist sich die Reduzierung der Effizienzbetrachtung auf eine reine Kostenbetrachtung als problematisch, da die Erträge alternativer institutioneller Arrangements in der Regel nicht völlig übereinstimmen. Die Dominanz der Transaktionskostenbetrachtung gefährdet außerdem eine angemessene Berücksichtigung der Produktionskosten.

Ebers/Gotsch weisen darauf hin, dass eine sehr differenzierte Analyse unterschiedlicher institutioneller Arrangements bisher noch nicht möglich ist (vgl. 2006, S. 300-301), da es der Transaktionskostentheorie zurzeit nicht gelingt, die Vielfalt unterschiedlicher institutioneller Strukturen abzubilden und einem Effizienzvergleich zu unterziehen. Die bisher entwickelten Strukturtypen institutioneller Arrangements (vgl. Williamson 1991) erweisen sich im Hinblick auf empirische Fragestellungen als zu wenig trennscharf.

6.4   Agency-Theorie

6.4.1   Positive und normative Agency-Theorie

Die Agency-Theorie analysiert grundlegende Fragen der Gestaltung von Vertragsbeziehungen zwischen Auftraggebern (Prinzipal) und Auftragnehmern (Agent). Agenturprobleme können immer dann entstehen, wenn Personen im Dienste der Ziele bzw. des Interesses anderer Personen vertraglich abgesichert tätig werden (sollen) (vgl. Kräkel 2004b, Sp. 1174-1175). Da **Auftraggeber-Auftragnehmer-Beziehungen** den Forschungsgegenstand bilden, sind die betrachteten Akteure nicht gleichberechtigt, sondern stehen in einer Über- bzw. Unterordnung zueinander. Dabei erfolgt nicht selten eine Delegation von Entscheidungskompetenzen, die die Handlungsspielräume der Agenten gegenüber dem Prinzipal deutlich erweitern. Auftraggeber-Auftragnehmer-Verhältnisse sind aber nicht nur in der Wirtschaft allgegenwärtig; sie betreffen z. B. die Beziehungen zwischen

- Eigentümern und Geschäftsführern bzw. Managern,
- Geschäftsführern und nachgelagerten Managern,
- Arbeitgebern und Arbeitnehmern,
- Versicherungsgebern und Versicherungsnehmern,
- Patient und Arzt,
- Arbeitsamt und Arbeitslosen.

Die Agency-Theorie fokussiert dabei auf die **Institution des Vertrages**. Vor allem formale Verträge etablieren und steuern die Leistungsbeziehungen in Beauftragungsverhältnissen. Wobei es sich in der Regel um relationale (d. h. unvollständige) Verträge handelt, die aufgrund hoher Prognoseunsicherheiten und Kosten der Vertragsformulierung nicht alle potenziell relevanten Vertragsgegenstände im Voraus regeln (können).

In Orientierung an Jensen/Meckling kann man zwischen einer positiven sowie einer normativen Agency-Theorie unterscheiden (vgl. 1976). Während die **positive Agency-Theorie** empirisch-deskriptiv ausgerichtet ist und in einer qualitativen Argumentation komplexe Vertragsgestaltungen, deren Einflussfaktoren sowie deren Wirkungen auf die Vertragsparteien in der Unternehmenspraxis untersucht, wählt die **normative Agency-Theorie** (Prinzipal-Agenten-Theorie) ein formal-analytisches Vorgehen und ermittelt aus der Sicht des Prinzipals die optimale Gestaltung des Beauftragungsvertrages, um letztlich den Agenten zu einem Handeln im Dienste des Prinzipals zu motivieren.

Die Notwendigkeit, den Agenten zu einem Handeln im Dienste des Prinzipals zu motivieren, ergibt sich aus den **Annahmen unvollständiger Informationen sowie potenzieller Zielkonflikte** zwischen den Beteiligten. Unter diesen Annahmen besteht für den Agenten bei der Leistungserbringung im Zuge des Auftragsverhältnisses grundsätzlich die Möglichkeit, vorliegende Informationsvorsprünge und Handlungsspielräume zu seinen Gunsten und zu Lasten des Prinzipals zu nutzen und sich insofern opportunistisch zu verhalten. Als zentrale Voraussetzung für ein opportunistisches Verhalten des Agenten erweist sich somit das Vorliegen von Informationsasymmetrien.

6.4.2   Arten der Informationsasymmetrie

Informationsasymmetrien in Auftraggeber-Auftragnehmer-Beziehungen bilden das **Basisproblem der Agentur-Theorie** (vgl. z. B. Richter/Furubotn 2003, S. 174). Es werden unterschiedliche Arten der Informationsasymmetrie unterschieden, jedoch hat sich bisher keine vollkommen einheitliche Begriffsverwendung etabliert. Hier sollen **drei Arten der Informationsasymmetrie** differenziert werden: hidden characteristics, hidden intention und hidden action (vgl. Abb. I.6.2).

Typ Merk- male	hidden characteristics	hidden intention	hidden action
Entstehungs-zeitpunkt	vor Vertragsabschluss	vor oder nach Vertragsabschluss	nach Vertragsabschluss nach Entscheidung
Entstehungs-ursache	ex-ante verborgene Eigenschaften des Agenten	verborgene Absichten des Agenten	nicht beobachtbare Aktivitäten des Agenten
Problem	Eingehen der Vertragsbeziehung	Durchsetzung impliziter Ansprüche	Verhaltens-/(Leistungs-)beurteilung
resultierende Gefahr	adverse selection	hold up	moral hazard shirking
Lösungs-ansätze	signaling screening self selection	signaling reputation	Anreizsysteme Kontrollsysteme (reputation)

Abb. I.6.2:   Arten asymmetrischer Informationsverteilung (vgl. Breid 1995, S. 824)

Im Fall der **hidden characteristics** (Qualitätsunsicherheit) beruht die Informationsasymmetrie auf verborgenen (erfolgsrelevanten) Eigenschaften des Agenten (z. B. Qualifikation, Begabung, Risikoeinstellung) oder der von ihm angebotenen Güter bzw. Dienstleistungen, über die der Prinzipal vor Vertragsabschluss keine sichere Kenntnis gewinnen kann. Daraus resultieren regelmäßig Zielkonflikte zwischen Prinzipal und Agent. So hat der Prinzipal grundsätzlich ein Interesse daran, die wahren Eigenschaften des Agenten (bzw. der von ihm angebotenen Güter) zu erfahren, um aus seiner Sicht den Nutzen eines Vertragsschlusses im Voraus abzuschätzen. Demgegenüber kann jedoch der Agent einen Grund haben, seine wahren – für den Prinzipal wenig nützlichen – Merkmale zu verdecken und erwünschte Eigenschaften vorzutäuschen, um in den Genuss vertraglicher Leistungen des Prinzipals zu gelangen. Hierbei entsteht das so genannte Problem der „adverse selection", d. h. der systematischen Auswahl unerwünschter Vertragspartner. Die adverse selection kann sich beispielsweise dann ergeben, wenn der Prinzipal in Unkenntnis der tatsächlichen Eigenschaften der potenziellen Agenten nur noch einen durchschnittlichen Lohn anbietet. Bei dieser Entlohnung sind allerdings Agenten mit besonders nützlichen Eigenschaften nicht zu einem Vertragsschluss bereit, so dass schließlich nur noch Agenten mit nachteiligen Eigenschaften auf dem Markt verbleiben und einen Kontrakt mit dem Prinzipal eingehen (vgl. z. B. den Gebrauchtwagenmarkt – „market for lemons" – bei Akerlof 1970). Typische Beispiele für solche vorvertraglichen Informationsasymmetrien ergeben sich zwischen Arbeitgeber und Arbeitnehmer bei der Beurteilung der Qualifikation von Bewerbern im Rahmen von Einstellungsverfahren oder zwischen Versicherungsunternehmen und potenziellen Versicherungsnehmern bei der Beurteilung von Versicherungsrisiken. Hier haben Agenten mit besonders erwünschten Eigenschaften die Möglichkeit des „signaling" (vgl. z. B. Spence 1974), d. h. der glaubhaften(!) Informationsübermittlung über ihre wahren Eigenschaften. Gleichermaßen steht es dem Prinzipal frei, Nachforschungen über die tatsächlichen Eigenschaften des Agenten anzustellen und insoweit eine weitere Informationsbeschaffung, das so genannte „screening" (vgl. Rothschild/Stiglitz 1976), zu betreiben. Schließlich kann der Prinzipal versuchen, unterschiedliche Verträge derart zu entwerfen, dass die Agenten eigenständig die ihnen jeweils zugedachten und optimal verhaltenssteuernden Verträge auswählen („self selection"; vgl. z. B. Salop/Salop 1976).

Im Zusammenhang der **hidden intention** bestehen auf Seiten des Prinzipals sowohl vor als auch nach Vertragsabschluss Informationsdefizite über die – verborgenen – Absichten des Agenten. Seine Informationsnachteile beziehen sich auf Eigenschaften des Agenten, die dessen Willen unterliegen (z. B. Fairness, Kulanz). Bei gezielt verborgenen Absichten besteht für den Prinzipal die Gefahr des so genannten „hold-up-Problems", bei dem der Agent die Bindungswirkung des Vertrages – gegebenenfalls in Verbindung mit transaktionsspezifischen Investitionen – nachträglich zu seinen Gunsten und auf Kosten des Prinzipals ausbeutet (vgl. z. B. Spremann 1990; Breid 1995; kritisch dazu Kräkel 2004a, S. 13 FN 16). Auch hier hat insbesondere der Agent die Möglichkeit, den Prinzipal durch glaubhafte Signale von seinen guten Absichten zu überzeugen. Darüber hinaus kann er versuchen, eine Reputation über seine guten Absichten aufzubauen.

In der Situation der **hidden action** beziehen sich die (nachvertraglichen) Informationsasymmetrien auf die nicht beobachtbaren Aktivitäten des Agenten, d. h. insbesondere seinen Arbeitseinsatz, bei der Erbringung der vertraglich vereinbarten Leistung. Der Prinzipal kennt zwar das Ergebnis, kann jedoch aufgrund vielfältiger weiterer (Umwelt-)Einflüsse nicht eindeutig auf die Arbeitsleistung schließen. Damit lässt sich die Leistung des Agenten nicht einmal ex post genau beurteilen (vgl. Spremann 1990, S. 571). Dies eröffnet das Problem des so genannten „moral hazard": Da der Arbeitseinsatz des Agenten nicht konkret ermittelbar ist, verfügt er über einen diskretionären Handlungsspielraum bei der Leistungserbringung, den er in seinem Interesse – z. B. durch Leistungszurückhaltung („shirking") – ausnutzen kann. Für den Prinzipal besteht hier die Möglichkeit, den Agenten durch eine gezielte Ausgestaltung von Anreiz- bzw. Entlohnungssystemen zu einem optimalen Arbeitseinsatz zu motivieren.

6.4.3   Die normative Agency-Theorie im Kontext der formalen Kontrakttheorie

Bei der normativen Agency-Theorie (Prinzipal-Agent-Theorie) handelt es sich um eine zentrale Analyseperspektive der ökonomischen Vertragstheorie (auch Kontrakttheorie; vgl. z. B. Bannier 2005). Sie fokussiert auf die Institution des Vertrages und dessen Bedeutung für die Steuerung der Leistungsbeziehungen zwischen Auftraggebern (Prinzipal) und Auftragnehmern (Agent) (vgl. Ebers/Gotsch 2006, S. 258). Dabei wird angenommen, dass Verträge effizienzsteigernd wirken können, wenn sie die ungleichen Informationsstände der Beteiligten (asymmetrische Informationsverteilung) insbesondere in Entlohnungsvereinbarungen adäquat berücksichtigen.

Folgerichtig analysiert die Prinzipal-Agent-Theorie, wie Verträge bei unterschiedlichen Informationsständen (Informationsasymmetrien) und potenziellen Zielkonflikten zwischen den Beteiligten optimal zu gestalten sind, um ökonomische **Effizienz in Auftraggeber-Auftragnehmer-Beziehungen** zu gewährleisten (ähnlich Blum et al. 2005, S. 58). Informationsasymmetrien eröffnen Akteuren Informationsvorsprünge, die sie strategisch zu eigenen Gunsten und gegebenenfalls zu Lasten des Vertragspartners ausnutzen können. Dabei interessiert sich die Prinzipal-Agent-Theorie besonders für Informationsvorsprünge des Agenten, da diese zu einer Benachteiligung des Auftraggebers führen können (vgl. Richter/Furubotn 2003, S. 216). Um dies zu vermeiden, benötigt der Prinzipal vor allem einen Anreizmechanismus (Entlohnungsvertrag), der den Agenten in seinem Interesse steuert und zur Aufgabenerfüllung motiviert. Durch die formale Analyse der Optimalitätsbedingungen in Entlohnungsverträgen sollen Agenten mit rein eigennützigen Zielen (z. B. die Reduzierung von Arbeitsleid) und Risikoeinstellungen sowie aufgabenrelevanten Informationsvorsprüngen zu einem Verhalten motiviert werden, das im Interesse des Prinzipals liegt (vgl. Breid 1995, S. 823). Da die Erträge aus dem Beauftragungsverhältnis als risikobehaftet gelten, wird eine – aus Sicht des Prinzipals – optimale Allokation von Risiko und Ertrag bei Vorliegen von Informationsasymmetrien angestrebt.

Dabei weisen die Modelle der Prinzipal-Agent-Theorie recht ähnliche **Basisannahmen** über die vertraglich begründete Beziehung zwischen Prinzipal und Agent auf (vgl. Macho-Stadler/Pérez-Castrillo 2001, S. 5):

- Im Kontext ihres Vertragsverhältnisses bestehen zwischen dem Prinzipal und dem Agenten Zielkonflikte: Der Nutzen des einen bedeutet Disnutzen für den anderen. Im Fall eines Arbeitsverhältnisses stellt der Lohn Einkommen für den Agenten und Kosten für den Prinzipal dar. Entsprechend verursacht die Arbeitsleistung dem Agenten Arbeitsleid und

Opportunitätskosten, während sie gleichzeitig die Grundlage für das Einkommen des Prinzipals bildet.

- Zwischen Prinzipal und Agent herrscht Informationsasymmetrie. Beide können ihre Informationsvorsprünge zur Maximierung des eigenen Nutzens und zum Nachteil des jeweils Anderen einsetzen. Die Prinzipal-Agent-Theorie analysiert Informationsasymmetrien jedoch vorrangig aus der Sicht des Prinzipals, so dass vor allem seine Informationsnachteile gegenüber dem Agenten sowie deren Bewältigung durch eine entsprechende Vertragsgestaltung im Vordergrund stehen (vgl. jedoch z. B. zu einem Double-Moral-Hazard-Modell Budde 2000, S. 108-112).

Die **Grundstruktur der Modellbildung** in der Prinzipal-Agent-Theorie kann für den Fall der hidden action und dem sich daraus ergebenden Moral-hazard-Problem verdeutlicht werden (vgl. z. B. Pietsch 2004). Dabei handelt es sich um eine Optimierungsaufgabe aus der Sicht des Prinzipals. Der Prinzipal gestaltet einen Vertrag (wechselseitiges Leistungsversprechen), in dem er dem Agenten eine Entlohnung S für die Erfüllung einer Aufgabe mit dem Arbeitsergebnis x anbietet (Entlohnungskontrakt). Der Vertrag kann nur insoweit durchgesetzt werden, als seine Regelungen auf beobachtbaren und von Dritten (z. B. Gerichten) verifizierbaren Variablen beruhen. Da zwar das Arbeitsergebnis x (z. B. eine monetäre Erfolgsgröße), nicht jedoch die Arbeitsanstrengung a des Agenten für den Prinzipal beobachtbar ist (hidden action), schlägt der Prinzipal dem Agenten eine ergebnisabhängige Entlohnung $S = S(x)$ vor. Der Prinzipal kann aber nicht vom Ergebnis $x = x(a,\varepsilon)$ auf die Arbeitsanstrengung a des Agenten schließen, weil x nicht nur von a, sondern auch von anderen Einflüssen abhängt, die in einer stochastischen Größe ε zusammengefasst werden.

Der Prinzipal entscheidet über die **Ausgestaltung des Entlohnungskontraktes** auf der Grundlage seiner (Erwartungs-)Nutzenfunktion U_P, die sich bei Risikoaversion als konkav und bei Risikoneutralität als linear erweist. Häufig wird davon ausgegangen, dass der Prinzipal risikoneutral ist, da er über weitere Möglichkeiten zur Streuung seiner Aktivitäten und somit zur Risikodiversifikation verfügt (vgl. Elschen 1991, S. 1007). Auf der Grundlage des Arbeitsvertrages mit dem Agenten maximiert er seinen erwarteten Nutzen aus dem Residualergebnis nach Abzug der Entlohnung des Agenten (= $y(a,\varepsilon) - S(x)$), so dass gilt:

$$E\left[U_P(x(a,\varepsilon) - S(x))\right] \rightarrow Max$$

Der Prinzipal kann seinen Nutzenerwartungswert $E[U_P(\cdot)]$ in einem Vertrag mit dem Agenten jedoch nur dann maximieren, wenn es ihm gleichzeitig gelingt, den Agenten zur Unterzeichnung zu bewegen. Dazu muss er durch eine entsprechende Vertragsgestaltung dem – als risikoavers angenommenen – Agenten mindestens den erwarteten Nutzen $E[U_A(S,a)]$ gewähren, der seiner besten alternativen Beschäftigung (Reservationsnutzen $\underline{U}_A$) entspricht. Hieraus ergibt sich die Partizipations- bzw. **Teilnahmebedingung** des Agenten als erste Nebenbedingung des Maximierungsproblems:

$$E\left[U_A(S(x),a)\right] \geq \underline{U}_A$$

Als weitere Nebenbedingung ist schließlich die so genannte **Anreizbedingung** (Anreizkompatibilitätsbedingung) aufzunehmen. Erst durch diese unterscheidet sich das Modell von der Situation bei symmetrischer Information (first-best-solution) (vgl. z. B. Macho-Stadler/Pérez-Castrillo 2001, S. 17-33). Der Prinzipal kann die vom Agenten zu erbringende Arbeitsleistung nicht vertraglich fixieren, da sie für ihn nicht beobachtbar ist (hidden action). Der Agent verfügt zudem über Informationsvorsprünge gegenüber dem Prinzipal, die es ihm ermöglichen, sich einer unmittelbaren Leistungskontrolle zu entziehen, seine Arbeitsleistung a frei zu wählen und auf diese Weise seinen Nutzenerwartungswert $E[U_A(S(x),a)]$ unter den jeweils vorliegenden Vertragsbedingungen zu maximieren. Durch das Hinzufügen der Anreizbedingung zur Zielfunktion und Partizipationsbedingung verfolgt der Prinzipal das Ziel, eine aus seiner Sicht erwartungsnutzenmaximale Entlohnungsregel zu ermitteln, die den Agenten zu einer für ihn optimalen Arbeitsleistung veranlasst. Sie lässt sich folgendermaßen darstellen:

$$a \in \arg\max_{a*} E\big(U_A\big(S(x), a*\big)\big)$$

Die Anreizbedingung drückt formal aus, dass der Agent seine Arbeitsleistung a so festlegt, dass sie seinen Erwartungsnutzen $E[U_A(S(x),a)]$ bei vorliegendem Entlohnungskontrakt maximiert. Es wird unterstellt, dass der Prinzipal sowohl den Reservationsnutzen als auch die Nutzenfunktion des Agenten kennt.

Somit ergibt sich für den Prinzipal das folgende **Maximierungsproblem unter Nebenbedingungen**:

$$E\big[U_P(x(a,\varepsilon) - S(x))\big] \rightarrow Max \; ; \qquad \text{Zielfunktion des Prinzipals}$$

$$E\big[U_A(S(x),a)\big] \geq \underline{U}_A \; ; \qquad \text{Partizipationsbedingung des Agenten}$$

$$a \in \arg\max_{a*} E\big(U_A\big(S(x), a*\big)\big) \; ; \qquad \text{Anreizbedingung des Agenten}$$

Bei der Lösung dieses Maximierungsproblems unter Nebenbedingungen und damit der Suche nach einer optimalen Entlohnungsfunktion wird deutlich, dass die Informationsasymmetrie für den Prinzipal höhere Kosten als bei symmetrisch verteilter Information verursacht. Der risikoscheue Agent muss bei Informationsasymmetrie im moral-hazard-Fall erst zu einer Entscheidung im Sinne des Prinzipals motiviert werden, weshalb ihn der Prinzipal erfolgsabhängig entlohnt und eine Risikoprämie als Ausgleich für damit einhergehende mögliche Nutzenschwankungen gewährt. Der Prinzipal hat aufgrund dessen Nutzeneinbußen gegenüber einer Situation mit symmetrischer Informationsverteilung hinzunehmen.

6.4.4   Grundlagen der positiven Agency-Theorie

Jensen kritisiert an der Prinzipal-Agent-Theorie, dass sie einseitig auf die neoklassische formale Gleichgewichtsanalyse sowie mathematische Optimierungskalküle zurückgreift (vgl. 1983). Sie bleibe deshalb zu abstrakt und schließlich realitätsfern. Aus diesem Grunde plädiert er für eine stärker deskriptiv und empirisch ausgerichtete Forschung. Gegenüber der formalen Methodik der (normativen) Prinzipal-Agent-Theorie präferiert er eine eher verbale Argumentation und bezeichnet seinen Ansatz als „positive agency theory". Gleichermaßen wie die formale Prinzipal-Agent-Theorie unterstellt die positive Agency-Theorie Zielkonflikte sowie eine ungleiche Informationsverteilung zwischen Prinzipal und Agent (vgl. Jensen/Meckling 1976). Sie versucht aber nicht, formal-analytisch abgeleitete normative Betrachtungen anzustellen, sondern analysiert die konkreten **Ausgestaltungen realer Agency-Beziehungen** (z. B. zwischen Eigentümer und Top-Manager) und beabsichtigt, diese unter Rückgriff auf die Analyse von Agenturkosten (agency costs) zu erklären. Damit beurteilt die positive Agency-Theorie die Vorteilhaftigkeit unterschiedlich ausgestalteter Agency-Beziehungen auf Basis eines Kostenvergleichs analog der Transaktionskostentheorie. Die **Agency Costs** ergeben sich schließlich als Summe von „monitoring costs", „bonding costs" und „residual loss" (vgl. Jensen/Meckling 1976; auch Schneider 1995, S. 276; Picot/Dietl/Franck 2005, S. 73-74):

- **monitoring costs** (Kontrollkosten des Prinzipals) umfassen die Kosten des Prinzipals für den Vertragsabschluss, die Überwachung der Leistungserbringung und das Setzen von Anreizen.
- **bonding costs** (Signalisierungskosten des Agenten) beinhalten die Kosten des Agenten, die ihm aus den Kontrollansprüchen des Prinzipals erwachsen (z. B. Kosten der Rechnungslegung).
- **residual loss** (verbleibender Wohlfahrtsverlust) bezeichnet den gegebenenfalls zusätzlich entstehenden Wohlfahrtsverlust aus der Abweichung der Entscheidung des Agenten von der den Prinzipals-Nutzen maximierenden Entscheidung.

Im Zuge einer empirischen Analyse konkreter Vertragsgestaltungen gelten nun jene Regelungen als vorteilhaft, die die Agency Costs minimieren. Dabei wird unterstellt, dass diese im Falle einer – allerdings nur theoretisch denkbaren – pareto-optimalen Gleichgewichtslösung verschwinden. Unter der Bedingung vollständiger Information müssten daher die Agency Costs den Wert Null annehmen (vgl. Ross 1973, S. 138; Schneider 1995, S. 278).

Die positive Agency-Theorie wird vor allem zur Untersuchung nachvertraglicher Informationsasymmetrien bei relationalen Verträgen, d. h. relativ langfristigen Verträgen mit unvollständiger Voraussicht über die Zukunft, wie z. B. Arbeitsverträgen angewendet und fokussiert auf die Beziehung zwischen Anteilseignern und Managern (vgl. bereits Jensen/Meckling 1976; auch Kräkel 2004b, S. 193).

Ein grundsätzliches Problem besteht jedoch in der **unzureichenden Operationalisierung** der Agency Costs. Abgesehen davon, dass bereits die monitoring und bonding costs schwer erfassbar sind, erweist sich vor allem die Ermittlung des residual loss als Differenz zwischen dem potenziellen Nutzenmaximum des Prinzipals und dem tatsächlich von ihm erreichten Nutzen als problematisch. So verdeutlicht Schneider, dass das potenzielle Nutzenmaximum empirisch nicht bestimmbar ist, weil bereits der Bezug auf den Entscheidungsträger unklar bleibt (vgl. 1995, S. 278). Das potenzielle Nutzenmaximum könnte sich zunächst auf die Entscheidung beziehen, die der Prinzipal selbst getroffen hätte. Aufgrund der Wissensvorsprünge des Agenten wird dieser aber regelmäßig eine erfolgreichere Entscheidung fällen als der Prinzipal, so dass dann das potenzielle Nutzenmaximum sogar übertroffen würde. Soll hingegen das potenzielle Nutzenmaximum des Prinzipals durch die Entscheidung eines ausschließlich in seinem Interesse handelnden Agenten konkretisiert werden, dann stößt man auf unüberwindbare Erfassungsprobleme. Die Ermittlung des Nutzenmaximums würde eine voll-

ständige Kenntnis des Entscheidungsfeldes, d. h. aller Handlungsalternativen, potenzieller
Umweltzustände sowie ihrer Eintrittswahrscheinlichkeiten und daraus resultierende Erfolgs-
chancen, voraussetzen. Da dies in der Realität nicht gegeben ist, erweist sich der Vergleich
unterschiedlicher Agency Costs im Hinblick auf reale Vertragsgestaltungen kaum als prakti-
kabel.

6.4.5   Anwendungsfelder der Agency-Theorie

Die Anwendungsfelder der Agency-Theorie stellen sich äußerst vielfältig dar, weil sie über-
all dort zu finden sind, wo Auftraggeber-Auftragnehmer-Verhältnisse vorliegen. Im Rahmen
der Organisationsforschung wurde die Agency-Theorie jedoch vor allem zur Analyse der
Beziehung von Eigentümern und Managern herangezogen (vgl. Ebers/Gotsch 2006, S. 266).
Das Auftragsverhältnis zwischen **Eigentümer und Manager** ergibt sich aus der Trennung
von Eigentum und Leitung, wie sie vor allem in mittelständischen und großen Unternehmen
anzutreffen ist. In diesem Zusammenhang werden vor allem die Anreizwirkung erfolgsab-
hängiger Vergütungssysteme oder die Disziplinierungseffekte von Kontrollorganen an der
Unternehmensspitze (z. B. Aufsichtsrat) analysiert, um opportunistisches Managerverhalten
(z. B. Drückebergerei bzw. shirking, unwahre Berichterstattung, übertriebenen Güterkonsum
auf Firmenkosten bzw. consumption on the job) zu begrenzen.

Ein weiteres Anwendungsbeispiel ergibt sich bei den Auftragsbeziehungen zwischen **Unternehmenszentrale und Geschäftsbereichen (Divisionen)**. Die Divisionsleiter verfügen üblicherweise gegenüber der Zentrale über Informationsvorsprünge, die sie opportunistisch ausnutzen können. Zudem bestehen bei der Zuweisung von Ressourcen im Zuge der Budgetie-
rung Zielkonflikte zwischen der Zentrale und den Divisionen sowie auch zwischen den Divisionen. Die Informationsvorsprünge in den Divisionen ermöglichen es den Leitern, überhöh-
te Prognosen des Divisionserfolgs und des Ressourcenbedarfs zu melden und auf diese Weise eine umfangreichere, aber letztlich ineffiziente Budgetzuweisung zu realisieren. Die Prinzipal-Agent-Theorie analysiert im Kontext der divisionalen Organisationsstruktur die Anreizwirkungen von Budgetierungsmechanismen, die eine effiziente Kapitalallokation sowie
zugleich eine wahrheitsgemäße Berichterstattung sicherstellen sollen. Zu diesen Mechanismen zählt insbesondere der Groves-Mechanismus, bei dem eine Zuweisung von Budgetmit-
teln an einzelne Divisionen auf der Grundlage von prognostizierten Divisionserfolgsfunktio-
nen erfolgt, wobei die Budgetzuweisung mit einem spezifischen Entlohnungsschema verbunden wird (vgl. dazu Groves 1973; Groves/Loeb 1979).

6.4.6   Kritische Würdigung

Die Agency-Theorie weist eine große Bedeutung für die Organisationstheorie auf, weil Organisationen aufgrund der vertikalen und horizontalen Arbeitsteilung Beauftragungsverhältnisse auf allen Hierarchieebenen beinhalten. Sie findet vielfältige Anknüpfungspunkte für die
Analyse so genannter vertikaler Organisationsprobleme, die in der Interaktion zwischen
verschiedenen Hierarchieebenen entstehen (vgl. Kräkel 2004a, S. 80). In diesem Zusammenhang fokussiert die Analyse auf ein spezifisches und recht bedeutsames Problem, das in der

Organisationstheorie sonst nicht derart umfassend analysiert wird: die zielgerichtete Gestaltung von Agenturverträgen, um Effizienz und Verlässlichkeit der Aufgabenerfüllung bzw. Informationsverarbeitung in Auftraggeber-Auftragnehmer-Beziehungen sicherzustellen (ähnlich Ebers/Gotsch 2006, S. 272-273). Das Grundmodell der Agency-Theorie stellt sich trotz der vielen organisational relevanten Anwendungsfelder überschaubar und relativ einfach dar, was die Etablierung der Theorie als eigenständiges Forschungsparadigma deutlich gefördert hat und die Entwicklung stringenter Aussagensysteme sowie die Ableitung von Hypothesen erleichtert.

Mit dem Ziel einer möglichst effizienten Gestaltung von Agenturverträgen liegt der Fokus der Agency-Theorie auf der **Analyse der Formalstrukturen** in Organisationen. Im Vordergrund stehen die Steuerungswirkungen formalisierter Normen und Anreizsysteme zur Begrenzung opportunistischen (Agenten-)Verhaltens. Damit vernachlässigt sie aber die vielfältigen Wirkungen informaler Organisation wie sie bereits im Zusammenhang mit den Hawthorne-Experimenten verdeutlicht wurden (vgl. Roethlisberger/Dickson 1939). Opportunismus wird nicht zuletzt durch (organisations-)kulturelle oder Gruppennormen beeinflusst.

Darüber hinaus erweist sich die Fixierung der Agency-Theorie auf die **Gefahr opportunistischen Agenten-Verhaltens** als einseitig, weil auch denkbar ist, dass der Prinzipal seine Informationsvorsprünge zu opportunistischem Verhalten gegenüber dem Agenten nutzt, z. B. um Forderungen nach höherem Entgelt oder besseren Arbeitsbedingungen abzuwehren.

Die normative Agency-Theorie ist häufig dem Vorwurf eines „**Modellplatonismus**" ausgesetzt (vgl. Albert 1967). So bezeichnet man ein Vorgehen, bei dem die rein gedanklich abgeleiteten Ergebnisse formaler Modelle als grundsätzlich wahre – weil logisch konsistente – Erkenntnisse behandelt werden, denen sich die Realität zu fügen hat. Diese Gefahr ist vor allem dann gegeben, wenn vielfältige realitätsferne Annahmen getroffen und aus den Modellergebnissen dennoch Schlüsse für die organisatorische Gestaltung gezogen werden. Insbesondere die rein formal-analytisch und logisch abgeleiteten Ergebnisse bzw. Gestaltungsempfehlungen der normativen Agency-Theorie bieten jedoch lediglich „strukturorientierte Aussagen" (Pfaff 2004, S. 170), die auf der Grundlage vereinfachter Annahmen ein grundlegendes Verständnis möglicher Zusammenhänge in der realen Welt vermitteln und sich somit bestenfalls zur Hypothesengenerierung mit anschließender empirischer Prüfung eignen.

Damit vernachlässigen sie jedoch zentrale und gegebenenfalls besonders einflussreiche **Merkmale realer Organisationen**. Hierbei handelt es sich z. B. um die regelmäßig auftretende Situation, dass ein Prinzipal gleichzeitig mit mehreren Agenten konfrontiert ist bzw. der Prinzipal die optimale Vertragsgestaltung nicht nur über eine, sondern über mehrere Perioden zu kalkulieren hat. Um dies zu berücksichtigen, wird mitunter auf so genannte Multi-Agenten-Modelle oder Mehr-Perioden-Modelle zurückgegriffen (vgl. Ebers/Gotsch 2006, S. 275).

6.5   Schlussbetrachtung

Die Institutionenökonomik hat die Neoklassik für eine Untersuchung der sozialen Welt geöffnet (vgl. Müller 1999, S. 124) und damit auch die Grundlage für erkenntnisreiche ökonomische Analysen in der Organisations- und Managementforschung geschaffen. Eine umfassende Betrachtung der vielfältigen und facettenreichen organisationalen Phänomene gelingt ihr allerdings keineswegs. Bereits die **Fixierung auf Probleme der ökonomischen Effizienz** führt zu einer sehr beschränkten Perspektive auf die organisationale Wirklichkeit (vgl. dazu I.7). Die teilweise komplexen Basisannahmen formaler Analysen lassen die direkte Übertragung auf reale Situationen fragwürdig erscheinen. Dennoch können die institutionenökonomischen Theorien durchaus relevante Ausschnitte der Wirklichkeit in Organisationen unter Bezugnahme auf im Kern ökonomische Fragestellungen, d. h. insbesondere Effizienzvergleiche, erklären, so dass sie zu Recht zu dem „Standardrepertoire der Managementlehre" gezählt werden (Müller 1999, S. 125). Eine Ergänzung institutionenökonomischer Ansätze um Perspektiven anderer Disziplinen (z. B. der Soziologie oder Psychologie) erscheint im Rahmen der Organisations- bzw. Managementforschung allerdings erforderlich.

Durch die Betrachtung von Effizienzvergleichen basiert die Institutionenökonomik auf einem eindeutig ökonomischen Kern, allerdings bleibt die Operationalisierung der jeweils betrachteten Effizienzkriterien meist unklar. Sowohl Transaktions- als auch Agenturkosten sind schwer operationalisierbar und somit in konkreten Gestaltungssituationen kaum messbar. Vor diesem Hintergrund lassen sich die Effizienzwirkungen unterschiedlicher institutioneller Arrangements keineswegs eindeutig beurteilen, so dass die Effizienzurteile mit einer gewissen Beliebigkeit behaftet sind.

Ein grundlegender Kritikpunkt an der (traditionellen) institutionenökonomischen Forschung ergibt sich aus dem zugrunde liegenden **negativen Menschenbild**. Wie die Transaktionskostentheorie ist die Agency-Theorie von der Opportunismusannahme geprägt, jedoch wird in interpersonellen Beziehungen streng eigennütziges Verhalten häufig durch individuelle Fairness- und Reziprozitätsmotive begrenzt. Während sich der Begriff Fairness auf ein Verhalten nach individuellen Vorstellungen von der gerechten Aufteilung einer Ressourcenmenge bezieht, wird das Reziprozitätskonzept auf Vergeltungsmotive angewendet. Es verweist darauf, dass bei einem Verstoß anderer Personen gegen Verhaltenserwartungen – meist Fairnessvorstellungen – Gleiches mit Gleichem vergolten wird. Der reziprok handelnde Akteur führt eine Art geistige Buchhaltung über die direkt zurechenbaren und für ihn hinzunehmenden Folgen der Handlungen anderer Personen und sanktioniert diese, indem er Beeinträchtigungen bestraft (negative Reziprozität) und Verbesserungen belohnt (positive Reziprozität) (vgl. Fehr/Gächter 2000, S. 159-160; Güth et al. 2002, S. 6-7). Während reziprokes Verhalten lediglich die Erwartung voraussetzt, fair behandelt zu werden, können Fairnessmotive auch den Anspruch beinhalten, andere fair zu behandeln. Fairness- und Reziprozitätsmotive widersprechen dem strengen Eigennutzprinzip, wenn ihre Verwirklichung für den Handelnden Kosten bzw. Nachteile verursacht. Tatsächlich konnte in ökonomischen Experimenten häufig nachgewiesen werden, dass sich Menschen gegenüber anderen fair oder reziprok verhalten, obwohl dabei für sie Kosten entstehen und keine zukünftigen äußeren Belohnungen zu erwarten sind (vgl. z. B. den Überblick bei Fehr/Gächter 2000). Zwar lassen sich die Ergebnisse von Laborexperimenten begrenzt auf alltägliche Situationen übertragen, dennoch bleibt festzuhalten, dass Abweichungen von dem strengen Eigennutzprinzip systematisch auftreten.

Darüber hinaus unterstellt die Institutionenökonomik, dass sich Menschen in Organisationen durch äußere Anreize steuern und Transaktions- bzw. Agenturprobleme insbesondere über Anreiz- und Kontrollsysteme bewältigen lassen. Die institutionenökonomischen Vorstellungen von der menschlichen Motivation erweisen sich jedoch als recht einseitig. Vorwiegend wird mit der **Annahme extrinsischer Motivation** der Akteure gearbeitet. Dabei dient die Handlung des Akteurs allein als Mittel zur Erreichung eines äußeren Zwecks, ihr kommt kein Selbstzweck zu. So wird beispielsweise in der Prinzipal-Agent-Theorie angenommen, dass die zu erbringende Arbeitsleistung für den Agenten Leid, einen Disnutzen, verursacht und vor allem zur Einkommenserzielung erbracht wird. Bei einer leistungsunabhängigen Entlohnung sowie einer unzureichend realisierbaren Kontrolle wird der (opportunistische) Agent lediglich eine minimale Arbeitsleistung erbringen (vgl. z. B. Macho-Stadler/Pérez-Castrillo 2001, S. 38). Bei extrinsischer Motivation besteht zwar die Gefahr des Opportunismus, jedoch wird es als möglich angesehen, den Agenten durch materielle Anreize (variable Leistungslöhne) zu einer optimalen Arbeitsleistung zu motivieren bzw. „fremdzusteuern". Insbesondere die sozialpsychologische Forschung konnte jedoch nachweisen, dass Menschen nicht nur aufgrund externer Belohnungen und Anreize, sondern auch intrinsisch motiviert handeln (vgl. z. B. Deci 1975; Deci/Ryan 1980). Bei intrinsischer Motivation erfolgt die Handlung unabhängig von einem externen Anreiz (vgl. Fischer/Wiswede 2002, S. 102), die Belohnung liegt in der Handlung selbst. Intrinsische Motivation schließt ein opportunistisches Kalkül mit intern belohnend wirkenden Handlungen weit gehend aus, so dass sich die generell unterstellte Opportunismusgefahr und die darauf hin gewährten materiellen Anreize als unangemessen erweisen.

Eine Förderung der extrinsischen Motivation durch materielle Belohnungen kann zudem die intrinsische Motivation vermindern oder sogar vollständig verdrängen (Verdrängungs- bzw. **Crowding-out-Effekt**). Dies ist der Fall, wenn der Akteur die Belohnung nicht primär als Information über seine eigene Kompetenz versteht (informierender Aspekt der Belohnung), sondern sie eher als Ausdruck der Abhängigkeit bzw. Fremdsteuerung des eigenen Verhaltens von einer Sanktionsinstanz interpretiert (kontrollierender Aspekt der Belohnung) (vgl. Deci 1975; auch Wiersma 1992). Externe Belohnungen können dazu führen, dass der Handelnde an dem intrinsischen Belohnungswert seiner Handlung zu zweifeln beginnt, die Verantwortung für die Handlung dem Belohnenden zurechnet und diese Attribution sogar auf andere intrinsisch motivierte Handlungen überträgt (**Spillover-Effekt**; Deci 1975, S. 157; auch Frey/Osterloh 1997, S. 311-312.). Aus dem Verdrängungseffekt ergeben sich „verborgene Kosten der Belohnung" (Lepper/Greene 1978) oder „verborgene Gewinne unzureichender Belohnung" (Frey/Osterloh 1997, S. 313), die jedoch in der traditionellen Institutionenökonomik nicht thematisiert werden. Allerdings gibt es mittlerweile Weiterentwicklungen der (Institutionen-)Ökonomik, die ein umfassenderes Menschenbild unter Einschluss sozialer Präferenzen (z. B. Fairness, Reziprozität) sowie intrinsischer Motivation zugrunde legen (vgl. z. B. Pietsch 2005).

7 Der organisationssoziologische Neoinstitutionalismus

7.1 Varianten des Neoinstitutionalismus

Der Neoinstitutionalismus bildet keine in sich geschlossene Theorie, sondern stellt eine Anhäufung sehr unterschiedlicher Sichtweisen dar (vgl. Scott 2001), die eng mit den verschiedenen Perspektiven wissenschaftlicher Disziplinen verknüpft sind. Deshalb spricht man beispielsweise von dem ökonomischen, dem soziologischen oder dem politischen Neoinstitutionalismus (vgl. DiMaggio/Powell 1998a). Diese Sichtweisen nähern sich dem Erkenntnisgegenstand Institution mit differierenden Prämissen, Zielsetzungen, Definitionen und Interpretationen (vgl. Millonig 2002, S. 12). Der ökonomische Neoinstitutionalismus (auch neue Institutionenökonomik; vgl. I.6) und der politische Neoinstitutionalismus, der die Wirkungen von Institutionen auf politische Entscheidungsprozesse analysiert und für die Organisationsforschung weniger relevant ist (vgl. Shepsle 1986), werden im Folgenden nicht behandelt.

Im Vordergrund der weiteren Überlegungen steht der **soziologische Neoinstitutionalismus**, der in den letzten Jahrzehnten die Organisationstheorie weit reichend beeinflusst hat. Seine Ursprünge liegen in der US-amerikanischen Organisationssoziologie, und seit Ende der 1980er Jahre tritt er verstärkt als eigenständiger Forschungsansatz in Erscheinung (vgl. Hasse/Krücken 2005). In den USA wird er sogar als eine der führenden Organisationstheorien angesehen (vgl. Mizruchi/Fein 1999) und auch in Deutschland zunehmend rezipiert (vgl. z. B. Türk 1989 und 2000; Elšik 1996 und 2004; Walgenbach 2000; Millonig 2002; Hasse/Krücken 2005; Scherm/Pietsch 2005; Muth/Süß 2006; Pietsch 2006; Süß/Kleiner 2006). Die neoinstitutionalistische Perspektive wurde in der Organisationssoziologie vor allem durch drei Aufsätze begründet: die Arbeiten von Meyer/Rowan (vgl. 1977) zu dem Themenbereich der „institutionalized myths", von Zucker (vgl. 1977) über „The role of institutionalization in cultural persistence" und von DiMaggio/Powell (vgl. 1983) mit dem Titel „The iron cage revisited".

Hinsichtlich seiner grundlegenden Prämissen bildet der soziologische Neoinstitutionalismus einen deutlichen **Gegensatz zur ökonomischen Variante**, d. h. der neuen Institutionenökonomik. Aus Sicht des in der neuen Institutionenökonomik zugrunde liegenden methodologischen Individualismus sind institutionelle Regeln aus den Entscheidungen der individuellen Akteure sowie aus ihrem Zusammenwirken zu erklären. Demgegenüber postuliert der soziologische Neoinstitutionalismus, dass soziale bzw. institutionelle Gegebenheiten nicht zwingend aus individuellen Entscheidungen abzuleiten sind, sondern durchaus den Charakter eines völlig eigenständigen kollektiven Phänomens und Erkenntnisgegenstands aufweisen. Der Begriff der Institution kennzeichnet demnach einen originären „sozialen Sachverhalt der Verfestigung regelmäßig wiederkehrenden Verhaltens und Handelns" (Nedelmann 1995, S. 15; vgl. bereits Durkheim 1965 als einen der Begründer der modernen Soziologie). Aus der soziologischen Perspektive und im Gegensatz zum methodologischen Individualismus ergeben sich Handlungen und Entscheidungen eines Akteurs als das Resultat der vorherrschenden kollektiven Strukturen des sozial-institutionellen Rahmens (methodologischer Kollektivismus). Diese Beeinflussung des individuellen Verhaltens durch soziale Institutionen wird mit der Vorstellung des Homo Sociologicus verknüpft (vgl. Dahrendorf 1959) und vollzieht sich über zwei grundlegende Mechanismen: Einerseits erfolgt eine Internalisierung sozialer Normen sowie eine soziale Sanktionierung abweichenden Verhaltens, andererseits beinhalten soziale Institutionen ritualisierte Wahrnehmungs-, Interpretations- und Verhaltensmuster, welche im Zuge der Sozialisation unreflektiert übernommen und als selbstverständlich aktualisiert werden (vgl. Türk 2004, Sp. 923-925). In der soziologischen Argumentation durchdringen und konstruieren Institutionen mithin erst die subjektive Wirklichkeit der Individuen (vgl. Berger/Luckmann 1993, S. 139) und stellen somit sozial-kulturelle Praktiken dar. Bei Institutionen handelt es sich demnach nicht um rational gestaltete, instrumentalisierte und intentional gewählte Regeln der Verhaltenssteuerung, sondern um soziale Erwartungen, Normen oder Rituale als unabhängige Variable und eigenständige soziale Phänomene. Damit wendet sich der soziologische Neoinstitutionalismus von dem Rational-Aktor-Modell der neuen Institutionenökonomik und der ökonomischen Variante des Neoinstitutionalismus ab; DiMaggio/Powell fassen das prägnant zusammen (1998b, S. 8): „The new institutionalism in organization theory and sociology comprises a rejection of rational-actor-models, an interest in institutions as independent variables, a turn toward cognitive and cultural explanations, and an interest in properties of supraindividual unity of analysis that cannot be reduced to aggregations or direct consequences of individuals' attributes or motives."

7.2   Institution und Institutionalisierung

In Anlehnung an Berger/Luckmann (vgl. 1966) geht der soziologische Neoinstitutionalismus davon aus, dass die Wahrnehmung sowie **Deutung der Wirklichkeit** und schließlich das darauf ausgerichtete menschliche Handeln durch die Gesellschaft sozial konstruiert sind. Das, was als Alltagserfahrung der Realität in einer Gesellschaft als absolut gewiss und objektiv gegeben gilt, hat demnach im Grunde nur eine sozial-kulturell relative Bedeutung, kann in anderen Gesellschaften völlig anderen Interpretationen unterliegen und dennoch gleichermaßen als selbstverständlich gelten (vgl. Berger/Luckmann 1966, S. 15). Obwohl damit die Wirklichkeit von den Menschen selbst erzeugt wurde, erscheint sie Ihnen aufgrund der kollektiv sozialen Konstruktionsprozesse als etwas Äußeres und quasi objektiv Gegebenes. Berger/Luckmann führen diese soziale Konstruktion der Wirklichkeit auf gesellschaftliche Institutionalisierung und die Bildung generalisierter Erwartungsstrukturen zurück, die angemessenes Verhalten in sozialen Kontexten regeln (vgl. 1993, S. 64; Hasse/Krücken 2005, S.

14). Institutionalisierte Erwartungsstrukturen begrenzen soziales Handeln und ermöglichen es zugleich, indem sie den Akteuren Orientierung stiften. Mit dieser Annahme haben Berger/Luckmann die soziologischen institutionalistischen Theorien maßgeblich geprägt.

Institutionalisierung wird dabei sowohl als Prozess als auch als Zustand verstanden (vgl. Zucker 1977, S. 728). **Institutionalisierung als Prozess** bezeichnet den Vorgang der Verfestigung sozialer Handlungen zu selbstverständlich geltenden und nicht mehr zu hinterfragenden Verhaltensmustern innerhalb der sozial konstruierten gesellschaftlichen Wirklichkeit, so dass die institutionalisierten Verhaltensmuster den Individuen fortan nicht als intentional gewählt, sondern als extern vorgegeben erscheinen. Demgegenüber bezeichnet die **Institutionalisierung als Zustand** den Grad, durch den jeweils konkrete soziale Situationen durch gemeinsam geteilte, sozial konstruierte Vorstellungen über „die" Wirklichkeit vorstrukturiert sind (vgl. Zucker 1983, S. 2; Walgenbach 2006a, S. 355). Institutionalisierung bewirkt demnach immer die Reduktion eines reflektierten und intentional gesteuerten Handelns (vgl. auch Walgenbach 2006a, S. 356). Der soziologische Neoinstitutionalismus richtet den Fokus der Analyse auf dieses unreflektierte, quasi automatisch gemäß den institutionalisierten Regeln in einer Gesellschaft stattfindende Verhalten. Es sind die Regeln der Makroebene der Gesellschaft, die zur Erklärung formaler Organisationsstrukturen oder des sozialen Handelns der Individuen herangezogen werden; sie fungieren als „Schablonen des Organisierens" (Walgenbach 2006a, S. 356) und als „Skripte" für das individuelle Handeln. Bei Institutionen handelt es sich aus der Perspektive des soziologischen Neoinstitutionalismus um quasi-automatisch aktualisierte Verhaltensmuster individueller oder kollektiver Akteure (z. B. formale Organisationen), die auf sozialen Erwartungsstrukturen beruhen, die als selbstverständlich gelten (taken-for-granted-Charakter).

7.3   Organisation und institutionelle Umwelt

Der Neoinstitutionalismus analysiert formale Organisationen (z. B. private und öffentliche Unternehmen, öffentliche Verwaltungen, Schulen, Krankenhäuser) im Rahmen ihres institutionellen Kontextes und versteht diese nicht als rein technisch-rationale Werkzeuge zur Erfüllung eines Organisationszwecks. Die Strukturen formaler Organisationen gelten primär als Ausdruck der für sie relevanten gesellschaftlichen **Regeln und Erwartungen der institutionellen Umwelt** (vgl. Meyer/Rowan 1977). Demnach existieren in einer Gesellschaft spezifische institutionalisierte Regeln als Bündel von generalisierten sozialen Annahmen, Vorstellungen, Erwartungen darüber, wie formale Organisationen ausgestaltet sein sollen, damit sie schließlich als erfolgreich (z. B. effektiv und effizient) und gesellschaftlich akzeptabel gelten können. Veränderungen in der formalen Struktur von Organisationen sind somit weniger durch den Wettbewerbsmechanismus und Effizienzerfordernisse, sondern durch institutionalisierte Regeln und Erwartungen bedingt (vgl. DiMaggio/Powell 1998b, S. 63-64).

Um dies zu verdeutlichen, unterscheiden bereits Meyer/Rowan zwischen einem technischen und einem symbolischen Kontext formaler Organisationen (vgl. 1977, S. 353; auch Türk 1989, S. 39-42; Elšik 1996, S. 334-335). Die beiden institutionellen Kontexte stellen unterschiedliche Anforderungen an Organisationen, sind jedoch nur analytisch trennbar und deshalb in der Praxis meist nicht scharf voneinander zu unterscheiden (vgl. z. B. Scott/Meyer 1998). Der **technische Kontext** bezieht sich vor allem auf die materiellen Produktions- und Austauschprozesse sowie die Kontrolle ihres technischen Outputs innerhalb der Organisation und im Austausch mit der Umwelt. Er stellt daher an das organisationale Handeln Anforderungen hinsichtlich der Effizienz. Demgegenüber umfasst der **symbolische Kontext** die sozialen Sinnzusammenhänge, Interpretations- sowie Wahrnehmungsmuster und fordert die Konformität mit grundlegenden gesellschaftlichen Erwartungen. Interne Organisationseinheiten werden ebenso wie Organisationen in einem unterschiedlichen Ausmaß mit diesen Kontexten konfrontiert. Während die unmittelbar in die Leistungserstellung eingebundenen Absatz-, Produktions- und Beschaffungsaktivitäten verstärkt in den technischen Kontext integriert sind, agieren beispielsweise der Personalbereich, das Controlling oder die Finanzwirtschaft vorwiegend in symbolischen Kontexten.

7.4 Rationalitätsmythen und die Legitimität organisationaler Strukturen

Aufgrund der Einflüsse des symbolischen Kontextes auf die Organisationsstrukturen ist der Neoinstitutionalismus mit einer elementaren **Skepsis gegenüber Rationalitätsparadigmen** verbunden (vgl. DiMaggio/Powell 1998a, S. 8). In ihrem grundlegenden Aufsatz entwickeln Meyer/Rowan die provokante These, dass Organisationen institutionalisierte Rationalitätsmythen aus dem symbolischen Kontext der Umwelt kopieren und zeremoniell in ihren formalen Strukturen zur Geltung bringen (vgl. 1977). Indem sie ihre formalen Strukturen an diese gesellschaftlichen Vorstellungen über rational gestaltete organisatorische Strukturen, Prozesse und Entscheidungen (Rationalitätsmythen) anpassen, sichern sie nicht nur ihre Legitimität und den Ressourcenzufluss aus der Umwelt sowie schließlich ihr Überleben, sondern können sich partiell auch von den Effizienzanforderungen des technischen Kontextes lösen. In diesem Sinne konstatiert DiMaggio: „Efficient performance is only one – and not necessarily the most important – determinant of organizational survival" (1989, S. 9). Meyer/Zucker konnten im Rahmen einer empirischen Untersuchung nachweisen, dass für die Existenz von Organisationen mitunter Legitimität wichtiger ist als Effizienz (vgl. 1989). So gelang es Unternehmen, trotz eines permanenten wirtschaftlichen Verlusts („permanently failing organizations") immer wieder Ressourcen zu akquirieren.

Die erwähnten **gesellschaftlichen Vorstellungen von Rationalität** postulieren zumindest implizit einen regelhaften Zusammenhang zwischen sozial konstruierten Zielen bzw. Werten (z. B. Steigerung der gesamtgesellschaftlichen Wohlfahrt, Vermeidung von Personalabbau, soziale Gleichstellungsziele) und Mitteln (z. B. Markt-Preis-Mechanismus eines Konkurrenzmarktes; verfassungsrechtliche Eigentumsgarantie, gesetzlicher Kündigungsschutz, Einrichtung einer Gleichstellungsstelle, Frauenquote) (ähnlich Elšik 1996, S. 336; Göbel 2003, S. 115). Diese Rationalitätsvorstellungen über Ziel-Mittel-Zusammenhänge können sich zu sozialen Rationalitätsmythen entwickeln, die vor allem dadurch gekennzeichnet sind, dass sie in sozialen Kontexten einer hohen Wertschätzung unterliegen und ihre Wirklichkeit und Wirksamkeit von einem geteilten Glauben an sie abhängen (vgl. Walgenbach 1998, S. 276).

Da eine umfassende Analyse der **Eigenschaften institutionalisierter Rationalitätsmythen** bisher fehlt, fällt die eindeutige Abgrenzung zu nicht-mythischen, gesellschaftlichen Vorstellungen der Rationalität schwer (vgl. Walgenbach 2002). Deshalb ist Vorsicht geboten, eine soziale Vorstellung oder organisationale Praxis als Ausdruck eines Rationalitätsmythos zu verstehen. Dennoch können vier Merkmale unterschieden werden, deren gemeinsames Auftreten recht nachdrücklich auf Einflüsse eines institutionalisierten Mythos der Rationalität hinweist (vgl. Scherm/Pietsch 2005, S. 50-51):

- Rationalitätsmythen referieren auf weithin verbreitete Normensysteme und verwenden explizit ein Vokabular, das solchen Normensystemen entstammt. Nicht selten behaupten sie moralische Verpflichtungen (ähnlich Meyer/Rowan 1977, S. 349).
- Rationalitätsmythen besitzen den Charakter einer Selbstverständlichkeit (taken-for-granted-Charakter). Als weithin akzeptierte Postulate über Ziel-Mittel-Zusammenhänge werden sie kaum kritisch hinterfragt und vielfach nicht einmal mehr bewusst wahrgenommen (vgl. Meyer/Rowan 1977, S. 344). Häufig sind die öffentliche Diskussion und kritische Reflexion des Mythos negativ sanktioniert (ähnlich Scott 1998, S. 118-119).
- Rationalitätsmythen erheben einen allgemeinen Geltungsanspruch und schließen damit situative Relativierungen aus (ähnlich Elšik 1996, S. 342). Aufgrund ihres generalisierenden Charakters bleiben die Postulate des Mythos abstrakt und inhaltlich unscharf. Insbesondere werden die Anwendungsvoraussetzungen unterstellter Ziel-Mittel-Zusammenhänge nicht expliziert.
- Rationalitätsmythen vermeiden die empirische Prüfung und ihre potenzielle Widerlegung (vgl. Scott 1986, S. 199; Walgenbach 1998, S. 276), indem sie ihre Evaluation auf rein symbolische Kontexte begrenzen (vgl. Elšik 1996, S. 343). Letztere eröffnen gemeinhin große Interpretationsspielräume im Umgang mit empirischen Widersprüchen.

Indem formale Strukturen Rationalitätsmythen des gesellschaftlichen Kontextes kopieren, dienen sie nicht nur der Steuerung interner Prozesse und der Beziehungen zur Umwelt. Vielmehr demonstrieren sie die Konformität der Organisation mit grundlegenden sozialen Erwartungen, senden entsprechende Signale an die gesellschaftliche Umwelt und weisen in diesem Sinne vor allem einen symbolischen Charakter auf, wodurch sie nicht zuletzt als **Legitimationsfassade** fungieren.

Die Annahme, dass organisatorische Strukturen darauf ausgerichtet sind, die Legitimität formaler Organisationen sicherzustellen, ist charakteristisch für den soziologischen Neoinstitutionalismus. Da die **Legitimität einer Organisation** auf den institutionalisierten Rationalitätsvorstellungen und einem „Muster konstitutiver Werte der Gesellschaft" (Millonig 2002, S. 47) basiert, gilt sie gleichermaßen wie die gesellschaftlichen Institutionen und die soziale Wirklichkeit als sozial konstruiert. Legitimität erweist sich dabei für die Überlebensfähigkeit einer Organisation in ihrem gesellschaftlichen Umfeld als besonders bedeutsam. Eine legitime Organisation erhält die notwendigen Ressourcen tendenziell zu besseren Konditionen und in besserer Qualität. Demgegenüber sind illegitime Organisationen mit vielfältigen rechtlichen, wirtschaftlichen und sozialen Sanktionen konfrontiert (vgl. z. B. Dowling/Pfeffer 1975, S. 122). Nach Suchman ist Legitimität zu verstehen als „a generalized perception or assumption that the actions of an entity are desirable, proper, or appropriate within some socially constructed systems of norms, values, beliefs, and definitions" (1995, S. 574). Dabei wird deutlich, dass eine als legitim wahrgenommene Organisation auf der generalisierten Einschätzung ihrer Konformität mit grundlegenden sozialen Erwartungen in ihrem institutionellen Kontext beruht. Organisationen müssen demnach nicht mit allen ihren Prozessen oder Strukturen allen gesellschaftlichen Erwartungen entsprechen. Vielmehr ist der Gesamteindruck in ihrem gesellschaftlichen Umfeld entscheidend. Allerdings kann durch besonders spektakuläre illegitime Einzelaktivitäten einer Organisation ihre gesamte soziale Reputation in Frage gestellt werden.

Da für die Sicherstellung der Legitimität einer Organisation jedoch nur ihr öffentlicher Gesamteindruck im Rahmen des relevanten institutionellen Kontextes wichtig ist, beinhalten Organisationen meist auch deviante – in der Regel informelle – Strukturen und Prozesse. Nicht selten weicht damit das tatsächliche Geschehen in der Organisation von der Legitimationsfassade der formalen und von Rationalitätsmythen beeinflussten Strukturen ab, wodurch sich häufig eine **Entkopplung von Formal- und Aktivitätsstruktur** („decoupling") ergibt (vgl. Meyer/Rowan 1977, S. 356-358). Dieses decoupling erweist sich mitunter als notwendig, weil Organisationen grundsätzlich mit der Doppelstruktur des technischen und symbolischen Kontextes konfrontiert sind. Die Effizienzanforderungen des technischen Kontextes konfligieren nicht selten mit den Rationalitätsmythen und Konformitätserfordernissen des symbolischen Kontextes. Wenn es durch decoupling gelingt, die auf Legitimation ausgerichtete Formalstruktur partiell von den tatsächlichen Prozessen innerhalb der Organisationen zu trennen, können sowohl die Legitimitätserfordernisse als auch die – gegebenenfalls divergierenden – Anforderungen des technischen Kontextes erfüllt werden. Die formale Struktur der Organisation greift dann Rationalitätsmythen auf, ohne sie jedoch zwingend tatsächlich zu implementieren, und sichert insofern die Legitimationsfassade, die von genaueren Einblicken in die (faktische) Aktivitätsstruktur ablenkt.

7.5 Institutionelle Isomorphie in organisationalen Feldern

Da Organisationen zur Sicherung der Legitimität des Ressourcenzuflusses und letztlich ihres eigenen Fortbestands gesellschaftliche Rationalitätsmythen flächendeckend adaptieren, kommt es – häufig auch über unterschiedliche Gesellschaftsbereiche hinweg – zu einer **Homogenisierung formaler Organisationsstrukturen**. Die zunehmende Etablierung bzw. Adaption privatwirtschaftlich geprägter Leitungsstrukturen und Steuerungsmethoden in der öffentlichen Verwaltung oder den Organisationen der sozialen Sicherungssysteme bietet dafür ein Beispiel (vgl. Brignall/Modell 2000).

Aus diesem Grund wird auf die recht geringe Divergenz formaler organisatorischer Strukturen trotz der zunehmenden Ausdifferenzierung moderner Gesellschaften hingewiesen (vgl. z. B. Nassehi 2002). Nach DiMaggio/Powell richten Organisationen ihre Formalstrukturen vor allem an den Rationalitätsmythen der für die fokale Organisation jeweils relevanten Umwelt („organisationale Felder") aus (vgl. 1983). **Organisationale Felder** bestehen aus Gruppen von Organisationen, die in ihrem Handeln deutlich aufeinander bezogen, durch ein gemeinsames Sinnsystem eng verbunden und deshalb recht klar von anderen gesellschaftlichen Teilbereichen abgrenzbar sind. Im Rahmen solcher – unscharf abgegrenzten – organisationalen Felder kommt es zu einer Strukturangleichung zwischen den Organisationen, die als **institutionelle Isomorphie** bezeichnet wird (vgl. DiMaggio/Powell 1983, S. 150-157). „Isomorphism is a constraining process that forces one unit in a population to resemble other units that face the same set of environmental conditions" (DiMaggio/Powell 1998b, S. 66). Dabei liegt die Annahme zugrunde, dass Isomorphie nicht eine Folge der Beachtung von Effizienzkriterien ist, sondern auf der Übernahme institutionalisierter Regeln beruht (vgl. DiMaggio/Powell 1983, S. 153). Um den Aspekt der Institutionalisierung deutlich hervorzuheben, spricht man häufig ausdrücklich von der institutionellen Isomorphie (vgl. Millonig 2002, S. 52). Weil Organisationen von den institutionalisierten Regeln des sozialen Kontextes durchdrungen sind und deshalb einen Vollzug von Gesellschaft darstellen, nähern sich ihre Strukturen einander an.

DiMaggio/Powell arbeiteten verschiedene **Mechanismen der Entstehung institutioneller Isomorphie** in organisationalen Feldern heraus (vgl. 1983, S. 150-157):

- Zwang (coercive isomorphism)
- Imitation (mimetic isomorphism)
- normativen Druck (normative isomorphism)

Der **Zwang** zur Anpassung an die Rationalitätsmythen des gesellschaftlichen Umfeldes geht vor allem von den normativ-kulturellen Erwartungen der Gesellschaft und anderen Organisationen aus. Im Zuge dessen wirken insbesondere die Gesetzgebung und die dabei entstehenden Rechtsvorschriften des Staates auf die Strukturen und Entscheidungen in Organisationen. Da jedoch die gesetzlich kodifizierten Normen in einer Gesellschaft vielfach nicht selbstverständlich befolgt werden, fehlt diesem Mechanismus der taken-for-granted-Charakter einer Institutionalisierung (vgl. Zucker 1987, S. 443).

Imitation gilt als Mittel der Bewältigung von Komplexität unter hoher Unsicherheit. Diese entsteht in Organisationen beispielsweise bei unklar formulierten Organisationszielen, schwer vorhersehbaren Wirkungen von Managemententscheidungen, fehlenden Problemlösungstechniken oder widersprüchlichen sozialen Erwartungen. Sie verstärkt die Suche nach Modellen, die in der Gesellschaft als legitim und erfolgreich angesehen werden. Organisationen kopieren schließlich die innerhalb ihres organisationalen Feldes als erfolgreich geltenden Strukturlösungen. Imitation bietet Orientierung in einem hochkomplexen Umfeld und fördert die soziale Legitimität einer Organisation. Sie erweist sich dabei als ein bedeutsamer, mitunter selbst verstärkender Mechanismus, der für die geringe Variation organisationaler Modelle in den modernen Gesellschaften mit verantwortlich ist.

Normativer Druck stellt insbesondere die Folge einer zunehmenden Professionalisierung der Aufgabenvollzüge in Organisationen dar. Sie ist in der Regel an – meist recht hoch qualifizierte – Berufsgruppen gebunden, die basierend auf ihrem spezialisierten Expertentum allgemeine Regeln für die Arbeit in ihrem Aufgabenbereich formulieren. Diese Vorgaben üben normativen Druck auf die Aufgabenvollzüge in Organisationen aus, sich den professionellen Richtlinien anzupassen. Spezialisten und Professionals finden sich an vielen Stellen in Organisationen (z. B. Betriebswirte, Volkswirte, Ingenieure, Juristen, Handwerksberufe), wobei die einzelnen Berufsgruppen häufig organisationsübergreifend gemeinsame Merkmale aufweisen und sich gleichzeitig von anderen professionalisierten Berufsgruppen recht deutlich unterscheiden. Die berufsgruppenspezifische Sozialisation ist auf – mitunter langjährige – Ausbildungsverfahren (z. B. an Universitäten, Fachhochschulen, Aus- und Weiterbildungsinstituten) und den Erwerb vereinheitlichter formaler Qualifikationen sowie nicht zuletzt das Wirken von Berufs- und Wirtschaftsverbänden zurückzuführen.

Es entsteht ein „Pool von weit gehend austauschbaren Individuen mit nahezu identischen Orientierungen und Dispositionen" (Walgenbach 2006a, S. 372), die im Hinblick auf ihre jeweiligen Aufgabenbereiche organisationsintern oder -extern (z. B. durch die Einflussnahme ihrer Interessenverbände) auf eine zunehmende Homogenisierung organisationaler Strukturen und Prozesse hinwirken. Insbesondere die Professionalisierung des Managements hat aufgrund der umfangreichen Entscheidungsbefugnisse von Managern zu einer Vereinheitlichung organisationaler Strukturen beigetragen und die Geschwindigkeit der institutionellen Isomorphie erhöht. Unterstützt wird der normative Druck auf Organisationen durch die vereinheitlichte Rekrutierung des Personals. Teilweise implizit vorgegebene einheitliche Muster der Personalauswahl für organisatorische Schlüsselpositionen sind gerade durch die homogenisierten Verhaltensorientierungen und Qualifikationen des Managerpersonals bedingt und verstärken die Isomorphie. Bewerber aus der gleichen Branche, von ausgewählten Bildungsinstitutionen, mit ähnlichen Lebenswegen sowie Karriereverläufen gelten nicht zuletzt vor dem Hintergrund institutionalisierter Professionalitätskriterien – vielfach ohne eine weitere Prüfung – als besonders geeignet.

7.6 Die Mikrofundierung des soziologischen Neoinstitutionalismus

Die bisher skizzierten Beiträge argumentieren vor allem auf der Ebene von formalen Organisationen sowie der organisationalen Felder und gesellschaftlichen Umwelt; sie gelten deshalb als makroinstitutionalistisch (vgl. z. B. Walgenbach 2006a, S. 357-382). Diese Überlegungen wurden bereits früh durch Lynne G. Zucker um eine mikroinstitutionalistische Sichtweise ergänzt (vgl. 1983). Beide Ansätze wollen die Entstehung und Verbreitung formaler Strukturen in Organisationen erklären. Dabei nehmen die **makroinstitutionalistischen Ansätze** Bezug auf grundlegende soziale Rationalitätsmythen als außerhalb der fokalen Organisation liegende Makrostrukturen einer Gesellschaft. Die **mikroinstitutionalistische Perspektive** stellt dagegen primär auf organisationsinterne Prozesse und Akteure ab. Sie betrachtet Institutionalisierungsprozesse in Organisationen von innen heraus und betont stärker den Aspekt, dass Organisationen immer einen Vollzug von Gesellschaft und deshalb selbst Institutionen darstellen. Damit schließt sich Zucker der Idee an, dass moderne Gesellschaften durch Organisationen als maßgeblichen Institutionen geprägt und als Organisationsgesellschaften zu betrachten sind (vgl. I.1.3).

In diesem Sinne gelten formale **Organisationen als Zusammenballung institutionalisierter Selbstverständlichkeiten**. Die institutionalisierten Elemente in Organisationen strukturieren das Handeln der Individuen sowie ihre Rollendefinition. Damit schaffen sie soziale Fakten bzw. selbstverständliche Handlungsverpflichtungen, die von den Individuen in der Organisation als etwas von außen Vorgegebenes verstanden werden. Die Individuen reproduzieren diese Rollen- und Handlungsvorschriften weit gehend unreflektiert, weil sie sich als Mitglieder der Organisation verstehen. Da sie über das gemeinsame Wissen verfügen, dass ihre Position und ihre Handlungen innerhalb der Organisation durch unpersönliche Vorgaben vorstrukturiert sind, stellen ihre Verhaltensmuster unpersönliche und stark ritualisierte organisationale Praktiken dar, die kaum etwas mit dem Ausdruck ihrer individuellen Person zu tun haben. Damit dominieren bei einer hohen Institutionalisierung in formalen Organisationen Verhaltensabläufe, die als objektiv erforderlich erscheinen und kaum Rückschlüsse auf die in Organisationen tätigen Personen erlauben.

Diese Institutionalisierung von Positionen mit korrespondierenden selbstverständlichen Handlungsverpflichtungen erleichtert Organisationen, grundlegende Praktiken auch bei dem Austritt von Stelleninhabern aufrecht zu erhalten und die Beständigkeit dieser organisationalen Praktiken über Generationen hinweg sicherzustellen. Es wird zudem deutlich, dass im Fall hochgradig institutionalisierter Verhaltensabläufe in Organisationen die Notwendigkeit einer sozialen Kontrolle deutlich reduziert ist (vgl. Walgenbach 2006a, S. 356). Die institutionalisierten Elemente als ritualisierte Handlungsverpflichtungen ersetzen Kontrollen, weil sie von den Organisationsmitgliedern als selbstverständlich angesehen und unreflektiert übernommen werden. Zucker konnte diese Annahmen in unterschiedlichen Experimenten bestätigen und z. B. nachweisen, dass die kognitive Wahrnehmung optischer Signale (z. B. die Einschätzung der durch optische Täuschung hervorgerufenen Bewegung eines Lichtpunktes) in einem organisationalen und institutionalisierten Kontext über unterschiedliche Experimentalgruppen hinweg deutlich einheitlicher und veränderungsresistenter ausfällt als in einem weniger institutionalisierten Kontext (vgl. 1991).

7.7   Kritische Würdigung

Der soziologische Neoinstitutionalismus konnte der Organisationsforschung viele neue Impulse geben. Insbesondere kommt ihm das Verdienst zu, die vielfach noch vorherrschende einseitig rationalistisch-technizistische Analyse organisationaler und wirtschaftlicher Prozesse grundsätzlich in Frage zu stellen (vgl. Müller-Jentsch 2002, S. 2003; Walgenbach 2006a, S. 390). Er verdeutlicht, dass Organisationen und die sich darin ausbildenden internen Strukturen nicht allein mit Effizienzargumenten und individuellen Optimierungskalkülen zu erklären sind. Das Problem der Sicherung gesellschaftlicher Legitimität ist aus dieser Sicht von mindestens vergleichbarer Bedeutung. Die **skeptische Beurteilung von Effizienzargumenten** beinhaltet für die organisatorische Praxis ein erhebliches Kritikpotenzial, das auch grundlegende Selbstverständlichkeiten der Diskurse in den Organisationen des Wirtschaftssystems zur Disposition stellt. Da Effizienzbetrachtungen in Organisationen gegenüber den Fragen der organisationalen Legitimität nur eine nachrangige Bedeutung erhalten und in den Analysen des soziologischen Neoinstitutionalismus kaum Berücksichtigung finden, liegt hier eine einseitige Perspektive vor.

Die Neoinstitutionalisten legten aber die Grundlage für eine weiter gehende Untersuchung der **Beziehungen zwischen Organisation und Umwelt** (vgl. Walgenbach 2006a, S. 389). Sie konnten dabei den Einfluss institutionalisierter Regeln auf die Strukturen und das individuelle Verhalten in Organisationen aufzeigen und eröffneten der Organisationsforschung damit deutlich differenziertere Analyseperspektiven. Die mikroinstitutionalistische Variante fokussierte auf die soziokulturelle Prägung des Verhaltens der Organisationsmitglieder und forcierte die Rezeption des traditionell soziologischen Rollenkonzepts sowie des Menschenbildes des Homo Sociologicus in der Organisationsforschung.

Allerdings bleiben vielfältige Einwände gegen den soziologischen Neoinstitutionalismus bestehen. Kritisch wird auf viele **unscharf bleibende grundlegende Begriffe** hingewiesen (vgl. Walgenbach 2002, S. 163-164). So ist zunächst die Unterscheidung zwischen Institution und Organisation unklar. Die diversen neoinstitutionalistischen Ansätze bieten keinen einheitlichen Begriff von Institution bzw. Organisation, und die Abgrenzung des organisationalen Feldes bleibt bei DiMaggio/Powell unbestimmt. Die Trennung zwischen mythischen und nicht-mythischen Rationalitätsvorstellungen in einer Gesellschaft verläuft ebenso fließend wie die (rein analytische) Abgrenzung zwischen dem technischen und dem symbolischen Kontext von Organisationen. Diese Unschärfen teilt der soziologische Neoinstitutionalismus aber auch mit anderen theoretischen Ansätzen wie z. B. dem Transaktionskostenansatz.

Der soziologische Neoinstitutionalismus zeichnet außerdem ein **übersozialisiertes Bild von Organisationen** und dem Handeln der individuellen Akteure: Organisationen bleiben in ihrem Verhalten passiv und adaptieren soziale Erwartungen unkritisch. Damit sind die neoinstitutionalistischen Ansätze als „handlungstheoretisch undifferenziert" zu bezeichnen (Müller-Jentsch 2002, S. 204); sie lassen im Grunde nur Raum für – meist vorbewusstes – normgerechtes Verhalten von kollektiven bzw. individuellen Akteuren und klammern ein intentionales sowie strategisch-aktives Vorgehen von Organisationen aus. Das blendet die Möglichkeiten von Organisationen zur aktiven Einflussnahme auf die Umwelt aus. Damit verbunden ist die eklatante Vernachlässigung von Macht und Interessen bei der Entscheidungsfindung in Organisationen sowie bei der Analyse der Organisation-Umwelt-Beziehungen. So werden Rationalitätsmythen auch von mächtigen Koalitionen in der Gesellschaft und in den Organisationen zur Interessendurchsetzung genutzt, wodurch gegebenenfalls eine Verstärkung struktureller Homogenisierungstendenzen bzw. institutioneller Isomorphismen erfolgt (vgl. Türk 2000; Pietsch 2006).

Zwar lassen sich die unterschiedlichen Theorievarianten in einen Gesamtzusammenhang einordnen, sie bilden allerdings bei weitem **keine geschlossene Theorie**. Die makro- und mikroinstitutionalistischen Arbeiten sind nicht problemlos miteinander kombinierbar, und innerhalb einzelner Ansätze finden sich Widersprüche. Beispielsweise unterstellen Meyer/Rowan eine passive Anpassung von Organisationen an die Taken-for-granted-Institutionen des gesellschaftlichen Umfeldes, verweisen aber gleichzeitig auf Phänomene des decoupling als Entkopplung von formalen Strukturen und tatsächlichen Arbeitsvollzügen, um sowohl die Konformität mit Rationalitätsmythen zu symbolisieren als auch Effizienzanforderungen zu berücksichtigen (vgl. 1977). Darin kommt ein weit gehend intentionales Vorgehen im Kontakt mit widersprüchlichen Erwartungen zum Ausdruck, was jedoch den Grundannahmen von Meyer/Rowan widerspricht. Ähnliche Widersprüche finden sich z. B. bei der durch Zwang bedingten Isomorphie, denn die Notwendigkeit des Zwangs verdeutlicht, dass die zugrunde liegenden Normen nicht unreflektiert übernommen werden.

Aufgrund des implizit unterstellten **statischen Organisationsmodells** bestehen große Schwierigkeiten, institutionellen bzw. organisatorischen Wandel zu erklären. Die institutionellen Regeln der Gesellschaft fallen quasi vom Himmel und die Prozesse der Institutionalisierung werden nicht detailliert analysiert. Offen bleibt, wie sich die Verhaltensregelmäßigkeiten auf der individuellen Ebene zu übergreifenden sozialen Fakten auf der Makroebene der Gesellschaft verdichten. Außerdem wird die Betonung passiver Anpassung an gesellschaftliche Strukturen der Tatsache nicht gerecht, dass organisatorischer Wandel und Innovationen nicht selten das Ergebnis von Regelverstößen und Normverletzungen darstellen.

Zusammenfassend lässt sich festhalten, dass der soziologische Neoinstitutionalismus eine vielversprechende organisationstheoretische Perspektive bereitstellt, die aber aufgrund vielfältiger immanenter Widersprüche sowie offener Fragen zurzeit noch eine geringe theoretische Reife aufweist.

8 Mikropolitik und Strukturationstheorie

8.1 Vorbemerkung

In Organisationen als arbeitsteiligen Systemen treffen unterschiedliche Aufgabenträger und externe Beteiligte (z. B. Kapitalgeber, Gewerkschaften) mit widerstreitenden Interessen aufeinander, die nicht selten in Ziel- und Verteilungskonflikte um die vielfach knappen Ressourcen geraten. Organisationen sind demnach von einem **Netz von Akteursinteressen sowie wechselnden Koalitionen** durchdrungen, die mit den unterschiedlichsten Mitteln und Taktiken sowie nicht zuletzt unter Einsatz von Macht ihre Interessen durchzusetzen versuchen (vgl. Küpper 2004). Mikropolitische Ansätze knüpfen an diesen Gemeinplätzen der Alltagserfahrung von Menschen in Organisationen an und erheben sie zu einem Gegenstand der Organisationsforschung.

Die klassischen Ansätze der Mikropolitik analysieren vor allem das (mikropolitische) Verhalten von Individuen sowie deren Interaktion. Daran anknüpfend hat insbesondere Ortmann grundlegende Gedanken mikropolitischer Ansätze mit zentralen Annahmen der soziologischen Strukturationstheorie verbunden, um über die Analyse individueller Verhaltensmuster hinaus eine weiter gehende Berücksichtigung von Strukturaspekten zu ermöglichen (vgl. 1995). Im Folgenden werden traditionelle mikropolitische Ansätze dargestellt, um dann nach einer Skizze der Strukturationstheorie auf den mikropolitischen Ansatz Ortmanns einzugehen.

8.2 Begriff und Verständnisse der Mikropolitik

Der Begriff der Mikropolitik (bzw. „micro politics") wurde erstmals von Tom Burns (vgl. 1961/1962) in den wissenschaftlichen Diskurs eingebracht (vgl. Küpper/Ortmann 1986). Er ist als Gegensatz zu einer organisationalen Makropolitik gedacht, die auf die zukunftsorientierte strategisch-langfristige Gesamtsteuerung einer Organisation gerichtet ist (vgl. Oelsnitz 1999, S. 711). Demgegenüber bezeichnet Mikropolitik die **nach innen gerichtete Politik** der organisationsinternen Akteure. Es handelt sich insoweit um eine „Politik im Kleinen" (Neuberger 1995, S. 14) bzw. „Politik in Organisationen" (Bogumil/Schmidt 2001) oder „organisationale Innenpolitik" (Ortmann 1995, S. 32). Sie findet auf der Mikroebene der individuellen Akteure und Gruppen statt, während die Mesostrukturen ganzer Organisationen und die gesellschaftlichen Makrostrukturen weit gehend unberücksichtigt bleiben. Auf der Mikroebene von Organisationen etablieren sich vielfältige Entscheidungsarenen, in denen interessengeleitet handelnde Akteure und ihre wechselnden Koalitionen Konflikte austragen. Im Zuge der Koalitionsbildung kooperieren Akteure mit ähnlichen bzw. zumindest temporär kompatiblen Zielen zur gemeinsamen Interessendurchsetzung. Zwischen den konkurrierenden Interessenkoalitionen finden vielfältige – auch verdeckte – Aushandlungsprozesse statt, um temporäre Problemlösungen für Ziel- und Verteilungskonflikte zu erreichen.

Mikropolitische Prozesse sind durch die Versuche der Akteure gekennzeichnet, die Asymmetrie der Einflussmöglichkeiten zu ihren Gunsten zu verändern, d. h., die Chancen zur Durchsetzung ihrer Interessen zu steigern und die Chancen der Interessendurchsetzung konkurrierender Akteure zu verringern. Im Mittelpunkt der Mikropolitik stehen daher nicht zuletzt das Machtphänomen und die Machtstrukturen in Organisationen. Bereits Max Weber bezeichnet Macht als „jede Chance, innerhalb einer sozialen Beziehung den eigenen Willen auch gegen Widerstreben durchzusetzen, gleichviel worauf diese Chance beruht" (1985, S. 28). Dahl bietet eine ähnliche Definition an: „A hat Macht über B in dem Maß, wie er B dazu bringen kann, etwas zu tun, was B sonst nicht getan hätte" (1957, S. 202). Weil Macht eine der wichtigsten über konkrete Entscheidungssituationen hinaus generell einsetzbaren Ressourcen der mikropolitischen Akteure darstellt, wird sie und ihre Verteilung in Organisationen zu einer zentralen Dimension mikropolitischer Analysen.

Die organisationale Innenpolitik findet großteils „unterschwellig" (Neuberger 2006, S. 277) bzw. „hinter den Kulissen" (Oelsnitz 1999, S. 711) statt und erfolgt somit informell. Im Vordergrund mikropolitischer Analysen stehen daher nicht primär die Formalstrukturen, vielmehr wird der „**Eigensinn der Subjekte**" (Türk 1989, S. 124) betont. Die eigensinnigen Akteure lösen sich partiell von den formalen Strukturen, begründen ineinander verzahnte Macht-„Spiele" (Crozier/Friedberg 1993, S. 56-76) und im Zuge ihrer Interaktion entstehen vielfach emergente informelle Beziehungsmuster und Sinnzusammenhänge. Die Interessenkoalitionen nehmen dabei erheblichen Einfluss auf die Entscheidungsfindung, und im Zuge der stattfindenden Aushandlungsprozesse resultieren mitunter Entscheidungen, die von keinem der Beteiligten wirklich beabsichtigt waren. Mikropolitische Ansätze geraten damit in Opposition zu dem klassischen Rationalitätsverständnis. Entscheidungen sind nicht das Ergebnis von auf den Organisationszweck ausgerichteten Kosten-Nutzen-Kalkülen, sondern die Folge von Kompromissen, interessenbedingten Manipulationen, Täuschung und anderen mikropolitischen Einflusstaktiken (vgl. z. B. Blickle 2004a).

Auch wenn im Rahmen mikropolitischer Prozesse formale Organisationsstrukturen mitunter temporär außer Kraft gesetzt werden, gilt die **Mikropolitik nicht prinzipiell als dysfunktional** für die Erreichung grundlegender Organisationszwecke. Mikropolitische Handlungen, Interaktionen und Strukturen knüpfen immer an der legitimen Ordnung in einer Organisation an und finden im Rahmen dieser statt. Darüber hinaus bewirkt Mikropolitik eine Überbrückung von Steuerungslücken, die von den formalen Strukturen nicht ausgefüllt werden.

In Anlehnung an Brüggemeier/Felsch lassen sich **zwei grundlegende und weithin verbreitete Verständnisse** der Mikropolitik unterscheiden (vgl. 1992; auch Brüggemeier 1998, S. 193-204; Küpper/Felsch 2000, S. 149-154):

• aspektuales Verständnis
• konzeptuales Verständnis

Das **aspektuale Verständnis** interpretiert mikropolitisches Handeln als eine temporäre, isolierbare und weit gehend personenspezifische Kategorie des menschlichen Handelns in Organisationen. Kennzeichnend ist eine Personifizierung der Mikropolitik, weil mikropolitisches Handeln an spezifische Personen gebunden wird. In diesem Sinne existieren bestimmte Persönlichkeitsstrukturen mit „machiavellistischen Zügen", die einen Mikropolitiker ausmachen (vgl. Bosetzky 1992; natürlich grundlegend Machiavelli 1990). Menschen, die diese Persönlichkeitsstrukturen aufweisen, neigen in unterschiedlichem Ausmaß zu mikropolitischen Aktionen. Daneben erfolgt eine Isolierung mikropolitischen Handelns; menschliche Handlungen lassen sich relativ eindeutig als mikropolitisch bzw. nicht-mikropolitisch charakterisieren. Unter mikropolitische Handlungen subsumiert man ein Arsenal von mehr oder minder großen menschlichen „Gemeinheiten" (Brüggemeier 1998, S. 194), die dann vielfach recht pauschal und mit negativ konnotiertem Vokabular beschrieben werden, z. B. Intrigen spinnen, Informationen filtern, Ausspionieren und Verpfeifen, Seilschaften bilden oder Einschmeicheln. Mikropolitisches Handeln ist in diesem Verständnis sowohl hinsichtlich der kategorisierten Verhaltensmuster als auch des damit verbundenen Menschentyps negativ besetzt (ähnlich Alt 2001, S. 297). Mikropolitik gilt daher als illegitim und Störfall in Organisationen.

Das **konzeptuale Verständnis** geht davon aus, dass jedes organisationale Handeln auch interessengeleitet sowie machtbeeinflusst erfolgt und deshalb mikropolitisch durchdrungen ist. Mikropolitik stellt demnach keinen Störfall oder Randaspekt in Organisationen dar, sondern ist allgegenwärtig und ein Alltagsphänomen. Da Menschen immer Interessen verfolgen und dabei auf Machtstrukturen zurückgreifen, wird jeder Akteur in Organisationen als Mikropolitiker verstanden. Im Gegensatz zum aspektualen Verständnis erfolgen damit keine Personifizierung und gleichermaßen keine isolierende Spezifizierung mikropolitischer Verhaltensmuster. Das konzeptuale Verständnis analysiert daher Organisationen unter Bezugnahme auf die internen Interessen- und Machtstrukturen sowie die dabei gewählten Strategien der Akteure und Koalitionen. In der betriebswirtschaftlichen Organisationsforschung wird das konzeptuale Verständnis präferiert, da es umfassendere und relativ wertungsfreie Analysen erlaubt. Allerdings ist offen, ob sich die beiden Verständnisse der Mikropolitik wirklich vollständig ausschließen. Eine Ergänzung des konzeptualen Verständnisses um Elemente des aspektualen Ansatzes erscheint denkbar (vgl. auch Bosetzky et. al 2002, S. 220).

8.3   Mikropolitische Ansätze

8.3.1   Überblick

Es existieren unterschiedliche **mikropolitische Ansätze**, von denen im Folgenden drei dargestellt werden sollen (vgl. auch Alt 2001, S. 296-312):

- die Analyse mikropolitischer Akteure und Taktiken von Bosetzky (vgl. z. B. 1992; Bosetzky et al. 2002; ergänzend McClelland 1978; Mintzberg 1983; Blickle 2004a)
- die strategische Organisationsanalyse von Crozier/Friedberg (vgl. z. B. 1993; auch Neuberger 1992 und 2006)
- die strukturationstheoretisch inspirierte mikropolitische Organisationsanalyse von Ortmann und Küpper (vgl. z. B. Ortmann 1995; Küpper/Felsch 2000)

Während der Ansatz von Bosetzky vor allem dem aspektualen Verständnis der Mikropolitik folgt, liegt bei Crozier/Friedberg sowie Ortmann und Küpper die konzeptuale Interpretation zugrunde.

8.3.2   Der Typus des Mikropolitikers und seine Taktiken

Im deutschsprachigen Raum wurden mikropolitische Analysen zunächst von der **Organisationspsychologie** und damit aus einer individualistisch-verhaltenswissenschaftlichen Perspektive angestoßen. Im Vordergrund stehen der mikropolitisch handelnde Akteur sowie seine Interessen, Ziele und Einflusstaktiken. Als Begründer dieser Forschungsrichtung im deutschsprachigen Raum gilt Horst Bosetzky, der sich bereits in den 1970er Jahren mit mikropolitischen Persönlichkeitsstrukturen sowie ihren Einflusstaktiken auseinander setzte und damit weitere Arbeiten zur Mikropolitik inspirierte (vgl. z. B. 1971; 1977; 1980).

Bosetzky geht davon aus, dass in Organisationen „nur ein Teil der theoretisch vorhandenen Machtmenge fest an Personen und Positionen gebunden" ist (1992, S. 28) und gleichzeitig nur ein relativ geringer Teil der Mitarbeiter gezielt nach der frei verfügbaren Macht strebt. Letztere versuchen im Allgemeinen ausschließlich die eigenen Zwecke zu verwirklichen. Sie reflektieren das eigene Handeln und ihre Interaktionen primär im Hinblick auf die eigene Interessendurchsetzung sowie ihre Machtvermehrung. Zu diesem Zweck betreiben sie aktiv Mikropolitik. Sie bilden gezielt Koalitionen, nutzen Beziehungsnetzwerke und lassen unter Einsatz von Macht und Manipulationsstrategien Gefolgsleute für sich arbeiten (vgl. Bosetzky 1992, S. 28). In diesem Sinne versteht Bosetzky Mikropolitik als „die Bemühung, die systemeigenen materiellen und menschlichen Ressourcen zur Erreichung persönlicher Ziele, insbesondere des Aufstiegs im System selbst und in anderen Systemen, zu verwenden sowie zur Sicherung und Verbesserung der eigenen Existenzbedingungen" (1972, S. 382).

Nach Bosetzky et al. ist es möglich, den „**Typ des Mikropolitikers**" zu bestimmen und dessen Verhaltensweisen bzw. Einflusstaktiken zu analysieren (2002, S. 216). Es geht ihnen nicht darum, konkrete Personen, sondern ein reines Muster von mikropolitischen Persönlichkeitseigenschaften und Verhaltensweisen zu beschreiben. Bosetzky bezeichnet dies als „idealtypische Konstruktion des mikropolitischen Machtgewinnlers" (1977, S. 123). Zentrale **Merkmale dieses typischen Mikropolitikers** sind (vgl. Bosetzky et al. 2002, S. 216):

- ein ausgeprägtes persönliches Machtmotiv und somit das vornehmliche Interesse an Machtvermehrung und -absicherung
- die Instrumentalisierung von Prozessen, Strukturen und Menschen für die eigenen Zwecke
- die gezielte Aneignung von Informationen und die darauf basierende Entfaltung einer konspirativen Autorität
- die Neigung zu machiavellistischen Verhaltensweisen

Nach McClelland gründet sich das **Machtmotiv** eines Mikropolitikers auf das „Bedürfnis, sich stark zu fühlen" (1978, S. 96). Ein sehr starkes Machtmotiv hat vielfach kompensatorischen Charakter und stellt eine Reaktion auf als bedrängend erlebte Unsicherheitsgefühle dar. Es äußert sich nicht immer unmittelbar in einem dominanten bzw. machtvollen Handeln gegenüber anderen (vgl. 1978, S. 31) oder dem Wunsch nach Anerkennung und hohem sozialen Prestige (vgl. 1978, S. 22); Letzteres wird vielmehr ergänzt oder gelegentlich sogar ersetzt durch ein ausgeprägt machtorientiertes Konsum-/Freizeitverhalten bzw. entsprechende (Allmachts-)Phantasien. McClelland kennzeichnet diese als das Zusammentreffen unterschiedlicher, machtorientierter Verhaltensweisen im Konsum- bzw. Freizeitbereich und nennt als Beispiele den sportlichen Wettkampf, das Lesen von Abenteuer- und Sexromanen oder das Ansehen von Boxkämpfen im Fernsehen (vgl. 1978, S. 30-31). Um dem ausgeprägten Bedürfnis nach einem Gefühl der Stärke gerecht zu werden, richtet der Mikropolitiker sein Verhalten auf den Aufbau und Erhalt seiner innerorganisatorischen Machtstellung und verwendet einen großen Teil der Arbeitszeit dafür, Mikropolitik zu betreiben und seine Macht zu erweitern. Der Typus des reinen Mikropolitikers fokussiert auf diese interessengeleitete Gestaltung der Beziehungsstrukturen in Organisationen, wobei sein persönliches aufgabenbezogenes Arbeitspensum eher durchschnittlich bleibt. Er überzeichnet aber seine tatsächliche Arbeitsleistung im Sinne eines Impression Management.

Das eigene Handeln, die Interaktionen sowie die organisatorischen Strukturen und Arbeitsvollzüge werden ausschließlich vor dem Hintergrund der eigenen Zielerreichung und Interessendurchsetzung reflektiert. Insoweit verwundert es nicht, dass er die **Organisationsstrukturen und -prozesse** sowie relevante **Personen** inner- und außerhalb der Organisation gezielt **für die eigenen Zwecke instrumentalisiert**. Unter Einsatz von Macht und Manipulationsstrategien versucht er beispielsweise, andere Personen als „Gefolgsleute" (McClelland 1978, S. 195; Bosetzky 1992, S. 29) anzuwerben und für sich arbeiten zu lassen. Diese sollen mit ihrer Leistung sein Prestige in der Organisation sowie gegebenenfalls darüber hinaus fördern (vgl. Bosetzky 1992, S. 33).

Für den Mikropolitiker ist der frühzeitige **Erhalt von Informationen** besonders wichtig, da dies eine wesentliche Quelle seiner Macht und seines Einflusses darstellt. Hierbei sucht er auch gezielt „Hintergrund- oder Geheimwissen" (Bosetzky et al. 2002, S. 216), das nur Wenigen verfügbar ist. Diese Informationen bieten ihm einen Wissensvorsprung gegenüber seinen Konkurrenten (z. B. über künftige organisationale Entscheidungen), den er für sich

zum Aufbau einer „konspirativen Autorität" nutzt (Bosetzky 1992, S. 29). Durch die Streuung und Filterung von Informationen werden Personen für die eigenen Zwecke aktiviert oder
gegeneinander ausgespielt, um die Beziehungsstrukturen in der Organisation gezielt gemäß
den eigenen Interessen zu gestalten.

Die **machiavellistischen Techniken** der Machtakkumulation sind vielfältig (vgl. Bosetzky
1977; 1992; Machiavelli 1990). Zu diesen Techniken gehört beispielsweise das Handeln
nach dem „Don Corleone-Prinzip" (Bosetzky 1974), d. h. einer besonderen Hilfsbereitschaft
gegenüber anderen Personen, die später umso deutlichere Gegenleistungen erfordert. Mikropolitiker sind darüber hinaus darauf fixiert, einen besonderen Eindruck zu hinterlassen. Sie
propagieren öffentlich ihre guten Eigenschaften, wirken fast immer kraftvoll und dynamisch
und legen Wert darauf, als menschlich und fachlich bedeutende Persönlichkeit zu gelten.
Dieses Impression Management beinhaltet vielfältige Techniken der Demonstration von
Dominanz und eines – mitunter gar nicht vorhandenen – Machtpotenzials, ohne dieses letztlich zu aktivieren (wie z. B. drohen, bluffen oder eine Machtprobe in Aussicht stellen) (vgl.
Bosetzky 1992, S. 32). Ihr Verhalten ist auf die Etablierung einer Hausmacht gerichtet, die
aus einer „'Truppe' von Zuarbeitern, Helfern, Domestiken" besteht und die Koalitionsbildung erleichtert (Bosetzky 1992, S. 32).

Bei dem reinen Mikropolitiker handelt es sich um eine idealtypische Konstruktion. Eine
Person, die diesem Typus entspricht, lebt aufgrund der sozialen Stigmatisierung vieler ihrer
Verhaltensweisen in einem grundlegenden **Dilemma**, das nicht selten zu einer – meist ver-
deckten – inneren Spaltung der Persönlichkeitsstruktur führt. Die Fähigkeiten der Person
liegen vor allem im mikropolitischen Bereich und in der Instrumentalisierung sozialer Beziehungen zu eigenen Zwecken. Aufgrund der negativen Bewertung des – vielfach durchaus
manipulativen – Verhaltens, kann sie sich mit ihren Fähigkeiten und Stärken jedoch nicht
unmittelbar profilieren. Ein Mikropolitiker ist also darauf angewiesen, in anderen – gesellschaftlich akzeptierten – Bereichen eine Fassade von Qualifikation, Kompetenz und Mit-
menschlichkeit aufzubauen, um die – gerade für ihn besonders wichtige – soziale Anerkennung zu finden (ähnlich z. B. McCelland 1978).

Mikropolitisches Handeln in Organisationen ist darauf ausgerichtet, andere und ihre Leistungen für die eigenen Zwecke nutzbar zu machen. Da die Interaktionspartner hierauf nicht
selten mit Widerstand reagieren, muss der Mikropolitiker vielfach verdeckt und manipulativ
vorgehen, um seine Ziele zu erreichen. In diesem Zusammenhang kommt es zur Anwendung
von so genannten „**Einflusstaktiken**". Diese Taktiken sollen nicht nur das Verhalten anderer, sondern auch ihre Einstellungen, Überzeugungen, Erwartungen, Werthaltungen etc.
beeinflussen (vgl. Blickle 2004a, S. 58); sie können offen oder verdeckt zur Anwendung
kommen. Einen Überblick bietet Abbildung I.8.1.

Der Einsatz der Taktik erfolgt offen, authentisch.	Der Einsatz der Taktik erfolgt verdeckt, in Täuschungsabsicht.
1. Zwang oder Druck ausüben, bestrafen, bestimmt auftreten	bluffen, einschüchtern
2. belohnen, Vorteile verschaffen	hohle Versprechungen machen, ködern, Schund andrehen
3. an höhere Autoritäten, Institutionen oder Prinzipien appellieren	Korruption, erlogene Beziehungen, Verfälschung von Normen, Missbrauch von Vor-Rechten
4. rationales Argumentieren	Fassade von Rationalität präsentieren, blenden, hochstapeln
5. Koalitionen bilden a) E mit A gegen X: Kooperation, Fusion, Partizipation b) E mit X gegen A: solidarisieren, Allianzen bilden	Pseudo-Partizipation, geheuchelte Verschmelzung Intrigen, Kabalen, Verschwörungen
6. persönlich attraktiv sein, Vorbild oder Modell sein	schmeicheln, radfahren, lobhudeln, Imponiergehabe zeigen, Personenkult inszenieren, vergötzen
7. idealisieren, Visionen bieten, inspirieren	ideologisieren

Abb. I.8.1:   *Offener und verdeckter Einsatz mikropolitischer Taktiken (vgl. Neuberger 1995, S. 154)*

8.3.3   Strategische Organisationsanalyse

8.3.3.1   Strategien, Macht und Spiele als Basiskonzepte

Eine stärker **organisationale und weniger persönlichkeitsorientierte Betrachtungsweise** wurde von Crozier/Friedberg entwickelt (vgl. 1993). Sie beabsichtigen jedoch nicht, eine neue Organisationstheorie zu erarbeiten, sondern eine – gegenüber der organisationspsychologischen Betrachtung – modifizierte Analyseperspektive aufzuzeigen. Diese versteht Mikropolitik nicht als spezifische und damit konkret abgrenzbare Ereignisse bzw. Prozesse in Organisationen, die durch bestimmte Persönlichkeitstypen geprägt sind, sondern als ein die gesamte Organisation durchdringendes Alltagsphänomen, da das Handeln in Organisationen (und sogar in jeder sozialen Beziehung) generell mikropolitisch geprägt ist. Dabei liegt weiterhin eine – durch den methodologischen Individualismus inspirierte – akteursbezogene Sicht zugrunde, und organisatorische Strukturen sowie die Organisation-Umwelt-Beziehungen werden aus dem Zusammenwirken der Handlungen der individuellen Akteure erklärt. Im Vordergrund steht somit der Interaktionszusammenhang konkreter Menschen und nicht ein sich in dem Kollektiv der Organisationsmitglieder verselbstständigendes soziales System (vgl. Alt 2001, S. 307).

Organisationen werden nicht als zweckrational gestaltete, an Effektivitäts- bzw. Effizienzkriterien ausgerichtete soziale Gebilde verstanden. Vielmehr gelten **Organisationen als mikropolitische Arenen**, in denen die – interessengeleitet handelnden – individuellen Akteure und ihre Koalitionen vielfältige Kämpfe austragen und Aushandlungsprozesse durchführen. Um ihre Interessen durchzusetzen, entwickeln sie und ihre Koalitionen jeweils auf den konkreten organisatorischen Kontext bezogene Verhaltensstrategien. Diese egoistisch motivierten Strategien werden durch die organisatorischen Spielstrukturen integriert, die den Handlungen einen Rahmen vorgeben und zugleich Freiheitsspielräume lassen. Sowohl die Strategien der Akteure als auch die Orientierung stiftenden Spielstrukturen sind dabei durch das Phänomen Macht geprägt.

Die von Crozier/Friedberg begründete **strategische Organisationsanalyse** ist darauf ausgerichtet, aus den erfassbaren Einstellungen und Verhaltensmustern der Akteure und Koalitionen, die zugrunde liegenden – und machtfokussierten – individuellen und gruppenbezogenen Strategien sowie die rahmengebenden Spielstrukturen zu erschließen. Die zentralen Konzepte sind Strategie, Macht und Spiel (vgl. auch Neuberger 1995, S. 204-213).

8.3.3.2   Organisationale Akteure und ihre Strategien

Die strategische Organisationsanalyse konzipiert die Individuen in Organisationen als **egoistisch handelnde und weit gehend autonome Akteure**. Es wird angenommen, dass das individuelle Handeln nicht vollständig durch die Regeln des organisatorischen Kontextes determiniert wird und den Akteuren in Organisationen immer Handlungsspielräume bzw. Autonomiezonen verbleiben. Sie fügen sich nicht passiv in den organisatorischen Rahmen ein, sondern nutzen die Handlungsspielräume aktiv zur Durchsetzung ihrer Interessen. Organisatorische Regeln werden nicht bedingungslos oder gewohnheitsmäßig befolgt, sondern von den Organisationsmitgliedern reflektiert, instrumentalisiert und mitunter sogar übertreten oder faktisch außer Kraft gesetzt. Obwohl die Akteure die für sie relevanten organisatorischen Regeln in ihr subjektives Kalkül einbeziehen, handeln sie weit gehend autonom gegenüber dem organisatorischen Kontext.

Sie handeln aufgrund ihrer stets subjektiven Wahrnehmung der relevanten Situation und verfügen, da die menschliche Informationsaufnahme- und -verarbeitungskapazität begrenzt ist, nicht über eine vollständige Kenntnis ihrer Handlungsalternativen sowie der möglichen Umweltsituationen. Deshalb wird angenommen, dass sie sich beschränkt rational verhalten und auf der Grundlage eines minimalen Anspruchsniveaus entscheiden. Diese Befriedigungsschwelle legt fest, welchen Grad der Zielerreichung ein Akteur mindestens realisieren will (vgl. Crozier/Friedberg 1993, S. 33). Er entscheidet sich dann für die erste Alternative, die sein minimales Anspruchsniveau mindestens erfüllt. Wenn sich dem Akteur in diesem Prozess unerwartete Chancen eröffnen, kommt es gegebenenfalls zur Anpassung seines Anspruchsniveaus oder sogar zur Festlegung ganz neuer Ziele.

Nach Crozier/Friedberg verfolgen die Akteure Strategien, um ihre Ziele zu erreichen und Interessen durchzusetzen (vgl. 1993, S. 32-38). **Strategie** bezeichnet hier kein vollständiges Handlungsprogramm, das bereits im Voraus alle Möglichkeiten antizipiert und berücksichtigt. Es handelt sich vielmehr um interessengeleitete und gleichzeitig flexibel gehaltene

Handlungsorientierungen und -muster der Akteure, die laufend an die wechselnden Situationen und mikropolitischen Interessenlagen angepasst werden. Zu einer (Akteurs-)Strategie werden diese flexiblen Handlungsmuster durch die Fokussierung auf die Interessen des Akteurs und ihre Durchsetzung. Es handelt sich um individuelle oder koalitionsbezogene Handlungsfolgen in den wechselnden mikropolitischen Macht- und Interessenkonstellationen, die zwar im Voraus nicht umfassend geplant, aber zumindest im Nachhinein einen Gesamtzusammenhang sowie eine grundlegende Zielstruktur erkennen lassen und ex post rekonstruiert werden können. Das bedeutet, dass die mikropolitischen Akteursstrategien nicht vollständig intentional und bewusst zustande gekommen sein müssen. Es kann grob zwischen offensiven und defensiven Strategien unterschieden werden (vgl. Crozier/ Friedberg 1993, S. 56-57). Während Erstere auf die Erweiterung der Freiräume und die weiter gehende Machtakkumulation ausgerichtet sind, bezwecken Letztere den Schutz bestehender Freiräume und den Machterhalt.

8.3.3.3   Macht als Vorbedingung autonomer Akteure

Nach Crozier/Friedberg durchdringt Macht alle sozialen Beziehungen und Strukturen, weil soziales Handeln ohne Macht nicht denkbar ist (vgl. 1993, S. 39). Es impliziert immer Abhängigkeiten, die grundsätzlich Machtquellen darstellen. Deshalb erweist sich Macht als ein Alltagsphänomen, das keineswegs nur auf formalen Herrschaftsstrukturen beruht. Darüber hinaus ist keine Person völlig machtlos. Dies wäre erst dann der Fall, wenn menschliche Handlungen von anderen vollständig bis in das geringste Detail diktiert und überwacht werden könnten. In realen Beziehungen verbleibt jeder Person jedoch ein zumindest geringes Machtpotenzial. In Organisationen bildet Macht die zentrale Voraussetzung dafür, dass sich die Akteure in ihrem organisationalen Kontext autonom verhalten können (vgl. auch Crozier/Friedberg 1993, S. 18). Macht schafft und erweitert Autonomiezonen und ist deshalb von grundlegender Bedeutung für mikropolitische Prozesse und Analysen. In diesem Sinne gilt: „Bringt man Macht zum Verschwinden, so beseitigt man die Autonomie der Akteure" (Bogumil/Schmidt 2001, S. 59; vgl. auch Crozier/Friedberg 1993, S. 18).

Im Vergleich zum klassischen Machtbegriff von Max Weber bieten Crozier/Friedberg eine modifizierte und weniger deskriptive Definition, die stärker die Ursachen bzw. Quellen der Macht hervorhebt; danach beruht Macht auf der Kontrolle von Ungewissheitszonen (vgl. 1993, S. 43). In diesem Sinne verfügt ein Akteur dann über Macht, wenn er in der Organisation Bereiche kontrolliert, die für andere Ungewissheitszonen darstellen. Dabei handelt es sich um Aspekte der Organisation, die von einer Person nicht kontrollierbar, gleichzeitig aber zur Verwirklichung ihrer Interessen und Ziele maßgeblich sind (vgl. auch Becker/Ortmann 1994, S. 210). Somit sind Ungewissheitszonen immer subjektiv und bezogen auf einen bzw. mehrere konkrete(n) Akteur(e) zu verstehen. Darüber hinaus müssen die fremdkontrollierten Ungewissheitszonen von den Betroffenen als Abhängigkeitsbeziehungen subjektiv wahrgenommen werden. Crozier/Friedberg haben **vier zentrale Quellen von Ungewissheit und damit von Macht** identifiziert:

- Expertentum,
- Umweltschnittstellen,

- Kontrolle von Informations- und Kommunikationskanälen,
- Nutzung organisatorischer Regeln.

Expertentum geht in Organisationen häufig mit der Kontrolle einer besonders bedeutsamen Ungewissheitszone einher. Experten verfügen aufgrund ihrer fachlichen Spezialisierung über exklusives Sachwissen, das für die Organisation sehr bedeutsam ist und ihnen erhebliche Informationsvorsprünge gegenüber den anderen Organisationsmitgliedern verschafft. Die Bindung des Fachwissens an Experten wird vielfach noch dadurch verstärkt, dass die konkrete Anwendung dieser Kenntnisse mit implizitem – und damit schwer kommunizierbarem – Wissen verbunden ist.

Jede Organisation ist auf einen möglichst funktionierenden Ressourcenaustausch mit der Umwelt angewiesen. Die **Schnittstellen zur Umwelt** werden meist von Personen kontrolliert, die zugleich Beziehungen zu anderen externen Handlungssystemen unterhalten, da sie in der Lage sind, zwischen der Organisation und den Institutionen der Umwelt zu vermitteln. Die Kontrolle solcher Schnittstellen verschafft ihnen aber eine starke Machtposition innerhalb der Organisation.

Darüber hinaus ist die **Kontrolle von Informations- und Kommunikationskanälen** innerhalb der Organisation mit Macht verbunden. Personen mit Einfluss auf die Informationsschnittstellen sind in der Lage, Informationen zu verändern, zu filtern oder die Übermittlung zeitlich zu steuern. Da Akteure in einer Organisation auf Informationen angewiesen sind, kann dies die Handlungsspielräume anderer erweitern oder beeinträchtigen.

Schließlich beruht Macht auf der **Nutzung organisatorischer Regeln**. Hierbei handelt es sich um formale Vorgaben sowohl über die hierarchische Position der Beteiligten als auch über den Ablauf organisatorischer Prozesse. Inwieweit die formal abgesicherte hierarchische Macht konsequent eingesetzt, prozessuale Vorgaben strikt umgesetzt oder Interpretationsspielräume genutzt werden, stellt für alle Beteiligten eine Ungewissheitszone dar. Die Möglichkeit der Anwendung und Interpretation organisatorischer Regeln kann Aufgabenträger mit weit reichender Macht ausstatten.

Nicht nur die Kontrolle dieser Ungewissheitszonen, auch die Form des Umgangs damit beeinflusst die Machtposition eines Akteurs (vgl. Crozier/Friedberg 1993, S. 43). Die Ungewissheit in der Interaktion mit einer machtvollen Person wird somit durch die Unberechenbarkeit ihres Verhaltens potenziert (ähnlich Friedberg 1992, S. 42); darüber hinaus gilt: Je mehr Macht ein Akteur anhäuft, desto flexibler kann er entscheiden bzw. handeln und desto unberechenbarer kann sein Verhalten werden. Allerdings sagt der Umfang der Kontrolle über Ungewissheitszonen anderer noch nichts über die Fähigkeit und Bereitschaft eines Akteurs aus, die ihm damit zur Verfügung stehende Macht auch tatsächlich in den sozialen Beziehungen einzusetzen. Gerade im Hinblick auf die Fähigkeit und den Willen eines Akteurs zur Machtanhäufung und -nutzung ergeben sich Anknüpfungspunkte zu Bosetzkys Überlegungen und dem Persönlichkeitstypus eines Mikropolitikers (vgl. I.8.3.2).

8.3.3.4   Mikropolitische Spiele im Spannungsfeld von Freiheit und Zwang

Da die beschränkt rationalen, eigennützigen Akteure zu ihrer Interessendurchsetzung strategisch handeln und in der Interdependenz mit den jeweils anderen Akteuren vor allem Macht anhäufen und nutzen, entstehen komplexe Interaktionszusammenhänge. Zur Analyse dieser werden Organisationen als ineinander **verzahnte mikropolitische Spiele** verstanden. Der Spielbegriff fungiert dabei zunächst als eine Metapher zur Beschreibung der mikropolitischen Interaktionsstrukturen sowie der sich etablierenden formellen und informellen Regeln. Die Spielmetapher lässt sich unter Bezugnahme auf den englischen Sprachgebrauch der Begriffe „game" und „play" verdeutlichen (vgl. Neuberger 1995, S. 193). Mikropolitische Spiele haben eher den Charakter von Konkurrenz-/Wettkampfspielen (game) und entsprechen nicht dem Spiel als zweckfreiem, phantasie- und freudvollem Erproben neuer Möglichkeiten in einem sanktionsfreien Raum (play). Sie sind Ausdruck des mitunter ernsten Kampfes um knappe Ressourcen und für die in wechselseitigen Abhängigkeiten stehenden Beteiligten häufig mit bedeutsamen negativen oder positiven Konsequenzen verbunden. Da in diesem Kampf um knappe Ressourcen meist nicht jeder gewinnen kann, haben sie für die Beteiligten zumindest partiell den Charakter von Nullsummenspielen. Die dabei entstehende Konkurrenz verschärft den ernsten Charakter der Spiele. Zudem entfalten sie eine Eigendynamik, die die Akteure vielfältigen Handlungszwängen unterwirft, ihnen die umfassende Kontrolle der Spielsituation meist unmöglich macht und hohe Unsicherheit über die Spielergebnisse schafft.

Die Metapher des (Wettkampf-)Spiels bezeichnet ein **Spannungsfeld von „Freiheit und Zwang"** (Crozier/Friedberg 1993, S. 68; vgl. auch Neuberger 2006, S. 29). Mikropolitische Spiele vermitteln zwischen dem Zwang der organisationalen (Spiel-)Strukturen und der gleichzeitig verbleibenden Freiheit der Einzelnen. Sie implizieren Regeln, deren Einhaltung bzw. Verletzung jeweils in unterschiedlichem Ausmaß sanktioniert ist und denen sich kein Akteur vollständig entziehen kann. Gleichzeitig lassen die Spielstrukturen den Akteuren Freiraum für eigene mikropolitische Strategien, der jedoch nicht nur für Ego, sondern auch für Alter gilt. In den mikropolitischen Spielen ist nicht immer klar, inwieweit sich die anderen Akteure an die Regeln der Spielstrukturen halten oder inwieweit sie diese übertreten. Damit erweisen sich nicht nur die Spielergebnisse, sondern bereits das Verhalten der Akteure als unsicher. Diese Unsicherheit über das Verhalten der Anderen und die Spielergebnisse verdeutlicht unmittelbar, warum Macht so bedeutungsvoll ist. Aus der Perspektive der individuellen Akteure erhöht Macht die Kontrolle über den Ausgang der Spiele.

Mikropolitische Spiele stellen im mikropolitischen Ansatz von Crozier/Friedberg den **zentralen Integrationsmechanismus** dar. Erst diese Spielstrukturen stellen sicher, dass die rein eigennützig handelnden Akteure nicht den Zerfall der Organisation herbeiführen. Um ihre Ziele zu erreichen, müssen sie die Erwartungen ihrer Interaktionspartner zumindest partiell berücksichtigen (vgl. Crozier/Friedberg 1993, S. 58; auch Neuberger 2006, S. 21). Dies gilt solange, wie die Beteiligten (und Mächtigen) ein Interesse am Fortbestand der Organisation haben. In diesem Fall werden „im Spielen (...) die Bedingungen für die Fortsetzung des Spielens erzeugt" (Neuberger 1995, S. 210). Das Konzept der mikropolitischen Spiele ist damit – auf der Basis des methodologischen Individualismus und der akteursbezogenen Sicht – Ausdruck der Vernetzung der individuellen Pläne und Strategien. Die Koordination durch mikropolitische Spiele ist dadurch gekennzeichnet, „daß sie den einzelnen die Chance lässt, ihre eigenen Vorstellungen oder Vorteile mit dem Widerstand der ‚Partner' zu konfrontieren und ein Stück weit zu realisieren" (Neuberger 1995, S. 213).

8.3.3.5   Strategische Organisationsanalyse als Rekonstruktion von Strategien und Spielen

In der strategischen Organisationsanalyse geht es darum, eine Rekonstruktion der Akteursstrategien angesichts konkreter organisationaler (Spiel-)Prozesse vor dem Hintergrund (organisations-)strukturell verteilter Machtpotenziale vorzunehmen (ähnlich Alt 2001, S. 305). Der Begriff der **„Re"-Konstruktion** verweist darauf, dass die strategische Organisationsanalyse keineswegs immer beabsichtigt, das mikropolitische Verhalten der Individuen zu prognostizieren. Die hohe Komplexität und (Eigen-)Dynamik mikropolitischer Prozesse verhindert exakte Prognosen. Vielmehr soll in Kenntnis der bereits vollzogenen organisationalen Prozesse und Entscheidungen ex post eine Identifikation der individuellen Strategien und der sie umgebenden Spielstrukturen erfolgen. Die Rekonstruktion erfolgt dabei unter drei wesentlichen Annahmen (ähnlich Witt 1998, S. 38):

- Menschliches Verhalten wird als Ausdruck individueller Strategien interpretiert, die zur Interessendurchsetzung vor allem auf Macht zurückgreifen.
- Die Machtverteilung gilt als zentraler Stabilisierungs- bzw. Regulierungsmechanismus der sozialen Interaktionen in Organisationen.
- Die Integration der Akteursstrategien erfolgt mittels der formalen und informalen Regeln einer Reihe ineinander verzahnter mikropolitischer Spiele.

Um das Zusammenspiel von Akteursstrategien sowie mikropolitischen Spielstrukturen zu entziffern, greift die strategische Organisationsanalyse auf die Fallstudienmethodik sowie Verfahren der qualitativen empirischen Sozialforschung (z. B. qualitative Interviews, Inhaltsanalysen) zurück (vgl. auch Walter-Busch 1996, S. 255).

8.3.4   Bewertung mikropolitischer Ansätze

Die **organisationspsychologisch geprägte Perspektive** Bosetzkys verdeutlicht wichtige persönlichkeitsgebundene Aspekte mikropolitischen Verhaltens. Sie erweist sich jedoch als einseitig, weil sie die institutionell-strukturellen Einflüsse und Grundlagen mikropolitischen Verhaltens im jeweiligen sozialen Umfeld vernachlässigt und deshalb Mikropolitik monokausal an bestimmte Personen mit spezifischen Persönlichkeitsstrukturen koppelt. Aus diesem Grund wird den Analysen Bosetzkys ein „psychologischer Reduktionismus" vorgeworfen, der das gesamte mikropolitische Verhalten in Organisationen mit psychologischen Faktoren zu erklären versucht (vgl. auch Stapel 2001, S. 15). Die im Rahmen dieser persönlichkeitsorientierten Perspektive betrachteten Machttaktiken implizieren zudem einen statischen Charakter (vgl. Neuberger 2006, S. 159), weil sie die Eigendynamik mikropolitischer Spiele in keiner Weise berücksichtigen. Darüber hinaus werden die situativen Bedingungen für einen erfolgreichen Einsatz der verschiedenen machtpolitischen Taktiken nicht geklärt, so dass die Frage nach deren Wirksamkeit kaum zu beantworten ist. Die Anwendung solcher Taktiken setzt bei den mikropolitisch handelnden Individuen in der organisationalen Praxis ein Lernen über Versuch und Irrtum voraus.

Mit dem Konzept der **strategischen Organisationsanalyse** fokussieren Crozier/Friedberg – ähnlich wie Bosetzky – vor allem auf das individuelle Handeln der Akteure. Durch den Rückgriff auf die Spielmetapher und die Betrachtung von Machtspielen gelingt ihnen jedoch die Berücksichtigung struktureller Aspekte. Damit überwinden sie die – noch bei Bosetzky vorherrschende – Fixierung auf das mikropolitisch handelnde Individuum sowie dessen Taktiken. In der strategischen Organisationsanalyse stehen nicht bestimmte mikropolitisch handelnde Persönlichkeitstypen, sondern das Wechselspiel von mikropolitischen Handlungen und (Spiel-)Strukturen im Vordergrund der Betrachtung. Es geht auch nicht darum, den individuellen Erfolg des mikropolitischen Handelns der Akteure zu beurteilen (vgl. Witt 1998, S. 50), sondern das Zusammenspiel von mikropolitischen Handlungsstrategien und übergreifenden organisationalen Strukturen zu klären. Die Analysen von Bosetzky und Crozier/Friedberg schließen sich nicht grundsätzlich aus, sondern können sich sogar ergänzen.

Die strategische Organisationsanalyse bietet im Vergleich zur klassischen Machtdefinition bei Max Weber einen **differenzierteren Machtbegriff**, der stärker auf die Quellen der Macht fokussiert. Mitunter wird Crozier/Friedberg jedoch vorgeworfen, dass die hervorgehobenen Machtquellen (Expertenwissen, Kontrolle von Informationskanälen bzw. Umweltschnittstellen, Nutzung organisatorischer Regeln) auf rein organisatorische Aspekte abstellen und andere Einflüsse (z. B. persönliches Charisma, sozialstrukturell bzw. politisch begründete Macht) vernachlässigen (vgl. auch Türk 1989, S. 131-135).

Hinsichtlich der Analyse der **Steuerungswirkungen formaler Strukturen** in Organisationen nehmen Crozier/Friedberg eine vermittelnde Position ein. Sie lehnen zwar eine vollständige Steuerung menschlichen Verhaltens durch die formale Organisationsstruktur ab, weisen aber den formalen Regeln wesentliche Einflüsse auf das Verhalten der Akteure zu. Sie gelangen so zu einer recht ausgewogenen Einschätzung der Effektivität formaler Organisationsstrukturen und eröffnen – z. B. im Vergleich zu den (neo-)klassischen Ansätzen der Organisationstheorie – eine differenzierte Analyseperspektive. Jedoch ergibt sich die formale Organisationsstruktur als Resultat der überwiegend informalen mikropolitischen Prozesse (vgl. Walter-Busch 1996, S. 255).

8.4   Mikropolitik aus strukturationstheoretischer Perspektive

8.4.1   Vorbemerkung

Während die organisationspsychologisch geprägten Überlegungen Bosetzkys primär auf die Analyse persönlichkeitsbezogener Fragen und den Typus des Mikropolitikers ausgerichtet sind, konnten Crozier/Friedberg durch das Einbringen der Spielmetapher organisationsstrukturelle Aspekte in die mikropolitische Forschung integrieren und somit eine stärker organisationstheoretische Betrachtungsperspektive begründen. Allerdings bleiben auch sie einer primär akteursbezogenen Sicht verbunden und behandeln die strukturellen Aspekte der Mikropolitik vorwiegend als Desiderat der Akteurs- und Koalitionsstrategien.

Die Kritik an den Überlegungen von Crozier/Friedberg greift vor allem die **einseitige Fokussierung** auf die Akteursstrategien auf. Diese Sicht führt zu einer Gegenüberstellung von individuellem mikropolitischen Handeln und organisationalen (Spiel-)Strukturen und kann damit ihr Zusammenwirken nicht hinreichend durchdringen. Aus diesem Grund haben vor allem Küpper/Ortmann (vgl. 1986) eine Ergänzung der strategischen Organisationsanalyse um zentrales Gedankengut der Strukturationstheorie gefordert, die ausdrücklich versucht, die Gegenüberstellung von Handlung und Struktur zu überwinden. Für die Organisationstheorie ist sie besonders interessant, weil sie das Verständnis der Wechselwirkung des Verhaltens der organisationalen Akteure (Handeln) mit den Organisationen (Strukturen) erweitert. Im Folgenden soll die Strukturationstheorie kurz vorgestellt und anschließend die Integration mikropolitischer Überlegungen skizziert werden.

8.4.2   Dualität der Struktur

Die Strukturationstheorie wurde von dem britischen Soziologen Anthony Giddens entwickelt (vgl. 1984). Sie gilt als eine **allgemeine Sozialtheorie**, so dass ihre Grundgedanken ein sehr hohes Abstraktionsniveau aufweisen. Das Ziel einer allgemeinen Sozialtheorie ist es, die raum-/zeitübergreifenden und damit generell bedeutsamen Grundlagen der sozialen Wirklichkeit zu erfassen (ähnlich Walgenbach 2006b, S. 403). So wird die Strukturationstheorie mit dem Anspruch verbunden, die „unabdingbaren Konstituenten jeglicher Sozialität" (Ortmann et al. 2000, S. 33) zu thematisieren und somit eine Grundlagentheorie für alle Sozialwissenschaften dazustellen (vgl. Neuberger 1995, S. 288). Damit ist die Strukturationstheorie als Sozialtheorie abzugrenzen von Gesellschaftstheorien (vgl. z. B. Balog 2001, S. 201-202), die Aussagen über konkrete Gesellschaften sowie ihre historischen Entwicklungen beinhalten (z. B. über die Entwicklung von der vormodernen zur modernen und schließlich postmodernen Gesellschaft). Die Strukturationstheorie kann als eine „Sozialontologie" (Neuberger 1995, S. 285) verstanden werden, die sich mit dem Wesen bzw. dem grundlegenden Sein der sozialen Wirklichkeit („nature of human social activity"; Giddens 1984, S. XVII) beschäftigt.

Die Strukturationstheorie kreist dabei um die Grundfrage, wie soziales Handeln und soziale Ordnung entstehen und sich entwickeln. Dabei versucht sie mit dem Konzept der **Dualität der Struktur („duality of structure")**, das Spannungsverhältnis zwischen dem intentionalen Handeln und den strukturell bedingten, scheinbar externen Zwängen aufzulösen. Die Individuen und ihre Handlungen sind nicht der primäre Untersuchungsgegenstand und die sozialen bzw. organisatorischen Strukturen erscheinen nur als ein daraus abgeleitetes Phänomen. Aber auch die Strukturen bilden nicht die maßgebende Größe und die Individuen werden durch die strukturellen Zwänge völlig fremdgesteuert. Das Konzept der Strukturdualität behauptet demgegenüber eine besonders enge, rekursive Verknüpfung sozialer Strukturen mit den auf dieser Basis stattfindenden sozialen Handlungen (vgl. auch Abb. I.8.2). Die Idee der Rekursivität soll dabei die Gleichursprünglichkeit von Handeln und Struktur verdeutlichen (bzw. auf den gemeinsamen Ursprung von Handeln und Struktur verweisen): Handeln benötigt eine Orientierung stiftende soziale Struktur; letztlich kann aber auch die soziale Struktur nur durch das darauf beruhende Handeln zur Geltung kommen, weil sie keine objektive Existenz aufweist außer in ihrer laufenden Aktualisierung durch das Handeln. Struktur und Handeln sind damit ohne einander nicht denkbar. Sie setzen sich gegenseitig voraus und sind ständig wechselseitig aufeinander bezogen. Dualität der Struktur bezeichnet die doppelte Bedeutung der sozialen Struktur für ein umfassendes Verständnis des sozialen Handelns bzw. sozialer Praktiken: „structure is both medium and outcome of social practices" (Giddens 1979, S. 357).

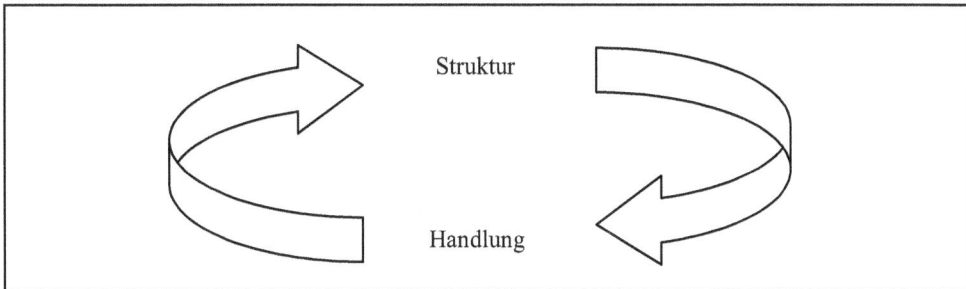

Abb. I.8.2: Dualität der Struktur (vgl. Neuberger 1995, S. 291)

Vor dem Hintergrund der Dualität der Struktur kann die Forschung soziales (und damit organisationales) Geschehen **einer Handlungsanalyse und einer Strukturanalyse** unterziehen (vgl. Neuberger 1995, S. 285). Die Handlungsanalyse richtet sich auf den reflexionsfähigen und handlungsmächtigen Akteur, seine Handlungsbedingungen, Entscheidungen, die beabsichtigten und unbeabsichtigten Entscheidungswirkungen sowie nicht zuletzt die handlungsbasierte Hervorbringung sozialer Struktur; die Strukturanalyse identifiziert die Regeln und Ressourcen, die das Akteurshandeln erst ermöglichen und zugleich begrenzen. Die Analysen schließen sich nicht gegenseitig aus, sondern umschließen einander wechselseitig; die Handlungsanalyse muss grundlegende Fragen der Strukturanalyse aufgreifen und umgekehrt, da es sich um aufeinander bezogene Zugänge zur sozialen Wirklichkeit handelt. Die enge Verflechtung von Struktur- und Handlungsanalyse lässt sich bei der wissenschaftlichen Arbeit bereits sprachlich nicht simultan, sondern lediglich sequenziell meistern. Ein sequenzielles Vorgehen bei der Handlungs- und Strukturanalyse der sozialen Wirklichkeit meint Giddens methodisch durch die (phänomenologische) Als-ob-Fiktion der Epoché rechtfertigen zu können (vgl. 1979, S. 80-81). Epoché bedeutet in diesem Zusammenhang den „Aufschub von Urteilen über Sachverhalte" (Neuberger 1995, S. 292 FN 8), die den jeweils anderen analytischen Zugang betreffen. Damit kann beispielsweise die Strukturanalyse erst im Anschluss an die Handlungsanalyse durchgeführt werden, wenn man strukturelle Aspekte zunächst gedanklich unverändert hält und umgekehrt. Der Kunstgriff der Epoché bei Giddens unterscheidet sich damit in der forschungspraktischen Anwendung jedoch kaum von der ökonomisch-neoklassischen Ceteris-paribus-Bedingung.

8.4.3   Konzept der reflexiven Handlungssteuerung und strategische Handlungsanalyse

Akzeptiert man den phänomenologischen Gedanken der Epoché, dann lassen sich die Handlungs- und Strukturanalyse getrennt voneinander und sequenziell durchführen. Die **Handlungsanalyse** geht (bei Konstanthalten aller Strukturaspekte) der Frage nach, wie soziales Handeln zustande kommt und wie es, eingebettet in den äußeren (objektiven) strukturellen Rahmen, diesen gleichzeitig immer wieder hervorbringt.

Grundsätzlich vertritt Giddens eine **dynamisierende Sicht** von sozialen Systemen und Strukturen (z. B. Gesellschaften oder Organisationen), weil sie auf der Grundlage eines nie vollständig abbrechenden Stroms individueller Handlungen der Akteure aufrecht erhalten bleiben. Indem die Akteure in ihrem Handeln kontinuierlich auf die für sie relevanten Regeln der Rahmen gebenden sozialen Strukturen referieren und auf dieser Basis ihre Handlungen aneinander anschließen, bringen sie diese Strukturen erst immer wieder zur Geltung. Sind diese Handlungen dabei durch strukturelle Regeln vorgesteuert, werden sie zu unpersönlichen sozialen Praktiken (vgl. Giddens 1976, S. 75; Cohen 1989, S. 26), die dann in konkreten sozialen Kontextsituationen regelmäßig auftreten und auf einem – häufig nur implizit verfügbaren – Basiswissen der Akteure über die sozialen Regelstrukturen beruhen. Sobald in dem Strom individueller Handlungen der interagierenden Akteure nicht mehr auf zentrale Regeln der sozialen Struktur Bezug genommen wird, sind diese Regeln nicht mehr existent.

Dabei unterstellt Giddens, dass Menschen ihr Handeln stets reflexiv begleiten und kognitiv überwachen. **Reflexive Handlungssteuerung** bedeutet eine ständig mitlaufende, zielorientierte Überwachung des Handelns, die den Akteuren nur partiell bewusst wird. Danach ist jedes menschliche Handeln zumindest implizit auf bestimmte Intentionen oder Ziele ausgerichtet, die aber vielfach bereits durch die Regeln der sozialen Struktur vorgeprägt sind. Die geringe Bewusstheit der Intentionalität des Handelns wird vor dem Hintergrund der sozialstrukturellen Prägung verständlich. Betritt beispielsweise ein Akteur eine Bäckerei und stellt sich vor die Auslage, wird er von sich selbst und von anderen in der Regel unmittelbar als Kunde sozial kodifiziert. Damit ist aber auch das Ziel seines Handelns für alle Außenstehenden und für ihn selbst bereits durch das sozial-strukturelle Regelsystem weit gehend vorstrukturiert. Sein Ziel, der Kauf von Brötchen, ist für alle unmittelbar nachvollziehbar und wird als Selbstverständlichkeit kaum bewusst reflektiert. Möchte der Akteur in der Bäckerei aber z. B. ein Organisationslehrbuch erwerben, würde dies Erstaunen erregen, weil der Verkauf eines Organisationslehrbuches nicht Teil des sozialen Regelsystems der Bäckerei und eine entsprechende Intention des Kunden nicht sozial kodifiziert ist. Die Regelsysteme der sozialen Strukturen prägen somit kontextabhängig die Ziele und Intentionen der handelnden Akteure, ohne dass diese sich laufend darüber Rechenschaft ablegen. Bei der reflexiven Handlungssteuerung beziehen sich die Akteure dann nicht zuletzt auf die sozialen Handlungsbedingungen, die insbesondere durch die Regeln der sozialen Struktur geprägt sind und die von bewusster Ziel- bzw. Intentionsbildung entlasten. Intentionalität des Handelns bedeutet deshalb nicht, dass sich die sozialen Akteure ihrer Handlungsziele immer bewusst sind. Ganz im Gegenteil können sie ihre Ziele vielfach nur partiell verbalisieren (vgl. Giddens 1979, S. 56).

Da Handeln von den Handelnden reflexiv gesteuert und überwacht wird, besteht für die Akteure immer die Möglichkeit, bei kritischen Nachfragen oder anderen Anlässen (subjektiv-rationale) Gründe für ihr Handeln anzugeben. Insoweit können auch routinisierte Handlungen rationalisiert werden, so dass man von **Handlungsrationalisierung** sprechen kann (vgl. Giddens 1984, S. 56). Da das Vorliegen unbewusster Handlungsmotive nicht ausgeschlossen wird, muss die Handlungsrationalisierung nicht alle Gründe auflisten oder für Dritte vollständig nachvollziehbar sein. So geht Giddens davon aus, dass Menschen sowohl über ein diskursives als auch über ein praktisches Bewusstsein verfügen, die beide zur reflexiven Handlungssteuerung beitragen und fließend ineinander übergehen (vgl. Giddens 1984, S. XXIII). Während die Inhalte des diskursiven Bewusstseins von dem Akteur vollständig reflektiert und verbalisiert werden können, sind die Inhalte des praktischen Bewusstseins nur implizit als – sozial-strukturell vorgeprägte – Erinnerungsspuren („memory traces") verfügbar und häufig nicht unmittelbar in Sprache auszudrücken. Das Konzept des praktischen Bewusstseins ermöglicht es Giddens, die allgemeine Intentionalität menschlichen Handelns aufrecht zu erhalten, auch wenn aufgrund ihrer Vorstrukturierung durch die sozialen Handlungsbedingungen nicht alle Gründe verbalisierbar sind.

Jede Handlung entfaltet – beabsichtigte und unbeabsichtigte – **Handlungsfolgen**, die sich wiederum als sozial-strukturell relevant erweisen, weil sie dazu beitragen, den strukturellen Kontext unverändert oder modifiziert zu reproduzieren (vgl. Abb. I.8.3). Um dies zu konkretisieren, kehren wir noch einmal zu dem Beispiel des Akteurs in der Bäckerei zurück und nehmen an, dass er tatsächlich ein Organisationslehrbuch zu erwerben versucht und dabei das bereits erwähnte Erstaunen seitens der Verkäuferin/des Verkäufers bzw. der Kunden hervorruft. Wenn der Akteur aber mehrfach versucht, in dieser Bäckerei ein Organisationslehrbuch zu erwerben, und gleichzeitig andere davon überzeugen kann, dasselbe zu tun, kann dies eine Veränderung des Regelsystems der sozialen Struktur in dieser Bäckerei bewirken. Gegebenenfalls wird man nach einiger Zeit in dieser Bäckerei nicht nur das übliche Angebot an Backwaren finden, sondern – zur Überraschung von „normalen" Bäckereikunden – auch ein Regal mit Organisationslehrbüchern. An diesem Beispiel verdeutlicht sich die Notwendigkeit einer engen Verknüpfung der Handlungs- mit der Strukturanalyse. Grundsätzlich muss herausgearbeitet werden, wie das Akteurshandeln durch die Berücksichtigung von sozial-strukturellen Handlungsbedingungen und strukturrelevanten Handlungsfolgen den (Re-)Produktionsprozess sozialer Systeme in konkreten sozialen Situationen in Gang hält.

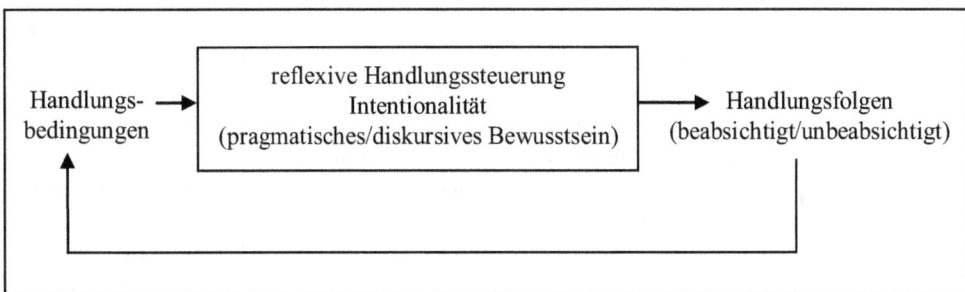

Abb. I.8.3:   Reflexive Handlungssteuerung im Kontext ihrer Bedingungen und Folgen (vgl. Giddens 1979, S. 56)

Nach Giddens ist Handeln immer hinsichtlich der Handlungsbedingungen und Handlungsfolgen sozialstrukturell integriert: Im Rahmen der reflexiven Handlungssteuerung referieren
die Akteure auf die soziale Struktur (Handlungsbedingungen), die sie durch ihr Handeln
reproduzieren bzw. durch sowohl bewusste als auch unbewusste Impulse für Strukturänderungen (Handlungsfolgen) modifizieren. Die Handlungsanalyse knüpft an diesem Konzept
der reflexiven Handlungssteuerung an und soll durch die **(verstehende) Rekonstruktion der
Handlungen** unter Bezugnahme auf die subjektiv relevanten Handlungsbedingungen sowie
die beabsichtigten bzw. unbeabsichtigten Folgen einen Zugang zur Welt der sozialen Akteure finden und diese Akteurswelt erfassen. Dabei wird vor allem auf qualitative Methoden der
Sozialforschung (z. B. unstrukturierte Interviews) zurückgegriffen.

8.4.4   Strukturanalyse

Im Konzept der Strukturdualität bildet die Strukturanalyse neben der Handlungsanalyse **das
zweite Moment der Untersuchung sozialer Phänomene** und kann nur aufgrund der Voraussetzung der Epoché isoliert vorgenommen werden. Sie bezweckt die Entschlüsselung
sozialer Strukturen und ist mit einem – gegebenenfalls sozialkritischen – Aufklärungsan-
spruch verbunden. Durch das Schauen „hinter die Fassade des ohnehin Bekannten" (Neuberger 1995, S. 303) will sie emanzipatorisch wirken. In diesem Sinne ordnet sie individuelles
Handeln in gesamtgesellschaftliche Strukturen ein und zeigt soziale Zwänge auf, die den
Individuen nicht mehr unmittelbar bewusst sind. Ohne Anspruch auf einen archimedischen
Punkt absolut gültiger Erkenntnis oder einen „totalen Durchblick" (Neuberger 1995, S. 302)
will sie soziales Handeln deutend in vorliegende Strukturen einordnen.

Dabei wird von der **Virtualität** der Strukturen ausgegangen, weil ihnen nach Giddens keine
eigenständige (ontologische) Existenz zukommt. Sie können sich nur durch einen nicht endgültig abreißenden Prozess menschlicher Handlungen verwirklichen und reproduzieren.
Damit stellen Strukturen ein an das Handeln bzw. an soziale Praktiken gebundenes Phänomen dar, das sich jedoch in dem Erleben der Individuen verselbstständigt. Den Prozess der
Produktion und Reproduktion sozialer Strukturen bzw. sozialer Praktiken durch das Handeln,
bezeichnet Giddens als „structuration" (1984, S. 376) bzw. Strukturation oder – weniger
zutreffend – Strukturierung in der deutschen Übersetzung.

Strukturen generalisieren menschliches Verhalten und Interaktionen über Raum-/Zeit-Diffe-
renzen hinweg. Sie führen dazu, dass individuelle Handlungen in zeitlicher und räumlicher
Hinsicht aus einer konkreten sozialen Situation auf andere Kontexte übertragen und zu **sozialen Praktiken** werden. Für diese Übertragung, benötigen die individuellen Akteure praktisches Wissen über die zu generalisierenden Handlungen sowie die Fähigkeit, sich in dieser
Weise tatsächlich zu verhalten (Handlungsvermögen). Soziale Strukturen müssen die Akteure also gleichermaßen mit praktischem Handlungswissen und Handlungsvermögen ausstatten. Deshalb beruhen nach Giddens soziale Strukturen auf Regeln und Ressourcen. Regeln
vermitteln den individuellen Akteuren das notwendige Handlungswissen, um bestimmte
soziale Praktiken zu (re-)produzieren, während Ressourcen sie mit dem dafür erforderlichen
Handlungsvermögen ausstatten.

Regeln können als verallgemeinerte Vorschriften für das soziale Verhalten verstanden werden. Sie legen soziale Sinnzuschreibungen fest (Signifikation) und stellen den individuellen Akteuren bestimme generalisierte Interpretationsschemata und Stereotypen für ihr Handeln zur Verfügung, womit sie soziale Orientierung stiften. Darüber hinaus weisen Regeln den Akteuren soziale Rechte und Verpflichtungen zu. Damit dienen sie auch der Rechtfertigung sozialen Verhaltens (Legitimation) und implizieren zudem die positive bzw. negative Sanktionierung konformen bzw. abweichenden Verhaltens. Regeln beziehen sich damit auf zwei grundlegende soziale Strukturdimensionen: die Signifikation und die Legitimation.

Da **Ressourcen** die sozialen Akteure (in unterschiedlichem Umfang) mit Handlungsvermögen ausstatten, basiert hierauf die weitere Strukturdimension Herrschaft. Dabei wird zwischen allokativen und autoritativen Ressourcen unterschieden. Die allokativen Ressourcen betreffen die Herrschaft des Menschen über die Natur, und es handelt sich primär um die Verteilung materieller und immaterieller Güter sowie der Rechte, darüber zu verfügen. Demgegenüber betreffen die autoritativen Ressourcen die Herrschaft über Menschen. Es handelt sich um die strukturell zur Verfügung gestellten Möglichkeiten zur Herrschaft über andere, wie z. B. einen administrativen Kontrollapparat. Allokative und autoritative Ressourcen gehen fließend ineinander über; so stellt z. B. Geld sowohl eine allokative als auch autoritative Ressource dar (vgl. Walgenbach 2006b, S. 410).

Soziale Strukturen als Bündel von Regeln und Ressourcen lassen sich somit hinsichtlich drei Strukturdimensionen analysieren: Signifikation (Symbolische Ordnung, Mythen, Weltbilder), Legitimation (moralische Geltungsansprüche und rechtliche Verpflichtungen) und Herrschaft (politische und ökonomische Institutionen) (vgl. auch Walgenbach 2006b, S. 410). Die sozialen Strukturdimensionen gelten als vielfältig miteinander verflochten und lassen sich analytisch kaum voneinander trennen. Im Sinne der Dualität der Struktur weisen sie eine unmittelbare Verknüpfung zur individuellen Handlungsebene bzw. zur sozialen Interaktion zwischen den Akteuren auf. Die Vermittlung zwischen Struktur- und Interaktionsebene erfolgt dabei über verschiedene **Modalitäten** (vgl. Abb. I.8.4).

Die strukturelle **Signifikationsdimension** stellt den individuellen Akteuren als eine Modalität ihres Handelns vielfältige (gemeinsame) Deutungsschemata (interpretative Schemata) – z. B. die natürlichen Sprachen – zur Verfügung. Signifikation ermöglicht und begrenzt damit Kommunikation auf der Ebene der Interaktion individueller Akteure, die allerdings soziale Deutungsschemata nicht nur unverändert reproduzieren, sondern gegebenenfalls auch modifizieren.

Die Strukturdimension der **Herrschaft** beruht auf einer interpersonellen Verteilung autoritativer und allokativer Ressourcen. Sie stattet die individuellen Akteure daher mit Fazilitäten (Machtmittel) aus, die sie in der Interaktion mit anderen Akteuren nutzen und deren interpersonelle Verteilung sie dabei reproduzieren bzw. mitunter modifizieren.

Schließlich konfrontiert die strukturelle **Legitimationsdimension** die Akteure mit normativen Geltungsansprüchen. Diese Normen fungieren – gleichermaßen wie die bereits erwähnten Deutungsschemata und Fazilitäten – als Modalitäten zur Vermittlung mit der Interaktionsebene. Normen der legitimen Ordnung werden somit zur Richtschnur individuellen Handelns und können zugleich durch das individuelle Handeln modifiziert werden. In der Inter-

aktion mit anderen Akteuren begründen diese legitimen Normen eine entsprechende Sanktionierung des Verhaltens.

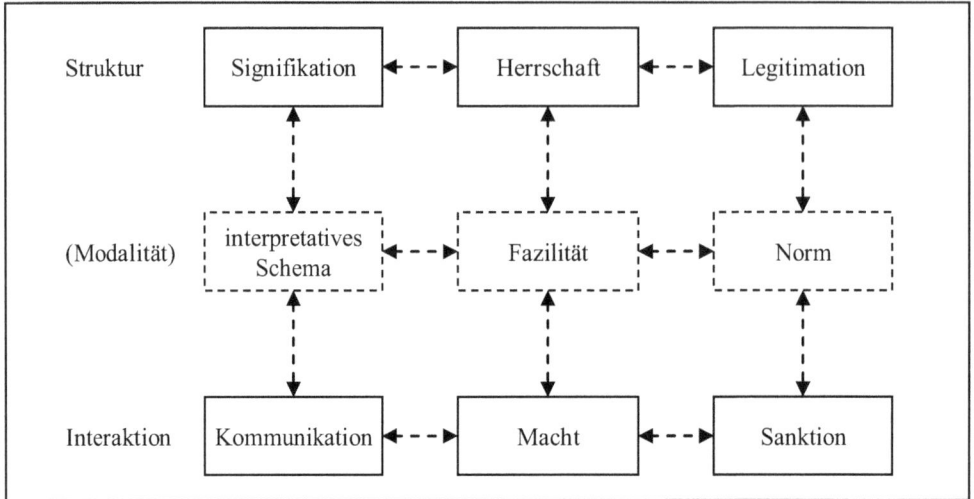

| Struktur | Signifikation | ← - → | Herrschaft | ← - → | Legitimation |

Abb. I.8.4:   *Vermittlung zwischen Struktur- und Interaktionsebene durch Modalitäten (vgl. Giddens 1984, S. 29;*
                  Neuberger 1995, S. 307)

Unter Bezugnahme auf Signifikation, Legitimation und Herrschaft soll die Strukturanalyse
sozial-strukturelle Aspekte beobachtbaren sozialen Handelns aufzeigen, die den individuellen Akteuren vielfach gar nicht bewusst sind. Sie beabsichtigt, die **undurchsichtige und
virtuelle soziale Struktur sichtbar zu machen**. Hier kommt der Strukturanalyse die – bereits erwähnte – sozialkritische Funktion zu. Sie soll deutlich über das Laienwissen der tatsächlich handelnden individuellen Akteure hinausweisen und auch Lernprozesse bei den
Individuen auslösen. Dabei gilt das Klassifikationsschema der drei Strukturdimensionen und
ihrer – auf den Modalitäten beruhenden – Vermittlung mit der Interaktionsebene als Leitli-
nie.

8.4.5 Mikropolitische Analyse auf der Grundlage der Strukturationstheorie

8.4.5.1 Analyse struktureller Macht

Insbesondere Ortmann und Küpper haben den mikropolitischen Ansatz mit zentralen Gedanken der Strukturationstheorie verknüpft (vgl. z. B. Küpper/Ortmann 1986; Ortmann et al.
1990; Ortmann 1995; Küpper/Felsch 2000). Im Hinblick auf die mikropolitischen Analysen
von Crozier/Friedberg kritisiert Ortmann (1995, S. 41) die „Überbetonung der Rolle der
Akteure" und fordert eine **gleichrangige Analyse struktureller Aspekte**. Um diese Struk-

turaspekte stärker in den Mittelpunkt der Betrachtung zu rücken, wird schließlich die Adaption strukturationstheoretischen Gedankenguts empfohlen.

Dabei erfolgt zunächst der Rückgriff auf die grundlegende Annahme der Dualität der Struktur und somit auf den rekursiven Konstitutionszusammenhang von Handeln/sozialen Praktiken und Struktur (vgl. Ortmann/Becker 1995, S. 49). Daran anknüpfend wird die **Bedeutung struktureller Macht** hervorgehoben, wobei sich Ortmann/Becker das ähnliche Verständnis des Begriffs Macht bei Giddens und Crozier/Friedberg zunutze machen. Während Crozier/ Friedberg Macht als Kontrolle von Ungewissheitszonen definieren (vgl. I.8.3.3.3), versteht Giddens Macht als die Fähigkeit zu Autonomie, d. h. (für andere) unerwartet, unberechenbar bzw. anders zu handeln (vgl. Giddens 1979, S. 88; Ortmann/Becker 1995, S. 50). Da Crozier/Friedberg die Kontrolle von Ungewissheitszonen im Rahmen ihrer Machtdefinition nicht zuletzt mit der Unberechenbarkeit des Handelns eines mächtigen Akteurs verknüpfen, ergeben sich weit reichende Überschneidungen mit Giddens' Machtverständnis. Unter Rückgriff auf Giddens' Strukturationstheorie sollen sich strukturell begründete Quellen der Macht umfassender als mit einer reinen strategischen Organisationsanalyse nach Crozier/Friedberg berücksichtigen lassen. Die strukturelle Macht von Akteuren ist dabei mit Blick auf die Strukturdimensionen bei Giddens zu analysieren. Sie beruht auf den Regeln der kognitiven (Signifikation) und der normativen (Legitimation) Ordnung sowie auf der strukturellen Verteilung allokativer und autoritativer Ressourcen (Herrschaft).

Zur Analyse struktureller Macht empfehlen Ortmann/Becker folgerichtig den Rückgriff auf das **Klassifikationsschema der Strukturdimensionen** (vgl. I.8.4.4). Bereits Giddens betonte, dass sich die Strukturdimensionen nur analytisch voneinander trennen lassen. Damit sind aber die zwischen der Struktur- und der Handlungsebene vermittelnden Modalitäten nicht strikt einer Strukturdimension zuzuordnen. Dies bedeutet für die Analyse von Mikropolitik und Macht, „daß sich Machtausübung nicht nur in der Mobilisierung allokativer und autoritativer Ressourcen erschöpft, sondern auch mittels Interpretationsmuster und Normen vonstatten geht" (Ortmann/Becker 1995, S. 59). In diesem Sinne wird die Struktur-/Interaktionsdimension Herrschaft/Macht zur analytischen Leitdimension des strukturationstheoretisch inspirierten mikropolitischen Ansatzes erklärt (vgl. Ortmann/Becker 1995, S. 59-60). Alle Modalitäten der Vermittlung von Struktur- und Handlungsebene (Interpretationsschemata, Normen, Ressourcen) sind in einem solchen Verständnis mikropolitischer Forschung auf die Leitdimension Herrschaft/Macht zu beziehen. Unter dieser Annahme erfolgt schließlich die Konstruktion eines modifizierten Klassifikationsschemas für die mikropolitische Analyse von Machtstrukturen (vgl. Abb. I.8.5).

Dieses Schema soll zur Untersuchung und Beschreibung mikropolitischer Prozesse dienen und zu einem Verständnis nicht nur der individuell-strategischen Handlungslogiken, sondern auch der strukturell begründeten Machtunterschiede beitragen. Insbesondere ist zu klären, wie mikropolitisches Handeln strukturelle Machtunterschiede nutzt, dabei auf die – zwischen der Handlungs- und Strukturebene vermittelnden – Modalitäten (Deutungsschemata, Normen, Ressourcen) zurückgreift und letztlich strukturelle Machtdifferenzen reproduziert bzw. modifiziert.

	ANALYTISCHE LEITDIMENSION (STRUKTUREBENE): **Herrschaft**			
Strukturdimensionen	Signifikation	Legitimation	Herrschaft	
Arten von Regeln und Ressourcen	Regeln der Konstitution von Sinn	Regeln der Sanktionierung von Handeln	autoritativ-administrative Ressourcen	allokative Ressourcen
	⇕	⇕	⇕	⇕
Modalitäten	Inter-pretations-schemata	Normen	autoritativ-administrative Machtmittel	ökonomische u. technische Machtmittel
Beispiele für Modalitäten	Wahr-nehmungs-muster Orga-nisations-vokabular Leitbilder	rechtliche Normen organisationale Regeln	Arbeits-organisation Verwaltungs-apparat Planungs-instrumente	Geldmittel Investitions-budgets Rohstoffe Technik
	⇕	⇕	⇕	⇕
Dimensionen des mikropolitischen Handelns	kommuni-katives Handeln	sanktio-nierendes Handeln	autoritativ-administratives Handeln	wirtschaftliches u. technisches Handeln
	ANALYTISCHE LEITDIMENSION (VERHANDLUNGSEBENE): **Macht/Mikropolitik**			

Abb. I.8.5:   Dualität der Struktur und mikropolitische Analyse (vgl. Ortmann/Becker 1995, S. 60; auch Ortmann et al. 1990, S. 27)

8.4.5.2   Kontingenz und Entscheidungskorridor

Das von Crozier/Friedberg hervorgehobene Spannungsfeld zwischen „Freiheit und Zwang" (1993, S. 68; vgl. auch 8.3.3.4) in mikropolitischen Spielstrukturen, fassen Ortmann/Becker neu und sprechen von einem Wechselspiel zwischen „Kontingenz und Entscheidungskorridor" (1995, S. 61-67). **Kontingenz** bedeutet in diesem Zusammenhang, dass der Ausgang organisationaler Entscheidungsprozesse unter dem Einfluss mikropolitischer Interessenstrukturen stets als (ergebnis-)offen anzusehen ist und nie im Voraus bereits als determiniert gelten kann (vgl. Ortmann/Becker 1995, S. 62; auch bereits Crozier/Friedberg 1993, S. 27). Damit bestehen für die mikropolitischen Akteure vielfältige, aber nicht zuletzt angesichts strukturell bedingter Machtunterschiede differenzierte Möglichkeiten der Einflussnahme.

Trotz dieser prinzipiellen Kontingenz organisationaler Entscheidungsprozesse, sind die Akteure auch strukturellen Zwängen ausgesetzt. Um diese strukturellen Zwänge für das mikropolitische Handeln der Akteure deutlicher hervorzuheben, greifen Ortmann/Becker (vgl. 1995, S. 62) auf den Begriff des Entscheidungskorridors zurück. Dieser weist eine Nähe zu dem Verständnis der (mikropolitischen) Spielstrukturen bei Crozier/Friedberg auf, wobei er allerdings stärker entscheidungsprozessuale Aspekte hervorhebt. Die prinzipiell kontingenten organisationalen Entscheidungsprozesse sind demnach gleichzeitig bestimmten Barrieren ausgesetzt, die den Raum der individuellen Handlungs- und organisationalen Entwicklungsmöglichkeiten begrenzen und von den individuellen Akteuren als Handlungsrestriktionen erlebt werden (vgl. Ortmann/Becker 1995, S. 63).

Während Kontingenz die Ergebnisoffenheit und Nichtvorhersagbarkeit organisationaler Prozesse hervorhebt, verweist der **Entscheidungskorridor** auf die Restriktionen, denen organisationale Akteure und Strukturen dennoch unterliegen. Er wird durch Begrenzungen hervorgerufen (vgl. Ortmann/Becker 1995, S. 66-67):

- Das können staatliche Vorgaben oder organisationskulturelle Barrieren sein.
- Darüber hinaus können früher getroffene Entscheidungen erhebliche Bindungswirkung entfalten. Das gilt vor allem, wenn technologische oder organisatorische Festlegungen vorgenommen wurden, die später nicht veränderbar sind. Ebenso lassen sich getroffene mikropolitische Kompromisse im Nachhinein schwer revidieren.
- Schließlich können im Rahmen eines Entscheidungskorridors in der Regel nur (inkrementale) kleine Schritte unternommen werden, denn organisationale Entscheidungen knüpfen immer an zuvor getroffene Entscheidungen an. Dieses inkrementale Vorgehen läuft auf ein „Durchwursteln" („muddling through"; vgl. Lindblom 1959) durch die Interessenkoalitionen hinaus.

Grundsätzlich sind die Barrieren der Entscheidungskorridore in Organisationen sozial konstruiert, so dass sie durch das (mikropolitische) Handeln der Akteure beeinflusst und in Grenzen verändert werden können (vgl. Ortmann/Becker 1995, S. 63).

8.4.5.3 Struktureller Konflikt zwischen Routine und Innovation

Ortmann/Becker versuchen darüber hinaus, den – bei Crozier/Friedberg noch relativ unklaren – Spielbegriff weiter zu konkretisieren, indem sie zwischen (zwei) unterschiedlichen **Spielstrukturen/-typen** unterscheiden (vgl. 1995, S. 63-68). Sie heben hervor, dass mikropolitische Konflikte insbesondere in Innovationsprozessen bereits „strukturell angelegt" sind (Ortmann/Becker 1995, S. 64), denn dort treten nicht nur Interessenkonflikte zwischen individuellen Akteuren, sondern auch konfligierende Spielstrukturen (bzw. -typen) auf. Es handelt sich dabei um die Verzahnung von Routine- und Innovationsspielen, die auf gegenläufigen Logiken beruhen (vgl. Abb. I.8.6).

Routinespiele sind auf die Strukturierung der alltäglich zu erbringenden Aufgaben gerichtet (z. B. Personalverwaltung, Produktionssteuerung). Die rein sachliche Aufgabenerfüllung wird gleichzeitig von einem komplexen – auch mikropolitisch geprägten – Beziehungsgeflecht zwischen den Aufgabenträgern getragen. Aufgrund der Routinetätigkeiten etablieren sich in den Routinespielen recht beständige Handlungsmuster. Die ineinander verzahnten Routinespiele werden nach relativ stabilen Verfahren sowie Standards abgestimmt, sichern die Existenz der Organisation und eröffnen den Mitspielern vielfältige Gewinnchancen aus der verlässlichen Aufgabenerfüllung. Innerhalb der Routinespiele verändern sich die Spielstrukturen nur wenig, da Stabilität und Zuverlässigkeit im Vordergrund stehen.

Bei den **Innovationsspielen** handelt es sich demgegenüber um Machtspiele, die auf eine Veränderung der Routine gerichtet sind. Sie induzieren Dynamik und Risiko und widersprechen den Routinespielen, die auf Beständigkeit ausgerichtet sind. Um Veränderungen zu induzieren, modifizieren Innovationsspiele nicht zuletzt die Gratifikationsstrukturen in den Routinespielen. Da die Inputs und Gewinnchancen der Akteure in den Routinespielen damit grundlegend beeinflusst werden, entstehen Interessenkonflikte und mikropolitische Kämpfe. Während Innovationsspiele tendenziell im Top-Management gespielt werden, finden Routinespiele vor allem auf den ausführenden Ebenen und im mittleren Management statt. Letzteren kommt dabei nicht selten die Aufgabe der Vermittlung zwischen Routine- und Innovationsspielen zu. Manager auf dieser mittleren Ebene sollen die Transmission struktureller Änderungen übernehmen und sind dabei widersprüchlichen Interessen sowie gegenläufigen strukturellen Anforderungen ausgesetzt, die ihnen aufgrund ihrer Unvereinbarkeit nur die Wahl zwischen (für sie) schlechten Alternativen ermöglichen („double bind") und psychisch häufig nur schwer auszuhalten sind (vgl. Ortmann/Becker 1995, S. 65). Nicht selten übersehen die Akteure in der Praxis, dass Konflikte in Innovationsprozessen aus dem Widerspruch zwischen Routine- und Innovationsspielen erwachsen und somit strukturell bedingt sind. Es besteht dann die Gefahr, dass Konflikte personalisiert und dem mittleren Management angelastet werden.

Logik der Innovation	Logik der Routine
• Veränderung bestehender Routinen	• Erhaltung von Routinen
• große, umfassende Lösungen	• inkrementale Verbesserungen
• Risiko	• Sicherheit
• Standardisierung	• Beachtung von Abteilungsspezifika
• konfliktfreie Implementation	• Partizipation der Betroffenen
• Control fix	• Autonomie der Subsysteme

Abb. I.8.6:   Logiken der Innovation und Routine (vgl. Ortmann/Becker 1995, S. 66)

8.5   Kritische Würdigung

Die strukturationstheoretische Fundierung mikropolitischer Analysen bezweckt vor allem eine Rücknahme der in der strategischen Organisationsanalyse noch vorherrschenden akteurszentrierten Sicht und somit eine stärkere **Akzentuierung der strukturellen Einflüsse** auf mikropolitische Prozesse in Organisationen. Vor diesem Hintergrund erweist sich die

Hervorhebung struktureller Macht als konsequent. Im Vergleich zur strategischen Organisationsanalyse gelingt eine partiell umfassendere und zugleich abstraktere Differenzierung zwischen verschiedenen Quellen struktureller Macht. Die Strukturationsdimensionen der Signifikation, Herrschaft und Legitimation sind vor diesem Hintergrund macht- bzw. mikropolitisch relevant, weil sie jeweils unterschiedliche und sehr grundlegende Quellen strukturell bedingter Macht systematisieren.

So weist beispielsweise die Strukturationsdimension der Signifikation mit ihrer grundlegenden sozialen Bedeutung weit über die Machtquellen bei Crozier/Friedberg hinaus. Versteht man die strukturellen (Signifikations-)Prozesse der sozialen **Sinnzuschreibung als machtpolitisch relevant**, dann stellen sich – nicht immer unmittelbar interessengebunden – Interpretationen organisationaler Phänomene und die dabei erfolgenden Sinnzuschreibungen zugleich als Ausdruck und Quelle von Macht dar. Dass soziale Sinnzuschreibungen derart als Ausdruck und Quelle von Macht interpretierbar sind, wird im Rahmen der strategischen Organisationsanalyse nur mittelbar – z. B. durch die Hervorhebung der besonderen Bedeutung von Expertenwissen – deutlich. Experten haben in Organisationen Macht, weil sie aufgrund ihres besonderen Fachwissens über die Hoheit zur Interpretation organisational relevanter Fakten verfügen und dadurch organisationale Wirklichkeit für alle Beteiligten konstruieren.

Die in der strukturationstheoretischen Fundierung vorgenommene **Differenzierung zwischen Kontingenz und Entscheidungskorridor** unterscheidet sich jedoch kaum von dem Spielbegriff bei Crozier/Friedberg. Auch die strategische Organisationsanalyse verdeutlicht, dass mikropolitische Spiele grundsätzlich in einem Spannungsfeld von Freiheit und Zwang oder von Kontingenz bzw. Ergebnisoffenheit einerseits und Entscheidungskorridor bzw. Restriktionen für das Akteurshandeln andererseits stattfinden. Demgegenüber eröffnet die Differenzierung zwischen Routine- und Innovationsspielen neue Perspektiven zur **Identifikation strukturell bedingter mikropolitischer Prozesse**. Es sind die ineinander verzahnten und zugleich extrem divergierenden Spielstrukturen der Routine und Innovation, die umfangreiche mikropolitische Prozesse induzieren. Solche strukturell bedingten mikropolitischen Prozesse in Organisationen lassen sich mit einer rein akteurszentrierten Sicht nicht hinreichend analysieren.

Insgesamt eröffnet die strukturationstheoretische Fundierung vielfältige Ansatzpunkte für eine **differenziertere mikropolitische Analyse**. Demnach erweist sich die alltägliche Anwendung interpretativer Schemata, formaler bzw. informaler sozialer Regeln und nicht zuletzt die Nutzung allokativer bzw. autoritativer Ressourcen als Ausdruck und Reproduktion organisationaler Machtstrukturen. Die mikropolitische Analyse muss sich daher auch mit ganz grundlegenden Phänomenen der sozialen Wirklichkeit, den Modalitäten der Vermittlung von Handlungs- und Strukturebene, auseinander setzen.

Allerdings bietet der strukturationstheoretisch fundierte mikropolitische Ansatz trotz des Rückgriffs auf das Konzept der Strukturdualität nur sehr begrenzt eine Analyseperspektive, die Handlungs- und Strukturaspekte der Mikropolitik simultan integriert. Die strategische Handlungsanalyse einerseits und die Strukturanalyse andererseits erfolgen unter Rückgriff auf die Idee der Epoché weiterhin getrennt. Bereits bei der strategischen Organisationsanalyse werden aber die Akteursstrategien einerseits und die rahmengebenden mikropolitischen Spielstrukturen andererseits differenziert und zunächst getrennt voneinander analysiert.

Schließlich diagnostiziert Türk aus einer sozialkritischen Sicht den mikropolitischen Ansätzen ein letztlich „**apolitisches Grundkonzept**" (1989, S. 131). Durch die Beschränkung der Analyse auf die primär organisationsinterne Sicht werden soziale Makrostrukturen von vornherein weitest gehend ausgeblendet, so dass die Einflussbereiche der individuellen Akteure sowie ihrer Koalitionen als relativ groß erscheinen. Dabei wird jedoch übersehen, dass mikropolitische Spiele immer im organisationalen und gesellschaftlichen Kontext und somit im Rahmen vorgegebener Herrschaftsstrukturen stattfinden. Diese sozialen und organisationalen Herrschaftsstrukturen geben den mikropolitischen Spielen einen recht festen Ordnungsrahmen vor, auf den die Machttaktiken der individuellen Akteure und Koalitionen nur einen geringen Einfluss ausüben. Deshalb fordert Türk, dass die gesamtgesellschaftliche Einbettung mikropolitischer Machtspiele stärker in das Blickfeld geraten müsse (vgl. 1989, S. 125). Neuberger wendet hierzu ein, dass auch die Makropolitik ohne die Mikropolitik nicht denkbar sei und bereits deshalb mikropolitische Analysen prinzipiell nicht apolitisch sein können (vgl. 1995, S. 14).

9 Theorie organisierter Sozialsysteme

9.1 Vielfalt systemtheoretischer Ansätze

Die Analyse organisierter Sozialsysteme beruht auf keinem einheitlichen theoretischen Ansatz. Es existieren vielmehr **systemtheoretische Forschungsrichtungen**, die teilweise deutlich voneinander abweichende Vorstellungen mit dem Systembegriff bzw. sozialen Systemen verbinden (vgl. z. B. Stünzner 1996, S. 41-52; Tacke 2004; auch Wolf 2005, S. 128-131). Zu diesen zählen in chronologischer Reihenfolge die Allgemeine Systemtheorie des Biologen Bertalanffy (vgl. 1976), die Kybernetik als Theorie der Regelung bzw. Steuerung komplexer dynamischer Systeme (vgl. z. B. Beer 1993), der strukturell-funktionale Ansatz von Parsons (vgl. 1976) und der funktional-strukturelle Ansatz bzw. die darauf basierende „Theorie selbstreferentieller Systeme" Luhmanns (1984, z. B. S. 24). Dabei kann der Fokus beispielsweise auf dem Verhältnis von Teilen zu einem Ganzen, den Erfordernissen der Umweltanpassung, den Problemen der Erhaltung des „Fließgleichgewichts" bzw. der „Homöostase" in Systemen (vgl. Bertalanffy 1976; Beer 1994, S. 27), der Stabilisierung sozialer Strukturen und den daraus resultierenden Funktionserfordernissen sozialer Handlungssysteme (vgl. Parsons 1976) oder der rekursiven Selbstkonstitution sozialer Systeme gegenüber ihrer Umwelt (vgl. Luhmann 1984) liegen.

Angesichts dieser sehr unterschiedlichen Analyseperspektiven lassen sich der Begriff und weiter gehende Charakterisierungen des sozialen Systems kaum allgemeingültig, sondern nur unter Bezugnahme auf eine jeweils zugrunde liegende, spezifische systemtheoretische Forschungsrichtung definieren. Die folgenden Überlegungen orientieren sich an den grundlegenden Arbeiten Niklas Luhmanns (vgl. z. B. 1976; 1984; 2000), die die moderne Theorie sozialer Systeme und ihre Anwendung auf Organisationen maßgebend prägen.

Die **Theorie selbstreferenzieller Sozialsysteme** von Niklas Luhmann erhebt den Anspruch einer universalen Theorie, die auf der Grundlage einer allgemeinen Systemtheorie alle sozialen und historisch-gesellschaftlichen Phänomene thematisieren kann. In ihrer Anwendung auf Organisationen geht die Theorie selbstreferenzieller Sozialsysteme davon aus, dass sie alle anderen Organisationstheorien „in sich enthält" (Luhmann 2000, S. 39). Dieser Universalitätsanspruch begründet den hohen Abstraktionsgrad systemtheoretischer Argumentation,

durch den es der Systemtheorie gelingt, eigenständige Perspektiven auf zum Teil sehr grundlegende Organisationsphänomene zu entwickeln.

9.2   Soziale Systeme als selbstreferenzielle Systeme

Zunächst sollen einige **zentrale Merkmale sozialer Systeme** aus der Perspektive der Systemtheorie Niklas Luhmanns aufgezeigt werden. Allerdings erweist sich die Darstellung als
komplexes Unterfangen. Dies ist nicht nur auf den hohen Abstraktionsgrad, sondern insbesondere auf ihre zirkuläre Argumentationsstruktur zurückzuführen. Die Begriffe und Konzepte verweisen vielfältig aufeinander und setzen sich wechselseitig voraus (vgl. auch Kasper et al. 1999, S. 208). Für die notwendigerweise linear-schrittweise Darstellung wird daher
auf Thesen zurückgegriffen. Soziale Systeme lassen sich in einer ersten groben Annäherung
durch die folgenden **Thesen** (und die daran anknüpfenden Erläuterungen) charakterisieren:

> These 1: Soziale Systeme setzen sich aus Elementen und Strukturen zusammen, die auf
> der Kommunikation zwischen Personen beruhen.

Systeme bestehen prinzipiell aus einer Menge von Elementen sowie den Strukturen bzw.
Relationen zwischen diesen Elementen (vgl. auch Stark 1994, S. 9). Soziale Systeme setzen
zudem eine Mehrheit von Personen (psychische Systeme) voraus. Sobald sich mehrere Personen gegenseitig als anwesend wahrnehmen, laufen Kommunikationsprozesse an, die zumindest in rudimentärer Form ein soziales System entstehen lassen. Das Grundgeschehen,
auf Basis dessen sich soziale Systeme konstituieren, ist somit (verbale und nonverbale) Kommunikation.

> These 2: Der konstitutive Grundprozess sozialer Systeme ist Kommunikation. Kommuni-
> kationen bilden die Elemente sozialer Systeme.

Kommunikation ist für soziale Systeme konstitutiv; sie bestehen aus Kommunikationen
(und nichts sonst) (vgl. Kasper et al. 1999, S. 183). Alles, was in sozialen Systemen wirksam
wird (z. B. Erwartungsstrukturen oder Umwelteinwirkungen), entfaltet diese Wirkungen nur
über Kommunikation. Sie gilt dabei als Einheit der Selektionen von Information, Mitteilung
und Verstehen (vgl. z. B. Luhmann 1990, S. 267). Aus einer Vielfalt von Möglichkeiten wird
von einem Sender ein Inhalt (Information) sowie ein Verhalten zum Transfer der Information
gewählt (Mitteilung) und schließlich von dem Empfänger auf der Grundlage der Mitteilung
eine von vielen Möglichkeiten der Sinnzuschreibung (Verstehen) selektiert. Kommunikationen (und damit nicht einzelne Personen bzw. psychische Systeme) stellen die Elemente sozialer Systeme dar, so dass man diese grundsätzlich als Kommunikationssysteme zu verstehen
hat. In der Theorie selbstreferenzieller Systeme gibt es daher keine Individuen oder gar Menschen als biologisch-psychisch-soziale Einheiten, sondern allein eine Dekomposition der
Welt in eine Vielzahl von (sozialen, psychischen, organischen oder maschinellen) Systemen
(ähnlich Luhmann 1984, S. 16). Kommunikationen haben in zeitlicher Hinsicht den Charakter von Ereignissen, d. h., sie vergehen sofort wieder mit ihrem Entstehen. Soziale Systeme
sind daher ständig der **Bedrohung des Systemzerfalls** ausgesetzt. Kontinuität gewinnen sie

nur dann, wenn es ihnen immer wieder gelingt, Kommunikationen aneinander anzuschließen. Damit geht eine „radikale Fokussierung auf Kommunikationen als dem Basisbaustein sozialer Systeme" (Kasper et al. 1999, S. 171) einher. Menschen und Dinge wie Gebäude, Maschinen, Werkzeuge, aber auch Finanzmittel, Wissen etc. gehören nicht zu einem sozialen System. In sozialen Systemen erscheinen sie nur, wenn sie implizit oder explizit in der Kommunikation auftauchen. Zudem reagieren soziale Systeme erst dann auf Veränderungen beispielsweise der dinglichen Welt, wenn darüber kommuniziert wird. Es gibt daher keinen direkten Kontakt zur Systemumwelt. Sie taucht nur als Thema auf, über das kommuniziert wird (vgl. Kasper et al. 1999, S. 183).

These 3: Soziale Systeme lassen sich als Einheit nur relativ zu ihrer Umwelt verstehen und abgrenzen.

Systemvorstellungen liegt immer die **Idee einer Einheit** zugrunde, die mehr ist als die bloße Summe ihrer Teile bzw. Elemente. Dabei können Systeme ihre Einheit (bzw. Identität) nur bilden und bewahren, wenn sie sich von ihrer Umwelt abgrenzen. Für die Existenz von Systemen müssen im Rahmen der internen Prozesse und Strukturen die Grenzen zu ihrer Umwelt immer als Diskontinuität erkennbar bleiben (vgl. z. B. Stark 1994, S. 10). System und Umwelt sind immer wechselseitig aufeinander bezogen und nur gemeinsam denkbar (vgl. Luhmann 1984, S. 35-39).

These 4: Soziale Systeme bewältigen Komplexität über Sinn und erweisen sich daher als sinnhaft strukturierte Einheiten.

Zwischen den Kommunikationen als den Elementen sozialer Systeme etablieren sich Strukturen, die auf Sinnzusammenhängen basieren. **Sinn** wird deshalb als „Ordnungsform der Welt" (Willke 1991, S. 29) verstanden, weil er Kommunikationsprozesse strukturiert und für Wahrnehmungsprozesse Orientierung stiftet. „Die letztlich unbestimmte Komplexität ist die Welt, jene Gesamtheit möglicher Ereignisse, jene Totalität aller Innen- und Außenhorizonte" (Luhmann 1984, S. 105), in der Sinn Ordnung und Orientierung über Selektion ermöglicht. Durch Kommunikationen erfolgt in einem sozialen System permanent ein impliziter oder expliziter Austausch von sozialen Interpretationen bzw. Deutungen, die Sinnzuschreibungen enthalten. Durch diese Sinnzuschreibungen werden gleichzeitig aus der sich in einer überkomplexen Welt ergebenden unendlichen Vielfalt der (Interpretations- bzw. Deutungs-)Möglichkeiten nur wenige selektiert. Hierdurch entstehen Sinnstrukturen, die den Kommunikationen eines sozialen Systems wiederum einen – allerdings grundsätzlich falliblen und veränderlichen – Ordnungsrahmen vorgeben. Bei sozialen Systemen handelt es sich also um sinnhaft strukturierte Einheiten. Die Sinnstrukturen bleiben aber immer an ihre Aktivierung in den Kommunikationen als den basalen Elementen sozialer Systeme gebunden. Durch Kommunikation werden Sinnstrukturen erzeugt und reproduziert, eventuell variiert oder einfach vergessen (vgl. Luhmann 2000, S. 50).

These 5: Soziale Systeme konstituieren sich selbstreferenziell und reagieren damit primär auf sich selbst und nur mittelbar auf die Umwelt.

Soziale Systeme weisen durch die **Eigenschaft der Selbstreferenz** einen recht hohen Autonomiegrad gegenüber ihrer Umwelt auf. Selbstreferenz bedeutet, dass sie nie allein auf ex-

terne Anforderungen, sondern durch einen ständig mitlaufenden Selbstbezug immer primär
auf sich selbst reagieren. Die Reduktion der eigenen bzw. der Umweltkomplexität geschieht
aus der Sicht der neueren Systemtheorie selbstreferenziell. „Um mit der Umweltkomplexität
fertig zu werden, benutzen soziale Systeme selbstbezogene, vereinfachende (Selbst-)Beob-
achtungen" (Kasper 1990, S. 172). Die komplexitätsreduzierenden Informationen über die
Umwelt oder das System entstehen immer aus der Anwendung der im System selbst geschaffenen Kategorien (ähnlich Luhmann 1984, S. 596-597). Selbst- und Fremdreferenz schließen
sich zwar nicht aus, aber Umweltereignisse sind nur im Spiegel der ständig mitlaufenden
Selbstreferenz zugänglich. Selbstreferenzielle Systeme stellen in ihrer Tiefenstruktur weit
gehend geschlossene Einheiten dar, die Umweltinformationen nur vor dem Hintergrund eines
ständig mitlaufenden Bezugs auf sich selbst aufnehmen (können). Damit passen sich soziale
Systeme nie nur ihrer Umwelt an, sondern sie konstituieren und gestalten gleichzeitig das,
was sie als Umwelt wahrnehmen.

> These 6: Soziale Systeme reproduzieren sich autopoietisch auf der Ebene ihrer Elemente,
> den Kommunikationen, und werden deshalb auch als „autopoietisch-geschlossene" Sys-
> teme bezeichnet.

Anknüpfend an die **Theorie der Autopoiesis** der Biologen Maturana und Varela (vgl. z. B.
Maturana 1982; Varela 1990) vollzieht sich die Selbstrückbezüglichkeit (Selbstreferenz)
sozialer Systeme autopoietisch. Autopoietische Systeme reproduzieren sich auf der Ebene
der Elemente, d. h. den Kommunikationen, und nicht unmittelbar auf der Ebene der (Sinn-)
Strukturen. Deshalb müssen die Kommunikationen in autopoietisch geschlossenen sozialen
Systemen laufend aneinander anschließen. Sie beziehen sich in diesem Sinne immer auf
vorangegangene und/oder zukünftig zu erwartende Kommunikationen und erst mittelbar auf
die dabei implizierten sozialen Sinnzuschreibungen. Damit stellen Kommunikationen als
basale Elemente sozialer Systeme zugleich die autopoietischen Operationen der Reproduktion dieser Systeme dar (vgl. Luhmann 2000, S. 62). Auf dieser basalen Ebene der Elemente
(Kommunikationen) sind soziale Systeme vollständig geschlossen.

Die **autopoietische Geschlossenheit** auf der elementaren Ebene der Kommunikation
schließt Offenheit gegenüber der Umwelt nicht völlig aus. Das System reagiert zwar nur auf
eigene Systemzustände, d. h. Kommunikationen, aber diese können durchaus Umweltinformationen transportieren. So existieren strukturelle Kopplungen zur Umwelt (z. B. zu Personen bzw. psychischen Systemen), von der vielfältige Impulse ausgehen, indem sie sich in
den Kommunikationen sozialer Systeme niederschlagen. Obwohl somit soziale Systeme eine
Mehrheit von psychischen Systemen bzw. Personen voraussetzen, lehnt Luhmann eine Erklärung des Sozialen aus dem Psychischen oder anderen Umweltaspekten ab (vgl. 1984, S.
32). Vielmehr (re-)produzieren sich soziale Systeme aus sich selbst heraus, indem sich
Kommunikationen immer auf andere Kommunikationen beziehen und als „kurzzeitige Operationen" (Stark 1994, S. 40) laufend aneinander Anschluss finden. „Kommunikation ist
diejenige autopoietische Operation, die rekursiv auf sich selbst zurückgreift und vorgreift
und dadurch soziale Systeme erzeugt" (Luhmann 2000, S. 59). Autopoietische Schließung
bewirkt gerade, dass soziale Systeme auch nur mittels ihrer selbsterzeugten Elemente, den
Kommunikationen, überhaupt Umwelt wahrnehmen können. Die eigenen in den Kommunikationen transportierten Sinnstrukturen, legen fest, was dem sozialen System als Umwelt

erscheint. „Insofern bleibt die Umwelt für die Organisation eine eigene Konstruktion" (Luh-mann 2000, S. 52). Es gibt somit für soziale Systeme nur einen selbst konstruierten und ge-filterten Kontakt zur Umwelt.

9.3 Systemtheoretische Organisationsforschung

9.3.1 Abgrenzung und zentrale Merkmale organisierter Sozialsysteme

Luhmann unterscheidet Interaktionen, Organisationen und Gesellschaften als verschiedene **Arten sozialer Systeme** (vgl. z. B. 1975; 1984, S. 16). Bei Interaktionssystemen handelt es sich um Kommunikation unter Anwesenden, die die wechselseitige Wahrnehmung der betei-ligten Personen (bzw. psychischen Systeme) voraussetzt (vgl. z. B. Kieserling 1999). Gesell-schaft stellt das umfassendste soziale System dar, das alle kommunikativen Ereignisse bein-haltet, weshalb nicht außerhalb des Gesellschaftssystems kommuniziert werden kann. Inter-aktion und Gesellschaft gelten als originäre Sozialsysteme, die seit jeher existieren. Demge-genüber versteht Luhmann **Organisationen als „evolutionäre Errungenschaft"** (1997, S. 827), die erst im Zuge der historischen Entwicklung der Gesellschaft entstanden sind und mit zunehmender funktionaler Differenzierung der gesellschaftlichen Strukturen an Bedeutung gewannen (vgl. I.1.2 und I.1.3). Auf dieser Grundlage erfolgt eine Spezifikation der Organi-sation als besonderer Typ eines sozialen Systems.

Um ein grundlegendes Verständnis von Organisationen zu erlangen, geht die Theorie selbstreferenzieller Systeme nicht von essenzialistischen Annahmen über das Wesen der Organisation aus, da „solche Annahmen zu unlösbaren Meinungsverschiedenheiten führen" (Luhmann 2000, S. 45). Im Vordergrund stehen vielmehr **Fragen nach dem „Wie"**. Es geht darum zu klären, wie es Organisationen gelingt, sich als Kommunikationssysteme in ihrer Umwelt zu etablieren und zu reproduzieren. Damit liegt ein grundlegend zirkuläres Ver-ständnis von Organisationen zugrunde: „Eine Organisation ist ein System, das sich selbst als Organisation erzeugt" (Luhmann 2000, S. 45).

Formale Organisationen wie z. B. Unternehmen, öffentliche Verwaltungen oder Non-Profit-Organisationen konstituieren sich über die Unterscheidung von Mitgliedschaft und Nichtmitgliedschaft. Die Mitgliedschaft einer Person bzw. eines psychischen Systems in einer Organisation versteht sich nicht von selbst, sondern wird als organisationale Entschei-dung verliehen und ist mit spezifischen Verhaltenserwartungen (z. B. „Autoritätsunterwer-fung gegen Gehalt"; Luhmann 1975, S. 12) an das Mitglied verknüpft (vgl. Kieserling 1994, S. 169). Da formale Organisationen Mitglieder einstellen bzw. entlassen können, lassen sie sich durch die explizite Befugnis zur Inklusion bzw. Exklusion von Personen kennzeichnen (vgl. Luhmann 2000, S. 390). Dabei konstruieren Organisationen ihre System-/Umweltgren-ze vor allem über die Anwendung dieser formalen Mitgliedschaftsregel. Personen werden als Mitglieder bzw. Außenstehende konstruiert, und zugelassene bzw. nicht-zugelassene Themen der organisationsinternen und entscheidungsbezogenen Kommunikation werden als etwas behandelt, das den Mitgliedern aufgrund ihrer formalen Mitgliedschaft zugemutet werden kann (vgl. Luhmann 1984, S. 268-267).

Organisationen stellen darüber hinaus die einzigen Sozialsysteme dar, die **im eigenen Namen kommunizieren** können, da ihnen – als so genannten kollektiven Akteuren – Entscheidungen sozial zugerechnet werden. Dabei werden Organisationen als spezifische autopoietische Sozialsysteme verstanden, die sich auf der Grundlage einer besonderen Art von Kommunikation konstituieren und reproduzieren. Organisationen basieren auf Kommunikationen von Entscheidungen sowie Verkettungen dieser Entscheidungskommunikationen und stellen somit einen auf Kommunikation beruhenden „Entscheidungsverbund" dar (Luhmann 2000, S. 68). Die basalen Elemente bzw. Elementarereignisse organisierter Sozialsysteme sind Entscheidungen, die als Kommunikationen sichtbar werden. Der Kaffeeklatsch in der Frühstückspause vollzieht sich nur dann im Rahmen des Organisationssystems, wenn er vor dem Hintergrund von Alternativen (z. B. Weiterarbeiten in der Pause) als eine Entscheidung sozial (re-)konstruiert und kommuniziert wird (vgl. Kasper et al. 1999, S. 175). Andernfalls handelt es sich um ein Interaktionssystem.

Dieser Entscheidungsbegriff fokussiert auf Kommunikation und nicht auf die Wahlhandlung, die ein Mensch in seinem Innern trifft (vgl. Kasper 1990, S. 270). Entscheidungen als Elemente von Organisationen sind daher nicht psychisch zu interpretieren. Eine psychische Interpretation würde die bei einer Entscheidung stattfindende Wahl zwischen verschiedenen Handlungsalternativen und den dabei resultierenden Handlungsstrom in den Vordergrund stellen (vgl. Luhmann 2000, S. 66). Die Elemente von Organisationen sind aber nicht durch solche psychischen Wahlhandlungen gegeben, sondern bestehen aus der **Mitteilung von Entscheidungen**. Sobald Entscheidungen nicht primär als innerpsychische Wahlhandlungen interpretiert, sondern über ihre Mitteilung definiert und als sozial konstruiert verstanden werden, „hat man es mit Ereignissen eines ganz anderen Formats zu tun" (Luhmann 2000, S. 67). Mitgeteilte Entscheidungen drücken eine gewisse Unabänderlichkeit aus, stellen vor vollendete Tatsachen, verdeutlichen gegebenenfalls Macht und Herrschaft, differenzieren Herrschaftsstrukturen weiter aus und stoßen dabei nicht selten auf Widerstand. Angesichts dieses nicht-psychischen Entscheidungsbegriffs stehen für die Theorie selbstreferenzieller Systeme nicht die Intentionen oder Interessen von Personen im Vordergrund, sondern „die Gesetzmäßigkeiten der Operationsweise der betroffenen Sozialsysteme" (Willke 1992, S. 30).

Darüber hinaus liegen den kommunizierten Entscheidungen in Organisationen nicht selten gar keine psychischen Wahlakte zugrunde. Da man erwartet, dass in Organisationen allgegenwärtig entschieden wird, werden organisationale Entscheidungen häufig erst im Nachhinein und im Zuge der Kommunikation sozial konstruiert. Jede „Handlung wird im Lichte des systemspezifischen Erwartungsgeflechts zur Entscheidung umgemodelt" (Kasper et al. 1999, S. 168).

Dabei gilt, „dass Organisationen entstehen und sich reproduzieren, wenn es zur Kommunikation von Entscheidungen kommt und das System auf dieser Basis operativ geschlossen wird" (Luhmann 2000, S. 63). Demnach stellen Entscheidungskommunikationen nicht nur die Elemente von organisierten Sozialsystemen dar, sondern Organisationen reproduzieren sich gleichzeitig über diese Elemente und grenzen sich dabei auch von ihrer Umwelt ab. Die autopoietisch-operative Schließung durch die rekursive Verknüpfung der Elemente erfolgt in Organisationen mithin wiederum über Kommunikation von Entscheidungen, denn Entscheidungen müssen ihre organisationsinterne Koordination mit anderen – zeitlich vor- oder nachgelagerten bzw. simultan an anderer Stelle erfolgenden – Entscheidungen immer mitberücksichtigen. Die Autopoiesis organisierter Sozialsysteme beruht somit auf einem permanenten Anknüpfen von Entscheidungskommunikationen an andere Entscheidungskommunikationen innerhalb der Organisation. Dabei beziehen sich solche Entscheidungen mitunter explizit auf die Grenzsetzung zur Umwelt, z. B. durch Anwendung der Mitgliedschaftsregel, sowie darauf referierende Inklusions- bzw. Exklusionsentscheidungen gegenüber Personen.

9.3.2 Autopoietische Selbststeuerung, Komplexität und Intransparenz organisierter Sozialsysteme

Wie bereits erwähnt, versteht die Systemtheorie Organisationen als autopoietisch geschlossene soziale Systeme. Damit erzeugen und reproduzieren sich Organisationen laufend mittels ihres grundlegenden elementaren Stromes wechselseitig aneinander anschließender, kommunizierter Entscheidungen. Vor diesem Hintergrund erfolgt jede **Steuerung im Organisationssystem** über die systemeigenen Operationen und stellt zunächst ausschließlich Selbststeuerung dar (vgl. Kasper et al. 1999, S. 172). Da Organisationen auf Kommunikationen von Entscheidungen beruhen, werden sie nur durch solche Entscheidungskommunikationen verändert. Dies begrenzt die Einflussmöglichkeiten von Managern erheblich.

Aus der Perspektive der Systemtheorie sind Menschen und damit auch **Manager** als psychische (und biologische) Systeme zu verstehen, die über **keinen direkten Zugang zu den autopoietischen Prozessen** in sozialen Systemen und in Organisationssystemen verfügen. Manager (als psychische Systeme) befinden sich grundsätzlich außerhalb des sozialen Systems der Organisation und greifen auf ihre spezifischen Operationen und autopoietischen Prozesse zurück. Dabei wird angenommen, dass der autopoietische Prozess der psychischen Systeme (von Managern) im Vergleich zu den sozialen Systemen auf ganz anderen Elementen, den Gedanken, beruht (vgl. Luhmann 1985). Deshalb fehlt Managern der unmittelbare Zugriff auf die autopoietischen Kommunikationsprozesse und die Sinnstrukturen in Organisationen. Unmittelbar steuernde Eingriffe und verlässliche Prognosen über ihre Effekte auf das Organisationssystem sind für Manager kaum zu leisten, weil sie nur über für soziale Systeme fremdartige „Gedanken"-basierte Operationen zu Bildern der Organisation gelangen.

Als **äußerst komplex** müssen organisierte Sozialsysteme angesehen werden (vgl. zum Komplexitätsbegriff Luhmann 1980, Sp. 1064-1065; Pietsch 2003, S. 41-43). Sie bestehen aus einer großen Zahl von Elementen bzw. Kommunikationen (hohe Variablenmenge), die zudem äußerst verschiedenartig (hohe Diversität) sowie über Relationen miteinander verknüpft (hohe Vernetztheit) sind. Darüber hinaus verändern soziale Systeme auf der Grundlage ihrer autopoietischen Operationsweise laufend ihre Systemzustände sowie die Diversität und Vernetztheit ihrer Elemente (Dynamik). Sie sind damit bereits für sich selbst nicht vollständig durchschaubar und können durch Selbstbeobachtung immer nur ein äußerst rudimentäres

Bild von sich selbst konstruieren. Für Manager erweisen sie sich in einem noch viel größeren Umfang als intransparent, da sie als psychische Systeme keinen direkten Kontakt zu den äußerst komplexen autopoietischen Operationen des Systems haben. Die Systemzustände von Organisationen sind daher für psychische Systeme kaum analysierbar und nicht vorhersehbar.

Infolge der autopoietischen Geschlossenheit und hohen Komplexität weisen Organisationen für psychische Systeme eine hohe Eigendynamik auf. Organisationsgestaltung erweist sich daher – von Managern als psychischen Systemen und damit als Fremdmanagement betrieben – nie als Steuerung mit verlässlichen Effekten, sondern ist immer als wirkungsoffene Intervention in komplexe soziale Systeme zu interpretieren. Aus der Sicht der Systemtheorie basieren herkömmliche Managementkonzepte auf einer **Trivialisierung der Gestaltungsprobleme**, weil sie die Komplexität und autopoietische Geschlossenheit von Organisationen nicht hinreichend berücksichtigen (vgl. Willke 1996, S. 1-4), sondern diese als triviale Maschinen mit stabilen Strukturen behandeln (vgl. Foerster 1987, S. 20; Willke 1996), die bei hinreichendem Zeithorizont vollständig analysierbar sind und deren Verhalten umfassend prognostiziert werden kann (ähnlich Kasper et al. 1990, S. 179).

9.3.3   Management von Organisationen aus systemtheoretischer Sicht

In jeder Organisation tauchen Signale einer absichtsvollen Steuerung durch Manager auf. Bei **dispositiven Entscheidungen** handelt es sich in systemtheoretischer Sicht um Entscheidungen über Entscheidungen. Ihnen kommt die Aufgabe zu, das (kommunizierte) interne Entscheidungsverhalten bzw. die Kommunikation über Entscheidungen zu disziplinieren und damit strukturell zu begrenzen (vgl. Paetow/Schmitt 2002, S. 122).

Die managerialen bzw. dispositiven Entscheidungen werden intern kommuniziert und setzen Prämissen, an denen sich weitere ausführende Entscheidungen orientieren sollen. In dem autopoietischen Prozess, in dem – vermittelt über Kommunikation – Entscheidungen an Entscheidungen anschließen, schaffen sich Organisationen selbst Strukturen als Komplex von Entscheidungsprämissen. Die durch Entscheidung begründeten Entscheidungsprämissen drücken Erwartungen aus, wie folgende Entscheidungen getroffen werden sollen. Sie beziehen sich beispielsweise auf die Festlegung von Kommunikationswegen, Entscheidungsverfahren bzw. -programmen, die Zurechnung von Entscheidungen bzw. Verantwortung auf bestimmte Personen bzw. Stelleninhaber. **Management als Festlegung von Entscheidungsprämissen** bildet das strukturelle Fundament, auf dem Organisationen über sich selbst verfügen bzw. sich selbst organisieren. Da sich das Management als Fixierung von Entscheidungsprämissen wiederum vollständig über den autopoietisch-geschlossenen Prozess der Entscheidungskommunikation vollzieht, handelt es sich primär um ein Selbst(!)Management des Organisationssystems.

Im Hinblick auf die systemtheoretische Analyse und Fundierung des Managements von Organisationen kann man zwischen einer gesamtsystemischen sowie einer subsystemischen Perspektive unterscheiden (vgl. z. B. Paetow/Schmitt 2002, S. 127). Das **gesamtsystemische**

Management erfolgt als selbstreflexiver Operationszusammenhang im Organisationssystem, der auf die Grenzziehung zur Umwelt Bezug nimmt. Dieses wiederum an die organisations- interne Kommunikation gebundene Management involviert die gesamte Organisation. Ge- samtsystemisches Management basiert somit auf der Selbstbeschreibung der Organisation sowie der von ihr wahrgenommenen Umwelt. Es ist auf die – häufig strategische – Positio- nierung des gesamten Organisationssystems in seiner Umwelt und die Bewältigung umwelt- licher Herausforderungen gerichtet. Das **subsystemische Management** setzt demgegenüber eine interne Differenzierung unterschiedlicher Aufgaben bzw. funktionaler Teilbereiche voraus und bezieht sich auf die Selbststeuerung dieser differenzierten Teile (z. B. Produkti- on, Instandhaltung, Planung, Rechnungswesen).

Mitunter wird **Management als Ansammlung organisationaler Instanzen** (Manager) ver- standen, denen Entscheidungen in ihren spezifischen Aufgabenfeldern zugerechnet werden. Durch Organigramme, Stellenbeschreibungen etc. weist man Managern sowohl gesamt- als auch subsystemische Aufgaben und Entscheidungskompetenzen zu. Ihnen werden dann im Rahmen ihrer Kompetenzbereiche bzw. „Aufgabendomänen" (Paetow/Schmitt 2002, S. 127) häufig Entscheidungen zugerechnet, an denen sie gar nicht oder nur rudimentär beteiligt waren. Organisationale Instanzen und ihre Zuweisung an Manager dienen damit als Schablo- nen der – personifizierten – Zurechnung organisationaler Entscheidungen. Aus der system- theoretischen Perspektive bietet eine solche personifizierte Zurechnung organisationaler Entscheidungen zwar Chancen erheblicher Komplexitätsreduktion, stellt zugleich aber eine Täuschung bzw. organisationale Konstruktion dar, da Organisationen ihre Entscheidungen immer auf der Grundlage des eigenen autopoietischen Selbststeuerungsprozesses treffen und nicht durch die psychischen Systeme von Managern fremdgesteuert sind. Folgerichtig gilt damit auch die Vorstellung von allmächtigen Managern bzw. Wirtschaftskapitänen, die ein soziales bzw. organisationales System nach ihrem Willen prägen und gezielt steuern, aus systemtheoretischer Perspektive als überholt. Das Management von Organisationen hat aus systemtheoretischer Sicht nichts mit allmächtigen Personen zu tun, es kann vielmehr als „postheroisch" bezeichnet werden (vgl. Handy 1995; auch Baecker 1994; Paetow/Schmitt 2002, S. 128), wie im Folgenden deutlich werden soll.

9.3.4   Der postheroische Manager zwischen Intervention und Steuerung

Der **postheroische Manager** ist sich seiner begrenzten Steuerungskapazitäten bewusst und hat sich von Allmachtphantasien über die Möglichkeit der Steuerung von Organisationen verabschiedet. Handy beschreibt die postheorische Managementphilosophie – allerdings ohne Bezugnahme auf eine systemtheoretische Fundierung – folgendermaßen: „Whereas the heroic manager of the past knew all, could do all, and could solve every problem, the post- heroic manager asks how every problem can be solved in a way that develops other people's capacity to handle it" (1995, S. 166). In systemtheoretischer Terminologie beschränkt sich das postheroische Management darauf, durch Entscheidungen (bzw. ihre Kommunikation im sozialen System der Organisation) Impulse für die autopoietische organisationale Selbststeu- erung zu geben. Organisationen weisen gegenüber den Steuerungsbemühungen von Managern eine erhebliche Eigendynamik auf, die auf eingespielten Entscheidungsprämissen und -routinen der Prozesse im Innern und der Abstimmung mit der Umwelt beruht (vgl. Wimmer 1999, S. 166). In Organisationen als sozialen Systemen findet damit nichts voraussetzungslos und ungesteuert statt, vielmehr folgen die Entscheidungen den im ständigen autopoietischen Prozess (re-)produzierten Struktur- und Prozessmustern. Es handelt sich um ein Regelwerk, das sich in der bisherigen Systemgeschichte für den Fortbestand der Organisation als erfolgreich („viabel") erwiesen hat. Organisationen sind deshalb zunächst auf die Fortführung dieser eingespielten Muster ausgerichtet.

Jede **Intervention eines Managers** erweist sich somit primär als ein Störfall für die Selbststeuerungsprozesse innerhalb des Organisationssystems. Dies ist insbesondere dann der Fall, wenn die Interventionen der Manager dem bisher systemeigenen Regelwerk von Entscheidungsprämissen sowie den sich in diesem Rahmen vollziehenden Entscheidungsroutinen zuwiderlaufen. Durch die Vorgabe neuer Entscheidungsprämissen als kommunikative Einwirkung auf das Organisationssystem versuchen postheroische Manager, die Gesamtorganisation, ihre Subsysteme bzw. Abteilungen und Stellen auf bestimmte Entscheidungsgrenzen zu fokussieren (vgl. Paetow/Schmitt 2002, S. 129).

Managementinterventionen bewirken zunächst lediglich minimale Variationen in dem autopoietischen Prozess und den sich dadurch reproduzierenden Strukturen des Organisationssystems. Ob und wie sich diese Variationen im System auswirken, bleibt der Eigendynamik und der sich daraus ergebenden systemspezifischen Evolution überlassen. Aufgrund ihrer organisational abgesicherten Kompetenzen zur Entscheidung über Entscheidungsprämissen stellen Manager bedeutsame, aber nicht die einzigen **Impulsgeber für die systemische Evolution von Organisationen** dar. Jedes organisationale Mitglied, jede interne Koalition von Personen, zufällige Variationen der systeminternen Kommunikation, Veränderungen von Umweltparametern oder Modifikationen der Umweltwahrnehmung können Impulse für organisationalen Wandel geben. Grundsätzlich gilt aber, dass das Organisationssystem auf Basis der Eigendynamik der selbstreferenziellen Entscheidungsproduktion darüber entscheidet, ob und wie solche Variationen organisationale Wirkung entfalten.

Management in Organisationssystemen gleicht damit einem ständigen Prozess von **Versuch und Irrtum**. Immer muss damit gerechnet werden, dass beispielsweise Interventionen ohne weitere Wirkungen verpuffen oder erhebliche unerwartete Effekte auftreten. „Die Auswirkungen von Interventionen bewegen sich zwischen folgenden Eckpunkten:

• Es passiert das Gegenteil von dem, was der Manager beabsichtigt.

• Es passiert gar nichts.

• Es passiert das Bezweckte.

• Es passiert etwas ganz anderes" (Kasper et al. 1999, S. 188).

Postheroisches Management wird zur Kunst, die Eigenaktivitäten des Organisationssystems derart anzuregen, dass zumindest mittelfristig gewünschte Effekte auftreten. Dabei ist es jedoch einem grundlegenden **Zwiespalt** ausgesetzt. Während einerseits aus der subjektiven Perspektive des (postheroischen) Managers die Möglichkeiten einer gezielten Organisationsgestaltung eng begrenzt oder gegebenenfalls nicht vorhanden sind, schreibt das Organisationssystem andererseits Managern in vielfältiger Weise und weithin generalisierend Steuerungsabsicht/-kompetenz sowie letztlich Verantwortlichkeit für organisationale Veränderungen zu. Dabei ist zu bedenken, dass sich Organisationen über Entscheidungen sowie ihre Kommunikation bilden und reproduzieren. Bereits aus diesem Grund sind sie dazu gezwungen, organisationale Entwicklungen als Entscheidungen personal zuzurechnen. Postheroisches Management hat daher die begrenzten Möglichkeiten systemischer Intervention in organisationale Systeme zu nutzen und gleichzeitig den Eindruck umfangreicher Steuerungskompetenz zu erwecken, um den organisational begründeten Erwartungen und Zuschreibungen an das Management gerecht zu werden.

9.3.5 Systemische Interventionen in Organisationen

Das postheroische Management verabschiedet sich von Allmachtsphantasien und mechanistischen Vorstellungen der Organisationslenkung, muss aber zugleich dem Erwartungsdruck Stand halten, der durch die organisationale Zuschreibung von Steuerungskompetenz und -verantwortung entsteht. Systemische Interventionen lassen sich vor diesem Hintergrund durch einige **Merkmale** kennzeichnen:

- Zunächst beugt sich jede systemische Intervention der Eigengesetzlichkeit organisationaler Systeme und bewirkt Impulse für die eigendynamisch-systemische Entwicklung. Deshalb müssen Interventionen an die autopoietischen Entscheidungskommunikationen in dem Organisationssystem anschlussfähig sein. **Anschlussfähigkeit** bewirkt, dass systemische Interventionen für das Organisationssystem überhaupt wahrnehmbar sind, nicht als völlig unverständlich gelten, auf Akzeptanz stoßen und schließlich als relevante Impulse für die weitere Systementwicklung kategorisiert werden.

- Um die Anschlussfähigkeit systemischer Intervention sicherzustellen und zugleich ihre Erfolgswahrscheinlichkeit zu steigern, ist sie von dem ständig mitlaufenden Versuch begleitet, die organisationalen Wirkungen des eigenen Agierens zu verstehen (vgl. Kasper et al. 1999). Die Intervention wird nicht als mechanischer Stellhebel gesehen, dessen Betätigung zu vorhersehbaren Wirkungen führt. Sie gilt vielmehr als Gestaltungsversuch mit hoher Irrtumswahrscheinlichkeit. Die **Aufmerksamkeit** des Managements ist deshalb auch nicht primär auf das eigene planende Handeln sowie dessen exakte Ausführung gerichtet. Als besonders wichtig erweist sich vielmehr die möglichst genaue Wahrnehmung der letztlich induzierten organisationalen Wirkungen und eine hohe Flexibilität der Interventionen des Managements, um unerwartete Effekte gegebenenfalls kurzfristig berücksichtigen zu können (vgl. Kasper et al. 1999). Die Fokussierung auf die Wirkungen und Flexibilität des managerialen Agierens vertieft das Verständnis für den selbstreferenziellen Reproduktionsprozess in Organisationssystemen. In diesem Sinne stellen systemisch orientierte Manager laufend Hypothesen über die Operationslogik des Organisationssystems auf, setzen diese in Interventionen um und überprüfen ihre Hypothesen durch die Beobachtung der organisationalen Wirkungen.

- Systemische Interventionen können nur Impulse bzw. Anregungen für organisationale Veränderungen geben, weil das Organisationssystem darüber entscheidet, ob und inwieweit solche Impulse tatsächlich aufgegriffen werden. Da sie immer der großen Gefahr des

Scheiterns ausgesetzt sind, sollen sie den Möglichkeitsraum für Entscheidungen in einem Organisationssystem zwar auf einen gewünschten Bereich einschränken, jedoch zugleich immer eine Bandbreite organisationaler Entwicklungsmöglichkeiten offen lassen. Nur durch die immer mitgedachten Freiheitsgrade organisationaler Entwicklung kann die Wahrscheinlichkeit gesteigert werden, dass das Organisationssystem die Interventionsimpulse zumindest teilweise in gewünschter Weise verarbeitet. Systemische Interventionen sind deshalb als **kontextuell** zu bezeichnen (vgl. Kasper et al. 1999, S. 188), weil sie insbesondere durch Veränderung organisationsstruktureller Rahmenbedingungen versuchen, eine gewünschte organisationale Entwicklung herbeizuführen. Dies bedeutet auch, dass nicht Merkmale von Personen (Einstellungen, Motive, Verhalten) zu beeinflussen sind, sondern dass sich Interventionen immer auf die Entscheidungen und die Strukturen in Organisationen richten.

- Systemische Interventionen greifen weniger auf ein lineares Denken in spezifischen Ursachen und konkret zuordenbaren Wirkungen zurück. Unter Bezugnahme auf die Systemtheorie sollte das Denken von Managern eher **zirkulär** ausgerichtet sein, um die Grundstruktur systemischer Prozesse zumindest ansatzweise nachvollziehen zu können. In den zirkulär strukturierten systemischen Prozessen lassen sich Ursache und Wirkung nicht mehr klar voneinander unterscheiden. Jede Ursache ist eingebettet in die rekursive Struktur selbstreferenziell-autopoietischer Prozesse und damit zugleich Wirkung. In den autopoietischen Prozessen greifen die basalen Elemente (d. h. die Entscheidungen bzw. ihre Kommunikation in Organisationen) stets bereits auf vorangegangene und künftig zu erwartende Elemente zurück. Damit ist aber jedes Element zugleich Ursache und Wirkung anderer Elemente im System. Gegenwärtige, vergangene und zukünftige Elemente sind in vielfältigen Kreisprozessen zirkulär miteinander vernetzt. Dies gilt auch für die Interventionen von Managern in Organisationssystemen, weil sie gleichermaßen immer schon in den autopoietischen Prozess von Entscheidungskommunikationen in Organisationen eingebettet sind. Manager müssen mitbedenken, dass ihre Interventionen selbst bereits Wirkungen des autopoietischen Prozesses in Organisationen darstellen und zugleich als Ursache für Impulse organisatorischen Wandels fungieren sollen. Für Managementinterventionen stellt sich damit die Frage, inwieweit sie die bestehende Operationslogik im Organisationssystem bestätigen oder potenziell darüber hinausweisen.

- Systemische Interventionen sind vor allem **lösungs- und weniger problemorientiert**. Es geht nicht darum organisationale Probleme zu beseitigen, da die negative Fixierung auf die Problemsicht gerade die Gefahr erhöht, dass in dem basalen rekursiv-autopoietischen Prozess das Problem ungewollt immer wieder reproduziert wird. Demgegenüber setzen sich systemische Interventionen (positiv formulierte und von den zugrunde liegenden Problemen wegführende) Ziele, und die zunächst zugrunde liegenden Probleme werden schließlich nur implizit bzw. als Nebeneffekt der Zielerreichung beseitigt.

- Systemische Interventionen sind sich der organisationalen Zuschreibung einer – die tatsächlichen Gestaltungsmöglichkeiten weit überschreitenden – Steuerungskompetenz bewusst. Anschlussfähigkeit an die autopoietischen Prozesse des Organisationssystems setzt daher die Berücksichtigung der organisational konstruierten Steuerungserwartungen voraus. Um den damit verbundenen Erwartungsdruck zu bewältigen, werden zumindest partiell unerwünschte oder unerreichte Effekte von Interventionen nachträglich als Resultat eigener bzw. fremder Entscheidungen im Organisationssystem gedeutet und in diesem Sinne kommuniziert, d. h., systemische Interventionen kleiden sich nachträglich in den **Schein mechanistisch-deterministischer Lenkung**.

9.4   Kritische Würdigung

Die Theorie autopoietischer Sozialsysteme ist durch die **Erkenntnistheorie des radikalen Konstruktivismus** geprägt. Aus dessen Sicht erfolgt die Theoriebildung auch in der Wissenschaft immer aus der Perspektive eines Beobachters, der über keinen direkten Zugang zur Wirklichkeit verfügt und stattdessen mit seinen Beobachtungen sowie den damit verbundenen Theorien seine Wirklichkeit erst erschafft bzw. „konstruiert" (vgl. Schmidt 1987). In diesem Sinne bemerkt Luhmann (1993, S. 40): „Der Schritt zum ‚Konstruktivismus' wird nun mit der Einsicht vollzogen, daß es (...) für Unterscheidungen und Bezeichnungen (also: Beobachtungen) in der Umwelt des Systems keine Korrelate gibt". Da „die" Realität nie unmittelbar zum Gegenstand der Erkenntnisgewinnung wird, fehlen im radikalen Konstruktivismus letztlich auch Kriterien zur Überprüfung einer Theorie auf der Grundlage von Empirie. Im Konstruktivismus richten sich die Versuche der Theorieprüfung deshalb z. B. auf die unmittelbare Verknüpfung von Erkenntnis mit Handlungen bzw. Forschungsoperationen (vgl. zu dem so genannten Operationalismus Klüver 1971; auch Schmidt 1987, S. 38), um diese schließlich mit „der" Realität und der Möglichkeit des Scheiterns zu konfrontieren, oder auf die Herstellung eines intersubjektiven Konsenses über die Richtigkeit einer Theorie (vgl. z. B. Janich 1992). Angesichts der grundlegenden Probleme der Theorieprüfung öffnet die konstruktivistisch-systemtheoretische Grundposition die Organisationsforschung für eine Vielfalt weiterer Theorieperspektiven; gleichzeitig liefert die Systemtheorie aufgrund ihrer generellen und sehr abstrakten Theoriekonstruktion einen weiten Rahmen für die Integration vieler anderer organisational relevanter Theorien.

Diese integrierende Gesamtsicht der Theorie sozialer Systeme bietet darüber hinaus eine **forschungsdisziplinübergreifende Anschlussfähigkeit**. So wurden die grundlegenden Argumentationsmuster der Systemtheorie beispielsweise auf soziologische, psychologische, erziehungswissenschaftliche oder theologische Fragestellungen angewendet (vgl. z. B. Luhmann 1990, S. 101-201). Eine systemtheoretisch ausgerichtete Organisationsforschung kann daher viele Erkenntnisse aus unterschiedlichen Forschungsdisziplinen aufgreifen und eine facettenreiche Analyse komplexer Organisationsphänomene realisieren.

Mit der integrierenden Gesamtsicht sowie der interdisziplinären Anschlussfähigkeit verbindet sich in der Systemtheorie ein **Universalitätsanspruch**. Es erscheint allerdings sehr zweifelhaft, ob die Theorie sozialer Systeme tatsächlich alle (anderen) Organisationstheorien (z. B. unter Einschluss der klassischen Ansätze) integrieren kann. Darüber hinaus trägt der Universalitätsanspruch und der damit verbundene umfassende interdisziplinär-theoretische Integrationsversuch nicht zuletzt zu einer unscharfen Abgrenzung des Organisationsphänomens bei, die den Maßstäben einer eindeutigen Definition nicht gerecht werden kann. So grenzt Luhmann Organisationen einerseits über die Mitgliedschaftsregel, andererseits über die Elementarereignisse der Entscheidungskommunikationen von anderen sozialen Systemen ab – beide Abgrenzungskriterien erweisen sich als nicht trennscharf (vgl. Martens 2000, S. 282-283). Die Mitgliedschaftsregel wird nicht nur in formalen Organisationen, sondern auch in anderen sozialen Systemen (z. B. Familien, Cliquen) angewendet. Ebenso tauchen Entscheidungen und ihre Kommunikation in Interaktionssystemen auf. Die Systemtheorie kann damit zwar wichtige Charakteristika von Organisationen herausarbeiten, jedoch gelingt es bisher nicht, sie eindeutig von anderen Sozialsystemen zu unterscheiden.

Die Systemtheorie versteht Organisationen als einen autopoietischen Prozess aufeinander folgender Entscheidungskommunikationen und setzt voraus, dass sie sich nur dadurch reproduzieren, dass Entscheidungskommunikationen im Zeitablauf an andere Entscheidungskommunikationen des Organisationssystems anschließen. Die sich daraus ergebende **radikale Temporalisierung des Organisationsverständnisses** ist jedoch skeptisch zu beurteilen. Sie legt den Schwerpunkt der Analyse recht einseitig auf eine Prozessbetrachtung und berücksichtigt die Wirkung organisationaler Strukturen lediglich mittelbar und eher unzureichend. Da Organisationen aus der Perspektive der Systemtheorie für ihre Selbsterhaltung den autopoietischen Prozess laufend aufrecht erhalten und sich auf der Ebene der Elemente, d. h. der Entscheidungskommunikationen, immer wieder neu erschaffen müssen, wird der Eindruck hoher Instabilität von Organisationen erweckt. Die stabilisierende Wirkung von Organisationsstrukturen lässt sich in dieser Theorieperspektive nur sehr begrenzt thematisieren.

Allerdings liefert die Systemtheorie eine sehr bedeutsame **Erklärung für Misserfolge im Management**. Die Systemtheorie führt das Scheitern von Managern bzw. Managemententscheidungen vor allem auf die unzureichende Auseinandersetzung mit dem Eigensinn organisationaler Systeme zurück. Da Organisationen ihrer eigenen inneren Logik folgen, muss diese im Management immer mitgedacht werden (vgl. Schmid 1992, S. 120). Eine unzureichende Berücksichtigung der Eigenlogik und des Eigensinns organisationaler Systeme konfrontiert Manager häufig unmittelbar mit der Trägheit von Organisationen und Akzeptanzproblemen, die früher oder später zum Scheitern von Interventionen führen. Insbesondere die Auseinandersetzung mit der geschichtlichen Entwicklung einer Organisation sowie ihrer Kopplung mit der Umwelt kann dem Management ein Verständnis für die Eigenlogik der organisationalen Abläufe und den Eigensinn der Strukturen eröffnen.

Dabei ist zu beachten, dass die Teileinheiten in Organisationen (z. B. Geschäftsbereiche, Abteilungen, Niederlassungen) vielfach auf Basis einer eigenen Logik operieren. Management kann insofern kaum sinnvoll darauf ausgerichtet sein, die zentralen Prozesse in allen Subsystemen einer Organisation vollständig zu vereinheitlichen. Vielmehr müssen sich Top-Manager gleichermaßen bewusst mit der spezifischen Operationsweise der organisationalen Subsysteme auseinander setzen. Vor diesem Hintergrund verweist die Systemtheorie auf ein recht **grundlegendes Spannungsfeld im Umgang mit den organisationalen Subsystemen**: Einerseits ist die Eigenlogik der Subsysteme zu akzeptieren, um ihnen Anpassungsprozesse an ihre spezifischen aufgabenbezogenen Anforderungen zu ermöglichen und erhebliche Widerstände zu vermeiden; andererseits ist die Eigenlogik der Subsysteme zu begrenzen, um eine Verselbstständigung mit vielfältigen Konflikten zwischen den Teilbereichen bzw. der Zentrale zu vermeiden.

Die Systemtheorie hält jedoch die Gestaltungsmöglichkeiten von Managern für sehr begrenzt. Managen hat vor diesem Hintergrund nichts mit beherrschen zu tun. Organisationen verarbeiten die Interventionen von Managern weit gehend autonom. Systemische Intervention durch Manager beschränkt sich vor allem darauf, mit den systemisch-eigendynamischen Prozessen in Organisationen quasi mitzuschwingen und auf dieser Grundlage begrenzte, aber letztlich ergebnisoffene Gestaltungsimpulse zu geben, die an die autopoietischen Prozesse in Organisationen anschließen und möglichst gewünschte Interventionsziele verwirklichen. Im Wesentlichen geht es darum, durch Strukturbildung (d. h. insbesondere durch das Setzen von Prämissen für nachfolgende Entscheidungen) eine „Einschränkung der im System zugelassenen Relationen" (Luhmann 1984, S. 384) zu bewirken und somit die Selbststeuerung des Organisationssystems „zu konditionieren" (Liebig 1997, S. 173). Mit diesen Überlegungen zur **begrenzten Gestaltbarkeit von Organisationen** wird die Systemtheorie aber dem verbreiteten Bedürfnis der Praktiker nach möglichst klaren und sicheren Handlungsanweisungen nicht gerecht. Im Hinblick auf die Probleme der Organisationsgestaltung wird der Theorie selbstreferenzieller Systeme deshalb ein sehr geringes technisches Potenzial und aufgrund der hohen Komplexität eine geringe Praxisrelevanz vorgeworfen (vgl. Kasper et al. 1999, S. 209). Das Konzept des zirkulär-gedanklichen Nachvollzugs autopoietischer Prozesse in Organisationen kann jedoch für Zwecke der Diagnose und Reflexion in Theorie und Praxis genutzt werden. Es hilft sowohl die Eigenheiten spezifischer organisationaler Systeme besser zu verstehen als auch Perspektiven für eine weiter reichende Reflexion organisationaler Strukturen aufzuzeigen. Die Systemtheorie kann somit den „Aufbau des Reflexionspotentials bei Managern" unterstützen (Kasper 1990, S. 408).

10 Organisationstheorien und Organisationsgestaltung

Die Darstellung der unterschiedlichen Organisationstheorien verdeutlicht, dass es sich dabei um ein äußerst komplexes Forschungsfeld handelt, das angesichts der **Vielfalt koexistierender Theorie- und Analyseperspektiven** nicht selten einen verwirrenden Eindruck hinterlässt. Insbesondere die modernen Organisationstheorien lassen häufig klare Handlungsempfehlungen für die Gestaltung organisationaler Praxis vermissen. So sieht bereits Kieser in der „Organisationstheorie eine Theorie ohne bedeutende Praxis" (2003, S. 17). Tatsächlich verläuft ein recht tiefer **Graben zwischen der Organisationstheorie und der Organisationsgestaltung**, so dass bei weitem nicht jede theoretische Aussage eine unmittelbare Praxisrelevanz erreicht. Legt man einen Theoriebegriff zugrunde, der die instrumentelle Leistungsfähigkeit von Theorien für die Zwecke wissenschaftlicher Forschung in den Vordergrund der Betrachtung stellt, dann werden die Differenzen zu den Anforderungen der (organisationalen) Praxis unmittelbar deutlich. In dieser Sicht stellen Theorien Instrumente (Aussagensysteme) zur Erreichung wissenschaftlicher (allerdings nicht praktisch normativer und somit gestaltungsorientierter) Ziele dar. **Wissenschaftliche Ziele** liegen in der „Beschreibung, Erklärung (…) von Erfahrungen, um ausgewählte Wirklichkeitsbereiche (…) verständlich, für das Handeln kalkulierbar und für die Lösung von Problemen gestaltbar zu machen" (Rusch 2001, S. 106).

Im Vordergrund des genannten Theorieverständnisses stehen die Ziele der Beschreibung und Erklärung, durch die erst mittelbar das weitere Ziel der Gestaltung und somit der Veränderung der Handlungswirklichkeit in Organisationen ins Blickfeld gerät (vgl. auch Scherm/Pietsch 2003, S. 32). Damit wird deutlich, dass Theorien keinen unmittelbaren Praxisbezug aufweisen, denn sie dienen primär forschungsinternen Zielen und einer darauf ausgerichteten forschungsinternen Verständigung. Bestenfalls – aber bei weitem nicht immer – können Theorien **als Nebeneffekt Gestaltungsempfehlungen** für die Praxis liefern und damit den Graben zwischen Theorie und Praxis überwinden.

Die Anwendungsorientierung der Management- bzw. Organisationsforschung lässt sich durch Theorien allein nicht sicherstellen. Es werden zusätzlich Aussagensysteme benötigt, die sich weniger an den wissenschaftlichen Zielen der Beschreibung und Erklärung ausrichten, sondern eher dem handlungspraktischen Ziel der Gestaltung verpflichtet sind. Diese praktisch-normativen Aussagensysteme kann man als **Konzeptionen** bezeichnen. Treffend und in praktisch-normativer Absicht definiert Harbert den Konzeptionsbegriff (1982, S. 140): „Unter Konzeption soll im Folgenden ein System von Aussagen verstanden werden, welches die Grundlinien einer Sachverhaltsgestaltung als Mittel zur Erreichung einer bestimmten Zielsetzung formuliert. Sie basiert auf der Annahme von Mittel-Zweck-Beziehungen im Rahmen bestimmter Kontexte. Sie beinhaltet keine Beschreibung der Realität, sondern stellt ein mehr und minder vollständig formuliertes Denkmodell dar." Solche Konzeptionen übernehmen eine **Mittlerfunktion** zwischen Theorie und Praxis, indem sie in gestaltender Absicht und meist eklektischer Vorgehensweise theoretische Aussagen aufgreifen, mit normativen Postulaten verknüpfen und unmittelbar auf die Praxis beziehen (vgl. Scherm/ Pietsch 2003, S. 33). In den Bereich der zwischen Theorie und Praxis vermittelnden Konzeptionen gehört die Vielfalt der – insbesondere von Unternehmensberatern entwickelten und verbreiteten – Managementkonzepte (z. B. Lean Management, Total Quality Management, Business Reengineering, Virtuelle Organisation), die häufig implizit und vor allem eklektisch Grundaxiome und Erkenntnisse unterschiedlichster Organisationstheorien aufgreifen, mit ad-hoc-Annahmen sowie grundlegenden organisatorischen Gestaltungsalternativen verknüpfen und in ein vereinfachtes sowie praxisnah formuliertes Grundgerüst von Aussagen überführen.

Allerdings gelingt es auch diesen Managementkonzeptionen nicht, die Gestaltungsempfehlungen aus einer theoretischen Basis logisch zu deduzieren und damit den Graben zwischen Theorie und Praxis zu überwinden. Sie schaffen aber einen – mitunter groben – Orientierungsrahmen, den es in der Unternehmenspraxis im Hinblick auf die Bedingungen des jeweiligen Einzelfalles zu konkretisieren gilt. Nur in den seltensten Fällen und im Hinblick auf eng begrenzte Teilaspekte können sie (unmittelbar) den Charakter einer praxisbezogenen Anleitung aufweisen. Damit stellt sich das Verhältnis von Organisationstheorie und -praxis eher als ein Verhältnis von **Theorie, Konzeption (bzw. Managementkonzept) und Praxis** dar. Es bestehen recht enge Verbindungen zwischen Theorie und Konzeption sowie zwischen Konzeption und Praxis, während Theorie und Praxis meist nur sehr begrenzt (unmittelbar) miteinander verbunden werden können (vgl. Abb. I.10.1).

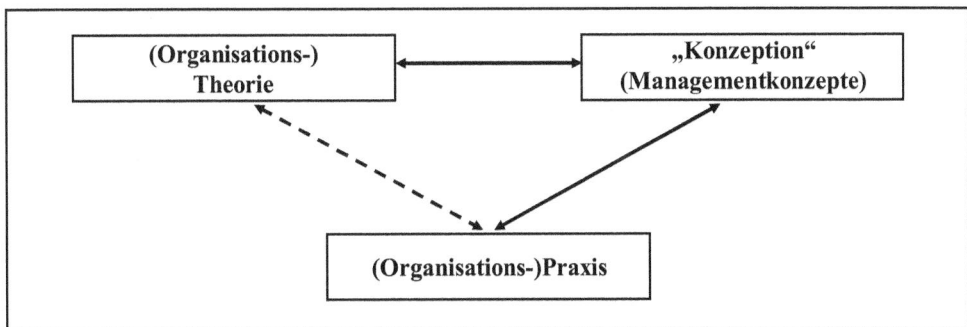

Abb. I.10.1:   *Organisationstheorie und -praxis (vgl. Scherm/Pietsch 2003, S. 33)*

Wenn aber Organisationstheorien meist nicht unmittelbar der Gestaltung dienen, stellt sich durchaus die Frage nach ihrer **Bedeutung für die Organisationspraxis**. Die Auseinandersetzung mit der Vielfalt der Organisationstheorien sowie der sich daraus ergebende multiperspektivische Blickwinkel auf die Organisationspraxis eröffnet nicht zuletzt Praktikern – trotz des sicher nicht geringen Einarbeitungsaufwandes – besondere Chancen. Ihre Kenntnis er-

möglicht es in der Organisationspraxis häufig überhaupt erst, unterschiedliche Facetten organisationaler Erfahrungsgegenstände differenziert wahrzunehmen, zu verstehen und gegebenenfalls modifiziert zu handeln. Die besondere Bedeutung der Auseinandersetzung mit Organisationstheorien ergibt sich für Praktiker aus der Schaffung eines umfangreichen Reflexi-
ons- und somit letztlich Lernpotenzials, dessen konkrete Handlungsfolgen und Wirkungen
auf die Organisationspraxis allerdings nicht im Voraus prognostiziert werden können. Letzteres unterscheidet sie nicht grundsätzlich von praxisnah formulierten Managementkonzepten.
Zwar werden dort nicht selten ganz konkrete Gestaltungsempfehlungen (sowie mitunter Er-
folgsversprechungen) angeboten, deren Wirkungen im jeweiligen Einzelfall aber angesichts
der hohen Komplexität von Organisationsphänomenen als gleichermaßen unsicher gelten
müssen.

Übungsaufgaben zu Teil I

I.1 Erläutern Sie die beiden grundlegenden Organisationsbegriffe.

I.2 Welche grundlegenden Ziele verfolgen Organisationstheorien?

I.3 Stellen Sie die drei Typen der Herrschaft von Max Weber dar.

I.4 Erläutern Sie kurz, inwieweit die Anreiz-Beitrags-Theorie auch auf Grundgedanken des Human-Relations-Ansatzes zurückgreift.

I.5 Erläutern Sie Analogien zwischen dem Begriff der Quasi-Konfliktlösung in der verhaltensorientierten Theorie der Firma und der Entscheidung durch Übersehen im Ansatz der organisationalen Anarchie.

I.6 Inwiefern grenzt sich der situative Ansatz von grundlegenden Annahmen der klassischen Organisationstheorie ab?

I.7 Stellen Sie die beiden Richtungen der Agency-Theorie dar und weisen Sie die Analyse von Ageny-Costs einer dieser Richtungen zu.

I.8 Erläutern Sie Unterschiede zwischen dem soziologischen Neoinstitutionalismus und der Institutionenökonomik (ökonomischer Neoinstitutionalismus).

I.9 Erläutern Sie das aspektuale und das konzeptuale Verständnis der Mikropolitik. Schließen sich die beiden Verständnisse der Mikropolitik vollständig aus?

I.10 Inwiefern weist die auf der Strukturationstheorie basierende Analyse struktureller Macht deutlich über die strategische Organisationsanalyse hinaus?

I.11 Wie lässt sich postheroisches Management systemtheoretisch fundieren?

I.12 Zeigen Sie den ambivalenten Charakter systemischer Interventionen auf.

Fallstudie

MobiPlay GmbH

Herr Agil ist EDV-Fachkraft in der EDV-Abteilung der MobiPlay GmbH, einem mittelständischen Unternehmen der Kinderspielzeugindustrie mit ca. 6.000 Mitarbeitern. In der letzten Zeit ergaben sich zunehmend Probleme mit der in der Personalverwaltung verwendeten Software. Diese erwies sich in der Anwendung als sehr komplex, so dass gelegentlich fehlerhafte Gehaltsabrechnungen verschickt wurden. Dennoch geschah bisher nichts, um die Probleme zu beheben. Herr Agil wundert sich darüber, denn aus seiner Sicht gibt es wesentlich bessere Software-Angebote am Markt. Agil spricht deshalb mit seinem Vorgesetzten Herrn Findig, dem Leiter der EDV-Abteilung, und berichtet ihm von möglichen alternativen Software-Lösungen für die Personalverwaltung. Findig ist beeindruckt von der Eigeninitiative seines Mitarbeiters. Er bleibt jedoch etwas skeptisch, denn Agil weiß wenig über die besonderen Anforderungen in der Personalverwaltung. Gleichwohl sieht Findig eine Chance, sich zu profilieren.

In einer der nächsten Sitzungen mit dem Top-Management bemerkt er: „Die regelmäßig auftretenden fehlerhaften Gehaltsabrechungen sind ein echtes Problem. Zumindest in meiner Abteilung wird häufig darüber diskutiert." Der ebenfalls anwesende Leiter der Personalabteilung, Herr Human, ist entsetzt. „Von ‚regelmäßig' fehlerhaften Gehaltsabrechungen kann ja wohl überhaupt keine Rede sein. Im Übrigen liegt unser Problem in der Software, die sich in der Anwendung als recht komplex erwiesen hat." Findig entgegnet konfrontativ: „Genau! Allerdings können wir EDV-Leute nichts dazu, wenn die Personalabteilung ihre Hausaufgaben nicht macht. Ich kann Ihnen – sozusagen ‚aus dem Stand heraus' – einige moderne Softwarelösungen nennen, mit denen Sie vermutlich deutlich besser arbeiten würden." An dieser Stelle greift Geschäftsführer Wichtig ein. Obwohl er schon mal von fehlerhaften Gehaltsabrechnungen gehört hatte, erkennt er erst jetzt ein echtes Problem: „Es ist einfach nicht zu vertreten, dass in der Personalabteilung fehlerhafte Gehaltsabrechnungen erstellt werden. Hier muss etwas passieren." Es wird festgelegt, dass die Personal- und die EDV-Abteilung ein Projektteam bilden, um die Softwareprobleme zu analysieren und mögliche Lösungen zu identifizieren. Schnell stellt sich jedoch heraus, dass auch das Know-how der Mitarbeiter in der EDV-Abteilung nicht ausreicht, um die Vor- und Nachteile der unterschiedlichen Softwarelösungen zu beurteilen und kritische Fragen der Anwender in der Personalabteilung zu beantworten.

Deshalb werden unterschiedliche Anbieter angesprochen, ihre Softwarepakete im Beisein der Geschäftsführung zu präsentieren. Im Zuge dieser Präsentationen wird von einem Anbieter eine umfassende Softwarelösung offeriert, die neben der Personalverwaltung weitere Verwaltungsbereiche, wie z. B. das Finanz- und Rechnungswesen, integriert. Geschäftsführer Wichtig ist sofort begeistert, weil eine umfassende Integration den Überblick über die Unternehmensprozesse auf der Top-Management-Ebene erhöht und deshalb „immer gut" ist. Das (Ausgangs-)Problem der fehlerhaften Gehaltsabrechnungen erhält daher einen nachrangigen Status, denn offensichtlich muss das Ganze umfassender angegangen werden. Selbstverständlich ergibt sich hieraus eine größere Zahl von Betroffenen im Unternehmen. Insbesondere der Leiter des Finanz- und Rechnungswesens, Herr Erbse, bleibt jedoch skeptisch, da er für seinen Bereich keine informationstechnischen Defizite identifizieren kann. Es wird jedoch ein größeres Projektteam gebildet, das Mitarbeiter aus unterschiedlichen Verwaltungsbereichen mit Fachkräften aus der EDV-Abteilung zur Diskussion der Chancen und Probleme der Software-Integration zusammen bringt. Unterschiedliche Lösungen der Software-Integration werden erörtert und wiederum Anbieter zu Präsentationen eingeladen.

Bereits einige Wochen zuvor hatte sich Frau Butterfly um eine Stelle in der Personalverwaltung der MobiPlay GmbH beworben. Frau Butterfly ist Informatikerin, die sich jedoch nach einer Kinderpause für das Human Resource Management weitergebildet hatte. Sie wird kurzfristig eingestellt und – da Herr Human ihre informationstechnischen Fähigkeiten sofort erkennt – in das Projektteam zur umfassenden Software-Integration aufgenommen. Die MobiPlay GmbH steht jedoch zunehmend unter Druck. Billiges Spielzeug aus China überschwemmt den Markt und Herr Erbse muss dem Top-Management erstmals ein (geschätztes) finanzielles Ergebnis für das laufende Jahr präsentieren, das auf einen deutlichen Gewinneinbruch sowie einen schrumpfenden Marktanteil hinweist. Geschäftsführer Wichtig reagiert nervös und sieht keine andere Wahl: „Alles muss auf den Prüfstand", verkündet er, „wir müssen Kosten und Investitionen reduzieren, gegebenenfalls auch schmerzliche Personalmaßnahmen durchführen." Herr Erbse macht sofort einen Vorschlag: „Wie wäre es, wenn wir das Projekt Software-Integration zunächst zurückstellen bis sich die Lage entspannt hat? Die Investitionsausgaben sind einfach zu hoch." Wichtig stimmt nur zähneknirschend zu, denn die Software-Integration bedeutete ihm viel. Personalleiter Human ist zufrieden, denn das Projekt hatte in den letzten Monaten hohe Personalkapazitäten gebunden. Herr Findig, der das Projekt als Leiter der EDV-Abteilung zunächst sehr vorantrieb, hat inzwischen das Unternehmen verlassen, denn er sah anderweitig bessere persönliche Entwicklungschancen.

Nachdem das Projektteam Software-Integration aufgelöst wurde, ergeben sich für Frau Butterfly zunächst zeitliche Freiräume, in denen sie sich mit der Software in der Personalverwaltung auseinander setzt. Als Informatikerin fällt es ihr nicht schwer, die Software derart zu verändern, dass sich die Gefahr falscher Gehaltsabrechnungen drastisch reduziert. Personalleiter Human berichtet Geschäftsführer Wichtig davon. Wichtig nimmt dies zur Kenntnis, aber er hat mit dem befürchteten Gewinneinbruch derzeit „größere" Probleme. Auch das aus seiner Sicht nicht zu vernachlässigende Problem der umfassenden Software-Integration bleibt weiterhin ungelöst.

Aufgabenstellung:

Analysieren Sie den Fall aus der Perspektive des Ansatzes der organisationalen Anarchie. Gehen Sie dabei auf die folgenden Fragen ein:

1. Welche Anhaltspunkte lassen sich identifizieren, dass sich die MobiPlay GmbH in einer mehrdeutigen Entscheidungssituation befindet?
2. Wie verändern sich die auftauchenden Ströme der Entscheidungsarenen, Probleme, Lösungen und Teilnehmer?
3. Lassen sich im Fallbeispiel die in dem Ansatz der organisationalen Anarchie hervorgehobenen Entscheidungsstile erkennen?
4. Bietet der Ansatz der organisationalen Anarchie gegebenenfalls Gestaltungsempfehlungen, die dargestellten Prozesse zu verbessern?

Teil II: Organisationsgestaltung

1 Grundlagen der Organisationsgestaltung

1.1 Vorbemerkung

Der Organisationsgestaltung liegt im Folgenden eine **funktionale Sicht** zugrunde. Es werden – bewusst und (soweit möglich) rational – formale Regeln geschaffen und meist schriftlich fixiert (formalisiert), die dazu führen, dass ein zielgerichtetes, soziales Gebilde (mit einer formalen Struktur), d. h. eine Organisation, entsteht. Die Ausführungen fokussieren auf Unternehmen, wobei sie – mehr oder weniger – auch auf andere Organisationen übertragen werden können. Die Gesamtheit der formalen Regelungen (zur Arbeitsteilung und Koordination) wird als **formale Organisationsstruktur** bezeichnet. Die Konsequenzen der damit verbundenen Entscheidungen sind häufig nicht eindeutig zu bestimmen, ihre Zweckmäßigkeit ist somit nicht (immer) beweisbar. Deshalb werden vor allem Gründe herausgearbeitet, die für oder gegen eine bestimmte Organisationsstruktur bzw. bestimmte Regeln sprechen.

Formale Regeln stellen darauf ab, den Handlungsspielraum der Organisationsmitglieder zu beschränken und dadurch Handeln und Verhalten vorhersagbar zu machen. Ihre Berechtigung leitet sich aus dem Direktionsrecht des Arbeitgebers ab, das mit Abschluss des Arbeitsvertrags von den Mitarbeitern anerkannt wird.

Auch wenn formale Regeln im Vordergrund stehen, heißt das nicht, dass informelle Regeln nicht gesehen bzw. ignoriert oder als störend interpretiert werden. **Informelle Regeln** entstehen immer dort, wo Menschen zusammenarbeiten; sie ergänzen formale Regeln, korrigieren deren dysfunktionale Wirkungen, haben aber auch negative Effekte. Diese Selbstorganisation der Organisationsmitglieder kann jedoch nicht als Alternative zur Fremdorganisation (Organisationsgestaltung) gesehen werden, sondern stellt lediglich eine Ergänzung dieser bzw. das Ausfüllen von Handlungsspielräumen dar, die durch formale Regeln geschaffen werden (vgl. auch Koll/Scherm 1999). Ein Unternehmen kann weder auf die (spontane) Selbstorganisationsleistung ihrer Mitglieder noch auf die planvolle, systematische Organisationsgestaltung verzichten.

Hinzu kommen **Regeln**, die einem Unternehmen **von außen**, d. h. von unterschiedlichen externen Interessengruppen (Stakeholder), auferlegt werden. Dabei kann es sich z. B. um Vorschriften im Sinne der Arbeitssicherheit oder Schnittstellen mit Kooperationspartnern, aber auch um „Moden & Mythen des Organisierens" (Kieser 1996) handeln. Zu Letzteren kommt es dann, wenn Nachweise für den Erfolg bestimmter Strukturen fehlen, sie aber gewählt werden, weil das auch andere Unternehmen gemacht haben oder sie von einflussreichen Interessengruppen (z. B. Investoren, Banken oder Analysten) erwartet werden, die sonst ihre Unterstützung nicht gewähren. Ihre Wahl dient damit der Legitimierung diesen gegenüber (vgl. I, 7).

Bei der **Organisationsgestaltung** geht es in der Mehrzahl der Fälle nicht darum, eine vollständig neue Organisationsstruktur für ein Unternehmen zu entwickeln (Neuorganisation). Vielmehr steht eine Reorganisation, d. h. die Anpassung der vorhandenen Organisationsstruktur an veränderte Anforderungen, im Vordergrund. Außerdem darf man sich Organisationsgestaltung nicht als eine zeitpunktbezogene Aktivität vorstellen, die lediglich in größeren Zeitabständen wiederholt wird. Sie muss eher als ein komplexer Prozess verstanden werden, da die Einflussfaktoren und Rahmenbedingungen sich im Zeitablauf – mehr oder weniger stark – verändern und damit laufend organisatorische Problemstellungen auftauchen, die dann einer Lösung bedürfen. Der Blick in die Unternehmenspraxis bestätigt diesen permanenten Prozess, die laufende Änderung scheint Normalität geworden zu sein (vgl. III).

1.2   Ziel der Organisationsgestaltung

Damit Organisationen bzw. Unternehmen ihre Ziele erreichen können, brauchen sie eine Organisationsstruktur, die sie dabei unterstützt bzw. die Voraussetzungen dafür schafft. **Ziel der Organisationsgestaltung** ist es daher, ein System von Regeln zu schaffen, das Unternehmen in der Erreichung ihrer Ziele unterstützt. Man spricht in diesem Zusammenhang von organisationaler Effektivität (organizational effectiveness).

Es bereitet jedoch aus zwei Gründen erhebliche Schwierigkeiten, die Effektivität einer Organisationsstruktur zu bestimmen. Zum einen liegt das daran, dass zwischen obersten Unternehmenszielen und den Wirkungen von Organisationsstrukturen kein ohne weiteres begründbarer kausaler Zusammenhang besteht und deshalb erhebliche Probleme auftreten, wenn Zielbeiträgen auf organisatorische Maßnahmen zugerechnet werden sollen. Zum anderen fehlt eine allgemein akzeptierte Theorie der Organisation. Aus der Theorievielfalt resultieren – mehr oder weniger stark – divergierende Verständnisse von Organisation und damit zwangsläufig eine Divergenz dahingehend, was unter organisationaler Effektivität zu verstehen ist (vgl. auch Werder 2004).

Vor diesem Hintergrund erscheint die Tatsache, dass in der Literatur darüber hinaus keine Einigkeit hinsichtlich der Begriffe Effektivität und Effizienz festzustellen ist und sie teils synonym, teils unterschiedlich verwendet werden, als das kleinere Problem. Auf die unterschiedlichen Effektivitäts- bzw. Effizienzverständnisse soll deshalb hier nicht weiter eingegangen werden (vgl. z. B. Näther 1993, S. 117-125). In Anlehnung an den angloamerikanischen Sprachgebrauch werden die beiden Begriffe folgendermaßen verwendet (vgl. auch Steers/Black 1994, S. 330-331; Witte 1995, Sp. 263; Mellewigt/Decker 2006, S. 54-56; Abb. II.1.1):

- **Effektivität** (effectiveness) dient als Maßgröße für die Zielerreichung.
- **Effizienz** (efficiency) bringt dagegen die Wirtschaftlichkeit im Sinne einer Output/Input-Relation zum Ausdruck.

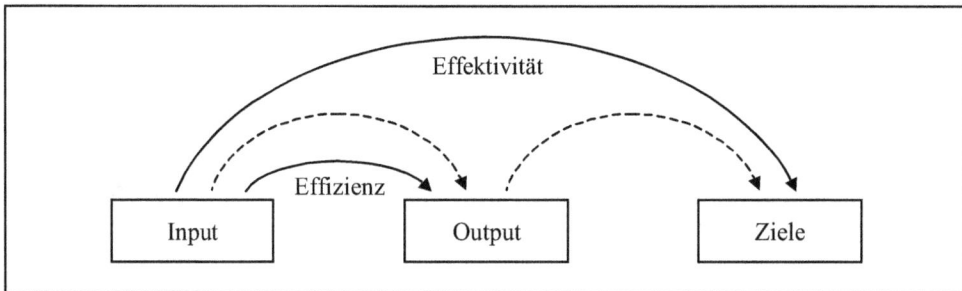

Abb. II.1.1: Effektivität und Effizienz (vgl. Wimmer/Neuberger 1998, S. 539)

Effektivität als das komplexere Maß betrachtet zum einen den Zusammenhang zwischen der Maßnahme (Mitteleinsatz, Input) und den daraus resultierenden Ergebnissen (Wirkung, Output) sowie zum anderen den Zusammenhang zwischen diesen Ergebnissen und den verfolgten Zielen. Eine Maßnahme ist folglich umso effektiver, je besser die angestrebten Ziele erreicht werden bzw. je besser die resultierenden Ergebnisse mit Inhalt und Niveau der Zielvorgaben übereinstimmen. Dabei spielt es zunächst keine Rolle, um welche und wessen Ziele es sich handelt.

Effizienz stellt demgegenüber auf den Nutzungsgrad des Potenzials ab, das in einem bestimmten Vorgehen oder bestimmten Ressourcen, d. h. dem Input, steckt. Sie kann sich darin zeigen, dass entweder bei gegebenen Ressourcen das beste Ergebnis oder das definierte Ergebnis mit minimalen Ressourcen erzielt wird. Hohe Effizienz stellt eine notwendige Bedingung für Effektivität dar; sie ist jedoch nicht hinreichend in dem Sinne, dass daraus bereits auf hohe Effektivität geschlossen werden kann.

Effizienzanalysen gehen immer von den eingesetzten Verfahren oder Ressourcen (Input) aus und betrachten deren Nutzung. Im Gegensatz dazu gehen Effektivitätsanalysen von den Zielen und Ergebnissen aus und fragen, ob das richtige Verfahren oder die adäquaten Ressourcen (Input) gewählt wurden (vgl. Wimmer/Neuberger 1998, S. 537-538).

1.3 Ansätze organisationaler Effektivität

Wie in Teil I aufgezeigt gibt es ein erhebliches Spektrum an Theorien der Organisation. Dieses hat eine ebenso große Bandbreite unterschiedlicher Perspektiven zur Folge, aus denen auf das Phänomen Organisation geblickt werden kann. Diese Perspektiven rücken unterschiedliche Aspekte und Ziele der Organisation in den Mittelpunkt, woraus sich unterschiedliche Effektivitätskriterien ergeben. Im Folgenden soll ein knapper Überblick darüber gegeben werden, was aus organisationstheoretischer Sicht als organisationale Effektivität verstanden wird. Dabei lassen sich **vier Hauptströmungen** unterscheiden (vgl. Scholz 1992, Sp. 537-538): Zielansatz, Systemansatz, Sozialansatz und Interaktionsansatz. Innerhalb dieser Strömungen gibt es Varianten, deren Zahl annähernd so hoch ist wie die Zahl der empirischen Studien.

Theoretische Ansätze, die Organisation als rationales System zur Zielbildung und -durchsetzung betrachten, stellen Ziele als Effektivitätskriterien in den Vordergrund (**Zielansatz**). Dabei geht es um explizite, weitgehend operational formulierte Organisationsziele. Die organisationale Effektivität kommt dann in dem Grad der Erreichung dieser Ziele zum Ausdruck. Der auf den ersten Blick einfachen Anwendung dieses Ansatzes stehen verschiedene gravierende Probleme entgegen (vgl. Bünting 1995, S. 80-81; Staehle 1999, S. 444-445): Es ist weder in jedem Fall eindeutig zu klären, welche Ziele Organisationsziele darstellen, noch sind diese immer konfliktfrei und im Zeitablauf hinsichtlich Inhalt und Gewichtung stabil. Hinzu kommt, dass viele Organisationsziele nicht hinreichend operationalisierbar sind und dass Beziehungen zur Umwelt ausgeblendet werden. Nicht zuletzt bilden sich Ziele bei weitem nicht immer vor einer Entscheidung, sondern vielfach erst parallel zu den Entscheidungsprozessen in Organisationen.

Während der Zielansatz allein auf das Ausmaß der Zielerreichung abstellt, basiert der **Systemansatz** auf einer erweiterten Perspektive (vgl. Staehle 1999, S. 445-446; auch Schanz 1994, S. 48-50; Bünting 1995, S. 82-85). Explizit werden neben den Organisationszielen und den intern ablaufenden Prozessen Beziehungen zwischen der Organisation als System und der Umwelt betrachtet. Effektivität kommt dann in der Fähigkeit zum Ausdruck, erstens Ressourcen zu erwerben, zweitens die interne Systemstabilität zu erhalten und drittens erfolgreich mit der Umwelt zu interagieren. Sie kann nur mithilfe eines Systems verschiedener – mehr oder weniger operationaler – Indikatoren gemessen werden. Das sind z. B. die (aktive und passive) Anpassungs- und Neuerungsfähigkeit, die Fähigkeit zur Beschaffung und Verarbeitung von Informationen und die Verhandlungsposition gegenüber der Umwelt bei der Beschaffung knapper Ressourcen. Trotz der im Vergleich zum Zielansatz umfassenderen Perspektive liegen hier nur Teilkonzepte zur Effektivitätsmessung vor. Diesen fehlt es teilweise an Operationalität, es bleibt offen, wann von einem „Überleben" der Organisation gesprochen werden kann, und es werden nicht zuletzt soziale Phänomene (z. B. Interessen, Macht, Konflikt) ausgeklammert.

Letzteren wird im **Sozialansatz** Aufmerksamkeit gewidmet (vgl. Näther 1993, S. 132-133; Staehle 1999, S. 447-448). Bildet im Systemansatz das „Überleben der Organisation" die Referenzgröße erfolgreichen Handelns, wird hier eine Organisation danach beurteilt, in welchem Maße die Ziele von Interessengruppen erfüllt werden. Erst dann kann sie sich ihren originären Zielen widmen, die der Ziel- und Systemansatz hervorheben. Um eine Systemaufzehrung zu vermeiden, ist die Eingrenzung auf so genannte relevante Interessengruppen (Stakeholder) notwendig (z. B. Anteilseigner, Mitarbeiter, Manager, Kreditgeber, Kunden, Lieferanten, „Öffentlichkeit"), von denen überlebensnotwendige „Ressourcen" benötigt werden. Da jedoch auch deren Interessenlagen konfliktär sein können, ist eine gleichzeitige Erfüllung ihrer Ansprüche nicht immer möglich. Damit stellt sich die Frage nach dem Kriterium für die Auswahl der Ansprüche, die berücksichtigt werden sollen. Dieses hängt von verschiedenen Rahmenbedingungen ab (z. B. Branchensituation, Unternehmensgröße, Produkt, Entwicklungsphase). Spätestens bei negativen Sanktionen wird die Verletzung bestimmter Effektivitätskriterien deutlich. Eine Organisation gilt dann als effektiv, wenn sie von den Interessengruppen akzeptiert wird. Dazu gehört auch, dass durch Anpassung der Organisation oder durch Änderung der Ansprüche auf dem Wege der Interaktion mit den Interessengruppen bestandsgefährdende Ansprüche vermieden werden. Prinzipiell kann es durch die Berücksichtigung von Interessen der Anspruchsgruppen zu jeder Art von Erfolgsdefinition, d. h. unterschiedlichsten Effektivitätskriterien, kommen.

Dieser letzte Aspekt, d. h. die Aushandlung der relevanten Ziele (Effektivitätskriterien) zwischen den zu berücksichtigenden Interessengruppen und der Organisation, steht im Mittelpunkt des **Interaktionsansatzes** (vgl. Staehle/Grabatin 1979; Grabatin 1981). Die Festlegung dessen, was als (Miss-)Erfolg der Organisation zu verstehen ist, erfolgt nicht einseitig durch das Management, sondern im Dialog mit Interessengruppen. Die Effektivitätskriterien stellen deshalb das Ergebnis eines Interaktionsprozesses dar. Damit wird die Diskussion über die Priorität von ökonomischen und sozialen Kriterien aus der Organisation heraus auf Aushandlungsprozesse verlagert, deren Ergebnisse von der jeweiligen Machtposition der Verhandlungspartner abhängen. Sie liegen zwischen vollkommener Anpassung an Umwelterfordernisse einerseits und Dominanz der Umwelt andererseits; in der Regel werden kombinierte Interaktions- und Anpassungsprozesse eine Verschiebung der Anspruchsniveaus und eine Veränderung der Organisation zur Folge haben (vgl. Staehle 1999, S. 448-449). Der Ansatz macht deutlich, dass Effektivität nicht nur aus einer in die Organisation gerichteten Perspektive betrachtet werden darf und sie zudem nicht allein durch die Organisationsgestaltung, sondern auch durch politische Prozesse beeinflusst werden kann. Jedoch fehlt ihm, wie den anderen Ansätzen, die notwendige Operationalität für die Umsetzung; so bleibt z. B. offen, welche Interessengruppen wie zu beeinflussen bzw. bei Konflikten zu behandeln sind.

Dieser knappe Überblick über die vier wichtigsten Ansätze macht deutlich, dass es ein erhebliches Spektrum möglicher Erfolgsorientierungen gibt, die vom jeweiligen Organisationsverständnis abhängen. Dabei kommen nicht nur unterschiedliche Effektivitätskriterien, sondern auch gleiche Kriterien mit unterschiedlicher Bedeutung zum Einsatz. So kann der Shareholder Value im Rahmen des Zielansatzes als originärer Zweck des Unternehmens verstanden, aber auch als Voraussetzung für die Vermeidung eines „unfriendly takeover" (Systemansatz) oder die Schaffung neuer Arbeitsplätze (Sozialansatz) gesehen werden (vgl. Näther 1993, S. 138). Daneben wird gerade in wirtschaftlich schlechten Phasen der Konflikt zwischen den verschiedenen Ansätzen deutlich, wenn die Sicherung der Wettbewerbsfähigkeit – aus Sicht des Systemansatzes – den Arbeitsplatzabbau nahe legt, gleichzeitig aber der Sozialansatz die Verpflichtung gegenüber den Mitarbeitern (oder der Region) betont; die immer wieder anzutreffende Formel „Arbeitsplatzerhalt durch Arbeitsplatzabbau" beschreibt dann eine Kompromisslösung des Zielkonflikts (vgl. Scholz 1997, S. 69-70).

Diese Heterogenität im Verständnis organisationaler Effektivität und die daraus resultierende Vielfalt an Effektivitätskriterien haben ihre Ursache in der **Komplexität des Effektivitätskonstrukts** (vgl. Schanz 1994, S. 50-53). So wird die Bestimmung der organisationalen Effektivität wesentlich beeinflusst von

- der zeitlichen Perspektive,
- der Analyseebene und
- der Zahl interner und externer Interessengruppen.

Nicht immer schlagen sich kurzfristig erfolgreiche Maßnahmen auch im längerfristigen Unternehmenserfolg nieder. Deshalb hängt die Beurteilung der Effektivität stark von der zugrunde liegenden **zeitlichen Perspektive** ab. Beispielsweise können unterlassene Investitionen kurzfristig den Return on Investment (und die Liquidität) verbessern, längerfristig aber den Unternehmensbestand gefährden. Die Bedeutung der zeitlichen Perspektive wird bestimmt von der Veränderungsgeschwindigkeit (Dynamik) der Umwelt, und unterschiedliche Entwicklungsphasen des Unternehmens bedürfen jeweils spezifischer Effektivitätsmessungen.

Organisationale Effektivität kann darüber hinaus auf verschiedenen **Analyseebenen** betrachtet werden. Während auf der Ebene der einzelnen Beteiligten individuelle Erwartungen und Bedürfnisse eine zentrale Rolle spielen, stehen auf Unternehmensebene Ziele des Unternehmens (z. B. Gewinn, Rentabilität) im Vordergrund. Auf der Ebene eines übergeordneten sozialen Systems (Umwelt) bekommen gesellschaftliche, ökologische oder volkswirtschaftliche Aspekte besondere Bedeutung.

Organisationen bzw. Unternehmen werden von verschiedensten Seiten unterschiedliche Interessen entgegengebracht (**interne und externe Interessengruppen**). Sei es, weil Geld investiert oder Arbeitskraft zur Verfügung gestellt wird, Leistungsbeziehungen auf der Input- (Lieferanten) oder Outputseite (Kunden) existieren bzw. „öffentliches Interesse" besteht. Der bekannte Gegensatz zwischen Arbeit und Kapital macht nur auf einen Konflikt aufmerksam, daneben gibt es eine Vielzahl weiterer konfliktärer Interessen.

Außerdem legen die Arbeiten zur „organizational effectiveness" in der Regel einen institutionellen Organisationsbegriff zugrunde und betrachten daher den Unternehmenserfolg. Selbst wenn in empirischen Untersuchungen eine signifikante Korrelation zwischen der Effektivität und einer bestimmten Struktur(-entscheidung) ermittelt wird, fehlt die Kausalität, d. h. die Begründung, dass die Struktur die Ursache für den Erfolg darstellt. Es ist umgekehrt auch möglich, dass sich nur erfolgreiche Unternehmen bestimmte Organisationsformen leisten (können). Empirische Vergleiche von Unternehmen helfen hier nicht weiter, da sie streng genommen nur dann aussagefähig sind, wenn identische Ziele verfolgt werden. Nicht zuletzt enthalten die Zielsysteme der Unternehmen als Folge eines Interessenausgleichs (zwischen Stakeholdern) mehrdeutige, inkonsistente und konfliktäre Ziele, die sich zudem im Zeitablauf ändern.

Vor diesem Hintergrund geht es bei der Organisationsgestaltung vor allem darum, plausibel begründen zu können, dass durch organisatorische Maßnahmen Subziele erreicht bzw. Effektivitätskriterien erfüllt werden. Auch wenn kein Kausalzusammenhang unterstellt werden kann, sollte sich nachvollziehen lassen, dass das Erreichen der Subziele zur Verwirklichung der Unternehmensziele beiträgt.

1.4 Kriterien organisationaler Effektivität

Angesichts der Heterogenität verschiedener Ansätze organisationaler Effektivität und – dadurch bedingt – der empirischen Effektivitätsuntersuchungen überrascht es nicht, dass eine Vielzahl von (Sub-)Zielen der Organisation(-sgestaltung) bzw. **Kriterien organisationaler Effektivität** vorliegt (vgl. auch Bea/Göbel 2006, S. 13-16; Mellewigt/Decker 2006, S. 59); in der Literatur finden sich verschiedene Übersichten der mehr oder weniger stark divergierenden Ziel- bzw. Kriterienkataloge (vgl. z. B. Welge/Fessmann 1980, Sp. 579-586; Grabatin 1981, S. 57-62; Bünting 1995, S. 32-33). Diese kann man unter Berücksichtigung von Überschneidungen auf einen überschaubaren Katalog von Effektivitätskriterien reduzieren (vgl. z. B. Bünting 1995, S. 30-72). Von zentraler Bedeutung für die Organisationsgestaltung sind folgende Kriterien, wobei zu beachten ist, dass es hier nicht um die Betrachtung der Organisation als Institution, sondern um die Gestaltung einer Organisationsstruktur, d. h. eines Systems formaler Regeln, geht:

- Umweltorientierung
- Ressourcennutzung
- Entscheidungsqualität
- Kommunikation und Informationsversorgung
- Koordinierbarkeit
- Konflikthandhabung
- Flexibilität
- Motivation und Zufriedenheit der Mitarbeiter

Das Kriterium der **Umweltorientierung** bringt zum Ausdruck, dass organisatorische Regeln nicht für ein isoliertes System formuliert werden. Vielmehr sollen Organisationsentscheidungen zusammen mit den anderen Managemententscheidungen der Steuerung eines Unternehmens dienen, das in vielfältiger Weise Umwelteinflüssen ausgesetzt ist. Deshalb müssen sich die Regeln an externen Anforderungen orientieren, wobei dies nicht nur im Sinne einer Anpassung der Organisationsstruktur erreicht, sondern auch in umgekehrter Form durch Beeinflussung der Umweltbedingungen bzw. Interessengruppen versucht werden kann. Darunter können Kriterien wie Marktnähe bzw. Kundennähe oder Innovationsfähigkeit subsumiert werden.

Die Organisationsstruktur spielt eine wichtige Rolle bei der bedarfsgerechten Bereitstellung von Ressourcen als Input in den Wertschöpfungsprozess. Sie muss eine effiziente **Ressourcennutzung** unterstützen. Von Bedeutung sind dabei nicht nur die Kosten, es geht auch um Zeitersparnis und die Ausschöpfung der Potenziale des Personals. Einen speziellen Aspekt bildet hier die häufig als gesondertes Kriterium genannte Nutzung und Schaffung von Synergiepotenzialen z. B. durch die gemeinsame Nutzung von Produktionsfaktoren und daraus resultierende Verbundeffekte.

Unternehmensführung ist vor allem dadurch gekennzeichnet, dass im Rahmen aller (Management-)Funktionen Entscheidungen zu treffen sind. Durch die Organisationsstruktur sollen die Voraussetzungen für eine hohe **Entscheidungsqualität** geschaffen werden. Dazu ist es

notwendig, die Entscheidungskompetenzen auf Stellen zu verlagern, die aufgrund der Aufgabenerfüllung ausreichende Informationen für die Entscheidungsfindung haben, über einen
hinreichenden Überblick verfügen, um wichtige Interdependenzen zu erkennen, und die
Unternehmensziele nicht aus den Augen verlieren. In engem Zusammenhang damit stehen
Aspekte der Informationsversorgung und der Konflikthandhabung. Die Schnelligkeit, mit der
Entscheidungen (von hoher Qualität) getroffen werden, kommt dagegen in der Ressourcennutzung zum Ausdruck.

Eine hohe Entscheidungsqualität setzt in jedem Fall eine angemessene Informationsgrundlage voraus. Diese kann nur gegeben sein, wenn die **Kommunikation** zwischen den Organisationsmitgliedern und die **Informationsversorgung** funktionieren, d. h. notwendige Informationen bereitgestellt werden bzw. zugänglich sind. Die Organisationsstruktur schafft dafür
wichtige Voraussetzungen.

In zahlreichen Studien findet sich das Kriterium Koordination. Dessen Plausibilität ist aber
nicht unmittelbar gegeben, da Koordination neben Arbeitsteilung eine der beiden Basisaufgaben der Organisation darstellt und folglich als eine Variable bei der Gestaltung der Organisationsalternativen gesehen werden muss. Im Sinne von **Koordinierbarkeit** geht es hier
darum, dass der aufgrund von Interdependenzen bestehende Koordinationsbedarf zwischen
Organisationseinheiten durch die zur Verfügung stehenden Koordinationsinstrumente gedeckt werden kann. Dabei besteht ein enger Zusammenhang mit dem folgenden Kriterium
der Konflikthandhabung.

Die Konfliktursachen in einem Unternehmen sind vielfältig. Im Rahmen der Organisationsgestaltung ist es möglich, wichtige Voraussetzungen für die **Konflikthandhabung** zu schaffen, indem Konfliktpotenziale reduziert und Regeln für den Umgang mit Konflikten aufge-
stellt werden. Dies geschieht z. B. durch klare Aufgaben-, Kompetenz- und Verantwortungsbereiche, eindeutige Unterstellungsverhältnisse, die Entkopplung von Organisationseinheiten, Kommunikationsmöglichkeiten oder Überschussressourcen. Wechselwirkungen dieses
Kriteriums mit der Entscheidungsqualität und der Koordinierbarkeit sind nicht zu übersehen.

Eine zentrale Stellung nimmt die organisationale **Flexibilität** ein. Damit wird grob die Fähigkeit beschrieben, sich schnell und reibungslos auf wechselnde Anforderungen und Situationen einzustellen. Sie stellt nicht das Gegenstück zur Stabilität dar, da Flexibilitätspotenzia-
le auch zur Stabilität der aufbau- und ablauforientierten Grundstruktur beitragen können. Die
Fähigkeit zur Anpassung schlägt sich (1) in der quantitativen Anpassung (operative Flexibilität), (2) der Reaktion oder dem Herbeiführen qualitativer Veränderungen (strategische Flexibilität) sowie (3) der Strukturänderung (struktureller Flexibilität) nieder. Flexibilitätsvoraus-
setzungen stellen der ungehinderte und schnelle Ablauf von Informations-, Kommunikati-
ons- und Entscheidungsprozessen, die Qualität der Entscheidungen, die Konflikthandhabung,
aber auch die Zielorientierung dar.

Mitarbeiter verbinden mit der beruflichen Tätigkeit in einem Unternehmen individuell unterschiedliche Ziele, so dass Generalisierungen schwierig sind. Im Rahmen der organisatorischen Gestaltung muss deshalb den individuellen Unterschieden – soweit möglich – Rechnung getragen werden. Jedoch spielt für die **Motivation und Zufriedenheit der Mitarbeiter** die Befriedigung von Bedürfnissen nach Sicherheit, sozialer Anerkennung und Entfal-

tungs- bzw. Entwicklungsmöglichkeiten allgemein eine wichtige Rolle. Außerdem muss es Mitarbeitern möglich sein, Erwartungen hinsichtlich der Bedürfnisbefriedigung zu bilden. Das setzt vor allem der Qualifikation entsprechende Aufgabenstellungen und klare Zielsetzungen, die Zurechenbarkeit von Leistungen und deren Honorierung sowie Entwicklungsperspektiven voraus. Die Wechselwirkungen mit dem Konfliktkriterium sind hier offensichtlich.

Die Ermittlung der organisationalen Effektivität ist mit einer Reihe von **Messproblemen** verbunden (vgl. Welge/Fessmann 1980, Sp. 589-590; Scholz 1992, Sp. 546-547; auch Bea/Göbel 2006, S. 16-17 und I.5.4):

Die **Kriterien** überschneiden sich teilweise erheblich und sind nicht unabhängig voneinander. Verschiedene Beziehungen zwischen den Kriterien sind möglich; teils sind sie komplementär (z. B. Entscheidungsqualität und Informationsversorgung), teils konfliktär (z. B. autonome Einheiten, die den Koordinationsbedarf reduzieren, aber gleichzeitig die Synergien vernachlässigen und die Effizienz der Ressourcennutzung beeinträchtigen). Das erschwert die Aggregation der Effektivitätskriterien zu dem mehrdimensionalen Konstrukt organisationaler (Gesamt-)Effektivität. Außerdem werden die Kriterien in den verschiedenen Konzepten organisationaler Effektivität nach subjektiven Überlegungen zusammengestellt, wobei der Anwendungsbereich und der Zusammenhang der Kriterien unklar bleiben.

Die **Zurechnung** organisatorischer Maßnahmen oder deren Wirkungen auf einzelne Ziele ist in der Regel nicht eindeutig möglich, da deterministische Zusammenhänge fehlen. Hinzu kommt, dass die Organisationsstruktur nur mittelbar über die Organisationsmitglieder bzw. deren Verhalten zu den verfolgten Zielen beiträgt, wodurch sich erhebliche Verzerrungen ergeben können. Da auch nicht alle organisatorischen und umweltbezogenen Variablen bestimmt werden können, bleibt das Ergebnis letztlich stochastisch.

In **Abhängigkeit** von der jeweiligen (Markt-)Situation (und der damit verbundenen Strategie) ändert sich die Bedeutung von Subzielen und Effektivitätskriterien für das einzelne Unternehmen. Beispielsweise stellt bei dynamischer Marktsituation die Flexibilität eine wichtigere Anforderung dar als in stabilen Märkten, bei Kostenführerschaftsstrategien steht die Ressourcennutzung, bei Differenzierungsstrategien dagegen Marktnähe im Vordergrund.

Damit fehlt für die Organisationsgestaltung ein allgemein verbindlicher und abschließend formulierter Kriterienkatalog, der eine umfassende Beurteilung von Organisationsalternativen ermöglicht. Es ist jedoch möglich, **tendenzielle Effektivitätsaussagen** auf Basis der hier skizzierten Kriterien zu machen und so – mehr oder weniger allgemeingültige – Vor- und Nachteile einzelner Lösungen aufzuzeigen.

1.5   Rahmenbedingungen der Organisations-
         gestaltung

1.5.1   Überblick

Aus den Organisationstheorien und den damit eng zusammenhängenden Effektivitätsansät-
zen wird deutlich, dass die Gestaltung einer Organisation nicht in isolierter Form, d. h. unabhängig von jeglichen Einflussfaktoren, vorgenommen werden kann. Eine bestimmte Organisationsstruktur kann nicht in allen denkbaren Situationen zu einem optimalen Ergebnis führen und damit zeitlos gültig sein. Deshalb muss sie in Abhängigkeit von den jeweiligen
Rahmenbedingungen gestaltet werden. Dabei wird hier nicht strukturdeterministischen
Vorstellungen in dem Sinne gefolgt, dass es nur einen „one best way" der Anpassung an die
Situation gibt. Vielmehr sind in einer spezifischen Situation organisatorische Lösungen in-
nerhalb eines mehr oder minder breiten Korridors denkbar. Außerdem ist in Grenzen die
Veränderung der Situation möglich, um eine gewünschte Organisationsstruktur zu erreichen.
Anstelle der Berücksichtigung von Anpassungszwängen gilt das Augenmerk hier dem Er-
kennen organisatorischer Gestaltungsspielräume.

Im Folgenden sollen vor allem

- Merkmale der Unternehmensmitglieder,
- Organisations- bzw. Unternehmenskultur,
- politische Prozesse,
- weitere interne Kontextfaktoren, wie Größe, Leistungsprogramm, Technologie und Strategie, sowie
- (externe) Umweltbedingungen

näher betrachtet werden. Ihr Einfluss auf die Gestaltung der Organisationsstruktur und deren
(organisationaler) Effektivität ist offensichtlich.

1.5.2   Unternehmensmitglieder

Bei der Gestaltung von (formalen) Regeln zur Verhaltenssteuerung der Unternehmensmitglieder kann nicht davon ausgegangen werden, dass sich diese trotz Arbeitsvertrag und Anerkennung des Direktionsrechts des Arbeitgebers den – hierarchischen – Vorgaben ohne
weiteres und unbedingt beugen. Auch wenn die Mitarbeiter fachlich kompetent sind, die
Regeln verstehen und in praktisches Handeln umsetzen können, kann regelkonformes Verhalten nicht als selbstverständlich unterstellt werden. Menschliche (Arbeits-)Leistung setzt in
Unternehmen nicht nur die Leistungsfähigkeit, sondern auch Leistungsbereitschaft (Motivation) voraus, die jedoch nicht generell und in ausreichendem Maße gegeben sein muss.

Außerdem stellen die Mitarbeiter eine erfolgskritische Ressource im Unternehmen dar, die
nicht wegen ihrer formal geregelten Leistungserbringung, sondern aufgrund ihres **Potenzials**,

d. h. der Motivation und Kreativität sowie der über die fachliche Komponente hinausgehenden Qualifikation, zentrale strategische Bedeutung hat. Damit rücken Bedürfnisse und Erwartungen der Mitarbeiter in den Mittelpunkt der Betrachtung. Bei der Organisationsgestaltung muss man sich deshalb von den einfachen Vorstellungen vom Menschen im Unternehmen lösen und von einem komplexeren Menschenbild ausgehen (vgl. Blickle 2004b). Das spiegelt sich in verschiedenen Organisationstheorien wider. Nur dann, wenn den individuellen Erwartungen und Bedürfnissen entsprochen wird, kann organisationale Effektivität gewährleistet werden. Daneben spielen die Unternehmenskultur und (mikro-)politische Prozesse eine wichtige Rolle, da diese für das Verhalten der Mitarbeiter ebenfalls eine besondere Bedeutung haben.

Die **Motivation** der Mitarbeiter stellt eine zentrale Bestimmungsgröße der personalen Leistung und gleichzeitig eine unverzichtbare Voraussetzung für die Erreichung der Unternehmensziele dar (vgl. Weibler 2001, S. 203). Motivation liegt nicht immer in dem Maße vor, wie es aus Sicht des Unternehmens eigentlich erforderlich wäre. Außerdem unterliegt sie Schwankungen im Zeitablauf und weist (teilweise erhebliche) individuelle Unterschiede auf.

In theoretischer Hinsicht nähert man sich der Motivation aus zwei verschiedenen Richtungen (vgl. Weibler 2001, S. 207-246): Inhaltstheorien versuchen zu erklären, welche Bedürfnisse (oder meist synonym Motive) und – damit korrespondierend – welche Anreize zu einem bestimmten Verhalten veranlassen. Dagegen betonen Prozesstheorien die kognitive Komponente und wollen damit das Zustandekommen der Motivation erklären.

Trotz Unterschieden in den **Inhaltstheorien** hinsichtlich der Definition einzelner Bedürfnisse lassen sich verschiedene Bedürfniskategorien unterscheiden: Existenzsicherung, soziale Beziehungen und individuelle Entwicklung (vgl. Abb. II.1.2). Dabei steht heute außer Frage, dass diese nur zu einem sehr geringen Teil angeboren sind. Vor allem hinsichtlich der Stärke einzelner Bedürfnisse muss von einem bedeutenden Einfluss der Sozialisationsbedingungen ausgegangen werden. Außerdem sind die verschiedenen Bedürfniskategorien abhängig von der Situation in wechselndem Zusammenspiel verhaltensrelevant. Vor diesem Hintergrund können Inhaltstheorien nur Denkanstöße dafür liefern, welches Bedürfnis im Einzelfall für ein bestimmtes Verhalten ursächlich ist.

Maslow (1970)	Alderfer (1973)	Herzberg (1970)	McClelland (1987)
Selbstverwirklichung	Wachstumsbedürfnisse	Arbeit selbst, Verantwortung, Beförderung	Leistungsstreben
Anerkennungsbedürfnis			Machtstreben
soziale Bedürfnisse	Beziehungsbedürfnisse	Beziehungen zu Führungskräften und Mitarbeitern	Zugehörigkeitsstreben
Sicherheitsbedürfnisse	Existenzsicherungsbedürfnisse	Sicherheit	Vermeidungsstreben
physiologische Bedürfnisse	-	Arbeitsbedingungen, Gehalt	-

Abb. II.1.2:   Gegenüberstellung verschiedener Inhaltstheorien (vgl. Scholz 2000, S. 890)

Auch die **prozesstheoretische Richtung** ist stark ausdifferenziert worden, zentrale Bedeutung für die Organisationsgestaltung hat jedoch die Erkenntnis, dass individuelle Erwartungen verhaltensrelevant sind (vgl. Schanz 1994, S. 90-91). Sie betreffen zukunftsgerichtete Aspekte des Verhaltens und sind notwendig, weil Bedürfnisse lediglich eine – mehr oder weniger starke – Verhaltensbereitschaft begründen. Erwartungen sind nicht einfach vorhanden, sondern bilden sich heraus. Dabei kommt der aktuellen Situation und Lernprozessen, d. h. den Erfahrungen in vergleichbaren Situationen, besondere Bedeutung zu. Gleichzeitig können aber Erfahrungen und Informationen aus dem sozialen Umfeld, wenn eigene Erfahrungen fehlen, den Erwartungshorizont sprunghaft erweitern. Daneben spielen bei der Erwartungsbildung Persönlichkeitsmerkmale des Einzelnen (z. B. Optimismus vs. Pessimismus) eine wichtige Rolle.

Relevanz für das Arbeitsverhalten der Mitarbeiter haben zwei Erwartungen. Das ist zunächst die Erwartung hinsichtlich des Zusammenhangs zwischen der eigenen Anstrengung und daraus resultierender Ergebnisse, d. h., bei den Mitarbeitern bestehen Vorstellungen darüber, mit welcher Wahrscheinlichkeit die erbrachte (individuelle) Leistung zu einem Arbeitsergebnis führt. Hinzu kommt die Erwartung, dass das erreichte Ergebnis – mit einer bestimmten Wahrscheinlichkeit – honoriert wird, d. h., (materielle und/oder immaterielle) Anreize gewährt werden. So wird eine Arbeitsleistung nur dann erbracht, wenn der Mitarbeiter erstens davon ausgeht, dass er das gewünschte Ergebnis durch seine Leistung erreichen kann (z. B. Zielvorgaben realistisch sind). Zweitens ist für eine (dauerhaft hohe) Arbeitsleitung auch notwendig, dass Leistungsergebnisse (z. B. Zielerreichung) zu einer Gegenleistung des Unternehmens führen, die für den Mitarbeiter angesichts seiner Bedürfnisstruktur – hohe – Bedeutung hat (z. B. Leistungsprämien, Aufstiegsmöglichkeit).

Für die Organisationsgestaltung bedeutet das, dass nicht nur den **Bedürfnissen** der Mitarbeiter zu entsprechen ist, sondern auch noch günstige Rahmenbedingungen (Transparenz und Verlässlichkeit des Anreizsystems) für eine zutreffende **Erwartungsbildung** zu schaffen sind. Praktische Schwierigkeiten ergeben sich vor allem aus der Individualität der Mitarbeiter und den daraus resultierenden interpersonellen Unterschieden einerseits sowie der Veränderlichkeit von Bedürfnissen und Erwartungen andererseits. Zwar sind Menschen seit jeher unterschiedlich, jedoch hat sich im Zuge des grundlegenden gesellschaftlichen Wertewandels in der zweiten Hälfte des 20. Jahrhunderts die **Individualität** erheblich verstärkt. Menschen weisen heute nicht zuletzt aufgrund der sich bietenden größeren Entfaltungsmöglichkeiten stärker differenzierte Orientierungs- und Verhaltensmuster auf, als dies früher der Fall war. Dass dieser Individualität im Rahmen der Organisationsgestaltung nur begrenzt Rechnung getragen werden kann, steht außer Frage. Es sollte vor diesem Hintergrund aber auf unnötige Vereinheitlichungen der Arbeitssituationen verzichtet und – soweit möglich – versucht werden, Möglichkeit zur Mitsprache bei der Gestaltung oder Auswahl einer Arbeitssituation zu geben.

1.5.3   Organisations- bzw. Unternehmenskultur

Das Handeln von Organisationsmitgliedern wird neben formalen Regeln auch von Sinn- und Orientierungsmustern bestimmt, die sich im Laufe der Zeit entwickeln. Bedeutung und Popularität hat dabei die Organisationskultur – oder in Unternehmen die Unternehmenskultur – erlangt, die ähnlich dem Organisationsbegriff in zweierlei Weise verstanden wird (vgl. Mayrhofer/Meyer 2004, Sp. 1028): (1) Organisationen haben neben anderen Variablen (Technologie, Strategie etc.) auch eine Kultur, die bestimmte Leistungen für die Organisation erbringt. (2) Organisationen bilden eine soziale Konstruktion mit ausgeprägten Wert- und Orientierungsmustern und sind deshalb eine Kultur. Verbreitet ist heute eine Zwischenposition, nach der die Kultur einer Organisation bzw. eines Unternehmens mit anderen Merkmalen, wie z. B. der Organisationsstruktur, in wechselseitigem Einflussverhältnis steht und als begrenzt beeinflussbar angesehen wird.

In Analogie zur Kultur hat sich das Verständnis der **Organisationskultur** entwickelt. Man versteht darunter allgemein ein System von Wertvorstellungen, Verhaltensnormen sowie Denk- und Handlungsweisen, das von einem Kollektiv von Menschen erlernt und akzeptiert worden ist und bewirkt, dass sich diese Gruppe deutlich von anderen sozialen Gruppen unterscheidet. Trotz Unterschieden im Detail gibt es eine Reihe von Merkmalen, die zur Kennzeichnung herangezogen werden können (vgl. Bleicher 1991, S. 732; Mayrhofer/Meyer 2004, Sp. 1027):

Unternehmenskultur entsteht im Rahmen der Strukturen produktiver sozialer Systeme, in denen sie informal Tradition und Gegenwart des Systems integriert und die Basis für zukünftige Innovationen schafft. Erfahrungen mit Problemlösungen in der Vergangenheit werden in ungeschriebenen Gesetzen auf die Gegenwart übertragen (**kognitive Dimension**). Hinzu treten Werte und Einstellungen, die das Verhalten prägen (**affektive Dimension**). Zusammen bilden sie ein grundlegendes Muster von nicht mehr hinterfragten, selbstverständlichen Voraussetzungen des Verhaltens und Handelns der Unternehmensmitglieder, d. h., letztlich führen sie zu einer kollektiven Programmierung des Denkens. Diese wird in einem System von Symbolen, Mythen, Zeremonien, Ritualen und Erzählungen sichtbar, mithilfe derer sie an neue Mitglieder in einem Sozialisationsprozess weitergegeben wird.

Das komplexe Phänomen Unternehmenskultur ist nur schwer fassbar, da die sichtbaren Merkmale nur sehr begrenzt Aufschluss über tiefer liegende Elemente geben. Zur Beschreibung des (inneren) Aufbaus der Unternehmenskultur hat das – der Kulturanthropologie entlehnte – Modell von Schein (1984) Verbreitung gefunden. Er macht darauf aufmerksam, dass sich Unternehmenskultur auf drei Ebenen manifestiert und es für das Verständnis notwendig ist, ausgehend von den Oberflächenphänomenen die kulturellen Kernelemente zu erschließen (vgl. Abb. II.1.3).

Die Oberfläche der Unternehmenskultur bilden **Artefakte und Symbole**; dazu gehören entwickelte und gepflegte Verhaltensweisen, wie Sitten, Gebräuche und Rituale, Umgangsformen, Sprache (Unternehmensjargon) und Bekleidungsgewohnheiten, Büroeinrichtung, architektonische Gestaltung und Firmenlogo. Geschichten, Legenden oder Mythen gehören ebenfalls zur obersten Ebene, auch wenn diese für Außenstehende oft nur schwer zu interpretieren sind. Sie handeln meist von den Gründern oder anderen „Helden" des Unternehmens (z. B. die legendäre Sparsamkeit von Sam Walton, dem Wal-Mart-Gründer, oder Robert Bosch).

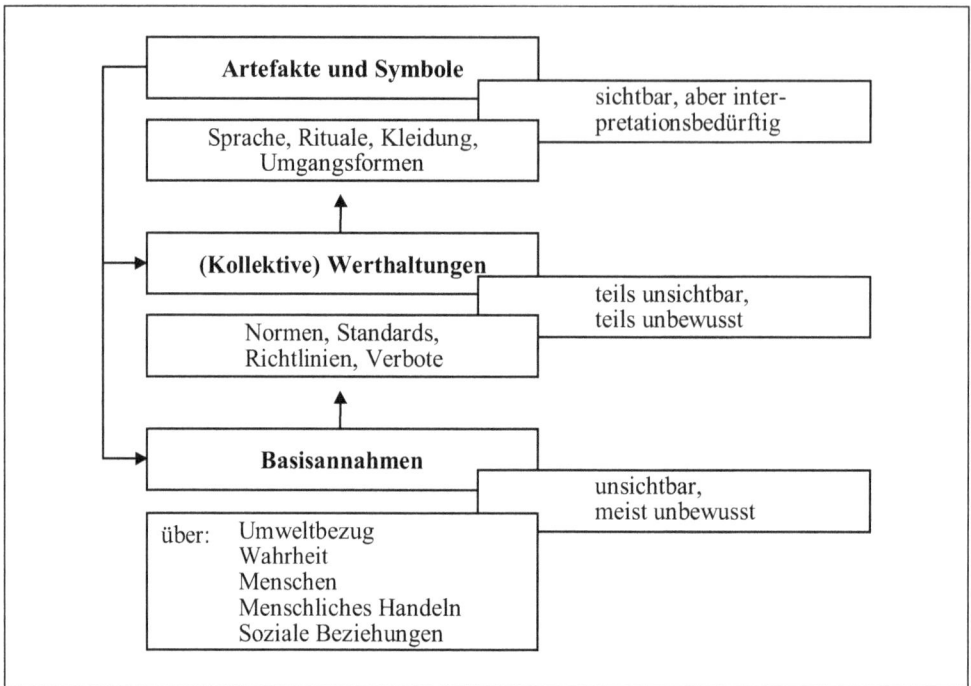

Abb. II.1.3:   Ebenen der Unternehmenskultur und ihr Zusammenhang (vgl. Schein 1984, S. 4)

Hinter dieser sichtbaren, aber interpretationsbedürftigen Ebene liegt die weitaus weniger offensichtliche Ebene der (kollektiven) **Werthaltungen**. Sie beruht ebenfalls auf gemeinsamen Annahmen, bringt aber deutlicher das Spezifische und Andersartige zum Ausdruck: In Werthaltungen drücken sich Präferenzen für bestimmte Ziele, organisatorische Gestaltungsprinzipien und Zustände aus; sie bilden in Form von Normen, Verhaltensstandards oder Verboten (ungeschriebene) Richtlinien und damit ein Orientierungsmuster für die Unternehmensmitglieder. Dabei geht es nicht nur um öffentlich propagierte und internalisierte Werte, die in Unternehmens- oder Führungsgrundsätzen zum Ausdruck kommen, sondern auch um nicht intendierte, internalisierte Wertvorstellungen, an denen sich Individuen oder Gruppen orientieren können.

Am schwersten zu erschließen ist die Ebene der grundlegenden **(Basis-)Annahmen** über Umwelt, Realität, Raum und Zeit, Natur und den Menschen, die von den Beteiligten weitgehend als selbstverständlich vorausgesetzt und nicht mehr hinterfragt werden. Sie bilden zusammen in einer mehr oder weniger stimmigen Form das „Weltbild" der Mitglieder eines Unternehmens. So liefert z. B. das vorherrschende Menschenbild motivationale Beweggründe für das Handeln im Unternehmen und bestimmt den Grad an Überwachung. Hier entscheidet sich, ob Misstrauen oder Vertrauen die Beziehungen im Unternehmen bestimmt.

Für die **Erfassung oder Beeinflussung der Kultur** ergibt sich daraus ein zentrales Problem. Die sichtbare Ebene ist nur unter Bezugnahme auf die zugrunde liegenden Werte und Basisannahmen zu verstehen, die ihrerseits aber nur über Rückschlüsse von Sichtbarem auf Unsichtbares zugänglich sind. Es verwundert deshalb nicht, dass ein zuverlässiger Weg zur Bestimmung von Unternehmenskulturen fehlt.

Unternehmenskultur manifestiert sich Schein zufolge aber nicht nur auf unterschiedlichen Ebenen, sie durchläuft auch eine **zeitliche Entwicklung** von drei Phasen, die sich von der Gründung über die Reife bis hin zu dem potenziellen Niedergang eines Unternehmens erstrecken:

- **Frühes Wachstum**: Hier wird die Kultur von dem Gründer bestimmt und dient der Identität des Unternehmens; sie ist das „Bindemittel", das Sinn stiftet, Zusammenhalt schafft und das Unternehmen gegen externe Einflüsse schützt.
- **Mittlere Entwicklungsphase**: Mit steigender Mitarbeiterzahl geht die Identität als Pionierunternehmen verloren. Es ergibt sich die Chance und auch Notwendigkeit, die Kultur neu auszurichten, um den Übergang in Phase drei zu verhindern.
- **Reife und potenzieller Niedergang**: Gelingt es nicht, die Kultur zu verändern, wird sie zur Last. Sie ist mit sentimentalen Gefühlen verbunden, die Mitarbeiter hängen stark an Traditionen und handeln nach der Devise „So haben wir das schon immer gemacht". Sie sind nicht bereit, über Veränderungen nachzudenken.

Der Einfluss der Unternehmenskultur auf das Handeln der Unternehmensmitglieder hängt von ihrer **Stärke** ab. Diese lässt sich anhand von drei Kriterien bestimmen (vgl. Schreyögg 1989, S. 95-97):

- Prägnanz
- Verbreitungsgrad
- Verankerungstiefe

Prägnanz unterscheidet Unternehmenskulturen nach der Klarheit der vermittelten Orientierungsmuster und Werthaltungen. Starke Kulturen weisen klare Vorstellungen darüber auf, was erwünscht ist und was nicht, wie Ereignisse zu deuten und Situationen zu strukturieren sind. Das setzt konsistente Muster aus Werten, Normen und Symbolen voraus, die umfassend angelegt sind und so in vielen Situationen wirksam werden können. Der Kulturinhalt, spielt bei der Ermittlung der Stärke keine Rolle; es ist somit nicht wichtig, ob eine Kultur als funktional oder dysfunktional im Hinblick auf die Unternehmensziele gilt und ob sie als gute bzw. schlechte oder hoch stehende bzw. niedrige Kultur einzustufen ist.

Der **Verbreitungsgrad** stellt auf das Ausmaß ab, in dem die Kultur von den Unternehmensmitgliedern geteilt wird. Eine starke Kultur leitet das Handeln vieler oder aller im Unternehmen, während schwache Kulturen dadurch gekennzeichnet sind, dass Unternehmensmitglieder sich an unterschiedlichen Werten, Normen und Grundannahmen orientieren. Unternehmen mit Subkulturen, das sind Gruppen mit unterschiedlichen Kulturen, können folglich keine starke (Gesamt-)Kultur haben.

Die **Verankerungstiefe** bringt zum Ausdruck, inwieweit die kulturellen Muster internalisiert und so selbstverständlicher Bestandteil des Handelns sind. Dabei ist jedoch kulturkonformes Verhalten als Ergebnis kalkulierter Anpassung von kulturgeprägtem Verhalten zu unterscheiden. Die Verankerungstiefe hängt eng mit der Stabilität der Kultur über einen längeren Zeitraum hinweg (Persistenz) zusammen.

Der eindeutige Zusammenhang zwischen Unternehmenskultur und Unternehmenserfolg, den Peters/Waterman (1984) erkannt zu haben glaubten, wird heute nicht mehr unterstellt. Nicht zuletzt auch deshalb, weil die von den Beiden als „exzellent" identifizierten Unternehmen nach kurzer Zeit bereits bei weitem nicht mehr so erfolgreich waren. Kulturen können sowohl funktionale als auch dysfunktionale Wirkungen haben (vgl. Schreyögg 2003, S. 475-478; auch Schanz 1994, S. 294-295): So gibt eine (starke) Unternehmenskultur Handlungsorientierung (auch bei Unsicherheit) und ermöglicht eine reibungslose(re) Kommunikation zwischen den Unternehmensmitgliedern. Sie beschleunigt die Entscheidungsfindung und die Implementation von Entscheidungen. Der Aufwand an formaler Kontrolle wird geringer. Die dadurch entstehende kollektive Identität fördert Motivation und Teamgeist, reduziert aber auch Angst und bringt Geborgenheit und Selbstvertrauen, wodurch sich die Stabilität des Unternehmens erhöht.

Gleichzeitig fördern starke Unternehmenskulturen aber die Tendenz, sich Wahrnehmungen und Einflüssen zu verschließen, die im Widerspruch zu dem eigenen Orientierungsmuster stehen. Veränderungen und neue Orientierungen werden abgelehnt, wenn sie die eigene Identität bedrohen. Dies führt zu einer Fixierung auf traditionelle Erfolgsmuster und zu Barrieren bei der Implementation von Strategien oder Strukturen, die denen entgegenstehen. Außerdem besteht die Neigung, Konformität zu erzwingen, d. h. konträre Meinungen zugunsten kultureller Normen zurückzustellen (Kulturdenken). Zusammen schafft das eine Starrheit, die als unsichtbare Barriere gerade organisationaler Flexibilität entgegensteht.

Vor diesem Hintergrund muss Kulturentwicklung, soweit sie möglich ist, als reflexiver Prozess verstanden werden, bei dem funktionale und dysfunktionale Effekte abgewogen werden; eine starke Unternehmenskultur darf dabei nicht als oberstes Ziel gesehen werden (vgl. dazu Schanz 1994, S. 299-309; Schreyögg 2003, S. 478-484). Daneben sind Wechselwirkungen zwischen der Unternehmenskultur und der Organisationsstruktur zu beachten (vgl. Schanz 1994, S. 302-303): Zum einen wirken Strukturen, ob gewollt oder nicht, Kultur bildend bzw. Kultur konstituierend, zum anderen können bestehende Kulturen den organisatorischen Gestaltungsspielraum begrenzen. Beiden Aspekten muss im Rahmen der Organisationsgestaltung Rechnung getragen werden.

1.5.4   Politische Prozesse

Organisatorische Entscheidungen müssen darüber hinaus als Resultat eines schwer vorhersagbaren Prozesses zwischen Personen und/oder Gruppen in Unternehmen gesehen werden. Es handelt sich dabei um **(mikro-)politische Prozesse**, die ihren Ursprung in divergierenden Interessen haben und ein alltägliches Phänomen in Organisationen jeder Art darstellen, auch wenn sie nicht offen sichtbar sind (vgl. Küpper 2004; Neuberger 2006; auch I.8). Sie können in Unternehmen analog der Unternehmenskultur sowohl funktionale als auch dysfunktionale Wirkungen auf das Verhalten und Handeln der Mitarbeiter haben und müssen deshalb im Rahmen der Organisationsgestaltung beachtet werden. Funktionale Wirkung zeigen sie z. B. als Korrektiv für starre Regelbindung, als Ergänzung und Beschleunigung formal vorgeschriebener Arbeitsabläufe und in der Förderung innovativer Ideen; dysfunktional wirken unter anderem destruktive Konflikte, Innovationsbarrieren, Zurückhaltung von Wissen und Zeitverluste aufgrund politischer Aktivitäten (vgl. Schanz 1994, S. 34-35).

Divergierende Interessen der Unternehmensmitglieder können vielfältige Ursachen haben und aus individuellen Karriereüberlegungen, der Angst vor Gesichtsverlust, Prestigestreben, der Förderung eigener Ideen und ähnlichen Aspekten resultieren. Diesen kann angesichts der in Unternehmen knappen Ressourcen nicht gleichermaßen entsprochen werden. Daraus entstehen Konflikte, die politische Prozesse in Gang setzen und in Bewegung halten. Es wird nach Unterstützung gesucht und versucht, Macht zur Durchsetzung der erhobenen Ansprüche zu gewinnen. Alle anderen Erscheinungsformen politischer Prozesse, d. h. Verhandlungen, Gruppenbildung, taktische Manöver, Kompensationsgeschäfte und ähnliches, sind lediglich Begleiterscheinungen und stellen Instrumente dar, um diese Prozesse zu steuern. (Mikro-) Politische Aktivitäten konzentrieren sich auf Machterwerb, Machterhalt und Machtnutzung; Macht ist dabei Ziel und Mittel des politischen Agierens (vgl. Schanz 1994, S. 32).

Politische Prozesse werden dementsprechend zunächst durch die Anspruchsgenerierung bei den Unternehmensmitgliedern induziert. Daraus ergeben sich bei **knappen Ressourcen** Konflikte, die die Mobilisierung von Unterstützung und den Aufbau von Macht zur Folge haben, um erhobene Ansprüche durchzusetzen. Wesentliche Voraussetzung dafür, dass Entscheidungen politisch werden, bildet die Ungewissheit über den Ausgang der Entscheidungsprozesse, da alle Beteiligten eine Chance sehen, ihre Ansprüche zumindest teilweise durchsetzen zu können. Der politische Prozess ersetzt dann – mehr oder weniger – den rationalen, hierarchisch-formalen Entscheidungsprozess. Die Häufigkeit und Reichweite politischer Prozesse nimmt zu mit den Handlungsspielräumen in Unternehmen und der damit verbundenen Möglichkeit, Macht zu erlangen. Macht kann aus verschiedenen Machtquellen resultieren (z. B. Expertenmacht, Informationen, Beziehungen, Strukturen) und bildet die Möglichkeit, den Handlungsspielraum anderer auch gegen ihren Willen zu beschränken (vgl. Crozier/Friedberg 1993, S. 50; auch I.8.3.3.3). Daneben stellen politische Prozesse darauf ab, entweder Legitimität für bestimmte Ideen bzw. Alternativen zu schaffen oder diese den Anliegen der Opponenten abzusprechen.

Im Rahmen der Organisationsgestaltung geht es vor allem darum, bewusst mit der Tatsache politischer Prozesse umzugehen und Konflikte nicht zu unterdrücken. Dafür ist es wichtig, (1) Interessen der Organisationsmitglieder zu erkennen und so (2) Konfliktpotenziale aufzudecken bzw. Konflikte zu verstehen, (3) vorhandene (informale) Machtstrukturen zu identifizieren und gegebenenfalls (4) die situationsbedingte Dynamik zu erfassen (vgl. Schreyögg 2003, S. 445). Das gilt vor allem dann, wenn sich im Zuge einer Reorganisation die Macht- und Ressourcenverteilung im Unternehmen verändert.

1.5.5   Weitere unternehmensinterne Kontextfaktoren

Neben den bereits behandelten Aspekten umfasst der relevante unternehmensinterne Kontext der Organisationsgestaltung vor allem noch vier Faktoren (vgl. dazu Kieser/Walgenbach 2003, S. 310-405):

- Größe des Unternehmens
- Leistungsprogramm des Unternehmens
- Fertigungs-, Informations- und Kommunikationstechnologie des Unternehmens
- Strategie(n) des Unternehmens

Der Struktur prägende Einfluss der **Unternehmensgröße**, gemessen anhand der Mitarbeiterzahl, des Umsatzes oder der Bilanzsumme, ist auf den ersten Blick erkennbar. Zunehmende Größe erfordert stärkere Arbeitsteilung, aus der gleichzeitig ein steigender Koordinationsbedarf erwächst (vgl. Schanz 1994, S. 315-320). Die Zahl der Hierarchieebenen wächst und die Delegation von Entscheidungen nimmt tendenziell zu; es entstehen stark spezialisierte Einheiten (z. B. Rechtsabteilung) und „Verwaltungsbereiche", die in kleineren Unternehmen nicht notwendig sind. Tendenziell wird auch ein steigender Bedarf an formalen Regelungen unterstellt.

Daneben wird dem **Leistungsprogramm**, d. h. den Produkten und/oder Leistungen, die das Unternehmen auf dem Markt anbietet, ein Einfluss auf die Organisationsstruktur zugeschrieben (vgl. Schanz 1994, S. 225-235). Dabei stehen nicht die inhaltlichen Merkmale des Leistungsprogramms im Sinne der Zugehörigkeit zu einer bestimmten Branche im Vordergrund, da Unternehmen vielfach in mehreren Branchen tätig und Branchenunterschiede zu einem wesentlichen Teil auf technologische oder wettbewerbliche Aspekte zurückzuführen sind. Deshalb wird bei der Beschreibung des Leistungsprogramms auf formale Aspekte, wie Anzahl und Verschiedenartigkeit der Leistungen, abgestellt. Es lassen sich verschiedene Formen der (Produkt-)Diversifikation unterscheiden: horizontal (verwandte Produkte), vertikal (Produkte aus vor- oder nachgelagerten Produktionsstufen) und lateral bzw. konglomerat (Produkte ohne Beziehung zum bisherigen Programm). Eine geographische Diversifikation führt zur Erschließung neuer Märkte, die heute vor allem im Ausland liegen.

Technologie kommt in Unternehmen im Fertigungs- und Bürobereich zum Einsatz. Da in den letzten Jahren eine starke Integration der **Fertigungs-, Informations- und Kommunikationstechnologie** stattgefunden hat, können diese Bereiche nicht immer getrennt betrachtet werden. Die (ältere) Fertigungstechnik kann grob nach (1) der Anzahl der hergestellten Produkte (Einzel-, Serien- und Massenfertigung), (2) dem Automatisierungsgrad (manuelle und automatisierte Fertigung) sowie (3) der Aufstellung der Betriebsmittel (Werkstatt-, Gruppen- und Fließfertigung) differenziert werden. Die verschiedenen Formen stellen unterschiedliche Anforderungen an die Arbeitsteilung und Koordination (nicht nur im Fertigungsbereich) und waren Gegenstand zahlreicher empirischer Untersuchungen.

Neuere, rechnergestützte Fertigungstechnologien erhöhen zwar den Grad der Automatisierung, reduzieren jedoch die früher mit der Automatisierung verbundene Inflexibilität des Fertigungssystems und erlauben heute auch eine weitgehend flexible Fertigung. Deterministische Zusammenhänge mit der Organisationsstruktur lassen sich nicht erkennen, jedoch beschränken (vorgelagerte) Entscheidungen für eine bestimmte Technik heute deutlich weniger den organisatorischen Gestaltungsspielraum als früher. Dies gilt auch für die Formulierung von Wettbewerbsstrategien; anders als noch von Porter propagiert ist es inzwischen möglich, hybride Wettbewerbsstrategien zu verfolgen, die es erlauben, sowohl Kosten- als auch Differenzierungsvorteile zu erzielen (vgl. z. B. Piller 2006).

Der Technologieeinsatz bezieht sich im Bürobereich vor allem auf Datenverarbeitung und (Sprach-)Kommunikation. Analog der Fertigungstechnologie werden moderne IuK-Technologien nicht mehr mit deterministischen Wirkungen auf die Organisationsstruktur, sondern vielmehr mit organisatorischen Gestaltungsspielräumen in Verbindung gebracht. Aktuelle Auswirkungen sind vor allem in der zeitlichen und räumlichen Entkopplung der Aufgabenerfüllung sowie einer Virtualisierung von Strukturen zu sehen (vgl. Picot/Reichwald/Wigand 2003, S. 141-226).

Strategien als Rahmenbedingungen organisatorischer Gestaltung zu verstehen, bedeutet nicht, dass gleichzeitig von einer plandeterminierten Unternehmensführung ausgegangen wird. Selbst wenn Entscheidungen im Rahmen der Planungs- und der Organisationsfunktion parallel getroffen werden oder organisatorische Festlegungen sogar nachfolgende strategische Entscheidungen begrenzen, stellen – national und international ausgerichtete – Unternehmens-, Wettbewerbs- und funktionale Strategien wichtige Einflussfaktoren der Organisationsgestaltung dar. Mit ihnen werden Ziele und Handlungsalternativen des Unternehmens festgelegt, aus denen sich Aufgaben ableiten, für deren Erfüllung formale Regeln geschaffen werden müssen.

Bekannt geworden ist in diesem Zusammenhang die wirtschaftshistorische Untersuchung Chandlers (vgl. 1962; auch Kieser/Walgenbach 2003, S. 244-246; Wolf 2004). Er formuliert die These „structure follows strategy", nach der Unternehmen zuerst nach geeigneten Strategien suchen, um Chancen wahrzunehmen, und sich erst danach Gedanken über die dazu passende Organisationsstruktur machen. Folgeuntersuchungen zeigten aber, dass die Beziehung zwischen Strategie und Struktur sich keineswegs so klar darstellt und nicht von einem eindeutigen Ziel-Mittel-Zusammenhang ausgegangen werden kann. Da Reorganisationsprozesse auch vor strategischen Neuausrichtungen durchgeführt werden, lässt sich sogar die entgegengesetzte These „strategy follows structure" formulieren, nach der eine neue Struktur erst die Möglichkeiten für die neue Strategie eröffnet.

Mintzberg/Quinn formulieren den Zusammenhang daher zutreffend (2003, S. 207): „Structure, in our view, no more follows strategy than the left foot follows the right in walking. The two exist interdependently, each influencing the other". Außerdem kann man feststellen, dass es in der Strukturwahl Modeströmungen gibt („structure follows fashion") (vgl. Mintzberg 1979, S. 293). Dies deutet auf einen komplexeren Zusammenhang zwischen der Strategie- und Strukturentscheidung hin, als die einfachen Thesen nahe legen, und betont die Bedeutung zusätzlicher situativer Faktoren.

1.5.6   Umweltbedingungen

Organisationen bzw. Unternehmen stehen als offene Systeme mit ihrer Umwelt in vielfältiger Form in Beziehung und werden daher von dieser beeinflusst (vgl. Schanz 1994, S. 357-380; Kieser/Walgenbach 2003, S. 406-465). Dabei erscheint die Frage nach der Grenze zwischen Unternehmen und Umwelt nur auf den ersten Blick trivial. Warum sind beispielsweise diejenigen, die ihre Arbeitskraft einbringen, innerhalb und diejenigen, die ihr Kapital, Rohstoffe, Vorprodukte oder ähnliches einbringen, außerhalb des Unternehmens zu verorten? Oder warum gehört ein projektbezogen beschäftigter Telearbeiter zum Unternehmen, während der Kunde, mit dem man eng und längerfristig als Systemzulieferer verbunden ist, nicht dazugerechnet wird? Das **Grenzproblem** wird bei Starbuck (1973) anschaulich, wenn er Unternehmen als Wolken bezeichnet, deren Konturen von weitem deutlich erkennbar sind, deren Grenzen jedoch umso unschärfer werden, je näher man ihnen kommt.

Es wird deutlich, dass die Abgrenzung nicht generell, sondern nur in Abhängigkeit von der konkreten Fragestellung bzw. dem jeweiligen Analysezweck vorgenommen werden kann. Daneben sind – unabhängig von der konkreten Abgrenzung – nicht alle Umweltbedingungen relevant für das Unternehmen und die hier im Vordergrund stehende Organisationsgestaltung (**Relevanzproblem**). Auch hier kann eine Entscheidung nur im Einzelfall getroffen werden, wobei unterschieden wird zwischen der globalen Umwelt mit indirektem Einfluss auf die Aufgabenerfüllung und der Aufgabenumwelt mit Akteuren, die die Aufgabenerfüllung direkt beeinflussen können. Die **globale Umwelt** kann in verschiedene Segmente untergliedert werden; im Wesentlichen handelt es sich hierbei um das ökonomische, politisch-rechtliche, sozio-kulturelle, technologische und ökologische Segment. Die **Aufgabenumwelt** bilden Kunden, Lieferanten, Wettbewerber, Gewerkschaften, Kapitalgeber und andere Interaktionspartner.

Die Umwelt kann, ohne auf einzelne Faktoren einzugehen, durch drei Dimensionen charakterisiert werden (vgl. Child 1972; auch Kieser/Walgenbach 2003, S. 419):

- Komplexität der Umwelt
- Dynamik der Umwelt
- Abhängigkeit des Unternehmens von der Umwelt

Umweltkomplexität ergibt sich aus (1) der Zahl der Faktoren, die bei der Entscheidungsfindung berücksichtigt werden müssen, (2) der Verschiedenartigkeit der Faktoren und (3) der Verteilung dieser Faktoren in den verschiedenen Umweltsegmenten. Sie wirkt sich in erster Linie auf die (De-)Zentralisierung von Entscheidungen aus, da hohe Komplexität bei beschränkter Informationsverarbeitungskapazität nur durch Dezentralisation bewältigt werden kann.

Umweltdynamik resultiert aus (1) der Häufigkeit von Änderungen relevanter Umweltfaktoren, (2) der Stärke dieser Änderungen und (3) der Irregularität, mit der die Veränderungen anfallen. Eine stabile Umwelt bleibt hinsichtlich ihrer kritischen Elemente weitgehend konstant oder ist in ihren Veränderungen aufgrund bekannter Reaktionsweisen vorhersagbar. Dynamische Umwelten weisen dagegen veränderliche Elemente mit schwer vorhersagbarer Änderungsrichtung auf. Die Umweltdynamik beeinflusst die Vorhersagbarkeit der organisationalen Aufgabenerfüllung und damit die Standardisierbarkeit von Verhalten. Hohe Dynamik erfordert deshalb z. B. tendenziell flexible Koordination.

Umweltabhängigkeit, d. h. Abhängigkeit von Interessengruppen, besteht vor allem dann, wenn (1) nur wenige potenzielle Partner eine Ressource zur Verfügung stellen und/oder (2) ein hoher Organisationsgrad zwischen diesen Partnern gegeben ist. Sie ist aber auch vorhanden, wenn Bedingungen vorliegen, die – im Sinne einer externen Kontrolle – den Handlungsspielraum einengen (z. B. gesetzliche Regelungen, politische oder ökonomische Restriktionen) oder kulturelle Normen Beschränkungen auferlegen (vgl. Schanz 1994, S. 368-

373). Die Beurteilung der Umweltabhängigkeit erfolgt dabei nicht losgelöst von der jeweiligen Unternehmenssituation, da die Größe und Ressourcenausstattung die Möglichkeiten des Unternehmens erheblich beeinflussen. Stärkere externe Kontrolle kann beispielsweise zu tendenziell stärker zentralisierten und formalisierten Strukturen führen.

Da diese drei Dimensionen zusammen die Umwelt kennzeichnen und nicht unabhängig voneinander wirken, sind isolierte Überlegungen nur sehr begrenzt aussagefähig. Vor diesem Hintergrund bilden das mechanistische und das organische Modell von Burns/Stalker (1961) eher polare Ausprägungen des Spektrums möglicher Organisationsstrukturen als eindeutig überlegene Alternativen bei statischer bzw. dynamischer Umwelt (vgl. Abb. II.1.4).

	Managementsystem-Typen	
	mechanistisch ◄──► organisch	
Leitungsspannen	klein	groß
Zahl der Hierarchieebenen	viele	wenige
Relation von Verwaltungspersonal zu direkt produktiven Tätigkeiten	niedrig	hoch
Qualifikationsunterschiede	groß	gering
Zentralisation	hoch	gering
Ausmaß an formalen Regelungen	hoch	niedrig
Ausführlichkeit der Stellenbeschreibungen	groß	gering
Kompetenzabgrenzung	scharf	unscharf
Kommunikationsfluss	vertikal	lateral
Anteil an Personen, die Kommunikationen zu anderen Abteilungen unterhalten	niedrig	hoch
Inhalt der Kommunikation	Anleitung und Entscheidung	Rat und Information
Autorität	positionsbezogen	sachbezogen
Steuerungskonzept	Befehl und Gehorsam	gemeinsame Werte
	stabil ◄──► turbulent	
	Umweltsituation	

Abb. II.1.4:   Mechanistische und organische Organisation nach Burns/Stalker (vgl. Schreyögg 2003, S. 334)

Auch die Zuordnung von Organisationstypen auf Umwelttypen, die durch Kombination der beiden ersten Dimensionen (Komplexität und Dynamik) entstehen, verkürzt noch immer den Umwelteinfluss und ignoriert weitgehend das Spektrum der über die Umwelt hinausgehenden Einflussfaktoren (vgl. Schanz 1994, S. 365-367). Es können sich daraus nur Anhaltspunkte für die Organisationsgestaltung ergeben.

1.5.7   Stimmigkeit (Fit) zwischen Organisationsstruktur und Kontext

Die Betrachtung einiger wichtiger Rahmenbedingungen bzw. Einflussfaktoren organisatorischer Gestaltung macht deutlich, dass organisationale Effektivität nur dann zu erreichen ist, wenn die Organisationsstruktur und der organisationale Kontext stimmig sind. **Stimmigkeit** (Fit) stellt dabei ein relationales Konzept dar, das mindestens zwei Tatbestände miteinander in Beziehung bringt. Es entspricht in diesem Zusammenhang nicht Harmonie oder Konfliktfreiheit, die durchaus dysfunktional sein können, vielmehr geht es um die Kompatibilität verschiedener Variablen hinsichtlich bestimmter Ziele. Das bedeutet, dass sich die Variablen in der Zielerreichung nicht behindern oder – noch besser – komplementär sind und sich gegenseitig unterstützen. Dabei kann es nicht um generelle, sondern nur um situative, zielabhängige Stimmigkeitsurteile gehen (vgl. Scholz 1992, Sp. 543).

Der Begriff des Fit hat in der Organisationstheorie und Managementlehre bereits eine gewisse Tradition: Im Rahmen evolutionstheoretischer Ansätze wird von einem „survival of the fittest" gesprochen (vgl. z. B. Weibler/Deeg 1999), daneben werden z. B. die Kontingenz von Struktur und Technologie oder – umfassender – stimmige Unternehmens/Umwelt-Konfigurationen betont (vgl. auch I.5.5), während für das strategische Management die Übereinstimmung von Umweltanforderungen und Ressourcen des Unternehmens im Vordergrund steht.

Die vielfältigen Fit-Konzepte lassen sich mithilfe einer **Typologie** systematisieren, bei der zwei Dimensionen Verwendung finden (vgl. Venkatraman 1989; auch Abb. II.1.5):

- Zum einen wird danach unterschieden, ob Konzepte für die Ermittlung des Grads der Stimmigkeit einen spezifischen Maßstab (z. B. Effektivität) heranziehen oder auf einen solchen verzichten; im ersten Fall wird das als „criterion-specific", im zweiten Fall als „criterion-free" bezeichnet.
- Zum anderen wird der Spezifikationsgrad der funktionalen Verknüpfung der jeweiligen Tatbestände betrachtet, deren Stimmigkeit es zu untersuchen gilt. Diesen Grad nimmt man als umso geringer an, je größer die Zahl der Variablen bzw. Tatbestände ist.

Die dabei unterschiedenen sechs **Konzepte** sind jedoch nicht immer ganz klar voneinander zu trennen:

- Fit as Moderation: Der Einfluss der unabhängigen auf die abhängige Variable hängt von der Interaktion der unabhängigen mit einer dritten Variablen (Moderator) ab.
- Fit as Mediation: Unabhängige und abhängige Variable sind mittelbar über eine intervenierende Variable miteinander verbunden. Stimmigkeit bezieht sich nicht auf die unabhängige Variable, der Interventionsmechanismus wirkt auf die Verbindung von abhängiger und unabhängiger Variable.
- Fit as Profile Deviation: Stimmigkeit bezieht sich auf die Abweichung von Soll- und Ist-Profil.
- Fit as Matching: Zwei Variabler ohne definierte Abhängigkeit passen in einem theoretisch definierten Sinne zueinander.

- Fit as Covariation: Stimmigkeit wird verstanden als Muster von Kovarianzen zwischen theoretisch verknüpften Variablen.

- Fit as Gestalts: Stimmigkeit ergibt sich aus dem Grad interner Übereinstimmung in einer Menge von Variablen.

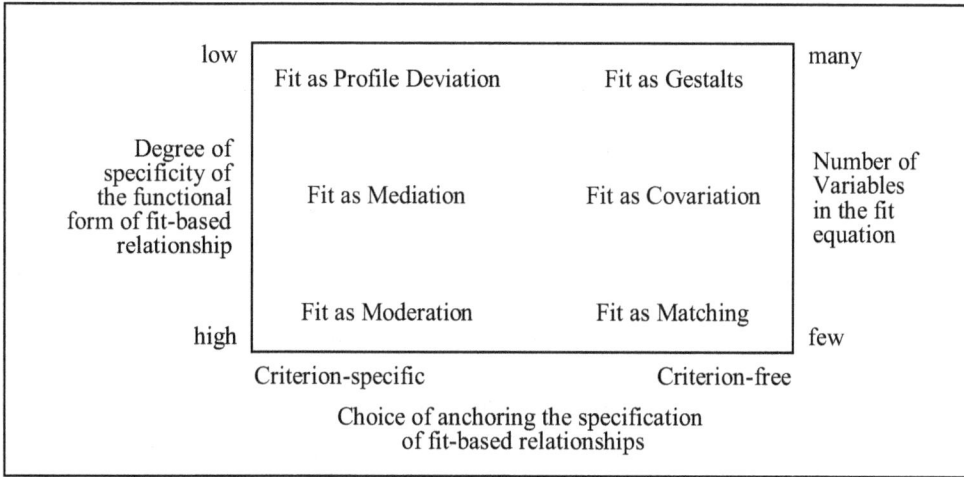

	low	Fit as Profile Deviation	Fit as Gestalts	many
Degree of specificity of the functional form of fit-based relationship		Fit as Mediation	Fit as Covariation	Number of Variables in the fit equation
	high	Fit as Moderation	Fit as Matching	few
		Criterion-specific	Criterion-free	
		Choice of anchoring the specification of fit-based relationships		

Abb. II.1.5:   Stimmigkeitskonzepte (vgl. Venkatraman 1989, S. 425)

Für die weiteren Überlegungen zur Organisationsgestaltung geht es angesichts der offenen Probleme bei der Effektivitätsmessung nicht um die konkrete Ermittlung der Wirkung eines Fit hinsichtlich einer Erfolgsdefinition. Im Vordergrund steht die Kompatibilität organisatorischer Regelungen mit den relevanten Kontextvariablen, wobei unterstellt wird, dass die Beeinflussung des Verhaltens der Unternehmensmitglieder erfolgreicher und damit die Zielerreichung umso größer ist, je stimmiger die Organisationsstruktur und der Kontext sind. Aufgrund der Komplexität der Organisationsstruktur und des Kontextes erscheint es hier nahe liegender, den Fit auf dem Wege plausibler Argumentation zu begründen und nicht so sehr auf die quantitative Erfassung abzustellen.

Man kann aber nicht davon ausgehen, dass der Markt alle diejenigen Unternehmen ausselektiert, denen es nicht gelingt einen „optimalen" Fit herzustellen. Es überleben auch solche, deren Fit sich schlechter darstellt als bei den Wettbewerbern – zum einen, weil eine „Quersubventionierung" durch andere Stärken des Unternehmens möglich ist (z. B. überlegene Technologie oder Produkte), zum anderen, weil es keinen deterministischen Zusammenhang zwischen Struktur und Kontext gibt, sondern Gestaltungsspielräume unterstellt werden müssen.

1.6 Basisaufgaben und Bereiche organisatorischer Gestaltung

1.6.1 Arbeitsteilung und Koordination als Basisaufgaben

Das Ausgangsproblem jeder Organisationsgestaltung bildet die **Arbeitsteilung** (Differenzierung), da die Gesamtaufgabe eines Unternehmens in der Regel zu umfangreich ist, um sie von einer Person erfüllen zu lassen. Sie muss deshalb auf mehrere Personen verteilt werden. Das bedeutet, dass darüber zu entscheiden ist, welche Teilaufgaben von welchen Unternehmensmitgliedern wahrgenommen werden sollen. Mit dieser Arbeitsteilung sind die ersten formalen Regeln der Organisationsstruktur verbunden. Grundsätzlich kann man zwischen einer Mengenteilung, d. h., mehreren Personen wird eine gleichartige Aufgabe übertragen, und einer Artenteilung unterscheiden, bei der Personen unterschiedliche Aufgaben übernehmen. Mit der Artenteilung ist eine Spezialisierung bei der Aufgabenerfüllung verbunden, die Vorteile birgt. Deshalb können neben dem Umfang der Gesamtaufgabe auch Effektivitätsüberlegungen eine Arbeitsteilung sinnvoll erscheinen lassen.

Durch die Aufspaltung der Gesamtaufgabe in Teilaufgaben entsteht aber gleichzeitig das Problem der **Koordination**. Die Aktivitäten der einzelnen Unternehmensmitglieder bei der Erfüllung ihrer Teilaufgaben sind auf das Gesamtziel bzw. die Erfüllung der Gesamtaufgabe hin auszurichten und aufeinander abzustimmen. Für diese Koordination werden in einem Unternehmen weitere Regeln benötigt. Arbeitsteilung und Koordination können als Grundprinzipien der Organisationsstruktur und damit als Basisaufgaben der Organisationsgestaltung gesehen werden (vgl. auch Kieser/Walgenbach 2003, S. 77).

1.6.2 Aufbau- und Ablauforganisation

In der deutschen Organisationslehre hat es Tradition, zwei Gestaltungsbereiche zu unterscheiden, die zusammen eine effektive Organisationsstruktur ergeben sollen (vgl. auch Frost 2004):

- Die **Aufbauorganisation** bildet die stabile Struktur und schlägt sich als Stellengefüge im Organigramm des Unternehmens nieder. Sie spiegelt die Verteilung von Aufgaben (und Kompetenzen) auf Aufgabenträger wider (statischer Aspekt). Nach traditioneller Vorstellung geht sie der Ablauforganisation voraus.
- Bei der **Ablauforganisation** betrachtet man dagegen die einzelnen Prozesse der Aufgabenerfüllung, d. h. die effiziente Wahrnehmung der Aufgaben und Kompetenzen in Raum und Zeit (dynamischer Aspekt). Es lassen sich grundsätzlich materielle Prozesse (der Fertigung) und immaterielle bzw. informationelle Prozesse (der Büroarbeit) unterscheiden.

Die beiden Gestaltungsbereiche sind nicht unabhängig voneinander, sondern bedingen sich gegenseitig. Sie stellen unterschiedliche Betrachtungsweisen des gleichen Gegenstands dar. Mit der Festlegung der Aufbaustruktur werden Abläufe vorbestimmt, die Regelung der Abläufe legt Aufbauprinzipien fest. Wird vorrangig die Aufbaustruktur gestaltet, führt dies tendenziell zu einer Spezialisierung nach Funktionen und in der Folge zu Schnittstellenproblemen; umgekehrt führt die Betonung des Ablaufs tendenziell zu einer Verringerung der Spezialisierung und umfassenderer Prozessverantwortung.

Mit der Trennung von Aufbau- und Ablauforganisation unmittelbar verbunden ist das **Analyse-Synthese-Konzept** (vgl. Kosiol 1962). Den Ausgangspunkt bildet dabei die Unternehmensaufgabe. Aufgaben leiten sich aus (Unternehmens-)Zielen ab und stellen Aufforderungen zu einem wiederholten Handeln dar. Sie weisen im Gegensatz zu Zielen, die ergebnisorientiert sind, eine Tätigkeitsorientierung auf (Was ist an einem Objekt zu tun, um ein Ziel zu erreichen?) und können grundsätzlich nur auf Menschen übertragen werden (vgl. Bleicher 1991, S. 35).

Jede Aufgabe kann durch mehrere Merkmale beschrieben werden (vgl. Eigler 2004). Im Zentrum stehen Verrichtung und Objekt, die sich wechselseitig aufeinander beziehen, so dass Aufgaben auch als Verpflichtung, **Verrichtungen** an Objekten durchzuführen, zu charakterisieren sind. Mit der Verrichtung wird die Art der Leistung, die zu erbringen ist, bzw. die Tätigkeit zur Aufgabenerfüllung beschrieben. Das **Objekt**, auf das sich Verrichtungen beziehen, kann materieller oder immaterieller Art sein.

Ergänzend kommen Rang, Phase und Zweck hinzu: Mit dem **Rang** trennt man Entscheidungs- und Ausführungsaufgaben, wodurch die Gestaltung hierarchischer Beziehungen vorbereitet wird. Nach der **Phase** werden Planungs-, Realisations- und Kontrollaufgaben unterschieden. Hinsichtlich des **Zwecks** lassen sich primäre, d. h. unmittelbar aus dem Leistungsprogramm abgeleitete, Aufgaben und sekundäre Aufgaben differenzieren, die durch die primären Aufgaben mittelbar hervorgerufen werden und eine unterstützende Funktion haben (zweckunmittelbare Aufgaben und Verwaltungsaufgaben).

Als weitere Merkmale können die **Hilfsmittel**, mit denen die Aufgabe erfüllt werden soll (Produktions- und Informationstechnik), die **Zeit**, d. h. der Zeitpunkt bzw. Zeitraum der Aufgabenerfüllung, und der **Raum** bzw. Ort, an dem die Tätigkeit vollzogen wird, hinzukommen.

Damit die so definierte Aufgabe erfüllt werden kann, muss sie geordnet und in verteilungsfähige Teilaufgaben zerlegt werden. Dieser Vorgang wird traditionell als **Aufgabenanalyse** bezeichnet und soll umfassend beschriebene Teilaufgaben liefern, die bewältigt werden müssen, um die Gesamtaufgabe zu erfüllen. Die Aufgabenanalyse wird stufenweise durchgeführt, wobei eine immer feinere Gliederung und Beschreibung der Aufgabe erfolgt. Auf jeder Stufe findet immer nur ein Gliederungsmerkmal Anwendung, es gibt jedoch keine generelle Reihenfolge und Merkmale können mehrfach zur Anwendung kommen. Das Ergebnis der Analyse wird in einem Aufgabengliederungsplan festgehalten (vgl. Abb. II.1.6).

Aufgabenanalyse MARKETING und VERTRIEB		
Marktforschung	Absatzmöglichkeiten analysieren	
	Konkurrenten analysieren	
Absatzprogrammplanung	Life cycle untersuchen	
	Substitutionsprodukte ermitteln	
	Sortiment planen	
Absatzmengenplanung	Zeitreihen untersuchen	
	Absatzmengen prognostizieren	
Werbung / Verkaufsförderung	Werbeträger analysieren	
	Werbemaßnahmen konzipieren	
	Werbemaßnahmen durchführen	
Auftragsbearbeitung	Aufträge erfassen	schriftliche Aufträge erfassen
		mündliche Aufträge erfassen
	Aufträge prüfen	Vollständigkeit prüfen
		Bonität prüfen
		Lieferfähigkeit prüfen
	Aufträge bestätigen	
	Rechnung erstellen	
Versand	Versand disponieren	Transportmittel planen
		Versandpapiere erstellen
		Route planen
	Versand durchführen	
Reklamationsbearbeitung		
Vertriebscontrolling	Deckungsbeitragsrechnung durchführen	
	Vertriebsergebnisrechnung durchführen	

Abb. II.1.6: Aufgabenanalyse Marketing und Vertrieb (vgl. Schulte-Zurhausen 2005, S. 43)

Im Rahmen der **Aufgabensynthese** werden die durch die Aufgabenanalyse gewonnenen (elementaren) Teilaufgaben zu verteilungsfähigen Aufgabenkomplexen zusammengefasst (vgl. Krüger 1992, Sp. 231-235). Die Synthese basiert grundsätzlich auf den gleichen Aufgabenmerkmalen wie die Analyse, wobei noch der Aufgabenträger hinzukommt, wenn die Qualifikation von Unternehmensmitgliedern optimal genutzt werden soll.

Mit der Synthese nach der **Verrichtung** verringert sich das Spektrum der zu erbringenden Leistungen, und es treten Spezialisierungseffekte im Sinne einer besseren und schnelleren Leistungserbringung aufgrund von Übungsgewinnen auf. Die Zusammenfassung von Leistungen an einem **Objekt** (z. B. Produkt, Kundengruppe) hat ein größeres Spektrum an Verrichtungen zur Folge; den geringeren Übungseffekten steht der objektspezifische Wissenszuwachs entgegen. Mit der Orientierung am Verrichtungsmerkmal **Rang** ist der Vorteil klarer Leitungsverhältnisse verbunden. Steht der **Aufgabenträger** im Vordergrund, sind positive Motivationseffekte zu erwarten. Hilfsmittel, Raum und Zeit spielen bei der Aufgabensynthese eher eine nachgeordnete Rolle. Tendenziell bedeutet die Zusammenfassung von Teilaufgaben nach einem Merkmal gleichzeitig die Generalisierung nach den übrigen Merkmalen. Damit wächst der Koordinationsbedarf, und es entstehen Motivationsprobleme.

Da Aufgaben von Personen erfüllt werden müssen, sind die im Zuge der Aufgabensynthese gewonnenen Aufgabenkomplexe auf Unternehmensmitglieder zu verteilen, d. h., es sind Stellen zu bilden (vgl. Abb. II.1.7). Nach diesem letzten Schritt stehen zentrale Elemente der Aufbaustruktur fest: (1) eine spezifische Form der Arbeitsteilung, (2) das Ausmaß der Entscheidungsdelegation und (3) das Leitungssystem. Welche unterschiedlichen Formen es dabei gibt, wird im Weiteren noch konkreter behandelt.

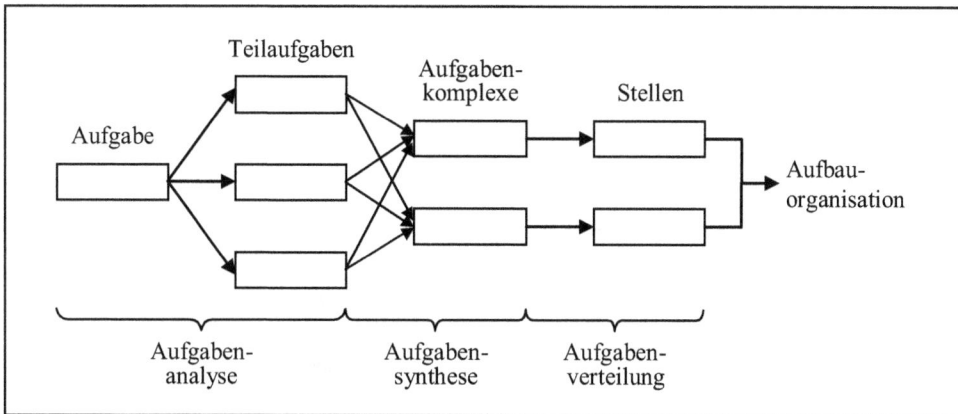

Abb. II.1.7:   *Aufgabenanalyse, Aufgabensynthese und Aufgabenverteilung (vgl. Bleicher 1991, S. 49; Bea/Göbel 2006, S. 259)*

Mit der Arbeitsanalyse und Arbeitssynthese findet der Übergang von der aufbauorientierten zur ablauforientierten Betrachtung statt. Im traditionellen Verständnis schließt sich Letztere an, wenn die Aufgaben verteilt sind. Dabei ist nicht mehr der Aufgabeninhalt von Interesse, sondern die Aufgabenerfüllung.

Die im Rahmen der Aufgabenanalyse ermittelten Teilaufgaben niedrigster Ordnung, die Elementaraufgaben, bilden als Arbeitsgänge, d. h. Arbeitsteile höchster Ordnung, den Ausgangspunkt für die **Arbeitsanalyse** (vgl. Kosiol 1962, S. 192-210; Abb. II.1.8). Durch sukzessives Zerlegen dieser Arbeitsteile kommt man zu den Arbeitsteilen niedrigster Ordnung, d. h. den Gangelementen. Dabei finden die gleichen Merkmale wie bei der Aufgabenanalyse Anwendung.

In der anschließenden **Arbeitssynthese** werden die Arbeitsprozesse gestaltet; sie umfasst die personale, zeitliche und räumliche Synthese, die sich gegenseitig beeinflussen (vgl. Kosiol 1962, S. 212-241; auch Abb. II.1.8).

In der **personalen Synthese** werden alle Arbeitsteile unter dem Gesichtspunkt, sie auf eine Person übertragen zu können, zu Arbeitsgängen zusammengefasst. Dabei ist die Arbeitsmenge (Arbeitspensum) zu beachten, die bei einem „normalen" Leistungsvermögen von Mensch und Sachmittel bewältigt werden kann. Hier liegt somit der Schnittpunkt mit der

Aufgabenverteilung auf den Aufgabenträger, woraus deutlich wird, dass es sich um die unterschiedliche Betrachtung eines Problems handelt. Die Funktion eines Aufgabenträgers besteht aus den zu seiner Aufgabe gehörigen Arbeitsgängen (vgl. Kosiol 1962, S. 211).

Die **zeitliche Synthese** bestimmt die Leistung der einzelnen Aufgabenträger, um die optimale Durchlaufzeit für ein Arbeitsobjekt zu erhalten. Sie umfasst die Reihung von Arbeitsgängen zu Arbeitsgangfolgen, die Taktbestimmung für die Gangfolgen und die Abstimmung der Durchschnittstakte mehrerer Arbeitsgangfolgen. Dabei geht es um die Minimierung organisationsbedingter Lagerbestände (vgl. Kosiol 1962, S. 215).

Die **räumliche Synthese** umfasst die räumliche Anordnung und die Ausstattung der Arbeitsplätze. Damit sollen zum einen innerbetriebliche Transportwege minimiert, zum anderen durch arbeitswissenschaftlich gestützte Arbeitsgestaltung und Sachmittelausstattung das geplante Leistungspotenzial gewährleistet werden.

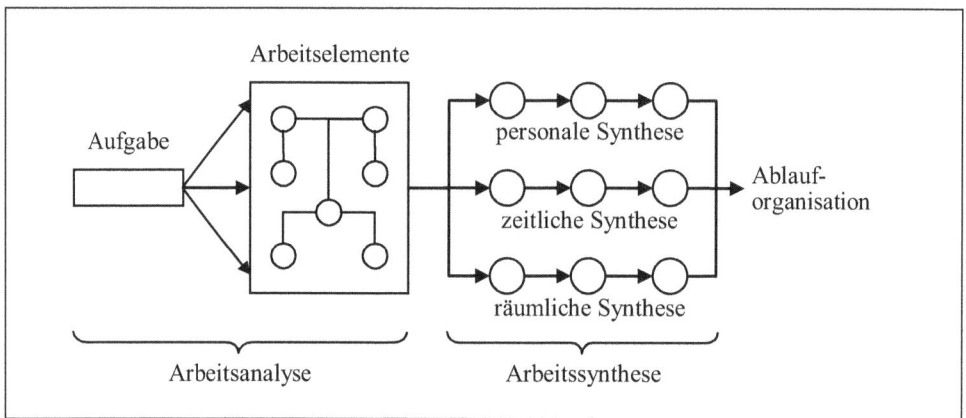

Abb. II.1.8:   Arbeitsanalyse und Arbeitssynthese (vgl. Bleicher 1991, S. 49; Bea/Göbel 2006, S. 266)

Das Analyse-Synthese-Konzept weist eine Reihe von Problemen auf (vgl. Schulte-Zurhausen 2005, S. 46). Es ist nicht nur die Trennung in Aufbau- und Ablauforganisation angesichts der Interdependenzen schwierig, auch die Methodik unterliegt aufgrund der fehlenden Verbindlichkeit erheblichen subjektiven Einflüssen. So führen zum einen unterschiedliche Reihenfolgen in der Anwendung der Merkmale zu divergierenden Analyseergebnissen, zum anderen sind im Zuge der Synthese angesichts der analogen Offenheit keine einheitlichen Ergebnisse zu erzielen.

Die **Ablauforganisation** bildet hier eine der Aufbauorganisation nachgelagerte raumzeitliche Strukturierung. Der Grad der Arbeitsteilung und die Hierarchie sind bereits vorgegeben; es geht nur noch um die optimale Auslastung der Stellen und die Minimierung der Durchlaufzeiten der Objekte. Tendenziell führt das Analyse-Synthese-Konzept zu einer starken Arbeitsteilung, wobei die Merkmale mit Ausnahme des Objekts zu einer funktionalen Spezialisierung führen. Außerdem wird völlig ignoriert, dass (Geschäfts-)Prozesse in der Regel stellenübergreifend sind; so reicht z. B. die Auftragsabwicklung von der Anfrage bis zur Rechnungsstellung, der Material- und Informationsfluss von der Kundenbestellung über die

Produktion bis zur Auslieferung. Diese werden in zahlreiche Arbeitschritte zerlegt und auf verschiedene Personen verteilt, wodurch sich der Koordinations- und Kontrollbedarf erhöht (vgl. Schulte-Zurhausen 2005, S. 48).

1.6.3   Primär- und Sekundärorganisation

Die **Primärorganisation** besteht aus allen Organisationseinheiten (z. B. Stellen, Abteilungen), die durch hierarchische Beziehungen miteinander verbunden sind. Die Grundformen der Primärorganisation werden in erster Linie durch das auf der zweiten Hierarchieebene eines Unternehmens verwendete Merkmal der Arbeitsverteilung (vor allem Funktion und/oder Objekt) gekennzeichnet. Die Organisationsformen der Primärorganisation können von einer Sekundärorganisation überlagert werden. Diese wird notwendig, wenn aufgrund der tendenziell formalen hierarchischen Kommunikation Schnittstellenprobleme nicht hinreichend berücksichtigt sind, die sich z. B. aus Marktinterdependenzen ergeben, oder die auf Routineaufgaben ausgelegte Primärorganisation Defizite bei der Lösung komplexer und innovativer Probleme aufweist (vgl. Schulte-Zurhausen 2005, S. 301).

Unter dem Begriff **Sekundärorganisation** werden hierarchieergänzende und hierarchieübergreifende Organisationsstrukturen verstanden, die eine Primärorganisation überlagern, aber nicht ersetzen. Zum Teil werden sekundäre Organisationsformen für einen beschränkten Zeitraum gebildet oder sind zwar grundsätzlich vorhanden, aber nur zeitlich begrenzt aktiv. Schulte-Zurhausen nennt hier Formen wie Produkt-, Kunden- und Projektmanagement oder strategische Geschäftseinheiten (vgl. 2005, S. 309-330); an anderer Stelle werden auch Ausschüsse, Komitees und ähnliche Gremien, deren Mitglieder nicht ständig zusammenarbeiten, sondern sich nur zu bestimmten Terminen treffen, zur Sekundärorganisation gerechnet (vgl. z. B. Mag 1992; Seidel 1992). In jüngerer Zeit wird die Virtualisierung von Abteilungen vorgeschlagen (vgl. Scholz 2002); diese der Möglichkeit nach bestehenden Organisationseinheiten überlagern ebenfalls die „reale" (Primär-)Organisation.

2 Arbeitsteilung in Unternehmen

2.1 Überblick

Um die zur Erfüllung einer komplexen Unternehmensaufgabe erforderliche Arbeitsteilung zu erreichen, müssen verschiedene Gestaltungsentscheidungen getroffen werden, die sich nicht unabhängig voneinander ergeben, sondern hohe Interdependenz aufweisen. So sind zunächst **Organisationseinheiten** zu bilden, denen man Aufgabenkomplexe, wie sie aus der Aufgabenanalyse und -synthese gewonnen werden, als Teile der Unternehmensgesamtaufgabe zuordnet. Dabei lassen sich nach der Zahl der Personen, die eine Organisationseinheit bilden, Stellen und Stellenmehrheiten unterscheiden.

Im Anschluss daran wird die hierarchische Anordnung der Organisationseinheiten betrachtet, die die Verteilung der Weisungsbefugnisse und die damit gekoppelten formalen Kommunikationsbeziehungen umfasst. Man spricht hier von dem **Leitungssystem** oder auch Liniensystem, da sich die Weisungsbeziehungen im Organigramm als Linien niederschlagen.

Die Kombination dieser Gestaltungsüberlegungen führt zur **Konfiguration**, die dann auch graphisch in einem Organigramm abgebildet wird. Sie stellt die äußere hierarchische Form der Arbeitsteilung dar.

Da den weiteren Ausführungen eher das traditionelle Verhältnis von Aufbau- und Ablauforganisation zugrunde liegt, wird im folgenden Kapitel auf die prozessorientierte Organisationsgestaltung eingegangen (vgl. II.3), um daraus resultierende Unterschiede in der Arbeitsteilung zu verdeutlichen und auf Gemeinsamkeiten hinzuweisen.

2.2 Bildung von Organisationseinheiten

2.2.1 Stellen und Stellenbildung

Als **Stelle** bezeichnet man in der Regel die kleinste selbstständig handelnde Organisationseinheit (vgl. auch Mellewigt 2004). Stellen werden durch Stellenbildung im Rahmen der Organisationsgestaltung auf (längere) Dauer geschaffen. Die Stellenbildung ist grundsätzlich von der Stellenbesetzung zu trennen, bei der es darum geht, den konkreten Stelleninhaber festzulegen (vgl. Scherm/Süß 2003, S. 67-68). Stellen als Vereinigung analytisch gewonnener (Teil-)Aufgabenkomplexe sind im Unterschied zu Arbeitsplätzen nicht an einen Ort gebunden. So kann eine Stelle auf mehreren Arbeitsplätzen ausgefüllt werden (z. B. Springer), oder es können mehrere Personen dieselbe Stelle besetzen (z. B. Schichtarbeit, Job Sharing). Wurde lange Zeit nur der Mensch als Stelleninhaber und die Stelle als ausschließlich personenbezogene Handlungseinheit angesehen, zeigt die technische Entwicklung, dass sich die menschliche Tätigkeit teilweise nur noch auf die Kontrolle und Programmierung des Sachmittels (Maschine) beschränken und die Maschine als ein die Stelle bestimmendes Merkmal in den Vordergrund treten kann.

Nach dem Kriterium des Rangs der Verrichtung bzw. dem Entscheidungszusammenhang kann man Leitungsstellen (Instanzen) und Ausführungsstellen unterscheiden. Neben die horizontale Arbeitsteilung tritt somit eine vertikale Arbeitsteilung, die sich aus dem Koordinationsbedarf ergibt, der durch die Arbeitsteilung entsteht.

Instanzen sind mit besonderen Rechten (Entscheidungs- und Weisungsbefugnisse) und Pflichten (Verantwortung) ausgestattet (vgl. Kieser/Walgenbach 2003, S. 89-91). Entscheidungsbefugnisse oder -kompetenzen kennzeichnen das Recht, für das Unternehmen verbindliche Entscheidungen nach innen und außen zu treffen. Weisungsbefugnisse oder Anordnungsrechte bestehen gegenüber anderen Stellen(-inhabern) sowohl hinsichtlich der im Rahmen der jeweiligen Stellenaufgabe durchzuführenden Aktivitäten (fachliche Ebene) als auch in disziplinarischer Hinsicht, d. h. dem Recht, Verhalten zu kontrollieren, zu beurteilen und zu belohnen bzw. zu bestrafen.

Daneben übernehmen Instanzen Verantwortung über die eigenen Entscheidungen hinaus; sie haben somit die Pflicht, Rechenschaft über die Erfüllung der Aufgaben in ihrem Aufgabenbereich, d. h. auf den zugeordneten Ausführungsstellen, abzulegen. Verantwortung kann jedoch nur verlangt werden, wenn eine Einflussmöglichkeit auf Entscheidungen, d. h. eine entsprechende Entscheidungsbefugnis gegeben ist (vgl. Bühner 2004, S. 63). Wird dem **Kongruenzprinzip**, das eine Übereinstimmung von Aufgabe, Kompetenz und Verantwortung ausdrückt, nicht entsprochen, kann es zu schwerwiegenden Folgen kommen, z. B. zum „Frühstücksdirektor" (Aufgaben ohne Kompetenzen) oder „Sündenbock" (Verantwortung ohne Aufgaben und Kompetenzen). Bis auf die oberste Instanz, die nur als solche gebildet wird, und die unterste Hierarchieebene, auf der nur Ausführungsstellen existieren, sind auf allen anderen Stellen neben leitenden auch ausführende Aufgaben zu erfüllen.

Ausführungsstellen haben demgegenüber keinerlei Weisungsbefugnisse. Sie umfassen nur Ausführungsaufgaben und handeln auf Weisung der Instanz. Entscheidungen werden hier lediglich im Rahmen der eingeräumten Entscheidungsspielräume bei der Erfüllung ihrer Aufgaben getroffen. Dafür haben sie auch Verantwortung zu tragen. Zusammen mit den Instanzen bilden sie die so genannte Linie (vgl. Schulte-Zurhausen 2005, S. 171).

Stabsstellen dienen der Entlastung und Unterstützung einer Instanz und sind dieser klar zugeordnet; sie dienen nur indirekt der Erfüllung der Gesamtaufgabe und gehören deshalb nicht zur Linie. Aufgaben liegen vor allem in der Analyse von Entscheidungsproblemen, der Beschaffung von Informationen und der Erarbeitung von Lösungsvorschlägen (vgl. Neuwirth

2004). Davon zu trennen sind **Dienstleistungsstellen**, die zwar auch unterstützende Aufgaben haben, aber von mehreren Instanzen in Anspruch genommen werden können (z. B. Organisationseinheiten für rechtliche Fragen, Datenverarbeitung oder Berichtswesen).

Die **Stellenbildung** erfolgt im Rahmen der Aufgabensynthese, d. h. der Zusammenfassung von Teilaufgaben zu Aufgabenkomplexen. Hierbei lassen sich vier Bezugspunkte unterscheiden, nach denen Teilaufgaben zu einer Stelle zusammengefasst werden können (vgl. Thom 1992; Mellewigt 2004):

- Aufgaben
- Aufgabenträger (Personen oder Sachmittel)
- Beziehungen/Interdependenzen
- gesetzliche Normen

Bei der **aufgabenbezogenen Stellenbildung** (ad rem) wird von den konkreten Aufgabenträgern (Mensch, Sachmittel) abstrahiert. Es werden Aufgaben mit gleichen Merkmalen (z. B. gleichartige Verrichtungen, Bearbeitungsobjekte) zusammengefasst und auf einen gedachten Aufgabenträger zugeordnet. Dabei orientiert man sich hinsichtlich des Umfangs der Arbeitsaufgabe – vor allem im Fertigungsbereich – häufig an der so genannten Normalleistung eines Mitarbeiters. Eine weitere Orientierung bieten Berufsbilder, wie sie sich z. B. aus Ausbildungsordnungen ergeben. Das erleichtert die Besetzung von Stellen und lässt einen einfacheren Wechsel der Stelleninhaber zu.

Wählt man bei der **aufgabenträgerbezogenen Stellenbildung** den Menschen als Bezugspunkt (ad personam), ohne dass auf eine bestimmte Person abgestellt wird, stehen Aspekte der Motivation, Identifikation und Humanisierung der Arbeitswelt im Vordergrund (vgl. Bühner 2004, S. 71). Für sehr spezifisch qualifizierte, oft hierarchisch hoch angesiedelte Mitarbeiter wird auch eine individuelle Aufgabenkombination gebildet, um deren Potenzial für das Unternehmen optimal nutzen zu können. Bildet ein Sachmittel wie z. B. ein Industrieroboter oder eine numerisch gesteuerte Werkzeugmaschine den Bezugspunkt (ad instrumentum), bestimmen dessen konstruktive Besonderheiten sowie sich daraus ergebende Aufgabenerfüllungen und Abläufe die Zusammenfassung von Aufgaben.

Die **interdependenzbezogene Stellenbildung** zielt auf die Minimierung der Beziehungen zu anderen Stellen. Dadurch soll eine maximale Unabhängigkeit der Stelle bei der Aufgabenerfüllung erreicht werden. Hier besteht die Möglichkeit, Aufgaben, Kompetenzen und Verantwortung kongruent zu gestalten und klar von anderen Stellen abzugrenzen, wodurch Erfolg und Fehler eindeutiger zurechenbar sind. Bei der Art der Beziehungen zu anderen Stellen kann es sich um horizontale Interdependenzen (zwischen gleichrangigen Stellen) und vertikale Interdependenzen (zwischen über- und untergeordneten Stellen) handeln, wobei die anderen Stellen sowohl im Unternehmen als auch außerhalb verortet sein können (vgl. Bühner 2004, S. 71-73).

Stellenbildung aufgrund gesetzlicher Normen erfolgt dann, wenn sich aus diesen ein unmittelbarer Auftrag dazu ergibt. Dies ist insbesondere bei Gesetzen oder Verordnungen der Fall, die eine Einsetzung von Beauftragten vorschreiben (z. B. Arbeitssicherheits-, Datenschutz-, Abfall-, Strahlenschutz- und Gleichstellungsbeauftragte). Es sind hier aber auch der mehrpersonale Vorstand einer Aktiengesellschaft, Betriebsräte, Jugendvertreter und Betriebsärzte zu nennen.

Den verschiedenen Bezugspunkten darf bei der Stellenbildung nicht uneingeschränkt gefolgt werden. So besteht beispielsweise bei einer ausschließlich ad personam erfolgten Stellenbildung die Gefahr, dass ein Rest an unverteilten Aufgaben übrig bleibt. Diese Aufgabenreste müssen dann einem anderen Kriterium folgend zugeordnet werden (z. B. ad rem), damit die Gesamtaufgabe des Unternehmens erfüllt werden kann.

Neben den Bezugspunkten spielt bei der Stellenbildung der Grad und die Art der Spezialisierung eine wichtige Rolle (vgl. Kieser/Walgenbach 2003, S. 78-87; Alewell 2004; Bea/Göbel 2006, S. 270-272). Der **Grad an Spezialisierung** resultiert aus der Zahl der Organisationseinheiten, die unterschiedliche Aufgaben erfüllen. Die **Art der Spezialisierung** gibt die inhaltliche Ausrichtung der Stellen an. Sie kann erfolgen nach Verrichtungen (z. B. Drehen, Bohren, Fräsen, Buchhalten, Textverarbeiten), die an verschiedenen Objekten gemacht werden, nach Objekten (z. B. Produkt(teil)en, Kunden), an denen verschiedene Verrichtungen durchgeführt werden, oder dem Rang, indem Leitungs- und Ausführungsaufgaben getrennt werden. Letzteres schlägt sich in der Entscheidungs(de)zentralisation nieder.

Die wesentlichen Vorteile einer (hohen) Spezialisierung liegen in der Ersparnis von Zeit sowie der Senkung von Einsatzmengen und Kosten durch Größeneffekte sowie Übung, Erfahrung und Lernen im Zeitablauf. Hinzu kommen geringere Anforderungen an den Stelleninhaber und damit ein eignungsgerechterer Einsatz von Mitarbeitern oder der Einsatz geringer qualifizierter (und entlohnter) Mitarbeiter und kostengünstigerer Sachmittel. Nachteile ergeben sich aus den längeren innerbetrieblichen Transportwegen, der erschwerten Information und Kommunikation zwischen den Stellen und dem höheren Koordinationsbedarf. Wachsende Monotonie und Entfremdung von der Arbeit verringern die Arbeitszufriedenheit und gefährden die Motivation.

Den schriftlich fixierten Output der Stellenbildung bildet die **Stellenbeschreibung**, die Stellenbezeichnung, hierarchische Einordnung, Aufgaben, Kompetenzen und Verantwortung dokumentiert. Zudem sind horizontale Beziehungen (z. B. Kooperationserfordernisse, Informationsrechte und -pflichten) und mitunter Anforderungen an den Stelleninhaber fixiert. Erfolgt das in detaillierter und aktueller Weise, ist eine Grundlage für die Personalbedarfsermittlung und Stellenbesetzung gegeben (vgl. Abb. II.2.1). Die Form und der Detaillierungsgrad von Stellenbeschreibungen sind sehr unterschiedlich (vgl. Höhn 1979; Oelsnitz 2000, S. 81).

Stellenbeschreibungen bewirken Transparenz und Klarheit (z. B. bezüglich Aufgaben, Kompetenzen, Verantwortung, Stellvertretung) für den Stelleninhaber und andere Beteiligte (Vorgesetzter, Personalabteilung, Kollegen) und erleichtern die Abstimmung mit anderen Stellen (vgl. Bühner 2004, S. 48-49). Sie können außerdem als Informationsgrundlage für die Leistungsbeurteilung, die Einarbeitung neuer Mitarbeiter oder bei Rationalisierungsvorhaben herangezogen werden. Jedoch verursachen Stellenbeschreibungen einen hohen Aufwand bei der Einführung und der ständigen Aktualisierung. Insbesondere in einer dynamischen Umwelt können stark detaillierte Stellenbeschreibungen statisch wirken, das Verhalten der Unternehmensmitglieder formalisieren und dadurch Anpassungsprozesse behindern.

Schema einer Stellenbeschreibung

I.   **Stellenbezeichnung:** Leiter des Verkaufs

II.   **Dienstrang:** Direktor

III. **Unterstellung:** Geschäftsführer als Disziplinarvorgesetzter

IV.   **Überstellung:**
      A: *In Linienfunktion:* Leiter der Verkaufsabteilungen In- und Ausland, der Versand-, Kundendienst- und Marketingabteilung.
      B: *In Stabsfunktion:* Leiter der Marketing- und der Werbeabteilung.
      C: *In Linien-, Stabs- und Dienstleistungsfunktion:* Sekretärin.

V.   **Ziel der Stelle:**
      Der Stelleninhaber hat eine Verkaufsorganisation auf- und auszubauen und das Verkaufsgeschäft unter optimalem Einsatz aller ihm zur Verfügung stehenden Verkaufsinstrumente so zu steuern, dass die von der Unternehmensleitung festgelegten Marktziele mit dem größtmöglichen Gewinn auf Dauer erreicht werden. Dabei hat er seine Mitarbeiter so zu führen, dass er deren Initiative und Mitdenken dem Unternehmen nutzbar macht.

VI.   **Stellvertretung:**
      Er wird vertreten durch seinen hauptamtlichen Stellvertreter und vertritt seinerseits nebenamtlich den Leiter der Verkaufsabteilung Inland.

VII. **Aufgabenbereich:**
      A: *In Linienfunktion:*
         1. **Verkaufspolitik:** Er entscheidet über Zeitpunkt und Aktionsprogramm zur Einführung neuer Produkte.
         2. **Verkauf:** Er trifft die Grundsatzentscheidungen über die Verkaufsförderung, Preisnachlässe und Lieferungen von Mustern.
         3. **Personal:** Er entscheidet über Einstellung, Entlassung und Versetzung von Außen- und Innendienstmitarbeitern bis zum Rang eines Abteilungsleiters, Aus- und Weiterbildung von Außendienstmitarbeitern und die Richtlinien der Entlohnung.
         4. **Verwaltung:** Er entscheidet über die Anschaffung von Organisationsmitteln für die ihm unterstellten Bereiche.
      B: *In Stabsfunktion:* Er berät den Geschäftsführer bei Festlegung der Einzelziele im Bereich Verkauf, bei der Entscheidung über die Einführung neuer und die Aufgabe alter Produkte und unterbreitet ihm Vorschläge für das Schulungsprogramm im Bereich Verkauf.
      C: *Nach außen wahrzunehmende Aufgaben:* Er besucht ausgewählte Kunden zu Kontaktzwecken und verhandelt mit Finanzierungsinstitutionen wegen Sonderfragen der mittelfristigen Finanzierung im Auslandsgeschäft.

VIII. **Besondere Befugnisse:**
      Er unterschreibt seine Post als Einzelprokurist, kann Geschäftsreisen bis zu einer Reisedauer von 7 Tagen ohne Genehmigung durchführen, verfügt über einen Geschäftswagen und unterliegt nicht der im Unternehmen allgemein üblichen Arbeitszeit.

Abb. II.2.1:   Stellenbeschreibung (vgl. Höhn 1979, S. 302-317; Bühner 2004, S. 47-48)

Eine hohe Arbeitsteilung und die daraus resultierende Monotonie können die Identifikation mit der Arbeit beeinträchtigen, Motivationsprobleme schaffen und zu einseitiger geistiger und körperlicher Belastung führen. So wurde in den 1970er Jahren unter dem Stichwort „Humanisierung der Arbeit" verstärkt darüber diskutiert, wie die Arbeitsbedingungen besser an die Bedürfnisse der Menschen angepasst werden können (vgl. Kreikebaum 1977, S. 481).

Auch inhaltstheoretische Ansätze zur Motivation (vor allem die Zweifaktorentheorie; vgl. Herzberg 1970) machten deutlich, dass nach tayloristischen Prinzipien gestaltete Arbeitssysteme die Menschen kaum motivieren können (vgl. Weibler 2001, S. 215-217).

Um eine Überspezialisierung zu vermeiden, gibt es zwei grundsätzliche Maßnahmen der **Generalisierung** (vgl. Schulte-Zurhausen 2005, S. 156): zum einen die Erweiterung des Tätigkeitsspielraums im Sinne einer Generalisierung auf horizontaler Ebene, zum anderen die Erweiterung des Entscheidungs- und Kontrollspielraums und damit die Reduktion vertikaler Spezialisierung. Aus der Erweiterung von Tätigkeits- sowie Entscheidungs- und Kontrollspielraum folgt ein größerer Handlungsspielraum.

Im Wesentlichen lassen sich drei generalisierende arbeitsorganisatorische Konzepte unterscheiden, die sich auf die Stelle bzw. den Stelleninhaber beziehen (vgl. Ridder 2004, Sp. 31; Schulte-Zurhausen 2005, S. 157-159; auch Abb. II.2.2):

- Job rotation (planmäßiger Arbeitswechsel)
- Job enlargement (Arbeitserweiterung)
- Job enrichment (Arbeitsbereicherung)

Bei **Job rotation** werden in einem vorgegebenen oder auch selbst gewählten Rhythmus Arbeitsplätze mit strukturell gleichartigen Arbeitsaufgaben gewechselt. Die Arbeitsinhalte werden dabei nicht verändert. Dieser Arbeitswechsel kann bei so genannten Springern kurzfristig erfolgen, um auf Ausfälle rasch zu reagieren, oder innerhalb einer Arbeitsgruppe nach festgelegtem Plan, um Monotonie und einseitige Belastungen zu verringern und die Flexibilität zu erhöhen. Er ist aber auch als langfristig geplante Entwicklungsmaßnahme (z. B. Traineeprogramm) möglich, um einen besseren Überblick über das gesamte Arbeitsgeschehen zu gewinnen (vgl. Scherm/Süß 2003, S. 108-109). Job rotation erweitert den Tätigkeitsspielraum und lässt die vertikale Arbeitsteilung weitgehend unverändert.

Job enlargement steht für eine Aufgabenerweiterung auf der eigentlichen Stelle durch Zusammenführung mehrerer strukturell gleichartiger oder ähnlicher Aufgaben. Das Anforderungsniveau der Stellenaufgaben wird nicht wesentlich verändert. Dieses ermöglicht Aufgabenträgern, in einem veränderten Arbeitszyklus zusätzliche, zuvor von mehreren Personen wahrgenommene, jedoch nicht höherwertige Aufgaben zu übernehmen. Der qualitative Aspekt der Arbeitsverteilung wird dadurch nicht beeinflusst. Eine sehr starke Aufgabenerweiterung kann jedoch den Übergang von einer verrichtungsorientierten zu einer objektorientierten Stelle bedeuten. Beispielsweise ist ein Sachbearbeiter im Einkauf nicht wie bisher nur für Bestellungen, sondern auch für das Einholen von Angeboten, die Terminverfolgung bei den Bestellungen und die Aktualisierung der Lieferantendaten zuständig. Das Konzept bietet mehr Abwechslung und die Möglichkeit des Erwerbs zusätzlicher (gleichwertiger) Fähigkeiten und Kenntnisse. Es ist eine bessere Identifikation mit dem Arbeitsergebnis möglich und die einseitigen Belastungen gehen zurück. Der Arbeitsablauf kann jedoch auch hier nicht beeinflusst werden. Im Gegensatz zum planmäßigen Arbeitswechsel sind arbeitsorganisatorische Änderungen notwendig.

Job enrichment steht für eine Ergänzung der Arbeit mit anspruchsvolleren Aufgaben im Zuge der vertikalen Integration von ausführenden, planenden und/oder kontrollierenden

Tätigkeiten. In erster Linie geht es dabei um die Erweiterung bestehender Realisationsaufgaben durch zugehörige Entscheidungs- und Kontrollaufgaben. Fremdkontrolle wird teilweise durch Selbstkontrolle ersetzt und die Arbeitsteilung in horizontaler und vertikaler Richtung verringert. Tendenziell entsteht dadurch eine ganzheitlichere (integrative) Arbeitsform. Dem oben als Beispiel angesprochenen Sachbearbeiter im Einkauf wird in diesem Fall auch die Auswahl der Lieferanten bis zu einem bestimmten Einkaufswert sowie die Reklamation bei Qualitätsproblemen übertragen. Mitarbeiter haben die Möglichkeit, der Planung und Gestaltung ihres Arbeitsablaufs. Sind sie dazu grundsätzlich bereit und geeignet, lassen sich hiermit die größten positiven Effekte hinsichtlich Eigenverantwortung und Motivation erzielen. Qualifizierungsmaßnahmen, Ausstattung der Arbeitsplätze und die erforderliche Höhergruppierung der Mitarbeiter können jedoch erhebliche Kosten verursachen. Ebenso wie bei einem Job enlargement sind organisatorische Änderungen notwendig.

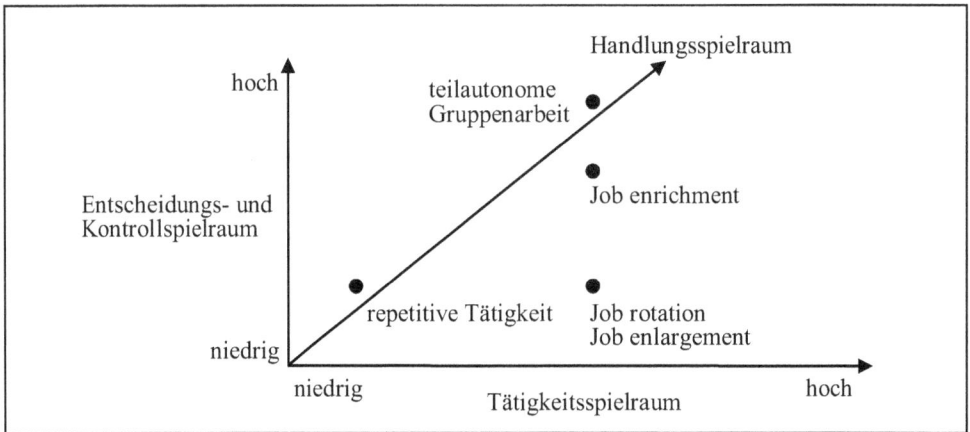

Abb. II.2.2:   Organisatorische Maßnahmen der Generalisierung (vgl. Schulte-Zurhausen 2005, S. 157)

In Anschluss an die organisatorische Stellenbildung hat die personalwirtschaftliche **Stellenbesetzung** zu erfolgen (vgl. Scherm/Süß 2003, S. 67-68). Handelt es sich nicht um eine Stelle, die bereits auf eine Person zugeschnitten wurde (Stellenbildung ad personam), muss eine möglichst gute Übereinstimmung zwischen dem Qualifikationsprofil des Stelleninhabers und dem Anforderungsprofil, das sich aus der Stellenaufgabe ableitet, erreicht werden. Qualifikationsdefizite sind gegebenenfalls im Zuge der Einarbeitung oder durch Personalentwicklungsmaßnahmen zu beseitigen. Die Besetzung mit einem überqualifizierten Mitarbeiter sollte nur eine vorübergehende Lösung darstellen, da der demotivierende Effekt beträchtlich sein kann. Neben den Zielen des Unternehmens sind bei der Stellenbesetzung aus motivationalen Gründen auch die Ziele des Mitarbeiters zu berücksichtigen (vgl. Bühner 2004, S. 74).

2.2.2   Stellenmehrheiten: Zusammenfassung von Stellen

2.2.2.1   Abteilung und Abteilungsbildung

Durch die Zusammenfassung von Stellen zu einer Organisationseinheit entstehen Stellenmehrheiten. Für diese gibt es entsprechend ihrer unterschiedlichen Aufgaben ein Spektrum an Bezeichnungen, die weder in der Literatur noch in der Praxis einheitlich verwendet werden. Beispiele sind Abteilung, Gruppe, Team, Ausschuss, Kollegium, Kommission, Gremium, Konferenz oder Workshop.

Die größte Einigkeit herrscht noch hinsichtlich der **Abteilung**. Sie wird als eine dauerhafte Zusammenfassung von Stellen unter einer Leitungsstelle verstanden (vgl. z. B. Bühner 2004, S. 82-84; Picot/Dietl/Franck 2005, S. 231). Die Leitung kann aus einer Person (Singularinstanz) oder mehreren Personen (Pluralinstanz) bestehen. Werden nicht Stellen, sondern größere Organisationseinheiten (z. B. Abteilungen) in analoger Form zusammengefasst und einer einheitlichen Leitung unterstellt, entstehen Hauptabteilungen oder Unternehmensbereiche. Durch diesen Vorgang der Abteilungsbildung bekommt ein Unternehmen eine mehrstufige vertikale Struktur (Hierarchie).

Grundsätzlich lassen sich mehrere Anlässe der **Abteilungsbildung** unterscheiden (vgl. Schulte-Zurhausen 2005, S. 205; auch Kieser 1992, Sp. 57-58):

- Mit zunehmender Unternehmensgröße und Arbeitsteilung stößt die Leitungskapazität der Unternehmensleitung nicht zuletzt aufgrund der beschränkten kognitiven Fähigkeiten des Einzelnen an Grenzen. Aus diesem Grund werden zwischen der Unternehmensleitung und den Ausführungsstellen Instanzen als weitere Hierarchiestufe(n) eingeschoben und Abteilungen gebildet. Mit der dauerhaften Abgabe von Entscheidungs- und Weisungskompetenzen an die Abteilungsleitung (Delegation) geht eine Entlastung der übergeordneten Instanz einher (top-down approach).

- Umgekehrt entstehen durch die Zusammenfassung von Stellen zu Abteilungen relativ geschlossene Verantwortungsbereiche, innerhalb derer sich die Koordination zwischen den einzelnen Stellen vereinfacht (bottom-up approach).

- Daneben werden Abteilungen jedoch auch gebildet, um die Bedeutung bestimmter Aufgaben hervorzuheben und/oder eine unabhängige Wahrnehmung dieser Aufgaben zu gewährleisten, auch wenn der Aufgabenumfang die Einordnung in eine andere Abteilung nahe legen würde. Beispiele hierfür sind der Aufbau einer Abteilung für Öffentlichkeitsarbeit in Unternehmen mit umweltkritischen Aktivitäten oder auf politischer Ebene die Bildung des Ministeriums für Verbraucherschutz als Reaktion auf Skandale um Lebensmittelverunreinigungen. Aus Sicht der Mitglieder einer Abteilung hat deren Bildung die Funktion, die Komplexität des internen Kontextes zu reduzieren und die Identifikation mit einer überschaubareren Aufgabe zu ermöglichen. Das kann zwar die Motivation positiv beeinflussen, gleichzeitig können aber Abteilungsegoismen und Konflikte zwischen den Abteilungen entstehen, die den Koordinationsaufwand erhöhen.

Bei der Abteilungsbildung sind in erster Linie zwei Organisationsprinzipien zu berücksichtigen: (1) Dem **Homogenitätsprinzip** entsprechend empfiehlt es sich, in Abteilungen Stellen zusammenzufassen, deren Aufgaben eine hohe „Zusammengehörigkeit" aufweisen (Schulte-Zurhausen 2005, S. 208), d. h. gleichartig und interdependent sind. Dadurch erfolgt der größtmögliche Teil der Kommunikation und Abstimmung abteilungsintern, während der abteilungsübergreifende Koordinationsaufwand reduziert ist. Aufgaben können dann innerhalb einer Abteilung so unabhängig wie möglich von anderen Abteilungen bearbeitet werden. Die Koordination zwischen Stellen verschiedener Abteilungen erfolgt über die Instanzen dieser Abteilungen (vgl. Kieser/Walgenbach 2003, S. 91-92). (2) Das **Beherrschbarkeitsprinzip** fordert, die Abteilung nur so groß zu bilden, dass die Abteilungsleitung ihren Leitungsaufgaben angemessen nachkommen kann.

Die **Bildung von Abteilungen** erfolgt analog der Stellenbildung im Wesentlichen nach zwei Kriterien (vgl. Kieser 1992, Sp. 61):

- Gruppierung nach Funktionen bzw. Verrichtungen (z. B. Einkauf, Produktion, Verkauf)
- Gruppierung nach Objekten (z. B. Produkte, Kunden, Regionen)

Bei der Abteilungsbildung nach **Funktionen** werden Stellen zusammengefasst, die gleiche oder ähnliche Funktionen (Verrichtungen) ausüben. Diese Spezialisierung führt zum Einsatz gleichartig qualifizierten Personals und der Nutzung ähnlicher Methoden und Sachmittel. Die Abteilungsbildung nach **Objekten** bedeutet einen Zusammenschluss von Stellen, die mit denselben Produkten, Dienstleistungen oder Kunden, aber auch Regionen zu tun haben. Die Entscheidung, nach welchem Kriterium Abteilungen gebildet werden, erfordert eine sorgfältige Analyse, inwieweit Aufgaben zusammengehören und von anderen unabhängig sind.

Einen wesentlichen **Einflussfaktor** stellt hier die Strategie des Unternehmens dar. Da das Gruppierungskriterium die primäre Orientierung der Abteilung bei der Aufgabenerfüllung festlegt (Verrichtungen, Kunden, Produkte oder Regionen), muss dieses mit den Strategien auf Unternehmensebene, aber auch auf Geschäftsfeld- bzw. Wettbewerbsebene kompatibel sein. Grundsätzlich kann auf jeder Hierarchieebene ein anderes Kriterium zur Gruppierung von Organisationseinheiten herangezogen werden (vgl. Kieser/Walgenbach 2003, S. 93-96).

Die Größe einer Abteilung wird neben den Gruppierungsüberlegungen durch die **Leitungsspanne** der Instanz bestimmt. Sie drückt die Anzahl der unmittelbar unterstellten Personen aus; teilweise wird der Begriff Kontrollspanne synonym verwendet. Die Aussagen zur maximalen oder optimalen Leitungsspanne in der Literatur streuen beträchtlich, so dass keine verbindliche Aussage gemacht werden kann.

Im Allgemeinen nimmt die Leitungsspanne in der Hierarchie von oben nach unten zu, wird dabei aber vor allem von zwei Aspekten bestimmt: Zum einen darf sie nur so groß sein, dass noch eine ausreichende Koordination und Kontrolle möglich ist; deshalb hängt sie wesentlich von der Leitungskapazität des Vorgesetzten in qualitativer und quantitativer Hinsicht ab. Zum anderen beeinflussen die Häufigkeit und Dauer der Nutzung der Leitungsbeziehungen durch die Mitarbeiter die Leitungsspanne. Beide Aspekte sind vor allem von den Aufgabenmerkmalen, der Qualifikation der Beteiligten, dem Führungsstil bzw. der Partizipation der Mitarbeiter und der informationstechnischen Ausstattung bestimmt.

2.2.2.2   Gruppe und Team

Als **Gruppe** wird in der Regel eine überschaubare Anzahl von Personen angesehen, die über einen längeren Zeitraum in relativ häufiger, direkter Interaktion zueinander stehen. In der Folge ergeben sich Verhaltensregelmäßigkeiten (Konformität), besondere Einstellungen (z. B. Wir-Gefühl) und gruppeninterne Strukturen (Rollen-, Kommunikations- und Autoritätsstruktur) (vgl. Wiswede 1992, Sp. 736; Rosenstiel 2003, S. 274). Entstehen durch längere Interaktion ein besonders starker Zusammenhalt und eine ausgeprägte Kooperationsbereitschaft, spricht man auch von einem **Team**. Aufgrund des fließenden Übergangs wird hier auf diese Differenzierung verzichtet (vgl. Antoni 2004, Sp. 380). Durch Gruppenbildung kann neben den organisatorischen Erfordernissen der Aufgabenteilung bzw. Aufgabenerfüllung, individuellen Bedürfnissen Rechnung getragen werden.

Formale Gruppen werden in Unternehmen als Stellenmehrheit der Primärorganisation gebildet, um ihnen eine Arbeitsaufgabe zur gemeinsamen Erfüllung zu übertragen. Die Koordination erfolgt dabei auf dem Wege der Selbstabstimmung; eine Gruppe leitet und kontrolliert sich selbst. Darin liegt der zentrale Unterschied zur hierarchisch aufgebauten Abteilung. Wie bei anderen Stellenmehrheiten sind Entscheidungen über die Größe und Zusammensetzung der Gruppe sowie den Umfang der auf sie übertragenen Kompetenzen zu treffen (vgl. Wiswede 1992, Sp. 739-744).

Informale Gruppen bilden sich demgegenüber spontan und in Abweichung von der formalen Organisation, die sich im Organigramm widerspiegelt. Sie sind Ausdruck der individuellen Bedürfnisse, die durch die Arbeit selbst und die formale Organisation nicht befriedigt werden (vgl. dazu Schanz 1994, S. 250-253). Aus diesem Grund sollte geprüft werden, inwieweit informale Strukturen im Zuge der Gestaltung formaler Organisationsstrukturen zu berücksichtigen sind.

Eine generelle Antwort auf die Frage, ob Gruppenarbeit der Einzelarbeit vorzuziehen ist, kann nicht gegeben werden (vgl. Antoni 2004, Sp. 383-385). Als Determinanten der Gruppenleistung können vor allem die Gruppengröße, die Gruppenstruktur (z. B. Rollendifferenzierung, Kommunikationsstruktur), die Zusammensetzung der Gruppe (Homogenität/Heterogenität bzw. Komplementarität der Mitglieder), die Gruppenkohäsion und das Gruppenklima sowie die Art der Aufgabe gesehen werden. Es sind aber keine eindeutigen Aussagen möglich. So kann beispielsweise eine hohe Kohäsion statt der höheren Gruppenproduktivität zur Folge haben, dass kein Mitglied bestimmte Leistungswerte überschreitet, selbst wenn dies individuell möglich wäre. Ebenso können Vorteile bei der Lösung komplexer Aufgaben durch negative Gruppenprozesse (z. B. Gruppendruck, Prestigedenken, Dominanz einzelner Mitglieder) zunichte gemacht werden.

Eine spezielle Form der Gruppe stellt die **teilautonome Arbeitsgruppe** dar. Sie kann als Fortentwicklung des Job enrichment gesehen werden. Die teilautonome Arbeitsgruppe (6 bis 20 Mitglieder) hat zusammenhängende Aufgabenvollzüge eigenverantwortlich zu erfüllen (z. B. komplexes Produkt bzw. Dienstleistung und Unterstützungsaufgaben) und verfügt über bestimmte – vormals auf höheren hierarchischen Ebenen angesiedelte – Planungs-, Entscheidungs- und Kontrollkompetenzen (vgl. Bartölke 1992, Sp. 2385). Zusätzlich zu den Freiräu-

men des Job enrichment hat sie je nach Autonomiegrad Einfluss auf die Gestaltung von Arbeitsteilung, Arbeitsverfahren, Zeiteinteilung und Gruppenstruktur (vgl. Antoni 1996, S. 28).

Durch die Mitbestimmungsmöglichkeit, die Gruppenzugehörigkeit und die größeren Freiräume bei der Arbeitsgestaltung sollen positive Effekte hinsichtlich der Motivation und Zufriedenheit auftreten. Daneben gehen die Hoffnungen dahin, durch Selbstabstimmung und
Lernen innerhalb der Arbeitsgruppe die Effektivität und Effizienz sowie die individuelle
Flexibilität zu steigern (vgl. Bartölke 1992, Sp. 2394-2395).

Für die Einführung teilautonomer Arbeitsgruppen, die sich vor allem im Fertigungsbereich
finden, müssen verschiedene Voraussetzungen erfüllt sein. Unabdingbar ist dabei die Bereitschaft der Meister, als Teammitglied zu arbeiten und Kompetenzen abzugeben. Mitarbeiter
müssen umgekehrt gewillt und in der Lage sein, diese Entscheidungsbefugnisse und die
damit verbundene Verantwortung zu übernehmen. Während der ehemalige Vorgesetzte eher
koordinierend und konfliktlösend wirkt, haben sich ehemals weisungsgebundene Mitarbeiter
neuen Qualifikationsanforderungen (vor allem soziale Kompetenz) zu stellen. Dabei ist nicht
nur der Aufbau dieser Kompetenzen mit Kosten verbunden, auch die aufgrund der höheren
Qualifikationen steigenden Löhne und die notwendigen Investitionen infolge der Änderung
der Arbeitsorganisation dürfen nicht übersehen werden (vgl. Mangler 2000, S. 134-135;
Schmidt 2002, S. 57-58).

Über die Verbreitung teilautonomer Arbeitsgruppen gibt es wenige Informationen. Jedoch
dürfte nur eine geringe Anzahl von Arbeitsplätzen nach diesem Prinzip organisiert sein. Eine
mögliche Ursache hierfür können die Bedenken von Entscheidungsträgern bezüglich der
Enthierarchisierung der Organisation sein (vgl. Bartölke 1992, Sp. 2396). Über den Erfolg
teilautonomer Arbeitsgruppen in der Praxis liegen demgegenüber zahlreiche Studien vor, die
jedoch keine eindeutigen Aussagen liefern (vgl. Antoni 1996). So können zwar erhöhte Produktivität und humanere Arbeit die Folge sein, aber das muss sich nicht durchgängig und
keineswegs automatisch einstellen. Untersuchungen zeigen, dass „sich strukturelle Veränderungen und die Entwicklung individueller Einstellungen und Kompetenzen ergänzen und auf
das organisationale Umfeld abgestimmt sein müssen, damit sich Gruppenarbeit erfolgreich
entfalten (...) kann" (Antoni 1996, S. 246).

2.2.2.3   Ausschüsse

Ausschüsse sind organisatorische Einheiten der Sekundärorganisation, die zur Unterstützung
(von organisatorischen Einheiten) der Primärorganisation eingesetzt werden. Die Begriffe
Gremium, Kollegium, Komitee oder Kommission werden ähnlich verwendet (vgl. Kahle
2004). Für die Arbeitsform der Ausschüsse finden sich Bezeichnungen wie Konferenz, Be-
sprechung, Tagung oder Sitzung.

Ausschüsse bilden sich aus zwei oder mehr Mitgliedern, die aus unterschiedlichen Bereichen
der Primärorganisation kommen. Sie haben keine formal-hierarchische Struktur und treten
kurzfristig und fallweise für befristete (Spezial- oder Sonder-)Aufgaben zusammen. Die
Folge sind eine breite Informationsbasis und eine direkte Kommunikation, durch die sich die
Koordination stark vereinfacht. Ausschüsse lassen sich sehr flexibel gestalten; sie können

bedarfsorientiert gebildet, abgewandelt und aufgelöst werden, ohne dadurch das Stellengefüge der Primärorganisation zu verändern. Aufgrund der engeren menschlichen Beziehungen über Abteilungsgrenzen hinweg, kann die Motivation der Mitglieder positiv beeinflusst werden. Jedoch bergen gegebenenfalls zeitraubende Diskussionen und unbefriedigende Ergebnisse auch die Gefahr der Demotivation (vgl. Bea/Göbel 2006, S. 281).

Eine **Klassifizierung von Ausschüssen** ist nach verschiedenen, auch kombinierbaren Kriterien möglich (vgl. Mag 1992, Sp. 254):

- Gegenstand der Ausschussarbeit: z. B. Beschaffung, Absatz, Finanzen oder Investition
- Zusammensetzung der Mitglieder: horizontal (funktionsübergreifend auf gleicher Hierarchiestufe), vertikal (hierarchieübergreifend in einer Funktion) oder lateral (unterschiedliche Organisationsbereiche und Hierarchiestufen)
- Dauer des Einsatzes: befristet für Sonderaufgaben (z. B. Planung eines neuen Werks) oder unbefristet für Spezialaufgaben (z. B. Arbeitskreis Qualitätssteigerung/-sicherung)
- Stellung im Managementprozess: Planungs-, Entscheidungs-, Realisations- oder Kontrollausschuss

Eine konkrete Beurteilung von Ausschüssen kann nur für den Einzelfall und im Vergleich zu den organisatorischen Alternativen, d. h. einem einzelnen Aufgabenträger (Stelle) oder einer Abteilung, erfolgen (vgl. Seidel 1992, Sp. 716-718). Gegenüber dem einzelnen Aufgabenträger liegen Vorteile in der breiteren Informationsbasis, der gegenseitigen Kontrolle und Korrektur, der Ideenanregung und der Konfliktreduzierung aufgrund mehrerer vertretener Interessengruppen. Dabei können aber politische Prozesse erhebliche negative Auswirkungen haben. Vergleicht man vertikale Ausschüsse und verrichtungsorientiert gebildete Abteilungen mit weitgehender Delegation von Entscheidungskompetenzen und partizipativer Führung, weisen diese keine nennenswerten Unterschiede auf. In horizontalen Ausschüssen tritt im Gegensatz zu Abteilungen, die nach einem Objektkriterium gebildet sind, vor allem das Hemmnis der hierarchischen Kommunikation und Koordination über Abteilungsgrenzen hinweg nicht auf. Dadurch werden Entscheidungen beschleunigt und teilweise sogar verbessert.

Bei der konkreten Ausgestaltung spielen Aspekte wie die Mitgliederzahl, die Zusammensetzung, der Einsatz eines Moderators, die Informationsverteilung, die Abstimmungsregel, ein Protokollzwang sowie die zeitliche und räumliche Ausgestaltung der Arbeitssitzungen, aber auch die spezifische Vorbereitung bzw. Qualifizierung der Mitglieder (z. B. Kommunikations- und Moderationstechniken) eine zentrale Rolle. Generelle Gestaltungsaussagen können aber wiederum nicht gemacht werden (vgl. Seidel 1992, Sp. 719-722; auch Kahle 2004, Sp. 75-76).

2.3 Gestaltung des Leitungs- bzw. Liniensystems

2.3.1 Einlinien- und Mehrliniensystem

Die Behandlung der verschiedenen Stellentypen und der Abteilungsbildung hat gezeigt, dass neben den reinen Ausführungsstellen auch Leitungsstellen (Instanzen) gebildet werden, die mit Entscheidungskompetenzen und Weisungsbefugnissen ausgestattet sind. In größeren Organisationen kommt es dabei zu einer mehrstufigen Gliederung der Verantwortungsbereiche und einem mehrstufigen System von Instanzen, zwischen denen Weisungsbeziehungen bestehen. Die Struktur der Weisungsbeziehungen zwischen den Instanzen und zu den Ausführungsstellen wird als **Leitungssystem** bezeichnet (vgl. Kieser/Walgenbach 2003, S. 137-138). Weisungsbeziehungen zwischen Stellen führen zu Über- und Unterordnungen, die sich im Organigramm als Linien zwischen (den Kästchen auf) verschiedenen Hierarchieebenen niederschlagen; man spricht deshalb auch vom **Liniensystem**.

Das **Einliniensystem** kann als ursprüngliche Aufbauform zur Strukturierung von Weisungsbeziehungen bezeichnet werden. Es wurde von Henri Fayol (1916) schriftlich fixiert und zeichnet sich durch das Prinzip der Einheit der Auftragserteilung aus. Nach diesem Prinzip erhält jede untergeordnete Stelle nur von einer einzigen übergeordneten Stelle Anweisungen und schuldet nur dieser Rechenschaft. Die Verbindung (Linie) zwischen der über- und der untergeordneten Stelle bildet dabei den einzigen Kommunikationsweg. Sämtliche Beschwerden, Vorschläge usw. laufen ausschließlich über diesen so genannten Dienstweg. Abstimmungsprobleme zwischen Stellen verschiedener Abteilungen sind bis zur nächsten gemeinsamen Instanz hinauf zu melden. Dort wird dann eine Entscheidung getroffen, die auf dem Dienstweg an die untergeordnete Stelle zurückfließt. Die Instanz ist somit in der Lage, die volle Verantwortung für ihre Entscheidungen zu übernehmen.

Fayol hat den Nachteil langer Kommunikationswege gesehen, aber dem Ziel klarer Verantwortung den Vorrang gegeben. Jedoch wurde später mit der so genannten **Fayolschen Brücke** (vgl. Abb. II.2.3) für klar definierte Fälle eine direkte Abstimmung zwischen Stellen verschiedener Abteilungen bei anschließender Unterrichtung der jeweils übergeordneten Instanzen zugelassen. Diese Sonderregelung stellt aber für ihn die einzige Ausnahme vom Dienstweg dar.

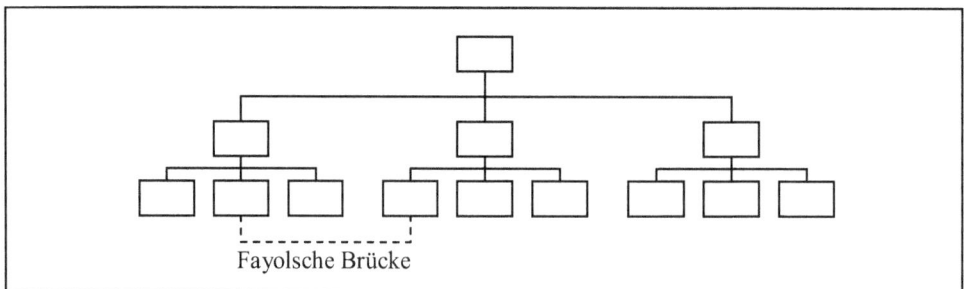

Abb. II.2.3: Einliniensystem mit Fayolscher Brücke

Das Einliniensystem ist durch die Einfachheit und Klarheit des Beziehungsgefüges gekennzeichnet. Es bietet gute Kontrollmöglichkeiten und fördert die Durchsetzung einheitlicher Ziele. Problematisch sind die hohe Beanspruchung der Hierarchie sowie die langen Informations- und Entscheidungswege, die zu Informationsverzerrungen und geringer Reaktionsgeschwindigkeit führen können (vgl. Staerkle 1992, Sp. 1232). So eignet sich das Einliniensystem insbesondere für wohlstrukturierte Organisationsaufgaben, die auf Dauer relativ ähnlich und unveränderlich sind (vgl. Picot/Dietl/Franck 2005, S. 236-237).

Das **Mehrliniensystem** geht auf Frederick W. Taylor (1919) zurück und wurde in den USA zu einer Zeit entwickelt, in der es einen Mangel an ausreichend qualifizierten Vorgesetzten gab. Hierbei erhalten Mitarbeiter von mehreren übergeordneten Stellen verbindliche Anweisungen, wobei jeder Vorgesetzte sich auf eine Führungsaufgabe spezialisiert und nur bezüglich dieser Weisungsbefugnisse hat. Die Leitungsfunktion für eine organisatorische Einheit wird differenziert und auf mehrere Instanzen verteilt, so dass einer Stelle mehrere spezialisierte Instanzen vorgesetzt sind (Mehrfachunterstellung). Man spricht in diesem Zusammenhang von funktionalen oder fachlichen Weisungsbefugnissen bzw. Unterstellungsverhältnissen. Taylors Funktionsmeisterprinzip führte bei Fertigungsmitarbeitern bis zu acht Vorgesetzten, die von Spezialisten für Arbeitsverteilung über Qualitätsprüfung bis hin zu Instandhaltung und (disziplinarische) Aufsicht reichten (vgl. Kieser/Walgenbach 2003, S. 139).

Vorteile des Mehrliniensystems liegen in der Spezialisierung der Vorgesetzten sowie der schnelleren und flexibleren Information und Kommunikation, da sich Mitarbeiter bei einem Problem direkt an den jeweiligen Spezialisten wenden können. Der Zwang zur Abstimmung zwischen den verschiedenen Vorgesetzten führt zu Konflikten, die durch ihre positiven Effekte die Qualität der Arbeit fördern sollen. Es besteht jedoch die Gefahr, dass Entscheidungen aufgrund des hohen Abstimmungsaufwands zwischen den Vorgesetzten, aber auch wegen unklarer Zuständigkeiten und Kompetenzen verzögert werden. Hinzu kommt ein großer Bedarf an (spezialisierten) Führungskräften, bei denen sich statt einer ganzheitlichen Sicht der Aufgabe Ressortdenken entwickelt. Außerdem birgt die Mehrfachunterstellung Probleme bei der Zurechnung von Fehlerursachen und damit der Verantwortung.

Diese Spezialisierung (und Mehrfachunterstellung) hat die Organisation der Fertigungsbereiche bis heute nachhaltig geprägt; unterschiedliche Stellen für Arbeitsvorbereitung, Fertigungsplanung und Fertigungssteuerung sowie Qualitätskontrolle und Instandhaltung finden sich in vielen größeren Industriebetrieben. Allerdings sind die Weisungsbefugnisse nur selten vollkommen gleichrangig verteilt (vgl. Kieser/Walgenbach 2003, S. 140). Daneben reduziert man in Unternehmen im Einliniensystem den Grad der Arbeitsteilung durch organisatorische Maßnahmen, wie z. B. Job enlargement und Job enrichment, um das Leitungssystem einfacher und übersichtlicher zu gestalten (vgl. Staerkle 1992, Sp. 1233). Dem Problem der fachlichen Überforderung von Vorgesetzten in Spezialfragen wird auch durch Stabsstellen entgegengetreten, auf die noch eingegangen wird (vgl. Neuwirth 2004, Sp. 1350-1351).

In der Unternehmenspraxis erfolgt eine Kombination der beiden Leitungssysteme (vgl. Kieser/Walgenbach 2003, S. 143-145). Dabei wird in der Regel auf eine eindeutige disziplinarische Unterstellung geachtet und die Gesamtverantwortung häufig einer Instanz übertragen. Für Aufgaben, die besonderes Fachwissen erfordern oder aus anderen Gründen aus der Kompetenz des Vorgesetzten herausgenommen werden sollen, kommt es dann zu einer ande-

ren fachlichen Unterstellung. Mitarbeiter haben damit nur einen disziplinarischen, gegebenenfalls aber mehrere fachliche Vorgesetzte. Die fachlichen Unterstellungsverhältnisse werden im Organigramm – wenn überhaupt – durch gestrichelte Linien zum Ausdruck gebracht.
So sind beispielsweise in Unternehmen mit mehreren Werksstandorten, alle Werksangehöri-
gen disziplinarisch dem Werkleiter unterstellt, während in den Werken angesiedelte Stellen
mit Verwaltungsaufgaben, z. B. im Personalbereich oder Rechnungswesen, in fachlicher
Hinsicht Instanzen in der Hauptverwaltung unterstehen (vgl. Abb. II.2.4). In vielen Unternehmen sind außerdem verschiedene Sachgebiete aus der Kompetenz der grundsätzlich weisungsbefugten und verantwortlichen Instanz herausgenommen, wobei Mitsprache- oder Vor-
schlagsrechte verbleiben; Beispiele dafür sind Stellenbesetzungs- und Gehaltsentscheidungen
oder Entscheidungen über Arbeitsverfahren bzw. die eingesetzte Technologie sowie juristi-
sche Fragen.

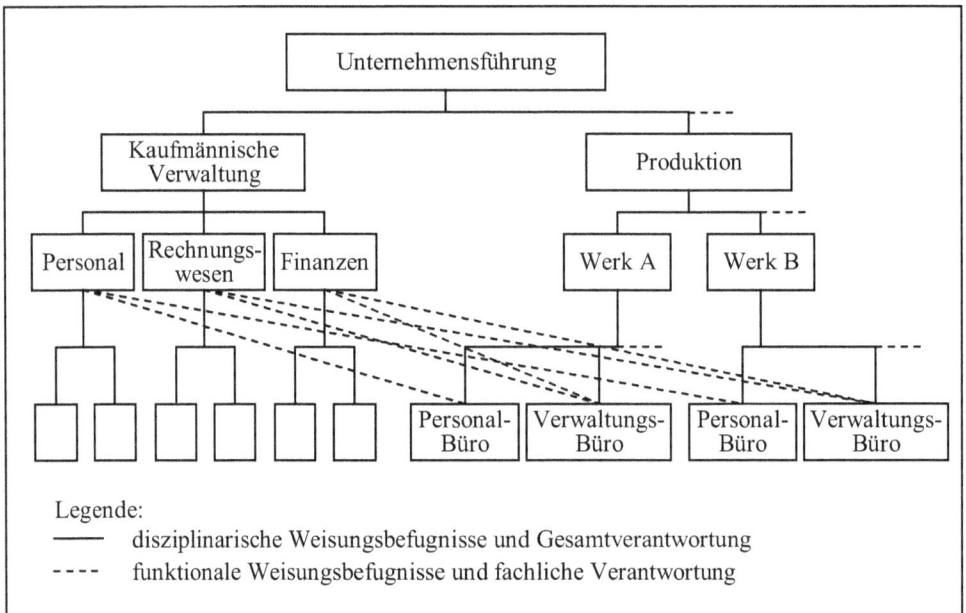

Abb. II.2.4:   Disziplinarische und fachliche Weisungsbefugnisse (vgl. Kieser/Walgenbach 2003, S. 144)

2.3.2   Stab-Linien-System

Von einem **Stab-Linien-System** (Stab-Linien-Organisation) spricht man dann, wenn (einzelnen) Leitungsstellen Stabsstellen zugeordnet werden und dadurch das Einliniensystem um
Leitungshilfsstellen erweitert wird (vgl. Bühner 2004, S. 133-140). Dies ist grundsätzlich auf
jeder Hierarchieebene möglich. Die Installation von Stabsstellen hat keinen Einfluss auf die
bestehende Verteilung der Entscheidungskompetenzen und Weisungsbefugnisse im Einliniensystem.

Stabsstellen sollen die Instanzen insbesondere bei unstrukturierten, heterogenen oder sich oft ändernden Aufgaben unterstützen. Sie übernehmen dazu vor allem Aufgaben der Informationssammlung, -speicherung und -verarbeitung und bereiten Entscheidungen vor. Die Unterstützung kann in generalisierter Form und mengenmäßiger Entlastung (z. B. Vorstandsassistent) oder in einer auf einzelne Aufgaben begrenzten, spezialisierten Form (z. B. Justiziar, Öffentlichkeitsarbeit) erfolgen. Umfangreiche Unterstützungsaufgaben führen zu Stabsabteilungen.

Es gibt unterschiedliche Ausprägungen der Stab-Linien-Organisation. So ist es möglich, dass nur ein zentraler Stab eine Instanz unterstützt, aber auch an verschiedenen Stellen im Organigramm Stäbe unabhängig voneinander wirken. Häufig tritt der Fall einer Stab-Linien-Organisation mit **Stabshierarchie** auf (vgl. Abb. II.2.5). Hierbei sind Stäbe (z. B. Controllingstellen) auf verschiedenen Hierarchieebenen installiert, wobei der übergeordnete Zentralstab ein Weisungsrecht gegenüber den untergeordneten Stäben hat. So entsteht parallel zur Hierarchie der Linienstellen eine Stabshierarchie (vgl. Picot 2005, S. 71-72).

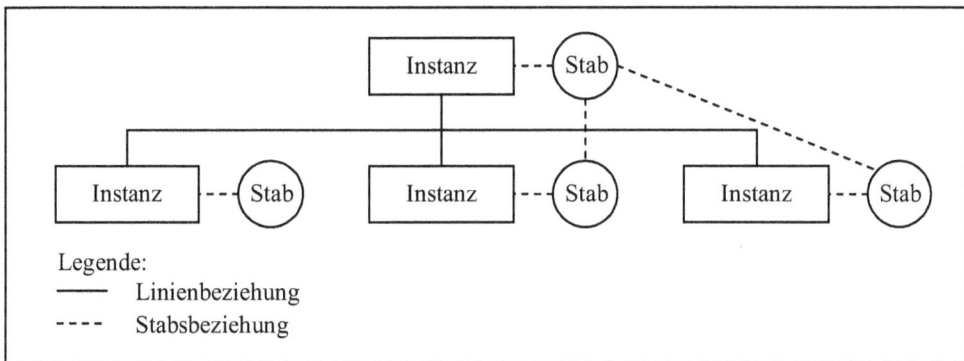

Abb. II.2.5:   Stab-Linien-Organisation mit Stabshierarchie

Inwieweit die Stab-Linien-Organisation als effektive und effiziente Organisationsform angesehen werden kann, hängt im Wesentlichen von der Kooperation zwischen Stab und Linie ab. **Zwei zentrale Problemkreise** spielen dabei eine Rolle: zum einen das Aufkommen dysfunktionaler Konflikte zwischen Stab und Linie, zum anderen die Möglichkeit der Informationsmanipulationen durch den Stab (vgl. Steinle 1992, Sp. 2316-2318; Schulte-Zurhausen 2005, S. 305-306).

Während die **Kompetenzabgrenzung** zwischen Leitungs- und Ausführungsstellen meist recht eindeutig erfolgt, ist das bei Linie und Stab oft nicht der Fall. Daraus ergeben sich dann Kompetenzstreitigkeiten. Außerdem werden Konflikte durch personelle Einflüsse verursacht. Häufig unterscheiden sich die Personen in Stab und Linie stark hinsichtlich Alter, Ausbildung oder Einstellung zum Unternehmen. Ein weiteres Konfliktpotenzial liegt in der tendenziell größeren Neigung der Linie, bestehende Regelungen und Verfahren beizubehalten. Reformfreudigere Stabsmitarbeiter neigen eher zu Veränderungen und wollen ihre Position durch Verbesserungsvorschläge aufwerten. Dagegen regt sich in der Linie Widerstand, da solche Änderungen dort als Kritik am bisherigen Handeln verstanden werden.

Wegen der Trennung von Entscheidungsvorbereitung (Stab) und Entscheidung (Instanz) besteht für Stäbe die Möglichkeit, durch eine bestimmte Auswahl und Bewertung von Informationen die Entscheidung der Linie zu beeinflussen. Diese ist aufgrund fehlenden Spezialwissens und zeitlicher Restriktionen nicht in der Lage, die Richtigkeit und Vollständigkeit der Informationen zu überprüfen, und muss sich deshalb auf den Stab verlassen. Daraus ergibt sich eine erhebliche Abhängigkeit der Instanz vom Stab bzw. eine **informale Macht des Stabs** über die Instanz (vgl. Steinle 1992, Sp. 2316-2318).

Inwiefern das **Konfliktpotenzial** zwischen Stellen und Stäben aufgrund der Trennung von Entscheidungsvorbereitung, Entscheidung und Durchsetzung tatsächlich besteht, ist empirisch nicht geklärt; außerdem hängt es vom Einzelfall ab, ob Stäbe zur Erhöhung der Qualität von Entscheidungen beitragen. Theuvsen weist in diesem Zusammenhang auch auf die Abhängigkeit der Stäbe bzw. allgemein der Berater hin, die sich am Informationsbedarf des Beratungsempfängers orientieren müssen (vgl. 1996, S. 113). Um hier eine bessere Abstimmung zu erzielen, empfiehlt sich eine enge Zusammenarbeit beider Seiten, die den Entscheidungsprozess für den Empfänger transparenter macht. Teamlösungen, d. h. eine gemeinsame Aufgabenbearbeitung durch Stab- und Linienmitarbeiter, bieten sich an, auch wenn dem in der Unternehmenspraxis enge Grenzen gesteckt sind.

2.4   Konfiguration von Unternehmen

2.4.1   Grundlegende Begriffe

Bisher wurden die einzelnen organisatorischen Einheiten und das Leitungssystem, d. h. grundsätzliche Formen der Spezialisierung und der Verteilung der Entscheidungskompetenzen und Weisungsbefugnisse, betrachtet. Aus diesen Grundformen ergeben sich vielfältige Kombinationsmöglichkeiten, die auch in der Unternehmenspraxis realisiert sind. Sie bilden die äußere Gestalt der Organisation, für die hier der Begriff der **Konfiguration** verwendet werden soll (vgl. Staerkle 1992, Sp. 1234; Bea/Göbel 2006, S. 322). Bezeichnet wird diese dauerhafte Form der Arbeitsteilung üblicherweise nach dem auf der zweiten Hierarchieebene zum Einsatz kommenden Gliederungs- bzw. Gruppierungskriterium. So lassen sich bei Anwendung eines Kriteriums (**eindimensionale Organisation**) die funktionale und objektorientierte Organisation unterscheiden. Kommen dagegen gleichzeitig zwei (oder mehr) Kriterien zur Anwendung, führt das zu einer **mehrdimensionalen Organisation** (z. B. Matrixorganisation).

In internationalen Unternehmen stellt die Integration des Auslandsgeschäfts in die Gesamtorganisation eine weitere Anforderung an die Organisationsstruktur dar. Hier lassen sich idealtypisch zwei Gestaltungsoptionen unterscheiden: Eine **differenzierte Struktur** liegt vor, wenn das Auslandsgeschäft vom Inlandsgeschäft organisatorisch getrennt wird (vgl. Welge 1989, Sp. 1593); manche Autoren sprechen auch von segregierter Organisation (vgl. etwa Kutschker/Schmid 2005, S. 493-498). Diese findet Ausdruck in der Bildung einer Abteilung, die ausschließlich für das Auslandsgeschäft zuständig ist. Dem stehen als Alternative

integrierte Organisationsstrukturen gegenüber, bei denen Bereiche gebildet werden, die für Inlands- und Auslandsaktivitäten verantwortlich sind. Integrierte Strukturen erreichen durch die Verzahnung nationaler und internationaler Aktivitäten eine gleichgewichtige Berücksichtigung des Inlands- und Auslandsgeschäfts. Dadurch ergeben sich eine verbesserte Anpassungsfähigkeit und eine höhere Reaktionsgeschwindigkeit auf Veränderungen.

Auch bei gleichem Gliederungskriterium und vergleichbarer Größe kann die jeweilige Gestalt der Organisation von Unternehmen beträchtliche Unterschiede aufweisen. Dies ist bedingt durch Unterschiede in der Leitungstiefe und Leitungsintensität:

- Die Zahl der Hierarchieebenen in einem Unternehmen (**Leitungstiefe**) wird bestimmt durch die Leitungsspanne: je kleiner die Leitungsspanne, desto größer die Leitungstiefe. Eine Konfiguration mit relativ vielen (wenigen) Hierarchiestufen wird als steil (flach) bezeichnet.

- Die **Leitungsintensität** bezeichnet die Relation zwischen den Leitungsstellen, d. h. alle Instanzen, und den Ausführungsstellen, wobei zu den Leitungsstellen auch die unterstützenden Stellen gerechnet werden (können).

Die verschiedenen Formen der Primärorganisation können von hierarchieergänzenden bzw. hierarchieübergreifenden Formen der Sekundärorganisation überlagert werden, die dauerhafter oder temporärer Natur sind. In den Unternehmen finden sich dazu vielfältige Kombinationen. Außerdem kann bei der Gestaltung der (primären) Organisationsstruktur der Prozess und nicht der Aufbau in den Vordergrund gerückt werden, woraus sich Unterschiede in der Konfiguration ergeben.

Graphisch spiegelt sich die Konfiguration in einem **Organigramm** wider, das die formale Festlegung der Aufbauorganisation zu einem bestimmten Zeitpunkt zeigt. Es macht sowohl die (grobe) Aufgabenverteilung auf Stellen und Abteilungen, d. h. den Grad der Arbeitsteilung, als auch die hierarchische Struktur des Leitungssystems deutlich. Daneben werden unterstützende Stellen und ergänzende vertikale Kommunikationswege abgebildet. Häufig ist die personelle Besetzung der Stellen vermerkt (vgl. Kieser/Walgenbach 2003, S. 169-170).

Vertikales Organigramm	Horizontales Organigramm	Säulenorganigramm

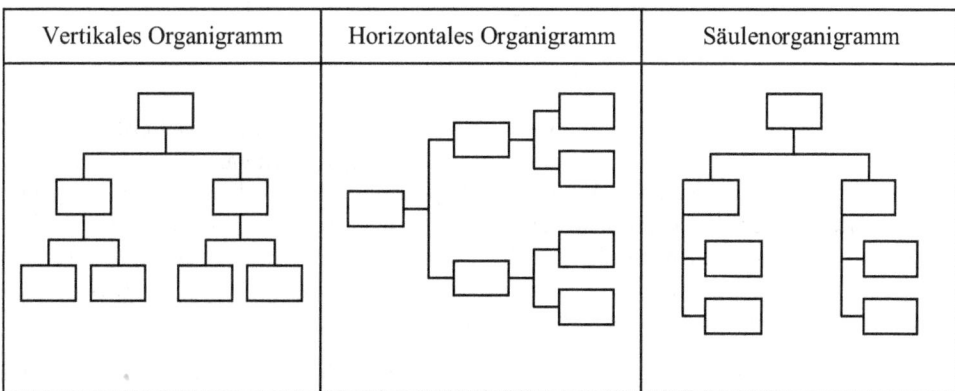

Abb. II.2.6:   Darstellungsformen von Organigrammen

Organigramme geben einen schnellen Überblick über die Organisation und erleichtern neuen Mitarbeitern, aber auch Kunden die Orientierung. Sie sind jedoch mitunter stark vereinfachend und bedürfen der kontinuierlichen Pflege (vgl. Schulte-Zurhausen 2005, S. 517-520). Konkrete Aufgaben- und Kompetenzverteilungen sind daraus nicht ersichtlich. Organigramme gibt es in verschiedenen Darstellungsformen (vgl. Abb. II.2.6).

2.4.2   Eindimensionale Organisationsstrukturen

2.4.2.1   Funktionale Organisation

Die **funktionale Organisation** (Verrichtungsorganisation) ist eine auf der zweiten Hierarchieebene nach gleichartigen Funktionen (Verrichtungen) gegliederte Organisationsform. Unter der obersten Instanz (Unternehmensleitung) werden damit Bereiche oder (Haupt-)Abteilungen gebildet, die z. B. für Beschaffung, Forschung & Entwicklung, Produktion und Absatz (direkte Funktionsbereiche), aber auch z. B. für Finanzierung oder Personal (indirekte Funktionsbereiche) zuständig sind (vgl. Hamel 2004). Die einzelnen Funktionsbereiche sind der Unternehmensleitung nach dem Einlinienprinzip direkt unterstellt. Auf der dritten Hierarchieebene können dann unterschiedliche Objektkriterien verwendet werden, oder es erfolgt eine tiefere Gliederung nach Verrichtungen (vgl. Abb. II.2.7).

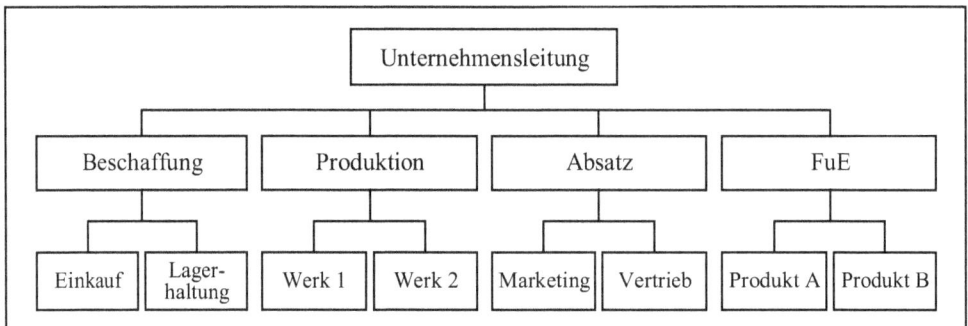

Abb. II.2.7:   Funktionale Organisation

Da allein die **Unternehmensleitung** einen Überblick über den gesamten Leistungserstellungsprozess hat, sind nicht nur die strategischen Entscheidungsbefugnisse weit gehend zentralisiert. Den Funktionsbereichen verbleiben auf operativer Ebene lediglich auf die jeweilige Aufgabenerfüllung begrenzte Entscheidungskompetenzen. Die Unternehmensleitungsaufgaben werden in der Regel von den Leitern der Funktionsbereiche oder einem Teil dieser zusätzlich zu ihren funktionsbereichsbezogenen Aufgaben wahrgenommen. Hierbei können Ressortegoismen gegeben sein, die zu Problemen führen.

Die **Bildung von Funktionsbereichen** erlaubt die größtmögliche Nutzung von Größen- und Spezialisierungsvorteilen (vgl. Bühner 2004, S. 128). Bei annähernd gleich bleibendem Leistungsprogramm und Tätigkeitsspektrum kann mit zunehmender Produktions- bzw. Absatzmenge z. B. die Beschaffung rationeller und günstiger erfolgen, es können Losgrößenvorteile und Fixkostendegressionseffekte bei einem spezialisierten Maschineneinsatz genutzt werden und das Vertriebssystem lässt sich effizient gestalten. Die Funktionsbereiche sind auf eine Teilaufgabe der unternehmerischen Gesamtaufgabe ausgerichtet. Das schafft klar abgegrenzte, gut kontrollierbare Aufgabenbereiche und einen begrenzten Bedarf an (spezialisierten) Führungskräften. Es fördert gleichzeitig aber das Bereichsdenken mit der Folge, dass Bereichsziele ohne Berücksichtigung der Ziele des Unternehmens oder anderer Bereiche verfolgt werden und so die Gefahr einer Suboptimalität besteht. Letztlich führt die ausgeprägte Spezialisierung in diesen Funktionsbereichen zu einem Verlust generalisierter Fähigkeiten und gesamtunternehmerischen Denkens. Dadurch können sich Schwierigkeiten bei der Besetzung der obersten Leitungsebene ergeben.

Die funktionale Organisation schafft keine unabhängigen Teilbereiche, sondern vielfältige Interdependenzen und Schnittstellen zwischen diesen. Deshalb sind die einzelnen Bereiche bei ihrer Leistungserstellung zwar stark von den Leistungen anderer Bereiche abhängig, es bestehen jedoch nur eingeschränkte Kommunikations- und Koordinationsmöglichkeiten. Die **Koordination der Funktionsbereiche** ist Aufgabe der Unternehmensleitung. Wird die Unternehmensleitung durch Koordinationsprobleme überlastet, die aus dem Tagesgeschäft erwachsen, treten die strategischen Aufgaben in den Hintergrund. Sie verliert die langfristige Anpassung des Unternehmens an die sich verändernden Markt- und Umweltbedingungen aus den Augen.

Mit zunehmender Breite des Produkt- und Leistungsprogramms oder der Ausweitung der Geschäftstätigkeit auf ausländische Märkte vergrößert sich dieses Koordinationsproblem der Unternehmensleitung. Die Beziehungen zwischen den Bereichen werden vielfältiger und komplexer, so dass die Transparenz verloren geht; außerdem fehlt den Bereichen die Produkt- oder Marktverantwortung (vgl. Bühner 2004, S. 130).

Die funktionale Organisation bietet sich für Unternehmen mit einem (dominanten) Produkt oder einem sehr **homogenen Leistungsprogramm** an. Hier können die Vorteile aus einer effizienten Ressourcennutzung und der Berücksichtung von Marktinterdependenzen in dem spezialisierten Absatzbereich am besten genutzt werden. Auf quantitative Veränderungen kann innerhalb der Funktionsbereiche flexibel reagiert werden. Durchlaufen jedoch mehrere Produkte einen Funktionsbereich stehen bei der Abstimmung eher die Funktionsbereichsziele als die Unternehmensziele im Vordergrund, wodurch Konflikte vorprogrammiert sind. Weiterhin ergeben sich Probleme, wenn eine komplexe und dynamische Umwelt Anforderungen an die Flexibilität der Organisation in Form von kurzen Kommunikationswegen und schneller (horizontaler) Abstimmung stellt. Die funktionale Organisation eignet sich vor allem für eine **überschaubare und stabile Umwelt**.

In **kleinen und mittleren Unternehmen** tritt die funktionale Organisationsform verbreitet auf. Hier sind die Spezialisierungsvorteile häufig größer als die Nachteile und eine zentrale Leitung ist noch möglich (vgl. Bea/Göbel 2006, S. 379). Bei einem starken Größenwachstum sowie einer zunehmenden Orientierung an sehr differenzierenden Kundenbedürfnissen und den damit einhergehenden Koordinations- und Anpassungserfordernissen findet sich die reine Form der funktionalen Organisation in Großunternehmen jedoch nur selten. Zur Entlastung der Unternehmensleitung werden – vor allem für die Entscheidungsvorbereitung – Stabsstellen gebildet; um bereichsübergreifende Abstimmungsprobleme zu lösen oder schnittstellen-relevante Entscheidungen vorzubereiten, werden Ausschüsse eingerichtet. Außerdem kann die funktionale Primärorganisation durch Elemente der Sekundärorganisation überlagert und ergänzt werden (vgl. Oelsnitz 2000, S. 59).

2.4.2.2   Divisionale Organisation

Die **divisionale Organisation** (Geschäftsbereichs- oder Spartenorganisation) gliedert sich auf der zweiten Hierarchieebene nach dem Objektprinzip (vgl. Bühner 2004, S. 141-144). Die Zusammenfassung der Aufgaben erfolgt nach Produkt(-gruppen), Kunden(-gruppen) oder (Absatz-)Regionen. Die einzelnen Geschäftsbereiche (Divisionen, Sparten) sind spezialisiert auf die Durchführung der ein bestimmtes Objekt betreffenden Aktivitäten. Sie sind für das gesamte operative Geschäft zuständig und gegenüber der Unternehmensleitung verantwortlich. Wie bei der funktionalen Organisation sind sie dieser nach dem Einlinienprinzip direkt unterstellt (vgl. Abb. II.2.8). Auf der dritten Hierarchieebene besteht wieder die Möglichkeit, nach allen Kriterien – sowohl Objekt als auch Funktion – zu gliedern.

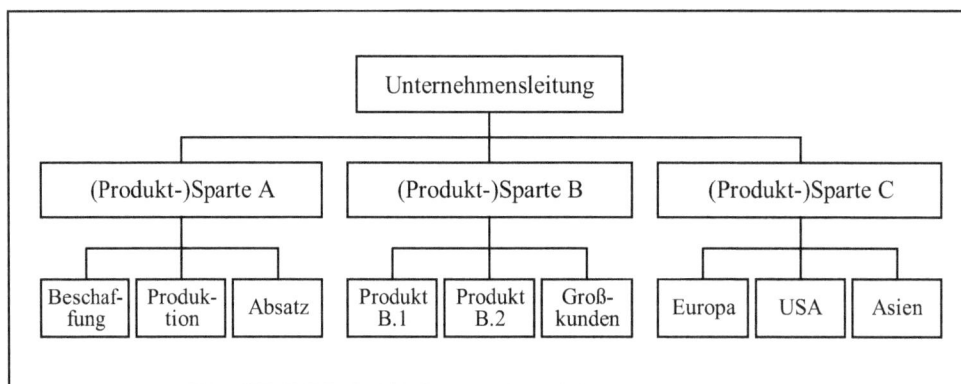

Abb. II.2.8:   Divisionale Organisation

Als zentrale Voraussetzungen für die divisionale Organisation werden eine **ausreichende Unternehmensgröße** und ein **heterogenes Leistungsprogramm** genannt (vgl. Schewe 2004). Erst ab einer bestimmten Größe des Unternehmens lassen sich Ressourcen einfach trennen, während darunter eine Erhöhung des Ressourcenbestands unumgänglich ist, da jeder Geschäftsbereich z. B. eine eigene Produktion und einen eigenen Absatzbereich hat. Je unterschiedlicher Produkte oder Märkte sind, desto aufwändiger wird die Koordination, so dass die Zusammenfassung homogener Produkte oder Märkte nicht nur die Nutzung spezifischer Kenntnisse und Fähigkeiten, sondern auch die (interne) Abstimmung verbessert und die Interdependenzen zu anderen Bereichen reduziert.

In der Mehrzahl der Fälle werden **produktorientierte Geschäftsbereiche** gebildet, wobei entweder Produkte mit gleicher Produktionstechnologie oder einheitlichen Marktsegmenten zusammengefasst werden. Die Kompetenzen umfassen dabei zumindest die Produktion und den Absatz der Produkte; je nach Größe können auch indirekte Funktionen zugeordnet werden. Es lässt sich dadurch eine produktbezogene Planung und Steuerung erreichen. Die für das laufende Geschäft erforderliche Kommunikation erfolgt nicht mehr über die zweite Hierarchieebene, sondern innerhalb der Sparten. Die Geschäftsbereichsleitung übernimmt die Koordination der Funktionen. Darüber hinaus ist – auf der Ebene der Unternehmensleitung – nur noch eine Ausrichtung der Geschäftsbereiche auf die Unternehmensziele erforderlich.

Eine **regionale Gliederung** findet sich vor allem in internationalen Unternehmen, um Märkte gezielter bedienen zu können oder weil politische bzw. gesetzliche Regelungen es erfordern (vgl. Scherm/Süß 2001, S. 169-170). Verstärkte Marktorientierung führt zu einer **kunden(gruppen)orientierten Organisation**, wenn sich diese sinnvoll trennen lassen. Dadurch werden Marktinterdependenzen vermieden, da der Kunde die gesamte Produktpalette des Unternehmens nicht mehr von verschiedenen, sondern nur noch einem Geschäftsbereich angeboten bekommt. In der Folge erhöht sich der Koordinationsbedarf mit der Produktion oder der Forschung und Entwicklung (vgl. Bühner 2004, S. 141-143; Schulte-Zurhausen 2005, S. 313-315).

Grundsätzlich sollten die Geschäftsbereiche so autonom wie möglich agieren können und deshalb alle für das operative Geschäft notwendigen Funktionen umfassen. Dennoch kann eine Ergänzung um funktional gegliederte **Zentralbereiche** (auf der zweiten Hierarchieebene) sinnvoll sein, die verschiedene Aufgaben erfüllen (vgl. Reckenfelderbäumer 2004). Sie überlagern die Geschäftsbereiche und schränken deren Freiheitsgrade ein. Eine zentrale Aufgabe bildet die geschäftsbereichsübergreifende Koordination, wodurch ein Handeln dieser im Gesamtunternehmensinteresse sichergestellt werden soll; Beispiele für solche Bereiche sind die strategische Unternehmensplanung, das (zentrale) Controlling und die Finanzwirtschaft. Daneben gibt es Aufgaben, die nur für das Gesamtunternehmen erbracht werden können oder Dienstleistungen für die Geschäftsbereiche darstellen (z. B. Recht, Patente und Lizenzen, Rechnungslegung, Steuern und Versicherung, Öffentlichkeitsarbeit). Ein Zentralbereich Personal wird in mitbestimmungspflichtigen Unternehmen durch die Position des Arbeitsdirektors vorgeschrieben (vgl. § 33 MitbestG 1976, § 13 MontanMitbestG).

Zentralbereiche werden auch gebildet, um Spezialisierungsvorteile, Größendegressions- und Synergieeffekte zu erzielen oder unteilbare Ressourcen zu nutzen. Diese können in den Unternehmen unterschiedlich ausgeprägt sein; typische Beispiele sind Beschaffung und Materialwirtschaft, Forschung und Entwicklung, Datenverarbeitung, aber auch – bei Kuppelprodukten – die Koordination der Produktion oder – bei Konkurrenz von Geschäftsbereichen auf Marktsegmenten – die Koordination des Absatzes. In jedem Fall ist darauf zu achten, dass nur solche Aufgaben zentralisiert werden, die den Erfolg der Geschäftsbereiche nicht wesentlich berühren. Da Zentralbereiche über begrenzte fachliche Weisungsbefugnisse gegenüber den Geschäftsbereichen verfügen, führt das stellenweise zu einem **Mehrliniensystem**.

Kompetenzen und Verantwortung können in unterschiedlichem Umfang den Geschäftsbereichen zugeordnet bzw. dezentralisiert werden oder bei den Zentralbereichen verbleiben; unterscheiden lassen sich vor allem **drei Konzepte** (vgl. Krüger 1994, S. 103-104; Frese/Lehmann 2002):

- Cost Center
- Profit Center

- Investment Center

Ein Geschäftsbereich, der als **Cost Center** konzipiert ist, lässt sich mit einer (großen) Kostenstelle vergleichen. Entscheidungskompetenzen bestehen lediglich innerhalb eines festgelegten Kostenbudgets. Zielvorgabe ist die Einhaltung des Kostenbudgets bzw. die Kostenminimierung bei vorgegebenem Umsatzvolumen. Der Geschäftsbereich trifft in diesem Rahmen die Entscheidung, ob Vorprodukte oder Dienstleistungen von anderen Geschäftsbereichen oder am Markt beschafft werden.

Als **Profit Center** tragen Geschäftsbereiche Verantwortung für den zurechenbaren Erfolg und können (weit gehend) autonom über alle für den Geschäftserfolg relevanten Bereiche entscheiden. Dazu gehören in der Regel zumindest die Produktion, der Absatz sowie die das Endprodukt direkt betreffende Entwicklung. Als zentrale Voraussetzung muss der wirtschaftliche Erfolg des Geschäftsbereichs ermittelbar und dem Profit Center direkt zurechenbar sein.

Das **Investment Center** hat gegenüber dem Profit Center zusätzlich die Entscheidungskompetenz über seine Investitionen und damit über die Verwendung des erzielten Gewinns. Dabei verbleibt der Gesamtunternehmensleitung in der Regel ein Mitspracherecht, um sicherzustellen, dass geschäftsbereichsübergreifenden Interessen Rechnung getragen wird.

Die Geschäftsbereichsorganisation hat ihren historischen Ursprung in den zwanziger Jahren des letzten Jahrhunderts. **Pioniere** sind die Unternehmen Du Pont und General Motors, die die Spartenorganisation einführten, da die funktionale Organisation zu Leitungsproblemen innerhalb dieser stark diversifizierten und wachsenden Unternehmen geführt hatte. Um sowohl operativen als auch strategischen Aufgaben adäquat nachkommen und verschiedene Kundengruppen, Regionen oder Produkte differenziert behandeln zu können, bedurfte es einer veränderten Organisationsstruktur.

Grundsätzlich bietet sich die Geschäftsbereichsorganisation für (große) Unternehmen mit einem hinsichtlich Produkten und/oder Märkten stark heterogenen Leistungsprogramm, aber auch unterschiedlichen Kunden(-gruppen) an, wenn die Umwelt hohe Komplexität und Dynamik aufweist. Sie entlastet dann die Unternehmensleitung von der Koordination der operativen Einheiten. Die Geschäftsbereiche handeln selbstständig und werden am Ergebnis beurteilt, wodurch sich die Motivation ihrer Leiter erhöhen soll. Die bessere Überschaubarkeit dieser Organisationseinheiten erleichtert die interne Koordination, ermöglicht schnellere Entscheidungen und erhöht insbesondere die strategische Flexibilität, d. h. die Fähigkeit, sich qualitativen Veränderungen im Marktumfeld anzupassen. Außerdem lassen sich Bereiche leichter an- oder ausgliedern bzw. zusammenfassen und die Struktur bleibt anpassungsfähig.

Hauptproblem ist es, die „richtige" Aufteilung der Kompetenzen zwischen Unternehmens- und Geschäftsbereichsleitung zu finden, da sonst die Vorteile dieser Organisationsform nicht zum Tragen kommen. Diese müssen aber die bestehenden Bereichsegoismen, die zwangsläufig aufgegebenen Spezialisierungsvorteile und den unumgänglichen Zuwachs an Leitungsstellen aufgrund der parallelen Wahrnehmung verschiedener Funktionen aufwiegen (vgl. Schulte-Zurhausen 2005, S. 323-325).

2.4.2.3 Differenzierte vs. integrierte internationale Organisation

Differenzierte Strukturen zeichnen sich durch eine organisatorische Trennung von Inlands- und Auslandsgeschäft aus. Dies wird strukturell in aller Regel durch eine Zusammenfassung aller Auslandsaktivitäten in eine häufig aus der Exportabteilung hervorgehenden „**International Division**" deutlich (vgl. Welge 1989, Sp. 1594-1595; Scherm/Süß 2001, S. 163-165; Macharzina/Wolf 2005, S. 969-970). Deren wesentliche Aufgabe besteht darin, dass sie die gesamten Auslandsaktivitäten des Unternehmens ausübt und kontrolliert. Sie tritt neben andere Abteilungen im Unternehmen, die ausschließlich für das nationale Geschäft zuständig sind (vgl. Abb. II.2.9).

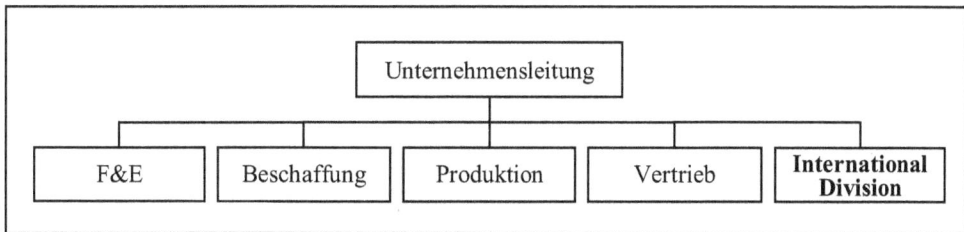

Abb. II.2.9: *Differenzierte internationale Struktur*

Ein Grund für die Organisation der Auslandsaktivitäten in einer solchen Form besteht darin, zu ermöglichen, „dass das Auslandsgeschäft das konzentrierte Interesse des Top-Managements findet" (Welge/Holtbrügge 2006, S. 166). Dies wird dadurch erreicht, dass das Auslandsgeschäft als eigene organisatorische Einheit unmittelbar der Unternehmensleitung unterstellt ist, wobei es erhebliche Unterschiede hinsichtlich ihrer Entscheidungsautonomie und Verantwortlichkeit geben kann. Neben der Möglichkeit, die International Division rechtlich in das internationale Unternehmen zu integrieren, kann, sie in Form einer **Auslandsholding** geführt werden.

Die differenzierte Struktur hat den Vorteil, dass durch die Konzentration der Auslandsaktivitäten die Kommunikations- und Informationswege minimiert werden. Dadurch konzentrieren sich das gesamte internationale Wissen und die gesammelte Erfahrung mit dem internationalen Engagement, wodurch **Spezialisierungsvorteile** erzielt werden können. Zudem erlaubt ihre Einrichtung eine klare Trennung von Inlands- und Auslandsgeschäft und beugt Kompetenzstreitigkeiten vor (vgl. Kutschker/Schmid 2005, S. 495-496).

Als nachteilig sind hingegen die „vielfach zu beobachtenden **Isolierungstendenzen**" zu bewerten (Welge/Holtbrügge 2006, S. 167; auch Kutschker/Schmid 2005, S. 496). Zwar sind die Kommunikation und der Austausch von Informationen mit den rein national tätigen Abteilungen notwendig, da es der International Division an den nötigen Kenntnissen über Produkte oder Prozesse im Unternehmen fehlen kann; inwieweit dieser Austausch jedoch zustande kommt, ist bei einer möglicherweise isolierten, informationell abgekapselten International Division fraglich. Es besteht in jedem Fall eine hohe Abhängigkeit von den national tätigen Abteilungen, die sich insbesondere dann nachteilig auswirkt, wenn das Interesse an einer zielgerichteten und effizienten Zusammenarbeit fehlt. Eine Folge kann die nur suboptimale Ausnutzung von Wachstumschancen auf ausländischen Märkten sein. Das liegt dann nahe, wenn die International Division aufgrund ihrer rechtlichen und wirtschaftlichen Selbstständigkeit keinen Beitrag zum Erfolg des Gesamtunternehmens leistet und Konkurrenzdenken bzw. Rivalitäten zwischen den Abteilungen die Folge sind.

Umgekehrt besteht jedoch auch mit zunehmender Macht der International Division die Gefahr, dass das Top-Management vom Auslandsgeschäft isoliert wird und daher nicht mehr in der Lage ist, weltweite Strategien zu konzipieren. Differenzierten Strukturen ist damit ein **Grundkonflikt** inhärent, der aus unterschiedlichem Informationsstand und verschiedenen Interessenlagen resultiert. Weiterhin besteht die Gefahr erheblicher **Redundanzen**, wenn Aufgaben doppelt, durch die International Division und die national tätigen Abteilungen, wahrgenommen und Synergieeffekte zwischen Inlands- und Auslandsgeschäft nicht erzielt werden (vgl. Macharzina/Wolf 2005, S. 970).

Aufgrund dieser Nachteile eignet sich eine differenzierte Organisationsstruktur vor allem im Anfangsstadium eines Auslandsengagements, wenn der Diversifikationsgrad des Auslandsgeschäfts gering ist und nur wenige Mitarbeiter von den internationalen Aktivitäten betroffen sind; dann sind kurze Kommunikations- und Informationswege sowie die räumliche Konzentration der beteiligten Mitarbeiter wichtig. Daher stellt die International Division in aller Regel nur ein **Übergangsmodell** dar. Mit steigender Bedeutung der Auslandsaktivitäten erweisen sich integrierte Strukturen zunehmend als vorteilhafter. Die Verbreitung differenzierter Strukturen ist in den letzten Jahren deutlich zurückgegangen (vgl. Wolf 2000, S. 243-249).

Bei einer **integrierten Funktionalstruktur** werden die Auslandsaktivitäten in die unterschiedlichen Funktionsbereiche des Unternehmens integriert (vgl. Scherm/Süß 2001, S. 165-166). Damit zeichnet beispielsweise der Absatzbereich für den Vertrieb der Produkte im In- und Ausland verantwortlich, während der Produktionsbereich die Verantwortung auch für ausländische Produktionsstätten innehat. Innerhalb der einzelnen Abteilungen selbst kann auf unteren Hierarchieebenen eine Spezialisierung in in- und ausländische Zuständigkeiten erfolgen.

Die funktionale Organisation bietet grundsätzlich die Möglichkeit der Nutzung von Spezialisierungsvorteilen sowie (funktionsinternen) Synergieeffekten und erlaubt eine einfache Abstimmung der Hauptfunktionen sowie eine relativ **unkomplizierte Integration** internationaler Aktivitäten in die bestehende (funktionale) Organisationsstruktur. Sobald jedoch die Internationalisierung des Unternehmens in größerem Maße vorangetrieben wird, kommt es zu einer verstärkten Belastung der einzelnen Funktionsbereiche in der Zentrale. Außerdem nimmt mit voranschreitender Diversifikation der – produktbezogene – Koordinationsbedarf zu, da die Interdependenzen und Abhängigkeiten der einzelnen Funktionsbereiche immer zahlreicher werden (vgl. Macharzina/Wolf 2005, S. 971). Dies erfordert ein erhöhtes Maß an Kommunikation zwischen den einzelnen Bereichen und hat zur Folge, dass Flexibilität und Effizienz des Unternehmens abnehmen. Zudem treten Probleme auf, wenn sich die internationalen Aktivitäten nicht eindeutig einem Funktionsbereich zuordnen lassen und ausländische Unternehmenseinheiten verschiedenartige Aufgaben wahrnehmen, so dass kein Funktionsbereich eindeutig dominiert.

Integrierte Funktionalstrukturen finden sich vor allem in internationalen Unternehmen, bei denen sich das Auslandsgeschäft zwar etabliert hat, sein Stellenwert jedoch im Verhältnis zum Gesamtumsatz (noch) relativ gering ist. Außerdem sind in Unternehmen, deren Auslandsgeschäft sich im Wesentlichen auf den Export beschränkt, und in Unternehmen, bei denen die weltweite Abstimmung der einzelnen Funktionen das kritische strategische Problem bildet, integrierte Funktionalstrukturen geeignet (vgl. Welge 1989, Sp. 1595). Letzteres ist häufig dann gegeben, wenn sie „räumlich und produktmäßig" wenig diversifiziert sind (Macharzina/Wolf 2005, S. 972), da nur in diesem Fall die Stärken dieser Struktur zum Tragen kommen. Während in den fünfziger und sechziger Jahren noch weit über die Hälfe der international tätigen Unternehmen funktional strukturiert war, belief sich ihr Anteil im Jahr 1995 nur noch auf 38,5 % (vgl. Wolf 2000, S. 209-222).

Bei einer **integrierten Produktstruktur** werden die gesamten Auslandsaktivitäten auf die verschiedenen, für die jeweiligen Produkte verantwortlichen Bereiche übertragen. Jeder Bereich ist für seine Produkte und alle damit verbundenen Aufgaben von der Beschaffung über die Produktion bis hin zum (weltweiten) Absatz selbst verantwortlich. Innerhalb der einzelnen Produktbereiche kann – auf einer untergeordneten Ebene – in Inlands- und Auslandsaktivitäten differenziert werden. Die Handlungsautonomie der einzelnen Produktbereiche wird lediglich durch die Zentralbereiche des Unternehmens begrenzt. Dies ist weniger der Fall, wenn die Produktbereiche als Profit Center geführt werden.

Integrierte Produktstrukturen treten weitaus häufiger auf als integrierte Funktionalstrukturen. Dabei wählen insbesondere solche Unternehmen, deren Leistungsprogramm stark diversifiziert und heterogen ist, eine integrierte Produktstruktur. Der hohe Koordinationsaufwand, der bei integrierten Funktionalstrukturen auftritt, lässt sich hier durch die klaren Verantwortlichkeiten für das jeweilige Produkt vermeiden. Kompetenz und Verantwortlichkeit für ein Produkt oder eine Produktgruppe werden gebündelt und damit die Voraussetzungen für die Reduktion der Komplexität und die Generierung weltweit einheitlicher Produktstrategien geschaffen. Außerdem kann internationales Wissen über Märkte und Produkte wesentlich einfacher gesammelt und nutzbar gemacht werden, als dies bei differenzierten Strukturen oder bei integrierten Funktionalstrukturen der Fall ist.

Ein Problem integrierter Produktstrukturen liegt in der nur unzureichenden Berücksichtigung der Unterschiede zwischen den einzelnen Ländern (vgl. Macharzina/Wolf 2005, S. 972). Es werden einerseits Produkte zu einem Segment zusammengefasst, deren Produktionsstandorte oder Absatzmärkte möglicherweise auf unterschiedlichen Kontinenten liegen, während andererseits Synergieeffekte unberücksichtigt bleiben, weil die Verantwortlichen für unterschiedliche Produktgruppen parallel Kontakte in dieselbe Region unterhalten. Damit besteht die Gefahr einer Zersplitterung des internationalen Wissens. Darüber hinaus gibt es nur begrenzte Möglichkeiten, auf regionale, nationale und kulturelle Unterschiede einzugehen, wenn eine globale (Produkt-)Strategie implementiert wird. Als Folge kann es in den einzelnen Ländern zu Akzeptanzproblemen kommen. Nicht zuletzt wird durch eine integrierte Produktstruktur der „Spartenegoismus" gefördert, wodurch Synergieeffekte verloren gehen und an die Stelle kooperativen Verhaltens zwischen den einzelnen Produktsparten Konkurrenzdenken tritt. Eine integrierte Produktstruktur bietet sich daher vor allem als Gestaltungsalternative an, wenn eine **große Zahl heterogener Produkte** vorliegt, bei deren Absatz kulturelle und geographische Unterschiede zwischen den einzelnen Ländern keine bedeutende Rolle spielen.

Die **integrierte Regionalstruktur** fasst Aktivitäten in regional gegliederten Teilbereichen zusammen (vgl. Scherm/Süß 2001, S. 169-170; Kutschker/Schmid 2005 S. 511-513). Dabei können die Strukturen zunächst eher grob, beispielsweise nach Kontinenten, bei Bedarf jedoch auf einer nächsten Ebene auch differenzierter nach Staaten oder ähnlichem gegliedert werden. Mit einer solchen Struktur versucht man, die ansonsten fehlende Berücksichtigung regionaler und kultureller Unterschiede zu gewährleisten. Die Leiter der entstehenden Regionalsparten sind für alle in der jeweiligen Region anfallenden Aufgaben verantwortlich und direkt der Unternehmensleitung unterstellt. Ob diese im Stammhaus oder „vor Ort" angesiedelt sind, hängt im Wesentlichen von der Bedeutung der räumlichen Nähe zur jeweiligen Region ab.

In der Praxis sind integrierte Regionalstrukturen bei solchen Unternehmen zu finden, deren Produkte relativ homogen und standardisiert sind, deren Geschäfte aber regional stark streuen, wodurch eine starke Notwendigkeit der länder- und regionalspezifischen Anpassung besteht. Außerdem wird diese Struktur dann favorisiert, wenn Marketing und Absatz als wesentliche Erfolgsfaktoren angesehen werden, da in diesem Fall die räumliche Nähe zum Absatzmarkt sowie die notwendige Kenntnis der Konkurrenz und der Kultur Wettbewerbsvorteile generieren können. Empirischen Untersuchungen zur Folge sind integrierte Regionalstrukturen vor allem in amerikanischen internationalen Unternehmen zu finden, während ihre Bedeutung in europäischen Unternehmen erst langsam zunimmt. Beispiele finden sich im Konsumgüterbereich, insbesondere bei Kosmetika, Getränken und Nahrungsmitteln.

Ein Vorteil integrierter Regionalstrukturen liegt in der Möglichkeit, Wissen über die Märkte in den jeweiligen Regionen zu sammeln und nutzbar zu machen. Es wird dadurch erleichtert, sich an die jeweiligen regionalen, politischen und rechtlichen Besonderheiten anzupassen. Problematisch ist jedoch der Transfer von in einer Region erworbenem Wissen auf andere Märkte und Regionen, da die soziokulturellen Unterschiede der einzelnen Regionen (zu) groß sein können. Insbesondere bei stark diversifizierten Unternehmen sind Schwierigkeiten bei der Koordination der produktbezogenen Aktivitäten zu erwarten, da Beziehungen zwischen den Regionalbereichen vernachlässigt werden. Es besteht daher die Gefahr einer Überbetonung regionaler Aspekte, wodurch Globalisierungsvorteile nicht realisiert werden können. Eine integrierte Regionalstruktur bietet sich deshalb nur für Unternehmen mit einer **relativ homogenen Produktpalette** an.

2.4.2.4   Holdingstrukturen

Die Organisationsstrukturen von (internationalen) Unternehmen unterliegen einem stetigen Wandel. In den letzten Jahren sind Holdingstrukturen wieder in den Vordergrund gerückt (vgl. Scherm/Süß 2001, S. 173-175; Kutschker/Schmid 2005, S. 583-615). Es handelt sich bei einer Holding nicht um eine spezielle Gesellschaftsform und sie ist nicht an eine bestimmte Rechtsform gebunden. Nur wenn eine wirtschaftliche Einheit rechtlich selbstständiger Einheiten besteht, bildet eine Holding gleichzeitig einen Konzern. Der Holdingbegriff ist somit weiter gefasst als der Konzernbegriff. In der Literatur ist die **Einordnung der Holding** in das Spektrum internationaler Organisationsstrukturen strittig: Wird eine International Division in Form einer Holding geführt, betrachtet man sie als differenzierte Struktur (vgl. Welge/Holtbrügge 2006, S. 166); an anderer Stelle wird sie dagegen als Alternative zur Funktional- oder Produktstruktur bzw. als Vorstufe der integrierten Regionalstruktur gesehen. Da die Frage nach dem Gliederungskriterium auf der zweiten Ebene für die grundsätzliche Struktur der Holding aber unbedeutend ist, kann sie weder den differenzierten noch den integrierten Strukturen eindeutig zugerechnet werden. Daher wird hier keiner dieser Klassifikationen gefolgt, sondern die Holding separat dargestellt.

Eine Holding besteht aus einer **Obergesellschaft**, die Kapitalbeteiligungen an mehreren rechtlich und organisatorisch **selbstständigen Tochterunternehmen** hält, aber selbst nicht am Markt auftritt. Nach der Leitungsintensität oder den Aufgabeninhalten der Obergesellschaft kann zwischen der Finanzholding und der Managementholding unterschieden werden (vgl. Keller 2004; auch Bea/Göbel 2006, S. 390-392):

- Die Obergesellschaft einer **Finanzholding** nimmt keine strategischen Führungsaufgaben gegenüber den Holdinggesellschaften wahr, sondern hat ausschließlich Finanzierungs- und Verwaltungsaufgaben im Unternehmensverbund. Ihr Hauptzweck besteht im Halten, Verwalten, Erwerben und Veräußern von auf Dauer angelegten Beteiligungen (vgl. Hucke/Ammann 1999, S. 342). Diese Form der Holding bietet sich an, wenn die Tochterunternehmen keine gemeinsamen Ressourcen nutzen und keine Synergieeffekte auftreten. Sie sind dann jeweils selbst für die strategische Orientierung und Steuerung zuständig.

- In einer **Managementholding** übernimmt die Obergesellschaft die Leitung der Holding und damit die Verantwortung für unternehmensstrategische Führungsaufgaben. Das operative Geschäft sowie die bereichsspezifische strategische Entwicklung obliegen den Tochtergesellschaften. Damit entsprechen sich tendenziell die organisatorische und die rechtliche Struktur eines divisionalisierten Unternehmens (vgl. Schreyögg 2003, S. 137). Die Geschäftsbereiche sind rechtlich selbstständig und mindestens als Profit Center konzipiert. Zum Teil wird bewusst auf die Realisation von Größen- oder Synergievorteilen verzichtet und stattdessen auf Flexibilität und Innovationskraft der autonomen Einheiten gebaut. Zentralbereiche werden ausschließlich für Aufgaben gebildet, die für die einheitliche Führung und Entwicklung von entscheidender Bedeutung sind. Ziel ist es, die Vorteile großer Unternehmenseinheiten (Kapitalkraft, Marktmacht, Größendegression) mit denen kleinerer Einheiten (Flexibilität, Kooperationsfähigkeit, Marktnähe) zu verbinden (vgl. Bühner 1992, S. 43-53).

Der Holdingstruktur wird die Fähigkeit zugeschrieben, den besonderen Anforderungen einer internationalen Geschäftstätigkeit zu entsprechen. Durch kleine, dezentrale und selbstständige Unternehmenseinheiten sollen der Koordinationsbedarf reduziert, Kosten eingespart und Abstimmungsvorgänge beschleunigt werden. Da sich kleine Unternehmenseinheiten außerdem besser auf dynamische Umwelten einstellen können, ermöglicht das die gerade auf internationalen Märkten erforderliche **Flexibilität** und **Kundennähe** (vgl. Keller 2002, S. 812-814). Daher haben die selbstständigen Tochtergesellschaften – anders als bei einer integrierten Regionalstruktur – auch die Befugnis, operative Entscheidungen zu treffen. Werden dabei divergierende Zielsetzungen verfolgt, können sich erhebliche Probleme ergeben. Holdingstrukturen sind vor allem bei technologie- und produktorientierten Unternehmen weit verbreitet, bei denen die dezentrale Struktur die notwendige Marktnähe ermöglicht und die übergeordnete Leitung die verschiedenen Bereiche zusammenführen soll.

2.4.3   Mehrdimensionale Organisationsstrukturen

Die bisher dargestellten Organisationsstrukturen sind dadurch gekennzeichnet, dass die Unternehmensaufgabe im ersten Schritt nach einem einzigen Kriterium zerlegt wird bzw. Aufgaben auf der zweiten Hierarchieebene nach einem Kriterium zusammengefasst werden. **Mehrdimensionale Strukturen** kommen dagegen zustande, wenn dabei auf mehr als ein Kriterium zurückgegriffen wird und organisatorische Einheiten durch Anwendung verschiedener Gliederungskriterien gebildet werden (vgl. Thommen/Richter 2004). Dadurch entstehen tendenziell gleichberechtigte Organisationseinheiten mit Überschneidungen der Entscheidungs- und Weisungsbefugnisse und somit ein Mehrliniensystem.

Eindimensionale Strukturen liegen dann nahe, wenn lediglich das verwendete Kriterium auf der zweiten Hierarchieebene (Funktion oder Objekt) erfolgskritisch ist und es keine Probleme bereitet, die zunächst nicht einbezogenen Kriterien in den nachfolgenden Schritten zu berücksichtigen. Es kann jedoch für die Leistungserstellung und den Erfolg des Unternehmens notwendig sein, mehrere Kriterien parallel zu berücksichtigen und so bei ausgeprägten Interdependenzen Kommunikations- und Koordinationsprozesse über verschiedene Hierarchieebenen zu vermeiden (vgl. Bühner 2004, S. 168). Das schafft schnellere Entscheidungen und erhöht die Flexibilität des Unternehmens. Werden zur Bildung der Organisationseinheiten gleichzeitig zwei Gliederungskriterien verwendet, liegt eine (zweidimensionale) **Matrixorganisation**, auch Dual- oder Gitternetzorganisation genannt, vor (vgl. Oelsnitz 2000, S. 74). Die Verwendung von drei (oder mehr) Kriterien führt zu der so genannten **Tensororganisation** (vgl. Bleicher 1971, S. 97).

Als organisatorische Einheiten der Matrixorganisation werden Matrixstellen und Matrixschnittstellen unterschieden, über denen die Matrixleitung (Unternehmensleitung) steht (vgl. Reber/Strehl 1988). Die **Matrixleitung** ist verantwortlich für die gesamtunternehmensbezogene Zielerreichung und die Abstimmung zwischen beiden Dimensionen; ihr sind die **Matrixstellen** direkt unterstellt. Werden als Dimensionen Funktion und Objekt gewählt, hat als eine Matrixstelle der Funktionsverantwortliche die effiziente Aufgabenentwicklung in seinem Spezialbereich zu gewährleisten. Der Produkt- oder Ländermanager als zweite Matrixstelle ist für die konsequente Gesamtzielverfolgung auf Objektebene über alle Funktionen hinweg zuständig. Das bietet die Möglichkeit, eine Dimension konsequent auf den Markt und die Mitbewerber auszurichten und dadurch die Wettbewerbsfähigkeit des Unternehmens zu erhalten bzw. zu verbessern. Die **Matrixschnittstellen** bilden die organisatorischen Einheiten, die jeweils zwei Instanzen (Matrixstellen) untergeordnet sind und für die konkrete Aufgabenerfüllung Verantwortung tragen. Bei diesen kann es sich um reine Ausführungsstellen, aber auch um Leitungsstellen mit weiteren untergeordneten Einheiten handeln.

Da die beiden Matrixstellen gegenüber den Schnittstellen weisungsbefugt sind, bestehen Kompetenzüberschneidungen, die zu Konflikten führen können. Diese **Konflikte** zwischen den Dimensionen stellen einen durch die Matrixorganisation bewusst herbeigeführten, „institutionalisierten" Effekt dar. Sie sollen offen ausgetragen werden und zu innovativen Problemlösungen führen, die der Komplexität und Dynamik der Umwelt entsprechen. Ziel ist es, das Spezialwissen der einen Dimension (z. B. Produktion) mit der Gesamtsicht der anderen Dimension (z. B. Produkt) über alle Funktionen hinweg in produktiver und ganzheitlicher Weise über kurze Kommunikationswege zusammenzuführen (vgl. Schanz 1994, S. 122-123), wobei es auf die Zusammenarbeit von Matrixstellen und Matrixschnittstellen ankommt.

Die eigentliche Problematik einer Matrixorganisation mit gleichberechtigten Dimensionen liegt zwar in der klaren Abgrenzung der Entscheidungs- und Weisungsbefugnisse, jedoch müssen auch **individuelle Voraussetzungen** berücksichtigt werden (vgl. Bühner 2004, S. 168-170; auch Thommen/Richter 2004, Sp. 834-835). Die Tendenz zu Kompetenzkonflikten, Machtkämpfen und unbefriedigenden Kompromissen oder lang dauernder Entscheidungsfindung erfordert konfliktfähige, stressresistente und kommunikative Mitarbeiter. Hinzu kommen Probleme der Zurechnung von (Miss-)Erfolgen, die nicht zu einem Verlust des Verantwortungsgefühls führen dürfen. Da die Mehrfachunterstellung als konstitutiv für diese Organisationsform angesehen werden muss, kann auch der daraus resultierenden Unsicherheit nicht grundsätzlich begegnet werden. Es gilt, sie zu akzeptieren und damit umzugehen.

Prinzipiell bietet die Matrixorganisation aber die Möglichkeit zur Spezialisierung der Leitungsstellen und gleichzeitigen Entlastung der Unternehmensleitung, kurze Kommunikationswege und die Voraussetzung, bei Entscheidungen unterschiedliche Standpunkte zu berücksichtigen. Dabei wird der Sachkompetenz Vorrang vor der hierarchischen Stellung gegeben, wodurch die **Entscheidungsqualität** aufgrund der Beteiligung mehrerer Stellen tendenziell höher sein kann. Die Matrixorganisation bringt deshalb auch die Voraussetzungen für die strukturelle Flexibilität, d. h. die Fähigkeit zur Strukturänderung, mit sich. Demgegenüber bergen die funktionale Organisation in erster Linie Potenziale für die operative Flexibilität, d. h. die Anpassung an quantitative Veränderungen, und die divisionale Organisation für die strategische Flexibilität, d. h. die Anpassung an qualitative Veränderungen. Für die einzelnen Mitarbeiter bietet sich die Möglichkeit zur persönlichen Weiterentwicklung. Die Kommunikation und der Informationsaustausch mit den zahlreichen Schnittstellen, die interdisziplinäre Zusammenarbeit und die Bewältigung institutionalisierter Konflikte können zur Steigerung von Motivation und Identifikation beitragen.

Aufgrund der hohen Anforderungen finden sich in der Praxis eher ungleichberechtigte Formen der Matrixorganisation mit einer dominierenden Dimension. Bei der zweiten Dimension stehen dann weniger die gleichberechtigte Arbeitsteilung und Spezialisierung von Leitungsstellen im Vordergrund, vielmehr geht es um einen zusätzlichen Aspekt der Querschnittskoordination (vgl. Schulte-Zurhausen 2005, S. 277). Insbesondere für divisional organisierte Unternehmen ergeben sich mit der Matrixorganisation jedoch Möglichkeiten, geschäftsbereichsübergreifend „innovierende und/oder koordinierende Aufgaben wahrzunehmen" (Oelsnitz 2000, S. 79).

Die **Tensororganisation** ist gekennzeichnet durch die simultane Berücksichtigung von mindestens drei Dimensionen der Unternehmensaufgabe. Im Regelfall handelt es sich um Verrichtungen, Produkte und Regionen, zu denen gegebenenfalls als vierte Dimension temporär begrenzte Organisationsformen (z. B. Projekte) hinzukommen (vgl. Bleicher 1991, S. 593; Kutschker/Schmid 2005, S. 524-525; auch Abb. II.2.10). So werden Produktzuständigkeiten bei gleichzeitiger Regionalverantwortung mit beratenden, faktisch aber weisungsbefugten

funktional unterteilten Zentralstäben kombiniert. Dadurch soll den Unterschieden der Pro-
duktanforderungen in den verschiedenen Ländern bei gleichzeitiger zentraler Geschäftskoor-
dination entsprochen werden. Außerdem wird versucht, Desintegrationseffekten entgegen zu
steuern, die bei starker (Produkt-)Diversifikation und regionaler Streuung entstehen. Die
potenziellen Vorteile und die Probleme entsprechen grundsätzlich denen der Matrixorganisation.

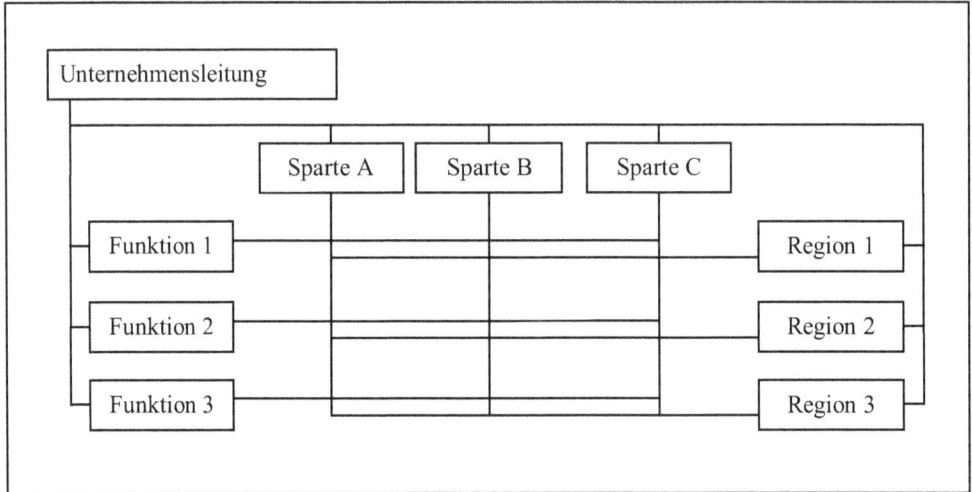

Abb. II.2.10:   Tensororganisation (vgl. Bleicher 1991, S. 594)

Die vielfältigen Organisationsanforderungen heterogener internationaler Aktivitäten führen
in der Praxis zu gemischten oder **hybriden Strukturen** (vgl. Kieser/Walgenbach 2003, S.
304). Diese verfügen über kein spezifisches Gliederungskriterium, sondern können eine
Kombination aus differenzierten und integrierten Formen darstellen, wobei je nach Notwendigkeit funktionale, produktspezifische und regionale Aspekte simultan berücksichtigt werden.

2.4.4   Sekundäre Organisationsstrukturen

Die formale Struktur der Primärorganisation ist in erster Linie auf die effiziente Lösung von
Routineaufgaben hin ausgelegt. Aus den hierarchischen Kommunikationsbeziehungen ergeben sich Schwierigkeiten bei der Lösung schlecht definierter, komplexer Probleme oder der
Generierung innovativer Ideen. Außerdem treten Abstimmungsprobleme zwischen Organisationseinheiten auf, da vielfach Interdependenzen bestehen, die nicht hinreichend berücksichtigt sind (z. B. Marktinterdependenzen in einer Produktorganisation oder Prozessinterdepen-
denzen bei einer Funktionalorganisation). Deshalb werden hierarchieergänzende oder hierarchieübergreifende **(sekundäre) Organisationseinheiten** gebildet, die die Berücksichtigung
der vernachlässigten Aspekte sicherstellen sollen und die Primärorganisation überlagern.
Sekundärorganisatorische Strukturen sind dabei – trotz der scheinbaren begrifflichen Rang-

ordnung – nicht weniger wichtig als die (Primär-)Struktur, sondern kommen zu dieser hinzu. Durch diese Ergänzung entsteht eine mehrdimensionale Organisationsstruktur mit einem Mehrliniensystem.

Die Bildung sekundärer Organisationsstrukturen kann nach drei **Prinzipien** erfolgen (vgl. Frese 2005, S. 213-222; Schulte-Zurhausen 2005, S. 302-309):

- Stabsprinzip
- Matrixprinzip
- Ausgliederungsprinzip

Bei Erweiterungen nach dem **Stabsprinzip** werden Leitungsstellen der Primärorganisation um Stabsstellen ergänzt. Der Stab hat nur Aufgaben der Information, der Kommunikationsunterstützung an den Schnittstellen und der Vermittlung im Konfliktfall; formale Entscheidungskompetenzen über den Einsatz von Ressourcen in den zu koordinierenden Organisationseinheiten fehlen. Dadurch bleiben die Einheit der Auftragserteilung und die Klarheit der Verantwortung erhalten. Da die Informationen im Stab zusammenlaufen, besteht aber die Möglichkeit, informal erheblichen Einfluss zu nehmen.

Bei Einsatz des **Matrixprinzips** werden Problemstellungen gleichzeitig aus unterschiedlichen Richtungen betrachtet. Die Matrixschnittstelle wird hier durch ein gemeinsames Problem gebildet, über dessen Lösung sich die betroffenen Matrixstellen einigen müssen. Die eigentliche Problemlösung erfolgt an den Schnittstellen, in die die Interessen der einzelnen Dimensionen eingebracht werden müssen. Es kann dabei die gemeinsame Entscheidung und somit der Zwang zum Konsens vorgeschrieben sein, so dass Konflikte offen ausgetragen werden müssen.

Nach dem **Ausgliederungsprinzip** werden bestimmte problemrelevante Komponenten aus der Primärorganisation herausgenommen und zu neuen Organisationseinheiten zusammengefasst. Diese autonomen Einheiten verfügen über alle zur Problemlösung notwendigen Kompetenzen und Ressourcen. Grundsätzlich lassen sich dabei Organisationseinheiten unterscheiden, die an neuen Ideen arbeiten oder der Steuerung des Unternehmens dienen.

Im Wesentlichen kann zwischen vier „realen" Formen der Sekundärorganisation differenziert werden (vgl. Bea/Göbel 2006, S. 401-405), zu denen in jüngerer Zeit eine „virtuelle" Form hinzukommt:

Das **Produktmanagement** hat die Aufgabe der produktbezogenen, funktionsbereichsübergreifenden Koordination aller Aktivitäten (vgl. auch Kieser/Walgenbach 2003, S. 153-159). Das kann in einem funktional gegliederten Unternehmen oder in einem Geschäftsbereich erfolgen. Der Produktmanager ist dabei vor allem für das produktspezifische Marketing, die produktbezogene Planung und die Unterstützung der technischen Bereiche bei der Produktentwicklung zuständig, wenn ein vielfältiges Leistungsprogramm vorliegt und die Marktkomplexität und -dynamik hoch sind. Als Stabsstelle übernimmt er die Entscheidungsvorbereitung für die (oberste) Instanz und kann daher formal nur indirekt Einfluss nehmen, auch wenn in der Regel informal ein stärkerer Einfluss besteht. Begrenzte fachliche Kompetenzen führen zu einer Matrixstruktur und erlauben z. B. die Entscheidung über verkaufsfördernde

Maßnahmen oder größeren Einfluss in der Produktentwicklung. Der Produktausschuss setzt sich aus Vertretern funktionaler Bereiche zusammen und dient der produktbezogenen Selbstabstimmung. Im Falle einer Entscheidung hat diese eine breite Basis, und es bestehen keine Akzeptanzprobleme, im Konfliktfall dagegen muss die übergeordnete Instanz entscheiden.

Durch das **Kundenmanagement** sollen die speziellen Bedürfnisse einzelner Kunden(-gruppen) verstärkt beachtet werden (vgl. Meffert 2000, S. 1079-1084). Kundenmanager (Key Account Manager) können dann eingesetzt werden, wenn ein Unternehmen einer überschaubaren Zahl von wichtigen (Schlüssel-)Kunden gegenübersteht. Sie übernehmen das kundenorientierte Marketing, die Kontaktpflege, Verhandlung und Betreuung auch im Problemfall. Der Kunde hat auf Unternehmensseite nur einen Ansprechpartner, das Unternehmen dadurch ein differenzierteres Kundenprofil. Zur Förderung der Akzeptanz des Kundenmanagers seitens des Kunden und für eine schnelle Entscheidung sind fachliche Entscheidungskompetenzen notwendig, so dass hier vor allem das Matrixprinzip zum Tragen kommt. Werden Kunden- und Produktmanagement gleichzeitig realisiert, kann ein gemeinsamer Ausschuss der Konfliktvermeidung bzw. -lösung dienen.

Mit der Bildung **strategischer Geschäftseinheiten** (SGE) wird die Primärorganisation durch eine strategisch orientierte Sekundärorganisation ergänzt. Diese Einheiten sind zuständig für die Entwicklung und Umsetzung der Strategien auf den strategischen Geschäftsfeldern (vgl. Bühner 2004, S. 208-215). Sie erlauben eine Anpassung an Veränderungen in der Abgrenzung der Geschäftsfelder, ohne dass eine permanente Änderung der Primärorganisation stattfinden muss. Diese ist eher auf die dauerhafte effiziente Erfüllung operativer Aufgaben ausgerichtet. Dabei kann die strategische Geschäftseinheit (1) mit der Organisationseinheit der Primärorganisation übereinstimmen, sich (2) aus mehreren primären Organisationseinheiten zusammensetzen oder (3) mit anderen strategischen Geschäftseinheiten eine primäre Organisationseinheit bilden.

Die organisatorische Verankerung kann auf verschiedene Weise erfolgen. Decken sich die primäre und die sekundäre Organisationseinheit, übernimmt die vorhandene Leitungsstelle die zusätzlichen strategischen Kompetenzen. Es können aber auch spezielle SGE-Manager gebildet werden, die organisatorisch den Produktmanagern ähneln und strategische Planungsaufgaben wahrnehmen; mit zusätzlichen Kompetenzen kann sich daraus eine Matrix ergeben. Wird ein Ausschuss gebildet, treffen Mitglieder funktionaler oder objektorientierter Organisationseinheiten strategische Entscheidungen und kontrollieren deren Umsetzung (vgl. Drexel 1987, S. 153-156). Untereinander sind strategische Geschäftseinheiten als gleichrangig zu betrachten und direkt der Unternehmensleitung unterstellt.

Projekte sind neuartige, komplexe und zeitlich befristete Vorhaben, die innerhalb einer bestehenden dauerhaften Organisationsstruktur nicht abgewickelt werden können, da keine hinreichende Abstimmung der Einzelaktivitäten gewährleistet werden kann. Sie erfordern daher für die effektive und effiziente Durchführung eine besondere Organisation in Form des **Projektmanagements** (vgl. Marr/Steiner 2004). Dabei werden zur Lösung der Koordinationsproblematik Kompetenzen und Verantwortung für das Projekt zentralisiert und eine Stelle mit der Aufgabe der Projektabwicklung gebildet. Nach Abschluss des Projekts wird diese Stelle der Projektleitung wieder aufgelöst.

Im Fall der Erweiterung der Hierarchie um eine Stabsstelle (Projektkoordinator), versorgt diese die mit Projektaufgaben betrauten Mitarbeiter in den verschiedenen Abteilungen mit Informationen und bereitet Entscheidungen vor, sie hat jedoch keine formalen Weisungsbefugnisse und kein Mitentscheidungsrecht (vgl. Grün 1992, Sp. 2107). Der Stabsstelle obliegen vor allem die Terminüberwachung, die Kostenkontrolle und die Projektverfolgung, während die übergeordnete Leitungsstelle die Projektverantwortung trägt. Diese Organisationsform eignet sich in einem frühen Stadium von Projekten, ansonsten hängt der Projekterfolg stark von den informalen Einflussmöglichkeiten des Projektmanagers ab.

Bei einer Projektorganisation nach dem Matrixprinzip überlagern die projektbezogenen Kompetenzen die Primärorganisation. Die Projektleitung übernimmt volle Verantwortung für das Projekt und delegiert Aufgaben und Verantwortung an die am Projekt beteiligten Abteilungen. In diesen können einzelne Mitarbeiter vollständig oder teilweise dem Projekt zugeordnet sein. Sie unterstehen dann fachlich dem Projektleiter, disziplinarisch dem jeweiligen Abteilungsleiter oder auch dem Projektleiter (vgl. Frese 2005, S. 520-521). Einen kritischen Punkt stellt die Kompetenzverteilung zwischen Linie und Projektleiter und das damit verbundene Konfliktpotenzial dar.

Bei der reinen Projektorganisation werden die notwendigen personellen und materiellen Ressourcen für die Dauer des Projekts aus der Primärorganisation ausgegliedert und ausschließlich der Projektaufgabe zugeordnet. Mitunter erfolgt eine Ergänzung des Projektteams um externe Mitarbeiter. Hier werden befristet Organisationseinheiten generiert, wobei der Projektleiter über Kompetenzen vergleichbar denen einer Linieninstanz verfügt und somit projektintern hierarchische Strukturen bestehen. Insbesondere bei der Bewältigung großer Projekte ist diese Form anzutreffen. Sie verhindert grundsätzlich Probleme mit den Einheiten der Primärorganisation, kann jedoch bei mehreren Projekten zu Koordinationsproblemen zwischen diesen führen. Problematisch wird diese Organisationsform, wenn Spezialisten der Fachabteilung für längere Zeit in einem Projekt arbeiten oder von Projekt zu Projekt gehen; es können sich dann fachliche Defizite, aber auch Verunsicherung hinsichtlich der individuellen zukünftigen Entwicklung ergeben (vgl. Frese 2005, S. 521-523).

Da Abteilungen Ressourcen und Kompetenzen für die Dauer eines Projekts abgeben müssen und ein – im Einzelfall mehr oder weniger großes – Konfliktpotenzial zwischen Projekt- und Primärorganisation besteht, spielt die Akzeptanz des Projekts in den betroffenen Bereichen eine große Rolle. Die Unternehmensleitung kann hierzu einen wichtigen Beitrag leisten, indem sie die Wichtigkeit der Projektaufgabe betont und stetiges Interesse an der Bewältigung dieser gezeigt wird. Als hilfreich erweist sich auch die Anpassung der Projektorganisation an veränderte Anforderungen im Zeitablauf.

Eine besondere Form der Sekundärorganisation stellt die Virtualisierung von Organisationsstrukturen dar. Innerhalb eines Unternehmens geht es dabei um die Idee der **virtuellen Abteilung**; es sollen Strukturen etabliert werden, die nur der Möglichkeit nach („virtuell") vorhanden sind (vgl. Scholz 1997, S. 363; 2000, S. 208-213). Die virtuelle Abteilung ist daher nicht ohne weiteres in einem Organigramm zu erkennen (vgl. Abb. II.2.11). Ihre Aufgabe wird vielmehr auf Stellen in den Abteilungen der Primärorganisation aufgeteilt, und die Stelleninhaber nehmen dann eine Doppelfunktion wahr. Es sind somit die speziellen Qualifikationsmerkmale einzelner Mitarbeiter, die in einer virtuellen Abteilung zusammengeführt werden, unabhängig davon, welche Aufgaben sie schwerpunktmäßig in der Primärorganisation wahrnehmen (vgl. Scherm/Süß 2003, S. 239-241). Die Zusammenarbeit basiert auf einer hoch entwickelten, multimedialen Informations- und Kommunikationstechnologie, die eine effiziente Aufgabenerfüllung bei räumlicher Trennung erst ermöglicht. Die virtuelle Abteilung bildet dabei durchaus eine eigenständige organisatorische Einheit mit eigener Identität, eigenen Ressourcen und einer längerfristig konstanten bzw. einer temporären, problembezogenen Besetzung aus einem festen Pool von Mitarbeitern. Weiterhin ist es denkbar, die virtuelle Abteilung um externe Spezialisten zu ergänzen. Da die Veränderung der Zusammensetzung einer Abteilung keine größeren Schwierigkeiten bereitet, schaffen virtuelle Abteilungen eine erhebliche Flexibilität für das Unternehmen.

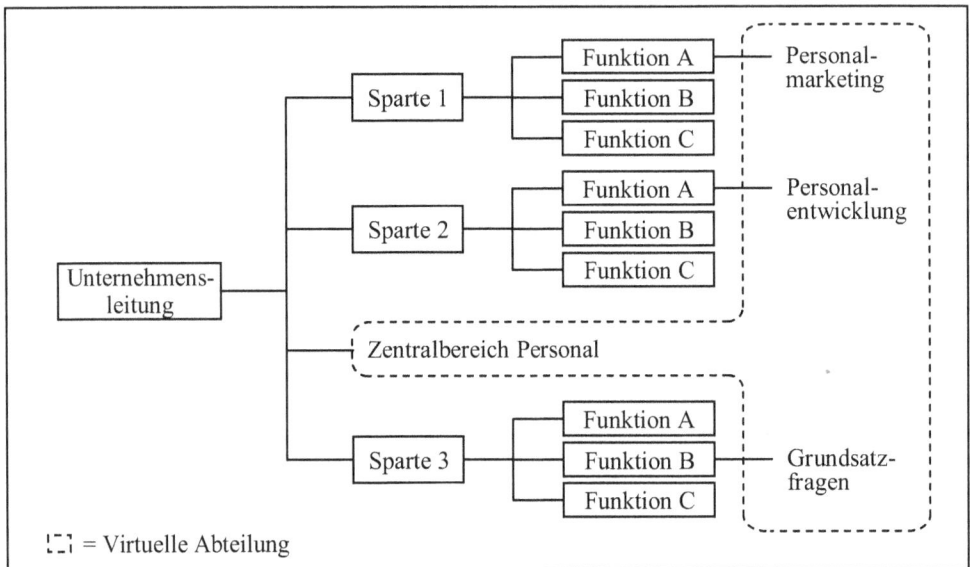

Abb. II.2.11:   Virtuelle Personalabteilung

Bei gleichberechtigten Instanzen der realen und der virtuellen Abteilung ergeben sich die typischen Probleme einer Matrixstruktur. Hinzu kommt, dass Aufgaben im Rahmen der virtuellen Abteilung eher temporären Charakter haben und es deshalb für den Mitarbeiter besonders schwierig sein kann, in jedem Fall die Prioritäten richtig zu setzen. Neben der klaren Kompetenzabgrenzung bedarf es hier auch eines entsprechenden Entscheidungsspielraums des Mitarbeiters und einer tragfähigen Vertrauensbasis zwischen allen Beteiligten. Chancen und Potenziale ergeben sich durch die bessere Nutzung individueller Kompetenzen, die gleichzeitig positive motivationale Effekte haben kann. Jedoch sind die Anforderungen an Mitarbeiter virtueller Abteilungen im Hinblick auf die intrinsische Motivation sowie die soziale und fachliche Qualifikation ausgesprochen hoch (vgl. Krystek/Redel/Reppegather 1997, S. 15). Sie werden mitunter als unrealistisch und illusorisch bezeichnet, weshalb die Verfügbarkeit einer ausreichenden Anzahl dieser, zudem tendenziell teureren Mitarbeiter begrenzt ist (vgl. Jörges/Süß 2000, S. 80).

3 Prozessorientierte Organisation

3.1 Grundlegende Begriffe

Da für die Wettbewerbsfähigkeit von Unternehmen weniger die Erfüllung einzelner Aufgaben als vielmehr die optimale Ausführung ganzer Geschäftsprozesse von Bedeutung ist, wird im Rahmen der prozessorientierten Organisationsgestaltung nicht primär von gleichartigen Verrichtungen, sondern von zusammenhängenden Abläufen ausgegangen. Damit soll die Flexibilität gewonnen werden, die notwendig ist, um der Dynamik auf den Beschaffungs- und Absatzmärkten zu begegnen. Die Analyse der Abläufe geht der Stellen- und Abteilungsbildung voran und diese orientiert sich an Prozessen, wobei die Reduzierung der Schnittstellenprobleme und anderer Dysfunktionalitäten (lange Durchlaufzeiten, Bearbeitungsfehler, Doppelarbeiten), die aufgrund der Spezialisierung entstehen, im Vordergrund steht. Ebenso stellt die Aufgabensynthese nicht auf gleichartige Verrichtungen, sondern auf zusammenhängende Abläufe ab, die als Ganzes möglichst optimal gestaltet werden.

Ein **Prozess** stellt sich allgemein als eine Folge logisch zusammenhängender Aktivitäten dar, die innerhalb eines bestimmten Zeitrahmens (Durchlaufzeit) nach – mehr oder weniger stark – vorgegebenen Regeln oder Methoden durchgeführt werden. Der Prozess wird von einem externen Ereignis oder einem bestimmten Zeitpunkt gestartet. Er hat eine festgelegte Eingabe (Input) und Ausgabe (Ergebnis, Output). Innerhalb des Prozesses erfolgt ein definierter Wertzuwachs, indem durch Kombination von Einsatzgütern bzw. Einsatzfaktoren ein (Teil-)Produkt oder eine (Teil-)Dienstleistung erstellt und als Prozessergebnis weitergeleitet wird. Ein Prozess bildet einen – aus subjektiver Problemsicht des Organisators – inhaltlich abgeschlossenen Vorgang und reicht von einer spezialisierten Teilaufgabe bis hin zur Abwicklung der gesamten Unternehmensaufgabe; er ist immer zweckbezogen (vorab definierter Output) und (un-)mittelbar kundenbezogen (vgl. dazu Schulte-Zurhausen 2005, S. 51-53).

Prozesse können auf (drei) verschiedene Arten differenziert werden (vgl. Schulte-Zurhausen 2005, S. 54-56):

- **Materielle Prozesse** mit körperlichen Vorgängen an physisch existierenden Objekten und immaterielle Prozesse als Austausch und Verarbeitung von Informationen.
- **Operative Prozesse**, die der eigentlichen Leistungserstellung dienen, und Managementprozesse, die auf die Planung, Steuerung und Kontrolle der Leistungserstellung zielen.

- **Primärprozesse** mit direkter Beteiligung an der Wertschöpfung, **Sekundärprozesse**, die die Betriebsbereitschaft sicherstellen und die Ausführung der Primärprozesse unterstützen, sowie **Innovationsprozesse**, die auf die Entwicklung und Einführung neuer Produkte, Verfahren oder Strukturen zielen (vgl. Porter 2000, S. 70-75).

Die ablaufmäßige Verbindung mehrerer funktional (bzw. sachlogisch) miteinander verbundener Prozesse bezeichnet man als **Prozesskette**. Werden alle notwendigen Aktivitäten zur Erstellung und Vermarktung eines Produktes oder einer Dienstleistung, zur Steuerung und Verwaltung der Ressourcen sowie zur Beeinflussung der Umwelt (Kunden, Lieferanten, Öffentlichkeit) verkettet, liegt ein **Geschäftsprozess** vor (vgl. Schulte-Zurhausen 2005, S. 57-58). Von zentraler Bedeutung ist dabei, dass ein betriebswirtschaftlich relevanter Output geschaffen wird und ein Bezug zu internen oder externen Kunden besteht (vgl. Vossen/Becker 1996, 18-19). Verschiedene Beispiele für Geschäftsprozesse sind in Abbildung II.3.1 zu finden.

Geschäftsprozesse
• Systematische Untersuchung von Teilmärkten • Auftragsbearbeitung vom Angebot bis zur Auslieferung • Beschaffung von Roh-, Hilfs- und Betriebsstoffen • Produktentwicklung von der Produktidee bis zum Produktionsbeginn • Produktion von der Vorfertigung bis zur Endmontage • Physischer Materialfluss vom Lieferanten bis zum Kunden • Geschäftsfeldplanung einschließlich Budgetierung • Organisationsgestaltung von der Vorstudie bis zur Einführung

Abb. II.3.1:   Beispiele für Geschäftsprozesse (vgl. Schulte-Zurhausen 2005, S. 57)

Die Organisation solcher Prozesse verfolgt das Ziel, das geforderte Prozessergebnis möglichst effizient zu erstellen. Dazu müssen Aufgaben, Kompetenzen und Verantwortung entsprechend (neu oder anders) verteilt werden. Seit den 1990er Jahren ist das Interesse an einer prozessorientierten Organisationsgestaltung deutlich gestiegen. Das kommt in Konzepten wie Lean Production (vgl. Womack/Jones/Roos 1992), Business Process Reengineering (vgl. Hammer/Champy 1995) sowie Process Innovation (vgl. Davenport 1993) oder Core Process Redesign (vgl. Kaplan/Murdock 1991) zum Ausdruck. Diese Fokussierung auf die Prozesse und die Entstehung neuer Ansätze zur Organisationsgestaltung ist auf den Wandel der Rahmenbedingungen organisatorischen Handelns zurückzuführen. Dazu zählen der Werte- und Strukturwandel in der Gesellschaft und die erhöhten Ansprüche an Produkte und Dienstleistungen, die Beschleunigung des technologischen Fortschritts – vor allem die verbesserten Kommunikations- und Verkehrstechniken – sowie der Wandel der Marktstruktur.

3.2 Gestaltung von (Geschäfts-)Prozessen

Für die Organisation von materiellen Fertigungs- und Montageprozessen ist das Prozessdenken nicht neu. Diese wurden schon immer unter Ablaufgesichtspunkten entworfen und kontinuierlich verbessert. Informationelle Prozesse, insbesondere Sekundärprozesse wurden lange Zeit eher intuitiv, basierend auf den Erfahrungen der damit beauftragten Person gestaltet. (Kreative) Denkprozesse, die zudem recht heterogen sind, können nur schwer erfasst und organisiert werden, war ein häufiges Argument. Tatsächlich weisen aber viele Informationsverarbeitungsprozesse einen hohen Anteil an repetitiven und damit organisierbaren Aktivitäten auf (z. B. Kostenrechnung, Buchhaltung, Auftragsbearbeitung). Hier gibt es in Unternehmen noch erhebliches (Prozess-)Optimierungspotenzial.

Bei der **prozessorientierten Organisationsgestaltung** wird davon ausgegangen, dass eine optimale Zielerreichung hinsichtlich Durchlaufzeiten, Kosten und Qualität nur durch eine ganzheitliche Betrachtung von Prozessketten erreicht wird. Von der optimalen Gestaltung der Geschäftsprozesse hängt die Reaktionsgeschwindigkeit ab. Ausgehend von dem Leistungsprogramm des Unternehmens werden die Anforderungen an die Abwicklung der Geschäftsprozesse definiert, um sie anschließend zu strukturieren und zu gestalten. Aus der Strukturierung resultieren geschlossene Teil- und Elementarprozesse, die dann von einzelnen Organisationseinheiten durchgeführt und geleitet werden können. Die einzelnen Prozesse werden dann von Zeit zu Zeit auf Verbesserungsmöglichkeiten überprüft und gegebenenfalls modifiziert (vgl. Schulte-Zurhausen 2005, S. 80-81).

Die prozessorientierte Organisationsgestaltung nimmt an, dass jedes Geschäftsfeld spezifische Merkmale und Erfolgsfaktoren aufweist, die Einfluss auf die Geschäftsprozesse haben. Deshalb muss eine Segmentierung der Geschäftsfelder vorangestellt werden (vgl. Schulte-Zurhausen 2005, S. 81-85). Daran schließt sich die Prozessgestaltung an, die diese spezifischen Anforderungen berücksichtigt und in mehreren Schritten erfolgt (vgl. Schulte-Zurhausen 2002, S. 83-106):

- Definition der (Geschäfts-)Prozesse
- Strukturierung der Prozesse
- Integration der Prozesse
- Design der Prozessketten
- Zuweisung der Prozessverantwortung
- Externe Prozessverkettung
- Prozessverbesserung

Im ersten Schritt hat die **Definition relevanter Geschäftsprozesse** je Geschäftsfeld zu erfolgen. Abgrenzungskriterium sind dabei nicht die betrieblichen Funktionen, vielmehr werden die Prozesse problemorientiert festgelegt. Für primäre Geschäftsprozesse ist der Bezug zum (externen) Kunden entscheidend; man geht von mindestens sechs bis acht primären Prozessen aus, wobei die Zahl von der Größe und dem Leistungsprogramm des jeweiligen Geschäftsfelds abhängt. Die sekundären Prozesse erstrecken sich auf die Bereitstellung und Verwaltung der erforderlichen Ressourcen und sollen die Funktionsfähigkeit der primären

Prozesse sichern. Entscheidend ist die Selbstständigkeit der Prozesse, die eine Gestaltung ohne Kenntnis anderer Geschäftsprozesse ermöglicht. Letztlich entscheidet aber die subjektive Problemsicht über die Definition dessen, was als Prozess abgebildet wird. Kritische Prozesse haben eine hohe Bedeutung für die Kundenzufriedenheit, die Wettbewerbsposition und/oder eine hohe Ressourcenintensität (Zeit, Kosten, Kapazität).

An die Definition schließt sich die **Strukturierung der Prozesse** an. Es erfolgt zunächst die Dekomposition der Prozesse, wodurch eine hierarchische Prozessstruktur entsteht. Die analytisch kleinsten Teile werden als Elementarprozesse bezeichnet. Die Dekomposition kann nach den Kriterien Objekt oder Verrichtung erfolgen, wobei nicht mehr als fünf bis sechs Teilprozesse entstehen sollten. Im Anschluss daran ist die Reihenfolge der Teilprozesse festzulegen, die sich durch die Input-Output-Beziehungen weitgehend bestimmt. Dabei werden die Schnittstellen zwischen den Teilprozessen deutlich. Mit diesem Schritt ist die Bildung von Teilprozessen abgeschlossen. Die entstehende Prozessarchitektur beinhaltet die hierarchische Darstellung aller Teilprozesse und Aktivitäten eines Geschäftsprozesses sowie ihrer Input-Output-Beziehungen (vgl. Abb. II.3.2).

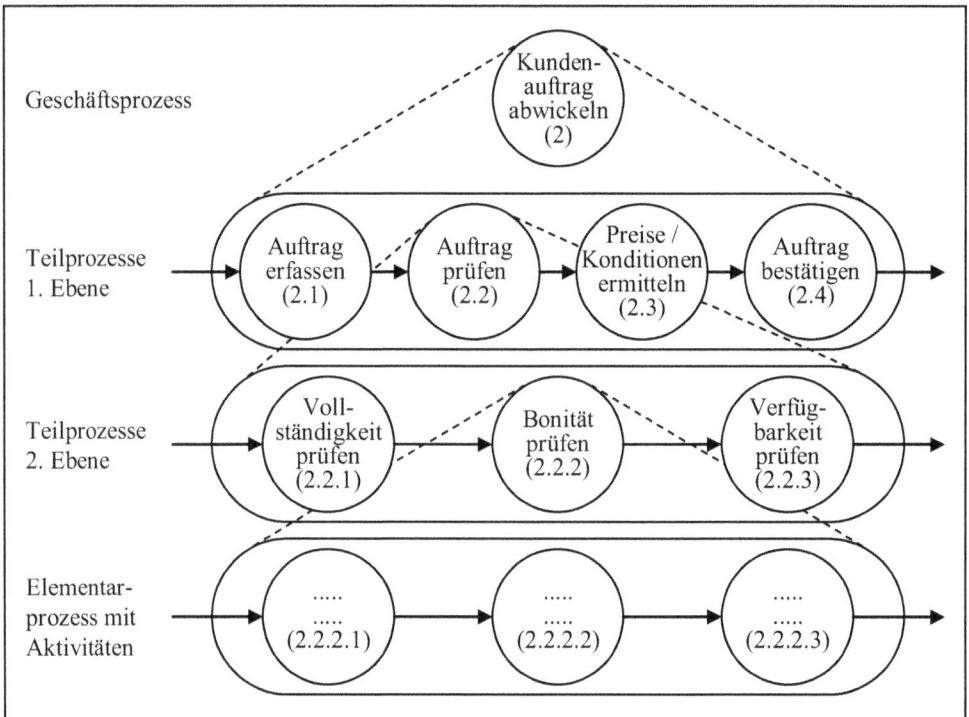

Abb. II.3.2:   Strukturierung eines Geschäftsprozesses (vgl. Schulte-Zurhausen 2002, S. 89)

Bei der **Integration von Prozessen** geht es darum, Redundanzen zu vermeiden. Die bisher geschäftsfeldbezogen gebildeten Prozesse müssen hinsichtlich inhaltlicher Unterschiede und ihres Stellenwerts innerhalb des Geschäftsfelds untersucht werden. Weitgehend identische

Prozesse mit gleicher Zielsetzung können auf übergeordneter Ebene integriert werden; dies gilt vor allem für sekundäre Aktivitäten, die gegebenenfalls auch von einer zentralen Organisationseinheit erbracht werden können. Für weitgehend identische Prozesse mit unterschiedlicher Bedeutung und Zielsetzung muss die Zusammenführung auf Unternehmensebene besonders geprüft werden. Ebenso sollten identische Teilprozesse verschiedener Geschäftsprozesse zusammengefasst werden. Für heterogene (Primär-)Prozesse mit unterschiedlichen geschäftsfeldspezifischen Anforderungen ist die Abgrenzung weiterhin aufrecht zu erhalten. Allgemeine Regeln für die Zusammenlegung gibt es jedoch nicht.

Das **Design der Prozessketten** umfasst die „Ablauforganisation im engeren Sinne". Es ist (1) der Zeitaufwand zu ermitteln, (2) sind die Leistungsanforderungen an den Input und Output jeweils zwischen (externen oder internen) Kunden und Lieferanten zu vereinbaren. Danach sind Leistungsmerkmale zu definieren; neben dem Output pro Zeiteinheit können prozessunabhängig Durchlaufzeit, Prozessqualität und Prozesskosten als Prozessziele angesehen werden. Hinzu kommt (3) die Festlegung von Leistungsmerkmalen und Kontrollpunkten, für die eine Vorgabe von (Soll-)Kennzahlen erforderlich ist; Beispiele sind time to market, Entwicklungskosten, Ausschussquote, Herstellkosten, Lieferzeit, Kundenbeschwerden. Daneben sind (4) die Informationsinfrastruktur sowie (5) die Abläufe in räumlicher und zeitlicher Hinsicht zu gestalten. Den Abschluss bildet (6) die Prozessdokumentation.

Die **Zuweisung der Prozessverantwortung** erfolgt im Rahmen der Stellen- und Abteilungsbildung. Dabei ist es vorteilhaft, die Durchführungsverantwortung für in sich abgeschlossene Abläufe zusammenzufassen und auf einzelne Stellen oder Arbeitsgruppen zu verteilen. Die Zuordnung der Leitungsverantwortung erfolgt im Rahmen des Leitungssystems. Grundsätzlich sind dabei zwei Fälle zu unterscheiden: (1) Es werden prozessorientierte Organisationseinheiten gebildet, so dass sich die Primärorganisation mit der Prozessstruktur deckt (modulare Organisation), d. h. kleine, überschaubare Einheiten mit Entscheidungskompetenz und Ergebnisverantwortung. (2) Der Prozess läuft über mehrere Bereiche des Unternehmens, so dass die Gesamtverantwortung (hinsichtlich Durchlaufzeit, Qualität und Kosten) von einem so genannten Prozesseigner übernommen werden muss, d. h., es entsteht eine sekundärorganisatorische Struktur.

Die Prozessgestaltung kann auch über Unternehmensgrenzen hinweg erfolgen (z. B. mit Kunden, Lieferanten, Transporteuren oder Banken). Diese zwischenbetriebliche Kopplung von Geschäftsprozessen kann als **externe Prozessverkettung** bezeichnet werden. Ein Beispiel stellt das bekannte Just-in-Time-Konzept bei materiellen Prozessen dar, für das der immaterielle Prozess über „Electronic Data Interchange" (EDI), d. h. Austausch genormter, formatierter Daten zwischen mehreren Geschäftspartnern, eine notwendige Voraussetzung bildet. Die Daten werden dabei ohne Medienbruch per Datenfernübertragung zwischen den Informations- und Kommunikationssystemen verschiedener Unternehmen übertragen.

Nach der Prozessgestaltung besteht die Notwendigkeit, den Prozessablauf – mehr oder weniger regelmäßig – zu überprüfen und gegebenenfalls zu modifizieren. Die **Prozessverbesserung** muss an den Merkmalen der Prozessleistung ansetzen (Kosten, Qualität, Quantität, Durchlaufzeit). Es kann dabei unterschieden werden zwischen der kontinuierlichen Prozessverbesserung und der Prozessreorganisation; Letztere stellt eine grundlegende Überarbeitung bestehender Abläufe dar und kann sich auf einzelne Teilprozesse oder sogar den gesamten Geschäftsprozess beziehen.

3.3 Arbeitsteilung aus prozessorientierter Perspektive

Die Bildung von Organisationseinheiten und die Gestaltung des Leitungssystems unterscheiden sich im Vergleich zur „klassischen" Organisationsgestaltung nicht grundsätzlich. Hervorzuheben ist die **prozessorientierte Stellenbildung**. Hierbei werden Aufgaben, Personen und Sachmittel nach den sachlogischen Bedingungen des Arbeitsablaufs zu einer Stelle zusammengefasst (vgl. Schulte-Zurhausen 2005, S. 118-120). Da ein Prozess sich aus ungleichartigen Verrichtungen zusammensetzt, besteht eine Analogie zur objektorientierten Stellenbildung mit den in der Tendenz gleichen Vor- und Nachteilen. Ziel ist es, zwischen den Stellen möglichst wenige Beziehungen entstehen zu lassen und so eine hohe Unabhängigkeit (Autonomie) der Stellen untereinander zu erreichen. Vollständig abgeschlossene Prozesse, die von einer Stelle allein durchgeführt werden können, sichern die Kongruenz von Aufgabe, Kompetenz und Verantwortung sowie einen geringen Abstimmungsaufwand. Die starke Output- und Kundenorientierung kann eine höhere Qualität zur Folge haben.

Im Gegensatz zur funktions- bzw. verrichtungsorientierten Stellenbildung erfolgt ein häufiger Wechsel der Arbeitsinhalte, der längere Bearbeitungs- und Rüstzeiten nach sich zieht und die Nutzung von Spezialisierungsvorteilen, wie z. B. konstantere Auslastung, Größendegressions- und Erfahrungseffekte, verhindert. Jedoch fördert dieser spezielle Kenntnisse über den Arbeitsprozess und die bearbeiteten Objekte. Es ergeben sich gleichzeitig abwechslungsreichere Tätigkeitsfelder mit den damit verbundenen mitarbeiterbezogenen Vorteilen. Durch die zusammenhängende Folge von Teilprozessen werden Transport- und Informationswege minimiert. Eine eindeutige Aussage über die Produktivität lässt sich nicht machen. Vielmehr hängt es vom Einzelfall ab, ob die optimale Ausübung einzelner Funktionen oder die genaue Kenntnis des Prozesses höhere Bedeutung hat.

Bei der Abteilungsbildung und dem Leitungssystem ergeben sich im Rahmen der prozessorientierten Gestaltung keine wesentlichen Besonderheiten gegenüber dem (klassischen) Analyse-Synthese-Konzept (vgl. dazu Schulte-Zurhausen 2005, S. 183-204).

In der Unternehmenspraxis zeigt sich zwar eine Entwicklung hin zur prozessorientierten Organisationsgestaltung, reine Formen der Prozessorganisation sind aber noch nicht häufig zu finden (vgl. Jost 2000, S. 470). Es gibt sie in erster Linie bei Unternehmen, die (1) eine rein kundenorientierte Auftragsfertigung haben, (2) ihre Produkte oder Dienstleistungen nach dem Baukastenprinzip bzw. in Kleinstserien den Kundenwünschen anpassen oder (3) für bestimmte Kundengruppen wiederholt Routineprozesse abwickeln. Zahlreicher sind die Bestrebungen, die Prozessorganisation mit beispielsweise der funktionalen Organisation zu kombinieren, um die Vorteile beider Gestaltungsalternativen zu nutzen. Konkret kann zwischen drei grundlegenden Ansätzen unterschieden werden, die eine Kombination der prozess- und funktionsorientierten Gestaltung der Primärorganisation darstellen (vgl. Scholz/ Vrohlings 1994, S. 28-29; auch Picot/Dietl/Franck 2005, S. 292-293):

*   Die rein **funktionale Organisation**, bei der keine explizite prozessorientierte Stellenbildung stattfindet und lediglich funktionsintern gewohnte Abläufe betrachtet werden. Den Verantwortlichen fehlen hier nicht nur die Anreize, sondern auch der nötige Überblick, um die Abstimmung zwischen den Prozessschritten zu optimieren.

*   Die reine **Prozessorganisation**, bei der das gesamte Unternehmen in Wertschöpfungsprozesse gegliedert ist und die Konfiguration sich an marktorientierte Kunden-Lieferanten-Beziehungen anlehnt. Es werden Prozessteams für jeden Geschäftsprozess mit einem Prozessverantwortlichen eingerichtet, der die notwendigen Kompetenzen und die Verantwortung für den einzelnen Geschäftsprozess vollständig übernimmt; man spricht hier auch von Case-Management.

*   Eine Kombination dieser Gegensätze wird in Form einer **Matrixorganisation** erreicht. Es entstehen Schnittstellen zwischen Prozessen und Funktionen, Kompetenz- und Verantwortungsbereiche überschneiden sich. Im Konfliktfall muss die Unternehmensleitung entscheiden. Dadurch soll die funktionsübergreifende Abstimmung verbessert werden, ohne die Spezialisierungsvorteile der funktionalen Arbeitsteilung aufzugeben.

Das implizite Kontinuum zwischen primärorganisatorischen funktions- und prozessorientierten Gestaltungsalternativen kann um sekundärorganisatorische Formen erweitert werden (vgl. Picot/Dietl/Franck 2005, S. 295-296; auch Abb. II.3.3):

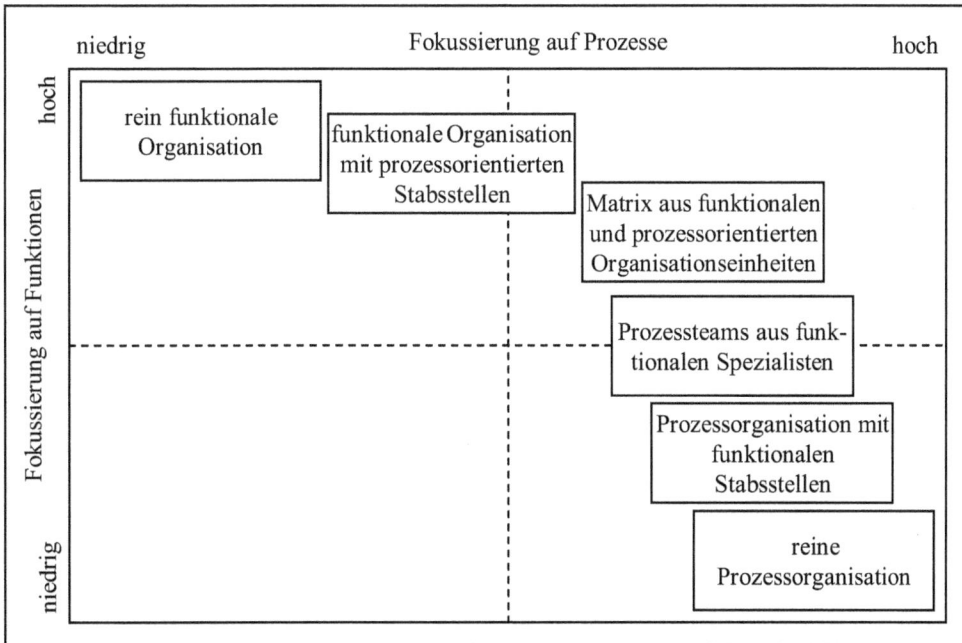

Abb. II.3.3:   Alternativen zwischen prozess- und funktionsorientierter Gestaltung (vgl. Picot/Dietl/Franck 2005, S. 295)

- Ergänzung der funktionalen Organisation um **prozessorientierte Stabsstellen**, wobei diese Prozessexperten bei einzelnen funktionsübergreifenden Ablaufproblemen herangezogen werden
- Prozessorganisation mit **funktionalen Stabs- und Dienstleistungsstellen**, in denen sich funktionale Spezialisten finden
- **Prozessteams aus funktionalen Spezialisten**, die fallspezifisch zusammengestellt werden

4 Koordination in Unternehmen

4.1 Koordinationsbegriff und Koordinationsbedarf

Die notwendigen Aktivitäten, um eine (komplexe) Unternehmensaufgabe zu erfüllen, d. h. Güter und/oder Dienstleistungen zu produzieren, werden in der Regel auf mehrere Stellen bzw. Personen verteilt. Dabei handelt es sich um ausführende Tätigkeiten und das Treffen von Entscheidungen. Durch die Arbeitsteilung ist es dem Einzelnen (ab einer gewissen Unternehmensgröße) nicht mehr möglich alle Aktivitäten zu überblicken. Hinzu kommt, dass die Einzelleistung meist nur dann zu erbringen ist, wenn mit anderen zusammengearbeitet oder diesen bzw. von diesen zugearbeitet wird. Es bestehen damit zwischen Tätigkeits- und Entscheidungsbereichen Berührungspunkte (Schnittstellen) und Abhängigkeiten (Interdependenzen). Deshalb ist **Koordination** erforderlich, d. h., die Aktivitäten der einzelnen Organisationsmitglieder müssen im Hinblick auf das Unternehmensziel abgestimmt werden (vgl. Rühli 1992, Sp. 1165; Kieser/Walgenbach 2003, S. 100). Arbeitsteilung und Koordination bilden damit nicht nur die beiden Basisaufgaben der Organisationsgestaltung, sie stehen auch in einem Spannungsverhältnis, da den mit zunehmender Arbeitsteilung angestrebten Spezialisierungsvorteilen gleichzeitig ein steigender Koordinationsaufwand gegenübersteht. Es kann daher nur darum gehen, im Einzelfall situationsspezifisch ein Optimum zu finden.

Grundsätzlich lassen sich drei Arten von **Interdependenzen** unterscheiden (vgl. Schulte-Zurhausen 2005, S. 225-226):

- Interdependenzen aufgrund innerbetrieblicher Leistungsverflechtungen können in sequenzieller Form, wenn das Arbeitsergebnis einer Organisationseinheit den Input einer nachgelagerten Einheit darstellt, oder in reziproker Form vorliegen, wenn ein gegenseitiger Austausch von Leistungen vorgenommen wird.

- Ressourceninterdependenzen (gepoolte Interdependenzen) treten auf, wenn mehrere Einheiten auf eine limitierte Ressource (Personal, Sachmittel, Finanzmittel) zugreifen. Es ist abzustimmen, welche Einheit zu welchem Zeitpunkt und in welchem Umfang auf die jeweilige Ressource zugreifen darf.

- (Absatz-)Marktinterdependenzen liegen dann vor, wenn segmentspezifische Absatzaktivitäten die Aktivitäten für ein anderes Marktsegment beeinflussen (so genannte Ausstrahlungseffekte) oder wenn verschiedene Funktionsbereiche ihre Aktivitäten auf dasselbe Marktsegment richten (z. B. Angebotsabwicklung und kundenspezifische Entwicklung).

Schnittstellen als Berührungspunkte zwischen verschiedenen organisatorischen Einheiten resultieren aus der Spezialisierung dieser Einheiten und den damit verbundenen Interdependenzen (vgl. Brockhoff/Hauschildt 1993, S. 399). An diesen Übergängen zwischen einzelnen Aufgaben- und Verantwortungsbereichen können vielfältige Problemfelder und Konflikte entstehen. Typische organisatorische Schnittstellenprobleme an Abteilungsgrenzen sind fehlende Informationen, verzögerte Prozessabwicklung oder unklare Kompetenzverteilung.

Der **Koordinationsbedarf** aufgrund von Interdependenzen und Schnittstellen ist dann besonders groß, wenn

- ein hoher Grad an Arbeitsteilung gegeben ist,
- eine starke gegenseitige Abhängigkeit zwischen den Organisationseinheiten besteht,
- große räumliche, zeitliche, sachliche und menschliche Distanzen zu überwinden sind und/oder
- umfangreiche, variable und unstrukturierte Probleme vorliegen (vgl. Rühli 1992, Sp. 1165).

Dabei erzeugen im Unternehmen reziproke Interdependenzen tendenziell den größten Koordinationsbedarf. Neben den internen Faktoren beeinflusst aber auch die Umwelt den Koordinationsbedarf. Aus einer hohen Umweltkomplexität und -dynamik resultiert ein hoher Flexibilitäts- bzw. Anpassungsbedarf an die externen Einflüsse.

4.2   Umgang mit Koordinationsbedarf

Mit dem durch Interdependenzen induzierten Koordinationsbedarf kann grundsätzlich auf zwei verschiedene Arten umgegangen werden. Als erstes bieten sich Ansatzpunkte, den Bedarf zu reduzieren, indem Interdependenzen verringert oder aufgehoben werden. Zweitens gibt es Möglichkeiten der Deckung des Koordinationsbedarfs (vgl. Schulte-Zurhausen 2005, S. 227-228).

Bei den Überlegungen zur **Reduzierung des Koordinationsbedarfs** wird das Spannungsverhältnis von Arbeitsteilung und Koordination unmittelbar deutlich. Durch eine Entkopplung der Stellen- oder Abteilungsaufgaben lassen sich die Interdependenzen zwischen den verschiedenen Organisationseinheiten stark reduzieren. Sie werden dann in der Regel nicht funktions- bzw. verrichtungsorientiert (Funktionsspezialisierung), sondern nach dem Kriterium Objekt gebildet (Objektspezialisierung). In Abteilungen werden außerdem Stellen für die Wahrnehmung von Koordinationsaufgaben (Instanzen) geschaffen (vgl. auch Kieser/Walgenbach 2003, S. 102).

Auch bei gegebenen Organisationseinheiten gibt es Maßnahmen zur Reduktion des Koordinationsbedarfs (vgl. Kieser/Walgenbach 2003, S. 107-108):

- Puffer
- flexible Ressourcen und Überschussressourcen

- Standards/Bandbreiten
- Reduzierung der Anforderungen an das Gesamtergebnis

Durch die Einrichtung von **Puffern** lassen sich aufeinander folgende Teilprozesse entkoppeln, da sie insbesondere sequenzielle Interdependenzen reduzieren. Am bekanntesten sind hier Zwischenlager wie z. B. Fertigwarenlager zwischen Produktion und Verkauf oder Rohstofflager zwischen Einkauf und Produktion. Daneben gibt es zeitliche Puffer (Schlupfzeiten), um bei Terminüberschreitung einer Organisationseinheit die nachfolgenden Teilprozesse nicht zu beeinträchtigen.

Mit **flexiblen Ressourcen** (z. B. universell einsetzbare Maschinen oder mehrfach qualifizierte Mitarbeiter) sinken die Abhängigkeit einer Einheit von Störungen oder Schwankungen anderer Bereiche und damit die Notwendigkeit der Koordination. Der gleiche Effekt wird durch **Überschussressourcen** erreicht. Solche Reserven werden durch das Vorhalten zusätzlicher Ressourcen (z. B. Sachmittel, Arbeitskräfte) oder die Möglichkeit der zusätzlichen zeitlichen Nutzung vorhandener Ressourcen (z. B. Überstunden, verlängerte Maschinenlaufzeiten) geschaffen, auf die bei Bedarfsspitzen zugegriffen werden kann. Dieser so genannte „organizational slack" (Cyert/March 1995, S. 40-43) reduziert den Koordinationsaufwand und generiert Flexibilität.

Standards und Bandbreiten, z. B. bezüglich der Abmessungen von Werkstücken oder tolerierter Abweichungen, legen exakt fest, bis zu welcher Abweichungsgröße kein Koordinationsbedarf besteht. Je größer die Bandbreiten oder niedriger die Standards sind, desto geringer ist der Führungs- und Koordinationsaufwand, da dieser nur auftritt, wenn Bandbreiten überschritten oder Standards nicht erreicht werden. In diesem Zusammenhang wird auch von „Management by Exception" gesprochen (vgl. Drucker 1954).

Eine **Reduzierung der Anforderungen an das Gesamtergebnis** (z. B. Herabsetzung des Rentabilitätsziels) hat zur Folge, dass dieses auch mit geringeren Anforderungen an die Koordination zu erreichen ist. Sie ermöglicht gegebenenfalls auch erst die übrigen Maßnahmen zur Reduktion des Koordinationsbedarfs. In jedem Fall müssen Leistungsrückgänge und Koordinationsaufwand gegenübergestellt werden.

Die hier skizzierten Maßnahmen verursachen in der Regel Kosten oder bedeuten entgangene Gewinne und stellen einen suboptimalen Ressourceneinsatz dar. Gleichzeitig können sie aber Sicherheit geben. So reduzieren flexible Ressourcen beispielsweise die Gefahr einer Konventionalstrafe bei Fristüberschreitung, während Überschussressourcen die Möglichkeit bieten, Nachfragespitzen abzudecken oder einen kurzfristigen Auftrag zu übernehmen.

Der verbleibende **Koordinationsbedarf** lässt sich grundsätzlich auf verschiedene Weise decken. Steht der zeitliche Aspekt im Vordergrund, wird zwischen der Vorauskoordination und der Ad-hoc- bzw. Feedbackkoordination unterschieden. Unter Hierarchiegesichtspunkten kann Koordination dagegen entweder vertikal oder horizontal erfolgen. Dabei dürfen diese beiden Aspekte nicht unabhängig voneinander gesehen werden. Sowohl Voraus- als auch Ad-hoc-Koordination können in vertikaler und/oder horizontaler Form erfolgen.

Im Rahmen der **Vorauskoordination** werden koordinierende Entscheidungen zukunftsorientiert getroffen. Dies erfolgt einerseits durch Planung, bei der Unternehmenshandlungen gedanklich vorweg genommen und schrittweise konkretisiert werden bis verbindliche, aufeinander abgestimmte Maßnahmen vorliegen. Andererseits bietet Standardisierung die Möglichkeit, für sich häufig wiederholende ähnliche Sachverhalte dauerhafte organisatorische Regeln festzulegen. Treten keine Störungen auf, werden die geplanten Maßnahmen entsprechend umgesetzt und die Vorauskoordination reicht zur Abstimmung aller Aktivitäten aus. Kommt es zu Störungen, für die kein zweckmäßiges standardisiertes Verfahren bzw. kein Plan vorliegt, muss durch **Ad-hoc-Koordination** als Reaktion darauf im Nachhinein korrigierend eingegriffen werden. Es sind kurzfristig Entscheidungen zu treffen, die trotz der Störungen die Abstimmung der einzelnen Aktivitäten sicherstellen (vgl. Kieser/Walgenbach 2003, S. 105-106).

Die Unterscheidung zwischen vertikaler und horizontaler Koordination bezieht sich auf die Stelle, die eine Koordinationsentscheidung trifft. Bei der **vertikalen (hierarchischen) Koordination** wird eine Koordinationsentscheidung zwischen zwei oder mehr Einheiten durch die gemeinsame Leitungsstelle getroffen. Hier beruht die Koordination auf der Über- und Unterordnung von organisatorischen Einheiten. Bei der **horizontalen Koordination** dagegen stimmen sich gleichrangige Organisationseinheiten direkt ab. Sie informieren sich gegenseitig über koordinationsrelevante Sachverhalte und lösen Schnittstellenkonflikte gemeinsam.

4.3   Delegation, Zentralisation und Koordination

In engem Zusammenhang mit der Koordination stehen folgende Begriffe (vgl. auch Steinle 1992; Drumm 2004)

- Delegation
- Zentralisation bzw. Dezentralisation

Delegation stellt die dauerhafte Übertragung von Entscheidungsaufgaben, entsprechenden Kompetenzen und Verantwortung auf Stellen dar, die der Unternehmensleitung hierarchisch nachgeordnet sind. Dadurch erfolgt eine Entlastung, und es wird kognitiven und kapazitiven Beschränkungen der Inhaber von Leitungspositionen Rechnung getragen. Gleichzeitig verbessert sich durch die Entscheidungsspielräume die Möglichkeit schneller und problemadäquater Reaktion. Delegation darf nicht mit Partizipation, der Beteiligung von Mitarbeitern an Entscheidungen der Instanz, verwechselt werden, da diese zur gemeinsamen Aufgabenerfüllung und Verantwortung führt.

Mit der Delegation eng verbunden ist die Verteilung der Entscheidungen in dem gesamten Unternehmen. **Dezentralisation** von Entscheidungen liegt dann vor, wenn alle Instanzen delegieren und Entscheidungen tendenziell auf den unteren Hierarchieebenen getroffen werden, d. h. deren Entscheidungs- und Handlungsspielraum groß ist. Demgegenüber spricht man von **Zentralisation**, wenn sich Entscheidungskompetenzen auf die oberen Hierarchieebenen konzentrieren. Völlige (De-)Zentralisation ist in der Unternehmenspraxis nicht erreichbar; es gibt sowohl originäre Unternehmensleitungsentscheidungen, die nicht zu delegieren sind, als auch Routineentscheidungen auf der Ausführungsebene, die nicht von der

Aufgabenerfüllung zu trennen sind. Als Indikator für Zentralisation können umfangreiche Stäbe dienen, die Beschränkungen der Instanzen aufheben sollen. Dezentralisation führt in der Regel zu flacheren Hierarchien, da sich durch die Delegation von Entscheidungsaufgaben die Kapazität zur Leitung erhöht und damit die Leitungsspanne vergrößert werden kann. Umgekehrt hat Zentralisation tendenziell geringere Leitungsspannen und damit eine steilere Hierarchie zur Folge.

Der intendierte Grad an (De-)Zentralisation steht aber nicht nur in engem Zusammenhang mit der Arbeitsteilung bzw. der hierarchischen Organisationsstruktur, sondern auch mit den Instrumenten, die zur Koordination eingesetzt werden. Damit wird ein weiteres Mal deutlich, dass die einzelnen Entscheidungen im Rahmen der Organisationsgestaltung hochgradig interdependent sind und nicht isoliert getroffen werden können.

Häufig werden zur **Koordination** personenorientierte, technokratische und strukturelle **Instrumente** unterschieden (vgl. z. B. Kieser/Walgenbach 2003, S. 108-109).

- Bei personenorientierten Koordinationsinstrumenten beruht die Abstimmung auf der unmittelbaren Kommunikation zwischen den beteiligten Personen.
- Technokratische Koordinationsinstrumente sind dagegen nicht an Personen gebunden, sondern institutional verselbstständigte, unpersönliche Regelungen, deren Urheber oft nicht unmittelbar zu identifizieren ist.
- Zu strukturellen Koordinationsinstrumenten werden organisatorische Einheiten zusammengefasst, die mit der Wahrnehmung von Koordinationsaufgaben betraut sind (z. B. Stäbe, Ausschüsse).

Die Abgrenzung insbesondere personenorientierter und struktureller Koordinationsinstrumente ist jedoch nicht eindeutig möglich, da auch bei Letzteren Unternehmensmitglieder in persönlichen Kontakt treten und die organisatorischen Einheiten eher zur Arbeitsteilung zu rechnen sind.

Aufgrund der Probleme dieser Klassifizierung wird im Folgenden darauf verzichtet. Sie ist auch nicht notwendig, da sich Koordinationsinstrumente in erster Linie dadurch unterscheiden, wer die damit verbundenen Regeln formuliert und welches Ausmaß an Handlungsspielraum den nachgeordneten organisatorischen Einheiten eingeräumt werden soll. Will man den einzelnen Einheiten einen relativ großen Spielraum gewähren, wird auf hierarchische Koordinationsinstrumente verzichtet und auf Selbstabstimmung (Selbstorganisation, Selbstkoordination) vertraut. Damit entsteht ein **Kontinuum**, dessen Endpunkte die hierarchische Koordination und die Selbstabstimmung markieren. Das soll auch verdeutlichen, dass die beiden Pole keine diskreten, situativ wählbaren Alternativen darstellen (vgl. Koll/Scherm 1999, S. 24). Das Leitungssystem bildet in jedem Fall die Grundlage für die (hierarchische) Bewältigung von Schnittstellenproblemen und Interdependenzen. Erst darauf basierend kann durch das Zusammenwirken verschiedener Koordinationsinstrumente und der Selbstabstimmung der bestehende Koordinationsbedarf gedeckt werden.

4.4   Hierarchische Koordinationsinstrumente

4.4.1   Koordination durch persönliche Weisung

Die Koordination durch **persönliche Weisung** stellt die unmittelbarste Form der Koordination durch Vorgesetzte dar. Voraussetzung dafür ist eine Hierarchie, die Über- und Unterordnungsbeziehungen festlegt (vgl. auch Reihlen 2004). Im Rahmen der Abteilungsbildung werden Leitungsstellen (Instanzen) eingerichtet und mit Entscheidungs- und Weisungsbefugnissen ausgestattet, um die Koordinationsaufgabe erfüllen zu können. Koordinationsprobleme werden in der Hierarchie so lange nach „nach oben" weitergereicht, bis die für die zu koordinierenden Bereiche entscheidungsbefugte Stelle, d. h. die gemeinsame Instanz, erreicht ist. Diese entscheidet dann durch eine bindende, persönliche Weisung und schränkt so den Entscheidungsspielraum eines Mitarbeiters auf eine einzige Alternative ein. Auf diese Weise kann auf Störungen reagiert und ad hoc koordiniert werden; es ist aber auch möglich, im Voraus Entscheidungen über Ziele zu treffen und diese durch Weisung als Sollvorgaben an die nächste Ebene weiterzugeben (vgl. Kieser/Walgenbach 2003, S. 109-110). Die Organisationsstruktur liefert für diese Art der Koordination nur den Rahmen, ihre konkrete Ausgestaltung bleibt dem jeweiligen Stelleninhaber überlassen. Darin liegt auch ein wesentlicher Vorteil dieses Koordinationsinstruments; da lediglich Entscheidungskompetenzen vorgegeben werden müssen, über die Inhalte der Koordinationsentscheidungen bei der Einrichtung des Instruments jedoch keine Festlegungen erforderlich sind, lässt es sich leicht gestalten.

Durch persönliche Weisung lassen sich Vorgaben der Instanz eindeutig und verbindlich machen. Gleichzeitig können Weisungen schnell und flexibel erteilt werden, wenn dringender Koordinationsbedarf besteht. Grenzen ergeben sich, wenn die Leitungsspanne groß oder die Zahl der Einzelfallentscheidungen hoch ist. Instanzen verfügen dann häufig nicht über alle notwendigen Informationen und überblicken die Konsequenzen ihrer Entscheidungen nicht vollständig. Hinzu kommt, dass die Koordination auf diesem Wege die Anwesenheit des Vorgesetzten und eine vergleichsweise hohe Qualifikation voraussetzt. Um konsistente Weisungen von der Unternehmensleitung bis zu den unteren Ebenen zu gewährleisten, bedarf es außerdem eines ausgeprägten vertikalen Informationsflusses, der insbesondere in steilen Hierarchien nicht immer gegeben ist.

Die Eignung der persönlichen Weisung hängt in hohem Maße von den Koordinationsgegenständen und der Dringlichkeit des Koordinationsbedarfs ab. Vor allem kurzfristig verspricht dieses Instrument aufgrund seiner unmittelbaren Wirkung und seiner Flexibilität mehr Erfolg als andere hierarchische Instrumente. In Situationen, in denen Organisationseinheiten flexibel und autonom handeln müssen, wirkt die persönliche Weisung jedoch einschränkend. Außerdem muss Vorabkoordination auch in hierarchischer Form nicht allein auf Weisungen beruhen. Dafür gibt es weitere Koordinationsinstrumente mit hierarchischem Charakter, die eine Entlastung der Instanzen zur Folge haben (vgl. Oelsnitz 2000, S. 98).

4.4.2 Koordination durch Standardisierung

Im Rahmen der **Standardisierung** werden Verhaltensvorschriften festgelegt. Sich in gleicher oder ähnlicher Weise wiederholende Aufgaben können in ihrer Erfüllung routinisiert und damit in organisatorischer Hinsicht standardisiert werden. Im Vordergrund stehen Arbeitsprozesse, jedoch lassen sich auch Arbeitsergebnisse standardisieren, die dann in Pläne Eingang finden. Daneben kann durch die Festlegung der Qualifikation eines Stelleninhabers eine Rollenstandardisierung und damit eine indirekte Standardisierung der Arbeitsprozesse erreicht werden.

Zu den verbreitetsten Koordinationsinstrumenten in größeren Unternehmen gehören **Regeln** als generelle Verhaltensrichtlinien und **Programme**, die eine Folge von Instruktionen für bestimmte Situationen darstellen (vgl. Kieser/Walgenbach 2003, S. 115-116). Sie können zum einen das Ergebnis von Lernprozessen sein, wenn die wiederholte Aufgabenerfüllung zu verfestigten Handlungsmustern führt, die weitergegeben werden; daraus resultieren auch die Vorteile einer hohen Spezialisierung. Zum anderen werden sie verbindlich und im Voraus vorgegeben, indem Arbeitsprozesse detailliert beschrieben und dauerhaft unabhängig von einzelnen Personen oder Ereignissen geregelt werden. Diese Vorgabe kann mündlich erfolgen oder schriftlich fixiert werden (z. B. in Handbüchern). Eine koordinierende Wirkung erreichen Programme, wenn sie die Aktivitäten mehrerer Organisationseinheiten betreffen. Diese werden dadurch angehalten, in einer festgelegten Art und Weise zu verfahren. Persönliche Weisungen werden dann nur noch zur Anordnung eines Programms notwendig oder entfallen ganz, wenn das Programm durch bestimmte Ereignisse in Gang gesetzt wird. Programme können hinsichtlich der Detaillierung (globale Richtlinien oder präzise Verfahrensfestschreibung) und der Flexibilität (feste Handlungsabfolge oder konditionale Verzweigungen) erhebliche Unterschiede aufweisen.

Man kann grundsätzlich zwischen Konditionalprogrammen und Zweckprogrammen unterscheiden. **Konditionalprogramme** (Routineprogramme) werden durch eine bestimmte Situation bzw. ein Ereignis ausgelöst und führen dann zu festgelegten Aktivitäten. Sie stellen generelle und zeitunabhängige Regeln dar. Wird z. B. eine Lagermenge unterschritten, löst dieses automatisch eine Bestellung an die produzierende Abteilung aus, die ihrerseits weitere Maßnahmen anstößt. Durch diesen „Automatismus" wird der Vorgesetzte entlastet; dies gilt vor allem dann, wenn damit komplexe, mehrstufige Kausalketten verbunden sind. Jedoch ist der Einsatzbereich von Konditionalprogrammen eng begrenzt. Es müssen nicht nur alle relevanten Ereignisse vorhersehbar sein, auch das Problem muss vollständig durchdringbar und seine Lösung bekannt sein.

Zweckprogramme legen einen Zweck (Ziel, gewünschten Zustand) verbindlich fest. Der Aufgabenträger fokussiert sich auf genau diesen und ist grundsätzlich frei, in der Art und Weise, ihn zu erreichen. Daraus ergibt sich ein erweiterter Handlungsspielraum. Häufig werden aber Nebenbedingungen formuliert, unter denen das Ziel erreicht werden soll, oder Nebenwirkungen hervorgehoben, die auf keinen Fall eintreten dürfen. Probleme können sich vor allem daraus ergeben, dass bei der Wahl der Mittel erheblich größere Interdependenzen zu beachten sind, als dies in dem zugrunde gelegten System von Zielen zum Ausdruck kommt, z. B. wenn mehrere Organisationseinheiten auf die gleichen Ressourcen zugreifen.

Im Gegensatz zu zeitunabhängigen Konditionalprogrammen sind Zwecke mit einer Zeitvorstellung verknüpft. Zweckprogramme weisen insofern einen engen Zusammenhang mit der Zielplanung auf. Bekannteste Ausprägungsform eines Zweckprogramms ist das „Management by Objectives" (MbO) (vgl. Drucker 1954, S. 343-350; Odiorne 1980).

Nur im Falle einer vollkommen statischen Umwelt könnte Koordination ausschließlich auf der Basis von Programmen erfolgen. Da sich Umwelten aber ändern und neue Probleme generieren, ist eine Kombination mit anderen Instrumenten unumgänglich. Außerdem verlieren Programme ihre Eignung und müssen ersetzt oder zumindest modifiziert werden. Kommen Programme nur dort zum Einsatz, wo sie passen, d. h. für bekannte bzw. vorhersehbare Sachverhalte, bergen sie keine Nachteile. Sie schränken den Entscheidungsspielraum der Organisationseinheiten ein und reduzieren damit die Unsicherheit bezüglich des Verhaltens der Mitarbeiter. Das Verhalten lässt sich besser kontrollieren, Prozesse werden konsistent und vergleichbar und nicht zuletzt erhöht sich die Leistungsqualität.

Spiegeln Verfahrensrichtlinien und Programme organisationale Lernprozesse der Vergangenheit wider und beinhalten somit implizites Wissen, stellen sie optimierte Verfahren dar, die die Effizienz sichern. Gleichzeitig bewirken sie eine Stabilisierung organisatorischer Strukturen und Prozesse und verringern so die Notwendigkeit der Koordination durch persönliche Weisung oder Selbstabstimmung (vgl. Burr 1999, S. 1163-1164). Verändern sich Problemstellungen, sind programmierte Lösungen nicht mehr adäquat und führen zu Kritik. Die zunehmende Kontrolle führt dann zu einer noch genaueren Einhaltung der Programme, um keine Angriffsfläche zu bieten. Dadurch verfestigen sich Programme gerade in Zeiten, in denen sie geändert werden sollten (vgl. Kieser/Walgenbach 2003, S. 118-119).

Die **Standardisierung von Rollen** als Bündel normativer Erwartungen an den Inhaber einer bestimmten sozialen Position beinhaltet die schriftliche Fixierung von Qualifikationsmerkmalen eines Stelleninhabers, z. B. den Abschluss einer bestimmten Ausbildung (vgl. auch Wiswede 2004). Die koordinierende Wirkung resultiert daraus, dass durch eine spezifische Ausbildung das angeeignete Fachwissen, die Fertigkeiten sowie die Kenntnis gewisser Routinen und Fachausdrücke einheitlich sind. Dieses überträgt sich indirekt auf die Arbeitsprozesse und deren einheitliche Ausführung. So kann die Organisation davon ausgehen, dass ein Mitarbeiter mit bestimmter Qualifikation eine Aufgabe in einer vorhersehbaren Weise ausführt, ohne dass ein Vorgesetzter explizit in den Prozess eingreifen muss (vgl. Kieser/Walgenbach 2003, S. 135-136). Neben diesem Standard-Know-how haben Unternehmen einen Bedarf an spezifischen Kenntnissen und Fähigkeiten, die nur in der innerbetrieblichen Ausbildung durch „Routinisierung" bzw. „Professionalisierung" über längere Zeit erlangt werden können (vgl. Mintzberg 1992, S. 64-65). Die Generierung des Koordinationsinstruments Professionalisierung braucht zwar Zeit, ist dann aber für komplexe und wenig formalisierbare Aufgaben gut zu verwenden.

4.4.3   Koordination durch Pläne

Pläne beinhalten (Soll-)Vorgaben bezüglich des zu erreichenden Ergebnisses für einen bestimmten Planungszeitraum und stellen somit eine Standardisierung des Arbeitsergebnisses (Output) dar. Sie werden periodisch und meist nach festgelegtem Verfahren in einem institutionalisierten Planungsprozess erarbeitet und den einzelnen Organisationseinheiten verbindlich vorgegeben, um ihre Aktivitäten zu koordinieren. Die Vorgaben unterscheiden sich daher von der persönlichen Weisung einer Instanz und stellen auch nicht das Ergebnis einer Selbstabstimmung dar. Anders als Programme sind sie nicht auf (längere) Dauer angelegt, sondern beziehen sich nur auf eine bestimmte (Planungs-)Periode (vgl. Kieser/Walgenbach 2003, S. 119-122). Es können folgende Planungsinhalte unterschieden werden:

Im Rahmen der **Zielplanung** gilt es, gewünschte Sollzustände festzulegen; diese können auch werthaltigen Charakter haben. Gesamtunternehmensbezogene Oberziele werden kaskadenartig auf die einzelnen nachgeordneten Einheiten heruntergebrochen, die sich an diesen Subzielen zu orientieren haben. Die Generierung von Zielen sowie die Bildung eines Zielsystems sind auf die Zukunft gerichtet, weshalb hier von einem Instrument der Vorauskoordination gesprochen wird.

Im Zuge der **Maßnahmenplanung** wird die Umsetzung der Ziele in konkrete Handlungen betrachtet. Es werden grundsätzliche Verhaltensweisen der Organisationseinheiten festgelegt, mit denen die Subziele verfolgt und dadurch die Oberziele erreicht werden sollen. Das beugt der Gefahr vor, dass durch nicht abgestimmte Maßnahmen Unternehmensziele vernachlässigt werden und so der Erfolg des Unternehmens gefährdet wird.

Mit der **Ressourcenplanung** erfolgt die Ermittlung der zur Planumsetzung notwendigen personellen, sachlichen und finanziellen Ressourcen. Dadurch werden, z. B. in Form von Budgets, geplante Maßnahmen konkretisiert. Je nach gewährter Ressourcenausstattung schränkt dies den Handlungsspielraum der Organisationseinheiten mehr oder weniger stark ein.

Die Anwendbarkeit von Plänen für die Vorauskoordination hängt davon ab, inwieweit zukünftige Entwicklungen vollständig erfasst und korrekt prognostiziert werden können. Diese Voraussetzung ist gerade bei dynamischer Umwelt nicht gegeben, so dass (längerfristiges) Planen nicht möglich und eine Ergänzung durch andere Instrumente der Koordination unumgänglich ist. Damit Pläne ihren Koordinationszweck erfüllen können, bedarf es neben der Planung auch der Kontrolle, um Abweichungen zu erkennen und Lerneffekte daraus zu ziehen. Außerdem nimmt mit der Komplexität die Bedeutung zu, Planung als interaktiven, mehrstufigen und iterativen Prozess zu gestalten und die betroffenen Organisationseinheiten einzubeziehen, um vorhandenes Wissen zu nutzen und die relevanten Einflussfaktoren zu erkennen (vgl. Klein/Scholl 2004, S. 20-22).

4.5 Koordination durch interne Märkte

Interne Märkte nehmen eine Zwischenstellung zwischen hierarchischer Koordination und Selbstabstimmung ein, da sie zwar Letztere fördern sollen, gleichzeitig aber die Rahmenbedingungen hierarchisch vorgegeben werden. Auf Märkten werden dezentrale Einzelentscheidungen dadurch abgestimmt, dass der Preismechanismus Angebot und Nachfrage regelt, auch wenn beide Seiten nicht gleiche oder ähnliche Ziele verfolgen. In Unternehmen ver-

sucht man, interne Märkte zu etablieren, um zwischen Organisationseinheiten mit Interdependenzen eine Koordination über Angebot und Nachfrage zu erzielen. Diese unterscheiden
sich aber wesentlich von externen Märkten (außerhalb der Grenzen des Unternehmens). Der
zentrale Unterschied liegt darin, dass die internen Transaktionspartner durch Arbeits- und
Gesellschaftsverträge in ihrer Entscheidungs- und Verhandlungsfreiheit hinsichtlich der
Wahl des Transaktionspartners und der Modalitäten des Leistungsaustausches eingeschränkt
werden. Man kann deshalb zwei Formen interner Märkte unterscheiden (vgl. Kieser/Walgen-
bach 2003, S. 123-124):

- Bei **realen internen Märkten** besteht weder für den liefernden noch für den abnehmenden Bereich die Möglichkeit, einen externen Transaktionspartner frei zu wählen. Gegebenenfalls bestehen Wahlmöglichkeiten hinsichtlich interner Partner. In der Regel werden auch Leistungsmerkmale und Konditionen in einem gewissen Umfang hierarchisch
  vorgegeben. Die einzelnen Bereiche haben jedoch Entscheidungskompetenzen hinsichtlich des Einsatzes von Ressourcen. Reale interne Märkte stellen eine Alternative dar,
  wenn hinsichtlich des Bedarfs ein Ermessensspielraum besteht, z. B. ob und in welchem
  Umfang eine interne Leistung in Anspruch genommen wird. Durch sie soll ein verant-
  wortungsvoller Umgang mit Ressourcen erreicht werden.

- **Fiktive interne Märkte** werden genutzt, wenn die Leistungsbeziehungen zwischen Unternehmenseinheiten sehr geringe Flexibilität aufweisen. Das Spektrum der verhandelba-
  ren Leistungsmerkmale und Konditionen ist noch stärker eingeschränkt. Verhandlungen
  werden in der Regel durch zentrale Planung ersetzt. Es bestehen keine Entscheidungsspielräume hinsichtlich des Einsatzes von Ressourcen. Es gibt keinen Marktmechanis-
  mus, Kunden-Lieferanten-Beziehungen werden nur simuliert. Die Marktfiktion soll jedoch Druck bei den internen Anbietern auslösen, Ressourcen effizient einzusetzen.

Im innerbetrieblichen Leistungsaustausch wird der **Verrechnungspreis** als Wertansatz für
den Transfer von Ressourcen, Zwischenprodukten oder allgemein innerbetrieblichen Leistungen festgesetzt. Die einzelnen organisatorischen Einheiten können die Vorprodukte oder
Dienstleistungen zum Verrechnungspreis „kaufen" bzw. „verkaufen". Damit erfolgt die Koordination über den Preismechanismus, wodurch eine optimale Ressourcenallokation realisiert und das Ergebnis der Gesamtorganisation maximiert werden soll (vgl. Kloock 1992;
Wagenhofer 2002). Die Koordination mittels Marktfiktion geht auf Schmalenbachs Konzept
der Pretialen Lenkung zurück (vgl. 1948).

Die Voraussetzung für das Funktionieren interner Märkte ist die Gestaltung organisatorischer
Einheiten als Profit Center mit Gewinnverantwortung und Entscheidungsautonomie bezüglich Lieferanten und Abnehmern, die sich wie Unternehmen am Markt verhalten (können).
Die autonom gefällten Entscheidungen müssen außerdem zur Erfüllung des Unternehmens-
ziels beitragen. Das Koordinationsziel ist dabei eng mit dem Ziel der Verhaltensbeeinflus-
sung und Motivation der Verantwortlichen verbunden. Für diese müssen die Verrechnungspreise Anreize darstellen, Maßnahmen zur Koordination der (dezentralen) Prozesse mit vor-
und nachgelagerten Organisationseinheiten zu ergreifen, damit z. B. Kapazitätsengpässe oder
Leerkosten weitgehend verhindert werden. Bestehen über den durch Verrechnungspreise zu
koordinierenden Sachverhalt hinaus weitere Interdependenzen zwischen einzelnen Einheiten,
bedarf es ergänzender hierarchischer Eingriffe, um die Ausrichtung der Einheiten auf einen

gemeinsamen Zweck zu gewährleisten. Grundsätzlich kann dadurch auch eine Bewusstseins-änderung bei den Organisationseinheiten in dem Sinne erreicht werden, dass diese ihre Beziehungen untereinander als interne Kunden-Lieferanten-Beziehungen sehen.

Der richtige Verrechnungs- oder Lenkpreis lässt sich nur auf der Basis des optimalen Gesamtplans bestimmen, wobei jedoch keine Verrechnungspreise mehr notwendig sind, wenn mit dem Gesamtplan das Koordinationsproblem bereits gelöst ist. Daher gibt es neben theoretischen Modellansätzen auch heuristische Lösungsansätze (vgl. Kloock 1992, Sp. 2560-2561). Es sind zwei verschiedene Zugänge möglich:

- Im ersten Fall knüpft man an den externen **Marktpreisen** für die innerbetrieblichen Güter und Leistungen an. Als Verrechnungspreise kommen Absatzpreise (abzüglich eingesparte variable Vertriebskosten) oder Einstandspreise (abzüglich eingesparte Beschaffungsnebenkosten und variable Vertriebskosten) in Frage.

- Liegen keine Marktpreise vor, können zur Koordination nur die **Grenzkosten** als Verrechnungspreise dienen. Diese ziehen aber das Problem nach sich, dass zudem eine Lösung für die Deckung (Verrechnung) der Fixkosten der liefernden Organisationseinheit gefunden werden muss. So genannte Kosten-Plus-Preise, d. h. Grenzkosten oder Vollkosten je Stück plus Gewinnaufschlag, erfüllen die Koordinationsfunktion in der Regel nicht.

Problematisch ist die Einführung von Verrechnungspreisen, wenn sowohl Koordinations- als auch Motivationswirkungen erzielt werden sollen (vgl. auch Kieser/Walgenbach 2003, S. 128-129). Für die Koordination sind primär Kosten relevant, positive Anreizwirkungen innerhalb der Bereiche werden aber vor allem durch Marktpreise erzielt. Daraus können sich Konflikte bei der Festlegung des Verrechnungspreises ergeben.

Um diese abzuschwächen, kommen in Unternehmen **duale Verrechnungspreissysteme** zum Einsatz. Für liefernde Bereiche werden Marktpreise, für abnehmende Bereiche Kostenpreise angesetzt. Für den Lieferanten besteht somit Konkurrenzdruck, wogegen der Abnehmer eine den Koordinationserfordernissen entsprechende Bewertung interner Lieferungen erhält und eine realistische Preisuntergrenze ermitteln kann. Unter der Voraussetzung, dass der beziehende Bereich die Menge des Vorprodukts selbst bestimmen kann, erfolgt eine dezentrale Koordination der Bereichsaktivitäten, die aus der Sicht des Gesamtunternehmens effizient erscheint. Duale Systeme verursachen jedoch beträchtlichen administrativen Aufwand.

Bei starken Verbundeffekten zwischen den Unternehmensbereichen kann mithilfe von Verrechnungspreisen keine Koordination erzielt werden. Diese Aufgabe muss daher mit hierarchischen Instrumenten (z. B. Plänen) erfüllt werden. Verrechnungspreise dienen in diesem Fall lediglich Motivationszwecken.

4.6 Koordination durch Selbstabstimmung

Koordination kann auch dadurch erfolgen, dass Organisationseinheiten, die bei ihrer Aufgabenerfüllung interdependente Aktivitäten aufweisen, sich horizontal abstimmen (und als Gruppe entscheiden), ohne dabei hierarchische Kommunikationswege zu beschreiten (vgl.

Schäffer 1996). Man spricht in diesem Zusammenhang von **Selbstabstimmung**, Selbstkoordination oder Selbstorganisation. Dieses geschieht insbesondere bei Aufgaben, die über hierarchische Koordinationsinstrumente nicht abzustimmen sind bzw. deren Abstimmung nicht direkt kontrolliert werden kann, weil z. B. große Spielräume zum Generieren innovativer Ideen bestehen (müssen). Die erfolgreiche Bewältigung derartiger Aufgaben erfordert ein hohes Maß an Freiwilligkeit und Selbstständigkeit, weshalb enge hierarchische Strukturen hier kontraproduktiv wären. Wird Selbstabstimmung jedoch völlig der Eigeninitiative der Organisationsmitglieder überlassen, ist sie nicht planbar und es ist nicht sichergestellt, dass auf diesem Wege die Ziele des Unternehmens erreicht werden. Außerdem dürfen die Unternehmensmitglieder nicht so viele Entscheidungsaufgaben haben, dass sie nicht mehr zu ihren Ausführungsaufgaben kommen, und nicht zuletzt muss die Qualifikation für beide Aufgaben ausreichend sein.

Vor dem Hintergrund der bereits dargelegten Unzulänglichkeiten hierarchischer Koordination und des in dynamischer und komplexer Umwelt hohen Bedarfs an Flexibilität, steht außer Frage, dass Selbstabstimmung notwendig ist. Dabei geht es um die offizielle Form einer Koordination durch Selbstabstimmung, die über den unverbindlichen Informationsaustausch hinausgeht, der bei einem guten persönlichen Verhältnis zwischen Unternehmensmitgliedern fast immer gegeben ist. Die damit herbeigeführten Entscheidungen sind dann auch verbindlich. Dafür müssen organisatorische Rahmenbedingungen geschaffen werden, die Selbstabstimmung nicht nur ermöglichen, sondern auch fördern. Dazu gehören neben der grundsätzlichen Dezentralisierung von Entscheidungen die Einrichtung von horizontalen Kommunikationskanälen, die Ausstattung von Gremien mit entsprechenden Entscheidungskompetenzen sowie die Festlegung von Anlässen oder Interdependenzen, die der Selbstabstimmung bedürfen. Je nach Ausgestaltung des strukturellen Rahmens können verschiedene **Arten der Selbstabstimmung** unterschieden werden (vgl. Kieser/Walgenbach 2003, S. 112-115):

- fallweise Interaktion nach eigenem Ermessen
- themenspezifische Interaktion
- institutionalisierte Interaktion

Von **fallweiser Interaktion nach eigenem Ermessen** wird gesprochen, wenn keine spezifizierten Regelungen für die Selbstabstimmung bestehen und sie der Einschätzung der Betroffenen überlassen bleibt. Dieses kann strukturell dadurch begünstigt werden, dass die Einhaltung hierarchischer Kommunikationswege nicht zwingend vorgeschrieben wird. In dem Fall verstößt es nicht gegen formale Regeln, wenn sich die Mitarbeiter unterschiedlicher Abteilungen abseits der formalen, hierarchischen Wege miteinander in Verbindung setzen. Einige Voraussetzungen müssen jedoch erfüllt sein, damit es zu einer wirksamen Selbstabstimmung in dieser Form kommt. So bedarf es einer Dezentralisation von Entscheidungsbefugnissen und der Motivation der Unternehmensmitglieder, die Unternehmensziele erreichen zu wollen (vgl. Oelsnitz 2000, S. 99). Konkurrenzdenken, Missgunst und das Streben nach individuellem Erfolg auf Kosten anderer dürfen dabei der gemeinsamen Zielerreichung nicht im Wege stehen. Den Mitarbeitern muss ferner die Organisationsstruktur hinreichend bekannt sein, um zu wissen, wer welche Aufgaben wahrnimmt und in welchen Fragen einen kompetenten Ansprechpartner darstellt. Konflikte können auftreten, wenn dieses Klima bzw. das für Selbstabstimmung notwendige Bewusstsein und Vertrauen nicht bei allen Unternehmensmitgliedern vorhanden ist oder Informationen aus politischen Gründen zurückgehalten werden. Daher ist es wichtig, über geeignete Konfliktlösungsmechanismen zu verfügen, um den Erfolg der Kommunikationsprozesse und damit der Selbstabstimmung zu gewährleisten.

Bei der **themenspezifischen Interaktion** ist für bestimmte organisatorische Einheiten im Vorhinein festgelegt, welche Art von Problemen eine direkte Abstimmung mit anderen Einheiten erfordert. Hier wird Selbstabstimmung somit zur Pflicht und generell geregelt; sie bleibt nicht mehr dem Ermessen des Einzelnen überlassen. Damit vermindert sich das Risiko, dass die Abstimmung unterbleibt, weil deren Notwendigkeit von den Betroffenen nicht erkannt wird. Ein Beispiel für themenspezifische Interaktion ist die Abstimmung von Fach- und Personalabteilung bei der Einstellung neuer Mitarbeiter, wenn zu diesem Anlass der Abteilungsleiter der Fachabteilung mit dem zuständigen Sachbearbeiter der Personalabteilung zusammenzuarbeiten hat. Der Freiraum zur Selbstabstimmung besteht in der Art und Weise, wie diese Zusammenarbeit ausgestaltet wird. Jedoch sollten auch hier Verfahren und Mechanismen zur Herbeiführung von Konfliktlösungen und Entscheidungen vorhanden und bekannt sein, damit der Abstimmungsprozess effizient und effektiv vollzogen werden kann.

Selbstabstimmung kann weiterhin in Form einer **institutionalisierten Interaktion** erfolgen. Um eine Abstimmung zwischen mehreren Stellen zu erreichen, werden Komitees, Ausschüsse, Arbeitskreise, Konferenzen, Gesprächsrunden, Koordinatorenstellen oder ähnliches explizit und formal eingerichtet, die in der praktischen Ausgestaltung erheblich variieren. Die Mitglieder können dabei unterschiedlichen Abteilungen angehören, aber auch aus einer Abteilung kommen und somit in hierarchischer Beziehung zueinander stehen. Innerhalb der Gruppe müssen sie aber weitgehend gleichberechtigt sein, und es darf keine Vetorechte geben. Sonst kann nicht von Selbstabstimmung gesprochen werden, vielmehr ergibt sich dann eine tendenziell hierarchische Koordination, bei der die Gruppe nur beratende Funktion hat. Notwendige Voraussetzungen hierfür sind die Fähigkeit und Bereitschaft zu Kommunikation und Kooperation. Eine besondere Form stellt hier die teilautonome Arbeitsgruppe dar, die dauerhaft gebildet wird und die gemeinsame Aufgabenerfüllung ohne Hierarchie horizontal abstimmt.

Koordination durch Selbstabstimmung entlastet die auf persönlichen Weisungen basierende hierarchische Koordination, da sie die vertikale Kommunikation entlang der Dienstwege reduziert. Damit ermöglicht sie, kurzfristig auftretendem Koordinationsbedarf zu begegnen und schneller fundierte, sachkompetente Entscheidungen zu treffen (vgl. Kieser/Walgenbach 2003, S. 115). Auf der Ebene der Individuen führt Selbstabstimmung häufig zu erhöhter Motivation der Beteiligten. Als Voraussetzung müssen die Beteiligten jedoch genügend Zeit für die Wahrnehmung der Aufgaben und Zugang zu allen notwendigen Informationen haben. Außerdem muss gegenseitiges Vertrauen bestehen, die hierarchische Gleichheit aller Beteiligten anerkannt sowie auf dominantes Verhalten verzichtet werden. Problematisch sind Situationen, in denen Individuen und Einheiten konkurrierende und von den Zielen des Unternehmens abweichende Ziele verfolgen oder zwischen den Mitarbeitern ein destruktives Konkurrenzdenken vorherrscht. Vielmehr müssen die Beteiligten auf einen gemeinsamen Zweck ausgerichtet sein, so dass der Kooperationsgedanke der Selbstabstimmung den Konkurrenzgedanken dominiert. Mitunter kommt eine große räumliche Distanz als weiteres Problem hinzu, die es zu überwinden gilt. Häufig ist erst ein Gruppentraining für die Unternehmensmitglieder erforderlich, um den Einsatz hierarchischer Koordinationsinstrumente durch Selbstabstimmung substituieren zu können (vgl. Bea/Göbel 2006, S. 316-317).

4.7 Unternehmenskultur und Kommunikation als Rahmenbedingungen der Koordination

In der Literatur wird **Unternehmenskultur** nicht selten als Koordinationsinstrument verstanden (vgl. z. B. Kieser/Walgenbach 2003, S. 129-135; Schulte-Zurhausen 2005, S. 239-242). Die koordinierende Wirkung setzt voraus, dass die Mitarbeiter die Ziele des Unternehmens weitest gehend verinnerlichen und ein starkes Zusammengehörigkeitsgefühl haben. Außerdem müssen sie bestrebt sein, nur solche Handlungen auszuführen und Entscheidungen zu treffen, die mit den grundsätzlichen Zielen des Unternehmens vereinbar sind. An die Stelle formaler Regeln und Kontrollen tritt dann ein unternehmenskonformes Verhalten, das keiner regelmäßigen Kontrolle bedarf. Die Unternehmensmitglieder agieren auf der Grundlage ähnlicher, verinnerlichter Denk-, Verhaltens- und Orientierungsmuster, die komplexitätsreduzierend wirken und durch die Reduktion von Zieldivergenzen die Abstimmung erleichtern. Damit kann eine Unternehmenskultur formale Koordinationsinstrumente zumindest zum Teil ersetzen.

Der implizite Charakter der Unternehmenskultur führt dazu, dass die von den Mitarbeitern verinnerlichten Werte bei jeder Handlung und Entscheidung Berücksichtigung finden. Gerade bei innovativen und komplexen Aufgaben, für die eine hierarchische Koordination nicht geeignet ist, erweist sich die handlungsleitende Wirkung einer Unternehmenskultur als vorteilhaft. Entsprechend kann bei der Koordination von Handlungen stärker auf Selbstabstimmung der betroffenen Einheiten vertraut und auf den ausgeprägten Einsatz hierarchischer Instrumente – zumindest in der Tendenz – verzichtet werden. Dabei darf jedoch nicht übersehen werden, dass die Kultur sich nicht ohne weiteres von anderen Koordinationsinstrumenten trennen lässt; so sind zum einen hierarchische Instrumente ein Ausdruck von Werten und Einstellungen, zum anderen setzt auch Selbstabstimmung entsprechende organisatorische Entscheidungen (z. B. Entscheidungsdelegation, flache Hierarchie u. ä.) voraus.

Da die Unternehmenskultur nur mittelbar und langfristig beeinflusst werden kann, fällt ihre Instrumentalisierung schwer und ein gezielter Einsatz zu Koordinationszwecken ist – wenn überhaupt – nur zufällig möglich (vgl. Mayrhofer/Meyer 2004, Sp. 1028-1029). Deshalb wird dieser Vorstellung von Unternehmenskultur hier nicht gefolgt. Sie stellt vielmehr eine **Rahmenbedingung** dar, die in günstigen Fällen die Selbstabstimmung erleichtert, aber nur sehr selten den Bedarf an hierarchischer Koordination reduziert.

Damit sich im Unternehmen eine Kultur etabliert, müssen allgemeine Ziele, Werte und Normen unternehmensweit kommuniziert werden. Auch die Verbreitung und Effektivität hierarchischer Koordinationsinstrumente bedingt, dass (formale) Regeln und (persönliche) Anweisungen an die untergeordneten Ebenen gegeben werden, Selbstabstimmung setzt eine direkte Interaktion der beteiligten Personen voraus. Daher ist in der unternehmensinternen Kommunikation eines Unternehmens eine weitere Einsatz- und Erfolgsbedingung der Koordination zu sehen. Vor diesem Hintergrund verwundert es nicht, dass Führungskräfte – wie Studien ergeben haben – den überwiegenden Teil ihrer täglichen Arbeitszeit (die Rede ist von über 70 %) mit Kommunikation verbringen (vgl. Steinmann/Schreyögg 2005, S. 15).

Unter **Kommunikation** kann zunächst der Austausch von Informationen zwischen Personen verstanden werden (vgl. Gebert 1992, Sp. 1110). Betont man im Kommunikationsprozess aber nicht nur die informationstheoretische Ebene (Übertragungstechnik u. a.), sondern betrachtet auch sozialpsychologische Aspekte, stellt Kommunikation einen sozialen Interaktionsprozess dar, der auf Wechselwirkungen zwischen den agierenden Personen beruht und den Austausch von Gedanken und Gefühlen beinhaltet (vgl. auch Mast 2004). Dieser Austausch vollzieht sich optimal nur in direkter Interaktion. Die rasante Entwicklung der Informations- und Kommunikationstechnologie ist nicht ohne Auswirkungen auf die Kommunikation geblieben. E-Mail, Intranet oder Videokonferenzen ermöglichen inzwischen einen einfacheren Informationsaustausch. Für die Koordination hat dies insofern Bedeutung, als dadurch die Selbstabstimmung deutlich erleichtert und beschleunigt wird. Jedoch fehlt der direkte soziale Kontakt und die nonverbalen Aspekte der Kommunikation treten in den Hintergrund. Kommunikation beschränkt sich letztlich auf eine formalisierte Informationsweitergabe (vgl. Scherm/Süß 2000, S. 86-87).

Mitunter wird die Informations- und Kommunikationstechnologie in der Literatur nicht nur als **koordinationsunterstützend**, sondern als Koordinationsinstrument bezeichnet (vgl. Meckl 2000, S. 50). Danach stehen die räumlich nicht mehr gebundenen Teamtreffen über Videokonferenzen und eine Online-Vernetzung für eine direkte, spontane Kommunikation und eine neue Qualität von Informationsübermittlung, da Informationsverluste oder -verzerrungen vermieden werden, wie sie bei der Kommunikation über verschiedene Hierarchieebenen durchaus entstehen können. Außerdem wird die Zusammenführung von Know-how ermöglicht, das in verschiedenen Organisationseinheiten vorhanden ist. Vielfältige Informationen sind so besser verfügbar. Die Entwicklung der Informations- und Kommunikationstechnologie führt aber auch zu veränderten Anforderungen an die Mitarbeiter im Umgang mit dieser Technik, wodurch zunächst Überforderung entsteht und aufgrund fehlender zwischenmenschlicher Kontakte Demotivation hervorgerufen werden kann. Das beeinträchtigt die Akzeptanz und führt zu einer ineffizienten Nutzung dieser Technologien. Insofern gilt es, den Mitarbeitern das Know-how zur Nutzung der Technologien zu vermitteln und sie an diese heranzuführen, um die notwendigen Voraussetzungen für eine effektive und effiziente Koordination vor allem auf dem Wege der Selbstabstimmung zu schaffen.

4.8   Koordination durch Kombination von Hierarchie und Selbstabstimmung

In diesem Kapitel wurden Koordinationsmechanismen und -verfahren vorgestellt, die sich hinsichtlich des Autonomieniveaus der Stellen unterscheiden, deren Handlungen koordiniert werden sollen. Sie bewegen sich auf einem Kontinuum zwischen Hierarchie und Selbstabstimmung. Eine völlig hierarchiefreie Koordination ist aber nicht denkbar, da dieses bedeuten würde, dass sämtliche Koordinationsentscheidungen jeweils von allen Mitgliedern einer Organisation bzw. Gruppe zu treffen wären. Für die Wahrnehmung von Leitungs- und Koordinationsaufgaben gäbe es dann keine speziellen Mitarbeiter, die Trennung von Leitungs- und Ausführungsaufgaben würde entfallen. Dieses scheitert schon allein an dem hierzu erforderlichen Zeitaufwand sowie der notwendigen Qualifikation aller Mitarbeiter (vgl. Schulte-Zurhausen 2005, S. 234). Demgegenüber bringt eine streng hierarchische Koordination eine Vielzahl an Problemen mit sich und schafft hohe Inflexibilität.

Die bewusste **Kombination von hierarchischen Koordinationsinstrumenten mit Mechanismen der Selbstabstimmung** dagegen ist für den Erfolg eines Unternehmens von zentraler Bedeutung. Diese Gestaltungsaufgabe, das jeweils optimale Maß an Selbstabstimmung im Rahmen der Hierarchie zu finden, liegt bei der Unternehmensleitung, die auch die grundsätzlichen Rahmenbedingungen der Selbstabstimmung durch Fremdorganisation schaffen muss (vgl. Koll/Scherm 1999, S. 23). Hierbei sind schematische, verallgemeinernde Lösungen unangebracht, vielmehr bedürfen die Interaktionsbeziehungen zwischen den organisatorischen Einheiten einer jeweils spezifischen Koordination. Wie diese Kombination der verschiedenen Koordinationsinstrumente aussieht, hängt von den **Einflussfaktoren der Organisationsgestaltung** ab und steht in engem Zusammenhang mit der Konfiguration, d. h. der Entscheidungsdelegation (Kompetenzverteilung) und der Arbeitsteilung (Spezialisierung).

So kann am Beispiel der Selbstabstimmung lediglich die Aussage getroffen werden, dass diese tendenziell in dezentralen, flachen Organisationsstrukturen mit hoher Entscheidungsdelegation, hoher Arbeitsteilung und einer „turbulenten" Umwelt angemessen ist. In diesem Kontext kann mit Selbstabstimmung der hohen Komplexität und Dynamik am ehesten entsprochen werden. In einer stabilen Umwelt dagegen, bei hoher Entscheidungszentralisation, geringerer Arbeitsteilung und einer eher steilen Organisationsstruktur ist entsprechend die Dominanz hierarchischer Koordinationsinstrumente tendenziell effizienter. Die Unternehmenskultur, die individuellen Fähigkeiten sowie die Werte, Normen und Ziele der Mitarbeiter sind, wie bereits dargelegt, ergänzende Einflussfaktoren bei der Entscheidung über die Auswahl und Kombination der Koordinationsinstrumente.

5   Gestaltung effektiver Organisationsstrukturen

Bereits im ersten Kapitel dieses Teils wurde verdeutlicht, dass es wesentlich von der eingenommenen theoretischen Perspektive abhängt, anhand welcher (Sub-)Ziele bzw. Kriterien die organisationale Effektivität gemessen wird. Geht man jedoch davon aus, dass es Anlässe für grundlegende (Re-)Organisationsentscheidungen gibt, die einer systematischen Handhabung bedürfen, müssen operationale Beurteilungs- bzw. Effektivitätskriterien festgelegt werden. Da die Kriterien in der Regel nicht gleichbedeutend und konfliktfrei sind, wird eine Gewichtung erforderlich. Diese grundsätzlich dem Zielansatz folgende Vorgehensweise schließt keineswegs aus, dass es verschiedene (interne und externe) Gruppen mit berechtigten Interessen gibt, die im Rahmen der Organisationsgestaltung berücksichtigt werden müssen. Vielmehr wird unterstellt, dass sich die Interessen direkt oder indirekt im Zielsystem des Unternehmens niederschlagen und somit auch in den Effektivitätskriterien enthalten sind.

Konkrete Gestaltungsaussagen in allgemeiner Form, die für alle Unternehmen und alle Situationen gleichermaßen Gültigkeit haben, verbieten sich jedoch hier. Da organisatorische Einzelmaßnahmen in ihrer Wirkung keineswegs immer eindeutig sind, zudem meist Wirkungen hinsichtlich mehrerer (auch konfliktärer) Ziele aufweisen und ihre Wirkung nicht isoliert, sondern im Zusammenspiel mit anderen Maßnahmen entfalten, können im Einzelfall keine verbindlichen Empfehlungen z. B. für die Spezialisierung, die Delegation oder die Koordination ausgesprochen werden. Hinzu kommt, dass das Zielsystem, die Situation und damit auch die Problemlage, die zu der Reorganisation führt, von Unternehmen zu Unternehmen variieren und sich in spezifischen Anforderungen an die Organisation (Effektivitätskriterien) niederschlagen. Deshalb kann von empirischen Untersuchungen, wie sie im Rahmen des situativen Ansatzes vielfach durchgeführt wurden, keine weit reichende Unterstützung für den Einzelfall erwartet werden (vgl. dazu Kieser/Walgenbach 2003, S. 207).

Man muss sich in der Folge auf grobe Tendenzaussagen hinsichtlich recht allgemeiner Anforderungen beschränken, die sich aus den Ziel- bzw. Kriterienkatalogen der zahlreichen (empirischen) Untersuchungen zusammenfassen lassen. Ein Beispiel dafür liefert Bünting, der für einzelne organisatorische Gestaltungsmaßnahmen tendenzielle Aussagen hinsichtlich solcher Kriterien macht (vgl. 1995, S. 141-178). Die Einzelaussagen aggregiert er dann, ohne daraus einen „Gestaltungsimperativ" machen zu wollen, zu der These, dass Organisationsstrukturen als effektiv anzusehen sind, wenn sie (1) eine hohe funktionale Spezialisierung aufweisen, (2) bei heterogenem Leistungsprogramm entsprechend autonome Organisationseinheiten aufweisen, (3) über ein hohes Maß an Delegation, (4) eine flache Hierarchie und

(5) möglichst kleine Leitungseinheiten verfügen sowie (6) den Sparten rechtliche Selbstständigkeit unter Wahrung eines beherrschenden Einflusses der Unternehmenszentrale zugestehen (vgl. 1995, S. 202).

Am Beispiel dieser „These" wird deutlich, welcher hohe Abstraktionsgrad zu wählen ist, wenn Bewertungen vorgenommen werden, ohne dass ein konkretes Unternehmen und dessen Situation zugrunde liegen. Sie kann ferner als ein Beleg für die bei weitem nicht immer eindeutigen Wirkungen organisatorischer Maßnahmen gelten, da beispielsweise die vorausgehende Einschätzung, dass eine starke funktionale Spezialisierung hohe Flexibilität nach sich zieht, in der Literatur mehrheitlich nicht geteilt wird. Offen bleibt auch, wie man gleichzeitig eine hohe funktionale Spezialisierung und eine hohe Autonomie der Organisationseinheiten erreicht, wenn Autonomie eher objektorientierte Spezialisierung voraussetzt.

Diese Probleme, denen konkrete Aussagen zur Effektivität von Organisationsstrukturen unterliegen, dürfen aber nicht zum Anlass genommen werden, die Organisationsgestaltung grundsätzlich in Frage zu stellen. Sie hat ihre Bedeutung ebenso wie andere Formen des organisationalen Wandels und stellt in bestimmten Situationen die einzig angemessene Form der Reorganisation dar. Dies gilt insbesondere dann, wenn grundlegende Veränderungen schnell erfolgen müssen. Mit dem Wandel von Organisationen setzt sich der folgende Teil III ausführlich auseinander.

Übungsaufgaben zu Teil II

II.1 Skizzieren Sie die Einflüsse wichtiger interner Kontextfaktoren auf die Organisation.

II.2 Charakterisieren Sie die organisationsrelevante Umwelt und machen Sie Tendenzaussagen über deren Wirkung auf die Organisationsgestaltung.

II.3 Warum spielen die Mitarbeiter eine zentrale Rolle bei der Organisationsgestaltung?

II.4 Skizzieren Sie die Stellenbildung und die vorangehende Aufgabenanalyse und -synthese, wenn als Ziele die hohe Motivation der Mitarbeiter und die optimale Nutzung ihres Potenzials verfolgt werden.

II.5 Welche Gründe führten zu organisatorischen Maßnahmen der Erweiterung des individuellen Handlungsspielraums? Skizzieren und beurteilen Sie vor diesem Hintergrund das Konzept des Job enrichment.

II.6 Skizzieren Sie das Konzept der teilautonomen Arbeitsgruppe und beurteilen Sie deren Effektivität im Vergleich zu einer Abteilung.

II.7 Aus welchen Gründen werden in Unternehmen Mehrliniensysteme gebildet?

II.8 Welche individuellen Voraussetzungen müssen gegeben sein, damit eine Matrixorganisation auf Dauer Erfolg verspricht?

II.9 Erläutern Sie den Unterschied von differenzierten und integrierten Organisationsstrukturen. Skizzieren Sie verschiedene Formen integrierter Strukturen und beurteilen Sie die Gestaltungsalternativen.

II.10 Verdeutlichen Sie, in welcher Form funktions- und prozessorientierte Aspekte in einer Organisationsstruktur berücksichtigt werden können.

II.11 Zeigen Sie auf, wodurch Koordinationsbedarf determiniert wird. Stellen Sie in diesem Zusammenhang die Koordination durch Hierarchie und Selbstabstimmung kurz dar.

II.12 Skizzieren Sie, welche Ziele mit Standardisierung erreicht werden sollen, und charakterisieren Sie dieses Koordinationsinstrument.

Fallstudien

Müller-IT AG

Die Müller-IT AG ist 2002 aus der Umwandlung einer Kommanditgesellschaft in eine Aktiengesellschaft entstanden. Der Hintergrund war die Übergabe des Unternehmens vom patriarchalischen Firmengründer auf seine drei Kinder. Während in der Vergangenheit eine „Beamtenmentalität" im Unternehmen vorherrschte, haben die Erben das Ziel, künftig mit einer veränderten, auf Kundenorientierung ausgerichteten Organisationsstruktur flexibler und schneller auf geänderte Kunden- und Marktbedürfnisse reagieren zu können.

(1) Kunden- und Marktorientierung sollen im gesamten Unternehmen präsent sein. Dazu wurde eine zentrale Marketingabteilung aufgebaut, die für die Vermittlung einer marketingorientierten Denkweise bei allen Mitarbeitern verantwortlich ist. (2) Unternehmertum soll bei den Mitarbeitern generiert werden. (3) Die Unternehmensstruktur soll so gestaltet sein, dass schnell auf externe Einflüsse (Wirtschaft, Politik, Technik) reagiert werden kann.

Aufbauorganisation der AG: Auf der zweiten Hierarchieebene sind sechs Zentralbereiche und sieben Divisionen angeordnet. Die Divisionen sind in drei strategische Geschäftseinheiten (SGE) zusammengefasst. Die SGE IT-Systeme bietet für Krankenhäuser, Dienstleistungs-, Handels- und Industrieunternehmen IT-Systeme an. In der SGE Netzwerke werden Computernetze und Rechenzentren angeboten. Die SGE Consulting bietet Strategie- und Organisationsberatung mit dem Schwerpunkt IT-Management.

Die drei SGE entwickeln sich unterschiedlich, wobei die umsatzstärkste SGE IT-Systeme die größte Bedeutung hat und auch am stärksten wächst. Die anderen SGE weisen nur ein schwaches Wachstum auf. Die SGE lassen sich gut voneinander abgrenzen. Sie werden von Strategieteams geleitet, die sich aus den Leitern der jeweiligen Divisionen zusammensetzen. Die Divisionen werden als einzelne Profit Center geführt, so dass die Leiter weitgehende Kompetenzen haben. Das Ziel dabei ist, Unternehmertum zu fördern. Die Zentralbereiche haben Richtlinienkompetenzen in ihrem jeweiligen Bereich gegenüber den Divisionen. Der Zentralbereich Marketing hat weitergehende Kompetenzen. Diese beinhalten sämtliche Entscheidungen bezüglich der Gestaltung der Marketingaktivitäten aller Divisionen.

Die vom Unternehmen angebotenen Produkte sind sehr komplex und beratungsintensiv. Sie müssen in der Regel individuell an jeden Kundenauftrag angepasst werden, wobei dieses häufig in enger und stetiger Zusammenarbeit mit dem Kunden geschieht.

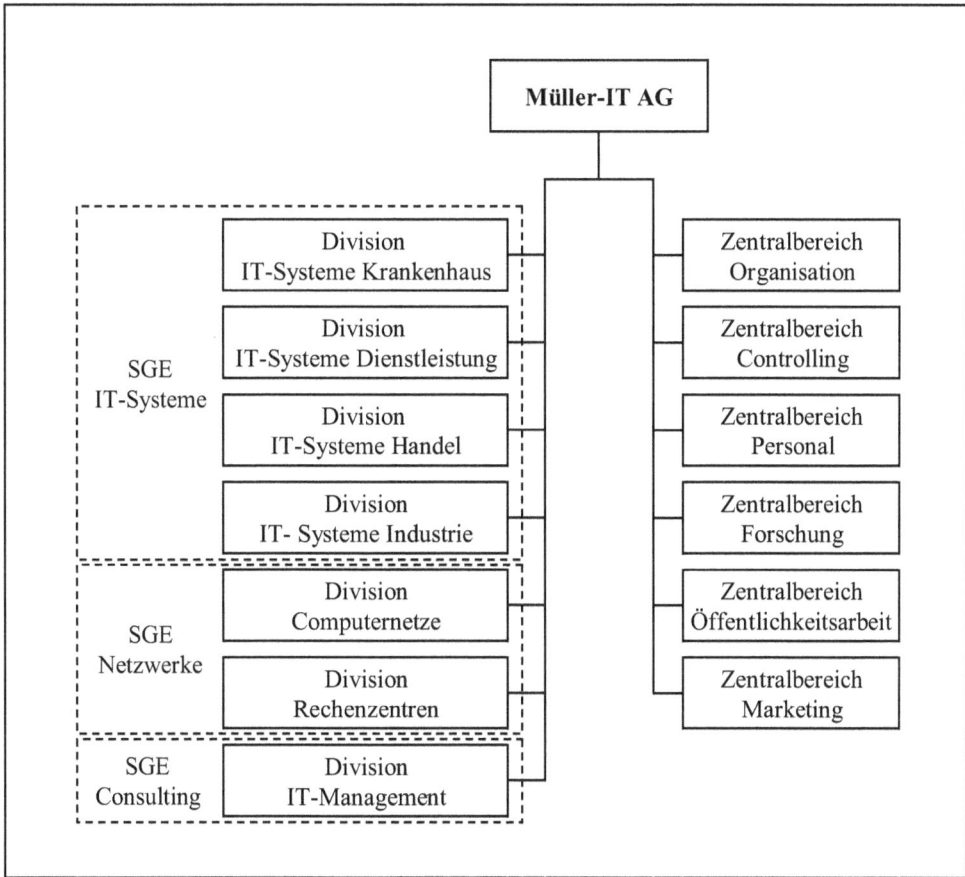

Die Struktur der Müller-IT AG

Detailstruktur der Division IT-Systeme Krankenhaus: Diese Division ist auf der zweiten Hierarchieebene sowohl nach Objekten (Patienten-IT-Systeme, Finanz-IT-Systeme, Controlling-IT-Systeme, Personal-IT-Systeme) als auch nach Verrichtungen (Forschung und Entwicklung, Programmierung, Datenbanken, Vertrieb) gegliedert. Für die Koordination der divisionsinternen Marketingaktivitäten ist der Vertrieb zuständig, der ebenso den Marktauftritt jeder einzelnen Abteilung der Division verantwortet, sich hier jedoch mit dem Zentralbereich Marketing abstimmen muss, der die Richtlinienkompetenz hat.

In der letzten Zeit traten einige Probleme auf. Während früher häufig mehrere Mitarbeiter eines Kunden Kontakt mit diversen Abteilungen hatten und mit einer Vielzahl an Personen Detailaspekte behandelten, gibt es heute auf Kundenseite meist nur noch einen Ansprechpartner. Dieser hat den Wunsch, ebenfalls nur noch einen Ansprechpartner auf Seiten der Müller-IT AG zu haben. So versuchen Kunden, sämtliche Anliegen bei ihrer ersten Kontaktperson auf Unternehmensseite zu deponieren.

```
                    ┌─────────────────────────────┐
                    │          Division           │
                    │   IT-Systeme Krankenhaus     │
                    └─────────────────────────────┘

┌───────────────────────┐           ┌───────────────────────┐
│       Abteilung       │           │       Abteilung       │
│  Patienten-IT-Systeme │           │ Forschung und Entwicklung│
└───────────────────────┘           └───────────────────────┘

┌───────────────────────┐           ┌───────────────────────┐
│       Abteilung       │           │       Abteilung       │
│  Personal-IT-Systeme  │           │    Programmierung      │
└───────────────────────┘           └───────────────────────┘

┌───────────────────────┐           ┌───────────────────────┐
│       Abteilung       │           │       Abteilung       │
│  Finanzen-IT-Systeme  │           │     Datenbanken        │
└───────────────────────┘           └───────────────────────┘

┌───────────────────────┐           ┌───────────────────────┐
│       Abteilung       │           │       Abteilung       │
│ Controlling-IT-Systeme│           │       Vertrieb         │
└───────────────────────┘           └───────────────────────┘
```

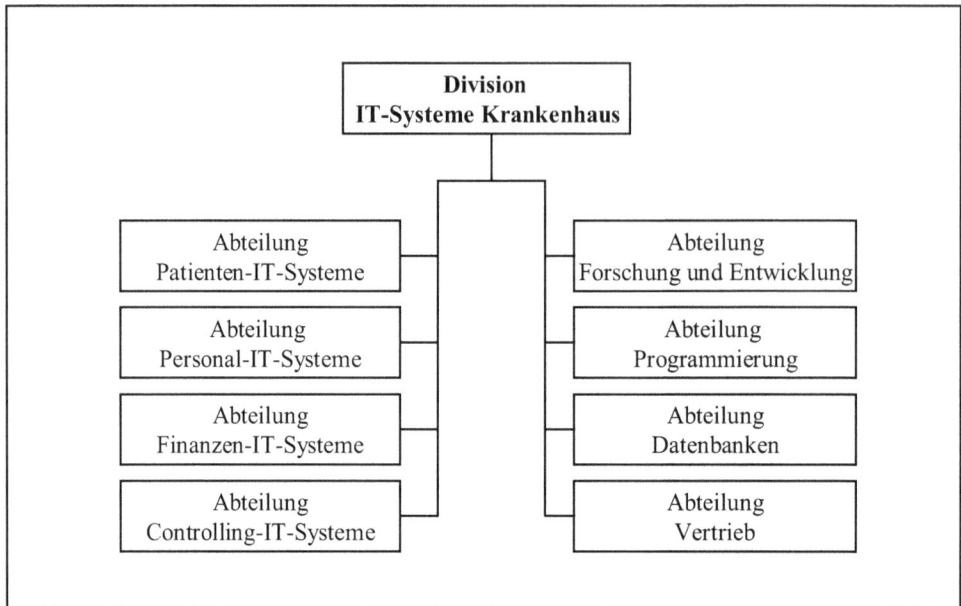

Detailstruktur der Division IT-Systeme Krankenhaus

Dieses Verhalten führt auf Unternehmensseite zu unterschiedlichen Reaktionen. Einige Mitarbeiter nehmen Kundenwünsche an und dann selbst Kontakt mit anderen Abteilungen auf. Die Mitarbeiter dort reagieren mitunter ungehalten, da sie es nicht gewohnt sind, von Kollegen Aufträge anzunehmen, sondern nur von Kunden. Schließlich stehe die Kundenzufriedenheit im Mittelpunkt! Andere Mitarbeiter weigern sich, abteilungsfremde Anliegen vom Kunden anzunehmen und verweisen die Kunden an die entsprechende Abteilung. Resultat dieser Konfusion sind häufige Reklamationen sowie Unzufriedenheit und Unsicherheit sowohl auf Seite der Kunden als auch der Mitarbeiter.

Aktuelle Situation der Müller-IT AG: Im Geschäftsjahr 2006 stieg der Umsatz in der SGE IT-Systeme um 20 %, wobei insbesondere die Division IT-Systeme Krankenhaus für den Erfolg verantwortlich ist. Die anderen SGE legten jeweils nur um 2 % zu. Die gestiegenen Umsätze der Division IT-Systeme Krankenhaus gehen jedoch einher mit einer deutlich abnehmenden Kundenzufriedenheit aufgrund langer Lieferzeiten und einer intransparenten Auftragsabwicklung. Die Kunden rufen häufig an, um zu sicherzustellen, dass ihre Wünsche umgesetzt werden. Viele von ihnen sind der Auffassung, dass die Qualität der Produkte diese Probleme kaum noch aufwiegt.

Die Leitung der Division ist der Auffassung, dass die Detailstruktur nicht mehr den Anforderungen des Marktes entspricht, da die Kundenbedürfnisse nicht angemessen befriedigt werden können.

Aufgaben:

Beurteilen Sie die organisationale Effektivität der Rahmenstruktur. Zeigen Sie auf, welche neue Struktur der Division IT-Systeme Krankenhaus die derzeit bestehenden Defizite abstellen kann.

Mogul Medien AG

Die Mogul Medien AG blickt auf eine lange Geschichte zurück. In der Nachkriegszeit konzentrierte sie sich primär auf das Stammgeschäft Buchdruck. In den folgenden Jahren diversifizierte das Unternehmen in verwandte Bereiche. Nach dem Einstieg in das Zeitschriften- und Tageszeitungsgeschäft erfolgte über Akquisitionen der Markteintritt in das digitale Fernsehen und die Musikbranche. Den jüngsten Schritt bildet der Eintritt in das Multimedia-Geschäft. Das Unternehmen ist somit in den wichtigsten Mediensparten vertreten.

Wegweisend für die zukünftige Entwicklung könnte das Verlassen des traditionellen Mediengeschäftes durch das Vordringen in komplexere, technikfokussierte Medientypen sein; hierzu gehören beispielsweise neue Softwaretechnologien für das Internet. Trotzdem präsentiert sich die Mogul Medien AG weiterhin als ein konservatives Medienunternehmen, bei dem die Tätigkeit in den traditionellen Gebieten weiterhin im Vordergrund steht.

Entsprechend der **gegenwärtigen Vision** verfolgt das Unternehmen eine ausgeprägte Diversifikationsstrategie. Diese äußert sich in der Entwicklung neuer Produkte sowie der Erschließung neuer Teilmärkte in bereits bearbeiteten Märkten, eine klare Stoßrichtung ist aber nicht zu erkennen. Neue Technologien werden schrittweise im eigenen Haus erprobt. Gelten sie als förderungswürdig, wird häufig externes Wissen durch eine affine Akquisition erworben, um ihre Entwicklung zu forcieren. Das Marketing unterstützt neue Technologien aber nur unzureichend; dies gilt gleichermaßen für das Unternehmen als Ganzes wie für die rund 30 Produktbereiche.

Die **finanzielle Lage** der Mogul Medien AG ist folgender Tabelle zu entnehmen. Diese Zahlen verdeutlichen die niedrige Eigenkapitalrendite als Folge der unbefriedigenden Gewinnsituation. Zwar ist der Umsatz im Laufe der Jahre nominell gestiegen, die Zahlen sind aber nicht inflationsbereinigt und enthalten mehrere Firmenübernahmen.

in Mio. Euro:	2001	2002	2003	2004
Umsatz	4.788	4.863	5.217	5.229
Cash-Flow	65	164	243	279
Gewinn/Verlust	-118	-20	49	78
Eigenmittel	3.523	3.489	3.424	3.463
Personalbestand	39.021	35.888	34.546	31.721

Finanzielle Kennzahlen der Mogul Medien AG

Die Geschäftsleitung reagierte auf die relativ schlechten Ergebnisse der letzten Jahre mit weit reichenden Rationalisierungsmaßnahmen, die sich in stetig sinkenden Mitarbeiterzahlen äußerten. Nur wenige Produktbereiche wie die Softwaresparte, weisen eine zufrieden stellende Rentabilität auf. Die insgesamt solide Bilanz resultiert aus einer gezielten Liquiditäts-politik, dem Abbau von Vorräten und der konsequenten Überprüfung der Zahlungsbedin-gungen. Insgesamt erzielt das Unternehmen zwar einen Milliardenumsatz, allerdings ohne Gewinn.

Das Unternehmen ist nach dem Objektprinzip gegliedert. Die derzeitige Struktur ist aller-dings nicht das Resultat einer bewussten organisatorischen Gestaltung und weist zum Teil willkürlich zusammengesetzte Geschäftsbereiche auf. Die folgende Abbildung zeigt die Geschäftsbereiche mit ihren Produkten und Umsatzanteilen.

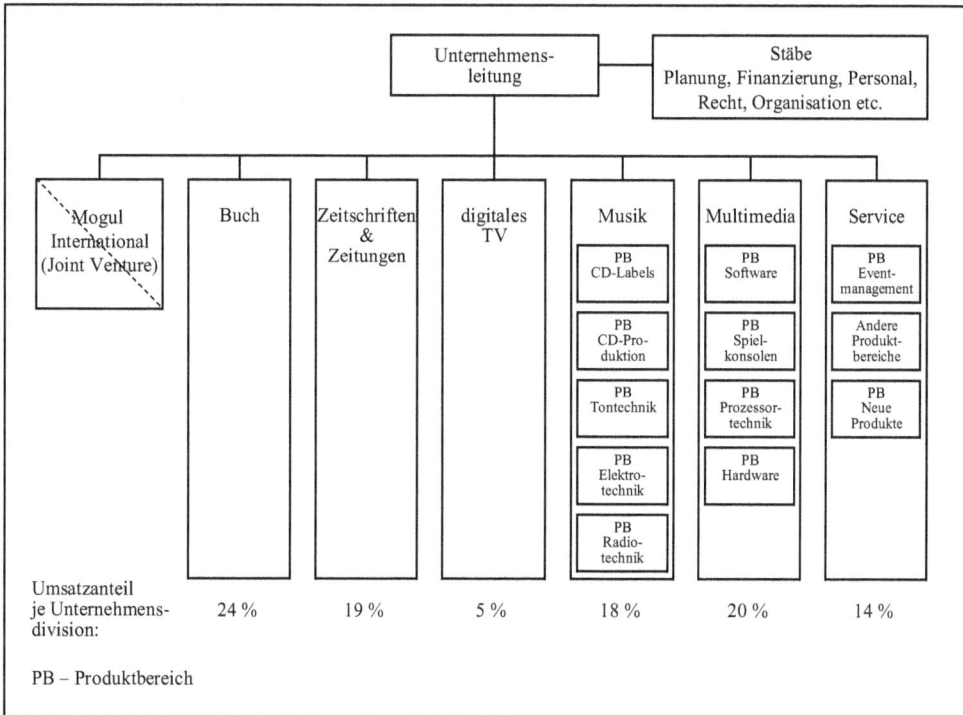

Rahmenstruktur der Mogul Medien AG

Bei Betrachtung der Organisationsstruktur fällt auf, dass die ersten drei Divisionen – „Buch", „Zeitschriften & Zeitungen" und „Digitales Fernsehen" – ein homogenes Produktprogramm aufweisen, während sich die Divisionen „Musik", „Multimedia" und „Service" eher aus heterogenen Produktbereichen zusammensetzen. Die Trennung vom Buch- und Zeitschrif-tengeschäft war in der Vergangenheit nicht selten problematisch. Zum einen nimmt die Buchgruppe die in der Zeitschriftensparte angesiedelte Verlagsgruppe stark in Anspruch, zum anderen belegt auch das Zeitschriftengeschäft einen Teil der Druckmaschinen. Die Ab-grenzung zwischen den Divisionen ist nicht zuletzt dadurch unklar. Analoge Probleme treten auch bei den Divisionen „Multimedia", „Musik" und „Service" mit ihren diversen Produkt-bereichen auf. Besonders in der Division „Musik" fallen die Bereiche Ton-, Elektro- und

Radiotechnik auf. Diese überschneiden sich zum Teil sowohl in technischer als auch in aufgabenbezogener Hinsicht.

Die Unternehmensleitung weist eine sehr hohe Arbeitsbelastung auf. Das ist im Wesentlichen auf die Konzentration der Entscheidungskompetenz zurückzuführen; sämtliche operativen und strategischen Entscheidungen werden an die Unternehmensleitung herangetragen. Das führte letztlich dazu, dass zum Teil wichtige Entscheidungen gar nicht oder zu spät getroffen wurden. Die einzelnen Geschäftsbereiche beklagen darüber hinaus die mit dieser Situation verbundenen langen Entscheidungswege. Die Unternehmensleitung wird in ihrer Arbeit durch mehr als zehn Stäbe unterstützt. Unklar bleibt allerdings, ob die durch die Stäbe erbrachten Leistungen auch den Bedürfnissen der untergeordneten Produktbereiche und Divisionen entsprechen, da für diese noch nicht einmal eine Kostenverantwortung definiert worden ist, woraus große und schwer zurechenbare Gemeinkostenblöcke resultieren.

In den letzten Jahren ist das **internationale Geschäft** im Buch- und Zeitschriftenbereich immer wichtiger für die Mogul Medien AG geworden. Allen voran steht hier die Bedeutung des chinesischen Marktes. Zum Zeitpunkt des Eintritts in diesen Markt herrschte allerdings noch Unsicherheit über die Entwicklung des Geschäfts. Gleichzeitig wurde die politische Situation des Landes als angespannt eingeschätzt. Um das mit dem internationalen Markteintritt verbundene Risiko in Grenzen zu halten, entschloss man sich, mit einem chinesischen Partner ein Joint Venture unter dem Namen „Mogul International" aufzubauen. Diesem Joint Venture wurde ein eigenes Rentabilitätsziel zugewiesen, darüber hinaus ist die Mogul International infolge einer vertraglichen Klausel mit dem Partnerunternehmen, für den alleinigen Vertrieb der Produkte im Ausland verantwortlich.

Problematisch erweist sich bei dieser Konstellation, dass die Mogul International oft nur im eigenen Interesse handelt und die einzelnen Divisionen nicht autonom im Auslandsmarkt agieren können. Die verantwortlichen Produktmanager haben keinen direkten Einfluss auf die Marktbearbeitung und können sich in Problemfällen nur an die Geschäftsleitung wenden, die aber aufgrund der starken Arbeitsbelastung nur schleppend reagiert. In der Folge sind die Leistungen der Mogul Medien AG nicht immer ausreichend auf den Markt fokussiert. Hinzu kommt, dass die Kundenpflege in der Vergangenheit nicht ausreichend durch die Mogul International wahrgenommen wurde. Der kooperativen Zusammenarbeit ist anzumerken, dass die Modul Medien AG zum Zeitpunkt der Gründung des Joint Ventures erst einen relativ kleinen Umsatz im Ausland erwirtschaftet hat. Für den Fall einer positiven Entwicklung des Geschäfts in Übersee wollte man sich aber trotzdem, unabhängig von politischen Risiken, die Möglichkeit bewahren, zu einem späteren Zeitpunkt die Anteile der Mogul International vollständig zu übernehmen. Aus diesem Grunde wurde mit dem chinesischen Partner eine so genannte Call-Option (American Style) vereinbart. Die Konditionen, die zum damaligen Zeitpunkt festgelegt worden sind, können als günstig angesehen werden.

Ein Grund für die gegenwärtig schlechte finanzielle Situation der Mogul Medien AG liegt darin, dass es in der Zeit florierender Geschäfte im Buch- und Zeitungsgeschäft versäumt wurde, zukunftsträchtige Produkte zu entwickeln. Als problematisch erweist sich in diesem Zusammenhang, dass die **Forschung und Entwicklung** (F & E) eine starke Konzentration auf die einzelnen Produkte aufweist. Anstelle eines Innovationstransfers von der F & E zum Produkt werden im Auftrag der Produktmanager nur einzelne Aspekte durch die F & E verbessert. Strukturell äußert sich das darin, dass die F & E-Abteilungen jeweils den einzelnen Produktbereichen untergeordnet sind. Dabei werden schwerpunktmäßig Produkte durch die Entwicklungsarbeit unterstützt, die sich in reifen und gesättigten Märkten befinden. Ein großer Perfektionsdrang führte dazu, dass zu lange an bewährter Technik festgehalten wurde. Die Umstellung von herkömmlichen Druckmaschinen auf ein digitales Druckverfahren vollzog sich beispielsweise um drei Jahre später als bei konkurrierenden Druckereien ähnlicher Größe. Die zögerliche Anpassung schlägt sich nach wie vor in Kosten nieder, die weit über dem Branchendurchschnitt liegen. Grundsätzlich verfügt die Mogul Medien AG aber über hervorragende technische Kompetenzen.

Die geschilderte Situation in der F & E spiegelt sich gleichermaßen in den Divisionen der Mogul Medien AG wider. Traditionelle Geschäfte, insbesondere die Divisionen „Buch" und „Zeitschriften & Zeitungen", werden gefördert. Diese beiden Divisionen versprechen auch auf lange Sicht zwar noch gute Absatzchancen, leiden jedoch an einer Übersättigung des Marktes. Um in Zukunft nicht nur einen hohen Umsatz, sondern auch ein profitables Ergebnis erwirtschaften zu können, müssen zukunftsträchtige Geschäfte (weiter-)entwickelt werden. Bisher wurden Geschäftsfelder mit einem hohen Entwicklungspotenzial, wie beispielsweise der Bereich Software in der Division „Multimedia", aber nur sehr eingeschränkt und ohne klare Richtung vorangetrieben. Trotzdem nimmt das Softwaregeschäft bereits zum jetzigen Zeitpunkt einen wichtigen Platz im Produktportfolio ein und weist ordentliche Wachstumsraten auf.

Problematisch stellt sich die Situation in der Division „Digitales Fernsehen" dar. Obwohl diese Division in den letzten Jahren stark subventioniert wurde, stagniert der Umatz. Einige Vorstandsmitglieder sehen diesen Bereich schon seit Jahren in einer Dauerkrise. Ähnlich stellt sich die Situation in der Division „Service" dar. Zwar weist sie einen höheren Umsatz als die Division „Digitales Fernsehen" auf, jedoch vereint sie sehr unterschiedliche Produkte. Beispielsweise stellt der Bereich „Andere Produkte" ein Sammelbecken von zum Teil neuen, zum Teil bereits älteren Erzeugnissen dar, die eventuell in der Zukunft zu neuen Produktbereichen ausgebaut werden können. Viele der hier gesammelten Produkte stehen weiterhin den Divisionen „Multimedia" und „Musik" sehr nahe. Zum jetzigen Zeitpunkt lässt sich aber aufgrund der unklaren Marktentwicklung noch keine Entscheidung darüber treffen, welche Produkte in Zukunft ausgebaut oder abgebaut werden sollen. Ferner wird deren Zuordnung zu der – mehr oder weniger – ziellos agierenden Division „Service" vom Vorstand als „unglücklich" bezeichnet. Der ebenfalls in dieser Division liegende Bereich „Neue Produkte" nimmt schwerpunktmäßig F & E-Aufgaben wahr.

Insgesamt ist das Produktions- bzw. Produktprogramm mit fast 30 Produktbereichen weit gefächert. Die angebotenen Produkte verbindet letztendlich nur, dass sie alle dem Medienbereich zugeordnet werden können.

In einer aktuellen Vorstandssitzung werden **strategische Überlegungen für die nächsten Jahre** angestellt. Es herrscht allgemeine Übereinstimmung darüber, dass die derzeitige Unternehmensstruktur den aktuellen wirtschaftlichen Anforderungen nicht mehr entspricht. Nach Auffassung des Vorstands soll in einem Top-Down-Approach eine grundlegende Reorganisation der Mogul Medien AG durchgeführt werden. Dem Projekt liegt als oberster Leitsatz „structure follows strategy" zugrunde. Ziel ist, eine maximale Übereinstimmung von unternehmerischer Verantwortung und Struktur zu erreichen. Die Unternehmensleitung soll dadurch teilweise entlastet werden und sich stärker auf unternehmensstrategische Aufgaben konzentrieren können. Vision und Strategie des Unternehmens werden neu formuliert: „Mehrwert schaffen für Aktionäre, Mitarbeiter und Kunden".

In strategischen Belangen soll zum Zweck der Rentabilitätssteigerung sowie Definition und Aufbau zukunftsträchtiger Divisionen Abschied von der Diversifikationspolitik genommen werden. Die Umstrukturierung hat den Wechsel vom klassischen Medienunternehmen hin zu einem innovativen Mediendienstleister zu unterstützen. Das Unternehmen soll aber nicht nur durch eine finanzielle Klammer, sondern auch durch so genannte Kernkompetenzen zusammengehalten werden. Als solche werden die Medientechnologie, das Finanzmanagement, das Personalmanagement und das Marketing definiert.

Durch die Bereitstellung von zusätzlichen Ressourcen wird der Aufbau neuer Geschäftsfelder unterstützt. Es ist geplant, diese sowohl durch Eigenentwicklung als auch durch strategische Akquisitionen zu tragenden Unternehmenspfeilern auszubauen. Mit Ausnahme des Bereichs „Software" weisen die anderen Produktbereiche zum jetzigen Zeitpunkt noch eine unzureichende Größe auf, um diese in eine eigenständige Division zu transformieren. Bei der F & E gilt es, Abstand von der bisher verfolgten produktbezogenen Arbeit zu gewinnen. In Zukunft soll sie ein Basisangebot für alle Divisionen bereitstellen und ihr Augenmerk auf die Förderung potenzieller Zukunftsgeschäfte richten.

Für die internationale Geschäftsabwicklung gilt es zu beachten, dass die Call-Option für die vollständige Übernahme des Joint Ventures noch in diesem Jahr auslaufen wird.

Aufgabe:

Die geäußerten Vorschläge sind in ein Konzept zu überführen. Dieses soll neben einem Vorschlag zur Neugestaltung der Rahmenstruktur der Mogul Medien AG eine begründete Ausarbeitung zur Einordnung der Produktbereiche umfassen. Dabei ist zu berücksichtigen, dass bestimmte strategische Maßnahmen nicht sofort realisiert werden können. So ist es nicht möglich, beliebig viele Produktbereiche zu verkaufen. Aus finanziellen Restriktionen lassen sich auch nicht beliebig viele zukunftsträchtige Produkteinheiten als Pfeilergeschäft definieren. Die neue Unternehmensstruktur muss deshalb Raum für Übergangslösungen bieten.

Teil III: Organisationaler Wandel

1 Grundlagen des organisationalen Wandels

1.1 Begriff und Ursachen des Wandels

Die Auseinandersetzung mit Veränderungen gilt heute als eine zentrale Herausforderung nicht nur für Unternehmen, sondern auch für andere Organisationen; sie rückt damit in den Fokus der Organisationsforschung. In der Literatur findet sich in diesem Zusammenhang eine **Vielzahl von Begriffen**, bei der es schwer fällt, den Überblick zu bewahren bzw. sie hinreichend zu differenzieren. Die Rede ist von Unternehmensdynamik, Reorganisation, Transformation, Evolution, Adaption, Organisationsentwicklung, Wachstum, Erneuerung, Restrukturierung, Redesign, Reengineering, Reorientierung, Revitalizing, organisationalem Lernen, lernender Organisation etc. Da die Begriffe sehr eng beieinander liegen oder weit gehend synonym Verwendung finden, wird im Folgenden von Veränderung bzw. Wandel von Organisationen oder organisationalem Wandel gesprochen und nicht weiter differenziert. Diese Begriffe werden nebeneinander verwendet, wenn sich (System-)Merkmale der Organisation im Zeitablauf ändern (vgl. Türk 1989, S. 52), wobei Ausmaß und Art der Veränderung (zunächst) keine Rolle spielen.

Organisationaler Wandel ist daher nicht als zwangsläufig positiv im Sinne von Fortschritt, Modernisierung oder Erneuerung anzusehen; Veränderungen, wie z. B. bürokratische Verkrustung oder rasantes Unternehmenswachstum, können durchaus negativ wirken. Außerdem muss Wandel nicht stetige Aufwärtsentwicklung bedeuten; vielmehr sind damit mitunter durchaus ein „Auf und Ab" oder „Aufstieg, Fall und Wiederaufstieg" verbunden (Reiß 1997, S. 7). Die Bewertung einer Veränderung kann nur im Einzelfall erfolgen. Es gibt viele Ursachen, warum Organisationen einem Wandel unterliegen bzw. einer Veränderung bedürfen. Diese Ursachen werden häufig danach unterschieden, ob sie innerhalb der Organisation auftreten und Veränderungsdruck erzeugen oder von außen auf diese einwirken, wobei gemeinsames Auftreten durchaus möglich ist.

Zentrale **externe Ursachen** liegen in dem Markt bzw. der Wettbewerbssituation, den gesellschaftlichen Rahmenbedingungen oder rechtlichen Regelungen. Der Wettbewerbsdruck hat in den letzten Jahren deutlich zugenommen. Zurückgeführt wird das vor allem auf die Globalisierung und Deregulierung der Märkte, die Verkürzung von Produktlebenszyklen und die Marktsättigung. Von Unternehmen wird Flexibilität, Kundenorientierung und Innovationsfähigkeit gefordert. Krüger spricht in diesem Zusammenhang davon, besser, billiger, schneller und – langfristig – anders bzw. originell zu sein (economies of scope, scale, speed, innovation) (vgl. 2002, S. 18-19). Bereits seit den 1960er Jahren vollzieht sich ein gesellschaftlicher Wertewandel, der zu einer starken Individualisierung der Wertstrukturen, einer modifizierten Haltung gegenüber Arbeit und Freizeit sowie veränderten Anforderungen an die Arbeit bzw. die Arbeitssituation geführt hat, ohne dass heute ein Ende dieser Veränderungen absehbar ist. Kombiniert mit dem gestiegenen Wohlstands- und Bildungsniveau führt das zu flexibleren Arbeitszeiten, stärkerer Selbstbestimmung, teamorientierten Strukturen und der Betonung von Wissen und Lernen. Durch rechtliche Regelungen werden unterschiedliche Rahmenbedingungen für Organisationen gesetzt; dies reicht von Arbeitszeit- und Wettbewerbsregelungen bzw. zwingend vorgeschriebenen organisatorischen Einheiten, so genannte Beauftragten oder der Arbeitnehmervertretung, über die Deregulierung in einzelnen Branchen (z. B. Telekommunikation, Energieversorger) bis hin zu vorgeschriebenen (Struktur-)Änderungen in öffentlichen Organisationen (z. B. das Neue Steuerungsmodell, Universität als Körperschaft). Dabei hängt der Veränderungsdruck, der aus dem Wandel der Rahmenbedingungen entsteht, von der Verflechtung bzw. Kopplung der Organisation mit der Umwelt ab; lockere Verbindungen erzeugen vergleichsweise geringeren Druck (vgl. Meyer/Heimerl-Wagner 2000, S. 178).

Als **organisationsinterne Ursachen** führen Änderungen im Zielsystem, wie z. B. die Betonung der (Eigentümer-)Wertorientierung bei Unternehmen oder der Kundenorientierung bei Behörden, ebenso zu organisatorischem Wandel wie veränderte Strategien (z. B. Diversifikation, Internationalisierung, Konzentration auf das Kerngeschäft); damit korrespondierende Konfigurationen werden an anderer Stelle behandelt (vgl. II.2.4). Mancherorts werden als Ursachen (Management-)Fehlentscheidungen in der Vergangenheit genannt (vgl. Vahs 2005, S. 275); diese führen aber ebenso wie der Problemdruck, den z. B. ein neuer Vorstand aufbaut, nur über Ziel- und/oder Strategieänderungen zu organisationalem Wandel. Sowohl die Fertigungstechnologie als auch die Informations- und Kommunikationstechnologie haben direkten Einfluss auf die Arbeitsorganisation. Von der Entkopplung in der Fertigung über die Prozessorganisation bis hin zur virtuellen Organisation reicht das Spektrum organisatorischer Konsequenzen.

Die Annahme, dass es sich hierbei um deterministisch wirkende objektive Einflussfaktoren handelt, an die sich Unternehmen anpassen bzw. die sie, wenn sie in eine Krise geraten, zu spät erkannt haben, erweist sich jedoch als falsch. Nicht selten haben Unternehmen in ähnlichen Umwelten divergierende Organisationsstrukturen und agieren recht unterschiedlich. Umweltänderungen stellen mitunter weit reichende Anpassungsanforderungen an Organisationen, lassen jedoch zugleich eine erhebliche Bandbreite möglicher organisationaler (Re-)Aktionen. Darüber hinaus bestehen interorganisationale Unterschiede, ob und in welcher Weise eine Umwelt(-änderung) wahrgenommen und interpretiert wird, aber auch welche Lösungen den daraus resultierenden Problemen schließlich zugeordnet werden (vgl. Kieser/Hegele 1998, S. 8-16). Dies liegt zum einen an den interpersonell unterschiedlichen Denk- und Interpretationsschemata der Organisationsmitglieder, zum anderen an den kollektiven Schemata, die sich in Organisationen im Zuge der Interaktion mit der Umwelt herausbilden und häufig in Zusammenhang mit der Organisationskultur gebracht werden. Wenn jedoch aufgrund rigider organisationaler Muster notwendige Veränderungen ausbleiben oder zu langsam erfolgen, entstehen Probleme, die umso größer sind, je stärker sich die intern aufgrund der verwendeten Selektionskriterien gewonnene Sicht von externen Anforderungen unterscheidet; das ist beispielsweise dann der Fall, wenn intern die Effizienz von Prozessen angestrebt wird, diese aber einer seitens der Umwelt geforderten Innovationsfähigkeit oder Kundenorientierung der Strukturen entgegensteht. Nicht zuletzt verfolgen Organisationsmitglieder eigene Interessen und sind bestrebt, ihre Position zu sichern, wodurch sie gegebenenfalls in dysfunktionaler Weise notwendige Anpassungen behindern.

In Organisationen kommen daneben unterschiedliche **kollektive Stile der Informationssuche** zum Tragen. Man kann zum einen aktiv Informationen generieren oder passiv nur vorhandene Informationen analysieren, zum anderen sich von (scheinbar) objektiven quantitativen Daten leiten lassen oder stärker auf „weiche" qualitative Informationen zurück greifen. Außerdem werden Probleme eher erkannt, wenn gleichzeitig (scheinbar) geeignete Problemlösungen auftauchen, wobei allein das Auftreten von Organisationsmoden bereits (Bedarf an) Veränderungen auslösen kann (vgl. auch I.4.5). Die kollektiven Stile der Informationssuche in Organisationen werden häufig von Erfolgsmeldungen geleitet, die (Unternehmens-)Berater über neue (von ihnen mitentwickelte) Konzepte verbreiten. Nicht selten sehen sich Manager gezwungen, ihr Unternehmen entsprechend zu reorganisieren und sich dabei gegebenenfalls einer Organisationsmode anzuschließen (vgl. Kieser/Hegele 1998, S. 24-41). Dabei muss man nicht soweit gehen anzunehmen, dass Organisationsmoden Probleme nur suggerieren, in jedem Fall aber generieren sie Handlungsbedarf. Dies ist nicht generell negativ zu beurteilen, da Erfolgsrezepte keine dauerhafte Gültigkeit beanspruchen können und damit notwendigerweise einem Wandel unterliegen bzw. diesen in Organisationen induzieren; bei einem starren Festhalten an erprobten Erfolgsrezepten sowie damit einher gehender rigider kognitiver Wahrnehmungs- und Interpretationsschemata, können sich Vorteile der Vergangenheit in (Wettbewerbs-)Nachteile für die Zukunft wandeln. Vor diesem Hintergrund verlieren in Organisationen Klarheit und Routine an Bedeutung; demgegenüber wird die Fähigkeit, Wandel zu bewältigen, als kritische Größe für den Erfolg angesehen. Die Veränderung von modernen Managementkonzepten bzw. Managementmoden sowie ihre Adaption in Organisationen können die Fähigkeit zur Bewältigung des Wandels stärken.

1.2   Grundlegende Modelle des Wandels

Die Auseinandersetzung mit Veränderungen in und von Organisationen ist in den letzten dreißig Jahren zu einem zentralen Thema in der Organisationsforschung geworden (vgl. Türk 1989, S. 51). Die seit dieser Zeit entstandenen Modelle organisationaler Veränderung werden in der Literatur unterschiedlich systematisiert (vgl. dazu Wiegand 1996, S. 80-93). In Anlehnung an Türk lassen sich **drei zentrale Modelle** unterscheiden (vgl. 1989, S. 55-59; auch Abb. III.1.1):

- Entwicklungsmodelle
- Selektionsmodelle
- Lernmodelle

Modell- kategorien / Grund- kategorien	Entwicklungs- modelle	Selektionsmodelle	Lernmodelle
Objekte	Einzelorganisationen	Einzelorganisationen Populationen von Orga- nisationen Communities von Orga- nisationen Organisationsformen	kognitive Strukturen von Individuen/ Kollektiven Organisationsstruk- turen
Subjekte	„System"	Individuen? Organisation? „unsichtbare Hand"	Individuen Kollektive
Medien	„Selbstorganisation" „Eigendynamik"	Bewährung/Scheitern reproduktiver Erfolg	Erkenntnisse, Einsicht Verstärkungsmecha- nismen
Triebkräfte	endogene Dynamik	Konkurrenz Erfolgsorientierung	Bedürfnisbefriedigung Wertrealisierung Erfolgsorientierung
Prozesse	teleologisch gerichtete Muster genetische Kausalität	blinde Variation a-kausale Strukturen- kopplung von System und Umwelt	Akkumulation von Kompetenzen „epigenetische Optimierung"
Strukturen	Gestaltwandel Selbstverstärkung	z. T. Gestaltwandel, Wandel von Organisa- tionsformen „Absterben" von Orga- nisationsformen	Gestaltwandel

Abb. III.1.1:   Modelle der Veränderung von Organisationen im Zeitablauf (vgl. Türk 1989, S. 59)

Entwicklungsmodelle gehen davon aus, dass es in Organisationen innere Triebkräfte gibt, die Veränderungen deterministisch in eine eindeutige Richtung lenken (endogene Dynamik). Die unterstellte endogene Dynamik transformiert das System – einer quasi teleologischen Entwicklungslogik folgend – hin zu einem irreversiblen, organisationalen Endzustand oder zu mehreren alternativ möglichen Zuständen. Da es im Sinne dieser Entwicklungsmodelle immer primär die immanenten Kräfte sind, die die Organisation vorantreiben, können Um- welteinflüsse diesen Prozess zwar begrenzt beeinflussen, ihn aber nicht grundsätzlich verän- dern. Man unterscheidet dabei **zwei Typen** der Entwicklungsmodelle (vgl. Türk 1989, S. 60): (1) Wachstumsmodellen zur Folge führt die konsequente Verfolgung ihrer Ziele Organi- sationen in einen Wachstumsprozess, aus dem heraus die Expansion von Stufe zu Stufe vorangetrieben wird. (2) Lebenszyklusmodelle legen dagegen eine Analogie zur biologi- schen Entwicklung nahe; Organisationen bewegen sich durch – postulierte – Lebensphasen und reifen dadurch. In beiden Modelltypen sind es in der Regel Krisen, die den Übergang zwischen den Phasen auslösen. Die Abfolge der Entwicklungsstufen/-phasen erfolgt diskontinuierlich, und es lassen sich für jede Stufe bzw. Phase bestimmte Gestalten bzw. Konfigurationen von Organisationen unterscheiden (vgl. Abb. III.1.2). Das Management kann diese Entwicklung lediglich bezüglich einer schnelleren und reibungsloseren Reifung unterstützen.

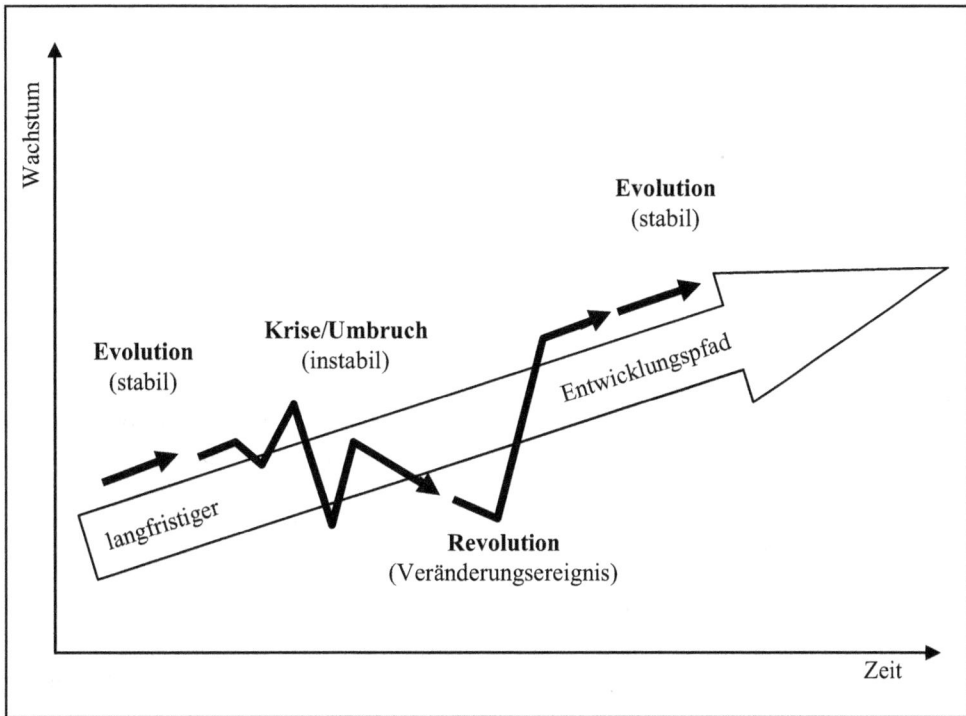

Abb. III.1.2:   (R)evolutionäre Entwicklungsphasen einer Organisation (vgl. Vahs 2005, S. 280)

In der deutschsprachigen Literatur ist vor allem das **Wachstumsmodell Greiners** (vgl. 1972) bekannt geworden; es basiert auf zwei Grundannahmen: Zum einen wird angenommen, dass sich Organisationen über einen längeren Zeitraum in einem stabilen Gleichgewichtszustand befinden und im Zuge eines evolutionären Prozesses harmonisch ohne wesentliche Störungen wachsen. Diese evolutionären Phasen werden durch vorwiegend unternehmensinterne Krisen abrupt beendet, es kommt zu einem instabilen – im Extremfall existenzbedrohenden – Zustand. Strukturänderungen erfolgen dann innerhalb von kurzen revolutionären Phasen (windows of opportunity), auf die jeweils eine längere evolutionäre Phase folgt. Zum anderen wird unterstellt, dass die evolutionären Lebens- bzw. Wachstumsphasen jeweils durch spezifische Formen des Führungskonzepts, der Philosophie und der Verhaltensweisen der Organisationsmitglieder gekennzeichnet sind.

Greiner unterscheidet **fünf evolutionäre Wachstumsphasen**, die mit dem Alter und der Größe der Organisation zusammenhängen und tendenziell nacheinander durchlaufen werden. Jede Phase ist das Ergebnis der vorangegangenen und gleichzeitig Ursache für die folgende Wachstumsphase. Die verschiedenen Phasen müssen nicht zwingend in der dargestellten

Reihenfolge durchlaufen werden. Sie können übersprungen oder verkürzt werden, wobei auch die Rückkehr in eine vorangegangene Phase möglich ist. Man sollte jedoch nicht versuchen, eine Phase zu umgehen oder die revolutionären Abschnitte zu vermeiden, da sonst für die Entwicklung notwendige Lerneffekte entfallen.

- **Phase 1**: Wachstum durch Kreativität – Führungskrise

  Den Anstoß für die Gründung und das erste Wachstum gibt die Kreativität des Gründers; dessen Überlastung führt aber zu Führungs- und Koordinationsproblemen.

- **Phase 2**: Wachstum durch zentrale/straffe Führung – Autonomiekrise

  Mithilfe hierarchischer und formalisierter Strukturen wird zwar die erste Krise überwunden, es geht jedoch auch zunehmend Flexibilität verloren. Die fehlende Autonomie führt zu Motivationsverlust bei den Organisationsmitgliedern und die Grenzen zentralistischer Steuerung werden sichtbar.

- **Phase 3**: Wachstum durch Delegation – Steuerungskrise

  Delegation von Kompetenzen und Verantwortung in Form von selbstständigen Organisationseinheiten, zielorientierter Führung und horizontaler Koordination leitet die dritte Wachstumsphase ein. Aufgrund der zunehmenden Größe und Komplexität geht jedoch die Kontrolle über die Aktivitäten der dezentralen Einheiten verloren, woraus eine grundlegende Steuerungskrise resultiert. Es werden divergierende Ziele verfolgt und Synergieeffekte nicht genutzt.

- **Phase 4**: Wachstum durch Koordination – Bürokratiekrise

  Durch Bildung größerer Zentral- und Geschäftsbereiche, formale Planungs-, Kontroll- und Berichtssysteme sowie einheitliche Richtlinien für die Behandlung wichtiger Sachverhalte wird dem Koordinations- bzw. Steuerungsdefizit begegnet. Mit der weiteren Zunahme dieser Maßnahmen im Laufe der Zeit verlieren sie jedoch an Effektivität. Es entsteht eine Bürokratie, die mit starren Regelungen die Innovationsfähigkeit gefährdet, da sie die unmittelbare Zusammenarbeit der Organisationseinheiten erschwert.

- **Phase 5**: Wachstum durch Teamgeist/Kooperation – …?-Krise

  Überdimensionierte zentrale Bereiche werden abgebaut, neue Informations- und Kommunikationssysteme sollen den partizipativen Führungsstil und bereichsübergreifende Problemlösungen unterstützen. Es entstehen mehrdimensionale Organisationsstrukturen oder sekundäre Strukturen zur Ergänzung der Primärorganisation. Kooperation und Teamgeist stehen im Vordergrund, die weitere Entwicklung ist offen. Destruktive Konflikte, wie Greiner vermutet, sind nicht abwegig, aber auch eine Krise der psychologischen Übersättigung (z. B. als innere Kündigung) ist denkbar, da die Identifikation der Organisationsmitglieder mit ihrer Arbeit erschwert ist. Die Komplexität der formalen Strukturen, der technischen Infrastruktur, der organisationsinternen Differenzierung und des Führungsverhaltens sowie die Anforderungen an die Mitarbeiter nehmen deutlich zu.

Dieses Modell mit seinen idealtypischen Phasen zeigt, dass Unternehmen im Laufe ihrer Existenz ständigen Veränderungsprozessen unterworfen sind, die sowohl evolutionäre als auch revolutionäre Phasen enthalten. Letztere sind in der Unternehmensentwicklung unvermeidbar, bergen aber nicht nur Risiken, sondern bei ihrer Bewältigung auch Chancen für weiteres Wachstum. Aufgrund der unzureichenden Konkretisierung des Modells lassen sich für die Unternehmensentwicklung jedoch keine unmittelbar praxisrelevanten Gestaltungshilfen ableiten.

Quinn/Cameron gaben bereits 1983 einen Überblick über eine Reihe recht unterschiedlicher **Lebenszyklusmodelle** und versuchten diese, in ein allgemeines Konzept mit vier grundlegenden Phasen der Entwicklung einer Organisation zu integrieren: (1) die unternehmerische bzw. Gründungs- oder Geburtsphase, (2) die Kollektivitäts- bzw. Jugendphase, (3) die Formalisierungs- bzw. Bürokratisierungs- oder Reifephase sowie (4) die Restrukturierungs- oder Regenerationsphase. Die vier Phasen lassen sich letztlich nur recht allgemein charakterisieren, so dass Entwicklungsstadien konkreter Unternehmen kaum eindeutig zuzuordnen sind (vgl. Kieser/Hegele 1998, S. 88-89). Als Leitidee liegt diesen Modellen die Annahme zugrunde, dass sich im Lebenslauf einer Organisation typische Problemstellungen, Strukturausprägungen und Handlungskonstellationen feststellen lassen, die kohärente Muster (Gestalten, Konfigurationen) bilden.

Die grundsätzliche Problematik solcher Lebenszyklusmodelle ist offensichtlich (vgl. Türk 1989, S. 73-74; auch Kieser/Hegele 1998, S. 87). Die Bildung der Phasen erfolgt weit gehend willkürlich, und nicht selten werden beobachtbare Phänomene vorschnell verallgemeinert. Insbesondere Fragen nach den treibenden Kräften und dem Übergang von einer Phase zur anderen sind noch nicht befriedigend beantwortet. Außerdem erscheint die Analogie zur Biologie unangemessen, da die Entwicklung von Organisationen nicht genetisch bedingt bzw. fest programmiert ist, sondern von Entscheidungen abhängt. Viele Organisationen finden ihr Ende bereits kurz nach der Gründung, während beispielsweise die katholische Kirche über zweitausend Jahre alt und noch kein Ende abzusehen ist. Ebenso können Organisationen anders als Organismen ihre Struktur bzw. Identität vollständig verändern: beispielsweise vom Handwerksbetrieb zum Industrie- und weiter zum Dienstleistungsunternehmen.

Ursachen und Gestaltungsoptionen werden von diesen Modellen systematisch ausgeblendet, dem Management verbleiben lediglich die Identifikation der nächsten Lebensphase und die effiziente Implementierung des Übergangs (vgl. Wiegand 1996, S. 90). Dies gilt im Wesentlichen auch für neuere Entwicklungsmodelle, die nicht mehr die feste Abfolge von Phasen – Gründung, Etablierung, Erstarrung und Revitalisierung – unterstellen, sondern kritische Übergänge betrachten, für die Zeitpunkt und Reihenfolge nicht feststehen. Die praktische Relevanz der Wachstums- und Lebenszyklusmodelle ist gering, da mit ihnen nicht bestimmt werden kann, ob und wann eine bestimmte Krise bevorsteht und welche Optionen für deren Handhabung ergriffen werden sollen. Jedoch machen sie deutlich, dass mit typischen Problemlagen gerechnet werden muss, und zeigen auf, welche grundsätzlichen Lösungen dafür zur Verfügung stehen (vgl. dazu Kieser/Hegele 1998, S. 90-95).

Selektionsmodelle bilden die zweite Gruppe der Modelle des Wandels. Im Gegensatz zu den Entwicklungsmodellen basieren sie nicht auf der Annahme der Wirksamkeit organisationsinterner Triebkräfte des Wandels. Selektionsmodelle richten die Aufmerksamkeit vielmehr auf die von der Umwelt ausgehenden Einflüsse des Wandels. Sie basieren auf der Annahme, dass sich Organisationen in einer Umwelt mit begrenzten Ressourcen bewähren müssen. Veränderungen sind deshalb nicht das Ergebnis interner Entwicklungsprozesse, sondern das Ergebnis von Bewährungs- bzw. Aussonderungsprozessen bestimmter Strukturen oder ganzer Organisationen. Aus der Menge von Organisationspopulationen mit gemeinsamen strukturellen Merkmalen selektiert die Umwelt einige (Populationen von) Organisationen und bestätigt ihre Überlebensfähigkeit (vgl. Türk 1989, S. 80-94; Perich 1992, S. 169-172). Allen Selektionsmodellen liegt ein einfaches **Schema aus der Biologie bzw. der Evolutionstheorie** zugrunde:

- In Organisationen vollziehen sich ständig Veränderungen z. B. in den Strukturen, Handlungen, Prozessen, Zielen und Technologien; das bezeichnet man abstrakt als Erzeugung von Variationen.
- Da Organisationen nicht autark, sondern gegenüber der Umwelt offen und nicht zuletzt auf externe Ressourcen und Akzeptanz angewiesen sind, müssen sie sich bewähren. Dabei erweisen sich bestimmte Formen als effizient, andere hingegen können den Anforderungen nicht entsprechen und verschwinden; es kommt zu einem Prozess der Selektion.
- Effiziente (Typen von) Organisationsformen bleiben erhalten, erstarken und breiten sich aus, d. h., sie reproduzieren und stabilisieren sich; es wird von dem Prozess der Retention gesprochen.

In diesen Modellen wird – abweichend von den Annahmen der Entwicklungsmodelle – nicht mehr die strenge innere Zielgerichtetheit unterstellt, sondern davon ausgegangen, dass sich die Organisation auf die Umweltbedingungen einschwingt: Aus der Umwelt ergeben sich einerseits die Beschränkungen, andererseits stellt sie Ressourcen bereit. Hinsichtlich der langfristigen Gestaltungsmöglichkeiten sind die Selektionsmodelle – mehr oder weniger – fatalistisch. Organisationen haben nur Erfolg, wenn sie sich an die jeweilige Umwelt anpassen; sie zu beeinflussen oder in ein anderes Umweltsegment zu wechseln, gelingt nicht.

Organisationen werden deshalb auch als Gefangene ihrer Umwelt betrachtet (environmental captivity). Da hierzu Trägheit und Beharrungsvermögen der Organisation treten (organizational inertia), ergibt sich organisationaler Wandel erst durch die **Selektionsmechanismen der Umwelt**. Die Handlungskompetenz der Manager in den Organisationen deckt sich nicht vollständig mit den Selektionskriterien der Umwelt. Sie sollen daher möglichst viel Variationen produzieren, die meist diffusen Selektionskriterien der Umwelt erkennen und versuchen, ihnen auszuweichen oder die Organisation – soweit möglich – entsprechend zu verändern (vgl. Wiegand 1996, S. 91-92). Im Gegensatz zu den – noch zu erläuternden – Lernmodellen erfolgt somit bei den Selektionsmodellen keine zielgerichtete Gestaltung organisationalen Wandels durch das Management. Darüber hinaus besteht bei den Selektionsmodellen eine zu weit gehende Analogie zu biologischen Organismen. Zum einen sind Organisationen durchaus in der Lage, ihre Umwelt zu beeinflussen, zum anderen ist der Markt meist kein organisationsunabhängiger Selektionsmechanismus – und das setzt nicht einmal eine Oligopolsituation voraus.

Anders als bei den vorangehenden Selektionsmodellen des Wandels erfolgt in den **Lernmodellen** die Korrektur von Irrtümern nicht über Selektionsprozesse der Umwelt, sondern aktiv durch bewusste und erfolgreiche Veränderung innerhalb der Organisation, wobei es durch diese Reflexion zu komplexen kognitiven Lernprozessen kommt. In Organisationen gewinnt man auf diesem Wege Erkenntnisse und Fähigkeiten, die als Lernen rekonstruiert werden können, wenn sie sich in konkreten Maßnahmen niederschlagen. Die individuellen Handlungsmuster müssen gespeichert und kollektiviert werden. Auf die Lernmodelle wird aufgrund ihrer Bedeutung noch ausführlicher eingegangen (vgl. III.4). Man kann sie auch als eine Variante so genannter Adaptionsmodelle sehen (vgl. Perich 1992, 172-182), zu denen dann noch die kontingenztheoretisch geprägte Organisationsgestaltung zählt, die an anderer Stelle ausführlich behandelt wird (vgl. II; ergänzend I.5) und sich im Change Management widerspiegelt (vgl. III.3). Im Sinne der Adaptionsmodelle passen sich Organisationen nicht zuletzt aufgrund zielgerichteter Interventionen des Managements sowie daran anknüpfender Lernprozesse an externe Rahmenbedingungen an.

Aus diesem knappen Überblick lässt sich der Schluss ziehen, dass es den Modellen des Wandels weder gelingt, eine Antwort auf die Frage nach der geeigneten Organisationsstruktur für eine bestimmte Situation zu geben, noch die Veränderungen von Organisationen hinreichend zu erklären; sie bieten damit keine konkreten Empfehlungen für die Gestaltung organisationalen Wandels (vgl. auch Kieser/Hegele 1998, S. 115-120).

Es ist auch nicht geklärt, ob auf längere Gleichgewichtsphasen, in denen sich die Organisation festigt, relativ kurze sprunghafte (punktuelle) Veränderungen folgen, wobei der Wandel eine klar umrissene Phase und die Ausnahme in einer Organisation bildet, oder ob Wandel als permanentes und konstitutives Merkmal von Organisationen zu verstehen ist (vgl. dazu Schreyögg/Noss 2000). Im Widerspruch zur Sichtweise des Wandels als Ausnahme von der Regel können die nunmehr schon seit Jahrzehnten propagierten „modernen" Organisationsformen gesehen werden, die von „organischen" oder „chronically unfrozen" Systemen bis hin zu grenzenlosen oder virtuellen Formen reichen; sie zielen auf Flexibilität und Innovation und betonen, dass darin der kritische Erfolgsfaktor der Zukunft liegt. Im Gegensatz zum Gleichgewichtsmodell, bei dem der Wandel der Organisation als Problem gesehen wird, stellt im Bezugsrahmen des kontinuierlichen organisatorischen Wandels gerade die selektive Stabilisierung der Organisation das Problem dar (vgl. Schreyögg/Noss 2000, S. 52-53).

Neben diesen gegensätzlichen idealtypischen Formen der Realisierung organisatorischer Änderungen, d. h. in großen Sprüngen oder in kleinen Schritten, sind auch mittlere Positionen möglich, wenn von Zeit zu Zeit zwar tiefgreifender Wandel die permanenten kleinen Änderungsschritte unterbricht, dieser aber nicht das Ausmaß eines Wandels ohne Zwischenschritte erreicht (vgl. dazu Abb. III.1.3).

Es gibt verschiedene Argumente, die jeweils für oder gegen einen dieser Veränderungspfade sprechen. So beanspruchen weit reichende (quasi revolutionäre) Veränderungen phasenweise in großem Umfang Zeit und sonstige Ressourcen, während viele kleine, evolutionäre Veränderungen für sich betrachtet weniger aufwändig sind und geringeren Widerstand hervorrufen. Sie verursachen jedoch nicht generell den in der Summe geringsten Aufwand und bringen zudem permanente Unruhe in die Organisation. Dass (kleinere) Sprünge der Veränderung – meist – unumgänglich sind, liegt sowohl in der organisatorischen Trägheit als auch an dem verschiedentlich notwendigen Gestaltwechsel, wenn beispielsweise eine neue Konfiguration gewählt wird bzw. werden muss. Das gilt selbst dann, wenn innerhalb einer bestehenden Organisationsstruktur bereits Annäherungen an die neue Struktur erfolgen, z. B. wenn sich ein Einliniensystem mit der Überlagerung durch eine Sekundärorganisation auf dem Weg zu einem Mehrliniensystem befindet (vgl. Kieser/Hegele 1998, S. 17-20).

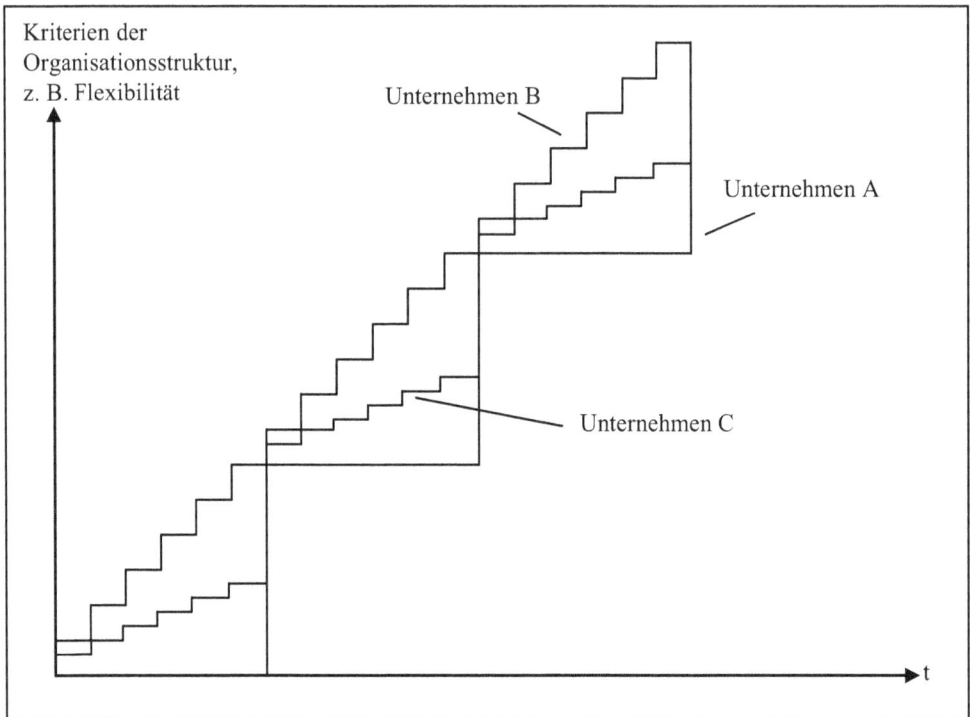

Abb. III.1.3:   Formen (dis-)kontinuierlichen Wandels (vgl. Kieser/Hegele 1998, S. 18)

1.3   Steuerbarkeit des Wandels

Die Frage, ob oder in welchem Maße Veränderungen in Organisationen (durch das Management) gesteuert werden können, rückt das Spannungsfeld zwischen voluntaristischen und deterministischen Ansätzen der Organisationstheorie in den Vordergrund der Betrachtung.

In **voluntaristischer Sicht** wird unterstellt, dass Individuen in der Lage sind, die Organisation zielorientiert zu gestalten, d. h. Veränderungen zu initiieren und durchzusetzen. Die Organisation wird hier als relativ unabhängig von äußeren Einflüssen gesehen, während das Management zentrale Bedeutung hat. Ihm kommt die Aufgabe zu, Entwicklungsbedarf zu identifizieren und Veränderungen durch entsprechende Planungs- und Entscheidungsprozesse einzuleiten. Das ist nicht unproblematisch, da weder die zugrunde liegenden Ursache-

Wirkungs-Beziehungen in hinreichendem Maße bekannt sind, noch von einer umfassenden Steuerbarkeit der Organisation ausgegangen werden kann.

In der **deterministischen Sichtweise** wird dagegen angenommen, dass Veränderungen durch Umweltkonstellationen (Außendeterminismus – z. B. Populationsökologie, Industrieökonomie) oder interne Rahmenbedingungen (Innendeterminismus – z. B. Entwicklungsmodelle, organisationale Anarchie) bestimmt werden. Diese liegen außerhalb des Einflussbereichs des Managements, sind äußerst komplex und kaum durchschaubar. Das Handeln (in Organisationen) als Reaktion darauf dient lediglich der Anpassung an den Kontext. Das Überleben einer Organisation hängt häufig vom Zufall ab bzw. ist vorbestimmt und vollzieht sich in einzelnen Phasen. Auch die deterministische Sicht erweist sich als problematisch, da sich angesichts der vorherbestimmten Entwicklung von Organisationen letztlich die Frage nach der Existenzberechtigung des Managements stellt.

Die beiden Positionen gelangen zwangsläufig zu unterschiedlichen Konsequenzen hinsichtlich der Veränderung von Organisationen sowie ihrer Gestaltbarkeit. Während die deterministische Richtung auf die Eigenschaften des Kontexts von Handlungen und die daraus entstehenden Handlungsbeschränkungen bzw. strukturellen Zwänge fokussiert, geht es in voluntaristischer Sicht um die intentionale Bestimmung von Verlauf und Richtung der Veränderungen. Letztere erfolgt zu dem Zweck, organisationalen Wandel gegebenenfalls gezielt zu steuern.

Eine mittlere Position hinsichtlich der Beeinflussung des organisationalen Wandels nimmt der **Interaktionismus** ein, der ein Zusammenwirken deterministischer und voluntaristischer Kräfte im Wandelprozess unterstellt (vgl. Perich 1992, S. 193-194). Es wird in diesem Zusammenhang auch von einem **gemäßigten Voluntarismus** gesprochen (vgl. Kirsch/Esser/ Gabele 1979, S. 232-233). Danach unterliegen Organisationen zwar einer gewissen Evolution, sind aber durchaus intentional zu beeinflussen und in ihrer Entwicklung zu steuern, wobei dem jedoch Grenzen gesteckt sind. Handelnde unterliegen sowohl eigenen Restriktionen (z. B. aufgrund beschränkter Rationalität, Verhaltensroutinen und subjektiver Wirklichkeitskonstruktion) als auch Begrenzungen durch die organisationale Eigendynamik, Anspruchsgruppen und andere Kontextbedingungen. Soziale Systeme können somit prinzipiell intentional verändert werden, auch wenn das Ausmaß der Veränderbarkeit und die Wahl der Mittel offen sind. Dem Management kommt daher zwar eine wichtige Rolle zu; der Wandel lässt sich aber nicht vollständig planen und auch nicht mit einer kleinen Gruppe durchführen.

Tendenziell erscheint auf der Makroebene des Wirtschafts- bzw. Gesellschaftssystems eine stärker deterministisch geprägte Perspektive berechtigt, da der Wandel eher aus systembedingten Zwängen und der Eigenlogik des Systems als aus dem Einfluss von Individuen resultiert. Die Mikroebene der organisationsintern handelnden Personen ist dagegen eher einer voluntaristischen Perspektive zugänglich, da man sich Organisationen ohne (reflexives) Handeln der Akteure nur schwer vorstellen kann und Individuen die Organisation nicht nur zur Verfolgung von Organisationszielen, sondern für individuelle Ziele nutzen. Insbesondere die Mesoebene der Gesamtorganisation, auf der z. B. Entscheidungen über Strategien und deren Umsetzung getroffen werden, lässt sich eher durch einen gemäßigten Voluntarismus kennzeichnen. Demnach bietet die Organisation dem Management durchaus weit reichende Einfluss- und Gestaltungsmöglichkeiten, entfaltet aber immer zugleich eine hohe Eigendy-

namik, die dem Managerhandeln umfangreiche Restriktionen auferlegt. Damit bieten sich –
je nach Betrachtungsebene – unterschiedliche Erklärungsansätze für das Zustandekommen
organisationalen Wandels, aber auch verschiedene Perspektiven hinsichtlich seiner Gestaltung.

1.4   Widerstand gegen Wandel

Organisatorischer Wandel findet in einem Spannungsfeld von Kräften statt, die zur Veränderung drängen, und Kräften, die zur Beharrung tendieren. Letztere werden als **organisationale Trägheit** oder **organisatorischer Konservativismus** bezeichnet (vgl. Kieser/Hegele
1998, S. 121-122; Bamberger/Wrona 2004, S. 438). Trägheit oder Konservatismus bringen
das Bedürfnis nach Kontinuität, Identität und Sicherheit zum Ausdruck und können sich in
Organisationen auf Strukturen und Abläufe, aber auch auf Verhaltensweisen, Strategien und
Leitbilder erstrecken, die einem Wandel entgegenstehen. Anzeichen organisationaler Trägheit treten in unterschiedlichen Ausprägungsformen auf: Der Wandel wird (1) gar nicht ausgelöst, er erreicht (2) nicht das notwendige Ausmaß, wird (3) von den relevanten Entscheidungsträgern nicht akzeptiert oder (4) zwar geplant, aber – aufgrund von Widerständen –
nicht implementiert. Die **Ursachen organisationaler Trägheit** können innerhalb der Organisation, aber auch außerhalb liegen.

Auf der **Ebene der Organisationsmitglieder** lassen sich Widerstände im Sinne des Nicht-
Wollens und Hemmnisse (Trägheit) aufgrund des Nicht-Könnens unterscheiden (vgl. dazu
Schanz 1994, S. 388-391; Kieser/Hegele 1998, S. 123-126; Staehle 1999, S. 977-980). Trotz
individueller Unterschiede neigen Menschen dazu, Bekanntes zu bevorzugen bzw. an Bewährtem festzuhalten, wodurch die Wahrnehmung beeinflusst wird und Interpretationsmuster geliefert werden. Außerdem schüren Veränderungen Ängste; diese reichen von der Angst,
den Arbeitsplatz bzw. Status, Privilegien, soziale Beziehungen, Ansehen oder Autonomie zu
verlieren, bis hin zur Angst, der neuen Aufgabe nicht gewachsen zu sein oder mit den neuen
Kollegen nicht zurechtzukommen. Gerade im (mittleren) Management spielt der mit der
Umverteilung von Macht verbundene potenzielle Verlust von Position, Besitzstand, Ressourcen, Karrieremöglichkeit und Einfluss eine wichtige Rolle und fördert den Widerstand. In
Gruppen mit starkem Zusammengehörigkeitsgefühl verstärkt sich der Widerstand noch.

Neben diesen sozialpsychologischen Faktoren kann Widerstand die Folge falscher bzw.
lückenhafter Information oder auch der Unzufriedenheit mit der Art sein, wie die Veränderungen beschlossen wurden oder durchgeführt werden sollen. Außerdem können Organisationsmitglieder den Aufwand scheuen, der auf sie zukommt, oder Zweifel an dem haben, was
man ihnen sagt. Nicht zuletzt können der Veränderungsfähigkeit trotz bestem Willen Grenzen gesetzt sein; das Festhalten an vertrauten Denkmustern und Interpretationsschemata, die
die Wahrnehmung von Problemen und Lösungsalternativen beeinflussen, innovative Konzepte ausblenden und die Suche nach inkrementalen Lösungen fördern, erfolgt dann unbewusst.

Beharrungstendenzen bestehen aber nicht nur auf individueller, sondern auch **auf organisationaler Ebene** (vgl. z. B. Kieser/Hegele 1998, S. 126-131). Organisationen als soziale Systeme weisen immanente Tendenzen auf, nach innerer Ordnung und Stabilität (oder gegebenenfalls auch nach Dynamik) zu streben, die nicht äußeren Erfordernissen, sondern einer inneren Logik folgen. Dies ermöglicht es ihnen, mit der Komplexität und Turbulenz umzugehen, der sie ausgesetzt sind. Beharrungstendenzen und das Festhalten am Status quo werden beispielsweise gefördert durch (1) Investitionen in Maschinen, Gebäuden und Menschen, auf den aktuellen Zustand ausgerichtete Management-, Führungs- und Informationssysteme, (2) den Widerstand einflussreicher (interner) Akteure in Verbindung mit einer unzureichenden Machtbasis des Managements, (3) das gültige Werte- und Normensystem sowie (4) den Umfang des Alltagsgeschäfts, der organisatorische Veränderungen kaum zulässt oder zumindest als Vorwand genommen werden kann, den Wandel nicht aktiv zu betreiben. Nicht zuletzt stellt (5) der Erfolg einer Organisation ein großes Hindernis für Veränderungen dar; es wird an ehemals erfolgreichen Lösungen festgehalten, ohne deren Eignung für neue Problemstellungen ernsthaft zu hinterfragen.

Veränderungsbeschränkungen ergeben sich aber auch durch so genannte „developmental constraints", die aus der Entwicklung der Organisation resultieren und den Spielraum der Veränderungsmöglichkeiten einschränken (vgl. Weibler/Deeg 1999, S. 169-170). Sie hängen von dem Entwicklungspfad einer Organisation ab und beschränken vor allem die Veränderungen der Struktur und Funktionen der Organisation sowie des Ressourcen- und Informationsflusses. Als Pfade werden kontingente Entwicklungsprozesse gesehen, die Selbstverstärkungseffekte aufweisen sowie in sich geordnet und irreversibel auf ein Ziel gerichtet sind, das sich im Zuge des Prozesses immer deutlicher herausbildet. Besteht zwischen späteren Ereignissen und diesem Entwicklungsverlauf ein kausaler Zusammenhang, spricht man von Pfadabhängigkeit. So bleibt beispielsweise bei steigenden Erträgen und der Irreversibilität von Entscheidungen keine andere Wahl als einem Entwicklungspfad weiterhin zu folgen (vgl. Windeler 2003, S. 298-300).

Außerhalb der Organisation lassen sich ebenfalls hemmende Einflussfaktoren identifizieren. Die Bandbreite reicht hier von rechtlichen Regelungen, die die Flexibilität in Fragen des Entgelts, der Arbeitszeit und der Arbeitsbedingungen begrenzen, über ein Technikangebot (Hard- und Software), das sich vor allem an aktuellen Anforderungen orientiert, um auf möglichst wenig Implementierungswiderstände zu stoßen, bis hin zu externen Kapitalgebern, deren Bereitschaft zur Finanzierung davon abhängt, inwieweit Organisationen ihren Erwartungen entsprechen, und die gerade dann vor einer Finanzierung zurückschrecken, wenn in Problemsituationen Kapital für Innovationen notwendig wäre (vgl. Kieser/Hegele 1998, S. 131-133). Dadurch werden notwendige Veränderungen von Organisationen ebenso erschwert, wie durch Marktbedingungen, die beispielsweise einer Expansion entgegenstehen können (z. B. Größe der Marktnische).

Der **organisationale Konservatismus** birgt zwar zweifellos Risiken, darf aber **nicht pauschal als negativ** oder dysfunktional angesehen werden (vgl. Perich 1992, S. 459-461). Aus dem Zögern können Spielräume für weiter gehende Analysen erwachsen und die Gefahr, lediglich Modeströmungen nachzulaufen, reduziert sich. Außerdem kann durch Zögern eine Krise entstehen, die es ermöglicht, die Reorganisation insgesamt schneller umzusetzen. Die

Gefahr, durch das Aufschieben den Handlungsspielraum zu verlieren und nur noch reagieren zu können oder dann einen „großen Wurf" mit erheblichem Risiko machen zu müssen, darf jedoch – bei allen Vorteilen – nicht übersehen werden. Man muss sich daher bewusst sein, dass diesen Begriffen, wenn sie nicht wertfrei verwendet werden, immer konkrete Annahmen über Notwendigkeit, Chancen und das „richtige" Ausmaß der Veränderung zugrunde liegen, die in der Form schwer zu treffen sind.

1.5   Verlaufsmuster des geplanten organisationalen Wandels

Vor dem Hintergrund unterschiedlicher Modelle des Wandels, aber auch divergierender Annahmen hinsichtlich der Steuerbarkeit und des unvermeidlichen Widerstands gegen einen Wandel haben sich **zwei idealtypische Verlaufsmuster** des geplanten organisationalen Wandels herausgebildet, die unterschiedlich bezeichnet werden.

Die Muster lassen sich zunächst dadurch kennzeichnen, wie groß die Veränderungsschritte im Wandelprozess sein sollen, d. h., liegen einerseits wenige große Schübe bzw. Quantensprünge (revolutionär) vor oder handelt es sich andererseits eher um viele kleine Schritte (evolutionär). Perich spricht in diesem Zusammenhang von einem Krisenmodell und einem „Action-Learning"-Modell (vgl. 1992, S. 456-468); Krüger unterscheidet aufbauend darauf in ein Umbruchsmodell und ein Evolutionsmodell (vgl. 1994, 371; auch Abb. III.1.4). Im Folgenden wird daher in Anlehnung an Perich (vgl. 1992) und Krüger (vgl. 1994) zwischen einem Krisen- bzw. Umbruchsmodell sowie einem Evolutionsmodell (auch Action-learning-Modell) unterschieden.

Das **Krisen- bzw. Umbruchsmodell** geht davon aus, dass auf längere Phasen geringer Veränderungen bzw. Anpassungen, in denen sich Anpassungsdruck aufbaut, bis eine kritische Schwelle erreicht wird, begrenzte Phasen eines tiefgreifenden Wandels folgen. Der Anpassungsdruck ist nötig, um die (organisationale) Trägheit des Systems und die Widerstände gegenüber dem Wandel zu überwinden; d. h., die Akzeptanz gegenüber Veränderungen ist in Krisensituationen am größten. Außerdem verursacht organisationaler Wandel Kosten, die erst dann in Kauf genommen werden, wenn die so genannten „Misfit"-Kosten, die durch die fehlende Anpassung entstehen, die Kosten des Wandels übersteigen. Solange sie darunter liegen, besteht eine Anpassungslücke (adaptive lag). Auf die unübersehbaren Probleme der Operationalisierung und Messung dieser Kosten soll hier nur hingewiesen werden; sie stehen der Grundidee aber nicht entgegen.

Das **Evolutionsmodell** („Action-learning"-Modell) basiert auf der Annahme der Selbstentwicklungsfähigkeit der Organisation; es liegt ein permanenter inkrementaler Wandel vor. Kognitive Beschränkungen der Organisationsmitglieder und politische Prozesse führen dazu, dass Wandel nicht systematisch geplant und durchgeführt werden kann. Nur ein Vorgehen in verarbeitbaren, nachvollziehbaren und akzeptablen Schritten verspricht daher Erfolg. Hinzu kommt die Annahme, dass die Kosten revolutionärer Anpassung wesentlich höher sind als die eines schrittweisen Vorgehens.

	Umbruchsmodell	Evolutionsmodell
Grundidee	erheblicher Druck ist nötig, um Wandlungsbarrieren zu über- winden	zuviel Wandel auf einmal kann vom System nicht verkraftet werden
Charakteristik des Wandels	tiefgreifender und umfassender Wandel („Quantensprung") begrenzte Zeitdauer diskontinuierlicher Prozess „Revolution"	Entwicklung in kleinen Schritten („piecemeal engineering") dauerhafter Lernprozess kontinuierlicher Prozess „Evolution"
Transformationslogik	synoptisches Vorgehen einheitliche Fremdregelung Vorgehen nach Plan	inkrementelles Vorgehen vielfältige Selbstregulierung erfahrungsgestütztes Lernen
Rolle des Managements	Architekt des Wandels rationaler Planer	Prozessmoderator Coach
Chancen	klare Trennung von „Ruhe- phasen" und Wandlungsphasen hohe Änderungsbereitschaft in Krisensituationen Wandel aus einem Guss	Entwicklungsrhythmus korres- pondiert mit Entwicklungsfähigkeit kleine Veränderungen wirken „natürlich" Erwerb von Selbstentwicklungs- fähigkeiten
Risiken	begrenzte Planbarkeit hohe Instabilität in der Wand- lungsphase schwere Einbrüche bei zu später Reaktion hoher Handlungsdruck begüns- tigt kurzfristige Verbesserungen zu Lasten langfristiger Entwick- lungen	ständige Unruhe („Herumexperimentieren") bei hoher Umweltdynamik zu langsam fraglich, ob Diskontinuität zu verkraften ist begrenzte Fähigkeit, sich selbst in Frage zu stellen

Abb. III.1.4:   Modelle des geplanten organisationalen Wandels (vgl. Krüger 1994, S. 371)

Die beiden gegensätzlichen Modelle bauen auf unterschiedlichen Annahmen vor allem hin- sichtlich des Widerstands gegenüber Wandel, des Grads der Steuerbarkeit und der Kosten des Wandels auf. Aus ihnen folgen unterschiedliche Rollen des Managements, und sie wei- sen jeweils entgegengesetzte Chancen bzw. Vorteile und Risiken bzw. Nachteile auf.

2 Organisationsentwicklung

2.1 Ursprünge der Organisationsentwicklung

Die Anfänge der Organisationsentwicklung (organizational development) liegen in den USA in den 1950er, in Deutschland in den 1970er Jahren. Es handelt sich dabei um einen längerfristig angelegten, umfassenden Entwicklungs- und Veränderungsprozess von Organisationen und ihren Mitgliedern. Der Prozess beruht auf dem Lernen aller Betroffenen durch direkte Mitwirkung und praktische Erfahrung. Er zielt auf die gleichzeitige Verbesserung (1) der Leistungsfähigkeit der Organisation (Effektivität) und (2) der Qualität des Arbeitslebens (Humanität); beide **Ziele** werden tendenziell als gleichrangig und miteinander vereinbar angesehen. Effektivität spaltet sich meist in (Förderung der) Flexibilität, Innovationsbereitschaft und Lernfähigkeit des gesamten Systems auf, während Humanität als Ausweitung von Entfaltungsmöglichkeiten, Handlungs- und Entscheidungsspielräumen sowie der Mitwirkung an Entscheidungen gesehen wird (vgl. Trebesch 2004, Sp. 988-989).

Im Vordergrund der Organisationsentwicklung steht die Implementierung geplanter organisatorischer Änderungen unter Partizipation der Betroffenen, da angenommen wird, dass Änderungen der Organisation und des Verhaltens schneller und effektiver erreicht werden, wenn diese von Anfang an beteiligt sind. Jedoch besteht über Ziele, Inhalte und Methoden bei weitem kein Konsens; vielmehr ist Organisationsentwicklung als Konzept aus der Praxis für die Praxis entstanden, wodurch primär das **Gestaltungsinteresse** im Vordergrund stand, der konzeptionsbezogene Konsens aber in den Hintergrund trat. Trebesch konnte daher bereits 1982 fünfzig Definitionen zusammentragen und auswerten – „es hätten leicht 100 werden können, doch wurde die Zusammenstellung bei 50 Stück abgebrochen" (1982, S. 37). Das Spektrum der inhaltlichen Schwerpunkte spiegeln die am häufigsten gefundenen Begriffe in den Definitionen wider (vgl. 1982, S. 42): sozialer und kultureller Wandlungsprozess, Steigerung der Leistungsfähigkeit des Systems, Integration von individueller Entwicklung und individuellen Bedürfnissen in die Ziele und Strukturen der Organisation, Mitwirkung der Betroffenen, bewusst gestaltetes, methodisches und planmäßig gesteuertes Vorgehen im Rahmen angewandter Sozialwissenschaft.

Trotz aller Divergenzen lassen sich **drei zentrale Merkmale** der Organisationsentwicklung hervorheben (vgl. Schanz 1994, S. 398); so geht es um

- die Anwendung sozial- und verhaltenswissenschaftlicher Erkenntnisse,

- veränderte Rollen der zu beratenden Organisation einerseits und des Organisationsberaters andererseits sowie
- die Harmonie zwischen den Zielen der Organisation und denen ihrer Mitglieder.

Die Anwendung **sozial- und verhaltenswissenschaftlicher Erkenntnisse** wird nicht nur darin deutlich, dass Kurt Lewin, der Begründer der modernen Sozialpsychologie und der psychologischen Feldtheorie, als Hauptinitiator dieser Konzeption zur Planung, Einleitung und Steuerung von Änderungsprozessen in sozialen Systemen gelten kann. Organisationsentwicklung basiert auf der Überzeugung, dass die Änderung der Einstellungen und Verhaltensweisen dem organisationalen Wandel vorangehen oder zumindest parallel erfolgen muss. Dazu gehört ein Menschenbild, das die Sozialisationsfähigkeit und das Entwicklungspotenzial des Einzelnen hervorhebt. Dabei wird unterstellt, dass am leichtesten durch praktische Erfahrungen in der Auseinandersetzung mit konkreten Problemen und anderen Menschen gelernt wird. Hinzu kommen die Annahmen, dass individuelle und organisationale Ziele kompatibel sind, in der Organisation Zusammenarbeit besser ist als Wettbewerb und das Organisationsklima zentrale Bedeutung hat.

Die zu beratende Organisation und ihre Mitglieder (Klientensystem, client system) einerseits und die Berater(-gruppe) (Beratersystem, change agent) andererseits übernehmen dabei **verschiedene Rollen** und bestimmen (gemeinsam) die Organisationsentwicklung. Das Klientensystem ist nicht passiv, sondern wird – im Sinne des „Betroffene zu Beteiligten machen" – in den Prozess einbezogen und übernimmt eine aktive Rolle. Aufgaben des Beraters sind die Fachberatung und die Prozessberatung, wobei Erstere etwas in den Hintergrund tritt, da vor allem Hilfe zur Selbsthilfe gegeben werden soll. Die Prozessberatung dient dazu, den Veränderungsprozess durch methodische Unterstützung voranzutreiben. Im Idealfall macht sich der Change Agent hiermit Schritt für Schritt überflüssig.

Ganz allgemein soll durch Organisationsentwicklung das organisationale Problemlösungspotenzial erweitert und auf diese Weise eine sich selbst entwickelnde Organisation geschaffen werden, in der die Mitglieder in der Lage sind, Probleme selbst zu erkennen und Lösungen dafür eigenständig zu generieren. Etwas differenzierter ausgedrückt geht es darum, die Anpassungs-, Leistungs- und Innovationsfähigkeit der Organisation zu erhöhen und gleichzeitig die Qualität des Arbeitslebens, insbesondere die Motivation, Zufriedenheit und Qualifikation der Organisationsmitglieder zu verbessern. Dies setzt natürlich voraus, dass eine weit gehende **Zielharmonie**, bisweilen sogar Zielidentität, zwischen der Organisation und ihren Mitgliedern vorliegen. Dies wird im Rahmen der Organisationsentwicklung als gegeben bzw. erreichbar angesehen.

In konzeptioneller Hinsicht werden drei **Wurzeln** der Organisationsentwicklung angeführt (vgl. Trebesch 2004, Sp. 990; Wimmer 2004, Sp. 1307-1310): (1) die Gruppendynamik, (2) die Datenerhebungs- und Rückkopplungsmethode sowie (3) das Konzept der sozio-technischen Systeme. Aus diesen Ursprüngen ergaben sich verschiedene Modelle bzw. Ansätze der Organisationsentwicklung.

Die **Gruppendynamik** geht auf Lewin zurück, der die Gruppe als Ort der Veränderung entdeckte. Er hat Gruppen gezielt dazu trainiert, individuelle und kollektive Verhaltensprozesse durch unmittelbare Beobachtung im eigenen Kreis zu erforschen und zu verstehen.

Neues Verhalten sollte in der Gruppe getestet, bewertet und dann verfestigt werden. Diese Gruppen wurden als Trainingsgruppen (T-Groups) bezeichnet. Lewin entwickelte auch die Aktionsforschung, bei der die scharfe Trennung zwischen Forscher und Beforschtem aufgegeben wird und Probleme mit den Beteiligten erhoben und analysiert, Veränderungsmaßnahmen auf dieser gemeinsamen Basis eingeleitet, durchgeführt und hinsichtlich ihrer Wirkungen ausgewertet werden (vgl. z. B. Sievers 1982). Jedoch stehen hier die Forschungsinteressen der beteiligten Wissenschaftler gegenüber dem Veränderungsinteresse der Organisation stärker im Vordergrund.

Die **Datenerhebungs- und Rückkopplungsmethode** (Survey-Guided Feedback) wurde zur Veränderung von Organisationen entwickelt, nachdem man erkannt hatte, dass nicht nur die im Zuge von Mitarbeiterbefragungen gewonnenen statistischen Daten (z. B. über die Mitarbeiterzufriedenheit) von Interesse sind. Vielmehr wurde durch die Rückkopplung der Ergebnisse von Veränderungsprozessen an die Betroffenen das Engagement für (weitere) Veränderungen gefördert.

Mit der Erkenntnis, dass eine intakte Sozialstruktur für die Leistungsfähigkeit einer Organisation von großer Bedeutung ist und sie wesentlich durch die Technologie beeinflusst wird, entstand das **Konzept sozio-technischer Systeme**. Es basiert auf der Überzeugung, dass das soziale und technische System aufeinander abgestimmt sein müssen, und hat den Einfluss sozialwissenschaftlicher Erkenntnisse in Unternehmen gefördert. Im Zuge der Etablierung dieses neuen Verständnisses von Organisation verlor die Aufbaustruktur ihren Stellenwert und wurde nur noch als ein Element im Gesamtzusammenhang betrachtet.

Die Organisationsentwicklung ist im Zeitablauf technokratischer geworden, d. h. weniger prozess- als eher inhaltsorientiert; während anfangs die Menschen im Mittelpunkt standen, hat sich das Gewicht stärker in Richtung der Organisation verlagert (vgl. Staehle 1999, S. 927). Außerdem haben sich Ansätze entwickelt, die unter der Bezeichnung **Organisationale Transformation** (organizational transformation) zusammengefasst werden (vgl. Staehle 1999, S. 929-932; auch Kieser/Hegele 1998, S. 106-115 und Abb. III.2.1).

Organisationsentwicklung	Organisationale Transformation
• keine Änderung des herrschenden Paradigmas	• Änderung des herrschenden Paradigmas
• beginnt mit Problemdiagnose und Suche nach Lösungen	• beginnt mit einer neuen Vision (Mission) oder eine Krise der alten
• zielorientiert	• zweckorientiert (neue Mission)
• betont Werte, Normen, Einstellungen	• betont Ideologie, Politik und Technik
• Einigung über Lösungen	• Ausrichten von Personen und Systemen an neuer Mission
• gegenwartsorientiert	• zukunftsorientiert
• Kontinuität mit der Vergangenheit	• Beginn einer neuen Zukunft

Abb. III.2.1:   Unterschiede zwischen Organisationsentwicklung und Organisationaler Transformation (vgl. Levy/Merry 1986, S. 33)

Im Gegensatz zur Organisationsentwicklung, die einem Wandel 1. Ordnung zuzurechnen ist, handelt es sich bei der Organisationalen Transformation um den typischen Fall eines Wandels 2. Ordnung, der von außen angestoßen und von oben durch eine neue Vision initiiert wird, die gesamte Organisation betrifft und zu grundsätzlich neuen Denk- und Verhaltensweisen führen muss. Die Organisationale Transformation zielt auf eine umfassende, radikale Veränderung der Tiefenstrukturen der handlungsleitenden Sinnzusammenhänge in Organisationen und will dafür vor allem günstige Rahmenbedingungen (Führung, Anreizsystem, Strukturen usw.) schaffen. Daher kann man sie teilweise auch als eine Weiterentwicklung der Organisationsentwicklung sehen. Die Ansätze der Organisationalen Transformation lösen sich jedoch von der Annahme der Harmonie zwischen den Zielen der Organisation und ihrer Mitglieder. Vielmehr liegt das Primat der Organisationsziele zugrunde, auf die das Verhalten von Personen und (Sub-)Systemen auszurichten ist.

2.2 Phasenmodelle der Organisationsentwicklung

Für den Prozess der Organisationsentwicklung bzw. seine Gestaltung haben sich verschiedene Phasenmodelle herauskristallisiert (vgl. Trebesch 2004, Sp. 991). Das **Drei-Phasen-Modell** von Lewin (vgl. 1947), der Wandel als das Aufbrechen eines Gleichgewichts treibender und widerstrebender Kräfte versteht, bildet hier den Ausgangspunkt: auftauen (unfreezing) – ändern (moving, changing) – wieder einfrieren (refreezing) (vgl. Abb. III.2.2). Auch wenn diese Vorstellung heute an Relevanz verloren hat, da Wandel in Organisationen (beinahe) zum Dauerzustand geworden ist (bzw. meist derart interpretiert wird), soll hier etwas näher darauf eingegangen werden:

- **Auftauen**: Schaffung von Veränderungsbereitschaft

  Der Erfolg einer organisationalen Änderung hängt wesentlich davon ab, inwieweit es gelingt, die Betroffenen von der Notwendigkeit des Wandels zu überzeugen. Dazu kann man die Organisationsmitglieder erstens verunsichern, indem man ihnen vorführt, dass ihre Einschätzung faktisch unzutreffend ist, zweitens die Angst schüren, konservativ, altmodisch oder uneinsichtig zu sein, oder drittens aufzeigen, dass trotz des Wandels die Sicherheit des Arbeitsplatzes oder Status gegeben ist bzw. Nachteile kompensiert werden. Der Information kommt hier zentrale Bedeutung zu, wobei sich der Widerstand insbesondere dann noch verfestigen kann, wenn große Zufriedenheit mit dem Ausgangszustand herrscht.

- **Ändern**: Konzeption und Implementation des Neuen

  Es ist ganz im Sinne der Organisationsentwicklung, wenn die Organisationsmitglieder nicht passiv bleiben und sich lediglich an die Veränderungen anpassen, sondern aktiv an der Gestaltung des Wandels partizipieren. Mithilfe geeigneter Interventionstechniken sollen sie in die Lage versetzt werden, die zukünftige Situation mitzugestalten. Auftauen darf dabei nur als notwendige, nicht aber hinreichende Voraussetzung für Ändern gesehen werden. Das Ändern setzt die Bewältigung von entstehenden inter- und intrapersonalen Konflikten voraus, was deutlich über das Auftauen hinausgeht. Bezüglich Geschwindigkeit und Radikalität der Änderung sind hier Grenzen gesteckt, da sich Einstellungen, die stets das Ergebnis längerfristiger Sozialisationsprozesse sind, nicht abrupt verändern lassen. Bleibt dies unbeachtet, wird die Stabilisierung der neuen Situation in der nächsten Phase gefährdet.

• **Wieder einfrieren**: Stabilisierung des Neuen

Damit eine Organisation nicht in den alten Zustand zurückfällt, müssen Veränderungen stabilisiert werden. Das ist umso leichter, je deutlicher die Betroffenen den Erfolg des Wandels selbst wahrnehmen (z. B. in Form verbesserter Arbeitsbedingungen oder sonstigen Anreizen). Es darf aber nicht übersehen werden, dass diese Phase zum einen Zeit erfordert, zum anderen nicht nur den Abschluss eines Wandelprozesses darstellt, sondern vielmehr bereits wieder die Vorstufe zum Auftauen eines neuen Organisationsentwicklungsprozesses bildet.

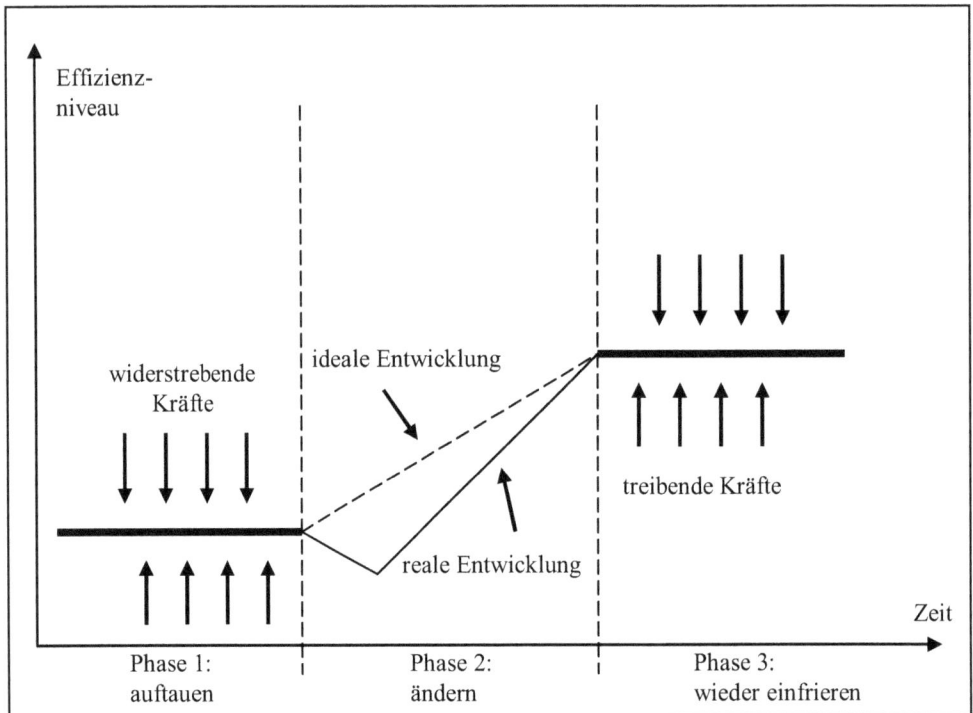

Abb. III.2.2:   Kräftefeld des Wandels (vgl. Lewin 1963, S. 206-209)

Aus der Gegenüberstellung von 18 Fallstudienberichten erfolgreicher und missglückter organisatorischer Wandelprozesse hat Greiner ein **idealtypisches Erfolgsmuster mit sechs Phasen** abgeleitet, das das Drei-Phasen-Schema stärker differenziert; es spiegelt sich in vielen Konzepten wider (vgl. 1967). Die erfolgreichen Fälle waren grundsätzlich durch ein partizipatives Vorgehen gekennzeichnet. Bedeutend ist dabei, dass die Entscheidungsträger bereit

waren, Macht zu teilen, da jeder Wandelprozess eine Veränderung von bestehenden Machtstrukturen zur Folge hat. Greiner stellt deshalb auch deutlich darauf ab, welche Modifikationen der Machtstruktur im Zuge von Veränderungen erfolgen (vgl. dazu Greiner 1967, S.
126). Vor diesem Hintergrund ergeben sich die folgenden sechs Phasen:

- **Druck und Aufrüttlung**: Wandelprozesse sind umso leichter in Gang zu setzen, je größer der wahrgenommene Druck bei den Entscheidungsträgern ist. Der Problemdruck begünstigt die Aktivierung bzw. Aufrüttlung der Entscheidungsträger, an Veränderungsprozessen zu arbeiten.

- **Intervention und Neuorientierung**: Druck und Veränderungsbereitschaft bilden häufig
  nur eine notwendige, nicht aber hinreichende Voraussetzung; als hilfreich erweisen sich
  (externe) Berater, wenn sie akzeptiert werden und nicht nur fertige Standardlösungen präsentieren. Externe Berater können und auf der Grundlage neuer Betrachtungsperspektiven
  mit größerer Distanz intervenieren. Dabei ist es gegebenenfalls möglich, alltäglich gelebe-
  te, organisationale Selbstverständlichkeiten zu identifizieren und zu einer grundlegenden
  Neuorientierung der Erwartungs- und Verhaltensmuster in Organisationen beizutragen.

- **Diagnose und Erklärung**: Alle Betroffenen einschließlich des Top Managements beteiligen sich – in moderierten Gruppensitzungen – an der Informationssammlung und der
  Problemanalyse.

- **Neue Lösungen und Selbstverpflichtung**: Mithilfe der Berater gilt es, neue, von allen
  getragene Problemlösungen zu finden, wobei Blockaden und Verkrustungen zu überwinden sind.

- **Experimentieren und Ergebnissuche**: Vor der umfassenden Veränderung wird erst
  experimentiert, um zu sehen, ob die Lösung trägt und hinreichende Unterstützung gegeben ist.

- **Verstärkung und Akzeptanz**: Die erfolgreichen Lösungen werden flächendeckend
  umgesetzt und sollen zur Selbstverständlichkeit im täglichen Handeln der Organisationsmitglieder werden.

Die Analyse Greiners stellt die herkömmliche Organisationsplanung bzw. -gestaltung in
Frage bzw. zeigt deren Grenzen auf; es geht nicht darum, eine Problemlösung vorab zu entwickeln und in einem top-down gerichteten Prozess geschickt umzusetzen, sondern um die
– von allen Betroffenen getragene – gemeinsame Identifikation einer neuen organisatorischen Lösung, wodurch Akzeptanz und Realisierung sichergestellt werden sollen.

Orientiert man sich demgegenüber an der **Beziehung zwischen Berater und Organisation**
treten methodische Aspekte in den Vordergrund, und es lassen sich drei Phasen unterscheiden (vgl. Böhm 1981, S. 16-18):

- **Datensammlung**: Sie umfasst die Erhebung von hard facts und soft facts, um zu Pro-
  blemursachen vorzustoßen; dabei kommen Befragungen, Interviews und Beobachtung
  zum Einsatz.

- **Diagnose**: Hier müssen die Informationen interpretiert werden. Das kann nicht vollständig objektiv und werturteilsfrei erfolgen, vielmehr fließen Hintergrundtheorien der Akteure ein, die keineswegs (vollständig) richtig sein müssen.

- **Intervention**: In dieser Phase erfolgt nicht nur das Ändern, sondern auch das Stabilisieren (wieder einfrieren).

Weitere Phasenmodelle konkretisieren das Zustandekommen der Berater-Klienten-Beziehung im Vorfeld, z. B. durch Phasen wie Kontakt und Einstieg sowie Kontraktformulierung, während sich die Phasen der Organisationsentwicklung (im engeren Sinne) stark ähneln. Rückt die Aktionsforschung in den Vordergrund, sind die Phasen der eigentlichen Organisationsentwicklung durch ein weiter gehendes Engagement des Experten im Rahmen der Definition und Lösung konkreter Probleme gekennzeichnet (vgl. dazu Schanz 1994, S. 408-411; auch Sievers 1982). Vergleichsweise aktuell ist das Modell Scheins zur Prozessberatung (vgl. 2003). Es zielt auf die Unterstützung von Organisation, Managern und Mitarbeitern bei der Verbesserung der Veränderungsprozesse durch die Anleitung zur Problemdiagnose.

2.3   Ausgangspunkte der Organisationsentwicklung

Trotz des Anspruchs der Organisationsentwicklung, die gesamte Organisation zu erfassen, können ab einer bestimmten Größe nicht mehr alle betroffenen Organisationsmitglieder gleichzeitig in die Veränderungsprozesse einbezogen werden. Es stellt sich daher die Frage nach dem geeigneten Ausgangspunkt für den **Start der Intervention**. Als Antwort sind fünf idealtypische Strategien möglich, wobei auch Mischformen bzw. Kombinationen vorkommen (vgl. Glasl 1975, S. 151-158; Schanz 1994, S. 412-417; auch Abb. III.2.3):

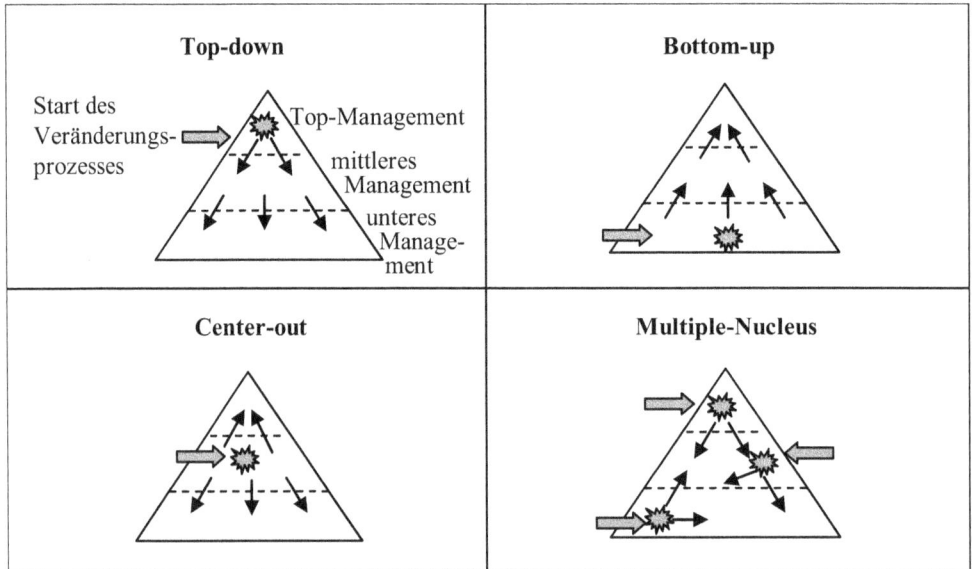

Abb. III.2.3:   *Ausgangspunkte für Interventionen (vgl. Vahs 2005, S. 337)*

- Top-down-Strategie
- Bottom-up-Strategie
- Bipolare Strategie
- Center-out-Strategie
- Multiple-nucleus-Strategie

Die **Top-down-Strategie** unterstellt rationales Handeln und geht davon aus, dass die Betroffenen Wandel akzeptieren, wenn sie über dessen Vorteilhaftigkeit aufgeklärt worden sind. Sie startet an der Organisationsspitze, setzt eine gute Steuerbarkeit des Prozesses voraus und schafft für das Top-Management die Möglichkeit, Veränderungen vorzuleben; das birgt vor allem dann Vorteile, wenn sie nicht zur reinen Machtstrategie mutiert, bei der Veränderungen den unteren Hierarchieebenen lediglich verordnet werden. Andernfalls besteht die Gefahr, dass die Mitarbeiter mit Widerstand reagieren und den Prozess behindern bzw. blockieren.

Der entgegengesetzte Start an der Basis der Organisation (**bottom up**) trägt den Bedürfnissen und Erwartungen der Mitglieder in besonderem Umfang Rechnung. Dieses Vorgehen liegt dann nahe, wenn sich nur auf diese Weise Verhalten nachhaltig ändern lässt. Darüber hinaus bietet es sich an, wenn Aufgabenmerkmale auf operativer Ebene verändert werden sollen (z. B. durch Job Enrichment, teilautonome Arbeitsgruppen). Voraussetzungen dafür sind aber, dass einerseits die Intervention von oben mitgetragen (und finanziert) wird, andererseits die Betroffenen notwendige Fähigkeiten aufweisen. In reiner Form hat diese Strategie in der Praxis kaum Realisierungschancen und kann auch nicht organisationsweit erfolgen, so dass geeignete (Sub-)Einheiten ausgewählt werden müssen und eine Koordination zu erfolgen hat, um negative Effekte auf die Gesamtorganisation zu vermeiden. Außerdem besteht die Gefahr, dass sich die oberste Ebene von ungewünschten Ergebnissen distanziert.

Es ergibt sich daher ein fließender Übergang zum gleichzeitigen Einstieg an Spitze und Basis der Organisation (**bipolar**). Das erhöht grundsätzlich die Akzeptanzwahrscheinlichkeit auf beiden Ebenen und kann den Prozess vor allem dann beschleunigen, wenn auf den mittleren Ebenen starker Widerstand zu erwarten ist. Diskrepanzen, Missverständnisse und in der Folge Konflikte und Blockaden sind aber auch hier nicht zu vermeiden.

Im Gegensatz dazu kann das mittlere Management als Ausgangspunkt der Veränderung gewählt werden (**center-out** oder from middle both ways). Auf dieser Ebene ist die Zahl der Organisationsmitglieder meist noch relativ überschaubar und – beispielsweise durch Informationsveranstaltungen – leichter zu erreichen. Mittlere Manager verfügen über einen gewissen Handlungsspielraum für Veränderungen und können nach oben sowie nach unten Impulse geben. Gerade bei führungsbezogenen Veränderungen bietet sich diese Strategie an. Spielt Hierarchie in einer Organisation nicht die zentrale Rolle (z. B. Netzwerke), können Veränderungen gleichzeitig auf verschiedenen Ebenen eingeleitet werden (**multiple nucleus**), ohne dass dabei – abweichend vom bipolaren Vorgehen – zwingend die Organisationsspitze sowie die unterste Hierarchieebene unmittelbar einbezogen werden müssen.

2.4 Ansätze und Interventionstechniken der Organisationsentwicklung

Die verschiedenen **Ansätze der Organisationsentwicklung** lassen sich grob nach ihrem primären Fokus systematisieren. Sie orientieren sich an dem individuellen Verhalten, den sozialen Beziehungen oder der Struktur; man kann vier Ansätze unterscheiden (vgl. Schanz 1994, S. 418; Staehle 1999, S. 945; Trebesch 2004, Sp. 992):

- personenorientierter bzw. personaler Ansatz
- gruppenorientierter Ansatz
- strukturorientierter bzw. struktureller Ansatz
- organisationsorientierter bzw. integrativer Ansatz

Wird versucht, über die Änderung von Einstellungen, Verhaltensbereitschaften und Fähigkeiten eine Verbesserung des Arbeitsverhaltens, der interpersonalen Beziehungen, der Werthaltungen und Verhaltensmuster in der Organisation zu erreichen, spricht man von **personenorientierten oder personalen Ansätzen**. Im Vordergrund stehen verschiedene Formen des Verhaltenstrainings, wobei nicht übersehen werden darf, dass wirksame Verhaltensänderung auch einer Modifikation struktureller Gegebenheiten und damit des organisationalen formellen bzw. informellen Regelsystems bedarf, damit diese nicht das veränderte Verhalten behindern. Die Techniken oder Instrumente, die hier zum Einsatz kommen, weisen einen engen Zusammenhang mit der Personalentwicklung auf, die deshalb auch in ein Konzept der Organisationsentwicklung integriert sein sollte.

Die wesentlichen **Interventionstechniken** auf individueller Ebene sind die Lebens- und Karriereplanung, das Sensitivitäts- oder Laboratoriumstraining, Encounter-Gruppen und die Transaktionsanalyse. Die Interventionstechniken auf individueller Ebene befassen sich mit personalen und zwischenmenschlichen Problemen von Individuen ohne (direkten) Bezug zu den Problemen der Organisation. Entscheidend sind die Probleme, Gefühle, Empfindungen im Hier und Jetzt (hic et nunc); d. h., es wird nur über das gesprochen, was sich hier und jetzt in der Gruppe ereignet.

Die **Lebens- und Karriereplanung** soll Mitarbeitern eine realistische Einschätzung und bessere Verfolgung der Lebens- und Karriereziele ermöglichen; sie berichten dazu in kleinen Gruppen über ihren Werdegang, formulieren Ziele, entwerfen einen Plan und diskutieren Schritte zur Realisierung (vgl. French/Bell 1994, S. 179-182).

Die Entwicklung des **Sensitivitäts- oder Laboratoriumstrainings** geht – wie bereits angesprochen – auf Lewin zurück; es soll ermöglichen, hier und jetzt Informationen über Verhalten zu erheben, zu analysieren und den Teilnehmern (der T-Gruppe) sofort rückzukoppeln. Ziele sind unter anderem (verbesserte Lernfähigkeit aufgrund) Selbsterkenntnis, Wahrnehmung der Konsequenzen eigenen Verhaltens, Verständnis für die hemmenden bzw. fördernden Bedingungen der Gruppenarbeit sowie für die interpersonalen Handlungen in Gruppen, Entwicklung von Fähigkeiten zur Diagnose von Individuen, Gruppen und Organisationen, Verbesserung der Kommunikationsfähigkeit und des Einfühlungsvermögens sowie Anpassung des Verhaltens an neue Situationen (vgl. auch French/Bell 1994, S. 176-179; Staehle 1999, S. 945-946). Die (zehn bis zwölf) Teilnehmer des Trainings, das von drei Tagen bis zu zwei Wochen dauern kann und bei dem der Trainer als Katalysator fungiert, können aus unterschiedlichen Organisationen, einer Organisation oder einer Organisationseinheit (Abteilung, Gruppe) kommen. Im Vorgehen lassen sich mehrere Lernschritte unterscheiden: Verhaltensverunsicherung, Aneignung neuer Verhaltensweisen, erneute Verunsicherung, Einstellungsänderung, Einüben neuer Verhaltensmuster (gegebenenfalls Wiederholung der Schritte). Das größte Problem stellt der Transfer des Gelernten auf die – gegebenenfalls unveränderte – Arbeitssituation dar. Neben positiven Effekten werden unter anderem Verunsicherung, Manipulation und Verlust an Eigenständigkeit negativ hervorgehoben. Der Einsatz von T-Gruppen ist inzwischen zugunsten von Teamentwicklung und Prozessberatung zurückgegangen.

Encounter-Gruppen gleichen in ihrem Vorgehen dem Sensitivitätstraining, zielen allerdings ausschließlich auf die individuelle Persönlichkeitsentwicklung durch Verbesserung des Selbstbildes, Entwicklung zu mehr Offenheit und Flexibilität, Abbau von Verhaltensstereotypen und Erkennen neuer Verhaltensalternativen sowie Steigerung der sozio-emotionalen Kompetenz (vgl. auch Staehle 1999, S. 948-949).

Die **Transaktionsanalyse** dient der bewussten Änderung des Verhaltens gegenüber sich selbst und anderen Personen, wobei im Gegensatz zum Sensitivitätstraining auf Verunsicherung und Druck verzichtet wird und eine Auseinandersetzung mit den eigenen Normen, Erfahrungen und Gefühlen erfolgt (vgl. Schanz, 1994, S. 419-422; Staehle 1999, S. 319-321). Dieses von der Psychoanalyse beeinflusste Verfahren unterscheidet drei Rollen bzw. so genannte Ich-Zustände (Eltern-Ich, Erwachsenen-Ich und Kind-Ich), aus denen heraus man sich anderen Personen gegenüber in spezifischer Art und Weise verhält (vgl. z. B. Berne 2007). Ziel ist es, die eigene Rolle und die Rollen der Kommunikationspartner sowie die damit verbundenen Rolleninterpretationen zu erkennen und aufeinander abzustimmen.

Auf der **Ebene der Gruppe** stehen bei Interventionen die Prozesse und Interaktionen in und zwischen Gruppen, aber auch die Inhalte der Gruppenarbeit im Vordergrund; Objekte sind Abteilungen, Arbeitsgruppen, Gremien und ähnliches. Im Wesentlichen kommen Interventionstechniken wie Prozessberatung, Teamentwicklung und Intergruppen-Intervention, aber auch Qualitätszirkel und Lernstatt zum Einsatz (vgl. Schanz 1994, S. 422-424; Staehle 1999, S. 951-961).

Bei der **Prozessberatung** beobachtet ein (externer oder interner) Berater (Moderator, Change Agent) zunächst Gruppensitzungen, um anschließend mit den Gruppenmitgliedern zu reflektieren (vgl. French/Bell 1994, S. 171-176). Gegenstand der Beobachtung und Diagnose sind Kommunikationsbeziehungen, Rollen und Funktionen der Gruppenmitglieder, Problemlösungs- und Entscheidungsprozesse, Gruppennormen und -entwicklung, Führungs- und Autoritätsbeziehungen sowie Intergruppenprozesse.

Teamentwicklung zielt darauf, die Kohäsion und Effizienz einer bestehenden oder neuen Gruppe zu steigern (vgl. auch French/Bell 1994, S. 142-147; Doppler/Lauterburg 2005, S. 435-453). Es geht um die Entwicklung von Gruppenzielen, gegenseitigem Vertrauen, Unterstützung, Sicherheit und offener Kommunikation, die Klärung der Rollen der Gruppenmitglieder sowie die Entwicklung nach dem Grid-Ansatz (siehe unten). Grundlage bildet die Diagnose im Rahmen eines ein- bis dreitägigen Treffens außerhalb der Arbeitssituation; die Gruppe setzt dann Prioritäten und plant Maßnahmen zur Problemlösung.

Auf die Lösung von Problemen in den Beziehungen zwischen Gruppen zielt die **Intergruppen-Intervention**; die Klienten sind damit nicht Individuen, sondern Gruppen (vgl. auch French/Bell 1994, S. 152-158). Es sollen die Zusammenarbeit und die Kommunikation verbessert werden, wobei jedoch mitunter die Gefahr einer einseitigen Fixierung auf die Herstellung von (Inter-)Gruppenharmonie besteht. Zu Recht wird darauf hingewiesen, dass Harmonie und Konfliktlosigkeit, die unterschiedliche Wahrnehmungen und Interpretationen verhindern, nicht generell funktional und damit positiv zu bewerten sind. Insoweit geht es bei der Intergruppen-Intervention ausdrücklich auch darum, Gruppenkonflikte sowie deren Ursachen aufzudecken und offen zu bewältigen.

Qualitätszirkel und Lernstatt sind verwandte (gruppenorientierte) Konzepte. Die Teilnahme ist freiwillig, Ziele können die Verbesserung der Produktqualität, die Steigerung der Effizienz oder die Erleichterung der Aufgabenerfüllung sein. Es soll die Trennung von Lernen und praktischer Arbeit überwunden werden. Lernen findet in moderierten Kleingruppen angelehnt an die Strukturen des Arbeitsbereichs statt („near the job"). Bei der Lernstatt steht stärker als bei dem Qualitätszirkel der Lernaspekt im Vordergrund; es geht dabei unter anderem um die Förderung des Qualitäts-, Verantwortungs- und Problembewusstseins, den Abbau von Abteilungsegoismen, das Finden und Erproben neuer Lösungsansätze sowie die Förderung der allgemeinen Handlungskompetenz und der persönlichen Entfaltung (vgl. Bednarek et al. 1990, S. 7).

Strukturorientierte Maßnahmen basieren auf der Annahme, dass organisationale Strukturen verhaltenswirksam sind und ihre Modifikation Impulse für Verhaltensänderungen geben; gleichzeitig werden dadurch Rahmenbedingungen für die neuen Verhaltensweisen geschaffen. Neben bekannten Maßnahmen der Arbeitsgestaltung (Job enlargement, Job enrichment, teilautonome Arbeitsgruppen) wird hier vor allem das Management by Objectives, d. h. Führen mit Zielvereinbarungen, verbunden mit geeigneten Anreizsystemen genannt (vgl. z. B. Doppler/Lauterburg 2005, S. 257-276). Strukturorientierte Maßnahmen können sich aber auch auf informelle Regelstrukturen in einer Organisation beziehen und weisen dann einen fließenden Übergang zu den personen- bzw. gruppenorientierten Ansätzen auf.

Integrierte Ansätze entwickelten sich aus der Erkenntnis, dass isolierte Techniken auf einzelnen Ebenen nicht geeignet sind, einen umfassenden Wandel herbeizuführen – was nutzen individuelle Verhaltensänderungen, wenn sich strukturell nichts ändert? Integrierte Ansätze bezwecken daher, Maßnahmen auf der Personen-, Gruppen- und Strukturebene simultan in den Prozess der Organisationsentwicklung einzubinden. Von Bedeutung sind auf dieser umfassenden und insoweit organisationsorientierten Ebene vor allem Konfrontationstreffen, Survey(-Guided) Feedback, der Managerial-Grid-Ansatz und das NPI-Modell (vgl. Schanz 1994, S. 424-428; Staehle 1999, S. 962-968).

Konfrontationstreffen dauern bis zu einem Tag und zielen darauf, Probleme der Organisation zu identifizieren und Maßnahmen zu ihrer Behebung zu erörtern (vgl. auch French/Bell 1994, S. 159-162). Zu diesen Sitzungen, die von einem Moderator geleitet werden, kommen

Manager aus allen Bereichen der Organisation zusammen. Nach einer Einführung findet in heterogenen Kleingruppen die Informationssammlung statt; dann folgt der Informationsaustausch im Plenum, um anschließend in homogenen Gruppen Prioritäten zu setzen und erste Lösungsvorschläge zu entwickeln, die schließlich wieder in der Gesamtgruppe präsentiert werden, um dort die Planung für die Organisation vorzunehmen. In der Fortsetzung des Treffens verabschiedet das Top Management die Maßnahmen, deren Umsetzung vier bis sechs Wochen später in einer weiteren Sitzung des gesamten Managements kontrolliert wird.

Demgegenüber ist die Datenerhebung und -rückkopplung (**Survey-Guided Feedback**) aufwändiger (vgl. auch French/Bell 1994, S. 162-165). Den Ausgangspunkt bildet eine gezielte Datenerhebung mithilfe eines standardisierten Fragebogens zu wesentlichen Merkmalen der Organisation, z. B. Führung, Kultur, Zufriedenheit, deren Ergebnisse den Befragten rückgekoppelt und in Gruppensitzungen mit ihnen diskutiert werden, um zu Verbesserungen oder Änderungen zu kommen. Die Sitzungen werden in der Regel durch Berater moderiert und sollten nicht dazu führen, dass sich bestehende Strukturen verfestigen. Nach Umsetzung der Veränderungsmaßnahmen erfolgen wieder Survey-Feedback-Runden, in denen die Veränderung gemeinsam und selbstkritisch reflektiert wird. Daraus ergibt sich eine Abfolge von Veränderungsprojekten, deren Inhalte partizipativ festgelegt werden.

Der **Managerial-Grid-Ansatz** ist weit verbreitet und verdankt seinen Namen der graphischen Darstellung in Form eines (Verhaltens-)Gitters (vgl. Blake/Mouton 1985). Der Ansatz geht davon aus, dass der Führungsstil zentrale Bedeutung für den Erfolg einer Organisation hat und sieht den optimalen Stil in einer gleichgewichtigen Betonung der Mitarbeiter- und Leistungsorientierung (so genannter 9,9-Führungsstil). Um diesen Stil organisationsweit zu etablieren, wird idealtypisch ein sechsphasiges Programm vorgeschlagen, das sich über drei bis fünf Jahre erstreckt, in der Praxis aber umfassend wohl noch kaum von einer Organisation durchlaufen wurde. Im Vorfeld dessen werden ausgewählte Manager mit dem Grid-Ansatz vertraut gemacht und zu internen Instruktoren herangebildet, die dann in Phase 1 anderen Managern den Grid-Ansatz vermitteln und bei der Ermittlung des derzeit praktizierten Führungsverhaltens helfen; Problemlösungsverhalten, Teamarbeit und der 9,9-Führungsstil werden in verschiedenen Übungen erprobt (Laboratoriumstraining). In Phase 2 wird das erlernte Verhalten mit den anderen Organisationsmitgliedern praktiziert, wobei top down vorgegangen und jeweils von der hierarchisch höheren Ebene gelernt wird (Teamentwicklung). Im Mittelpunkt der Phase 3 steht die Verbesserung der Konflikthandhabung und Kooperation in den Beziehungen zwischen Gruppen (Intergruppenentwicklung). In Phase 4 wird das strategische Idealmodell der Organisation hinsichtlich Ziele, Strategien, Struktur und Systemen entwickelt, das mit Phase 5 in die Implementation geht, die zentral koordiniert ist und bei der die Vermeidung bzw. Überwindung von Widerstand große Bedeutung haben. In Phase 6 gilt es, den Erfolg – als Unterschied zwischen vorher und nachher – mittels einer standardisierten Befragung zu messen, um Fehlentwicklungen zu erkennen und analysieren zu können, aber auch um dadurch den neuen Zustand zu stabilisieren. Da die organisationale Effektivität und das Interesse des Top Managements im Vordergrund stehen, wird – aus Sicht der Kritiker – dem Anspruch der Organisationsentwicklung nur begrenzt Rechnung getragen. Der Erfolg, des stark standardisierten Ansatzes ist daher umstritten. Das hat jedoch den Verkaufserfolg nicht geschmälert.

Das **NPI-Modell** – am Nederlands Pedagogisch Instituut (NPI) entwickelt – basiert auf ei-nem ganzheitlichen Menschenbild mit der Einheit von Körper, Seele und Geist sowie dem Menschen als Maß aller Dinge (vgl. Glasl/de la Houssaye 1975, S. 17-28). Es unterscheidet das Klientensystem, die Entwicklungshelfer bzw. -begleiter sowie die Steuer- bzw. Projekt-gruppe. Der Veränderungsprozess folgt idealer Weise fünf Phasen: In Phase 1 sollen der Wunsch nach Wandel konkretisiert, Problembewusstsein geschaffen, Vertrauen zwischen Entwicklungshelfer und Klient aufgebaut und mögliche Konsequenzen der Entwicklung aufgezeigt werden (Orientierung). In Phase 2 erfolgen Situationsdiagnosen, Verhaltensschu-lungen und der Entwurf der Zukunftskonzeption, die mit der Ist-Situation verglichen wird (kognitive Veränderung). Daran schließt sich Phase 3 mit detaillierter Datenerfassung und Zielkonkretisierung an; Organisationsmitglieder werden verstärkt zur Selbstorganisation angeleitet (expektative Veränderung). In Phase 4 werden konkrete Pläne für die Veränderung gemacht und die Entwicklungshelfer ziehen sich zugunsten der Steuerungsgruppe zurück (intentionale Veränderung). Die Durchführung der geplanten Veränderungen in Phase 5 erfolgt schrittweise, um auf der Basis von Abweichungsanalysen laufend Korrekturen vor-nehmen zu können (Realisation). Trotz der idealtypischen Phaseneinteilung ist das Modell im Ablauf wesentlich offener als der Grid-Ansatz.

2.5   Kritik an der Organisationsentwicklung

Im Laufe der Zeit ist an der Organisationsentwicklung zunehmend Kritik geübt worden (vgl. Wübbenhorst/Staudt 1982, S. 290-291; Trebesch 2004, Sp. 994-995). Obwohl immer wieder auf sozial- und verhaltenswissenschaftliche Erkenntnisse Bezug genommen wird, ist die Praxis der Organisationsentwicklung der Theorie weit vorausgeeilt und nie eingeholt wor-den; das sehen auch Protagonisten der Organisationsentwicklung so und bedauern es. Die **doppelte Zielsetzung** (Effektivität und Humanisierung) erscheint selbst dann nicht unpro-blematisch, wenn man Humanisierung lediglich als Mittel zum Zweck der Effektivitätsstei-gerung interpretiert.

Die Interventionstechniken und die Grundideen der Organisationsentwicklung entstanden vor dem Hintergrund eines bestimmten Organisations- und damit auch Wandelverständnisses (vgl. Wimmer 2004, Sp. 1310-1312): Organisationen und insbesondere Unternehmen sind danach hierarchiebetont strukturiert, Bürokratie und Machtaspekte überlagern Entschei-dungsprozesse, es herrscht starke Arbeitsteilung und der Blick für das Ganze ist verloren gegangen. Als Kernproblem wurden die Wirkungen dieser Bedingungen auf die Organisati-onsmitglieder gesehen, die zu fehlendem Entfaltungsspielraum und einem Verkümmern des Leistungs- und Problemlösungspotenzials führen.

Ganz wesentliches Merkmal dieses **Organisationsverständnisses** war, dass über Entschei-dungen – von oben nach unten – informiert, aber nicht diskutiert wird. Autorität und Hierar-chie erübrigen Kommunikation, Akzeptanz ist auch so gewährleistet. Implizit ging man davon aus, dass die Umweltbedingungen eine solche Stabilität der Struktur zuließen. Vor diesem Hintergrund reichen dann langsame Anpassungsprozesse an veränderte Bedingungen aus. Sie sind jedoch nicht mehr ohne weiteres mit der heutigen Umweltdynamik kompatibel und in ihrer Konzeptualisierung anschlussfähig an andere Wandelkonzepte. Hinzu kommt, dass der Wandel nicht als stetiger und vollständig beherrschbarer Prozess gesehen werden kann (vgl. auch Schreyögg/Noss 1995). Die kommunikationsbezogenen Ziele der Organisationsentwicklung haben jedoch weiterhin Bedeutung, da sie konstitutiv für wandlungsfähige Organisationen sind.

Ebenso steht die Umsetzung der Organisationsentwicklung in der Kritik; hier wird zum einen die Professionalität und Rolle der Berater, zum anderen das **schematische Umsetzen von Standardprogrammen** problematisiert. Eine einseitige Methodenorientierung und das instrumentelle Organisationsverständnis führen zu Realitätsverlust und Fehlschlägen in der Gestaltung von Organisationsentwicklungsprozessen. Ein zentrales Problem stellt der Transfer des Erlernten aus der Laborsituation in die konkrete Arbeitssituation dar. Nicht zuletzt liegt die Evaluation der Projekte bzw. Maßnahmen der Organisationsentwicklung im Argen; es sind weder die Ziele hinreichend scharf definiert noch die bekannten Mess- und Zurechnungsprobleme gelöst.

Das **breite Interventionsrepertoire** kommt aber auch im Rahmen des Change Managements zum Einsatz. Schließlich sind die Techniken entwickelt worden, um Individuen und Gruppen für organisationale Veränderungen zu sensibilisieren. Ob die Organisationsentwicklung als solche eine Zukunft hat, wird wesentlich davon abhängen, inwieweit die Protagonisten ihre normativen Grundannahmen aufgeben und ihr Organisationsverständnis hinterfragen (vgl. Trebesch 2004, Sp. 996; Wimmer 2004, Sp. 1317; auch Freimuth 2005).

3 Change Management

3.1 Begriff und Formen des Change Managements

Konzepte des Change Managements basieren auf den Grundannahmen, dass Wandel eine häufig auftretende Regelerscheinung geworden ist und die Veränderung einer Organisation systematisch gestaltet werden kann und muss. Change Management zielt deshalb darauf, Wandlungsprozesse in Organisationen aktiv zu handhaben, wobei das in einer sowohl tendenziell revolutionären als auch evolutionären Form erfolgen kann (vgl. z. B. Krüger 2004, Sp. 1605). Es wird hervorgehoben, dass Wandel nicht als gesondertes und eng eingegrenztes (Gestaltungs-)Objekt des Managements gesehen werden darf. Vielmehr induzieren Managemententscheidungen regelmäßig grundlegende Veränderungen, wie das beispielsweise bei Umstrukturierungen, Strategien oder Zielvereinbarungen meist der Fall ist (vgl. Bamberger/Wrona 2004, S. 444).

Eine Organisation kann in unterschiedlichem Ausmaß Veränderungen aufweisen bzw. von einem Wandel betroffen sein, je nachdem, ob nur die Oberflächenstruktur davon berührt ist oder sich auch Auswirkungen auf die Tiefenstruktur ergeben. Zur **Oberflächenstruktur** zählen die Merkmale, die von einem Außenstehenden beobachtet bzw. rekonstruiert werden können. Dazu gehören z. B. sichtbare Außenbeziehungen, die Struktur der Wertkette und damit verbundene Geschäftsprozesse, (sichtbare) Ressourcen und Technologien, die formal(isiert)en organisatorischen Regeln, Managementsysteme, Pläne und Leitbilder. Demgegenüber kann die **Tiefenstruktur** von außen nicht beobachtet werden; sie umfasst neben tieferen Schichten der Organisationskultur und der strategischen Grundausrichtung die Machtverteilung und informale Regelungen, das Kontrollsystem, die Fähigkeiten der Organisationsmitglieder und nicht zuletzt die organisationale Wissensbasis (vgl. dazu III.5.1).

Beide Ebenen sind eng miteinander verknüpft, wobei nicht nur die Oberflächenstruktur in der Tiefenstruktur verankert ist, sondern auch **Wechselwirkungen** zwischen Komponenten beider Strukturen bestehen. Einerseits bildet die Tiefenstruktur die Basis für die Entwicklung von Strategien, Strukturen und Systemen, andererseits ergeben sich aus der Umsetzung dieser Rückwirkungen auf Routinen, Fähigkeiten, Machtbeziehungen und die Organisationskultur. Man kann hier auch in einen geistigen und einen materiellen Bereich unterscheiden, d. h. die Welt des Denkens und Fühlens von Menschen einerseits sowie alle Objekte und Handlungen andererseits (vgl. Ulrich 1994, S. 15). Beide Bereiche sind miteinander verbunden, da

Denken und Fühlen die menschlichen Handlungen bestimmen und die Umwelt verändern, woraus sich eine Rückwirkung auf den geistigen Bereich ergibt.

Die Tiefenstruktur als relativ stabile, größtenteils implizite und wiederkehrende Prozesse bzw. Muster, die beobachtbaren Ereignissen und Handlungen zugrunde liegen und diese steuern, gibt der Organisation dauerhaft Ordnung. Aufgrund der Tendenz zur Stabilisierung ergeben sich aus ihr Beschränkungen des Wandels und Anlässe für tiefgreifende Änderungen. Veränderungen in der Umwelt führen dazu, dass inkrementaler bzw. evolutionärer Wandel nicht ausreicht, um die Leistungsfähigkeit oder auch das Überleben von Organisationen zu gewährleisten. Vielmehr sind einschneidende organisationale Veränderungen notwendig, um die Trägheit der Organisation zu überwinden und ganz neue Leistungsniveaus zu erreichen. In der Zeit zwischen solchen tief greifenden Einschnitten dienen graduelle Veränderungen dagegen der Feinabstimmung zwischen Organisation und Umwelt. Erfolg führt zur Bestätigung der Tiefenstruktur und damit zur Stabilisierung bis hin zur strukturellen Rigidität. Die Stabilität der Tiefenstruktur ermöglicht in Verbindung mit der organisationalen Trägheit vorübergehend nur inkrementalen Wandel. Werden dann fundamentale Anpassungen notwendig, lässt sich die Tiefenstruktur nur durch radikalen Wandel verändern.

In diesem Zusammenhang, aber nicht zwingend auf geplanten Wandel beschränkt, findet sich auch die Unterscheidung in Wandel 1. Ordnung und Wandel 2. Ordnung (vgl. z. B. Levy/Merry 1986, S. 3-9; Staehle 1999, S. 900-902). **Wandel 1. Ordnung** ist durch inkrementale Modifikationen (in) einer Organisation ohne Veränderung des grundlegenden organisationalen Sinn-/Bedeutungssystems (z. B. der Organisationskultur, der strategischen Ausrichtung oder grundlegender Prozesse bzw. Strukturen) gekennzeichnet. Diese evolutionäre Anpassung kann sich auf einzelne Organisationseinheiten beschränken, so dass Komplexität und Intensität der Veränderung überschaubar bleiben. **Wandel 2. Ordnung** bedeutet dagegen eine einschneidende paradigmatische Änderung der gesamten Organisation bzw. grundlegender organisationaler Sinnstrukturen auf allen Ebenen, die einen Bruch mit der Vergangenheit darstellt und der gesamten Organisation eine neue Richtung gibt; lange aufgestauter Veränderungsdruck entlädt sich dabei meist in revolutionärer Form (vgl. Abb. III.3.1).

Wandel 1. Ordnung	Wandel 2. Ordnung
• beschränkt auf einzelne Dimensionen	• mehrdimensional
• beschränkt auf einzelne Ebenen	• umfasst alle Ebenen
• quantitativer Wandel	• qualitativer Wandel
• Kontinuität, gleiche Richtung	• Diskontinuität, neue Richtung
• inkremental	• revolutionär
• ohne Paradigmenwechsel	• mit Paradigmenwechsel

Abb. III.3.1:   Merkmale des Wandels 1. und 2. Ordnung (vgl. Levy/Merry 1986, S. 9)

Um der starken Vereinfachung dieser Dichotomie zu entgehen, wurden so genannte **Schichtenmodelle** („Zwiebelmodelle") entwickelt, die „hard facts" (materielle Objekte) und „soft facts" (geistige Objekte) stärker differenzieren und den organisatorischen Wandel danach unterscheiden, welche Schichten von den außen liegenden, unmittelbar beobachtbaren Komponenten der Oberflächenstruktur bis hin zu dem innen gelegenen Kern, die geteilten Grundwerte, -normen und -überzeugungen, berührt sind (vgl. Tushman/Romanelli 1985, S. 179-180; Perich 1992, S. 151-156; Krüger 1994, S. 358-360; auch Abb. III.3.2). Die Modelle unterscheiden sich sowohl hinsichtlich der Schichten als auch der zugeordneten Strategien bzw. Formen des Wandels, weisen aber in den jeweiligen Grundannahmen Ähnlichkeiten auf. So erfordern die verschiedenen Schichten unterschiedliche Wandlungsprozesse und die Schwierigkeit der Veränderung nimmt von außen nach innen zu; Veränderungen in den Schichten können dabei nach außen und innen ausstrahlen.

	Tushman/Romanelli (1985)	Perich (1992)	Krüger (1994)
Kennzeichnung von außen nach innen	Steuerungs- und Managementsysteme	funktionale Prozesse (Rationalisierungspotenziale, Strukturen, Systeme)	Strukturen, Prozesse, Systeme, Realisationspotenzial
	grundlegende Organisationsstruktur (formale Hierarchie etc.)	Zwecke und Ziele (Strategien und politische Prozesse)	Strategie
	intraorganisationale Machtverteilung	soziale Prozesse (explizite Kultur)	Fähigkeiten, Verhalten
	Unternehmensstrategie	Prädispositionen (implizite Kultur)	Werte und Überzeugungen
	Kernwerte und -überzeugungen	Identität	-

Abb. III.3.2:   Schichtenmodelle des organisationalen Wandels (vgl. Bamberger/Wrona 2004, S. 425)

Krüger ordnet den Schichten verschiedene grundlegende **Typen des Change Managements** zu (vgl. 1994, S. 358-360; 2004, Sp. 1606; auch Abb. III.3.3). Verändern sich Strukturen, Prozesse und Systeme, aber auch materielle Ressourcen (z. B. Maschinen, Gebäude), geht es um eine Restrukturierung oder Reorganisation; erfolgt eine neue strategische Ausrichtung (z. B. neue Geschäftsfelder), liegt eine Reorientierung vor. Tiefer gehend sind die Veränderung der personellen Ressourcen und Fähigkeiten, die eine Revitalisierung bedingt, oder der geteilten Werte und Normen (Organisationskultur), die zur Remodellierung führen muss. Mit der Tiefe der Veränderungen – von der Reorientierung zur Remodellierung – nehmen die Schwierigkeiten zu. Dabei ergeben sich unterschiedliche Schwerpunkte des Change Managements. Während die Restrukturierung noch überwiegend als Lösung von Sachproblemen gesehen werden kann (sach-rationale Dimension), bewegt sich die Reorientierung verstärkt auf der politisch-verhaltensorientierten Dimension zur Schaffung der notwendigen Wandelbereitschaft; Revitalisierung und Remodellierung erfordern darüber hinaus die Veränderung der mentalen Modelle der Organisationsmitglieder (wertmäßig-kulturelle Dimension).

```
┌─────────────────────────────────────────────────────────────────────┐
│                 Strukturen, Prozesse, Systeme, Realisierungspotenzial │
│                              RESTRUKTURIERUNG                         │
│                     ┌───────────────────────────────────────┐        │
│                     │              Strategie                 │        │
│  Objekte und        │            REORIENTIERUNG              │        │
│  Formen der         │    ┌──────────────────────────────┐   │        │
│  Transformation     │    │      Fähigkeiten, Verhalten   │   │        │
│                     │    │       REVITALISIERUNG         │   │        │
│                     │    │   ┌──────────────────────┐    │   │        │
│                     │    │   │    Werte und         │    │   │        │
│                     │    │   │   Überzeugungen      │    │   │        │
│                     │    │   │   REMODELLIERUNG     │    │   │        │
│─────────────────────┼────┼───┴──────────────────────┴────┼───┼────────│
│                     │    │                                │   │        │
│                     │    │    wertmäßig-kulturelle        │   │        │
│                     │    │         Dimension              │   │        │
│  Dimensionen        │    └────────────────────────────────┘  │        │
│  des Trans-         │          politisch-verhaltensorientierte          │
│  formations-        │                  Dimension                        │
│  managements        └───────────────────────────────────────┘          │
│                              sach-rationale Dimension                 │
└─────────────────────────────────────────────────────────────────────┘
```

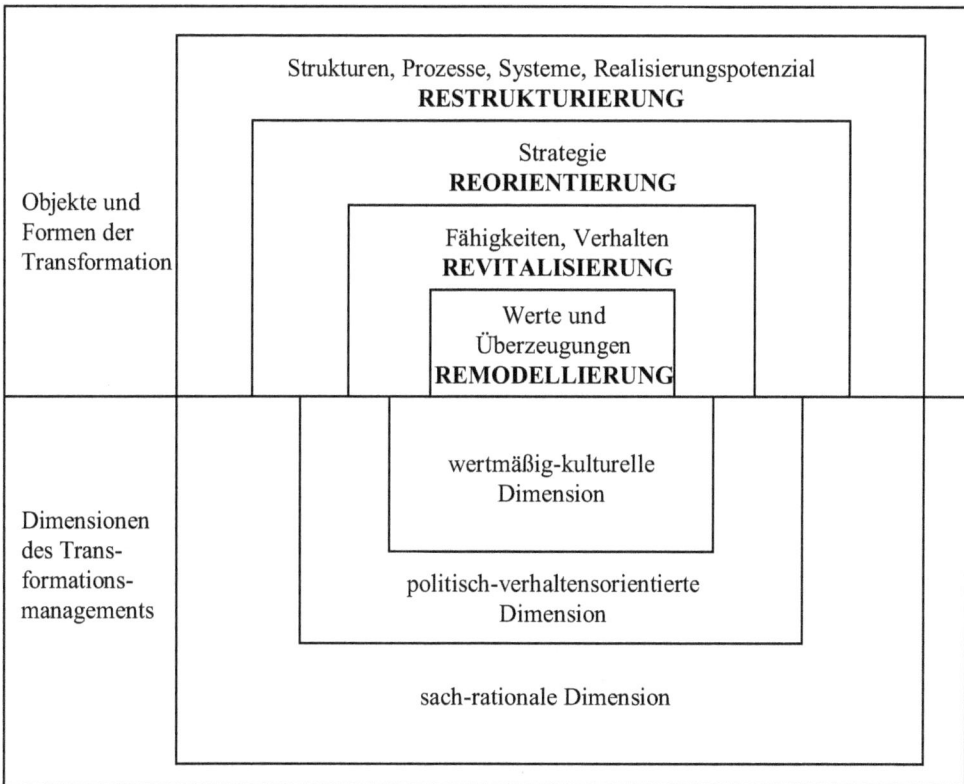

Abb. III.3.3:   Schichten und Typen des Change Managements (vgl. Krüger 1994, S. 359)

3.2   Phasenkonzepte des Change Managements

Unabhängig davon, ob die zahlreichen Publikationen eher theoretischen oder praktischen Charakter haben, besteht in der Literatur weit gehend Einigkeit darüber, dass **Change Management als komplexer Prozess** verstanden werden muss, der verschiedene Phasen durchläuft. Die vielfältigen Phasenkonzepte unterscheiden sich zum einen hinsichtlich der Rigidität der Phasenfolge; die Bandbreite reicht hier von streng zeitlich-sequenzieller bis hin zu (teilweise) simultaner oder iterativer Vorgehensweise, wenn in den Phasen eher Funktionen bzw. Aufgaben(-bündel) gesehen werden. Zum anderen divergieren sie hinsichtlich der Zahl der Phasen, die von drei – unterschiedlich bezeichneten – Phasen (z. B. Lewin 1947; Beckhard/Harris 1977; Kanter 1983; Nadler/Tushman 1989; Tichy/Devanna 1995) über vier (z. B. Gomez/Müller-Stewens 1994, S. 142-146), fünf (z. B. Krüger 2002b; Müller-Stewens/Lechner 2005, S. 609-631) oder acht (z. B. Kotter 1996) bis hin zu zehn (z. B. Jick 1993) oder gar zwölf Phasen (z. B. Doppler/Lauterburg 2005, S. 323) reicht (vgl. Abb. III.3.4). Eine Synopse älterer Phasenkonzepte bieten Kirsch/Esser/Gabele (vgl. 1979, S. 38-39).

Autor(en)	Phasen
Lewin (1947)	(1) unfreezing, (2) moving, (3) refreezing
Beckhard/Harris (1977)	(1) present state, (2) transition state, (3) future state
Kanter (1983)	(1) departures from tradition and crisis, (2) strategic decisions and prime movers, (3) action vehicles and institutionalization
Nadler/Tushman (1989)	(1) energizing, (2) envisioning, (3) enabling
Tichy/Devanna (1995)	(1) awakening, (2) mobilizing, (3) reinforcing
Gomez/Müller-Stewens (1994)	(1) Formierung der Veränderungsinitiative, (2) Implementierung der Pläne, (3) Mobilisierung der Gruppen, (4) Organisatorische Integration
Krüger (2002)	(1) Initialisierung, (2) Konzipierung, (3) Mobilisierung, (4) Umsetzung, (5) Verstetigung
Müller-Stewens/ Lechner (2005)	(1) Sensibilisierung, (2) Auftakt, (3) Roll-Out, (4) Verstetigung, (5) Konsolidierung
Kotter (1996)	(1) Ein Gefühl der Dringlichkeit erzeugen, (2) die Führungskoalition aufbauen, (3) Vision und Strategien entwickeln, (4) die Vision des Wandels kommunizieren, (5) Empowerment auf breiter Basis, (6) kurzfristige Ziele ins Auge fassen, (7) Erfolge konsolidieren und weitere Veränderungen ableiten, (8) neue Ansätze in der Kultur verankern.
Jick (1993)	(1) Die Organisation und ihr Bedürfnis nach Wandel analysieren, (2) eine gemeinsame Vision und Marschrichtung kreieren, (3) die Vergangenheit hinter sich lassen, (4) die Sinne für die Notwendigkeit schärfen, (5) eine starke Führungsrolle unterstützen, (6) Patenschaften einführen, (7) einen Implementationsplan entwickeln, (8) unterstützende Strukturen schaffen, (9) kommunizieren/Leute einbeziehen, (10) den Wandel forcieren und institutionalisieren.
Doppler/Lauterburg (2005)	(1) Die ersten Überlegungen, (2) gezielte Sondierungen, (3) Schaffen der Projektgrundlagen, (4) Kommunikationskonzept, (5) Datenerhebung, (6) Datenfeedback, (7) Diagnose und Kraftfeldanalyse, (8) Konzeptentwicklung und Maßnahmenplanung, (9) Vorentscheidung, (10) Experimente und Praxistests, (11) Entscheidung, (12) Praxiseinführung und Umsetzungsbegleitung

Abb. III.3.4:   Ausgewählte Phasenkonzepte

In diesen Phasenkonzepten spiegelt sich – mehr oder weniger deutlich – die **Grundlogik** wider, die bereits Lewins Drei-Phasen-Modell kennzeichnet, obwohl sich dieses ursprünglich auf Individuen beschränkte (vgl. III.2.2). Es wird davon ausgegangen, dass (1) der Wandelprozess in mehrere Phasen unterschieden werden kann, (2) ein expliziter Einstieg in den Wandel erforderlich ist, (3) jeglicher Wandel Widerstand erzeugt, der überwunden werden muss, und (4) erreichte Veränderungen verfestigt werden müssen.

Je detaillierter die Phasenkonzepte sind, umso mehr handelt es sich um logische Schrittfolgen, die keinesfalls als chronologische Abfolge interpretiert werden dürfen, da die Schritte nicht nur parallel ablaufen, sondern auch Rückkopplungen erfolgen (müssen). Keines der Konzepte ist theoretisch fundiert, auch wenn in den einzelnen Phasen durchaus auf verschiedene theoretische Ansätze zurückgegriffen werden kann. In der Regel leiten sie sich aus der praktischen (Beratungs-)Erfahrung der Autoren ab. Weder die Zahl der Phasen noch deren Abgrenzung lässt sich theoretisch überzeugend begründen.

Nichtsdestotrotz bieten Phasenmodelle einen Rahmen für die Analyse von Aufgaben, die im Wandlungsprozess anfallen. Zur Verdeutlichung dieser soll hier das **Phasenmodell Krügers** skizziert werden, das fünf Phasen mit jeweils zwei Aufgaben unterscheidet (vgl. 2002b, S. 47-59; auch 2000, S. 275-285); es lehnt sich an das Modell Kotters (vgl. 1996) an, das in wenig strukturierter Form acht Schritte aufzählt (ähnlich auch Kieser/Hegele 1998, S. 114).

- **Initialisierung**: Wandlungsbedarf feststellen und Wandlungsträger aktivieren

  Durch Beobachtung der internen und externen Situation sollen Signale für Wandlungsbedarf erkannt werden, die dann zu bewerten sind. Der Wandlungsbedarf ergibt sich aus den notwendigen Veränderungen der Organisation, ihrer Teilbereiche und Mitglieder. Es gilt, ihn zu akzeptieren und die notwendigen Schritte einzuleiten. Der Wandelprozess muss in der Regel in den ober(st)en Ebenen der Hierarchie ausgelöst werden, wobei gegebenenfalls eine Unterstützung durch – interne oder externe – Berater erfolgen kann. Weiterhin sind Kräfte zu identifizieren und zu mobilisieren, die den Wandel fördern (können), da dieser in einem Kräftefeld aus Promotoren, Opponenten und Unentschiedenen abläuft. Die Promotoren bilden die eigentlichen Träger des Wandels und haben – nicht zuletzt durch die Beeinflussung der Unentschiedenen – maßgeblichen Einfluss auf den Verlauf und das Ergebnis des Wandelprozesses. Zentrale Bedeutung haben Koalitionen, in die frühzeitig Aufsichts- und Mitbestimmungsorgane eingebunden werden.

- **Konzipierung**: Wandlungsziele festlegen und Maßnahmenprogramme entwickeln

  Mit dem Anstoß allein ist es nicht getan; das Wandlungsvorhaben muss auch konzipiert werden. Dazu gilt es, klare Ziele zu formulieren, für deren Erreichung Maßnahmen zu entwickeln sind, die gleichzeitig, überlappend oder nacheinander durchgeführt werden müssen. Die dafür notwendigen Projekte erfordern je nach Schwerpunkt unterschiedliche Spezialisten. Tiefgreifender Wandel mit unterschiedlichen Objektbereichen und zahlreichen Projekten erfordert deren Abstimmung in einem Programm des Wandels, das auch die Arbeitsteilung und Koordination im Rahmen des Prozesses beinhaltet.

- **Mobilisierung**: Wandlungskonzept kommunizieren und Wandlungsbedingungen verbessern

  Da tiefgreifender Wandel es notwendig macht, Bereitschaft und Fähigkeit dafür zu erzeugen bzw. zu erhöhen, kann nicht unmittelbar mit der Umsetzung begonnen werden.

Wandlungsbereitschaft ist dadurch gekennzeichnet, dass der Wandel bzw. Wandlungsbedarf in Verhalten und Einstellung akzeptiert wird. Die Fähigkeit zum Wandel, d. h. notwendige Aufgaben zu erfüllen und Prozesse zu beherrschen, muss dabei auf drei Ebenen – Organisation, organisatorische Teileinheit, Organisationsmitglieder – gegeben sein. Wesentliche Aufgabe ist es hier, Wandlungsbedarf, -bereitschaft und -fähigkeit zur Deckung zu bringen. Die Bereitschaft ist erforderlich, damit Lernprozesse stattfinden, ohne die notwendige Fähigkeiten nicht erworben werden, um dem Wandlungsbedarf zu entsprechen. Es sind Aktivitäten im politisch-verhaltensorientierten und wertmäßig-kulturellen Bereich erforderlich, um den Kreis der Beteiligten und Betroffenen auf die beabsichtigten Änderungen einzustellen, die sehr umfangreich sein können. Dieser Aufgabe im Rahmen der Implementierung muss man sich bereits in einem frühen Stadium stellen, da das Schmieden von Koalitionen hier ebenso dazu gehört wie die Frage, wer zur Entwicklung des Konzeptes herangezogen wird. Das Gesamtkonzept ist in die Organisation zu tragen; spätestens jetzt sind Aufsichts- und Mitbestimmungsorgane einzubinden. Gegebenenfalls gilt das auch für externe Anspruchsgruppen. Es ist notwendig, differenziert und umfassend zu kommunizieren sowie die Bereitschaft und die Fähigkeiten zu schaffen; das Spektrum reicht von den (individuellen) Voraussetzungen für Projektarbeit und der Übertragung von Aufgaben und Kompetenzen auf die Projektteams bis hin zu Projektdokumentation und -controlling, passenden Anreizsystemen oder Personalplanung.

- **Umsetzung**: prioritäre Vorhaben und Folgeprojekte durchführen

  In der Umsetzung zeigt sich, ob die Programm- bzw. Projektleiter und die Organisation des Prozesses erfolgreich sind. Da nicht alle Projekte gleichzeitig und mit gleicher Gewichtung ablaufen können, sind sie anhand verschiedener Kriterien zu priorisieren. Dazu zählen sachliche Abhängigkeiten, Dringlichkeit, Ressourcenverfügbarkeit, aber auch Überlegungen zu Risiko und gegebenenfalls wichtigen kurzfristigen Erfolgen. Folgeprojekte bauen auf Basisprojekten auf, nutzen z. B. in diesen gewonnenes Know-how und dienen der Erreichung der (längerfristigen) Ziele; dazu gehören auch die Dokumentation und Auswertung der Projektergebnisse für die Kontrolle des Wandels sowie das Training der Organisationsmitglieder.

- **Verstetigung**: Wandlungsergebnisse verankern, Wandlungsbereitschaft und -fähigkeit sichern

  Es erscheint nicht mehr angemessen, davon auszugehen, dass nach einem grundlegenden Wandel eine Verfestigung im Sinne des „Refreezing" Lewins erfolgen kann; vielmehr geht es darum, die Wandlungsbereitschaft aufrecht zu erhalten und die erworbenen Fähigkeiten für den Wandel weiterhin zu nutzen bzw. in Zukunft proaktiv Änderungen vorzunehmen. Damit die im Rahmen des Wandlungsprozesses erreichten Ergebnisse stabilisiert werden, geht die Verantwortung von dem Programm- bzw. Projektmanagement in die Linie über. Das „Neue" muss zur Routine werden, wobei diese Routinisierung und die Veränderung der Routine zukünftig Hand in Hand gehen sollten.

Die verschiedenen Phasen – außer der Initialisierung und der Verstetigung – weisen Aufgaben auf, die in Form von Projekten durchzuführen sind. Diese laufen nicht strikt sequenziell, sondern parallel ab oder überlappen sich teilweise (vgl. Krüger 2002b, S. 62-66).

3.3   Akteure des Change Managements

Akteure im Rahmen des organisatorischen Wandels werden entweder aktiv tätig, indem sie den Prozess anstoßen und ihn vorantreiben, oder sind eher passiv als Beteiligte bzw. nur Betroffene, die aber potenziell Einfluss auf den Prozess des Wandels haben. Interne Akteure sind neben dem Top Management und den Führungskräften vor allem Spezialisten, z. B. aus den Bereichen Organisation oder Personal. Außerdem darf nicht vergessen werden, dass der Betriebsrat umfangreiche Beteiligungsrechte hat und damit ein wichtiger Akteur sein kann. Unterstützend können externe Berater herangezogen werden, die aber keine Betroffenen darstellen, während je nach organisatorischer Veränderung Kunden oder Lieferanten Betroffene sein können, aber in der Regel nicht aktiv tätig werden.

Für die spezialisierten Aufgabenträger finden sich in der Literatur vielfältige Bezeichnungen, die hier nicht wiederholt werden sollen. Am weitesten verbreitet ist der Begriff des **Change Agent**, unter den eine Vielzahl von Rollen und Aufgaben subsumiert wird. Wurden ursprünglich in erster Linie externe Berater als solche gesehen, hat man diese Bezeichnung zunehmend auch auf interne Berater ausgedehnt (vgl. Ottaway 1983, S. 363-372). Ob durch die Ausweitung auf alle am Wandelprozess Beteiligten (oder gar Betroffenen) größere Klarheit erzielt wird, ist zumindest fraglich, auch wenn die Vorstellung durchaus Berechtigung hat, dass jeder (in)direkt von der Veränderung Betroffene früher oder später zu einem Akteur werden muss, wenn dauernde Veränderungsbereitschaft gewährleistet sein soll.

Es erscheint in jedem Fall hilfreich, im Folgenden zu unterscheiden in Change Agents im weiteren Sinn, d. h. die vom Veränderungsprozess betroffenen oder irgendwie daran beteiligten Organisationsmitglieder, und Change Agents im engeren Sinn, d. h. Berater, die – unabhängig von ihrer Herkunft – den Wandelprozess professionell unterstützen.

Da **Change Agents i. w. S.** vielfältige Rollen und Aufgaben übernehmen (müssen), hat Ottaway zehn Rollen gebildet, die er angelehnt an die klassischen drei Phasen des Wandels in drei Gruppen differenziert: Change Generators, Change Implementors und Change Adopters (vgl. 1983, S. 375-376). Diese Systematisierung wird in der Literatur breit rezipiert, auch wenn dort andere Bezeichnungen verwendet werden (so z. B. Kanter/Stein/Jick 1992, S. 377-381; Jick 1993, S. 322-333). Change Generators identifizieren die Notwendigkeit des Wandels, entwickeln eine Vision und treffen die Entscheidung, wie die Veränderung durchgeführt wird. Hier findet sich vor allem das Top Management, gegebenenfalls in Verbindung mit (externen) Beratern. Change Implementors – vor allem Manager mittlerer Ebene – setzen das geplante Vorhaben in erster Linie um, auch wenn andere von dieser Rolle nicht ausgeschlossen sind. Sie können aufgrund ihres für den Wandel wichtigen Wissens einen bedeutenden Beitrag leisten, gehören aber häufig zu den Betroffenen und haben vielfach nicht die für die Umsetzung notwendige Autorität. Es gilt daher nicht nur, die Change Implementors von oben zu unterstützen, sondern auch zu verhindern, dass sie zu Opponenten werden. In der Gruppe der Change Adopters finden sich die meisten Organisationsmitglieder; sie sind am stärksten von dem Wandel betroffen, haben aber kaum die Möglichkeit, ihn zu beeinflussen. Die Akzeptanz durch sie entscheidet letztlich über den Erfolg der Veränderungsmaßnahme.

Die Aufgaben der **Change Agents i. e. S.** sind beträchtlich und variieren im Wandelprozess. Das Spektrum reicht von der Analyse der Ausgangssituation und dem Überzeugen des Klienten, dass Wandelbedarf besteht, über die Unterstützung des Veränderungsprozesses in instrumenteller bzw. technischer und sozio-emotionaler Hinsicht sowie die Überwindung von Änderungswiderständen bis hin zur Stabilisierung neuer Verhaltensweisen (vgl. auch Mohr 1997, S. 106-111).

Auf die Frage, ob ein externer oder interner Berater vorzuziehen ist, gibt es keine generelle Antwort (vgl. auch Mohe 2007). Externe bringen größere Problemdistanz und Objektivität sowie Erfahrung aus verschiedenen Organisationen mit; zudem sind sie unabhängig von vorhandenen Strukturen und haben dadurch eher den Mut zu einschneidenden Maßnahmen. Nicht zuletzt ist die Akzeptanz externer Berater bei dem Top Management größer, was in der Regel den Ausschlag gibt. Mit zunehmender Unternehmensgröße verlieren diese Vorteile an Bedeutung, da sich dann auch interne Spezialisten in entsprechenden Stabsabteilungen finden. Sie sind zudem mit den spezifischen Eigenheiten der jeweiligen Organisation vertraut, teilen die grundlegenden Werte der Organisation und finden tendenziell leichter Anerkennung auf unteren Ebenen. Durch die Bildung von Teams aus externen und internen Change Agents lassen sich die Vorteile der unterschiedlichen Herkunft kombinieren.

Erfolg versprechen so genannte **Promotorengespanne**, die im Rahmen von Innovationen als besonders wirksam identifiziert wurden (vgl. Witte 1973; Hauschildt/Chakrabarti 1988). Während Fachpromotoren mit den neuen Strategien, Strukturen, Systemen und Verhaltensweisen vertraut sind, verfügen Machtpromotoren über die Autorität und die notwendigen Ressourcen für die Durchsetzung des Wandelprozesses. Prozesspromotoren kennen die Organisation und die Betroffenen; sie sind daher in der Lage, diese zu überzeugen und „ins Boot zu holen".

3.4   Überwindung von Widerständen gegen Wandel

Widerstand ist mit Veränderung untrennbar verbunden und tritt auch dann auf, wenn Entscheidungen oder Maßnahmen als sinnvoll, logisch oder dringend notwendig anzusehen sind. Deshalb stellt der **konstruktive Umgang mit Widerstand** einen wesentlichen **Erfolgsfaktor** organisationaler Veränderung dar. Widerstand – auch unter Zeitdruck – zu ignorieren, birgt die Gefahr, dass der Veränderungsprozess in der Umsetzung stecken bleibt (vgl. Doppler/Lauterburg 2005, S. 324). Es ist nicht immer einfach, ihn zu erkennen, da man häufig nur das (diffuse) Gefühl hat, dass „etwas nicht stimmt". Doppler/Lauterburg systematisieren typische Anzeichen für Widerstand danach, ob sie aktiver oder passiver Natur sind und verbal oder non-verbal zum Ausdruck gebracht werden (vgl. 2005, S. 327; auch Abb. III.3.5). Die Ausprägungen von Widerstand sind nicht nur vielfältig, sondern auch in ihrer Erfassbarkeit recht unterschiedlich. Nur wer dafür sensibel ist, kann sie rechtzeitig erkennen und im Gesamtzusammenhang gegebenenfalls sachgerecht als Veränderungswiderstand interpretieren.

	verbal	non-verbal
aktiv	**Widerspruch** Gegenargumentation Vorwürfe Drohungen Polemik sturer Formalismus	**Aufregung** Unruhe Streit Intrigen Gerüchte Cliquenbildung
passiv	**Ausweichen** Schweigen Bagatellisieren Blödeln ins Lächerliche ziehen Unwichtiges debattieren	**Lustlosigkeit** Unaufmerksamkeit Müdigkeit Fernbleiben innere Emigration Krankheit

Abb. III.3.5:   Allgemeine Symptome für Widerstand (vgl. Doppler/Lauterburg 2005, S. 327)

Für die Überwindung des Widerstands ist jedoch nicht nur sein Erkennen, sondern auch die Identifikation seiner Ursachen auf der Ebene des Individuums und auf organisatorischer Ebene wichtig. Ansatzpunkte für die Beeinflussung des Widerstands bietet der idealtypische **Verlauf eines Veränderungsprozesses aus Sicht der Betroffenen** (vgl. Streich 1997, S. 240-247; auch Abb. III.3.6). Die Kurve bringt die wahrgenommene Kompetenz des Einzelnen, der Gruppe oder der Organisation zur Steuerung der Veränderung im Zeitablauf zum Ausdruck. Man kann dabei sieben Phasen unterscheiden:

- Kurz nach dem Eintritt des Veränderungsereignisses tritt Überraschung oder auch **Schock** ein. Die Organisationsmitglieder werden mit einer veränderten Situation konfrontiert, die sie so nicht erwartet haben. Es entsteht das Gefühl, mit der neuen Situation nicht zurechtzukommen, und die wahrgenommene Kompetenz nimmt ab.

- Auf den Schock folgt die **Verneinung**; aufgrund verzerrter Wahrnehmung der Situation nimmt das Gefühl zu, mit der neuen Lage fertig zu werden. Die Notwendigkeit neuer Problemlösungen oder Verhaltensweisen wird nicht gesehen und die Kompetenz daher überschätzt. Da anstelle der persönlichen Weiterentwicklung die Energie in die Suche nach Gründen für die Verneinung fließt, liegt hier eine kritische Phase im Veränderungsprozess vor.

- Erst wenn die Weigerung, die Notwendigkeit persönlicher Veränderung einzusehen, und damit verbundene Blockaden überwunden werden, kommt es zu der **Einsicht**, dass die Kompetenz doch nicht im erforderlichen Umfang vorliegt. Anstelle der Ablehnung taucht nun die Frage auf, ob nicht vielleicht doch Veränderungsbedarf besteht und ob die Kompetenz dafür ausreicht.

- Das niedrigste Niveau wahrgenommener Kompetenz liegt vor, wenn es zur **Akzeptanz** der andersartigen Situation und des Veränderungsbedarfs kommt. Die Bereitschaft, bisherige Verhaltensweisen und Problemlösungen aufzugeben, besteht, jedoch fehlt es an den Fähigkeiten zur Veränderung; diese müssen erst entwickelt werden.

- In der Phase des **Ausprobierens** gilt es, diese fehlenden Fähigkeiten zu erwerben. Dabei kommt Lernen über Versuch und Irrtum zum Tragen, und es kann zu Rückfällen in frühere Phasen kommen. Wichtig ist hier, dass Fehler zugelassen sind und es möglich ist, Neues zu versuchen.

- Mit der **Erkenntnis**, dass bestimmte Lösungsmuster und Verhaltensweisen erfolgreich sind oder nicht, wird der situationsgerechte Einsatz gelernt, die Kompetenz und die Motivation für Veränderungen nehmen weiter zu.

- Kommt es zur **Integration** erfolgreicher Lösungsmuster und Verhaltensweisen in das aktive Handlungsrepertoire, fühlt sich das Individuum, die Gruppe oder die Organisation wesentlich kompetenter als am Anfang des Veränderungsprozesses – ein wichtiges Ziel auf der psychologischen Ebene ist erreicht.

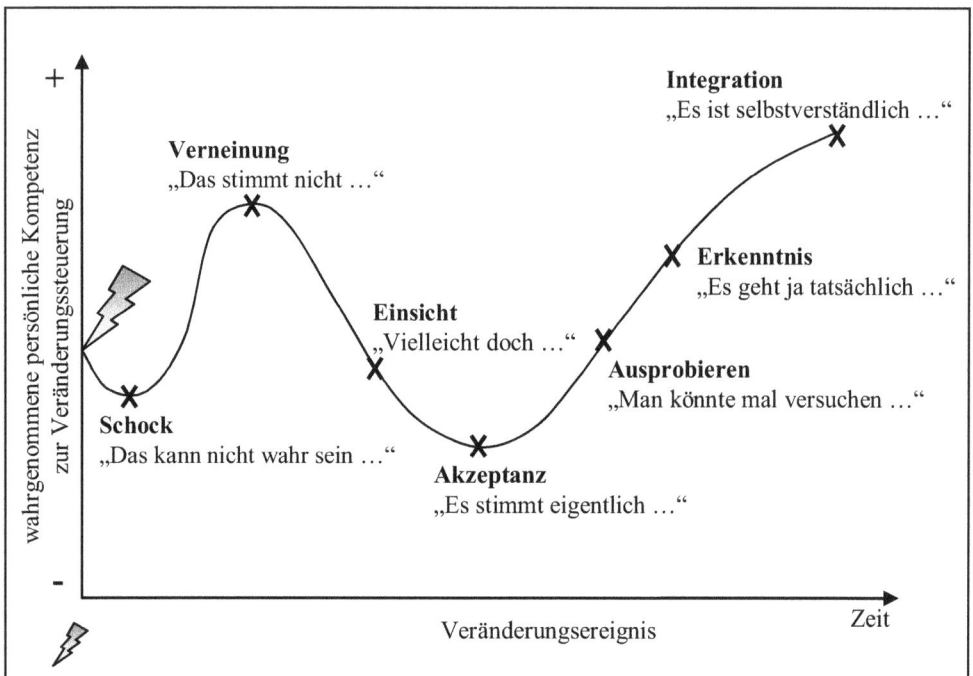

Abb. III.3.6:   Idealtypischer Verlauf eines Veränderungsprozesses aus Sicht der Betroffenen (vgl. Streich 1997, S. 243)

Mohr/Woehe stellen dagegen auf die positive **Einstellung gegenüber dem Wandelvorhaben** als einer notwendigen, jedoch nicht hinreichenden Voraussetzung für die Akzeptanz der Veränderung ab. Sie bilden aus der subjektiven Risikobewertung einerseits der persönlichen Risiken (z. B. Arbeitsplatz-, Einkommens-, Statusverlust, neue Kollegen) und andererseits der sachlichen Risiken (z. B. keine Verbesserungen bzw. Effizienzsteigerungen) **vier Typen** von Organisationsmitgliedern mit unterschiedlicher Veränderungsakzeptanz (vgl. 1998, S. 43-45; auch Abb. III.3.7). Auch wenn man den geschätzten Anteilen, deren Basis und Zustandekommen nicht transparent sind, nicht ohne weiteres folgt, erscheint es plausibel, die überwiegende Mehrzahl der Mitarbeiter vor Beginn einer geplanten organisatorischen Veränderung als potenzielle Gegner anzusehen. Da deren Motive unterschiedlich sind, ist es unumgänglich, auch die Maßnahmen zu differenzieren, die dagegen ergriffen werden können. Während beispielsweise die Skeptiker vor allem von der Leistungsfähigkeit und Notwendigkeit der Maßnahmen überzeugt werden müssen, ist es bei den Bremsern wichtig, die erwarteten persönlichen Nachteile zu relativieren bzw. Vorteile zu verdeutlichen. Die stark negative Einstellung der Widerständler, die bis zur offenen Aggression bzw. zum Austritt aus dem Unternehmen führen kann, ist nur schwer zu verändern und besonders kritisch, wenn diese Schlüsselpositionen einnehmen.

persönliche Risiken	sachliche Risiken	
	hoch	niedrig
niedrig	**Skeptiker** (ca. 40 %)	**Promotoren** (ca. 5 %)
hoch	**Widerständler** (ca. 15 %)	**Bremser** (ca. 40 %)

Abb. III.3.7:   Typen unterschiedlicher Veränderungsakzeptanz (vgl. Mohr/Woehe 1998, S. 44)

Maßnahmen zur Überwindung von Widerständen nehmen in der Literatur zum organisationalen Wandel breiten Raum ein. Die Kommunikation im Veränderungsprozess hat dabei einen besonderen Stellenwert erlangt (vgl. z. B. Arnold 1997; Mohr 1997; Mohr/Woehe 1998; Brehm 2002). Verschiedene Untersuchungen belegen die Bedeutung der Information, Kommunikation und Beteiligung, aber auch der Entwicklung der Betroffenen (vgl. z. B. Picot/Freudenberg/Gassner 1999, S. 47; Vahs/Leiser 2004). Kieser/Hegele machen deutlich, dass es plausibler erscheint, Organisation als soziale und nicht als technische Konstruktion zu verstehen, was letztlich dazu führt, dass auch Organisationsänderung durch Kommunikation erreicht werden muss – eine Sichtweise, die man sich in der Unternehmens- und Beratungspraxis schon (mehr oder weniger) zu eigen gemacht hat (vgl. 1998, S. 136-158).

Daneben spielen die aktive Beteiligung der betroffenen Organisationsmitglieder sowie ihre Qualifizierung in methodisch-fachlicher und persönlicher Hinsicht, aber auch die Berücksichtigung informeller Sozial- und Arbeitsbeziehungen eine große Rolle. Jedoch kann ein erwartetes hohes Konfliktpotenzial, das eine einvernehmliche Lösung unwahrscheinlich werden lässt, einer weit reichenden Partizipation der Organisationsmitglieder auch entgegenstehen (vgl. Schanz 1994, S. 394-395). Es ist aber möglich, Anreize zu gewähren, um die individuellen Ziele mit den Zielen der Organisation in Einklang zu bringen; diese können materieller Natur sein oder aus der neuen Aufgabe selbst erwachsen.

3.5   (Moderne) Konzepte des Change Managements

Neben den grundlegenden Modellen des Wandels und den Phasenkonzepten des Change Managements – Krüger bezeichnet sie als „generische Rahmenkonzepte", da sie einen allgemeinen Bezugsrahmen für das Management des Wandels bilden (vgl. 2004, Sp. 1607) – gibt es eine Reihe weiterer, teilweise moderner Konzepte. Diese (modernen) Konzepte des Change Managements kann man systematisieren nach dem Objekt, das verändert werden soll, und der Art, wie die Veränderung erreicht werden soll; Reiß unterscheidet in Inhalte der Veränderung (Konzeptfokus) und Infrastruktur der Veränderung (Kontextfokus) (vgl. 1997a, S. 22-23).

Steht der **Inhalt** im Vordergrund, machen die Konzepte primär Aussagen darüber, was geändert werden muss; sie benennen Bereiche und liefern Empfehlungen für neue Arbeitsformen, Prozesse, Systeme, die Zusammenarbeit mit Lieferanten, die Organisationskultur, den Stellenabbau usw. Hilfestellungen für die Umsetzung dieser aufgezeigten Veränderungen treten dabei – mehr oder weniger – in den Hintergrund. Beispiele dafür sind das Gemeinkostenmanagement, Lean Management, Total Quality Management und Business Process Reengineering, die Virtualisierung und die Netzwerkorganisation (vgl. z. B. Reiß 1997b S. 23; Kieser/Hegele 1998, S. 43-75).

Diese aktuellen Konzepte mit inhaltlichem Fokus weisen Gemeinsamkeiten bezüglich Prozess-, Kunden- und Kompetenzorientierung auf, auch wenn sie im Detail (stark) variieren. Unterschiede, die teilweise gravierend sind, liegen jedoch z. B. in dem „Wie" des Wandels, d. h. revolutionär (Business Process Reengineering) vs. evolutionär (Total Quality Management), oder der Fokussierung auf Technik (Business Process Reengineering) bzw. Humanressourcen (Lean Management).

Mit dem **Kontext** der Veränderungen beschäftigen sich beispielsweise die Organisationsentwicklung, das Kaizen (kontinuierliche Verbesserung), das Projektmanagement und das organisationale Lernen bzw. die lernende Organisation. Sie sollen ein vielfältig nutzbares Veränderungspotenzial schaffen, wobei die Infrastruktur für Verbesserungen aller Art, nicht aber ein konkreter Inhalt im Vordergrund steht. Darauf wird in den folgenden Kapiteln noch näher eingegangen.

Zur **Eignung** der einzelnen Konzepte kann keine generelle Aussage gemacht werden (vgl. Reiß 1997b, S. 82-90). Das hängt wesentlich von der Situation ab, d. h. der Problemstruktur und dem Veränderungsdruck. Je eingeschränkter der inhaltliche Fokus eines Konzeptes ist (z. B. Gemeinkostenmanagement, Downsizing, Teamstrukturen), desto notwendiger sind flankierende Maßnahmen oder die Kombination mit anderen Konzepten. Dabei ist zu beachten, dass nicht alle Konzepte kompatibel sind. Das – vor allem in großen Unternehmen nicht seltene – Nebeneinander gefährdet die Akzeptanz und schürt Widerstand, wenn die Konzepte ein unterschiedliches Grundverständnis von Wandelprozessen aufweisen – beispielsweise das inkrementale Vorgehen des Total Quality Managements und die radikale Veränderung des Business Process Reengineering. Das gilt selbst dann, wenn solche Konzepte keine fertigen Lösungen, sondern lediglich Leitbilder liefern, die in Projekten an die spezifische Situation angepasst werden müssen und die organisatorischen Lösungen sich dabei zu einem wesentlichen Teil erst im Wandelprozess konkretisieren und erweitern. Die grundsätzliche Kompatibilität ist unabdingbar, wenn Konzepte nicht wie Moden aufeinander folgen, sondern Fortschritt, d. h. eine Steigerung der Effektivität und Effizienz, bringen sollen.

3.6   Grenzen des Change Managements

Der Erfolg des Change Managements hängt im Wesentlichen davon ab, dass die – nicht immer hinreichend deutlich problematisierte – Annahme der Gestaltbarkeit von Organisationen bzw. der **Beherrschbarkeit von Wandelprozessen** in und von Organisationen auch zutreffend ist. Das Change Management verfolgt eine ausgeprägt sozialtechnologische Sicht und unterstellt implizit, dass die situationsabhängig „richtige" Veränderungsstrategie und die „richtige" Auswahl von Techniken existieren. Es fokussiert auf den geplanten und schließlich gestalteten organisationalen Wandel, um die formalen Organisationszwecke zu erreichen. Dabei besteht die Gefahr, die realistische Sicht der Möglichkeiten und Grenzen der Prozessbeherrschung zu verlieren. Interventionen in Wandelprozesse sind aufgrund der nicht vollständig durchdringbaren Komplexität grundsätzlich als ergebnisoffen anzusehen und müssen daher immer mit der Bereitschaft verknüpft sein, unerwartete (Haupt- oder Neben-)Effekte möglichst unmittelbar wahrzunehmen und gegebenenfalls sofort gegenzusteuern. Die ex ante „richtige" Veränderungsstrategie und Technik kann es daher nicht geben, wobei es auch ex post – nicht zuletzt aufgrund der Unkenntnis über die Wirkungen nicht gewählter Optionen – kaum möglich ist, eine gewählte Alternative als eindeutig überlegen zu qualifizieren.

Der umfassende Steuerungsanspruch begünstigt zudem die Überschätzung der Beherrschbarkeit von Widerständen und die **Unterschätzung des Beharrungsvermögens** einer Organisation. Die Einflusschancen des Managements in Wandelprozessen und die manageriale Initiierung organisationaler Veränderungsprozesse bleiben in der Regel jedoch auf bestimmte „Entscheidungskorridore" begrenzt (vgl. Ortmann/Becker 1995, S. 66-67; auch I.8.4.5.2). Ein Überschreiten dieser Korridore ruft massive Widerstände hervor und gefährdet letztlich den gesamten Prozess. Dies wird auch durch die These der Pfadabhängigkeit von Wandelprozessen gestützt, die auf grundlegende – auch ineffiziente – Inflexibilitäten sowie ein Beharrungsvermögen in der Historie von Unternehmensentwicklungen hinweist (vgl. z. B. Ackermann 2003; Schreyögg et al. 2003). **Organisationale Pfade** stellen zeitliche Entwicklungsprozesse einer Organisation dar, die zwar grundlegend kontingent sind, sich aber dennoch als geordnet, selbstverstärkend und zuweilen sogar irreversibel erweisen (ähnlich Windeler 2003, S. 298). Unter dem Label „history matters" wird dabei deutlich, dass organisationale Veränderungen bzw. ihre Realisierungschancen nur vor dem Hintergrund der konkreten historisch-zeitlichen Entwicklung einer Organisation beurteilt werden können. Organisationaler Wandel ist demnach trotz seiner Ergebnisoffenheit stets historisch (vor-)geprägt, so dass die von einem Change Management induzierten Veränderungsepisoden grundsätzlich auch auf Begrenzungen des zugrunde liegenden organisationalen Pfades treffen.

Aufgrund des im Change Management ausgeprägten Steuerungsanspruchs besteht die Gefahr, emergente Entwicklungsprozesse und **spontane Ordnungsbildung** in Organisationen zu übersehen bzw. zu ignorieren. An solchen emergenten organisationalen (Interaktions-)Prozessen ist jedoch eine Vielzahl von Personen beteiligt, die zudem unmittelbar in den sich wandelnden Strukturen agieren. Die emergent-spontane Ordnungsbildung kann in dem zugrunde liegenden Interaktionsprozess daher deutlich mehr Informationen über die Organisation und die Veränderungschancen verarbeiten als dies in einem Spezialistenteam oder einer dominanten Koalition von Managern möglich wäre. Die Vernachlässigung solcher emergenten Prozesse in Organisationen und der manageriale Allmachtsanspruch können daher nicht nur zur Überforderung des Managements, sondern auch zu bedeutenden Fehlsteuerungen führen.

Die Konzepte des Change Managements folgen zudem einem recht einseitigen und deshalb unvollständigen, ergänzungsbedürftigen Bild des organisationalen Wandels. Dieser wird als ein genau umrissenes Problem mit ermittelbarem Anfang und Ende angesehen, auf Phasen der – mitunter radikalen – Veränderung folgen Phasen relativer Stabilisierung (vgl. dazu auch Schwaninger/Kaiser 2007). Hierin besteht ein Widerspruch zu den aktuellen Vorstellungen von organisationalem Wandel. Demnach sind Organisationen bei weitem nicht längerfristig stabil und nicht nur ausnahmsweise Störungen bzw. den dadurch bedingten grundlegenden Veränderungen ausgesetzt. Ganz im Gegenteil wird ein – auch grundlegender – organisationaler **Wandel als alltägliches Phänomen** betrachtet. Wandelprozesse und ihre Gestaltung sollten daher nicht als separierbare Problemstellungen des Managements von Organisationen betrachtet werden.

Zudem überlappen sich Managementprozesse gerade im Kontext des organisationalen Wandels in sowohl zeitlicher und sachlicher als auch personeller Hinsicht und lassen sich keineswegs auf bestimmte Entwicklungsphasen eines Unternehmens begrenzen. Sie sind funktionsübergreifend wirksam und betreffen vielfach alle Hierarchieebenen. Vor diesem Hintergrund muss die im Rahmen des Change Managements vorgenommene Übertragung der Verantwortung für organisationale Veränderungsprozesse auf Spezialisten kritisch gesehen werden. Wenn Wandelprozesse alltäglich geworden und fachlich bzw. personell kaum separierbar sind, sollte ihre Bewältigung bestenfalls in Ausnahmefällen von Managern auf Spezialisten mit Distanz zu den Problemen delegiert werden. Organisationaler Wandel sowie seine fachliche Umsetzung und verhaltensbezogene Durchsetzung stellen dann **Aufgaben der Manager aller Ebenen** dar.

4 Organisationales Lernen

4.1 Bedeutung des Lernens in und von Organisationen

Das Lernen in und von Organisationen erfährt bereits seit längerer Zeit große Aufmerksamkeit. Das gilt nicht nur für die Wissenschaft, sondern auch für die Unternehmenspraxis. Die Ursachen dafür sind vielfältig und reichen von der Dynamik des Wettbewerbs bis hin zu dem Wandel von Wertstrukturen (vgl. z. B. Probst/Büchel 1998, S. 3-10). Sie erfordern eine hohe Anpassungsfähigkeit von Organisationen, insbesondere Unternehmen. Vor diesem Hintergrund erscheint neben der Forderung nach einem lebenslangen Lernen der Mitarbeiter das Lernen der Organisation als folgerichtig. Im strategischen Management wird es als Voraussetzung für die Generierung von Wettbewerbsvorteilen gesehen (vgl. auch Conrad 1998, S. 33-36; Eberl 1998). Die industrieökonomisch beeinflusste Perspektive bezieht sich dabei z. B. auf das Konzept der Erfahrungskurve (vgl. Henderson 1984), die nicht zuletzt auf Lerneffekten basiert, während die ressourcenorientierte Perspektive Lernen als intangible strategische Ressource oder als Schlüsselfähigkeit zum Aufbau dieser Ressourcen betrachtet (vgl. z. B. Bamberger/Wrona 2004, S. 42-43).

Die Forschung zum organisatorischen Lernen reicht bis in die frühen 1960er Jahre zurück, ist jedoch erst gut 20 Jahre später auf ein breites Interesse gestoßen. Dabei stehen weniger empirische Untersuchungen als vielmehr plausibilitätsgestützte, konzeptionelle Überlegungen im Vordergrund. Das Ganze erfolgt mit einer starken Gestaltungsorientierung, an der auch die Praxis interessiert ist, um Flexibilität und Innovation von Organisationen zu gewährleisten.

Lernen beschreibt ganz allgemein einen Vorgang der Veränderung von Verhalten oder Wissensbeständen sowohl auf individueller als auch kollektiver und nicht zuletzt organisationaler Ebene, der einen Zustand herbeiführt, der sich vom ursprünglichen Zustand unterscheidet. Lernen und Wandel sind daher eng verwandt, so dass die lernende Organisation dem kontinuierlichen organisatorischen Wandel nahe kommt (vgl. Steinmann/Schreyögg 2005, S. 506).

Während man im Englischen recht einheitlich von „**organizational learning**" spricht, gibt es in der deutschsprachigen Literatur drei Varianten: organisationales Lernen, organisatorisches Lernen und Organisationslernen. Ungeachtet der – gegebenenfalls feinsinnigen – Differenzierungen, werden die Begriffe im Folgenden synonym verwendet. Die Bandbreite der Be-

griffe des organisationalen Lernens ist beträchtlich und soll hier nicht umfassend wiederge-
geben werden (vgl. z. B. Pawlowsky 1994, S. 268; Al-Laham 2003, S. 57-58).

Es lassen sich aber zwei grundsätzliche Varianten von Begriffen des (organisationalen) Lernens unterscheiden: Zum einen geht es um die Modifikation von Verhalten, zum anderen um
die Veränderung der zugrunde liegenden (kognitiven) Strukturen, wobei zwischen beiden
Aspekten teils explizit, teils implizit eine Verbindung unterstellt wird (vgl. Scherf-Braune
2000, S. 11). Man kann einige gemeinsame **Dimensionen** erkennen (vgl. Pawlowsky 1994,
S. 267): Organisationales Lernen stellt demnach einen Prozess dar, der

- zu einer Veränderung der organisationalen Wissensbasis führt,
- im Wechselspiel zwischen verschiedenen Wissenssystemen der Organisation erfolgt,
- das Verhalten in bzw. von Organisationen betrifft und in Interaktion mit der internen und
  externen Umwelt stattfindet,
- zu einer Anpassung des Systems an interne Normen (insbesondere an formale Organisationsziele) bzw. die externe Umwelt oder zu erhöhter Problemlösungs- bzw. Fortschritts-
  fähigkeit des Systems beiträgt.

Organisationales Lernen ist damit eher ein organisationaler als individueller Prozess, weil
er sich nicht allein als Summe des auf individueller Ebene Gelernten ergibt. Er erfolgt jedoch
auf allen organisationalen Ebenen (Individuum, Gruppe, Organisation), wobei es auch – von
der gesellschaftlichen Makroebene ausgehende – soziale, politische und strukturelle Einflüsse gibt. Organisationales Lernen ist abhängig von dem zu einem Zeitpunkt in einer Organisation vorhandenen Wissen und erweist sich mithin als zustandsgeprägt. Auf der Grundlage
des gegebenen Wissensbestands führt organisationales Lernen zu Veränderungen der organisationalen Wissensbasis, die wiederum Modifikationen von organisational wirksamen Handlungstheorien bzw. Sinnkontexten bewirken können und schließlich die handlungsleitenden
Bezugsrahmen der Entscheidungsträger beeinflussen (vgl. Shrivastava 1983, S. 16-24; auch
Wiegand 1996, S. 288). Hieraus ergeben sich Änderungen des Verhaltens in und von Organisationen sowie letztlich modifizierte Interaktionen mit der Umwelt. Organisationales Lernen kann dabei die Problemlösungskapazität und Anpassungsfähigkeit in der Interaktion mit
der Umwelt erweitern.

Auch wenn an verschiedenen Stellen nicht differenziert wird zwischen organisationalem
Lernen und lernender Organisation, soll hier unterschieden werden zwischen den Lernprozessen auf verschiedenen Ebenen der Organisation und dem Ziel bzw. Ergebnis der Gestaltung einer Organisation, die solche Lernprozesse ermöglicht. Im letzteren Fall wird von einer
lernenden Organisation gesprochen. Diese ermöglicht bzw. fördert organisationsweite Lernprozesse in einer umfassenden Art und Weise (vgl. auch Hennemann 1998, S. 15-16).

4.2   Individuelles Lernen als Ausgangsbasis

Antwort auf die Frage, wie Menschen lernen, versuchen sowohl Reiz-Reaktions-(Stimulus-
Response-)Theorien als auch kognitive Lerntheorien zu geben (vgl. Wiegand 1996, S. 341-

371; auch Eberl 1996, S. 81-94). **Reiz-Reaktions-Theorien** gehen davon aus, dass die Umwelt mehr oder weniger direkt Verhaltensänderungen auslöst, wenn z. B. erwünschtes Verhalten belohnt, unerwünschtes Verhalten bestraft wird. Ein Lernprozess wird dann unterstellt, wenn ein Individuum auf einen gleichen oder ähnlichen Reiz in einer von dem früheren Verhalten abweichenden Weise reagiert. Der Lernprozess selbst ist nicht beobachtbar, der Mensch wird als „black box" gesehen. Für das Verhalten sind nicht Entscheidungsprozesse, sondern Umweltereignisse ausschlaggebend. Die Erklärungskraft der S-R-Theorien ist begrenzt, da die Bestimmung von Reizen und Reaktionen erhebliche Schwierigkeiten bereitet und intervenierende Variablen bzw. situative Differenzierungen sich nicht berücksichtigen lassen. Außerdem kann der Erwerb neuen Verhaltens nur unzureichend erklärt werden, da der Mensch aus einem gegebenen Verhaltensrepertoire wählt, d. h. jedes Verhalten latent vorhanden sein muss. Trotzdem spiegelt sich diese Grundidee in Organisationen im Bereich der Anreizsysteme und der Mitarbeiterführung wider, z. B. wenn durch Lob und Anerkennung die Verstärkung positiver bzw. durch Kritik die Vermeidung unerwünschter Verhaltensweisen erreicht werden sollen.

Kognitive Lerntheorien fokussieren dagegen auf die internen Prozesse der Informationsverarbeitung des Menschen. Er reagiert nicht auf die Umweltänderung, sondern aufgrund einer kognitiven Verarbeitung der Umwelt, wobei Wahlmöglichkeiten in den Verhaltensweisen bestehen. Im Gegensatz zu den S-R-Theorien konzentrieren sich diese Theorien auf den Organismus (S-O-R-Paradigma) als selbstständiges System, das durch Wahrnehmen, Erkennen und Nachdenken (Kognition) zu Einsichten gelangt. Der Mensch entwickelt aus dem Wissen über typische Zusammenhänge in einem Umweltbereich Schemata für die Wahrnehmung und Handlung, um mit bestimmten Umweltsituationen umzugehen. Diese Schemata führen zu einer selektiven und interpretativen Wahrnehmung von Umweltereignissen, d. h., es wird ein Bild der Umwelt konstruiert, das zu bestehenden Schemata passt. Lernprozesse werden ausgelöst, wenn Umweltereignisse mit bestehenden Schemata nicht entsprechend interpretiert werden können; dies führt zu einer Umstrukturierung des bestehenden Wissens, die zu neuen Interpretationen des Wahrgenommenen (Wahrnehmungsschemata) und neuen Kriterien der Handlungsauswahl (Handlungsschemata) führt.

Weit entwickelt und auch in der Managementliteratur häufig rezipiert ist die sozial-kognitive (Lern-)Theorie Banduras (vgl. 1979; 1986, S. 18-22). Lernen wird hier als aktiver, kognitiv gesteuerter Prozess der Verarbeitung von Erfahrungen verstanden. Dabei muss das Individuum nicht direkt am Objekt lernen, sondern kann auch durch die Beobachtung anderer lernen, die mit dem Objekt umgehen. Das Handeln des Menschen hängt von der Motivation, emotionalen Empfindungen und komplexen Denkprozessen ab; es stellt kein konditioniertes Reagieren auf Umweltreize dar. **Beobachtungslernen** und **Erfahrungslernen** basieren demnach auf dem gleichen kognitiven Informationsverarbeitungsprozess und liefern letztlich gleiche Ergebnisse, d. h. gespeicherte Verhaltensregeln im weiteren Sinne. Erfahrungslernen ist für die Selbstwirksamkeit von Bedeutung; tatsächlich erfahrene Verstärkung hat den größten Einfluss auf das konkrete Verhalten. Es ist aber dann nicht effizient, wenn vermeidbare Fehler wiederholt werden. Beobachtungslernen wird notwendig, wenn eine konkrete Erfahrung nicht vorliegt oder nicht zugänglich ist. Der größte Teil menschlicher Fähigkeiten und Fertigkeiten ist nur durch Beobachtung zu lernen, ohne die Konsequenz von Fehlern selbst erfahren zu müssen. Die Fähigkeit durch Beobachtung zu lernen, verkürzt den Versuchs-Irrtums-Prozess und hilft, schwerwiegende Fehler zu vermeiden.

Bei dem Lernen am Modell ist der Beobachter in der Lage, das Beobachtete in seiner Wissensstruktur abzubilden und dadurch sowohl in abstrahierender als auch kreativer Form zu lernen. Es werden Handlungsregeln für ähnlich strukturierte Situationen abgeleitet und **innovative Handlungsweisen generiert**. Dieses Beobachtungslernen darf daher nicht als einfaches Imitieren verstanden werden. Es ergibt sich durch das komplexe Ineinandergreifen kognitiver Teilprozesse der Wahrnehmung, des Behaltens, der Reproduktion und der Motivation. Verhaltensweisen werden übernommen, wenn dies zu Ergebnissen führt, die befriedigend erscheinen. Lernleistungen lassen sich somit nicht auf Versuchs-Irrtums-Prozesse reduzieren, vielmehr werden Eigen- und Fremderfahrungen zu inneren Modellen zusammengefasst, die zukünftiges Verhalten leiten, wenn den Ergebnissen des Verhaltens ein Wert beigemessen wird.

Dieses über den Versuchs-Irrtums-Prozess hinausgehende Lernen wird dem Menschen möglich, weil er (1) Konsequenzen seiner Handlungen voraussehen und zukünftige Ereignisse antizipieren, (2) seine Handlungen selbst kontrollieren und (3) nicht nur seine Erfahrungen, sondern auch seinen Denkprozess reflektieren kann. Lernprozesse werden nicht nur dann angestoßen, wenn die Interpretationsschemata unpassend sind, sondern auch durch die Beobachtung von Problemen anderer Individuen. Außerdem können Lernprozesse proaktiv ausgelöst werden. Diese Erkenntnis ist von zentraler Bedeutung, wenn der Prozess des individuellen Lernens mit dem Lernen der Organisation verknüpft werden soll. Kollektive Lernprozesse greifen auf den informationellen Input Einzelner zurück und dieser ist wiederum über die Sozialisation an die kollektive Ebene gekoppelt.

4.3   Theoretische Perspektiven des organisationalen Lernens

4.3.1   Überblick

Es kann hier kein vollständiger Überblick über die Vielfalt der Ansätze des organisationalen Lernens gegeben werden (vgl. z. B. Wiegand 1996, S. 171-322). Vielmehr sollen grundsätzliche Perspektiven skizziert werden, die sich in der Auseinandersetzung mit diesem Phänomen entwickelt haben. Shrivastava (1983, S. 9) unterscheidet hierzu im Wesentlichen drei Perspektiven: organisationales Lernen als (1) adaptive learning, (2) assumption sharing und (3) development of knowledge base. Wiegand nennt darüber hinaus eklektische Ansätze, die Vorhandenes übernehmen, teilweise neu kombinieren, andere Schwerpunkte setzen, aber keine eigenständige Perspektive entwickeln, sowie integrative Ansätze, die vor dem Hintergrund einer eigenständigen Sichtweise die Literatur aufarbeiten und neue Aspekte in die Diskussion einbringen (vgl. 1996, S. 273-301).

4.3.2 Organisationales Lernen als adaptives Lernen (adaptive learning)

Die ersten Versuche, Lernen von Organisationen zu erfassen, sind mit James March verbunden und stammen aus der Forschung zu dem Entscheidungsverhalten in und von Organisationen. Das Lernen war notwendig, um die Entstehung neuer Entscheidungsroutinen in dynamischen Umwelten konzeptionell erfassen und erklären zu können. Die ursprünglichen Überlegungen wurden mit unterschiedlichen Koautoren (weiter-)entwickelt (vgl. March/Olsen 1975; Levitt/March 1988; Cyert/March 1992, S. 117-120; dazu Wiegand 1996, S. 179-200).

Den Ausgangspunkt bildet die Absicht, organisationales **Lernen als Anpassung** von Zielen, Entscheidungen und Entscheidungsroutinen an veränderte Umweltanforderungen zu verstehen; die Organisation lernt, um angemessen auf die Umwelt reagieren und einen Gleichgewichtszustand (wieder-)herstellen zu können. Primäre Auslöser solcher Lernprozesse sind mehrdeutige oder unklare Umweltsituationen. Das organisationale Lernen wird dabei vor allem als individuelles Lernen konzipiert und steht in engem Zusammenhang mit organisationalen Entscheidungen: Individuelle Überzeugungen und Präferenzen führen zu individuellen Handlungen, die in organisationale Entscheidungsprozesse münden. Die resultierenden organisationalen Entscheidungen rufen wiederum (positiv oder negativ sanktionierende) Umweltreaktionen hervor. Die Umweltreaktionen induzieren gegebenenfalls eine Reflexion der Organisationsmitglieder, die ihr Entscheidungsverhalten wiederum ändern (vgl. Abb. III.4.1). Es entsteht somit ein Lernzyklus, der individuelles und organisationales Lernen mit darauf Bezug nehmenden Umweltreaktionen verknüpft.

Der Lernzyklus kann an vier Stellen **Unterbrechungen** aufweisen, so dass es zu keiner erfolgreichen Anpassung des organisationalen Verhaltens an Umweltanforderungen kommt:

1. Führen individuelle Überzeugungen nicht zu einem entsprechenden individuellen Entscheidungsverhalten, liegt rollenbeschränktes Erfahrungslernen vor; das Organisationsmitglied handelt nicht nach seiner Überzeugung, sondern den Erwartungen anderer.
2. Tritt die Unterbrechung an dem Übergang von individuellen zu organisationalen Handlungen auf, wird von präorganisationalem Erfahrungslernen gesprochen; z. B. können mikropolitische Blockaden verhindern, dass individuelle Lerneffekte das Verhalten der Organisation beeinflussen.
3. Kommt es zu keiner Umweltreaktion, ergibt sich abergläubisches Erfahrungslernen; die wahrgenommenen Umweltsanktionen werden entgegen der Erwartung nicht signifikant durch die Entscheidungen der Organisation ausgelöst.
4. Schwierigkeiten der Organisationsmitglieder, mehrdeutige und unklare Umweltzustände zu interpretieren, bilden die zentrale Lernblockade (zu Mehrdeutigkeit/Ambiguität vgl. I.4.5). Zu einem diffusen Erfahrungslernen unter Mehrdeutigkeit kommt es, da aufgrund ambivalenter Veränderungen alte Interpretationsmuster versagen und die vielfältigen Interpretationsprobleme ein gezieltes Experimentieren erschweren.

Obwohl hier von Unterbrechungen die Rede ist, wird der Lernprozess nicht unterbrochen, vielmehr setzt sich das „falsche", d. h. nicht adäquate, organisationale Lernen fort. Organisationen lernen also, unabhängig davon, ob sie wollen oder nicht (vgl. Wiegand 1996, S. 190).

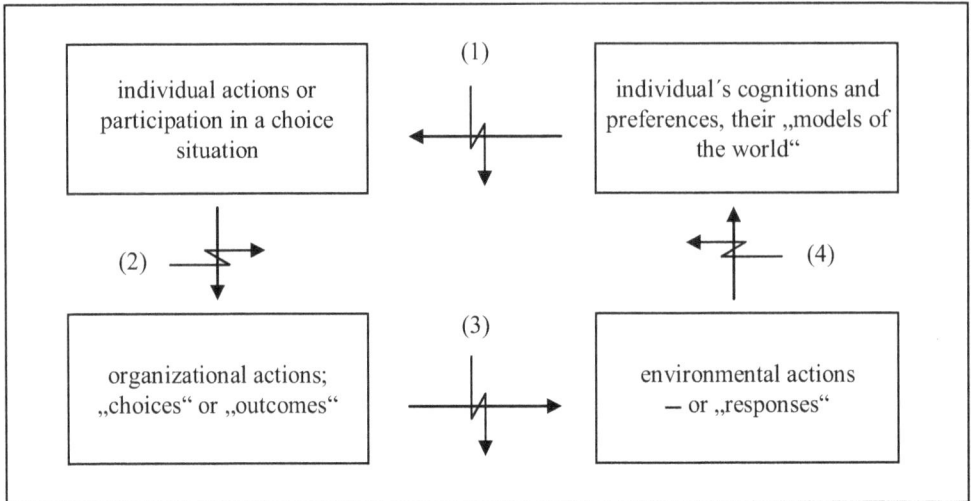

Abb. III. 4.1:   Der vollständige organisationale Entscheidungs- und Lernzyklus mit Unterbrechungen (vgl. March/Olsen 1975, 150)

Das Verhalten in Organisationen basiert auf Routinen, die in Entscheidungssituationen zur Anwendung kommen (z. B. Vorschriften, Regeln, Verfahren, Konventionen, Strategien, Technologien). Diese **organisationalen Routinen** sind Ausgangspunkt und Ergebnis organisationalen Lernens, das in der Regel ihre Modifikation bewirkt. In Routinen werden die aus Erfahrung gewonnenen Veränderungen festgehalten, so dass diese relativ unabhängig von Individuen in einer Organisation erhalten bleiben. Sie können als Fähigkeiten einer Organisation verstanden werden, stellen gespeicherte Abfolgen individueller Handlungen dar und haben die Funktion eines organisationalen Wissensspeichers. Ihre Verankerung erfolgt durch Wiederholung individueller Handlungsabläufe. Zu den (routinisierten) Erfahrungen kommt es, da in Organisationen ein ständiger Vergleich von Handlungsergebnissen mit Zielen bzw. Anspruchsniveaus erfolgt. Grundsätzlich lassen sich drei Formen der **Anpassung an Umweltänderungen** unterscheiden: die Anpassung (1) der organisatorischen Ziele, (2) der Aufmerksamkeitsregeln für Umweltereignisse und (3) der Suchregeln für Problemlösungen. Hinsichtlich der Veränderung von Routinen gilt es, eine Balance zu finden zwischen dem Verwertungslernen (exploitation), das darauf zielt, bestehende Kompetenzen und Technologien zu verfeinern, und dem Erforschungslernen (exploration), bei dem das Erproben neuer Alternativen im Vordergrund steht.

Das Modell des adaptiven organisationalen Lernens weist eine **Nähe zu den behavioristischen Lerntheorien** auf; Stimuli aus der Umwelt führen zu Response im individuellen Verhalten. Es fließen jedoch auch kognitive Aspekte ein, da es sich nicht um eine objektive Sicht der Umwelt handelt, sondern intervenierend einwirkende Interpretationen Erfahrungen konstruieren. Voraussetzung für organisationales Lernen sind mehrheitlich geteilte Interpretationsmuster; erst relativ gefestigtes und weit verbreitetes Wissen führt zu Lernerfolg. Es handelt sich dabei um einen wechselseitigen Prozess, bei dem sich einerseits die Organisationsmitglieder den organisationalen Überzeugungen anpassen, andererseits neue individuelle Erfahrungen in organisationale Überzeugungen transferiert werden.

Das Konzept der organisationalen Routinen wirft eine Reihe von Fragen auf. Es bleibt offen, wie sie erstmalig entstehen und wie sie erlernt werden, aber auch welche Art von Routinen in welchen Situationen relevant ist. Zudem erweist sich bereits der Begriff der organisationalen Routine als unklar, und es werden die **Betrachtungsebenen von Individuen und Organisation vermischt** bzw. nur diffus miteinander in Beziehung gebracht. Routinen werden von Individuen erlernt und ausgeführt, sollen aber davon unabhängig und auf der Organisationsebene angesiedelt sein. Der Zusammenhang individueller Handlungsmuster und ihrer organisationalen Verankerung in der Form von Routinen wird nicht hinreichend theoretisch durchdrungen.

Da Lernen immer auf der Grundlage sozialer Konstruktionen erfolgt, bleibt offen, was überhaupt gelernt wird und wie es zu beurteilen ist, da die Möglichkeit besteht, dass Falsches gelernt wird. Zählt bei der Beurteilung des Gelernten lediglich der erzielte Anpassungserfolg an die Umweltbedingungen und, wenn ja, wie ist dieser zu erfassen? Darüber hinaus bleibt das Verhältnis der Organisation zur Umwelt – trotz des unterstellten Einflusses sozialer Konstruktionen – eher passiv. Der zentrale Anstoß für Lernprozesse geht demnach immer von der Umwelt aus, Organisationen handeln dann – auf Basis der jeweils eigenen Konstruktionen – stets reaktiv.

4.3.3 Organisationales Lernen auf Basis geteilter Annahmen (assumption sharing)

Größte Bekanntheit hat der Ansatz von Argyris/Schön erlangt (vgl. 1978 S. 10-11; Argyris 1990; 1992, S. 149-160; ausführlich Wiegand 1996, S. 201-226). Da die beiden Autoren davon ausgehen, dass hinter – individuellem und organisationalem – Verhalten Wertvorstellungen, Überzeugungen und letztlich Handlungsverpflichtungen, d. h. Handlungstheorien bzw. so genannte „**theories of action**", stehen, die man auf organisationaler Ebene als Kultur bezeichnen kann, wird in diesem Zusammenhang auch von einer kulturellen Perspektive gesprochen. Verbindungslinien zur kognitiven Lerntheorie sind erkennbar.

Organisationales Lernen gilt hier als Veränderung der „**theories-in-use**", d. h. der Handlungsmuster der Organisation, die den Organisationsmitgliedern häufig nicht bewusst sind und daher nicht zu erfragen, sondern nur durch Beobachtung rekonstruierbar sind. Sie ergeben sich aufgrund kollektiver Erwartungen über Zusammenhänge von Zielen, Situationen, Techniken und Handlungen sowie Normen. Lernen findet dann statt, wenn die Handlungserwartungen mit den Handlungsergebnissen nicht übereinstimmen und eine Korrektur der Erwartungen, d. h. der „theories-in-use", erfolgt. Sie repräsentieren zu einem wesentlichen Teil implizites Wissen. Die im Gegensatz dazu von den Organisationsmitgliedern offiziell – z. B. bei Befragungen – geäußerten Handlungstheorien („**espoused theories**") können sich davon unterscheiden. Sie sind dann nicht handlungsleitend, sondern dienen eher der Legitimation. Meist ist es den Individuen gar nicht bewusst, dass ihre Handlungen von den geäußerten Handlungstheorien abweichen.

Auch hier lernen die Organisationsmitglieder und bringen ihre Lerneffekte teilweise unbewusst in die (Weiter-)Entwicklung organisationaler Handlungstheorien ein, die im Zuge des

organisationalen Lernens auch von den übrigen Mitgliedern übernommen werden (müssen).
Lernen auf der individuellen Ebene verdichtet sich somit – teilweise emergent – zu veränderten organisationalen Handlungsmustern. Dabei sind Führungskräfte für die Umsetzung der
neuen Ideen von zentraler Bedeutung; sie lernen selbst und müssen organisational wirksame
Lernimpulse geben. Die Individuen lernen somit stellvertretend und ihre Lernergebnisse
müssen im Zuge von Kommunikationsprozessen zu einer Veränderung der – von allen geteilten – organisationalen Handlungstheorie führen. Diese stellt ein komplexes System von
impliziten Normen, Weltbildern und Grundannahmen dar, das Kommunikations- und Kon-
trollprozesse sowie Managementsysteme, aber auch die Sozialisation beeinflusst. Sie weist
explizite bzw. explizierbare und implizite Elemente auf.

Das Lernen kann auf drei **Lernniveaus** erfolgen (vgl. Argyris/Schön 1978, S. 17-29; auch
Abb. III.4.2):

- single-loop learning
- double-loop learning
- deutero learning

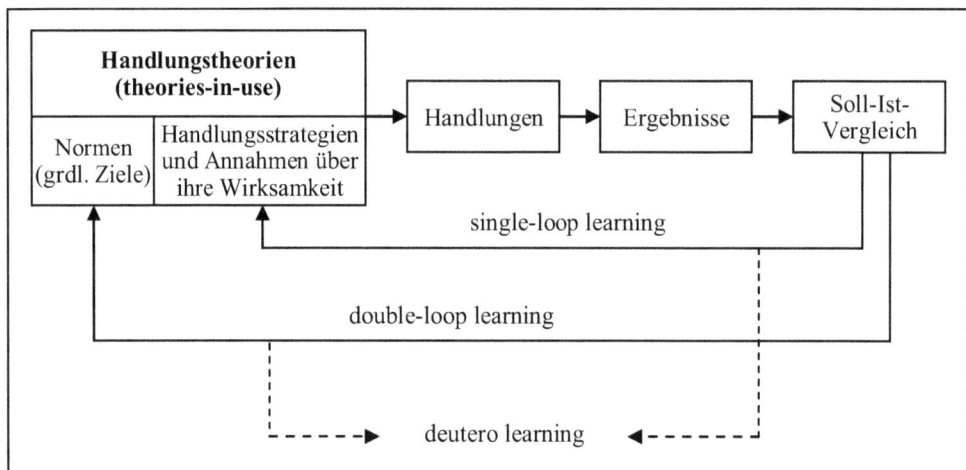

Abb. III.4.2:   *Lernniveaus nach Argyris/Schön (vgl. Bamberger/Wrona 2004, S. 457; grundlegend Argyris/Schön
                  1978, S. 17-29)*

Single-loop learning (Einkreislernen) findet auf der Basis eines Vergleichs von Handlungsergebnissen und Handlungserwartungen statt. Organisationsmitglieder nehmen Veränderungen in der Umwelt wahr und passen ihr Handeln auf der Grundlage der theories-in-use an.
Entsprechen die Handlungsergebnisse nicht den daraus abgeleiteten Erwartungen, modifizieren die Individuen ihre Handlungen bzw. Annahmen ohne Änderung der grundlegenden
Normen bzw. Handlungsziele bis den Erwartungen entsprochen wird. Damit die Änderungen
auf der individuellen Ebene auch in den organisationalen Handlungstheorien zum Tragen
kommen, müssen diese kommuniziert werden. Voraussetzung dafür ist, dass die Organisationsmitglieder die theories-in-use kennen und sie verinnerlicht haben.

Setzt man sich dagegen mit den grundlegenden Wertvorstellungen einer Organisation, den institutionellen theories-in-use, auseinander, um den kognitiven Bezugsrahmen gegebenenfalls zu modifizieren, handelt es sich um **double-loop learning** (Zweikreislernen), das als eigentliches organisationales Lernen bezeichnet wird. Dabei müssen fundamentale und teilweise inkompatible Wertvorstellungen neu festgelegt werden. Dieses Niveau wird insbesondere dann beschritten, wenn das Einkreislernen zur Kompensation gravierender Umweltänderungen nicht mehr ausreicht.

Wird das Lernen zum Objekt des Lernens, um die organisationalen Fähigkeiten für single-loop und double-loop learning zu verbessern, d. h. das Lernen zu lernen, wird von **deutero learning** gesprochen. Hier geht es um die Reflexion des individuellen und organisationalen Lernverhaltens bzw. -kontextes sowie das Identifizieren von Hindernissen und Erleichterungen des Lernens. Dazu müssen Informationen über Lernverhalten, Lern(miss)erfolge und die jeweiligen Rahmenbedingungen verarbeitet, weitergegeben und gespeichert werden.

Zentrale **Lernhindernisse** bilden so genannte „defensive routines", d. h. Denkmuster und Verhaltensweisen, die auf die Vermeidung von Konflikten, Überraschungen oder Gefahren abzielen; dadurch werden Bedrohungen nicht erkannt und reflektiert sowie Lerneffekte verhindert (vgl. auch Abb. III.4.3). Durch ihre laufende Reproduktion werden sie zu organisationalen Normen, deren Abbau durch bekannte Phrasen verhindert wird (z. B. Das haben wir schon immer so gemacht.). Der Abbau dieser Lernblockaden durch verschiedene Interventionen spielt eine wichtige Rolle.

Das Verständnis des organisationalen Lernens als assumption sharing lieferte wichtige Beiträge für die Diskussion in Forschung und Praxis. Insbesondere die Unterscheidung verschiedener Lernniveaus ist vielfach rezipiert worden und muss deshalb mittlerweile als klassisch bezeichnet werden. Insbesondere gelingt es, durch die Unterscheidung von Lernniveaus zwischen verschiedenen Lernarten zu differenzieren. Dabei erweist sich jedoch die **implizit vorgenommene Bewertung** als problematisch. Deutero bzw. double-loop learning werden im Vergleich zum single-loop learning als höherwertig eingeschätzt.

Das **Konzept der organisationalen Handlungstheorien** weist ebenfalls Defizite auf. So bleibt nicht nur offen, wann und wie Organisationsmitglieder darauf Bezug nehmen bzw. wie aufgedeckte und korrigierte Fehler in sie eingespeist werden, sondern auch wer letztlich in der Lage ist, sie zu verändern bzw. welche kritische Masse das erfordert (vgl. Wiegand 1996, S. 225-226).

Aus Sicht von Argyris/Schön werden defensive Routinen in der Regel nur unter Zuhilfenahme externer Berater überwunden. Das unterschätzt jedoch die Bedeutung spontaner Lernprozesse in Organisationen. Der Ansatz erweist sich in einem ausgeprägten Sinne als individuumzentriert und vernachlässigt **die spezifischen Probleme der organisationalen Ebene**. Vereinfachend wird eine inhaltliche Isomorphie zwischen den Handlungstheorien auf individueller sowie organisationaler Ebene unterstellt, ohne dies zu begründen.

Im Werk Regensburg der BMW AG wurde Anfang der 1990er Jahre die Initiative „Flop des Monats" gestartet. Die strategische Idee bestand darin, innovationshemmende Absicherungsstrategien zu vermeiden, Risikofreude zu fördern und so Innovationsspielräume zu erschließen. Dem standen zunächst die erlernten, eher defensiven Einstellungen und das Sicherheitsstreben der Mitarbeiter entgegen. Zusätzlich bestanden grundsätzliche Vorbehalte gegenüber Managementkampagnen.

Um dem zu begegnen, wurde in einem Führungskräfte-Workshop die Idee des kreativen Fehlers des Monats geboren; als Anwendungsbereich diente das Personal- und Sozialwesen mit rund 250 Mitarbeitern. Ausgezeichnet wurden Mitarbeiter, deren innovative und selbst initiierte Engagements in der Umsetzung gescheitert waren. Im Gegensatz zu dem gängigen „Mitarbeiter des Monats" ging es hier um die „tragischen Helden" des betrieblichen Alltags, deren Geschichten die Chance zum Lernen bargen.

Einmal im Monat wurde von den Führungskräften ausgewählt; die Preisverleihung fand im Rahmen der turnusmäßigen Mitarbeiterversammlung statt. Das Für und Wider sowie die Gründe des Scheiterns wurden dabei diskutiert und der Betroffene konnte den Fehler kommentieren. Der Vorgesetzte nahm die Auszeichnung wahr und übernahm damit nicht nur eine Mitverantwortung für das „erfolgreiche" Scheitern, sondern wertete es – wider Erwarten – als herausragende Leistung. Es wurde ein Präsent mit symbolischem und persönlichem Charakter überreicht, auf finanzielle Anreize aber bewusst verzichtet.

Der Wettbewerb wurde dreieinhalb Jahre praktiziert, die Auszeichnung aber nur ein Dutzend Male verliehen – was wegen der hohen Anforderungen nicht überrascht, da „Flops" aufgrund schlichter Fehlplanung dem Grundgedanken nicht entsprachen.

Ein Beispiel: Eine Personalsachbearbeiterin verfolgte die ehrgeizige Idee, einen neuen Arbeitsplatz für Schwerbehinderte in der Produktion einzurichten. Es ging um die Integration eines Blinden – im Produktionsbereich ein absolutes Novum. Allen Einwänden zum Trotz schaffte sie es nach monatelangen Gesprächen und Konsultationen mit Behörden und Institutionen – dem Blindenverband, der Hauptfürsorgestelle, den Technikern von BMW – alle Zweifel auszuräumen. Letztlich scheiterte das Projekt aber doch, da der Mitarbeiter sich subjektiv überfordert fühlte und nach wenigen Tagen das Handtuch warf. Die Sachbearbeiterin war enttäuscht, die Gegner fühlten sich bestätigt. Hervorzuheben ist das überdurchschnittliche Engagement der Mitarbeiterin, die vor einer komplexen und riskanten Aufgabe nicht zurückschreckte.

Der Wettbewerb stellt einen Ansatz dar, ungeschriebene Gesetze neu zu schreiben. Eine paradoxe Lernerfahrung durch die ausgezeichneten Fehler bestand gerade darin, nicht aus ihnen zu lernen, d. h. aus dem Scheitern nicht das zukünftige Unterlassen abzuleiten. Dem klassischen fehlerinduzierten Single-loop-Lernen sollte durch diesen Ermutigungseffekt begegnet werden. Durch die symbolische Auszeichnung wird der Innovator aus der risikoaversen Masse herausgehoben; es wird nicht nur eine risikofreundliche Einstellung gefordert, sondern auch in einem Anreizsystem berücksichtigt. Der Wettbewerb zielt auf einen kulturellen Wandel zu einer Vertrauenskultur.

Abb. III.4.3:   „Fehler des Monats" (vgl. Kriegesmann/Bihl/Kley/Schwering 2005, S. 94-98)

4.3.4   Organisationales Lernen als Erweiterung der organisationalen Wissensbasis

Die **wissensorientierte Perspektive** geht auf Duncan/Weiß zurück; sie wollen die Frage beantworten, warum Unternehmen unter vergleichbaren Umweltbedingungen unterschiedliches Anpassungsverhalten und unterschiedliche Effizienz aufweisen, d. h., einige erfolgreicher sind als andere (vgl. 1979; auch Wiegand 1996, S. 226-232). Der Erfolg einer Organisation zeigt sich darin, dass Handlungen bei Umweltänderungen zu den intendierten Ergebnissen führen. Als Voraussetzung für eine solche effiziente Anpassung wird organisationsspezifisches Wissen über die Beziehung zwischen Handlung und Ergebnissen sowie den Einfluss der Umwelt auf diese Beziehung gesehen. Damit rückt der Wissensaspekt stärker als bei den anderen Perspektiven, für die Wissen ebenfalls von Bedeutung ist, in den Mittelpunkt. Es erfolgt eine recht differenzierte Auseinandersetzung mit unterschiedlichen Wissensarten.

Organisationales Lernen zeigt sich, wenn die Effektivität von Handlungen vermittelt über eine Modifikation des organisationalen Wissens verbessert wird. Es stellt einen Prozess dar, durch den sich vor allem das Wissen über die Effektivität von Handlungen und die Wirkung von Umwelteinflüssen auf diese Effektivität weiterentwickelt. **Organisationales Wissen** kommt dabei zustande, wenn Individuen ihr Wissen der Organisation zur Verfügung stellen und damit nutzbar machen. Es bildet ein für die Organisation erlerntes Handlungspotenzial, das situationsabhängig genutzt werden kann. Dabei muss das organisationale Wissen nicht von allen Organisationsmitgliedern geteilt werden. Spezialisierung in Organisationen führt auch zur Spezialisierung des Wissens, daher ist der Zugang zu Wissen in der Organisation entscheidender als der Besitz des Wissens.

Die Zugänglichkeit des fragmentierten, in der Organisation verstreuten Wissens hängt entscheidend davon ab, dass dieses (1) kommunizierbar ist, (2) von anderen Organisationsmitgliedern als gültig und nützlich anerkannt wird und (3) mit anderen Wissensbestandteilen verknüpft bzw. integriert werden kann. Zur Wissensbasis der Organisation gehört das in der Organisation vorhandene Wissen aber erst nach einem darauf referierenden, sozialen Interaktionsprozess, der von dem herrschenden Paradigma (d. h. einer von den Organisationsmitgliedern geteilten Wirklichkeit) getragen wird. Die Integration des Wissens in organisationale Interaktionsprozesse sichert die Anschlussfähigkeit an den spezifischen Sinn- und Bedeutungskontext in der Organisation und erleichtert den Zugriff der Organisationsmitglieder.

Auslöser für Lernprozesse sind Unterschiede zwischen gewünschten bzw. erwarteten und tatsächlichen Handlungsergebnissen, so genannte „performance gaps". Diese treten dann auf, wenn das bestehende Wissen nicht ausreicht, um unerwünschte Handlungsfolgen zu vermeiden. Das herrschende Paradigma als die Menge der faktisch wirksamen kognitiven Muster der Wirklichkeitskonstruktion in einer Organisation bildet dabei zunächst den Rahmen für die Identifikation, Bewertung und Integration neuen Wissens. Das Paradigma beeinflusst damit nicht zuletzt die Wahrnehmung von **performance gaps**, und es bildet das Objekt des Lernens, wenn die identifizierten performance gaps mit ihm nicht mehr bewältigt werden können.

Organisationales Lernen setzt zunächst keine Modifikation des beobachtbaren Verhaltens voraus; es kann auch stattfinden, wenn von außen **keine Verhaltensänderungen beobacht-bar** sind. Grundsätzlich ist die organisationale Wissensbasis von allen Organisationsmitgliedern veränderbar. Zentralen Einfluss auf die Weiterentwicklung der organisationalen Wissensbasis entfalten jedoch Personen bzw. Gruppen mit einem formal abgesicherten Einflussbereich (z. B. Führungskräfte mit umfangreicher Weisungsbefugnis), aber auch Mitarbeiter(-gruppen) mit informellen Machtbasen (z. B. die Kontrolle von Informations- und Kommunikationskanälen) (vgl. auch I.8). Sie bilden die so genannte „**dominante Koalition**".

Pautzke versteht organisatorisches Lernen als die Nutzung, Veränderung und Fortentwicklung der organisatorischen Wissensbasis, in die ein breites Spektrum unterschiedlicher Wissensarten einfließt (vgl. 1989, S. 89; auch Wiegand 1996, S. 233-241). Aus den verschiedenen Wissensarten ergeben sich in dem so genannten horizontalen Modell diverse **Schichten der organisationalen Wissensbasis** (vgl. Abb. III.4.4).

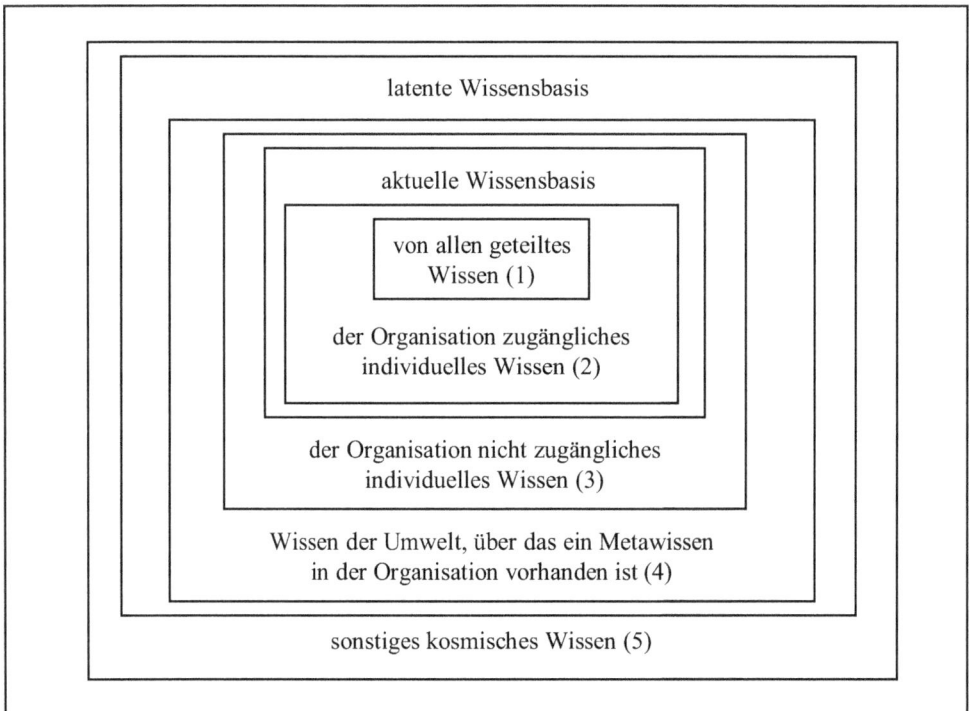

Abb. III.4.4:   (Horizontales) Schichtenmodell der organisationalen Wissensbasis (vgl. Pautzke 1989, S. 79)

Diese Schichten werden differenziert anhand der Wahrscheinlichkeit ihrer Nutzung in organisatorischen Entscheidungsprozessen. Dazu gehören (1) als innerste Schicht das von allen Organisationsmitgliedern geteilte, nicht an einzelne Personen gebundene Wissen (z. B. Kultur, Weltbilder, Regelsysteme), (2) das der Organisation zugängliche individuelle Wissen, (3) das der Organisation aktuell nicht zugänglich gemachte individuelle Wissen sowie (4) Wissen der Umwelt, das weder der Organisation noch den Mitgliedern aktuell zur Verfügung steht, über das aber Metawissen vorhanden ist, mit dem es sich zu einem späteren Zeitpunkt erschließen lässt; schließlich bildet (5) das sonstige kosmische Wissen die äußerste Schicht und den Hauptteil des insgesamt vorliegenden menschlichen Wissens, über das jedoch in der Organisation kein Metawissen verfügbar ist und das gegebenenfalls nur schwer erschlossen werden kann. In der genannten Reihenfolge nimmt die Wahrscheinlichkeit der Wissensnutzung in den organisationalen Entscheidungsprozessen kontinuierlich ab.

Dieses horizontale Schichtenmodell wird ergänzt bzw. überlagert durch ein vertikales (bzw. hierarchisches) Schichtenmodell. Die erste innerste Schicht des horizontalen Modells bildet in der vertikalen Perspektive die Tiefenstruktur der organisationalen Wissensbasis und damit das herrschende organisationale Paradigma. Dieses steckt grundlegende Denkstile, Wertvorstellungen, Grundannahmen und nicht zuletzt das basale – immer sozial konstruierte – Weltbild einer Organisation ab. Es legt damit auch fest, was als neues Wissen interpretiert und aufgenommen wird. Die übrigen Schichten des horizontalen Modells gehören in vertikaler Sicht zur Oberflächenstruktur der Wissensbasis.

Aufbauend auf dieser Einteilung in fünf – horizontal bzw. vertikal interpretierte – Schichten lassen sich vier **Formen organisatorischen Lernens** innerhalb eines vorhandenen Paradigmas unterscheiden (vgl. Pautzke 1989, S. 112-117): (1) Zugängliches individuelles Wissen wird zum Wissen der Organisation. Bisher der Organisation nicht zugängliches individuelles Wissen wird (2) in organisationales Wissen transferiert, das von allen geteilt wird, oder (3) zu einem für die individuellen Organisationsmitglieder zugänglichen Wissen gemacht. (4) Organisationsmitglieder eignen sich im Rahmen ihrer privaten Lebenswelt Wissen aus der Umwelt an, so dass es mittelbar auch für die Organisation zugänglich wird. Führen Lernprozesse zu einem Paradigmenwechsel und damit zu einer Neuordnung des basalen, Orientierung stiftenden sozialen Sinnkontextes innerhalb der Organisation, liegt (5) ein – eher seltener – Lernprozess höherer Ordnung vor. Damit wird gleichzeitig die Tiefenstruktur bzw. der paradigmatische Kern der organisationalen Wissensbasis modifiziert.

Bei den Lernformen (1) bis (3) findet Lernen der Organisation statt, ohne dass die Organisationsmitglieder lernen; (2) und (3) erhöhen den Wissensbestand der Organisation. (4) kann als organisatorisches Lernen i. w. S. bezeichnet werden, da Wissen damit für die Lernformen (1) bis (3) zugänglich wird. (5) lässt sich als kulturelle Transformation ansehen, die auf die Veränderung der Tiefenstruktur abzielt und ebenfalls organisationales Lernen darstellt.

Wesentliche **Lernhindernisse** bilden bestehende Machtverhältnisse, die Informationen verzerren oder blockieren können, aber auch kulturbedingte Annahmen, die die Wahrnehmung beeinflussen. Hinsichtlich des Ablaufs der Lernprozesse orientiert sich Pautzke auf horizontaler Ebene analog March et al. an individualistischen Lerntheorien, in vertikaler Richtung (und somit hinsichtlich der Modifikation von Tiefen- und Oberflächenstruktur) am doubleloop learning von Argyris/Schön. Im Unterschied zu diesen können Organisationsmitglieder hier individuelles Wissen für organisationale Entscheidungen nutzen, ohne dass ein „sharing"-Prozess stattfinden muss, d. h., dass Wissen von allen geteilt werden muss.

Nonaka basiert demgegenüber seine Überlegungen zu Lernprozessen auf der Differenzierung von explizitem und implizitem Wissen und der Annahme, dass es notwendig ist, individuelles Wissen in organisationales Wissen zu übersetzen (vgl. 1997, S. 18-25; auch Wiegand

1996, S. 254-259). Dem liegt eine stark individuumzentrierte Sichtweise zugrunde, die den subjektiven Charakter und die individualisierte Generierung von Wissen betont. Er unterscheidet vier generelle **Formen der Wissensgenerierung und -übertragung** (vgl. auch III.5.1 und Abb. III.5.6): (1) Implizites Wissen anderer wird durch Beobachtung und Imitation zu implizitem Wissen des Lernenden (Sozialisation). (2) Implizites Wissen wird in einem dreistufigen Prozess umgewandelt in explizites Wissen, bei dem zunächst durch Metaphern Widersprüche im impliziten Wissen aufzudecken sind; diese sind dann unter Anwendung von Analogien zu harmonisieren und abschließend in Modellwissen umzuformulieren bzw. zu explizieren (Externalisierung). (3) Explizites Wissen wird in implizites Wissen – z. B. habitualisiertes Verhalten – umgewandelt (Internalisierung). (4) Vorhandenes explizites Wissen wird mit neuem explizitem Wissen geordnet (Kombination).

Jede dieser vier Wissensumwandlungen führt zu neuem Wissen; sie stehen in einer dynamischen Beziehung zueinander und ergänzen sich im Idealfall zu einer selbstverstärkenden **Wissensspirale** (vgl. auch III.5.1). Der Prozess der Wissensgenerierung wird durch die organisationsweite Validierung des Wissens, für die das Management ausschlaggebend ist, und seine Integration in die vorhandene organisationale Wissensbasis abgeschlossen. Es bleibt jedoch unklar, was genau das organisationale Wissen umfasst und wie die verschiedenen Ebenen – Individuum, Gruppe, Organisation – bei der Wissensgenerierung verknüpft sind. Deutlich wird, dass organisationales Lernen bzw. Wissensgenerierung einen fast automatisch ablaufenden, sich selbst verstärkenden und zustandsgebundenen Prozess darstellt.

Huber fokussiert demgegenüber auf kollektive Erkenntnisprozesse und die Entwicklung organisationalen Wissens, das hier nicht als objektive mentale Reflexion der Wirklichkeit, sondern als eine koexistierende und konfligierende Interpretation der Wirklichkeit verstanden wird. Er versteht organisationales Lernen nicht als notwendigerweise bewussten Lernprozess; lediglich das neu erworbene Wissen als Lernergebnis muss bewusst sein. Außerdem muss es nicht effizienzsteigernd wirken, vielmehr ist deutlich zwischen Kognition bzw. Interpretation und Handlung zu trennen, denn eine Veränderung des Handlungspotenzials muss sich nicht unmittelbar in (effizienten) Handlungen niederschlagen (vgl. Huber 1991; auch Daft/Huber 1987; Wiegand 1996, S. 241-245).

Organisationales Lernen zeigt sich in den vier **Teilprozessen der Informationsverarbeitung**, der (1) Akquisition, (2) Verteilung, (3) Interpretation und (4) Speicherung von Wissen. Zunächst müssen neue Erkenntnisse über die Umwelt gewonnen und Informationen zusammengetragen werden, die von potenziellem Nutzen für die Organisation sind. Je besser diese verteilt werden, umso breiter ist der organisationale Lernprozess, d. h., es sollen möglichst viele Organisationseinheiten neue relevante Erkenntnisse gewinnen. Weiterhin kommt es zu organisationalem Lernen bei der Entwicklung gemeinsamer Interpretationsmuster, d. h. der sinnhaften Wahrnehmung von Informationen. Erfolgreiche Interpretationen werden gespeichert, und es bilden sich organisationale Routinen zur Wahrnehmung von Umweltereignissen. Je mehr unterschiedliche Sichtweisen bzw. Interpretationsregeln in einer Organisation zugelassen sind und integriert werden, desto höher ist die Lernleistung.

Im Ansatz von Huber erfolgt Lernen bei allen Organisationsmitgliedern. Eine wichtige Rolle spielen Führungskräfte, da sie die Interpretationen der anderen Organisationsmitglieder entscheidend beeinflussen können. Verschiedene Lernebenen – individuelles, kollektives, organisationales Lernen – werden jedoch nicht differenziert und eine Konkretisierung des Ab-laufs von Lernprozessen erfolgt nicht. Die Teilprozesse der Informationsverarbeitung stehen konzeptionell relativ isoliert nebeneinander, eine integrierende Betrachtung fehlt; Beschaf-fung, Verteilung und Interpretation haben die gleiche Lernqualität. Zentrales Lernhindernis bilden „selbsterfüllende Prophezeiungen", d. h. Wahrnehmungsschemata, mit denen nur das entdeckt wird, was vorher bereits erfunden wurde.

Die skizzierten Ansätze des organisationalen Lernens als Erweiterung der organisationalen Wissensbasis sind von einigen **gemeinsamen Kritikpunkten** betroffen. So bleibt unklar, was konkret unter der organisationalen Wissensbasis zu verstehen ist. Duncan/Weiß bieten zwar mit den genannten Merkmalen (Kommunizierbarkeit, Konsensfähigkeit, Integriertheit) eine gewisse Konkretisierung, die dabei vorgenommene Fokussierung auf die Verfügbarkeit organisationalen Wissens klammert implizites Wissen aber weit gehend aus und führt ten-denziell zu einer Trivialisierung der organisationalen Wissensbasis. Auch das von Pautzke entwickelte Schichtenmodell bietet vor allem eine Systematisierung unterschiedlicher Be-standteile der Wissensbasis, ohne eine Konkretisierung anzubieten. Darüber hinaus weisen die Ansätze des organisationalen Lernens eine ausgeprägte kognitivistische Orientierung auf. Dies begünstigt eine einseitige Analyse von Lernprozessen unter Vernachlässigung von Emotionen, Motivationen und konkreten Verhaltensmustern bzw. institutionalisierten Re-geln. Schließlich werden in allen Ansätzen der Transmissionsprozess zwischen den Lern-bzw. Emergenzebenen (Individuum, Gruppe, Organisation) sowie die bestehenden Wech-selwirkungen nicht hinreichend herausgearbeitet. Durch das Verständnis des Lernens als Veränderung der organisationalen Wissensbasis gelingt es jedoch, eine ausgeprägt indivi-duumzentrierte Sicht zu vermeiden und den organisationalen Bezug klarer herauszuarbeiten.

4.3.5   Eklektische und integrative Ansätze

Von den **eklektischen Ansätzen** hat vor allem das Buch „The Fifth Discipline" von Senge Aufmerksamkeit erlangt (vgl. 1990; auch Wiegand 1996, S. 274-281). Er entwickelt für die Umsetzung seiner Vision einer lernenden Organisation fünf „Disziplinen": Systemdenken, Selbststeuerung, kognitive Muster, geteilte Vision und Lernen im Team. Systemdenken steht dabei im Vordergrund und bildet die konzeptionelle Wurzel für organisationales Lernen (vgl. auch III.4.5). Es erweist sich deshalb als bedeutsam, weil das Erkennen ganzheitlicher Zu-sammenhänge als wesentliche Voraussetzung für Lernen angesehen wird; erst bei Überwin-dung eines analytischen, fragmentarischen Denkens und der Erkenntnis vernetzter Strukturen bzw. Wechselwirkungen und Rückkopplungsschleifen findet danach organisationales Lernen statt, denn es kommt dabei zu einer Veränderung der geteilten Annahmen über die systemi-schen Effekte von Handlungen. Organisationales Lernen schlägt sich damit in einer Verbes-serung des vernetzten, ganzheitlichen Denkens nieder, das zu effektiveren Handlungen führt.

Auch wenn grundsätzlich alle Organisationsmitglieder lernen, kommt den Führungskräften die entscheidende Rolle zu. Sie sollen Mitarbeiter bei ihrem Lernen unterstützen und moti-vieren. Man kann dabei zwei **Lernniveaus** unterscheiden: Adaptives Lernen bezieht sich auf eine reaktive Verbesserung der Anpassungsfähigkeit an veränderte Umweltbedingungen; generatives Lernen schafft dagegen proaktiv neue Fähigkeiten, die nicht durch externen

Anpassungsdruck, sondern intrinsisch motiviert sind. Um das Lernen zu verbessern, werden Lerngruppen sowie computergestützte Simulationen auf der Basis bereits existierender mentaler Modelle vorgeschlagen. Wesentliche **Lernhindernisse** liegen in den kognitiven Mustern der Organisationsmitglieder, wie z. B. mangelnde Verantwortung für das Ganze, externe Attribution von Misserfolgen oder Suche nach Kompromissen statt Problemlösungen. Diese Blockaden wurzeln in egozentrischem, kurzfristigem und analytischem Denken.

Trotz des propagierten systemischen Denkens werden weder das Lernergebnis, die Effizienz des organisationalen Lernens oder der Lernprozess noch das Verhältnis zwischen individuellem, kollektivem und organisationalem Lernen konzeptualisiert; es bleibt unklar, was genau unter einem solchen ganzheitlichen Denken zu verstehen ist und inwieweit es über ein analytisches Vorgehen hinausreicht. Auch bei den Beschränkungen des organisationalen Lernens lehnt sich Senge mit den defensiven Routinen eng an Argyris/Schön an (vgl. Wiegand 1996, S. 280-281). Der Verbreitung seiner Überlegungen hat das jedoch keinen Abbruch getan.

Shrivastavas Überlegungen zu Organisationen als Lernsysteme (vgl. 1983) werden demgegenüber von Wiegand als **integrativer Ansatz** eingestuft (vgl. 1996, S. 288-291). Für Shrivastava sind die verschiedenen Perspektiven (d. h. die Ansätze des adaptiven Lernens sowie der Erweiterung geteilter Annahmen oder der organisationalen Wissensbasis) komplementär, auch wenn sie auf partiell unterschiedlichen (organisations-)theoretischen Grundlagen aufbauen. Vor dem Hintergrund dieser Komplementaritätsannahme erweist sich organisationales Lernen als ein auf mehreren Emergenzebenen (Individuum, Gruppe, Organisation) ablaufender, von sozio-kulturellen, politischen und strukturellen (Kontext-)Variablen sowie dem jeweils vorhandenen Wissen beeinflusster Prozess; er führt zu einer Veränderung der Handlungstheorien bzw. der organisationalen Wissensbasis (verstanden als der basale sinnkonstituierte, integriert kognitive Bezugsrahmen des Handelns in und von der Organisation) und wird in Lernsystemen institutionalisiert.

Anhand der Emergenzebene (Individuum, Gruppe, Organisation) und ihrer Entstehung (evolutionär vs. gestaltet) werden sechs **idealtypische organisationale Lernsysteme** unterschieden (vgl. Abb. III.4.5). Sie unterscheiden sich hinsichtlich ihrer Explizitheit, Systematisierung, Formalisierung, Konkretisierung und Bedeutung für organisationale Entscheidungsprozesse. Die zentrale Aufgabe der Lernsysteme ist es, individuelles Wissen zu objektivieren und in die organisationale Wissensbasis zu integrieren. Sie liefern aufgabenübergreifend Informationen zur Unterstützung von Handlungen bzw. Entscheidungsprozessen in Organisationen und sind eingebettet in den Kontext der organisationalen Handlungstheorien sowie der sozialen Normen („theories-in-use"), nicht aber in die „espoused theory". Obwohl sie nicht expliziert werden, sind sie den Organisationsmitgliedern bekannt.

Ob und wie diese Lernsysteme entstehen bzw. gestaltet werden können, bleibt weit gehend unbeantwortet. Insbesondere diese Gestaltungsfragen erweisen sich aber als wichtig, da die Effizienz der Lernprozesse sowie der (Gesamt-)Organisation von dem bestehenden Lernsystem wesentlich abhängen. Formal gestaltete bzw. geplante Lernsysteme würden scheitern, wenn sie den etablierten, evolutionär entwickelten Verhaltensmustern und impliziten Normen der Organisation widersprechen. Offen bleibt zudem, ob Organisationen mehrere Lernsysteme nebeneinander haben können; wahrscheinlich ist es. Durch unterschiedliche, aber kompatible Lernsysteme können z. B. auch äußerst rigide, ausgeprägt bürokratische Systeme in jeweils spezifischer Weise lernen (vgl. Wiegand 1996, S. 289-291).

Charac-teristics	One man institution	Mythologi-cal learning system	Informati-on seeking culture	Participati-ve learning system	Formal ma-nagement systems	Bureaucra-tic learning systems
Individual- vs. organi-zational dimension	individually oriented	group oriented	organiza-tionally oriented	individually oriented	group oriented	organiza-tionally oriented
Evolutiona-ry-design dimension	evolutionary	evolutionary	evolutionary	designed	designed	designed
Type of knowledge	subjective	subjective/-mythical	subjective/-objective	subjective/-objective	objective	objective
Structured-ness	medium	low	low	medium	high	high
Explicitness of rules	low	low	low	medium	low	high
Scope of system	general	general	general	problem specific	task or area specific	task specific
Media for communica-tion	writs, memos	stories	word of mouth	discussion groups	reports	memos, reports
Motivation and activity	crises	social norms	social norms	problems	periodic requirements	specific decision
Time frame	current information	historical information	current information	current information	current/-future	historical information
Organiza-tional make up	single or top management	informal networks	none	problem or department specific	divisions or departments	departments

Abb. III.4.5:   Merkmale der Lernsysteme Shrivastavas (vgl. 1983, S. 21)

Shrivastava gelingt es, sehr unterschiedliche Aspekte der anderen Ansätze zu integrieren. So findet z. B. Lernen als Weiterentwicklung der organisationalen Wissensbasis und als Modifikation geteilter Handlungstheorien statt. Das vermeidet nicht zuletzt eine kognitivistische Verengung der Perspektive, wie sie regelmäßig aus einer reinen Fokussierung auf die organisationale Wissensbasis resultiert. Darüber hinaus wendet sich der Ansatz durch die Analyse von Lernsystemen verstärkt den Problemen der Institutionalisierung organisationalen Lernens zu.

4.4 Dimensionen des organisationalen Lernens

4.4.1 Vorbemerkung

Trotz der Heterogenität der verschiedenen Perspektiven handelt es sich hierbei in erster Linie um eine analytische Trennung, die zumindest teilweise recht künstlich wirkt. Die Perspektiven schließen sich gegenseitig nicht grundsätzlich aus, sondern weisen eine Reihe von **Verbindungslinien und Gemeinsamkeiten** auf (vgl. Shrivastava 1983, S. 16-17; Schreyögg/Eberl 1998, S. 517-519): So wird organisationales Lernen als Prozess gesehen, der spezifische Unterschiede zum individuellen Lernprozess aufweist, auf Erfahrung basiert und zur Anpassung der Ziele sowie der Such- und Entscheidungsroutinen der Organisation an Umweltänderungen führt. Individuen werden stets als Agenten jeglichen Lernens angesehen, es entsteht aber Wissen in der Organisation, das allen Organisationsmitgliedern grundsätzlich zugänglich ist. Der organisationale Lernprozess wird von zahlreichen sozialen, politischen sowie strukturellen Faktoren beeinflusst und ist daher auch über diese beeinflussbar.

Inzwischen ist eine Vielzahl von Arbeiten zum organisationalen Lernen erschienen. Sie beruhen aber nicht nur auf unterschiedlichen theoretischen Annahmen, sondern bezeichnen auch gleiche Sachverhalte unterschiedlich bzw. unterschiedliche Sachverhalte gleich. Die Folge ist eine Konzeptvielfalt, die verschiedene Problemfelder offen lässt. Nach Wiegand, der einen – auch aus heutiger Sicht – sehr umfassenden Überblick über den Stand der Diskussion zum organisationalen Lernen gibt (so auch Al-Laham 2003, S. 77), liegen **unterschiedliche Auffassungen** vor allem über folgende Aspekte vor (vgl. 1996, S. 3):

- die Definition des organisationalen Lernens
- die Ergebnisse, Inhalte und Einflussfaktoren organisationalen Lernens
- die Konzipierung der Lernebenen (auch Emergenzebenen)
- die Interaktion der Lernebenen (Individuum – Gruppe – Organisation)
- die Effektivität bzw. Effizienz des organisationalen Lernens
- die einzelnen Prozesse und Formen des organisationalen Lernens
- die Bezüge zu (anderen) organisationstheoretischen Ansätzen, anderen Konzepten des organisationalen Wandels und die Einordnung in die Organisationsforschung

Schreyögg/Eberl sehen es ähnlich und fassen zentrale Kritikpunkte an den Konzepten organisationalen Lernens zu drei Problembereichen – Theorie, Empirie und Gestaltung – zusammen, die nicht zufrieden stellend gelöst sind, obwohl der „Markt mit Publikationen zum organisationalen Lernen und vor allem zum lernenden Unternehmen geradezu überschwemmt" wird (1998, S. 519-521): Erstens fällt im Bereich der Theoriebildung auf, dass die Stellung des Individuums im organisationalen Lernprozess und das spezifisch Organisationale daran nicht hinreichend geklärt sind; handelt es sich um individuelle Lernprozesse, deren Ergebnisse der Organisation verfügbar gemacht werden, oder um ein genuin kollektives Konstrukt. Darüber hinaus ist nicht abschließend geklärt, wo Lernergebnisse überhaupt gespeichert werden, d. h. wie das organisationale „Gedächtnis" aussieht. Außerdem fehlen überzeugende Erklärungen, wie „Vergessen" bzw. „Verlernen" abläuft oder eine Stabilisierung nach erfolgten Lernprozessen erreicht wird. Zweitens finden sich im empirischen Bereich nur wenige aussagefähige Untersuchungen, so dass noch offen ist, wie organisationale Lernprozesse operationalisiert und erfasst werden können. Vor diesem Hintergrund überrascht es nicht, dass drittens auf Fragen zur Gestaltung organisationalen Lernens bzw. einer lernenden Organisation wenig befriedigende Antworten gegeben werden. Das gilt sowohl für die Steuerung von Lernprozessen als auch die Gestaltung von lernfreundlichen Handlungskontexten und den Abbau von Lernbarrieren, Lernpathologien oder Defensivroutinen.

Vor diesem Hintergrund sollen im Folgenden verschiedene Problemfelder bzw. Dimensionen, die für das organisationale Lernen von zentraler Bedeutung sind, näher betrachtet werden. Dabei handelt es sich um Auslöser, Träger und Formen, Typen sowie Blockaden des organisationalen Lernens.

4.4.2 Auslöser des organisationalen Lernens

Bereits die Antworten auf die Frage, was Organisationen zum Lernen veranlasst, gehen weit auseinander. Selbst wenn man aber unterstellt, dass organisationales Lernen nicht unmittelbar zu gestalten ist, müssen zumindest günstige Rahmenbedingungen dafür geschaffen bzw. Gelegenheiten zum Lernen gegeben werden. Die Förderung der Sensibilität und Wahrnehmungsfähigkeit des organisationalen Kontextes für Auslöser organisationalen Lernens unterstützt insoweit die Entwicklung einer lernenden Organisation. Die **Bandbreite der Auslöser** reicht dabei vom Umweltdruck über Lücken oder Fehler in den kognitiven Grundlagen bis hin zu unerwarteten Ereignissen, wobei der jeweils auslösende Mechanismus letztlich immer vermittelt über Informationen in Gang gesetzt wird. Günstige Rahmenbedingungen für organisationales Lernen implizieren also eine hohe Wahrnehmungsfähigkeit für lerninduzierende Informationen.

Klimecki/Laßleben nehmen an, dass Organisationen aus der **Beobachtung von Unterschieden** lernen (vgl. 1998, S. 81). Demnach entfaltet gerade die Wahrnehmung von Unterschieden bzw. Diskrepanzen eine lerninduzierende Wirkung. Dabei handelt es sich vor allem um

- Unterschiede zwischen Erwartungen und Ergebnissen von Handlungen,
- Unterschiede zwischen angestrebten und tatsächlichen Leistungen,
- Unterschiede zwischen Vision/Idee und Wirklichkeit,
- Unterschiede zwischen eigenen Praktiken und denen anderer sowie
- Unterschiede zwischen alternativen Routinen, Zielen, Interessen oder Weltsichten von Organisationseinheiten bzw. Organisationsmitgliedern.

Um solche Unterschiede, die organisationales Lernen auslösen, zu erkennen, müssen Vergleiche bzw. Gegenüberstellungen erfolgen. Diese informieren Organisationsmitglieder dann über ihre Fehler, über Möglichkeiten zur Verwirklichung ihrer Ziele, über Ansätze zur Verbesserung ihrer Praktiken oder über alternative Sichtweisen von Problemen. Damit sind letztlich auch die Lernauslöser das Ergebnis kognitiver Prozesse in der Organisation.

Strategien zur Verbesserung des organisationalen Lernens müssen an dieser Generierung von Informationen, d. h. der Erzeugung von Unterschieden, ansetzen; dies gelingt z. B. durch abweichungsorientierte Reflexion (Soll-Ist-Vergleiche auf Maßnahmen- und Zielebene bzw. Kontrolle 1. und 2. Ordnung) und perspektivenorientierte Reflexion im Rahmen des Controllings (vgl. Pietsch/Scherm 2004, S. 536-539), aber auch durch Benchmarking (vgl. Camp 1994). Es gilt also im Sinne des Lernens, eher Diversität als Konformität bzw. eher Heterogenität als Homogenität in Organisationen herbeizuführen, auch wenn das bekannten Managementpraktiken widerspricht.

Aber nicht nur Organisationen, die Probleme haben, sind lernfähig, auch freie Kapazitäten, Redundanzen bzw. ungenutzte Ressourcen und lose Kopplung („organizational slack") fördern die Suche nach neuen bzw. das Hinterfragen bestehender Lösungen. Wie dieser „slack" Lernen auslöst, ist jedoch weit gehend ungeklärt (vgl. Probst/Büchel 1998, S. 50-52).

4.4.3   Träger und Formen des organisationalen Lernens

In Organisationen lassen sich bezüglich der **Träger des Lernens** analytisch drei (Lern- bzw. Emergenz-)Ebenen unterscheiden: die individuelle bzw. intrapersonelle Ebene, die Gruppen- bzw. interpersonelle Ebene und die Organisations- bzw. intraorganisationale Ebene. Zunehmend spielt auch die organisationsübergreifende bzw. interorganisationale Ebene, d. h. das Lernen in Netzwerken bzw. die Nutzung externer Wissenssysteme zur Förderung des Lernens, eine Rolle (vgl. Pawlowsky 2004, Sp. 1287). Überwiegend wird aber in individuelles und organisationales Lernen unterschieden. Dabei bilden in den Ansätzen Individuen die Träger – man spricht auch von Agenten – des organisationalen Lernens, ihre Funktion wird jedoch äußerst unterschiedlich interpretiert. Das Spektrum reicht von der reinen Katalysatorfunktion bis hin zu dem allein bei Individuen vorhandenen Wissen. Auch hinsichtlich der Frage, welche Individuen lernen, geht die Bandbreite von allen Organisationsmitgliedern bis hin zu einer kleinen Lerngruppe (Top-Management, dominante Koalition).

Der **Zusammenhang von individuellem und organisationalem Lernen** kann auf unterschiedliche Weise konzipiert werden; Wiegand unterscheidet ein Kontinuum mit vier Ausprägungen nach dem Grad der Fokussierung auf die Organisations- bzw. Individuumsebene (vgl. 1996, S. 315-317), wobei mit der Reihung die Bedeutung des Organisationalen zunimmt:

- Für organisationale Informationsverarbeitungs- und Lernprozesse finden in Analogie zum individuellen Lernen lediglich Metaphern Anwendung. Es lernt allein das Individuum und eine konzeptionelle Verzahnung der beiden Ebenen findet nicht statt. Ein extremes Beispiel dafür liegt dann vor, wenn aus Mitarbeiterbefragungen zum eigenen Lernverhalten direkt auf das Lernen der Organisation geschlossen wird.
- Die Organisation bildet den Rahmen für das individuelle Lernen und Handeln; es bestehen soziale, politische und strukturelle Einflüsse, die sich mittelbar über ihre Wirkungen auf das organisationale Lernen selbst verändern.
- In der Organisation ändert sich das Paradigma oder die Kultur aufgrund emergenter Lernprozesse; neben den individuellen Lernprozessen fungieren die Individuen als Agenten des organisationalen Lernens.

• Aus systemtheoretischer Perspektive steht das Interpretations- und Erwartungsmuster der Organisation im Vordergrund; durch permanente Kommunikation kommt es zur ständigen Rekonstruktion der organisationalen Muster.

Bei einer weit reichenden Fokussierung auf das individuelle Lernen wird mitunter von einem **stellvertretenden Lernen** der Organisationsmitglieder ausgegangen. Dabei erzielen die Organisationsmitglieder individuelle Lerneffekte, die in der Organisation kommuniziert werden und so kollektive Wirklichkeitskonstruktionen fördern. Es kann aber auch stellvertretend eine Elite bzw. dominante Koalition lernen; dann sind Lernen und Macht kombiniert und individuelles Wissen wird mit größerer Wahrscheinlichkeit in organisationales Wissen transferiert. Daneben können andere Gruppen, z. B. interdisziplinäre Projektgruppen, Wissen generieren und es der Organisation zur Verfügung stellen, wodurch sich die Wissensbasis verändert. Löst man sich von Individuen als Trägern des organisationalen Lernens, wird unterstellt, dass die Organisation Lernerfahrungen in organisationalen Wissenssystemen (Strukturen, Prozesse, Kultur) speichern und unabhängig von einzelnen Individuen transferieren kann (vgl. Probst/Büchel 1998, S. 63-67).

Folgt man einer systemtheoretischen Perspektive, liegt eine Fokussierung auf den spezifisch **organisationalen Charakter des organisationalen Lernens** zugrunde. Dabei weisen Organisationen – systemtheoretisch betrachtet – eine eigene Identität auf. Sie ergibt sich aus der Differenz zwischen Organisation und Umwelt und damit durch grundlegende organisationsspezifische Sinnkontexte in teilweise expliziter Abgrenzung zur Umwelt (vgl. auch I.9). Die organisationale Identität lässt sich nicht durch bloße Aggregation individueller Leistungen erklären, vielmehr sind Organisationen durch Emergenzeffekte wie organisationale Eigenschaften bzw. Erwartungsstrukturen, aber auch eine eigene Kultur gekennzeichnet. Identität bedeutet, dass Organisationen eine eigenständige Handlungsfähigkeit haben; die Organisationsmitglieder handeln im Rahmen ihrer organisationalen Rolle stellvertretend bzw. als Repräsentanten der Organisation. Außerdem weisen Organisationen eigenständige kognitive Strukturen auf, da ohne diese die Grenzziehung nicht möglich wäre, die aufgrund der permanenten Interaktion der Organisationsmitglieder und der dabei konstituierten Differenz zur Umwelt entsteht. Für die überindividuelle Speicherung – als Voraussetzung für eigenständige kognitive Strukturen – wird z. B. auf das Konzept der organisationalen Routinen abgestellt. Da Organisationen damit eine eigene Identität aufweisen, kommen sie als eigenständige Lernsubjekte in Frage (vgl. Eberl 1998, S. 48-50).

Versteht man Organisationen als eigenständige Lernsubjekte, wirken sie bei weitem nicht nur als Speicher individuellen Wissens, sondern weisen auch Lernprozesse auf der Grundlage vorhandener interpersonaler und intraorganisationaler Wissenssysteme auf. Die Organisationsmitglieder entwickeln in ihrer Interaktion Kompetenzen und Erfahrungen, die sich in der Summe des individuellen Wissens nicht vollständig widerspiegeln. Weder der Prozess des Lernens noch das Lernergebnis, d. h. das Wissen, ergeben sich additiv aus den individuellen Pendants. Es müssen daher die Wechselwirkungen zwischen der Ebene des Individuums und der Organisation geklärt werden. Zu organisationalem Lernen kommt es dann, wenn ein Wissenstransfer auf der interpersonalen bzw. intraorganisationalen Ebene stattfindet und sich die gespeicherten Informationen, Hypothesen und Interpretationsmuster (kollektive Wissenssysteme, organisationale Wissensbasis) verändern, wodurch sich das Lern- und

Verhaltenspotenzial (Routinen, Strukturen, Abläufe, Techniken usw.) vergrößert (vgl. Pawlowsky 1994, S. 263-270).

Zur Charakterisierung des organisationalen Lernpotenzials betont die Mehrzahl der Ansätze
primär die kognitive Perspektive (vgl. III.4.3). Daneben wird Lernen aber auch als Veränderung von Kulturelementen einer Organisation oder als Veränderung organisationaler Handlungen gesehen. Es spricht vieles dafür, diese Formen des Lernens nicht als ein „entweder –
oder" zu interpretieren, sondern sie integrativ zu sehen. Organisationales Lernen ist dann als
Entwicklung kognitiver, kultureller und verhaltensbezogener Potenziale zu verstehen
(vgl. Pawlowsky 1994, S. 272-273).

Organisationskultur als gemeinsam geteilte Wirklichkeitsinterpretation der Organisationsmitglieder darf nicht ausgeblendet werden, da diese kollektiven Überzeugungen auch Ab-
wehr- oder Annäherungsverhalten gegenüber Lernprozessen fördern. Vorwiegend betonen
die Ansätze des organisationalen Lernens aber kognitive und verhaltensbezogene Aspekte. In
kulturbezogenen Lernpotenzialen kommt jedoch stärker die affektive Komponente von Wissenssystemen zum Ausdruck, die von zentraler Bedeutung für die Stabilität bzw. Instabilität
dieser Systeme ist. Die durch organisationales Lernen induzierte Modifikation zunächst als
selbstverständlich geltender und weit gehend unhinterfragter (organisations-)kultureller
Normen ruft starke Affekte und Emotionen hervor. Je nachdem, ob diese Emotionen eher
aktivierend wirken oder Widerstand hervorrufen, können sie weiteres organisationales Lernen sowie die Weiterentwicklung von Wissenssystemen behindern oder fördern. Organisationales Lernen und Verhalten stehen in wechselseitiger Beziehung, wobei sich nicht alles
Gelernte in Verhalten niederschlägt und nicht jedes Verhalten zu einer Änderung im kollektiven Wissenssystem führt. Die Vermittlung zwischen organisationalem Lernen und Verhalten erfolgt nicht selten über emotionale Prozesse. Es sind zwei Ansatzpunkte für die Mittlerfunktion von Emotionen erkennbar: Zum einen können Lernprozesse durch Affekte angestoßen werden oder Gelerntes ruft über eine emotionale Aktivierung modifizierte Verhaltensmuster hervor, zum anderen kann der Anstoß auf Seiten des Verhaltens und der (nicht zuletzt
organisationskulturellen) Strukturen erfolgen, die vermittelt über eine emotionale Aktivierung kognitive Informationsverarbeitungsprozesse bei den Organisationsmitgliedern sowie
schließlich eine Veränderung der Wissensbasis initiieren.

4.4.4   Typen des organisationalen Lernens

Trotz der Heterogenität der Ansätze bzw. Konzepte und der variierenden Bezeichnungen
werden in den meisten Fällen drei organisationale Lerntypen unterschieden (vgl. dazu Pawlowsky 1994, S. 284):

Den **ersten Lerntyp** bildet die idiosynkratische Adaption, bei der Organisationen auf Abweichungen von vorgegebenen Werten, Standards oder Normen reagieren; sie identifizieren
Ursachen und versuchen, diese zu beseitigen (vgl. Pawlowsky 1994, S. 285-286). Seit Argy-
ris/Schön wird der Typ häufig als single-loop learning bezeichnet. Er findet im Allgemeinen
in schrittweiser, inkrementaler Form statt und zielt auf die Stabilisierung und Konstanz von
Handlungsprinzipien in der Organisation.

Die Organisation muss in der Lage sein, relevante Informationen wahrzunehmen, sie in Bezug zu den normativ verankerten Handlungstheorien zu setzen und Abweichungen zwischen Erwartetem und Realisiertem zu erkennen, da erst auf dieser Grundlage Korrekturen der Ist-Situation und Lernimpulse erfolgen können. Die Lernfähigkeit beschränkt sich auf vorgegebene Werte, Standards und Normen. Dieser Lerntyp findet in der Regel auf der operativen Ebene von Organisationen statt und sollte auch vor allem dort angesiedelt sein, da er sich nur sehr begrenzt eignet, Veränderungen in turbulenten Umwelten zu bewältigen. Dies tritt insbesondere dann auf, wenn die Umweltdynamik regelmäßig Korrekturen über vorgegebene Werte, Standards und Normen hinaus erfordert. Aufgrund der Adaption an die Umwelt wird auch von Anpassungslernen gesprochen (vgl. Probst/Büchel 1998, S. 35).

Veränderungslernen als **zweiter Lerntyp** setzt zum einen die Konfrontation von organisationalen Hypothesen, Normen und Handlungsanweisungen mit Umweltbeobachtungen, zum anderen die Rückkopplung der Ergebnisse dieses Vergleichs in das Wissenssystem der Organisation voraus (vgl. Pawlowsky 1994, S. 286-288). Dieser Feedbackprozess wird häufig als double-loop learning bezeichnet. Er führt zu einer kritischen Prüfung der Annahmen, Handlungstheorien bzw. -routinen der Organisation, wobei die Fähigkeit zum Verlernen vorausgesetzt wird. Das organisationale System ist hier geprägt durch reaktives Verhalten auf Umweltänderungen. Diese Ebene des Lernens macht es notwendig, Konflikte in Organisationen offen zu legen, da verankerte organisationale Werte, Standards und Normen hinterfragt, neue Prioritäten gesetzt und gegebenenfalls sogar Werte verändert werden müssen. Nur durch Veränderung der Strukturen und des Verhaltensrepertoires kann sich der Bezugsrahmen der Organisation verändern und eine Modifikation der Ziele ergeben.

Für den **dritten Lerntyp**, der auf die Verbesserung der Lernfähigkeit zielt und den Lernprozess zum Gegenstand hat, finden sich in der Literatur vielfältige Begriffe; die Bandbreite reicht von „deutero learning" über „holographic learning", „integrated learning" oder „generative learning" bis hin zu „Entwicklungslernen" oder „Problemlösungslernen" (vgl. Pawlowsky 1994, S. 288-291). Eine wichtige Voraussetzung ist die Abstraktionsleistung der Organisation auf der Metaebene der Lernprinzipien, um die hinter den Verfahren und Prinzipien liegende Bedeutung zu erkennen. Nur so können das Verständnis und die Einsicht in den „Sinn" der Organisation handlungsleitend werden. Das führt zu einem erhöhten Problemlösungspotenzial und einer größeren Zahl von Handlungsmöglichkeiten. Dieses Problemlösungslernen basiert auf dem Erkennen von Mustern, die in ähnlichen Situationen Anpassungs- oder Veränderungslernen ermöglichen. Dadurch können Verhaltensregeln und -normen restrukturiert werden.

4.4.5   Blockaden des organisationalen Lernens

Wo Wissen bewahrt bleibt bzw. bleiben soll, wird Lernen häufig verhindert. Dies ergibt sich aus dem Umstand, dass Lernen die bisherige Wissensstruktur zerstört (vgl. Probst/Büchel 1998, S. 73-79). Um Lernen zu ermöglichen, muss daher die Struktur des organisationalen Wissens flexibel und veränderbar gehalten werden. Das fällt umso schwerer, je erfolgreicher eine Organisation ist, da Erfolg das vorhandene Wissen sowie dessen Strukturierung verstärkt und dadurch das Verlernen behindert. Durch **Verlernen**, das sich im Gegensatz zum

Vergessen nicht unbewusst aufgrund der Begrenzung unserer kognitiven Fähigkeiten vollzieht, werden Wissen oder Muster der Wissensstruktur aus dem (organisationalen) Gedächtnis gestrichen; es besteht dann die Möglichkeit, alte (Wissens-)Strukturen zu verändern und neues Wissen aufzunehmen. Das erfordert Ressourcen und löst vorübergehend Orientierungslosigkeit aus. Es muss daher eine Balance zwischen den bestehenden Wissensstrukturen und dem Verlernen gefunden werden. Dem (Ver-)Lernen stehen Hindernisse bzw. Blockaden entgegen, die auf der Ebene des Individuums, der Gruppe oder der Organisation auftreten (können) (vgl. Güldenberg 1997, S. 230-234).

Kollektive Lernprozesse setzen **Kommunikation** voraus; fehlt diese, wird individuelles Wissen nicht weitergereicht. Ursachen können beispielsweise mangelnde gegenseitige Akzeptanz des Wissensvorsprungs des jeweils anderen, aber auch Misstrauen und der Versuch des Machterhalts bis hin zu Desinteresse, wem Wissen nützen könnte, sein.

Lernprozessen stehen auch **mentale Lernbarrieren** entgegen, wobei nicht nur an Bewährtem, sondern auch an Nicht-Bewährtem festgehalten wird (vgl. Gebert/Boerner 1997, S. 238-242). Zwar brauchen Organisationen neben Neugier und Veränderungsdrang auch Beharrungsvermögen, wenn dieses jedoch überwiegt und zur Trägheit wird, sind Lernprozesse blockiert. Menschliche Denkgewohnheiten, die sich sowohl auf Denkinhalte als auch Denkmethoden beziehen können, stützen außerdem diese Trägheit. Das behindert das Umfunktionieren, d. h. das anders als bisher kombinieren, von Ressourcen und Menschen ebenso wie das Hinterfragen von Routinen, Weltbildern und Handlungstheorien. Damit wird aber nicht nur an dem festgehalten, was funktioniert; vielmehr neigen Menschen gegebenenfalls dazu, wenn etwas nicht funktioniert, es mit „mehr desselben" zu probieren, anstatt die Vorgehensweise zu verändern, d. h. die Annahmen bezüglich des Problems zu überprüfen. Ursachen dafür liegen in linearem Denken, der Vermeidung kognitiver Dissonanz und Attributionsfehlern; das wird an einem einfachen Beispiel deutlich: Eine gestiegene Ausschussquote soll durch stärkere Kontrolle beseitigt werden, ohne zu erkennen, dass die intensivierte Überwachung die Motivation negativ beeinflussen kann (lineares Denken). Die Mängel verstärken sich noch, aber die eingeleitete Maßnahme kann nicht falsch sein (kognitive Dissonanz). Deshalb muss die Ursache der Demotivation in den Mitarbeitern und nicht in der Situation, der stärkeren Kontrolle, liegen (Attribution). Dadurch verstärkt sich das (negative) Menschenbild noch, das bereits Ausgangspunkt des Handelns war.

Diese individuellen mentalen Barrieren werden verstärkt durch beschränkte Lernsysteme, die begangene Fehler zu verschleiern suchen. Für die Lernverhinderung macht Argyris drei Mechanismen, **organisationale defensive Muster**, verantwortlich; sie lassen sich auf früh – gegebenenfalls bereits im Kindesalter – erlernte Gebrauchstheorien und Werte zurückführen (vgl. 1990; auch Probst/Büchel 1998, S. 74-77): (1) Um das Gesicht zu wahren und Bestehendes zu erhalten, werden Erklärungen, Verzerrungen, Ungenauigkeiten, Auslassungen, Entschuldigungen usw. genutzt („skilled incompetence"). (2) Der automatische Gebrauch dieser Mechanismen zum Schutz vor peinlichen und bedrohenden Situationen wird als defensive Routine bezeichnet; allein durch den Versuch, ihn zu verhindern, können sich Strukturen verstärken, die aufgebrochen werden sollen. (3) Handlungen, die die Wahrheit verdecken, d. h. Inkonsistenzen zulassen oder andere verantwortlich machen („fancy footwork"), führen letztlich zu einem Unbehagen („malaise") in Gruppen, das Lernen verhindert.

Als weitere Barrieren sind **Normen, Privilegien und Tabus** zu sehen (vgl. Probst/Büchel 1998, S. 78): Da Normen von mehreren bzw. allen Organisationsmitgliedern geteilt werden, sind sie nicht leicht zu ändern; Widerstände gegen eine Änderung kommen z. B. in Killerphrasen zum Ausdruck (Das klappt doch nie. Bei uns ist das eben anders. Darum geht es doch gar nicht...). Privilegien sind häufig mit ökonomischen Vorteilen verbunden und werden deshalb von Organisationsmitgliedern mit aller gebotenen Macht verteidigt. Schon allein dadurch, dass Tabus scheinbar nicht zu diskutieren sind, bieten sie Veränderungen einen erheblichen Widerstand. Diese Veränderungsresistenz kann zwar bei bestimmten organisationalen Wissensbeständen, z. B. den Grundwerten der Organisation, erwünscht sein, blockiert aber in der Regel organisationale Lernprozesse.

Daneben können so genannte **Informationspathologien** zu einer Behinderung des Lernens führen (vgl. Pautzke 1989, S. 8). Sie sind struktureller Natur, wenn abgeschottete Managementebenen, starke funktionale Gliederung oder operative Inseln in Organisationen es weder der Spitze noch einzelnen Entscheidungsträgern erlauben, in einem bestimmten Bereich fundierte und reflektierte Entscheidungen zu treffen. Ebenso können Doktrinen (z. B. Slogans, Parolen) Informationen verzerren und ein Bild zeichnen, das nicht der Realität entspricht. Sie sind psychologischer Natur, wenn Individuen dazu neigen, stimmige kognitive Strukturen den konfliktären oder widersprüchlichen vorzuziehen, die Harmonie in der Organisation zu fördern und Informationen zu unterdrücken, die nicht passen.

4.5 Lernende Organisation

Organisationales Lernen und lernende Organisation stellen – obwohl häufig synonym verwendet – zwei verschiedene, wenn auch miteinander verbundene Konzepte dar. Während Ersteres in der Regel auf Aktivitäten bzw. Prozesse auf verschiedenen Ebenen in Organisationen abstellt, bringt Letzteres Anforderungen zum Ausdruck, die eine Organisation erfüllen muss, um lernen zu können. Konzepten der lernenden Organisation geht es ganz allgemein darum, die (institutionellen) Voraussetzungen zu schaffen, die organisationales Lernen ermöglichen bzw. fördern. Dabei lassen sich **zwei Sichtweisen** unterscheiden; zum einen wird die kontinuierliche Weiterentwicklung der Organisation hervorgehoben (z. B. Pedler/Boydell/Burgoyne 1996, S. 60; Senge 1998), zum anderen auf die Wissensverarbeitung durch die Organisation abgestellt (z. B. Garvin 1994; Leonard-Barton 1994).

Die lernende Organisation als Konzept zur Förderung des organisationalen Lernens setzt ein positives Menschenbild, d. h. den motivierten Wissensträger, Wissensgenerierer und Wissensverarbeiter voraus (vgl. Steinmann/Hennemann 1997, S. 41). Sie wird tendenziell mit wenig formalen, hierarchiefrei vernetzten Strukturen, die den Organisationsmitgliedern hinreichend Freiräume belassen, in Verbindung gebracht. Durch lose Kopplung der Systeme sollen Flexibilität und Entwicklungsfähigkeit geschaffen werden. Außerdem werden die Bedeutung der umfassenden (mündlichen) Kommunikation und der Lernkultur, d. h. einer insbesondere gegenüber Fehlern toleranten Organisationskultur, hervorgehoben (vgl. Maier/Rosenstiel 1997). Das soll nicht nur die Verschleierung von Fehlern verhindern, sondern auch das kritische Hinterfragen von organisationalen Normen und Routinen fördern (vgl.

Gebert/Boerner 1997, S. 245-247). Hinzu kommt die Einrichtung von Lern- oder Übungs-
gemeinschaften, die das Erzielen und Kollektivieren von Lerneffekten ermöglichen bzw.
erleichtern, in denen jedoch kein einseitiges Gruppendenken entsteht, das seinerseits zur
Lernblockade werden kann.

Das führt aber auch zu einer latenten Unruhe in der Organisation, da diese sich ständig wan-
delt. Informationen aus der Umwelt werden in offenen Improvisations- und Selbstorganisa-
tionsprozessen verarbeitet, die die Orientierung des Systems fortlaufend verändern können.
Organisationen benötigen demgegenüber zur Identitätsbildung und Bestandssicherung zumindest temporär stabile Regeln bzw. Strukturen, auch wenn durch sie die Wahrnehmung
der Umweltinformationen gefiltert, deren Interpretation gesteuert und Unsicherheit produziert wird; d. h., eine Organisation muss in der Lage sein, zumindest temporär nicht zu lernen. Organisationsstruktur und organisationales Lernen schließen sich vor diesem Hintergrund nicht aus und dürfen nicht als Gegensätze gesehen werden. Stabilisierung stellt so
betrachtet das Ergebnis eines Lernprozesses dar, durch den erkannt wurde, dass Formalisierung von Vorteil ist; gleichzeitig bildet die Stabilisierung das Objekt, das hinterfragt werden
muss (vgl. dazu Schreyögg/Noss 1994; auch Steinmann/Schreyögg 2003, S. 523-525).

Das bekannteste Buch zur lernenden Organisation stammt von Peter M. Senge („The Fifth
Discipline", 1990), der das Thema nicht nur in den USA, sondern auch in Deutschland popu-
lär gemacht hat. Im Mittelpunkt steht die fünfte Disziplin **Systemdenken**", da er davon
überzeugt ist, dass eine Vielzahl von Problemen in Organisationen wie in Gesellschaften von
den betroffenen Akteuren und ihrer verkürzten Problemsicht verursacht wird (vgl. III.4.3.5).
Oft orientiert man sich in einer kurzfristigen Denkweise an sichtbaren Ereignissen, ohne die
Ursachen, z. B. dahinter stehende Handlungsmuster oder Strukturen, und längerfristige Zusammenhänge zu berücksichtigen. Deswegen können Problemlagen verschlimmert oder
sogar neue geschaffen werden.

Das Wesentliche an der Disziplin Systemdenken ist die Wahrnehmung von zirkulären Wech-
selbeziehungen statt linearer Ursache-Wirkungs-Beziehungen sowie Veränderungsprozessen
statt Schnappschüssen (vgl. Senge 1998, S. 94; auch I.9.3.4). Durch das Erkennen wieder-
kehrender archetypischer Muster oder Problemlagen systemischer Prozesse werden Zusammenhänge aufgedeckt und einer Gestaltung zugänglich gemacht; es wird Lernen gefördert.
Systemdenken integriert **vier weitere Disziplinen**, die ebenfalls von großer Bedeutung für
die lernende Organisation sind (vgl. Senge 1998, S. 171-327):

- Personal Mastery (Selbstführung und Persönlichkeitsentwicklung): das Streben nach
  beständigem Lernen und persönlicher Weiterentwicklung
- Mentale Modelle: die Fähigkeit und Bereitschaft, sich gemeinsam mit anderen mit den
  Annahmen auseinander zu setzen, die das Denken, Urteilen und Handeln prägen
- Gemeinsame Vision: die Fähigkeit, eine gemeinsame Vision zu formulieren, die von
  allen Organisationsmitgliedern getragen wird
- Team-Lernen: die Fähigkeit eines Teams, unterschiedliche Sichtweisen im offenen Dialog zusammenzutragen und Entscheidungen zu treffen, die von Gruppenintelligenz, nicht
  von Gruppenzwang getragen sind

Durch die vier eng miteinander verbundenen Disziplinen, die alle von der fünften Disziplin – dem Systemdenken – durchdrungen sind, soll Lernbereitschaft und Lernfähigkeit reaktiviert und weiterentwickelt werden, die den Organisationsmitgliedern (quasi) natürlich gegeben, aber durch lern- und entwicklungsfeindliche Rahmenbedingungen in Ausbildung und Berufsalltag verloren gegangen sind. Insbesondere sollen Manager ihre Fähigkeiten in allen fünf Disziplinen (weiter-)entwickeln, um Organisationen schließlich systemisch zu gestalten und Mitarbeiter implizit in dem systemischen Verständnis ihrer Arbeitsprozesse zu unterstützen. Wenn Manager den Mitarbeitern die Möglichkeit geben, ihre persönlichen Ziele in die gemeinsame Vision einzubringen und zusammen mit anderen zu verwirklichen, lösen sich – so wird unterstellt – die Schlüsselprobleme des organisationalen Lernens gewissermaßen von selbst. Sie bringen bei geeigneten Rahmenbedingungen und Förderung in den fünf Disziplinen ihr Wissen von sich aus ein und können es kritisch überprüfen und integrieren. Durch die Formulierung einer gemeinsamen Vision unter Einbezug aller Mitarbeiter kann dauerhaftes Engagement für die Vision erzielt werden (vgl. auch Hennemann 1998, S. 246-258).

Die Verwandtschaft des Menschenbilds mit dem nach Selbstverwirklichung strebenden Menschen (**self-actualizing man**), der den so genannten Human-Resource-Ansätzen zugrunde liegt, ist unübersehbar; man kann Senges Überlegungen durchaus als moderne Variante dieser Ansätze mit besonderer Betonung des Lernaspekts bezeichnen. Durch Erwerb und Anwendung immer neuer Fähigkeiten soll sich der Mensch gemeinsam mit anderen entfalten und seine wahren Ziele (und damit gleichzeitig die der Organisation) verwirklichen (vgl. Hennemann 1998, S. 267). Von der Gültigkeit dieser Annahmen über den Menschen in Organisationen und der Realisierung der von Senge geforderten Dezentralisierung von Macht und Autorität in Organisationen hängt letztlich ab, zu welchem Grad eine lernende Organisation entsteht (ausführlicher dazu Hennemann 1998, S. 292-307).

5 Wissensmanagement

5.1 Begriff, Arten und Träger des Wissens

Den verschiedenen Perspektiven, aus denen das organisationale Lernen betrachtet wird, ist gemein, dass sie in der einen oder anderen Form auf das Konstrukt des organisationalen Wissens zurückgreifen. Außerdem kristallisiert sich immer mehr als „common sense" heraus, organisationales Lernen als Veränderung der Wissensbasis einer Organisation (vgl. Schreyögg/Eberl 1998, S. 519) oder die lernende Organisation als wissensbasiertes System (vgl. z. B. Güldenberg 1998, S. 105) zu begreifen. Vor diesem Hintergrund ergeben sich zunehmend Überschneidungen zwischen der Diskussion um das organisationale Lernen (bzw. den organisationalen Wandel) und dem Wissensmanagement.

Dass der Wissensbegriff trotz seiner Bedeutung in den verschiedenen Wissenschaftsdisziplinen eine beträchtliche Heterogenität aufweist, überrascht an dieser Stelle nicht mehr. In der Betriebswirtschaftslehre gab es in jüngerer Zeit mit dem zunehmenden Interesse an der Ressource Wissen einige definierende Ansätze, die jedoch bisher zu keinem einheitlichen Begriffsverständnis führten. Ein synoptischer Überblick bei Al-Laham lässt in der betriebswirtschaftlichen Literatur drei **Zugänge zum Wissensbegriff** erkennen (vgl. 2003, S. 25-27):

- Wissen als Verarbeitung bzw. bewusste Anwendung von Informationen
- Wissen als Gesamtheit des Problemlösungspotenzials von (Mehrheiten von) Wissensträgern
- Wissen als Ergebnis von Lernprozessen

Aus diesen drei Zugängen werden unmittelbar drei zentrale Merkmale des Wissensbegriffs deutlich. Zunächst finden Informationen Eingang in einen konkreten (zeitpunktbezogenen) Wissensbestand einer bzw. mehrerer Personen. Durch die systematische Vernetzung dieser Informationen entsteht Wissen, das gegebenenfalls ein deutlich größeres Problemlösungspotenzial aufweist als die dort hineinfließenden (Einzel-)Informationen. Dabei erweist sich die Veränderung von Wissen(-sbeständen) im Zeitablauf als das Ergebnis von (individuellen bzw. organisationalen) Lernprozessen.

Den Zusammenhang des Wissensbegriffs mit verwandten Begriffen macht die Informationswissenschaft knapp deutlich (vgl. Abb. III.5.1): **Zeichen** werden durch Syntaxregeln zu **Daten**. Durch die Beachtung der Syntaxregeln sind Daten von Personen oder EDV-Systemen grundsätzlich verstehbar und verarbeitbar; sobald diese Daten ausdrücklich in den Rahmen eines konkreten (Problem-)Kontextes gestellt werden, handelt es sich für den Empfänger um Informationen. Diese **Informationen** stellen somit eine (relevante) Nachricht für die Bewältigung einer spezifischen, relativ eingegrenzten Problemstellung des Empfängers dar. Durch Vernetzung von Informationen entsteht **Wissen**, das (durch die Informationsvernetzung) in einem potenziell erweiterten Problem- und Handlungskontext genutzt werden kann. Gleichermaßen wie die Information erweist sich Wissen mithin als situationsgebunden. Im Vergleich zur Information kann Wissen jedoch aufgrund des deutlich erweiterten Problemkontextes leichter auf andere Situationen übertragen werden. Es ist nicht dauerhaft und objektiv gegeben, sondern stets subjektiv geprägt und ständigen Veränderungen ausgesetzt. In die Wissensverarbeitung fließen Erfahrungen und Erwartungen der beteiligten Personen ein, die nicht zuletzt bei der Vernetzung zugrunde liegender Informationen genutzt werden. Gleichzeitig steigt mit der Zunahme von Wissen häufig der (subjektiv) wahrgenommene Umfang des Nichtwissens. Organisationen sind heute in der Regel keinesfalls von einem Mangel, sondern eher einem Übermaß an Daten geprägt, die für die Organisationsmitglieder bei weitem nicht alle Informationen darstellen oder gar von ihnen zu Wissen verarbeitet werden (können).

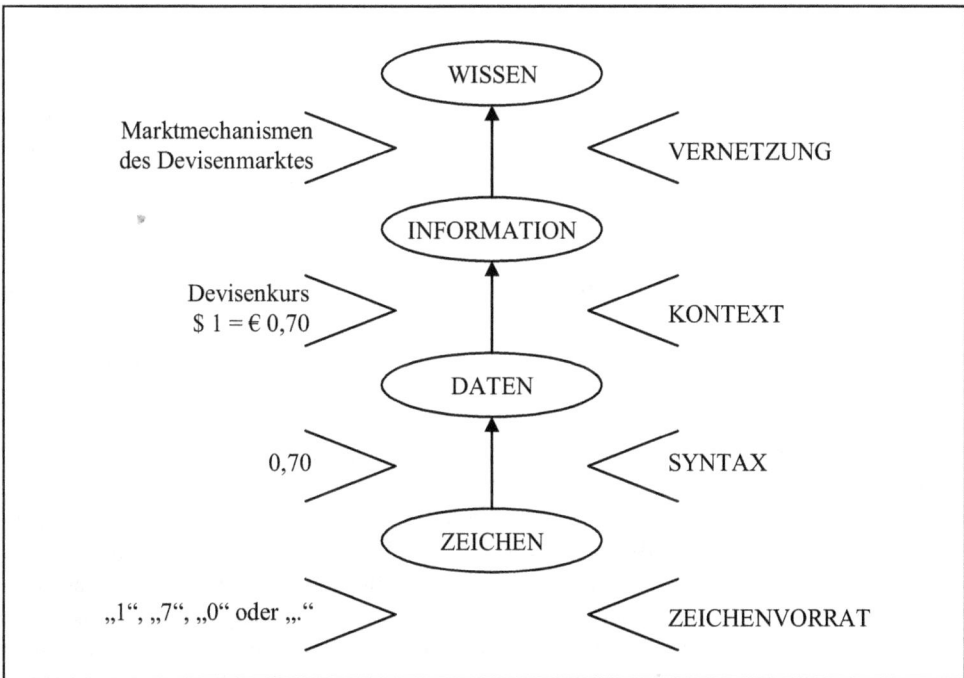

Abb. III.5.1:   Beziehungen zwischen Zeichen, Daten, Informationen und Wissen (vgl. Rehäuser/Krcmar 1996, S. 6)

Der Zusammenhang zwischen Daten, Information und Wissen lässt sich angesichts des teilweise fließenden Übergangs auch als Kontinuum verschiedener Merkmale darstellen (vgl. Probst/Raub/Romhardt 2006, S. 17, auch Abb. III.5.2).

Daten	Information	Wissen
umstrukturiert	....	strukturiert
isoliert	....	verankert
kontext-unabhängig	....	kontext-abhängig
geringe Verhaltenssteuerung	....	hohe Verhaltenssteuerung
Zeichen	....	kognitive Handlungsmuster
distinction	....	mastery/capability

Abb. III.5.2:   Kontinuum Daten – Information – Wissen (vgl. Romhardt 1998, S. 40)

Da Informationen durch ihre Vernetzung mit Wissensstrukturen in den Kontext vielfältiger anderer Perspektiven und Verwertungsmöglichkeiten gestellt werden, vergrößert sich im Zuge der Wissensgenerierung das Handlungspotenzial des Individuums oder der Organisation. Durch diesen im Vergleich mit Informationen erweiterten Kontextbezug kann Wissen somit als Ergebnis eines Lern- und Kreativitätsprozesses verstanden werden, der Informationen perspektiven- und problemübergreifend koppelt. Neben der inhaltlichen Dimension von Wissen (Tatsachenwissen) gibt es eine prozessuale Dimension, also die Kompetenz, Wissen in kognitiver Hinsicht – z. B. durch Bezugnahme auf unterschiedliche logische Metaebenen und Beurteilungskriterien – kritisch zu überprüfen (Reflexionsfähigkeit) und auf spezifische Aufgaben zu beziehen sowie bei ihrer Erfüllung anzuwenden (Handlungsfähigkeit). Wissen bildet eine zentrale Grundlage des Handelns bzw. der Erfahrung und kann zugleich auf der Grundlage von Handeln bzw. Erfahrung gezielt weiterentwickelt werden. Vor diesem Hintergrund erweist sich Wissen sowohl als Gegenstand als auch Voraussetzung des Wissensmanagements.

Ähnlich der skizzierten Begriffsvielfalt finden sich zahlreiche **Ansätze zur Klassifikation von Wissen** (vgl. Al-Laham 2003, S. 31-34; auch Romhardt 1998, S. 24-29; Abb. III.5.3). Häufig wird dabei – zurückgehend auf Polanyi, der von der Tatsache ausgeht, „daß wir mehr wissen, als wir sagen zu wissen" (1985, S. 14 im Original kursiv) – in implizites und explizites Wissen unterschieden. **Explizit** wird das Wissen bezeichnet, das in artikulierter, über Medien transferierbarer und archivierbarer Form vorliegt sowie nicht an ein Subjekt gebunden ist (disembodied knowledge). Es handelt sich um Fakten und Regeln, aber auch dokumentierte Erfahrungen und ähnliches, d. h. Wissen, das nach bestimmten Konstruktionsregeln reproduzierbar ist. **Implizites Wissen** spiegelt wider, dass Teile des Wissens und Könnens in Organisationen nicht in Worte fassbar sind; es handelt sich um nicht bzw. nur teilweise artikulierbares Wissen. Man spricht in diesem Zusammenhang auch von analogem Wissen oder Erfahrungswissen. Es liegt dem Handeln latent bzw. unbewusst zugrunde, ist an Erfahrungsträger gebunden (embodied knowledge) und lässt sich nur eingeschränkt interpersonell transferieren. Vielmehr akkumuliert es sich in erfahrungsbasierten Lernprozessen über einen längeren Zeitraum in einem bestimmten Kontext (z. B. Aufgabe, Tätigkeit).

implizites	explizites
relevantes	irrelevantes
wahres	unwahres
autorisiertes	nicht autorisiertes
bewährtes	neu gewonnenes
formelles	informelles
legales	illegales
individuelles	kollektives
kommunizierbares	nicht kommunizierbares
narratives	wissenschaftliches
universales	partikulares

Abb. III.5.3:   *Dichotomien zur Systematisierung von Wissen (Auswahl) (vgl. Romhardt 1998, S. 28-29)*

Verbreitet ist daneben auch eine Unterscheidung in vier **Wissensarten**, die empirisch gewonnen wurde (vgl. Sackmann 1992, S. 142-143) und gewisse Überschneidungen mit der bereits erwähnten Differenzierung zwischen der inhaltlichen und prozessualen Dimension von Wissen aufweist:

- Faktenwissen beantwortet die Frage nach dem „Was" und bestimmt z. B. was als Problem oder wichtiger Sachverhalt gesehen wird.

- Handlungswissen liefert Antworten auf Fragen nach dem „Wie", d. h. allgemein anerkannte Erklärungen für Ursache-Wirkungs-Zusammenhänge.

- Rezeptwissen umfasst Regelungs- und Bewertungsmaßstäbe, die Antwort auf die Frage geben, was getan werden soll, um ein Problem zu lösen.

- Grundsatzwissen beantwortet die Frage nach dem „Warum"; dazu gehören Orientierung stiftende Basisannahmen über das Handeln bzw. der Geschäftstätigkeit in Unternehmen, z. B. der strategischen Ausrichtung.

Darauf aufbauend kann man die **drei zentralen Wissenskategorien** – Know-how, Know-what, Know-why – in ein hierarchisches Verhältnis bringen und sie unterschiedlichen Lernebenen bzw. Lernprozessen zuordnen (vgl. Krüger/Homp 1997, S. 228-231; auch Abb. III.5.4). So ist Know-how (operatives Wissen) notwendig, um z. B. operative Aufgaben zu erfüllen und die Wettbewerbsstrategie umzusetzen; hier erfolgt Anpassungslernen. Strategische Entscheidungen erfordern tiefer gehendes Know-what (strategisches Wissen), das durch subjektive Wahrnehmung und Interpretation der Realität entwickelt wird (Veränderungslernen). Übergeordnetes Know-why (normatives Wissen) besteht beispielsweise bezüglich der Kernbedürfnisse von Kunden und den Ursache-Wirkungs-Beziehungen bei der Befriedigung ihrer Bedürfnisse; Veränderungen erfolgen im Rahmen eines Verständnislernens.

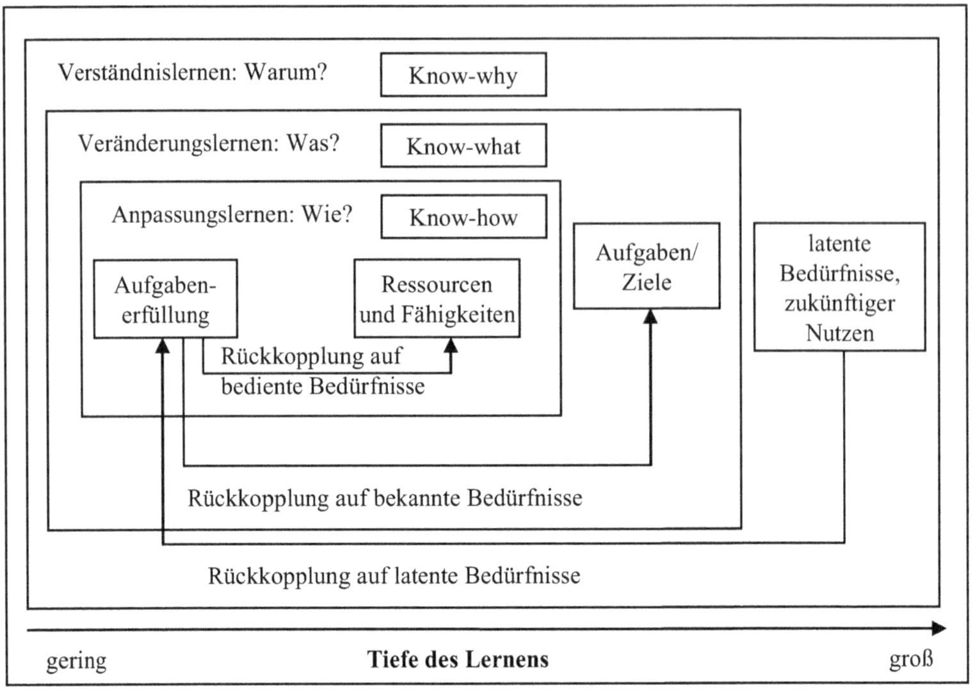
Verständnislernen: Warum?
Know-why
Veränderungslernen: Was?
Know-what
Anpassungslernen: Wie?
Know-how
Aufgaben-erfüllung
Ressourcen und Fähigkeiten
Rückkopplung auf bediente Bedürfnisse
Aufgaben/ Ziele
latente Bedürfnisse, zukünftiger Nutzen
Rückkopplung auf bekannte Bedürfnisse
Rückkopplung auf latente Bedürfnisse
gering
Tiefe des Lernens
groß

Abb. III.5.4: Wissenskategorien und Lernebenen (vgl. Krüger/Homp 1997, S. 229)

Die **Träger des Wissens** kann man grob differenzieren in personelle und nicht-personelle bzw. materielle Träger (vgl. Al-Laham 2003, S. 34-42). **Materielle Wissensträger** erfüllen überwiegend Speicherungsfunktionen und sind in den meisten Fällen zur eigenständigen Wissenserzeugung nicht geeignet, so dass die Qualität des gespeicherten Wissens weniger von dem Träger als der Quelle des Wissens abhängt; Ausnahmen finden sich im Bereich der Künstlichen Intelligenz. Nach der Art des Speichermediums können druckbasierte, audiovisuelle, computerbasierte und produktbasierte Wissensträger unterschieden werden (vgl. Amelingmeyer 2000, S. 53-66).

Bei den **personellen Wissensträgern** kommen neben dem Individuum auch Kollektive zum Tragen. Das Wissen von Kollektiven geht über die Summe des Wissens der Individuen hinaus, wie beispielsweise aus verschiedenen Perspektiven des organisationalen Lernens deutlich wird. Dabei ist auf der kollektiven Ebene weiter zu differenzieren in das Wissen von Personenmehrheiten und Organisationen. Ersteres kann zum einen in Gruppen mit eigener Identität, hoher Interaktionshäufigkeit und direkter Kommunikation erworben werden, zum anderen gibt es aber auch gemeinsam geteiltes Wissen, das weder Gruppen noch der Organisation als Ganzes zuzurechnen ist. In diesen so genannten Wissensgemeinschaften (z. B. Communities of Practice) entwickelt sich gemeinsames Wissen z. B. durch ähnliche Ausbildung und Sozialisation, ähnlichen Arbeitskontext, interdependente Arbeitszusammenhänge, gemeinsame Interessen oder räumliche Nähe (vgl. Wiegand 1996, S. 451-461). Insofern bildet jede (Arbeits-)Gruppe zwar eine Wissensgemeinschaft, umgekehrt gilt dieser Zusammenhang aber nicht.

Hinsichtlich des **organisationalen Wissens** gehen die Konzeptionalisierungen (weit) auseinander. Gemeinsam ist ihnen jedoch die Annahme, dass von allen Organisationsmitgliedern geteiltes Wissen existiert, das für diese ein Handlungspotenzial darstellt. Einen Überblick über unterschiedliche Wissenssysteme in Organisationen gibt Pawlowsky (vgl. 1994, S. 229-250): Das dort aufgezeigte Spektrum an (theoretischen) Konstrukten reicht von organisationalem Gedächtnis und Denken über organisationale Routinen, Schemata, Handlungstheorien und Intelligenz bis hin zu organisationalen Interpretationsmodellen und Ursache-Wirkungs-Zusammenhängen. Dabei handelt es sich in jedem Fall um nicht-personalisiertes Wissen, das weit gehend unabhängig von einzelnen Organisationsmitgliedern zur Handlungskoordination zur Verfügung steht. So spricht beispielsweise Pawlowsky von „gemeinsam geteilten Wirklichkeitskonstruktionen" bzw. „kollektiv übereinstimmenden Annahmen über die Realität" bei den Organisationsmitgliedern, die z. B. in Leitlinien, Arbeitsanweisungen, Mythen und Kultur gespeichert werden und der Organisation auch bei einem Wechsel der Mitglieder erhalten bleiben (vgl. 1994, S. 187).

Informationen als Input- oder Produktionsfaktor haben keinen Wert an sich, sondern erst durch ihre Transformation in Wissen und dessen Anwendung in der Organisation bzw. dem Unternehmen. **Wissensunternehmen** (knowledge firms) liegen dann vor, wenn die Fähigkeit besteht, Wissen aufzubauen, abzusichern und daraus Markterfolg zu erzielen – die Nähe zur lernenden Organisation ist unübersehbar. Dabei lassen sich, je nachdem, wo (in der Wertschöpfungskette oder der Leistung bzw. dem Produkt) und wie (niedrig oder hoch) die Wissensintensität ausgeprägt ist, vier Felder im Wissensintensitätsportfolio unterscheiden (vgl. North 2005, S. 21-22; auch Abb. III.5.5): Beispielsweise steckt in kundenspezifischen Fertigungsprozessen (Mass Customization) unabhängig von dem Produkt eine hohe Prozessintelligenz, während bei der Implementierung eines Softwareprodukts, bei einem Antiblockiersystem oder bei Maschinen, die eine selbstständige Fehlerdiagnose aufweisen, die Produktintelligenz hoch ist. Beides lässt sich kombinieren, z. B. kundenorientierte Fertigung intelligenter Produkte, es kann aber auch beides fehlen, z. B. Erbringen einfacher physischer Leistungen bzw. Arbeiten.

Daneben spricht man von **Wissensarbeit**, wenn solche Formen des Tätigseins einen hohen Anteil haben, die relevantes Wissen in personalen und systemischen Lernprozessen permanent überprüfen und aktualisieren (z. B. Interaktion, Kommunikation, Transaktion). **Wissensarbeiter** verfügen selbst über hohe Expertise bzw. hohes intellektuelles Kapital; sie sind als Problemidentifizierer, Problemlöser und Vermittler von Wissen (z. B. Berater) tätig. Dass der Anteil dieser in den Unternehmen deutlich gestiegen ist, steht außer Frage, die konkreten Prozentangaben dazu, die sich bei Unternehmensbefragungen ergeben, sind aber immer mit Vorsicht zu genießen. Der Nutzungsgrad des Wissens, das in den Unternehmen vorhanden ist, bleibt jedoch hinter den Möglichkeiten und Notwendigkeiten zurück, auch wenn Schätzungen dazu weit streuen. Bedenklich ist dies vor allem dann, wenn gleichzeitig die Bedeutung des Produktionsfaktors Wissen immer höher eingeschätzt wird.

**Wissensintensität
in der Wert-
schöpfungskette**

	gering	hoch
hoch	Prozessintelligenz	Produktintelligenz und Prozessintelligenz
gering	Wertschöpfung durch physische Arbeit	Produktintelligenz

gering　　　　　　　　　hoch　　**Wissensintensität
in der Leistung**

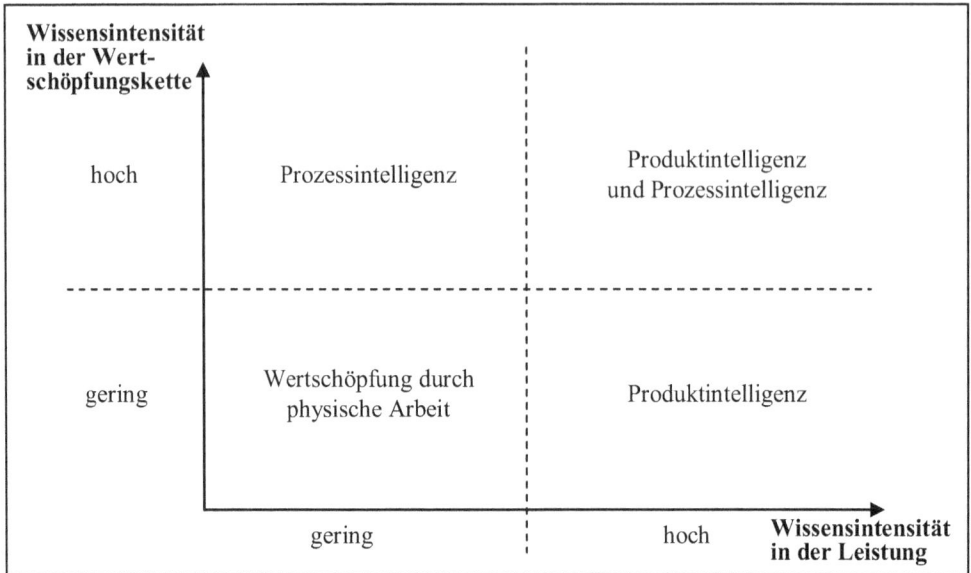

Abb. III.5.5:　Wissensintensitätsmatrix (vgl. Porter/Millar 1985, S. 153)

Die zentrale Wissensproblematik liegt in der **Überführung von implizitem in explizites Wissen**, da Wissen über eine Person oder Gruppe hinaus für die Organisation erst dann verfügbar ist, wenn es in expliziter Form vorliegt (vgl. Nonaka 1992, S. 99-101). Nonaka/Takeuchi schlagen dazu eine Heuristik vor, die große Beachtung gefunden hat (vgl. 1997, S. 74-84). Sie basiert auf der Annahme, dass explizites und implizites Wissen durch soziale Interaktion geschaffen und in qualitativer sowie quantitativer Hinsicht weiterentwickelt werden. Dabei lassen sich vier Grundmuster organisationaler Wissenserzeugung und Wissensumwandlung unterscheiden (vgl. Abb. III.5.6):

- **Sozialisation** (von implizitem zu implizitem Wissen):

  Diese erfolgt durch die direkte soziale Interaktion zwischen zwei (oder mehr) Personen. Sozialisation findet beispielsweise durch Beobachtung bei der Arbeit (Lehrling-Meister-Beziehung) statt und erweitert das jeweilige implizite Wissen. Es handelt sich um eine begrenzte Wissenserzeugung, da das Wissen nicht expliziert und der gesamten Organisation zugänglich gemacht wird; sie bietet aber gleichzeitig hohen Schutz vor Nachahmung.

- **Externalisierung** (von implizitem zu explizitem Wissen):

  Hierdurch wird neues, für die Organisation verwertbares Wissen geschaffen, da es für alle dokumentiert wird. Dieses Grundmuster der Wissenstransformation nimmt eine Schlüsselstellung bei der Wissenserzeugung ein; es wird durch den Dialog, kollektives Nachdenken und das Bewusstmachen sowie die Dokumentation von Wissen ausgelöst.

- **Internalisierung** (von explizitem zu implizitem Wissen):

Durch die Aufnahme, Ergänzung und Neuordnung des Wissens wird das dokumentierte explizite Wissen internalisiert und individuell operationalisiert; so erwirbt man Handlungsroutinen bzw. Fertigkeiten.

- **Kombination** (von explizitem zu explizitem Wissen):

Wird vorhandenes explizites Wissen mit explizitem Wissen aus anderen Bereichen verknüpft, entsteht neues explizites Wissen, das jedoch das Gesamtwissen der Organisation nicht vergrößert, da bereits Bekanntes nur anders zusammengestellt ist (z. B. Zusammentragen verschiedener Präsentationen zu einer neuen (Projekt-)Präsentation). Durch die Vernetzung unterschiedlicher Wissensstrukturen können sich jedoch neue Perspektiven und Verwertungschancen eröffnen.

		Zielpunkt	
		implizites Wissen	explizites Wissen
Ausgangspunkt	implizites Wissen	**Sozialisation**	**Externalisierung**
	explizites Wissen	**Internalisierung**	**Kombination**

Abb. III.5.6:   Erzeugung und Umwandlung von Wissen (vgl. Nonaka/Takeuchi 1997, S. 85)

Idealerweise sollen diese vier Grundmuster der Wissenserzeugung und -umwandlung in einem iterativen Prozess – der so genannten **Wissensspirale** – auf einem jeweils höheren Wissensstand und unter Einbezug von immer mehr Organisationsmitgliedern wiederholt werden. Dabei kommt es zu einem laufenden Wechselspiel zwischen implizitem und explizitem Wissen (vgl. auch Lehner 2006, S. 40). Einmal kollektiviertes – vorher nur individuell vorhandenes – implizites oder explizites Wissen wird im Zuge einer Wissensspirale von anderen übernommen, dabei geprüft und weiterentwickelt sowie schließlich nach und nach internalisiert. Das schafft eine neue, verbesserte Basis impliziten Wissens, von der aus wiederum eine weitere Wissensspirale in Gang gesetzt werden kann. Der Kollektivierung individuellen Wissens kommt im Rahmen von Spiralen der organisationalen Wissenserzeugung eine entscheidende Bedeutung zu. Im Zuge von Wissensspiralen erfolgt eine kontinuierliche und dynamische Interaktion zwischen sowie innerhalb der epistemologischen Dimension (implizit/explizit) und mit der ontologischen Dimension (Individuum/Gruppe/Organisation);

durch das Wechselspiel zwischen implizitem und explizitem Wissen über verschiedene Ebenen in der Organisation (Individuum – Gruppe – Organisation) entsteht eine Spirale der
Wissenserzeugung, die zur Kollektivierung von Wissen beiträgt (vgl. Abb. III.5.7).

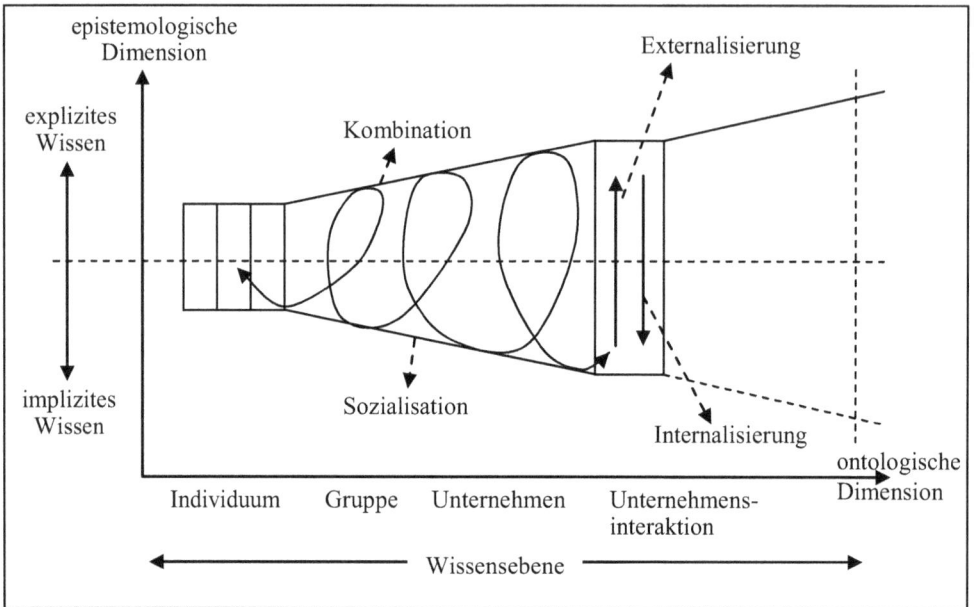

Abb. III.5.7:   Spirale organisationaler Wissenserzeugung (vgl. Nonaka/Takeuchi 1997, S. 87)

5.2   Entwicklungslinien und Ziel des Wissensmanagements

Seit Mitte der 1990er Jahre ist die Ressource Wissen und ihre Bedeutung für Organisationen,
insbesondere Unternehmen, in den Mittelpunkt vieler Diskussionen und Analysen gerückt.
Zahlreiche Untersuchungen geben inzwischen Auskunft darüber, was Unternehmen von
einem Wissensmanagement erwarten (vgl. North 2005, S. 168): Steigerung der Produktqualität, Erhöhung der Innovationsfähigkeit, Verbesserung der Kundennähe, effiziente Ressourcennutzung, Sicherung der Wettbewerbsfähigkeit, Sicherung bzw. Ausbau der Marktstellung
sowie Steigerung der Leistung.

Die seitdem erfolgte Auseinandersetzung mit dem Wissensmanagement lässt sich in drei
Entwicklungslinien unterscheiden (vgl. Roehl 1999, S. 15-16):

- die ingenieurwissenschaftliche Linie, die sich von der Datenverarbeitung über die Informationsverarbeitung hin zum Wissensmanagement entwickelte,

- die wirtschaftswissenschaftliche Linie, bei der die ökonomische Nutz- und Verwertbarkeit der Ressource Wissen im Vordergrund steht,
- die soziologische Linie, die die Organisation als Wissenssystem sieht und deren Lernfähigkeit bzw. Kompetenz im Umgang mit – eigenem und fremdem – Wissen anerkennt.

Den **ingenieur- und wirtschaftswissenschaftlichen Entwicklungslinien** liegt ein technokratisches Verständnis von Wissensmanagement zugrunde. Es wird unterstellt, dass aus Zielen der Organisation Wissensziele abgeleitet und der Aufbau bzw. die Nutzung des Wissens geplant, gesteuert und gemessen werden können. Wissen, das sich besitzen, speichern und übertragen lässt, wird bewirtschaftet wie Kapital und andere Produktionsfaktoren; es ist zur Verfügung zu stellen, wo und wann es benötigt wird, damit die Produktion reibungslos erfolgen kann. An der Beherrschbarkeit zunehmender Komplexität und der Möglichkeit rationaler Entscheidungsfindung besteht kein Zweifel. Die daraus resultierenden, eher wissenstechnischen Lösungen, wie z. B. der Einsatz von Expertensystemen, finden großes Interesse. Sie laufen jedoch Gefahr, nur vorhandenes explizites Wissen verfügbar zu machen, statt neues Wissen zu generieren.

Die **soziologischen (wissensökologischen) Ansätze** betonen den Prozesscharakter des Wissens. Aus dieser Prozessperspektive ist Wissen im Kontext sozialer bzw. organisationaler Interaktionsprozesse weit gehend emergenten und spontanen Entwicklungen ausgesetzt, die nur begrenzt plan- und kontrollierbar sind. Nicht zuletzt wird dabei die große Bedeutung des impliziten Wissens hervorgehoben, das Veränderungen unterworfen ist, die großteils unbewusst erfolgen. Die soziologischen bzw. wissensökologischen Ansätze relativieren daher die Steuerbarkeit von Wissen in Organisationen und fokussieren auf die Gestaltung der Rahmenbedingungen, in denen neues Wissen entstehen kann. Dabei geht es weniger darum, gezielt in den Prozess der Wissensgenerierung einzugreifen, vielmehr werden Organisationen als lernende Systeme gesehen, die sich in der Auseinandersetzung mit der Umwelt kontinuierlich und spontan erneuern (vgl. dazu Neumann 2000, S. 240-242; North 2005, S. 171-173). Die Rahmenbedingungen sind durch das Wissensmanagement derart zu gestalten, dass sich die kontinuierliche und spontane Erneuerung der Wissensbasis leicht vollziehen kann.

Vor dem Hintergrund der skizzierten Entwicklungslinien kann das **Ziel des Wissensmanagements** darin gesehen werden, die Entstehung von neuem Wissen sowie die Nutzung von bestehendem oder neuem Wissen in Organisationen zu fördern. Dazu wurden vielfältige Ansätze oder Modelle entwickelt, die Elemente sowohl des technokratischen Managements als auch der Wissensökologie enthalten. Sie unterscheiden häufig Phasen, Module oder Bausteine, die (logisch) aufeinander folgen oder aufbauen. Trotz ihrer Unterschiede zielen sie im Kern auf das Hervorbringen und Nutzen organisations- bzw. unternehmensspezifischen Wissens, das den Erfolg bzw. Bestand der Organisation oder – in Unternehmen – nachhaltige Wettbewerbsvorteile gegenüber Konkurrenten sichert. Dabei wird – explizit oder implizit – unterstellt, dass die organisationale Wissensbasis innerhalb mehr oder weniger enger Grenzen direkt oder indirekt (d. h. über Modifikationen organisationaler Rahmenbedingungen) gestaltbar ist.

Die im Folgenden aufgegriffenen Ansätze behandeln das Wissensmanagement in ganzheitlicher Sicht und konzentrieren sich nicht nur auf einzelne Aspekte der Prozesse der Wissensentstehung und -nutzung, wie z. B. den Transfer oder die Entwicklung des Wissens. Wissensmanagement wird dabei als Kontextgestaltung für Lernprozesse, eigenständiger Managementkreislauf, Überwindung von Lern- und Transferbarrieren, Förderung marktlicher Bedingungen oder eher als Informationsmanagement verstanden. Die folgende Skizze der Ansätze soll einen Eindruck von der Vielzahl der Arbeiten vermitteln, die sich mit wissensbasiertem Management auseinander setzen.

5.3   Verschiedene Ansätze des Wissensmanagements

5.3.1   Bausteine des Wissensmanagements

Große Bekanntheit haben die Bausteine des Wissensmanagements von Probst/Raub/Romhardt erlangt (vgl. 2006). Das Konzept wurde in einer „intensiven Zusammenarbeit mit größeren Unternehmen" durch Aktionsforschung gewonnen. Es ergaben sich dabei Aktivitäten, die man „als Kernprozesse des Wissensmanagements auffassen" kann und die „alle mehr oder weniger enge Verbindungen zueinander" aufweisen (2006, S. 28-33). Zu den sechs Kernprozessen, die von der Identifikation bis hin zur Bewahrung von Wissen reichen, werden noch die Bausteine Wissensziele und Wissensbewertung hinzugefügt, so dass ein „Managementregelkreis" entsteht (2006, S. 32; auch Abb. III.5.8):

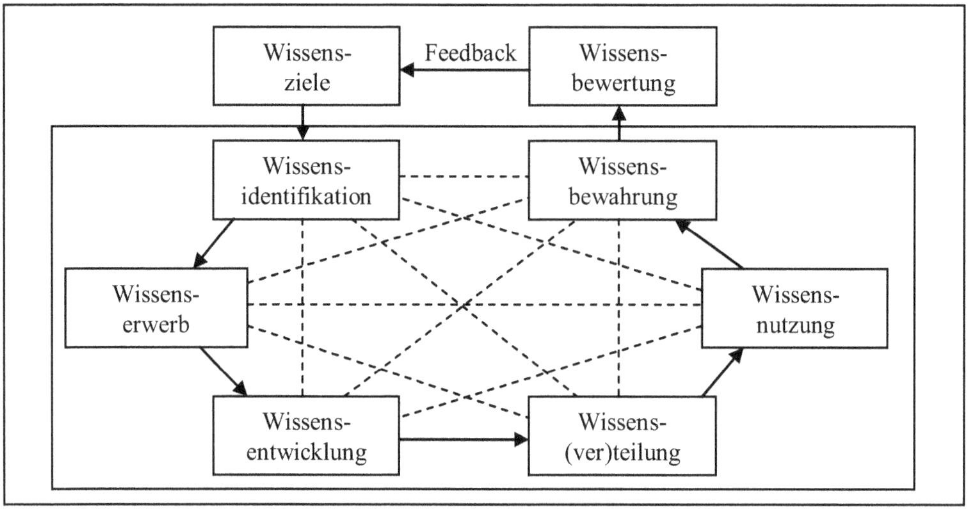

Abb. III.5.8:   Bausteine des Wissensmanagements (vgl. Probst/Raub/Romhardt 2006, S. 32)

- Die **Wissensziele** legen fest, auf welchen Ebenen der Organisation welche Fähigkeiten bzw. Kompetenzen entwickelt werden sollen; während Ziele wie z. B. die Schaffung einer Wissenskultur oder die Verankerung des Wissensmanagements im Leitbild der Organisation grundlegend normativer bzw. unternehmenspolitischer Natur sind, konzentrieren sich strategische Wissensziele auf messbare Erfolge oder Wettbewerbsvorteile, d. h. auch auf das für strategische Optionen notwendige Wissen. Operative Wissensziele leiten sich aus den strategischen Zielen ab und dienen der Umsetzung des Wissensmanagements.

- Im Zuge der **Wissensidentifikation** soll Transparenz über das intern und extern vorhandene Wissen geschaffen und der Bedarf an zukünftigem Wissen ermittelt werden.

- Um Wissen außerhalb der Organisation nutzen zu können, ist ein gezielter **Wissenserwerb** notwendig. Man braucht Strategien, um Wissenspotenziale anderer Marktteilnehmer, externer Wissensträger oder der Stakeholder ausschöpfen zu können; dazu gehören auch die Rekrutierung von Experten oder die Akquisition von Unternehmen.

- Die **Wissensentwicklung** dient der Generierung von neuem Wissen, das bisher weder extern noch intern vorliegt. Wichtig sind hier neben Forschung und Entwicklung bzw. Marktforschung auch der Umgang mit neuen Ideen und die Nutzung der Kreativität von Organisationsmitgliedern.

- Die **Wissens(ver)teilung** an diejenigen, die es anwenden können bzw. sollen, steht unter der Leitfrage (Probst/Raub/Romhard 2006, S. 141): „Wer sollte was in welchem Umfang wissen oder können und wie kann ich die Prozesse der Wissens(ver)teilung erleichtern?"

- Kernaufgabe stellt die **Wissensnutzung**, der produktive Einsatz von organisationalem Wissen zum Nutzen der Organisation, dar. Die bisherigen Bausteine bilden dafür zwar notwendige Voraussetzungen, jedoch müssen Barrieren der Nutzung fremden Wissens identifiziert und beseitigt werden.

- Da einmal erworbenes Wissen nicht automatisch in der Zukunft wieder zur Verfügung steht, sind gezielt Maßnahmen der **Wissensbewahrung** zu ergreifen. Das erfordert Selektion, Speicherung und Aktualisierung des Wissens, damit Wissenspotenziale nicht wieder verloren gehen.

- Die **Wissensbewertung** setzt die Messung der Erreichung operativer, strategischer und normativer Wissensziele voraus. Dieser Controllingprozess ist Voraussetzung für Kurskorrekturen im Wissensmanagement, auch wenn Messung und Bewertung organisationalen Wissens (noch) erhebliche Probleme bereiten.

Der Ansatz weist keinen expliziten Bezug zu den Unternehmenszielen auf, diese finden aber implizit Berücksichtigung. Auf die Rahmenbedingungen des Wissensprozesses wird ebenfalls nicht explizit, sondern in den einzelnen Bausteinen eingegangen. Da Interventionen in den einzelnen Bausteinen nicht ohne Auswirkungen auf andere Bereiche bleiben, gilt es, eine Optimierung des Gesamtprozesses anzustreben.

5.3.2   Lebenszyklusmodell des Wissensmanagements

Rehäuser/Krcmar versuchen die Dynamik des organisationalen Lernens in einem Lebenszyklusmodell des Wissensmanagements abzubilden (vgl. 1996). Sie unterscheiden **fünf Managementphasen**, innerhalb derer verschiedene Prozesse zum Tragen kommen (vgl. auch Abb. III.5.9):

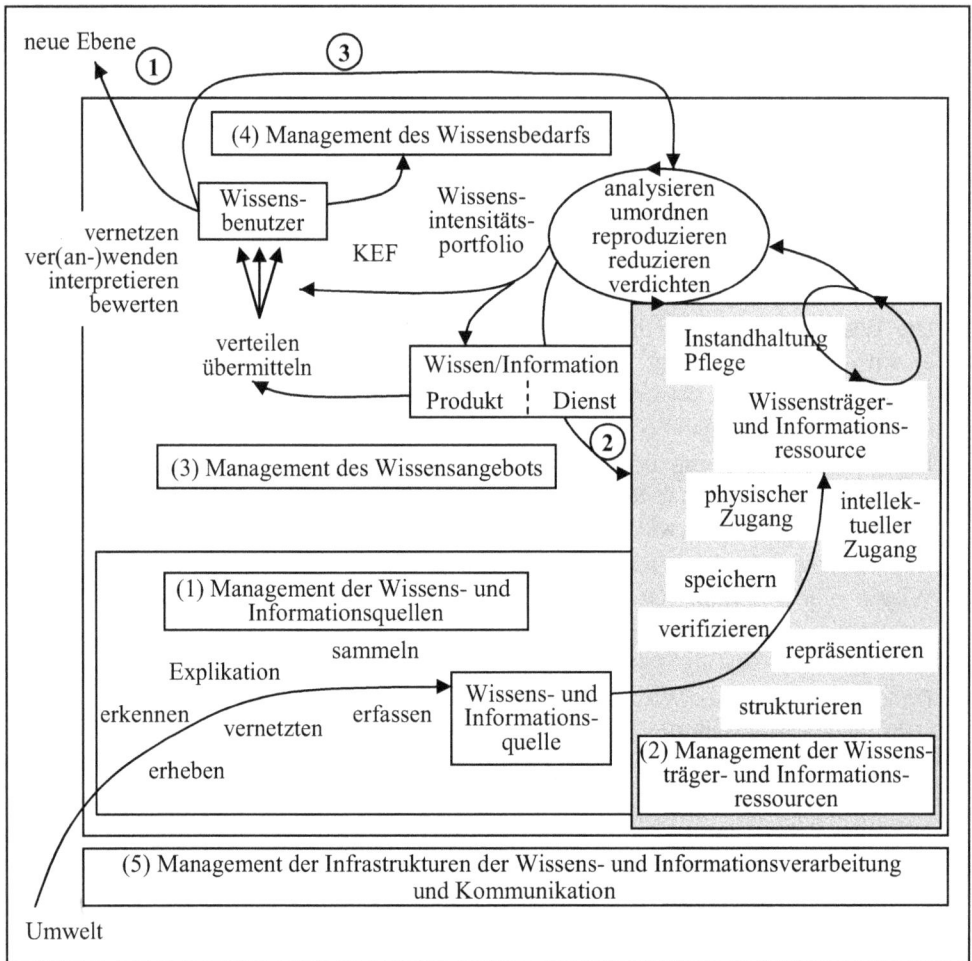

Abb. III.5.9:   Lebenszyklusmodell des Managements der Ressource Wissen (vgl. Rehäuser/Krcmar 1996, S. 20)

- **Phase 1**: Management der Wissens- und Informationsquellen

  Der Zyklus beginnt mit dem Erkennen und Erheben von (relevantem) Wissen, das noch nicht Eingang in die Organisation gefunden hat. Es sind Wissens- und Informationsquellen systematisch zu entwickeln, Wissensentwicklungsprozesse zu strukturieren und ihre Produktivität zu steigern.

- **Phase 2**: Management der Wissensträger und Informationsressourcen

  Um Wissensquellen mehrfach nutzen zu können, muss für eine Darstellung und Speicherung des Wissens, die Bereitstellung geeigneter (technischer) Wissensträger und Zugriffsmöglichkeiten sowie deren Pflege und Instandhaltung gesorgt werden. Informations- und Kommunikationspathologien (vgl. auch III.4.4.5) sind zu beseitigen.

- **Phase 3**: Management des Wissensangebots

  Hier geht es um die Bereitstellung von Wissen, das für die Problemlösung erforderlich ist. Wissensträger und Informationsressourcen sind zur Bewältigung regelmäßig zu erfüllender Aufgaben aufzubauen und Wissenselemente bzw. Informationen bei der Weitergabe problem- und benutzerorientiert aufzubereiten, damit sie gezielt verwendet werden können. Das Wissen ist schließlich an die Wissensnutzer zu verteilen.

- **Phase 4**: Management des Wissensbedarfs

  An der Schnittstelle zwischen den Phasen 3 und 4 interpretiert der Wissensnutzer das gewünschte Wissen und die ihm zugänglichen Wissens- und Informationsprodukte bzw. -dienste hinsichtlich des verfolgten Zwecks und bringt es zur Anwendung. Dabei erfolgen aus der Nutzerperspektive eine Bewertung und Vernetzung mit dem bereits vorhandenen Wissen.

- **Phase 5**: Management der Infrastrukturen der Wissens- bzw. Informationsverarbeitung und Kommunikation

  Es ist die erforderliche personelle, organisatorische und technologische Infrastruktur bereitzustellen und auszubauen sowie an die aktuellen Entwicklungen anzupassen.

Wird eine neue Wissenslücke identifiziert oder entstehen bei der Nutzung von bereitgestelltem Wissen neues Wissen bzw. eine neue Wissens- oder Informationsquelle, stößt das einen **neuen Lebenszyklus** an (Initiierungsprozess 1). Rehäuser/Krcmar gehen davon aus, dass sich jeder eingeleitete Lebenszyklusprozess auf einer umfassenderen Wissensebene bewegt (vgl. 1996, S. 24; auch Abb. III.5.9). Sie begründen dies damit, dass die Wissensträger und Informationsressourcen durch neue Wissenselemente ergänzt werden. Die Pfeile 2 und 3 bilden die Reduktion der Lücke zwischen Wissensangebot und Wissensbedarf ab. Kann die identifizierte Wissenslücke mit vorhandenem Wissen gedeckt werden, ist dieses abzurufen und aufzubereiten. Wissen wird als ein sich selbst (re-)produzierendes Netzwerk von Strukturen verstanden, in das neue Wissenselemente einzubinden sind. Das Netzwerk wird durch ständiges Durchlaufen des Lebenszyklus kontinuierlich aktualisiert, wobei – in Analogie zur Wissensspirale (vgl. III.5.1) – immer umfassendere Wissensebenen erreicht werden.

Aufgrund der stark technokratischen Perspektive liegt der Schwerpunkt des Lebenszyklusmodells auf der Verarbeitung expliziten Wissens. Die Berücksichtigung impliziten Wissens benötigt eine umfassendere Konzeptualisierung des Wissensmanagements. Die primäre Aufgabe des Wissensmanagements bildet in diesem Modell die Schaffung der Infrastruktur sowie der organisatorischen Voraussetzungen, damit die organisatorische Wissensbasis genutzt, verändert und fortentwickelt werden kann. Warum diese Aufgaben jedoch erst als letzte Phase im Lebenszyklusmodell erscheinen, bleibt weit gehend unerläutert. Der durch das Lebenszyklusmodell aufgestellte Bezugsrahmen eines Wissensmanagementsystems lässt hinsichtlich der systematischen Durchdringung der Zusammenhänge noch weitere Fragen offen. So wird nicht darauf eingegangen, warum man durch neu initiierte Lebenszyklusmodelle umfassendere Wissensebenen erreicht, wie man aus Umweltänderungen den Wissensbedarf ableitet, wie der selbstorganisierte Prozess abläuft bzw. wie dieser gefördert oder gesteuert werden kann. Das Modell hat einen eher beschreibenden Charakter und kann

– neben anderen Konzepten – nur Orientierung für die Ausgestaltung eines Wissensmanagements bieten.

5.3.3   Modell des integrativen Wissensmanagements

Pawlowsky entwickelt ausgehend von den Ansätzen des organisationalen Lernens ein Rahmenmodell, das die grundlegenden **Bausteine organisationaler Lernprozesse** beinhaltet. Es soll Ansatzpunkte für die Gestaltung des Managements der Ressource Wissen liefern. Organisationen werden dabei als vergegenständlichte Wissenssysteme verstanden, die auf einer Wechselwirkung zwischen individuellem und organisationalem Lernen beruhen. Innerhalb einer Organisation unterscheidet er nicht nur zwischen verschiedenen Lernebenen (Individuum, Gruppe, Organisation, Netzwerke bzw. intra- und interpersonal, intra- und interorganisational), sondern auch zwischen Lernformen (kognitiv, kulturell, verhaltensorientiert) und Lerntypen (Anpassungs-, Veränderungs- und Problemlösungslernen bzw. single-loop-, double-loop-, deutero-learning).

Folgerichtig besteht die **Aufgabe des Wissensmanagements** darin, „individuelles und kollektives Wissen auf der Grundlage unterschiedlicher Lernformen, Lerntypen und Lernprozesse so einzusetzen, daß organisationales Lernen gefördert wird" (Pawlowsky 1994, S. 314). Dabei geht es um die zielgerichtete Gestaltung der Rahmenbedingungen und die Abstimmung von Lernprozessen in und von Organisationen. Das erfordert die Identifikation, Erzeugung und Entwicklung (erfolgs-)relevanten Wissens, das durch Diffusions-, Integrations- und Modifikationsprozesse der Organisation verfügbar gemacht und in Verhalten bzw. Handlungen umgesetzt werden muss (vgl. Abb. III.5.10). Der organisationale Lernprozess muss dabei (1) den verschiedenen Lernebenen, (2) den Lernformen (kognitiv, kulturell und verhaltensorientiert) und (3) den Lerntypen Rechnung tragen.

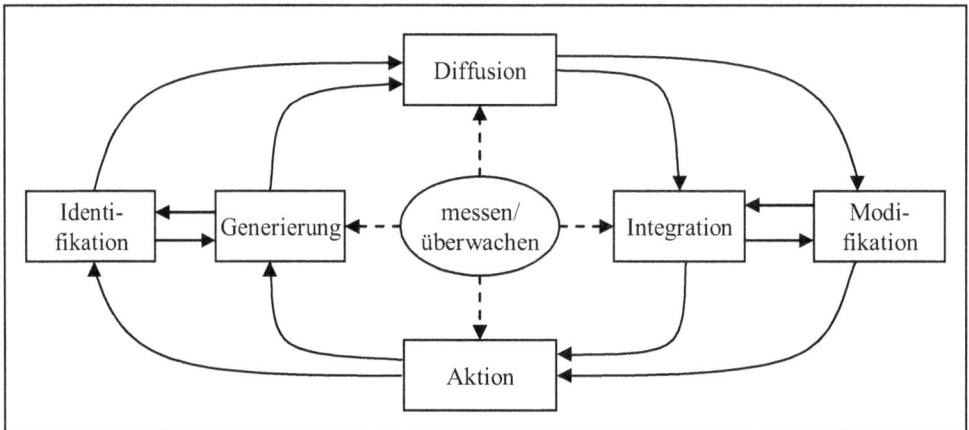

Abb. III.5.10: Integratives Wissensmanagement (vgl. Pawlowsky/Reinhardt 1997, S. 148)

Pawlowsky unterscheidet **vier Phasen organisationaler Lernprozesse**, die Ansatzpunkte für die Gestaltung des Wissensmanagements bieten (vgl. 1994, S. 316-334; auch Pawlowsky/Reinhardt 1997, S. 148-151):

- **Phase 1**: Identifikation und Generierung relevanten organisationalen Wissens

  Identifikation von Wissen findet sowohl auf individueller als auch organisatorischer Ebene statt; dabei ist sowohl die Art der Umweltwahrnehmung als auch die Nutzung des Wissens zu analysieren. Neues Wissen wird aus externen und internen Quellen sowie durch Explizierung impliziten Wissens generiert. Dafür müssen strukturelle und prozessuale Voraussetzungen, aber auch Führungsvoraussetzungen geschaffen werden.

- **Phase 2**: Diffusion organisationalen Wissens

  Um Wissen zu verbinden und individuelles Lernen Gruppen und der Organisation zugänglich zu machen, muss ein Austausch des – intern und extern gewonnenen – Wissens erfolgen. Hier geht es um die gezielte Verteilung von Informationen und Wissen, aber auch um die Kommunikation in der Organisation. Dazu müssen ausreichende Kompetenz, günstige strukturelle Voraussetzungen und eine entsprechende Organisationskultur gegeben sein bzw. geschaffen werden. Nicht zuletzt gilt es, Kommunikationsbarrieren zu beseitigen.

- **Phase 3**: Integration und Modifikation von Wissen

  Diese Phase ist gekennzeichnet durch den Umgang mit neuen Wissenselementen; sie werden entweder ignoriert (und verändern das Wissenssystem damit nicht) oder als solche in das Wissenssystem integriert bzw. als Anlass zur Modifikation vorhandenen Wissens genommen. Dabei sind Akzeptanzbarrieren zu vermeiden, die den Lerneffekten entgegenstehen.

- **Phase 4**: Aktion

  In der Aktionsphase entscheidet sich, welche Konsequenzen für das Verhalten aus dem neuen Wissen gezogen werden. Es ist zu klären, wie Wissen in Verhalten umgesetzt wird und wie Einsichten und Erkenntnisse handlungswirksam werden können, aber auch welche Blockaden bestehen, denen dann begegnet werden muss. Dabei kann es zu einer Verbesserung der internen Anpassung, einer verbesserten Abstimmung zwischen Organisation und Umwelt oder verbesserter Problemlösungsfähigkeit der Organisation kommen.

Der organisationale Lernprozess muss nicht zwangsläufig mit der Phase 1 starten, sondern kann auch beispielsweise mit einer Veränderung von Verhaltensweisen initiiert werden. Das Modell zielt darauf, organisationale Lernprozesse besser an die Organisationsziele anzubinden, bietet aber wenige operative Anknüpfungspunkte für die Unterstützung von Prozessen des Wissensaufbaus und -transfers und ist eher als Untersuchungsansatz zur Diagnose wissensfördernder bzw. -hemmender Kontexte konzipiert.

5.3.4   Vier Akte zum Aufbau eines Wissensmanagements

Schüppel sieht ein systematisches Wissensmanagement als geeignet an, komplexe Wandlungsprozesse zu beherrschen. Es zielt vor allem auf den Umgang mit Wissens- und Lernbarrieren. Sein Ansatz unterscheidet **vier aufeinander folgende Akte**, die dazu dienen, Lern-
und Wissenspotenziale auszuschöpfen (vgl. 1996, S. 192-195; Abb. III.5.11):

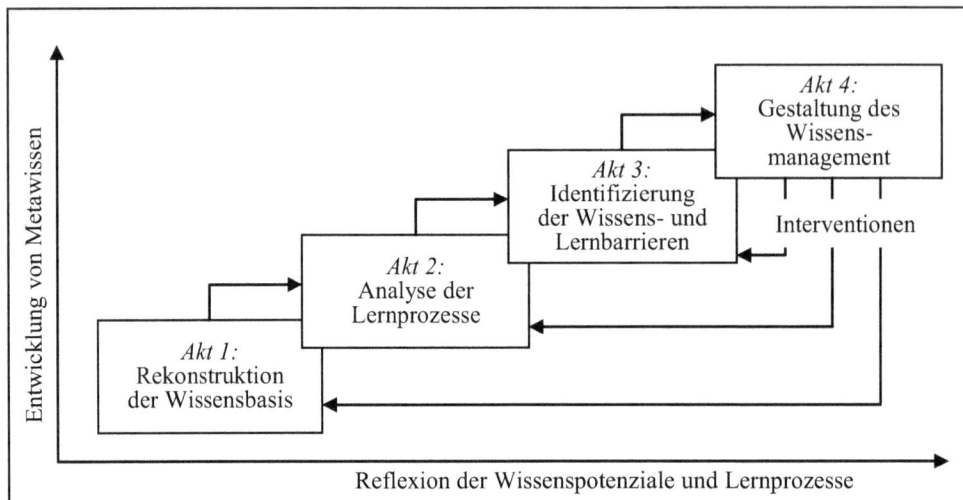

Abb. III.5.11: Vier Akte zu einem Wissensmanagement (vgl. Schüppel 1996, S. 193)

*   **Akt 1**: Rekonstruktion der Wissensbasis

    Durch Analyse der Wertschöpfungsaktivitäten, Geschäftsprozesse, Produkte, Vernetzun-
    gen und strukturellen Rahmenbedingungen soll ein Überblick über das so genannte
    Kernwissen der Organisation gewonnen werden. Außerdem ergeben sich Hinweise auf
    die Strukturierung des Prozesses der Wissenskombination und die beteiligten Wissens-
    träger.

*   **Akt 2**: Analyse der Lernprozesse

    Organisationsmitglieder bzw. -einheiten setzen sich selbstreflexiv mit den eigenen – in-
    dividuellen und kollektiven – Lernprozessen anhand erfolgreicher, aber auch nicht er-
    folgreicher Beispiele auseinander. Das ermöglicht die Diagnose typischer Verlaufsmuster
    von Lernprozessen und gibt einen Überblick darüber, wer mit welchem Wissen an den
    Prozessen beteiligt war.

*   **Akt 3**: Identifizierung der Wissens- und Lernbarrieren

    Hier wird der Frage nachgegangen, warum in den untersuchten Lernprozessen die Wis-
    sensbasen nicht ausreichend genutzt wurden und man kein neues Wissen generiert hat.
    Die Barrieren können dabei auf individueller und/oder kollektiver Ebene bestehen.

- **Akt 4**: Gestaltung des Wissensmanagements

  Nach der Analyse in den ersten drei Akten soll im vierten ein Wissensmanagement entwickelt werden, das situationsspezifische Interventionen ermöglicht, d. h. genau dort ansetzt, wo Barrieren organisationales Lernen verhindern. Es soll Antworten geben auf Fragen (1) nach den relevanten Wissensträgern (innere und äußere Wissenspotenziale), (2) nach den relevanten Wissensinhalten (aktuelle und zukünftige Wissenspotenziale), (3) ob das Wissen sichtbar und kommunizierbar ist (explizites und implizites Wissen) sowie (4) nach der Reichhaltigkeit des Wissens (Erfahrungs- und Rationalitätswissen).

Die Gestaltung des Wissensmanagements unter Berücksichtigung dieser vier Fragen bzw. Dimensionen zielt darauf, dass einerseits der Transfer der Wissenspotenziale zwischen Individuen, Gruppen und Organisation (bzw. auch dem organisationalen Umfeld) erfolgt und es andererseits zu einer Institutionalisierung des Wissens, d. h. dauerhaften Verankerung, in der Organisation kommt (vgl. ausführlich Schüppel 1996, S. 195-292).

5.3.5 Wissensmarkt-Konzept

Das Konzept wurde aus Aktionsforschungsprojekten entwickelt und basiert auf der Annahme, dass Wissen als knappe Ressource nur unter **Berücksichtigung marktorientierter Mechanismen** innerhalb von Unternehmen und unternehmensübergreifend wettbewerbswirksam entwickelt und genutzt werden kann. Damit grenzt sich das Wissensmarkt-Konzept ausdrücklich von primär managementorientierten Ansätzen wissensorientierter Unternehmensführung ab. Es stellt nicht die Steuerungshandlungen der Manager bzw. des Managements in den Vordergrund der Betrachtung, sondern sieht zunächst eine marktorientierte Gestaltung der unternehmensinternen bzw. unternehmensübergreifenden Rahmenbedingungen für eine effiziente Gestaltung der Wissensprozesse in Unternehmen als vorrangig an. Wissens-„Management" erfolgt dann erst im Kontext der zunächst zu schaffenden effizienzorientierten Strukturen des Wissensmarktes und beschränkt sich vor allem auf operative Maßnahmen. Das Wissensmarkt-Konzept umfasst die Gestaltung marktlicher Rahmenbedingungen für die relevanten Wissensprozesse (Etablierung des Wissensmarktes), die Entwicklung von Marktmechanismen für den Ausgleich von Wissensangebot und -nachfrage sowie die Definition von Medien und Trägern für den Wissenstransfer bzw. das operative Wissensmanagement (vgl. North 2005, S. 182; auch Abb. III.5.12).

Das Konzept soll ein an den Zielen und Wertvorstellungen der Organisation orientiertes, kooperatives unternehmerisches Handeln fördern. Um einen langfristigen Kompetenzaufbau der Organisation sicherzustellen, sind **drei Bedingungen** für den effektiven Wissensaufbau und -transfer zu erfüllen (vgl. North 2005, S. 262):

Rahmenbedingungen	Spieler und Spielregeln	Instrumente und Prozesse
Verankerung der Werte und Bedeutung des Wissens im Unternehmensleitbild	Wissensmarkt schaffen: anspruchsvolle, kooperationsfördernde Ziele setzen und Erfüllung messen	Wissensmanagement in Arbeitsabläufe integrieren (Projekt- bzw. Prozessperspektive)
erwünschtes Führungskräfte- und Mitarbeiterverhalten beschreiben, Ist-Verhalten daran messen, Auswahl und Förderung gemäß erwünschtem Verhalten	Akteure des Wissensmarktes (= Spieler) etablieren	Medien und Organisationsstrukturen implementieren
Rollen und Kompetenzen der Mitarbeiter beschreiben und entwickeln	Marktausgleichsmechanismen (= Spielregeln) definieren und wirksam werden lassen	informationstechnische Infrastruktur entsprechend aufbauen
im Beurteilungs- und Vergütungssystem Kooperation und Gesamterfolg des Unternehmens honorieren	• Interessencluster-Prinzip • Leuchtturm-Prinzip • Push- und Pull-Prinzip	

Abb. III.5.12: Das Wissensmarkt-Konzept (vgl. North 2005, S. 263)

- Rahmenbedingungen

  Leitbild, Führungsgrundsätze und Anreizsysteme müssen Erfolge der Organisationseinheiten mit deren Beiträgen zur wissensorientierten Entwicklung der Organisation strukturell koppeln; der Aufbau individueller Kompetenzen und Beiträge zur organisationalen Wissensbasis sind zu honorieren.

- Spieler und Spielregeln

  Zunächst ist zu klären, welche Akteure zentrale Teilnehmer des Wissensmarktes sind. Darüber hinaus bedarf es Regeln, die festlegen, wie Angebot und Nachfrage von Wissen artikuliert und in die organisationale Kommunikation eingebracht werden, aber auch zu welchen Bedingungen der Austausch von Wissen erfolgt.

- Instrumente und Prozesse

  Wissensaufbau und -transfer erfordern auf der instrumentellen Ebene eine informationstechnische Infrastruktur. Dazu gehören effiziente Träger bzw. Medien, die Transparenz hinsichtlich vorhandener Wissenspotenziale herstellen (z. B. mithilfe von Wissenslandkarten). Mitarbeiter(gruppen) können ihre Kompetenz im Informationssystem darstellen und z. B. durch Benchmarking „best practices" identifizieren. In Kompetenzzentren wird das Wissen gebündelt. Wenn hinreichend Transparenz gegeben ist, sind Wissensanbieter und -nachfrager durch (in-)formelle Netzwerke (insbesondere communites of practice) in Beziehung zu bringen. In den verschiedenen Unternehmensbeispielen wird vor allem die wissenstechnische Umsetzung dieses Modells verdeutlicht (vgl. North 2005, S. 264-307).

North schlägt **vier verschiedene Pfade** für die Einführung von Wissensmanagement vor (vgl. 2005, S. 307-311; auch Abb. III.5.13); die Wahl eines Einführungspfads hängt aber von der spezifischen Situation einer Organisation ab. Barrieren, die auf den verschiedenen Ebenen in einer Organisation auftreten können, werden nicht vertieft. Ein 12-Punkte-Programm soll die Einführung wissensorientierter Unternehmensführung unterstützen (vgl. 2005, S. 312-315).

	Phase 1	Phase II	Phase III
1. Pfad	• Implementierung neuer I&K-Systeme • Datenbanken, Diskussionsforen oder Gelbe Seiten werden eingerichtet	• Interessierte werden durch Wissensverantwortliche zum Mitmachen motiviert • informelle und formelle Netzwerke bilden sich	• Wissensaufbau und -transfer wird durch Anreizsysteme und aktive Managementunterstützung weiter gefördert
2. Pfad	• Benennung eines Koordinators für Wissenstransfer, der Erfahrungsaustausch anregt und als positives Beispiel vorangeht	• Entstehung themenbezogener Netzwerke, die dann durch eine info-technische Infrastruktur unterstützt werden	• informelle Zusammenarbeit wird formalisiert, durch Anreizsysteme honoriert und von der Unternehmensleitung unterstützt
3. Pfad	• interne bzw. unternehmensübergreifende Benchmarking-Studie → Veränderungsdruck • Austausch von Best Practice	• Interessen-Netzwerke entstehen, die Infos gezielt in Datenbanken ablegen und Diskussionsforen unterhalten	• Unternehmenskultur verändert sich • Anreizsysteme werden unter Wissensgesichtspunkten verändert
4. Pfad	• Geschäftsleitung greift Ziele des Wissensmanagements auf → Arbeitskreise o.ä. werden einberufen • Pilotprojekte werden angeregt	• informelle Netzwerke entstehen • I&K-Infrastruktur wird gemäß Zielsetzungen ausgebaut • Mitarbeiter werden von Wissensverantwortlichen zur Nutzung motiviert	• Wissensaufbau und -transfer wird durch Anreizsysteme und ständiges internes Marketing unterstützt

(rechts: wissensorientiertes Unternehmen)

Abb. III.5.13: Entwicklungspfade des Wissensmanagements (vgl. North/Papp 1999, S. 20)

Das Konzept weist einige interessante Aspekte auf und betont die **Gestaltung der Rahmenbedingungen**. Durch die Orientierung an marktlichen Koordinationsprinzipien gelingt es zudem, relativ spezifische Vorschläge für die Ausgestaltung des Kontextes von Wissensprozessen zu unterbreiten. Wissensmärkte stellen aber äußerst unvollkommene Märkte dar. Es besteht sehr geringe Transparenz, denn angebotenes Wissen ist nur schwer – z. B. hinsichtlich grundlegender Qualitätsdifferenzen – miteinander zu vergleichen. Weil die Qualität sowohl von Anbietern als auch Nachfragern häufig nicht richtig eingeschätzt werden kann, erweist sich eine längerfristig aufgebaute Vertrauensbasis zwischen den Marktteilnehmern für den marktlichen Tausch von Wissen als notwendig (vgl. Probst/Raub/Romhardt 2006, S. 94). Deshalb entwickeln sich im Kontext des Wissensmarktes vor allem zwischen solchen Anbietern und Nachfragern weiter reichende Tauschprozesse, die – unterschiedlich ausgeprägte – persönliche Beziehungen unterhalten. Solche persönlichen Präferenzen können auf Märkten jedoch Effizienzverluste hervorrufen.

Der Erfolg des Austausches und der Entwicklung von Wissen hängt zudem wesentlich von dem gemeinsamen Interesse aller Marktteilnehmer ab. Dieses kann jedoch keineswegs generell unterstellt werden. Weil Wissen immer auch eine besonders wichtige Ressource für die persönliche Zielerreichung der Organisationsmitglieder darstellt, wirken unternehmensinterne Anreizmechanismen sogar dem offenen Wissensaustausch mitunter entgegen (vgl. I.6.4.2 und I.8.3.3). So haben Wilkesmann/Rascher verdeutlicht, dass der wechselseitige Wissenstausch die Anreizstruktur des Gefangenendilemmas beinhalten kann, wodurch Tauschprozesse nicht selten verhindert werden (vgl. 2004).

Unklar bleibt das zugrunde liegende Organisationsverständnis, das mit Marktprinzipien vermischt wird. Zudem werden die Arten des Wissens nicht hinreichend herausgearbeitet, die sich für den Tausch auf Wissensmärkten eignen bzw. nicht eignen. Damit ist aber letztlich unklar, inwieweit Aufgaben des Wissensmanagements tatsächlich Märkten übertragen werden können. Darüber hinaus ist zu bedenken, dass das Wissensangebot auf dem Wissensmarkt in der Regel nur ein (Erfolgs-)Potenzial eröffnet, das noch der konkreten Nutzung bedarf. Gerade die Nutzung des Wissens ergibt sich jedoch nicht quasi automatisch durch die Etablierung eines Wissensmarktes, der primär auf interpersonelle Transferprozesse ausgerichtet ist. Insofern bietet das Wissensmarkt-Konzept wichtige Gedankenanstöße, kann aber keineswegs als ausgereiftes Konzept für die Gestaltung organisationaler Wissensstrukturen angesehen werden.

5.3.6   Systemisches Wissensmanagement

Willke geht davon aus, dass die Übertragung herkömmlicher Managementkonzepte auf das Wissensmanagement eher in die Irre führt als die erforderlichen Einsichten generiert (vgl. 2001, S. 64). Diese Einschätzung ergibt sich als Folge seiner **systemtheoretischen Fundierung des Wissensmanagements**. Organisationen werden als selbstreferenzielle soziale Systeme verstanden, die mit großen Steuerungsproblemen für das Management verbunden sind und deshalb eine besondere Herausforderung darstellen (vgl. I.9). Weil Organisationssysteme eine umfassende und in keiner Weise vollständig durchdringbare Eigendynamik aufweisen, sind der Fremdsteuerung über Hierarchien bzw. Anweisungen von Managern sehr enge Grenzen gesetzt. Organisationssysteme beziehen sich aufgrund ihrer Selbstreferenzialität mit ihren gesamten Operationen immer auf sich selbst (vgl. I.9.2), so dass die systemischen Steuerungsprozesse stets Selbststeuerung darstellen. Manager als Personen (bzw. personale Systeme) stehen außerhalb des sozialen Systems der Organisation und können immer nur ergebnisoffen intervenieren. Da Wissensarbeit gegebenenfalls auch auf individueller (Manager-)Ebene die Kenntnis über manageriale Einflusschancen in organisationale Operationen erhöht, hat sie in Organisationssystemen zentrale Bedeutung.

Ein systemisches Wissensmanagement kann vor dem Hintergrund der hohen Eigendynamik von Organisationssystemen sowie der begrenzten Interventionsfähigkeit von Managern nur über Selbst- und Kontextsteuerung verwirklicht werden und muss stets reflexiv erfolgen (vgl.

Willke 2001, S. 92). Es geht dabei um die Gestaltung von Infrastrukturen (organisationsin-tern) und Suprastrukturen (organisationsextern). Das bedeutet die Abkehr von starren, hie-rarchisch strukturierten Organisationsprinzipien und richtet sich vor allem auf die **Realisie-rung einer „intelligenten Organisation"** (Willke 2001, S. 19-20 und 72). Darunter versteht Willke Organisationen, die innerhalb ihrer Tiefenstruktur (vgl. III.3.1) nach den drei folgen-den Regeln operieren (vgl. 2001, S. 34-35):

- Die Organisation verwendet geeignete (Selbst-)Beobachtungsinstrumente, um unterneh-mensrelevante Daten generieren zu können.

- Es liegen Relevanzkriterien vor, um Daten bewerten und aus diesen Informationen trans-formieren zu können.

- Die Organisation gestaltet die Interaktion der Mitglieder so, dass gemeinsame organisati-onale Erfahrungs- und Wissenskontexte geschaffen werden, wobei es nicht zuletzt um die enge Kopplung der personalen und organisationalen Lernebene geht.

Bei der Schaffung einer intelligenten Organisation übernimmt das Wissensmanagement vor allem eine **Mediatorenfunktion**. Es soll zur Vermittlung zwischen personaler und organisa-tionaler Lernebene und somit zu einer Verknüpfung zwischen personengebundenem und personenungebundenem Wissen beitragen. Während sich das personengebundene Wissen in Wahrnehmungskompetenzen, kognitiven Schemata sowie Erfahrungswelten der Organisati-onsmitglieder widerspiegelt, ist das personenungebundene Wissen in formellen bzw. infor-mellen Regelsystemen der Organisation inkorporiert; Beispiele hierfür sind Leitlinien, Ar-beitsprozessbeschreibungen, Routinen oder organisationskulturelle Regeln. Im Wissensma-nagement geht es dann um die Verknüpfung und (flexible) Rekombination des personalen und organisationalen Wissens.

Zur **instrumentellen Unterstützung** der intelligenten Organisation werden unterschiedliche Konzepte genannt. Eine herausragende Rolle nehmen das Konzept der Community of Practi-ce sowie die Erstellung und Nutzung von (digitalen) Mikroartikeln ein (vgl. Willke 2001, S. 35, 107-110 auch III.5.5). Bei „Mikroartikeln" handelt es sich um kurze, standardisierte Erfahrungsberichte, die im Intranet gespeichert werden können, um explizites Wissen allen Organisationsmitgliedern zugänglich zu machen. Durch den Einsatz dieser Instrumente soll es ermöglicht werden, individuelles Wissen zu generieren, in der (IuK-gestützten) Interakti-on der Mitglieder neu zu kombinieren und zu erproben sowie anschließend auf die institutio-nalisierten Handlungsstrukturen der Organisation zu übertragen.

Neben dem systemischen Ansatz ist die **Reflexionsaufgabe** zentrales Element in Willkes Konzept. Reflexion im Wissensmanagement bedeutet für ihn, relevantes Wissen kontinuier-lich zu revidieren, es permanent als verbesserungsfähig anzusehen, nicht als Wahrheit, son-dern als Ressource und untrennbar gekoppelt mit Nichtwissen zu betrachten (vgl. 2001, S. 4). Diese Aufgabe kann nur von einer intelligenten Organisation erfüllt werden, da diese nicht nur über Beobachtungsinstrumente, sondern auch über Beobachtungsregeln und Relevanzkri-terien verfügt, um einen Reflexionsprozess zu ermöglichen.

Darüber hinaus ist es die Aufgabe eines systemischen Wissensmanagements, sich selber in einem fortlaufenden und reflexiven Prozess zu verbessern. **Reflexivität** bedeutet, dass das Wissensmanagement für sich selbst zum Gegenstand der Beobachtung und Gestaltung wird.

Dabei gilt es, sowohl im Rahmen der Reflexion von Wissensstrukturen sowie der Konzeption von Gestaltungsmaßnahmen als auch für die (reflexive) Weiterentwicklung des Wissensmanagements, fünf zentrale Dimensionen (sozial, sachlich, zeitlich, operativ und kognitiv) zu betrachten, die durch spezifische Wissensformen und Systemprobleme gekennzeichnet sind (vgl. Abb. III.5.14). Eine besondere Rolle nimmt das Steuerungswissen ein, das dem Unternehmen die Frage nach seiner Identität (bzw. grundlegenden Zielsetzungen) beantwortet. Da es zentrale Relevanz- bzw. Evaluationskriterien in einer Organisation prägt, stellt es auch einen elementaren Reflexionsinput für das systemische Wissensmanagement dar (vgl. Willke 1998, S. 322).

Dimension	Wissensform	Systemproblem
sozial	**Personenwissen**	„human-resources"-Management
sachlich	**Strukturwissen**	Restrukturierung
zeitlich	**Prozesswissen**	Prozessoptimierung
operativ	**Projektwissen**	Integration von Expertise
kognitiv	**Steuerungswissen**	Erfindung von Identität

Abb. III.5.14: Dimensionen des Wissensmanagements (vgl. Willke 1998, S. 324)

Für die **Organisation des Wissensmanagements** schlägt Willke ein Phasenschema vor; als interner Geschäftsprozess umfasst es die Phasen: (1) relevantes Wissen zu generieren, (2) es zu aktivieren, (3) zu generalisieren, (4) zu verteilen, (5) zu nutzen und (6) das (neu) angewendete Wissen zu bewerten, um auf dieser Grundlage den (zukünftigen) Wissensbedarf erneut zu ermitteln (vgl. 2001, S. 87). Diese Gestaltung des Wissensmanagements orientiert sich am Regelkreismodell.

Inwiefern die Reflexion und Reflexivität des Wissensmanagements umgesetzt werden kann, bleibt – auch wenn seine Bedeutung besonders betont wird – im Detail unklar. So gibt Willke keine Auskunft darüber, wer durch Reflexion Kriterien des zukünftigen Wissensbedarfs sowie der Bedeutung der momentanen Wissensbasis festlegen soll. Es gibt nur grundlegende Aussagen bezüglich der Konstruktion der Bewertungskriterien, indem auf den (individuellen) Unternehmenskontext hingewiesen und empfohlen wird, Bewertungsmerkmale an den (zukünftigen) Geschäftsprozessen auszurichten. In diesem Zusammenhang findet sich lediglich der Verweis auf Messkonzepte wie die Balanced Scorecard oder den EFQM-Ansatz (vgl. Willke 2001, S. 94-96).

Positiv festzuhalten ist jedoch, dass durch das Konzept des systemischen Wissensmanagements die kollektive Intelligenz von Organisationen sowie die Lernbereitschaft und Innovationsfähigkeit als generische Kernkompetenzen hervorgehoben und diesbezüglich gestalterische Optionen aufgezeigt werden. Diese Perspektive gewinnt dahingehend an Bedeutung, dass nur „intelligente Organisationen" unter Rückgriff auf das eigene systemische Wissen in der Lage sind, wissensbasierte Produkte und Dienstleistungen anzubieten, die einzelne Personen (auf der Basis ihres individuellen Wissens) meist nicht erstellen könnten.

5.4 Barrieren in der Unternehmens-/Organisationspraxis

Aus der Sicht von Unternehmen bzw. anderen Organisationen existiert eine Vielzahl von Barrieren, die dem Wissensmanagement entgegenstehen; neben fehlendem Bewusstsein für die Relevanz von Wissensprozessen, werden Zeitknappheit, aber auch Unkenntnis hinsichtlich des Wissensbedarfs angeführt (vgl. Bullinger/Prieto 1998; auch Abb. III.5.15).

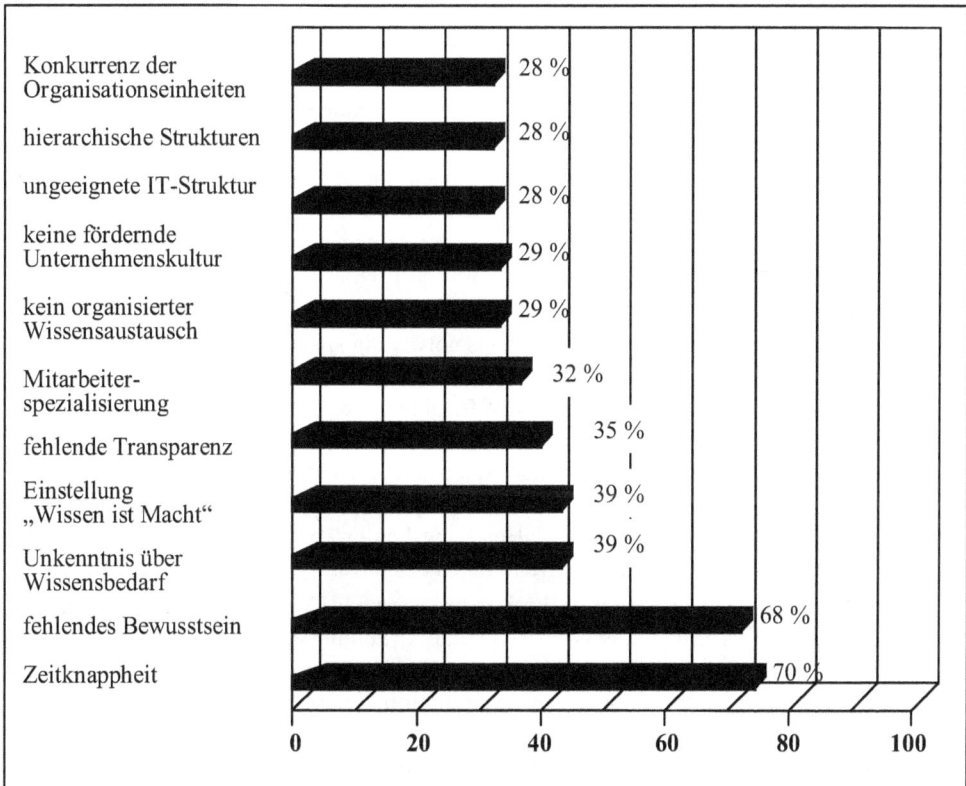

Abb. III.5.15: Barrieren bei einem Wissensmanagement aus Sicht der Industrie (vgl. Bullinger/Prieto 1998, S. 110)

Angesichts der Vielzahl möglicher Barrieren, die das Wissensmanagement in der Praxis behindern (können), erscheint es notwendig, eine zumindest grobe **Systematisierung** vorzunehmen. Da fast alle Konzepte des Wissensmanagements verschiedene unbedingt zu berücksichtigende Aufgaben, Bausteine, Phasen oder Teilprozesse des Managements von Wissensprozessen und -strukturen abgrenzen, lassen sich auch die zu überwindenden Barrieren nach diesen groben Aufgabenkatalogen systematisieren (vgl. auch Roehl 2002, S. 172-188):

- Um Wissen identifizieren und integrieren zu können, muss ein Vorverständnis existieren, worum es dabei geht und welcher Nutzen aus der Integration resultiert. Gerade die **Identifikation** von relevantem Spezialwissen erweist sich als äußerst schwierig, da dieses in der Regel nur für Experten zu verstehen ist. Das somit weit verbreitete fehlende Verständnis für spezialisiertes Wissen ruft mitunter erhebliche Akzeptanzprobleme hervor und bindet die Nutzbarmachung an die Reputation von Experten. Wissen wird häufig nur dann verwendet, wenn die Reputation der Experten, die dieses Wissen repräsentieren, ausreicht, um Vertrauen zu stiften. Die **Integration** hoch spezialisierten Wissens in die organisationale Wissensbasis begünstigt es darüber hinaus, dass sich die Mehrzahl der Mitarbeiter von zentralen Wissensbeständen zunehmend entfremdet. Wesentliche Bereiche der organisationalen Wissensbasis sind dann für die Mitarbeiter nicht mehr nachvollziehbar, so dass sich der Anteil gemeinsam geteilter Handlungstheorien in einer Organisation mit zunehmender Spezialisierung von Aufgabenfeldern und Wissensstrukturen verringert. Die Fähigkeit und Bereitschaft zur Reflexion über die Wissensbasis nimmt dabei tendenziell ab, und es wird erschwert, aktuelle Wissensbedarfe zu identifizieren.
- Im Zuge der **Explikation**, dem Verfügbarmachen von Wissen in expliziter Form, treten vor allem bei implizitem Wissen Grenzen auf. Dieses ist dem Träger weder vollständig bekannt noch kann es umfassend artikuliert werden; es ist weit gehend subjektiv geprägt und personengebunden (vgl. auch Schanz 2006, S. 13-15).
- Der **Verteilung** von Wissen in Organisationen stehen Hierarchien und Abteilungsgrenzen entgegen, die aus anderen Gründen durchaus notwendig sind. Die damit verbundenen Bereichsegoismen erschweren den Austausch von Wissen. Aufgrund dieser werden Informationen (z. B. über geschätzte zukünftige Erfolge der eigenen Organisationseinheit) sogar gezielt fehlerhaft weitergegeben (Problem der wahrheitsgemäßen Berichterstattung). Hieraus ergibt sich eine Verzerrung der organisationalen Wissensbasis und in der Folge die Gefahr von Fehlsteuerungen. Die Kontextspezifität von Wissen schränkt die Anwendbarkeit des Wissens in anderen Handlungskontexten ein bzw. setzt zunächst die Abstrahierung von den spezifischen Merkmalen des jeweiligen Einzelfalls voraus.
- Im Zuge organisationaler **Kommunikationsprozesse** wird Wissen nicht selten verändert. Der Sender einer Information muss diese in eine Mitteilung an den Empfänger transferieren. Wie der Empfänger diese Mitteilung vor dem Hintergrund des eigenen Erfahrungskontextes versteht, ist grundsätzlich offen, und nur in den seltensten Fällen wird es zu einer vollständig übereinstimmenden Interpretation der ausgetauschten Mitteilung kommen. Die Beteiligten in Kommunikationsprozessen müssen daher um ein wechselseitiges Verstehen ringen. Dies setzt jedoch voraus, dass sie nicht strategisch und strikt erfolgsorientiert, sondern vertrauensvoll und offen miteinander kommunizieren. Da jedoch der Wille zu einem verständigungsorientierten Handeln häufig fehlt, entstehen vielfältige Kommunikationsblockaden, die sogar zu Informationspathologien führen können.

- Auch andauernde Handlungserfolge können Hemmnisse für die Weiterentwicklung der organisationalen Wissensbasis bilden. Die Überarbeitung einschließlich der kritischen Neubewertung des eigenen Wissens und damit das Erkennen des eigenen Nichtwissens stoßen gerade bei guten Erfahrungen mit dem eigenen Handeln häufig auf Ablehnung. Die starre **Wissensbewertung** führt dann zu einer erheblichen Wissensbarriere.

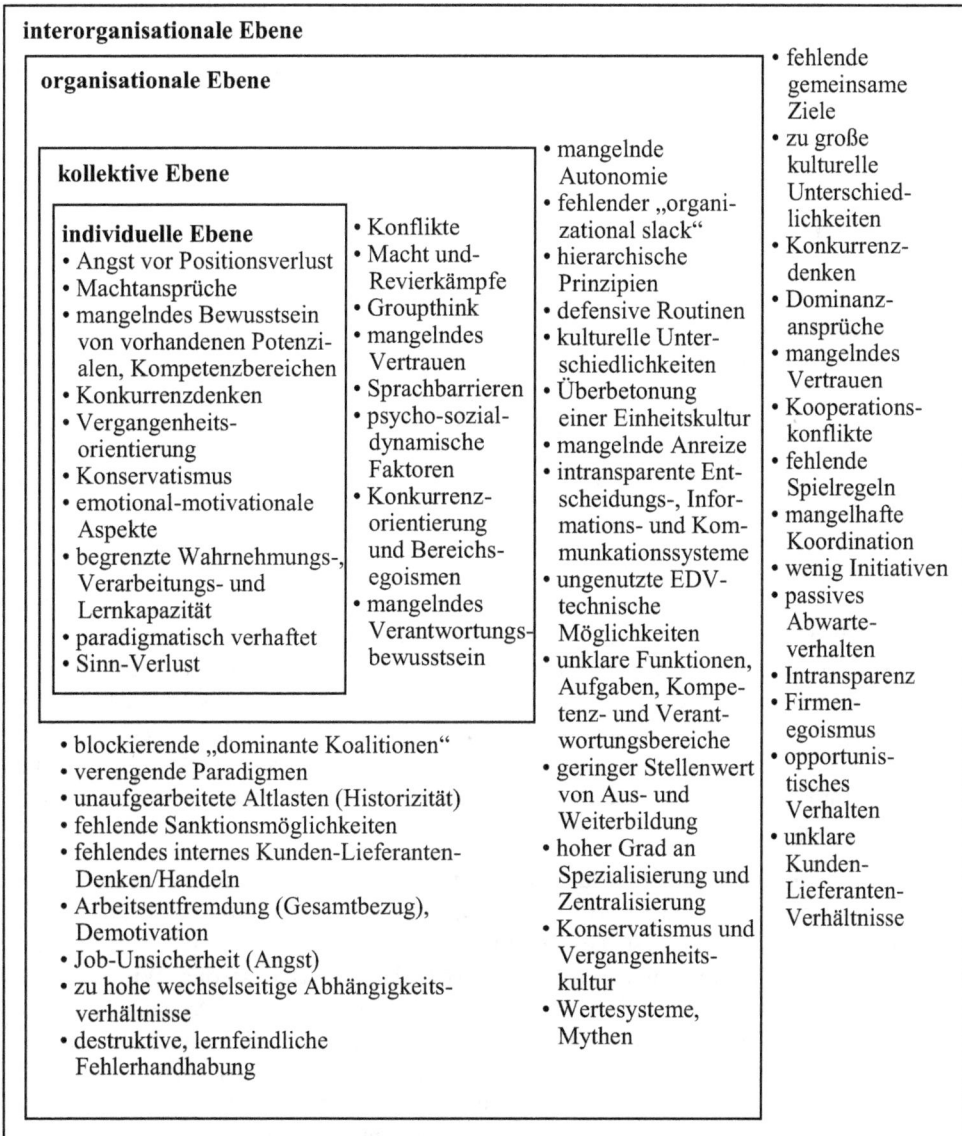

---

interorganisationale Ebene

organisationale Ebene

kollektive Ebene

individuelle Ebene
- Angst vor Positionsverlust
- Machtansprüche
- mangelndes Bewusstsein von vorhandenen Potenzialen, Kompetenzbereichen
- Konkurrenzdenken
- Vergangenheitsorientierung
- Konservatismus
- emotional-motivationale Aspekte
- begrenzte Wahrnehmungs-, Verarbeitungs- und Lernkapazität
- paradigmatisch verhaftet
- Sinn-Verlust

- Konflikte
- Macht und-Revierkämpfe
- Groupthink
- mangelndes Vertrauen
- Sprachbarrieren
- psycho-sozial-dynamische Faktoren
- Konkurrenz-orientierung und Bereichs-egoismen
- mangelndes Verantwortungs-bewusstsein

- mangelnde Autonomie
- fehlender „organizational slack"
- hierarchische Prinzipien
- defensive Routinen
- kulturelle Unterschiedlichkeiten
- Überbetonung einer Einheitskultur
- mangelnde Anreize
- intransparente Entscheidungs-, Informations- und Kommunkationssysteme
- ungenutzte EDV-technische Möglichkeiten
- unklare Funktionen, Aufgaben, Kompetenz- und Verantwortungsbereiche
- geringer Stellenwert von Aus- und Weiterbildung
- hoher Grad an Spezialisierung und Zentralisierung
- Konservatismus und Vergangenheitskultur
- Wertesysteme, Mythen

- fehlende gemeinsame Ziele
- zu große kulturelle Unterschiedlichkeiten
- Konkurrenzdenken
- Dominanzansprüche
- mangelndes Vertrauen
- Kooperationskonflikte
- fehlende Spielregeln
- mangelhafte Koordination
- wenig Initiativen
- passives Abwarteverhalten
- Intransparenz
- Firmenegoismus
- opportunistisches Verhalten
- unklare Kunden-Lieferanten-Verhältnisse

- blockierende „dominante Koalitionen"
- verengende Paradigmen
- unaufgearbeitete Altlasten (Historizität)
- fehlende Sanktionsmöglichkeiten
- fehlendes internes Kunden-Lieferanten-Denken/Handeln
- Arbeitsentfremdung (Gesamtbezug), Demotivation
- Job-Unsicherheit (Angst)
- zu hohe wechselseitige Abhängigkeitsverhältnisse
- destruktive, lernfeindliche Fehlerhandhabung

Abb. III.5.16: Hindernisse der Nutzung von Wissen in, von und zwischen Unternehmen (vgl. Neumann 2000, S. 272)

Implizität, Differenzierung sowie Spezialisierung des Wissens, Rigiditäten und divergierende Interpretationsmuster in Organisationen sperren sich gegen den einfachen Transfer, die Explikation, Integration und Nutzung von Wissen sowie die einfache Gestaltung von Lern- und Kommunikationsvorgängen (vgl. Roehl 2002, S. 188). Jedoch muss man erkennen, dass Dysfunktionalitäten in Organisationen und ungelöste Wissensprobleme nicht nur negativen Charakter haben, vielmehr stoßen sie Reflexionsprozesse in Organisationen an und tragen mitunter auf diese Weise mittelbar sogar zur Weiterentwicklung von Wissen bei. Abbildung III.5.16 gibt nochmals einen Überblick über Hindernisse, die einer konstruktiven Nutzung von Wissen auf den verschiedenen (Lern-)Ebenen entgegenstehen.

5.5   Instrumente des Wissensmanagements

Die Auseinandersetzung mit dem Wissensmanagement lässt einige erfolgskritische Faktoren erkennen; dazu gehören die Organisationsstruktur, Vertrauen in die Organisation, die Motivation der Organisationsmitglieder und – nicht zuletzt – eine geeignete (Informations- und Kommunikations-)Technik (vgl. Wilkesmann/Rascher 2003, S. 35-38). In der Praxis finden sich aber kaum Beispiele, die über die Einführung wissens- bzw. informationstechnischer Instrumente (z. B. Intranet, Data-Warehouse, Groupware, Wissensdatenbank) zur Speicherung und zum Austausch hinausreichen (vgl. auch North/Papp 1999, S. 21).

Einen knappen Überblick über 43(!) Instrumente in sechs Funktionsgruppen gibt Roehl, der in diesem Zusammenhang von Wissensorganisation statt Wissensmanagement spricht, um zu verdeutlichen, dass die kontextuelle Steuerung von Wissensprozessen Vorrang vor der rein instrumentellen Unterstützung haben sollte (vgl. 2002, S. 80-165). Dies erweist sich vor allem deshalb als bedeutsam, weil generelle Grenzen der Machbarkeit und Gestaltbarkeit organisationalen Wissens zu beachten sind (vgl. z. B. aus systemtheoretischer Sicht III.5.3.6 und I.9). Bei der Wahl eines Instruments sind in jedem Fall sowohl dessen jeweilige Leistungsfähigkeit als auch die Kontextabhängigkeit seines Einsatzes zu berücksichtigen und zu beurteilen. Im Folgenden kann nur eine **Skizze ausgewählter Instrumente** des Wissensmanagements erfolgen:

- Die **technologische Infrastruktur** bildet in vielen Unternehmen den Wissen organisierenden Rahmen; es kommen z. B. Intranet, Datenbanken, Organizational Memories (relational vernetzte Assistenzsysteme), Groupware-Technologien (z. B. Lotus-Notes), Expertensysteme und Internet zum Einsatz (vgl. Abb. III.5.17). Bei externen Wissensquellen helfen z. B. Suchmaschinen, Intelligente Agenten oder Data-Mining-Systeme, aber auch thematisch gebündelte Portale im Internet. Ein umfangreiche Untersuchung von verschiedenen – Dienstleistungs-, Skill- und technischen – Datenbanken findet sich bei Wilkesmann/Rascher (vgl. 2004). Es ist jedoch zu beachten, dass hierbei primär auf explizites Wissen fokussiert wird und die instrumentelle Unterstützung insoweit recht einseitig bleibt. Darüber hinaus sollte die durch den Einsatz der IuK-Technik erreichte Wissenstransparenz nicht generell maximiert werden, denn es sind stets auch Effizienzgesichtspunkte zu beachten (vgl. Oelsnitz/Hahmann 2003, S. 106).

- Zu den Instrumenten, mit denen **raumbezogenen Barrieren** entgegengewirkt werden kann, gehören eine integrierende (Innen-)Architektur zur Förderung abteilungsübergreifender Kommunikation, die Schaffung von Kompetenzzentren, Wissensmaklern oder so genannten Think Tanks (Denkfabriken) sowie auch die Veranstaltung von Lernreisen, die das Kennenlernen fremder organisationsexterner Kontexte ermöglichen.

- Die **(Re-)Organisation der Arbeit** soll vor allem solchen Wissensproblemen entgegenwirken, die aufgrund starker Arbeitsteilung entstehen; bekannte Maßnahmen sind Job Rotation, Job Enlargement und Job Enrichment, Gruppenarbeit, Qualitätszirkel, Lernstatt/Lernlabor, die Projektorganisation und Handbücher bzw. Leittexte.

- Zur Förderung der untrennbar mit Wissen verbundenen Kommunikation eignen sich Instrumente wie die Konstruktion von Leitbildern bzw. Visionen, Kommunikationsforen, Dialoge, Interviews, Gesprächstechniken sowie die Nutzung von Geschichten und Metaphern. Besondere Bedeutung haben in jüngerer Zeit personelle Netzwerke erlangt. Bei solchen **Communities of Practice** (auch Wissensgemeinschaften) handelt es sich um langfristige, vornehmlich selbstorganisierte Zusammenschlüsse von Personen, die freiwillig und aus Interesse an einem Thema ihrer Arbeits- bzw. Lebenspraxis diesbezügliches Wissen gemeinsam aufbauen und austauschen wollen (vgl. ähnlich North 2005, S. 154). Sie sind als Kultur- und Wissensgemeinschaften zu verstehen, die sich mitunter informell bilden, spontan und oft über elektronische Medien kommunizieren, wobei gemeinsames Lernen auftritt (vgl. Wenger 1999; Schneider 2004). Im Rahmen des Wissensmanagements können Communities of Practice gezielt genutzt werden, um Zugang zu dem Wissen von internen personellen Wissensträgern zu erlangen und dieses Wissen gegebenenfalls unter Rückgriff auf Datenbanken organisationsweit zur Verfügung zu stellen.

- Zur Unterstützung der **Problemlösung (durch Wissen)** kommen z. B. Szenariotechnik, Systemsimulation (auch erweitert zu Mikrowelten), Rollen- und Planspiele, Checklisten, Kreativitätstechniken, Wissenskarten (graphische Verzeichnisse von Trägern, Beständen, Quellen und Anwendungen des Wissens), Gelbe Seiten (geben Auskunft über Personen, die sich in der Organisation mit bestimmten Problemen befassen bzw. befasst haben), das betriebliche Vorschlagswesen, Verbesserungsprogramme (z. B. Kaizen) und die Balanced Scorecard zum Einsatz. Als externe Wissensquellen haben Kunden und Konkurrenten große Bedeutung; auf Erstere zielt die Einrichtung von Key-Accounts, Beschwerde- oder Customer Relationship Management, Letztere stehen im Rahmen von Benchmarking oder Product Reverse Engineering im Vordergrund, wobei Wissenserwerb auch durch Unternehmensakquisition möglich ist. Den interorganisationalen Austausch können Kooperationen im Sinne von Wissensnetzwerken fördern (vgl. Oelsnitz/Hahmann 2003, S. 114-133).

- **Personenorientierte Instrumente** knüpfen unmittelbar an der Person als Wissensträger an; dazu gehören eignungsdiagnostische Verfahren, die Bindung von Wissensträgern z. B. durch materielle oder immaterielle Anreize, das gesamte Spektrum der Personalentwicklungsmaßnahmen, insbesondere auch handlungsorientiertes Training, Coaching, Mentorenprogramme und Karriereplanung.

Entscheidend für das Wissensmanagement bei Capgemini mit seinen international rund 60.000 Mitarbeitern ist die Organisation des Wissensaufbaus und der Wissensverwendung. Für eine systematische Dokumentation sind die Knowledge-Manager aus den jeweiligen Unternehmenseinheiten verantwortlich – weltweit etwa 35 Vollzeitkräfte. Sie sorgen für das Sammeln und Fixieren der täglich in den Projekten anfallenden neuen Erkenntnisse und praxisrelevanten Erfahrungen. Hierfür gibt es eine klar definierte Struktur der Pflichtdokumente. Vertrauliche Dokumente werden mit einem Sperrvermerk versehen. Im Alltag wird vom Knowledge-Manager die Balance von Hartnäckigkeit und Fingerspitzengefühl erwartet, wenn es darum geht, Unterlagen einzufordern und die Qualität abzusichern. Mit der Verankerung des Themas in den Zielsystemen der einzelnen Mitarbeiter und den Kennzahlensystemen der gesamten Organisation wird seine Bedeutung unterstrichen.

Primäre Quelle des kodifizierten Wissens ist eine interne Datenbank mit über 150.000 qualifizierten Dokumenten. Die Knowledge-Manager sorgen für die Dokumentenablage entlang einer verbindlichen Struktur, die prägnante Zusammenfassung und nehmen, gemeinsam mit Experten, eine Bewertung der Dokumente vor. Damit ist dem Nutzer die schnelle Identifikation möglich. Der Anwender wird gezielt zu den für seine Thematik geeigneten Dokumenten und persönlichen Ansprechpartnern geführt. Daneben besitzen alle Mitarbeiter auch Zugriff auf externe Datenbanken und annähernd 1.000 Zeitschriften. Zugang zu weiteren spezialisierten Datenbanken besteht über die Knowledge-Manager sowie regionale Ressource-Teams, die bei sämtlichen Recherchen in externen Quellen professionelle Unterstützung anbieten. Über „Gelbe Seiten" oder direkt über die Knowledge-Manager können interne Experten samt ihrer Kontaktdaten identifiziert werden. Schließlich sind viele formale Beratergruppen über geschützte Plattformen verbunden. Über Ländergrenzen hinweg steuern sie ihre Zusammenarbeit, diskutieren jeweils aktuelle Entwicklungen und tauschen neueste Erkenntnisse und Erfahrungen aus.

So wichtig Wissensmanagement gerade für internationale Beratungsunternehmen ist, der Kostendiskussion kann man sich auch hier nicht entziehen. Scharfe ökonomische Kalkulationen sind aber nicht möglich. Das Kostenmanagement im Bereich der Kodifizierung ist eine permanente Herausforderung für die verantwortliche Führungskraft. Für global wichtige Dokumente, die mittlerweile selbstverständlich in Englisch vorliegen, sind inzwischen etwa 30 Knowledge-Manager in der indischen Niederlassung zu deutlich geringeren Kosten tätig. Nach Anlaufschwierigkeiten hat sich diese Form der Kodifizierung – als Unterstützung der lokal Verantwortlichen – bewährt. Dem Modetrend Outsourcing ist das Wissensmanagement allerdings nicht zugänglich. Systeme und Personen stellen einen Differenzierungsfaktor gegenüber dem Wettbewerber dar und sollten deshalb nicht an Dritte vergeben werden.

Abb. III.5.17: Wissensmanagement bei Capgemini (vgl. Claßen/Grasshoff 2005, S. 20-21)

Besonderes Interesse hat in den letzten Jahren die **Messung bzw. Bewertung** des Wissens erlangt. Man hat erkannt, dass immaterielles Vermögen trotz seiner Bedeutung nicht (hinreichend) gemessen wird und zwischen Marktwert und Buchwert eines Unternehmens ein deutlicher Unterschied besteht, der durch den **Goodwill** (auch Firmenwert als Differenz zwischen

Ertrags- und Substanzwert eines Unternehmens) nur unzureichend erklärt wird. In der Rechnungslegung kann ein originärer (d. h. selbst generierter) Goodwill, der noch nicht durch
Transaktionen in monetärer Form realisiert wurde, aufgrund seiner unzureichenden Objektivierbarkeit nicht aktiviert werden. Die Aktivierung ist lediglich für den derivativen Goodwill
möglich, der entgeltlich erworben wurde und über den Kaufpreis objektiviert wird. Der derivative Goodwill liefert jedoch nur eine äußerst grobe Einschätzung des immateriellen Vermögens, da er beispielsweise durch Verhandlungstaktiken im Transaktionsprozess verzerrt
ist. Allenfalls werden für jeden offensichtliche (immaterielle) Fähigkeiten und Ressourcen
der Organisation bzw. der dort beschäftigten Mitarbeiter gemessen und vielfach erfolgt die
Erfassung über die Inputseite (z. B. Personalentwicklungsaufwand). Das kollektive bzw.
organisationale Wissen und seine Auswirkungen auf den Output bzw. Erfolg können auf
diese Weise keineswegs als hinreichend berücksichtigt gelten. Darüber hinaus fehlt eine
klare Abgrenzung zwischen immateriellem Vermögen und Wissen. So verschwimmen aufgrund der vielfachen Vernetzung und äußerst schwierigen Operationalisierung der Bestandteile des immateriellen Vermögens beispielsweise die Grenzen zwischen der organisationalen Wissensbasis, dem Markenwert bzw. Image und dem Kundenstamm, obwohl alles zu den
„intangible assets" gezählt wird. Bei der Bewertung des immateriellen Vermögens von Organisationen bleiben somit viele Fragen offen. Dennoch werden verstärkt Versuche unternommen, das organisationale Wissen und andere intangible assets einer Messung zugänglich
zu machen.

Die verschiedenen **Verfahren zur Wissensmessung bzw. -bewertung** lassen sich unterscheiden in deduktiv-summarische und induktiv-analytische Ansätze (vgl. North 2005, S.
219-231 und 238-243; auch Abb. III.5.18):

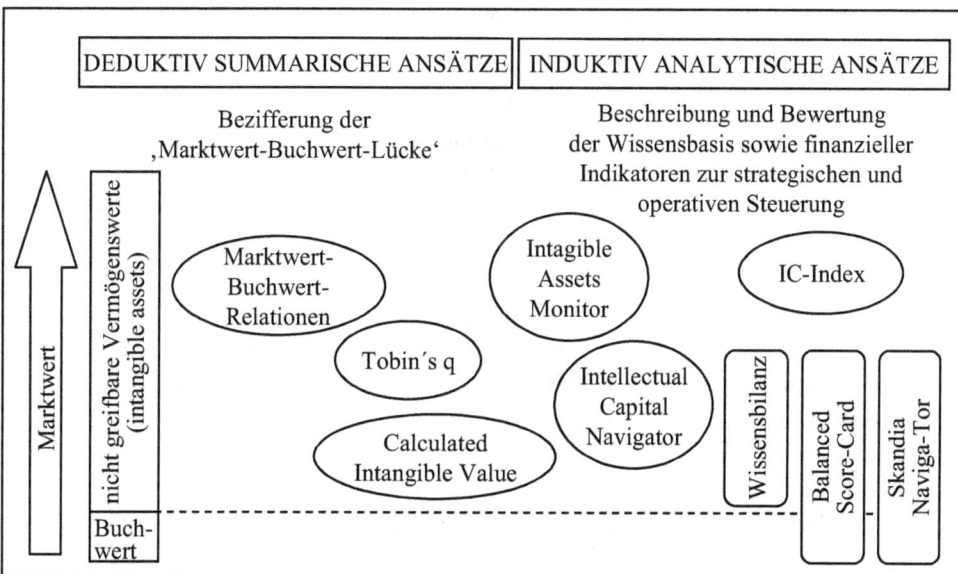

*Abb. III.5.18: Ansätze zur Bewertung des immateriellen Vermögens und der organisationalen Wissensbasis (vgl.
North 2005, S. 220)*

Deduktiv-summarische Ansätze gehen von der Divergenz zwischen Marktwert und Buchwert von Unternehmen aus und versuchen diese Divergenz zunächst summarisch zu erfassen und anschließend deduktiv zu konkretisieren, indem sie diese auf bestimmte Einflussfaktoren zurückführen. Die deduktiv-summarischen Ansätze erfassen das immaterielle Vermögen somit ausgehend von einer monetären Größe; Beispiele sind

- **Markt-/Buchwert-Relationen** (z. B. die Markt-/Buchwert-Differenz oder der Markt/Buchwert-Quotient), die von Abschreibungspraktiken sowie (bei börsennotierten Unternehmen) stark von Börsenkursschwankungen beeinflusst sind und allenfalls für den Zeitvergleich als grober Indikator fungieren können,
- **Tobin´s q** (Quotient aus Marktwert und Wiederbeschaffungskosten eines Unternehmens bzw. Vermögensgegenstandes), der – für q > 1 – den Wert des spezifischen Portfolios an Investitionen in Technologie bzw. Mitarbeiter widerspiegelt und ein Maß für den Mehrwert des Unternehmens gegenüber der einfachen Summe der Einzelvermögensgegenstände darstellt, sowie
- **Calculated Intangible Value**, dessen Ermittlung auf der Grundlage von Bilanz- sowie Branchendaten erfolgt und auf der Annahme basiert, dass mit einer größeren Wissensbasis eine höhere Eigenkapitalrendite erzielt wird.

Bei den deduktiv-summarischen Ansätzen wird das immaterielle Vermögen primär monetär bewertet, der Unterschied zwischen Markt- und Buchwert aber nicht (vollständig) erklärt. Ursache-Wirkungs-Zusammenhänge zwischen Interventionen und Veränderungen der Wissensbasis bleiben im Dunkeln. Daher eignen sich diese Ansätze als alleinige Größen nicht zur wissensorientierten Steuerung von Unternehmen.

Induktiv-analytische Ansätze setzen keine summarische Bewertung immateriellen Vermögens voraus. Vielmehr beabsichtigen sie, das immaterielle Vermögen von vornherein analytisch in seine Bestimmungsfaktoren zu zerlegen, für ihre Messung Indikatoren zu bilden und den Wert des immateriellen Vermögens durch Aggregation der Indikatorenausprägungen induktiv zu ermitteln. Dies bedeutet, dass sie die Komponenten der organisationalen Wissensbasis sowie weiterer Bestandteile des immateriellen Vermögens beschreiben und bewerten wollen. Dabei versuchen sie finanzielle und nicht-finanzielle Indikatoren in einem Gesamtsystem der Steuerung zu integrieren. Zu den induktiv-analytischen Ansätzen zählen verschiedene bekannte Beispiele:

- Der **Intangible Assets Monitor** bewertet Kunden-, Lieferantenbeziehungen, Prozesse, Technologien sowie die Kompetenz der Mitarbeiter nach den – nicht trennscharfen – Kriterien Wachstum/Erneuerung, Effizienz und Stabilität (vgl. Sveiby 1997, S. 3-18).
- Der **Intellectual Capital Navigator** bewertet das intellektuelle Kapitel neben der Markt/Buchwert-Relation anhand von jeweils drei Indikatoren Kunden-, Struktur- und Humankapital und stellt es in einem Soll-Ist-Vergleich dar (vgl. Stewart 1997).
- Der **Intellectual Capital Index** erfasst die Komponenten Beziehungs-, Innovations-, Human- und Infrastrukturkapital mit Indikatoren, fasst diese gewichtet zu dem IC-Index zusammen und stellt ihn im Zeitverlauf dar (vgl. Roos et al. 1997).
- Die **Wissensbilanz** soll immaterielle Unternehmenswerte – Human-, Struktur- und Beziehungskapital – strukturiert darstellen, um intern Steuerungsmaßnahmen abzuleiten und

sowohl intern als auch extern die Kommunikation zu erleichtern (vgl. Mertins/Alwert/ Heisig 2005; BMWI 2006); der Vergleich mit anderen Organisationen setzt aber die Verwendung der gleichen Indikatoren voraus.

- Die **Balanced Scorecard** (vgl. Kaplan/Norton 1997) enthält zwar nicht unmittelbar die Operationalisierung der Wissensperspektive, verdeutlicht aber, dass jede Organisation einen spezifischen Katalog von nicht-finanziellen Indikatoren benötigt.

- Der **Skandia Navigator** des schwedischen Finanzdienstleisters Skandia stellt darauf aufbauend neben der finanziellen Perspektive Indikatoren für die Perspektiven Kunden, Prozesse, Menschen sowie Erneuerung und Entwicklung zur Verfügung (vgl. dazu Probst/Raub/Romhardt 2006, S. 219-221). Wie bei den meisten induktiv-analytischen Ansätzen ergibt sich auch hier die Frage, ob durch Veränderungen dieser Größen Veränderungen der organisationalen Wissensbasis tatsächlich sichtbar gemacht werden.

Da die aufgeführten Indikatorensysteme Bestands-, Interventions- und Übertragungsindikatoren sowie klassische finanzielle Indikatoren vermischen und es somit nicht möglich ist, Bestände, Inputs und Outputs zu trennen sowie Wechselwirkungen zu beachten, haben North/ Probst/Romhardt ein **mehrstufiges Indikatorenmodell** entwickelt. Mit seinen vier Indikatorenklassen soll es erleichtern, Ursache-Wirkungs-Zusammenhänge zu identifizieren und die Veränderung der organisationalen Wissensbasis mit Bezug zu Geschäftsergebnissen darzustellen und zu messen (vgl. 1998; North 2005, S. 234-237; auch Abb. III.5.19). Es weist jedoch einen hohen Individualisierungsgrad auf und erfordert hohen Aufwand (vgl. auch North/Grübel 2005).

Indikatorklasse	Begriffsbestimmung	Beispiele
organisatorische Wissensbasis	beschreibt den Bestand, der organisatorischen Wissensbasis zum Zeitpunkt t_x qualitativ und quantitativ	Fähigkeitenportfolio der Mitarbeiter nach Kernfähigkeiten, Anzahl und Qualität der externen knowledge links, Qualität und Anzahl interner Kompetenzzentren, Patente
Interventionen	beschreibt Prozesse und Inputs (Aufwand) zur Veränderung der organisationalen Wissensbasis	Anzahl lessons learned workshops, Erstellung von Expertenprofilen, Durchführung von action training (action training/Gesamttraining (%))
Zwischenerfolge und Übertragungs-effekte	misst die direkten Ergebnisse der Interventionen (Outputs)	Publikationen von Mitarbeitern, Verbesserungsvorschläge, Antwortzeiten auf Kunden-Anfragen, Nutzungsindex Intranet, Transparenzindex
Ergebnisse der Geschäftsfähigkeit	misst Geschäftsergebnisse am Ende der Betrachtungsperiode (z. B. Quartal, Geschäftsjahr)	Cashflow, Deckungsbeiträge, Marktanteil, Image, Return on Investment

Abb. III.5.19: Indikatorenklassen (vgl. North/Probst/Romhardt 2006, S. 222)

Das Modell erfordert situationsspezifische Indikatoren je Organisation und gibt daher auch nicht vor, die „richtigen" Indikatoren zu verwenden. Es schafft höhere Transparenz, liefert jedoch keine eindeutigen Kausalzusammenhänge. Ein großer Vorteil liegt in der Auseinandersetzung mit dem Phänomen Wissen, der Durchdringung der eigenen Wissensbasis und dem Erkennen (un-)günstiger Einflussfaktoren bzw. Rahmenbedingungen.

Trotz der weit verbreiteten Versuche, immaterielles Vermögen messbar zu machen, bleiben weiterhin viele Fragen offen. Die Koexistenz mannigfaltiger unterschiedlicher Messverfahren, die zudem bereits bei demselben Anwender zu äußerst divergierenden Ergebnissen hinsichtlich des immateriellen Vermögenswerts eines Unternehmens gelangen, schafft eher Verwirrung. Nicht selten erweisen sich zugrunde liegenden Messvorschriften als äußerst unklar. Die Objektivierbarkeit der Messverfahren bleibt daher grundlegend defizitär (vgl. auch Grübel/North/Szogs 2004).

5.6   Grenzen des Managements von Wissen

Wissensmanagement soll den effektiven Umgang mit der Ressource Wissen gewährleisten und zugleich die Generierung organisationsspezifischen Wissens unterstützen. Dabei ist zu bedenken, dass Wissensmanagement aus unterschiedlichen Gründen auf teilweise grundlegende **Grenzen einer systematischen Gestaltung** stößt. Als besonders bedeutsam erweisen sich Probleme und Herausforderungen, die aus der geringen wechselseitigen Anschlussfähigkeit unterschiedlicher Konzepte des Wissensmanagements, dem jeweils zugrunde liegenden organisationalen Steuerungsverständnis sowie der (partiellen) Implizität von Wissen resultieren.

Die Auseinandersetzung mit dem Wissensmanagement in Forschung und praxisnaher Literatur ist durch die **Koexistenz einer Vielzahl unterschiedlicher Konzepte** gekennzeichnet, die kaum miteinander kombinierbar sind. Die unterschiedlichen Ansätze bieten teilweise nur rudimentär differierende Konzeptualisierungen von Phasen, Bausteinen, Teilprozessen des Wissensmanagements, ohne dabei unmittelbar an andere aktuelle Konzepte anzuknüpfen, geschweige denn zwingend über sie hinaus zu weisen. Zu Recht beklagt Roehl deshalb die fehlende Kumulativität der Auseinandersetzung mit den Problemen des Wissensmanagements (vgl. 1999, S. 21-22). Die Chance zu einer umfangreichen Integrativität und Interdisziplinarität des Wissensmanagements, die sich letztlich im Sinne unmittelbar anwendungsorientierter Forschung an konkreten Problemen der organisationalen Praxis ausrichten könnte, wurde damit bisher weit gehend verspielt. In Verbindung mit dem teilweise sehr hohen Abstraktionsgrad vieler Ansätze des Wissensmanagements wird die Ableitung praxisnaher Gestaltungsempfehlungen sogar eher behindert.

Von besonderer Relevanz erweist sich zudem das den verschiedenen Ansätzen des Wissensmanagements zugrunde liegende organisationale **Steuerungsverständnis**. Insbesondere instrumentell-technokratisch orientierte Ansätze des Wissensmanagements konzentrieren sich auf die Kategorisierung von Wissen und die Reproduktion vermeintlicher Effizienzmuster (vgl. Neumann 2000, S. 242). Sie unterstellen dabei nicht selten ein triviales Grundverständnis von Organisation und Management, das durch die Annahme der umfassenden Steuerbarkeit von Organisationen geprägt ist und dabei im Grunde einer – weit verbreiteten – Steuerungsillusion unterliegt (vgl. Roehl 1999, S. 30-31). Dabei wird der Interpretation der Organisation als Maschine gefolgt. Organisationen sind demnach vollständig beherrschbar und lassen sich konsequent nach traditionellen Rationalitätskriterien optimal gestalten. Durch den Einsatz der „richtigen" Mittel und Methoden können dann (quasi zwangsläufig) die erwünschten, zielgerichteten Ergebnisse erreicht werden.

Dabei wird bereits vernachlässigt, dass es sich bei Organisationen um multipersonale Handlungssysteme handelt, in denen die Ziele sowie das Verhalten der Organisationsmitglieder mitunter systematisch von dem formalen Organisationszweck abweichen. Ein rein technokratisch-instrumentelles Wissensmanagement wird bereits dadurch wesentlich erschwert, dass Wissen, z. B. im Kontext mikropolitischer Prozesse, eine zentrale Ressource individueller Zielerreichung bildet (vgl. I.1.1 und I.8.3.3 sowie z. B. Wilkesmann/Rascher 2004). Wenn Mitarbeiter befürchten (müssen), durch die Weitergabe oder Nutzung von Wissen ihre individuelle Position im multipersonalen Handlungssystem der Organisation zu schwächen, spielen keineswegs mehr rein technokratische Lösungen, die direkt in den Wissensprozess eingreifen, eine zentrale Rolle. Es gilt dann vielmehr die Devise: Wissen, das in den Köpfen und Handlungen von Mitarbeitern steckt, braucht einen Kontext, der Austausch, Vermehrung und Anwendung dieses Wissens begünstigt. In multipersonalen Systemen geht es daher um **Kontext- und weniger um Prozesssteuerung**. Nicht das Management von Wissen, sondern der Aufbau von Managementwissen (über den organisationalen Kontext) steht schließlich im Vordergrund.

Damit wendet man sich aber von einer rein technokratischen Sichtweise ab und einer wissensökologischen Sichtweise zu. Die wissensökologische Perspektive lässt sich unter Rückgriff auf die Theorie selbstreferenzieller (Organistions-)Systeme fundieren (vgl. I.9). Versteht man Organisationen als selbstreferenzielle Systeme, reagieren diese auf gezielte Interventionsversuche äußerst unterschiedlich, und es ergeben sich enge Grenzen einer gezielten Steuerbarkeit; die Gestaltung der Rahmenbedingungen und indirekte (Kontext-)Steuerung treten in den Vordergrund. Es geht vor allem um das Entwickeln eines Wertesystems, in dem Neues, Veränderung, Zusammenarbeit, Vertrauen sowie interpersonelle Wertschätzung, Fehlertoleranz und ähnliches einen hohen Stellenwert haben. Man gelangt schließlich zu einem postheroischen Verständnis des Wissensmanagements (vgl. I.9.3.4).

Ein **postheroisches Wissensmanagement**, das sich der begrenzten Steuerungsfähigkeit und Eigendynamik von Wissensprozessen bewusst ist, unterliegt einer deutlich geringeren Gefahr, den Mythen des Wissens zum Opfer zu fallen. So weist Roehl auf acht Mythen des Wissens hin, die ein erfolgreiches Wissensmanagement laufend gefährden (vgl. 2002, S. 166-169): (1) Wissen lässt sich direkt beeinflussen, (2) viel Wissen ist immer gut, (3) Nichtwissen ist schlecht, (4) Wissen ist immer wahr, (5) Wissen ist zeitkonstant, (6) Wissen lässt sich in Datenspeicher einspeisen, (7) Wissen erzeugt Innovation und (8) Wissen ist recyclebar. Diese Mythen machen deutlich, dass es sich bei der – stets begrenzten – Gestaltung eines Wissensmanagements um ein komplexes Problem handelt, das regelmäßig nur auf Grundlage intuitiv-subjektiver Einschätzungen sowie in dem Bewusstsein der prinzipiellen Ergebnisoffenheit wissensorientierter Maßnahmen bewältigt werden kann. Aus gängigen praxisorientierten Empfehlungen geht dies jedoch häufig nicht deutlich hervor (so z. B. das „12-Punkte-Programm zur wissensorientierten Unternehmensführung" bei North 2005, S. 312-315 oder „einige (12!) Denk- und Handlungsanstöße für den Start ins Wissensmanagement" bei Probst/Raub/Romhardt 2006, S. 267-269).

Darüber hinaus wirft die (partielle) **Implizität von Wissen** vielfältige Fragen für das Wissensmanagement auf. Die Analyse und Gestaltung impliziten Wissens greift meist auf die Wissensspirale mit ihren vier Formen der Umwandlung von Wissen – Sozialisation, Externalisierung, Kombination und Internalisierung (vgl. Nonaka/Takeuchi 1997, S. 74-88) – zurück. In der Regel geht es dann im Prozess der Wissensspirale darum, Wissen – vermittelt über die Codierung in expliziter Form – in der Organisation verfügbar sowie transferierbar zu machen und schließlich effektiv wirksam werden zu lassen. In diesem Sinne weist das Wissensmanagement eine starke Fokussierung auf das explizite Wissen auf. Schreyögg/Geiger (vgl. 2005) weisen aber darauf hin, dass implizites Wissen im Sinne Polanyis nicht-verbaler Natur, kausal amorph und stets handlungsgebunden (Können des Handelnden) ist; vor dem Hintergrund erweist es sich als derart komplex, dass viele Elemente nicht einmal rudimentär expliziert und externalisiert werden können. Implizites Wissen beinhaltet komplexe subjektive personen- bzw. gruppenbezogene Erlebens- und Handlungsinhalte, die sich demnach bei weitem nicht nur aus Kognitionen zusammensetzen, sondern ein komplex-dynamisches Geflecht von Kognitionen, Emotionen, Motivationen und Verhaltensmustern sowie schließlich davon irgendwie beeinflussten bewussten Entscheidungen bzw. Handlungen bilden. Dieses Geflecht erweist sich in keiner Weise als intellektuell entwirrbar.

Aus diesem Grund scheint die Externalisierung impliziten Wissens ebenso ausgeschlossen wie die Internalisierung expliziten Wissens (vgl. Schreyögg/Geiger 2005, S. 440-444). Bei den Prozessen einer (scheinbaren) Externalisierung bzw. Internalisierung erfolgt nie lediglich eine Modifikation der Wissenscodierung, sondern immer eine Verarbeitung und äußerst komplexe sowie dynamische Veränderung von Wissen. Wenn sich aber die Transformationsprozesse zwischen explizitem und implizitem Wissen als derart komplex und letztlich sogar als Täuschung erweisen, weil sie mehr als eine Transformation der Codierung bedeuten, kann die klassische Fokussierung des Wissensmanagements auf das explizite Wissen nicht überzeugen. Wie geht man aber in Organisationen mit dem impliziten Wissen um, wenn man dessen (Weiter-)Entwicklung und Nutzung systematisch fördern will? Hier steht das Wissensmanagement bzw. seine Konzeptualisierung vor großen Herausforderungen, die bisher keineswegs als bewältigt gelten können.

Schreyögg/Geiger (vgl. 2005; auch 2007) unterscheiden zudem zwischen dem narrativen Wissen einerseits und dem impliziten Wissen andererseits, womit sie zugleich eine Einschränkung des Begriffs des impliziten Wissens vornehmen. Demnach liegt **narratives Wissen** im Gegensatz zu implizitem Wissen von vornherein in verbaler Form vor, ist gerade nicht „verkörperlicht", sondern entstanden, um erzählt zu werden, und kollektiv, da es Geschichten einer bestimmten Gemeinschaft sind. Von dem Management des – expliziten und narrativen – Wissens unterscheiden Schreyögg/Geiger das Management des Könnens (implizites Wissen, „tacit knowing"), das dann nicht mehr Wissen im eigentlichen Sinne produziert; Aufgaben des Könnensmanagement sind (1) Sozialisation, (2) Training im Sinne einer Verbesserung des Könnens und (3) Kombination, d. h. Verbindung des impliziten mit explizitem Wissen. In den Handlungen in und von Organisationen verbinden sich letztlich alle Bestandteile wieder, da für die Anwendung von Wissen spezifisches Können notwendig ist (vgl. Schreyögg/Geiger 2005, S. 448-451). Diese somit vorgenommene Unterscheidung zwischen **Wissens- und Könnensmanagement** kann die besondere Relevanz impliziter Bedeutungen – z. B. im Zusammenhang von organisationalen Geschichten oder Metaphern – stärker akzentuieren und entlastet das Wissensmanagement zugleich von der Aufgabe des Trainings konkreter Handlungskompetenzen.

6   Schlussbetrachtung

Gemeinsamer Ausgangspunkt aller Überlegungen zur Veränderung von und in Organisationen ist die Abkehr von der Vorstellung einer Organisation als quasi-stabile Einheit und dem Ziel rationaler Strukturstabilisierung, wie sie in der Organisationstheorie beispielsweise noch den Bürokratie-Ansatz geprägt hat (vgl. I.3.2). Der Organisationstheorie ist es nicht gelungen, spezifische Organisationsstrukturen als generell und dauerhaft überlegen herauszuarbeiten (vgl. I.5). Organisationen müssen deshalb auch in ihren Basisstrukturen bzw. ihrem organisationalen Paradigma flexibel gehalten werden. Die hohe Komplexität und Dynamik der Umwelt scheinen zudem einen permanenten Wandel von Organisationen erforderlich zu machen. Deshalb werden **Organisationen als fluide Gebilde** verstanden, die geprägt sind von Prozessen z. B. der Ressourcenbeschaffung, der Produktion und der Marktbearbeitung.

Organisationaler Wandel vollzieht sich dabei auf den unterschiedlichen (Wissens- bzw. Lern-)Ebenen der Individuen und Gruppen in einer Organisation sowie auf der Ebene der (gesamt-)organisationalen institutionellen Regeln bzw. Handlungstheorien. Die unterschiedlichen Konzepte des organisationalen Wandels versuchen, in unterschiedlichem Umfang die verschiedenen Ebenen zu berücksichtigen sowie ebenenspezifische Wissens- bzw. Lernprozesse anzustoßen. Dabei konnte bisher der **Transmissionsmechanismus** zwischen Individuum, Gruppe und Organisation nicht hinreichend theoretisch durchdrungen werden. Lernprozesse auf der individuellen Ebene führen nicht notwendigerweise zu einem Lernen auf der Ebene der Gesamtorganisation. Vor allem Prozesse des Wissenstransfers scheinen von grundlegender Bedeutung zu sein. Dennoch reicht ein interpersoneller bzw. intraorganisationaler Wissenstransfer in keiner Weise aus, um zwischen den Lernebenen zu vermitteln. Hier erweisen sich Mechanismen der Institutionalisierung von Wissen in einer Organisation als von zentraler Bedeutung. Lernen auf der Ebene der Gesamtorganisation erfolgt vor allem dann, wenn sich Wissensinhalte bzw. gelernte Verhaltensmuster auf der Ebene des Individuums bzw. der Gruppe zu selbstverständlich – von allen oder vielen Organisationsmitgliedern – geteilten und alltäglich aktivierten Handlungstheorien und damit zu institutionalisierten Regeln entwickeln (vgl. auch I.7.2). Die Forschung zu dem organisationalen Wandel befindet sich in der Analyse solcher Transmissionsprozesse noch am Anfang.

Es existieren vielfältige Differenzen zwischen den Wandelkonzepten hinsichtlich der Einschätzung der **Interventionsmöglichkeiten des Managements**. Während das Change Management einen sehr hohen Steuerungsanspruch stellt und unmittelbare Eingriffe in organisationale Veränderungsprozesse empfiehlt, fokussieren Ansätze wie das systemische Wissensmanagement oder das Wissensmarkt-Konzept auf die Steuerung des Kontextes von Wissens- bzw. Lernprozessen. Ein gemäßigter Steuerungsanspruch erweist sich vor diesem Hintergrund als angemessen. Dieser folgt zunächst dem Primat der Kontextsteuerung, hält es aber nicht für unmöglich, auch in die konkreten Prozesse des Lernens und der Wissensentwicklung einzugreifen. In beiden Fällen muss jedoch das Bewusstsein vorliegen, dass sich jederzeit unerwartete und unerwünschte Wirkungen im Handlungssystem der Organisation ergeben können, die die Achtsamkeit und ein Gegensteuern des Managements unmittelbar erfordern. Das Management organisationalen Wandels und die Förderung organisationaler Flexibilität setzen damit vor allem manageriale Flexibilität und Achtsamkeit voraus.

Wandelprozesse werden häufig zwischen den beiden Polen der **Evolution und Revolution** eingeordnet. Evolutionäre Veränderung dient mehr der Optimierung organisationaler Effizienz und reaktiver Adaption ohne das organisationale Paradigma in Frage zu stellen. Revolutionäre Wandelprozesse sind durch diskontinuierliche Veränderungen gekennzeichnet, die einen Bruch mit den bisherigen organisatorischen Rahmenbedingungen bedeuten. Strategie, Struktur und Kultur sowie nicht zuletzt das Selbstverständnis der Organisation (organisationales Paradigma) werden – ganz oder teilweise – zur Disposition gestellt. Jedoch können auch die vielfältigen Konzepte des organisationalen Wandels keine klaren und deterministischen Verlaufsmuster der Veränderung vorgeben und die Vorteilhaftigkeit evolutionären bzw. revolutionären Wandels situationsabhängig nachweisen. Sie müssen sich vielmehr darauf beschränken, grundlegende Aspekte und wesentliche Komponenten der Beeinflussung des Wandels aufzuzeigen sowie Verlaufsmuster zu beschreiben. Allerdings verdeckt die Dichotomie zwischen evolutionärer und revolutionärer Veränderung den fließenden Übergang.

So erweisen sich in der organisationalen Praxis (und teilweise in der Forschung) die Grenzen zwischen Organisationsentwicklung, Change Management, lernender Organisation und Wissensmanagement als fließend. Angesichts der vielschichtigen Herausforderungen, die Wandelprozesse an Organisationen stellen, würde die strikte Trennung undifferenzierte Verhaltensmuster im Umgang mit organisationalem Wandel eher befördern. Grundsätzlich erscheint eine **flexible Kombination von Konzepten und Techniken** der Beeinflussung organisationalen Wandels als vorteilhaft. Auch wenn heute öfter von Change Management und Wissensmanagement oder der lernenden Organisation als von Organisationsentwicklung die Rede ist, kann keiner der Ansätze als völlig obsolet angesehen werden. So kommt auch das Methodenrepertoire der Organisationsentwicklung weiterhin umfassend zum Einsatz.

Mit der Betonung der besonderen Relevanz von Wissen und der ausgeprägt kognitiven Orientierung hat das Wissensmanagement an Bedeutung gewonnen. Die Ansätze des Wissensmanagements knüpfen an das in westlichen Kulturen verbreitete Wertesystem umfassender kognitiver Durchdringung sowie Beherrschbarkeit menschlicher Lebens- und Organisationspraxis an. Damit läuft das Wissensmanagement allerdings Gefahr, selbst einseitig zu werden. Organisationaler Wandel stellt keinen rein kognitiven Prozess dar und lässt sich nicht allein auf der Grundlage rein kognitiv-gedanklicher Modifikationen erfassen und bewältigen. Organisationaler Wandel verändert immer ein Geflecht von Kognitionen, Emotionen, Motivationen bzw. Interessen, Verhaltensmustern, (organisations-)kulturellen Normen und organisationalen Intergruppenbeziehungen sowie nicht selten interorganisationale Netzwerke. Eine **kognitivistische Interpretation organisationalen Wandels** – wie sie häufig in Ansätzen des Wissensmanagements vorzufinden ist – neigt aber zu einer unverhältnismäßigen Begrenzung der Analyseperspektive. So führt die kognitivistische Orientierung des Wissensmanagements und die dadurch bedingte – teilweise sehr enge – Verbindung zum Informationsmanagement und zur Informationstechnik mitunter dazu, das emergente Phänomen des organisationalen Wissens als uneingeschränkt beeinflussbar, d. h. die Entstehung, Weitergabe und Anwendung von Wissen als technokratisch sowie weitest gehend informationstechnisch gestaltbar anzusehen. Die kognitivistische Orientierung kann durch die Kombination mit Konzepten des organisationalen Lernens ergänzt werden, die auf die Notwendigkeit der Veränderung praktizierter(!) Handlungstheorien (theories-in-use) verweisen. Diese Hervorhebung des Wandels der organisationalen Handlungspraxis muss sich von der kognitivistischen Sicht lösen und das zugrunde liegende Geflecht von Kognitionen, Emotionen, Motivationen und Verhaltensmustern berücksichtigen.

Lernen in Organisationen setzt nicht zuletzt das **Experimentieren mit neuen Lösungen** voraus. Dazu müssen Risiken eingegangen und Fehler gemacht werden können. Vor diesem Hintergrund erweist sich eine Kultur der Fehlertoleranz, des gezielten Ansprechens von Fehlern sowie der konsequenten Suche nach Fehlerursachen und schließlich der Fehlerbewältigung als unbedingt erforderlich. Darüber hinaus ist Beharrlichkeit notwendig, um neue Lösungen auch bei ersten negativen Erfahrungen und Rückschlägen konsequent weiter zu verfolgen. Dabei erweist es sich jedoch als Problem, dass diejenigen Faktoren (z. B. Fehlschläge), die zunächst die Bereitschaft zum Experimentieren fördern, später auch die Ungeduld im Umgang mit den Ergebnissen des Experimentierens steigern. Generell stehen Führungskräfte vor der Frage, ob das vorhandene Wissen durch das Festhalten an der Routine vertieft oder der Erwerb neuen Wissens durch Experimentieren gefördert werden soll. Kieser/Hegele weisen auf zwei Fallen hin (vgl. 1998, S. 242-243): (1) Organisationen experimentieren und suchen nach guten Alternativen, die schwer zu finden sind, und verlieren die Geduld, da die Erfahrung mit neuen Lösungswegen, Strategien, Techniken u. ä. viel Zeit erfordert; auch aussichtsreiche Alternativen werden abgebrochen (Inkompetenz- bzw. Unerfahrenheitsfalle). (2) Weil Alternativen, d. h. neue Strategien, Technologien, weniger sicher sind und ihre Erfolge in der Zukunft liegen, wird eher in die Vervollkommnung vertrauter Lösungen investiert (Kompetenz- bzw. Vertrautheitsfalle). Die lernende Organisation kann sich insoweit nur weiter entwickeln, wenn es ihr gelingt, sowohl die Inkompetenz- als auch die Kompetenzfalle zu bewältigen und damit Beharrlichkeit im Experimentieren (auch bei Rückschlägen) als institutionalisiertes Verhaltensmuster zu implementieren. Ein ausgeprägter organisationaler Konservativismus wirkt hier ebenso kontraproduktiv wie die Intoleranz gegenüber Misserfolgen.

Obgleich Organisationen zunehmend als fluide Gebilde interpretiert werden und dies mit der allseitig hervorgehobenen, außergewöhnlichen Dynamik und Komplexität der Unwelt begründet wird, darf die **Notwendigkeit der Strukturstabilisierung** nicht unterschätzt werden. Mitunter wird allzu leichtfertig eine Unabdingbarkeit grundlegender Veränderungen, so genannter „Quantensprünge", postuliert. Organisationen sind jedoch nicht zuletzt dadurch gekennzeichnet, dass bei Abweichungen von den Erwartungen die generellen Regelungen nicht automatisch verändert, sondern beibehalten werden. Darin liegt auch der große Vorteil eines erwartbaren Systemvollzugs und planbarer Koordination. Da Organisationen und die in Organisationen handelnden Menschen zur Wahrung ihrer Leistungsfähigkeit auch Stabilität benötigen, darf Wandel nicht zum modernen Selbstzweck werden. Lernen bzw. Wandel bedarf ebenso der ständigen Reflexion wie Nichtlernen bzw. Stabilität. Erst dann wird nicht übersehen, wenn die jeweiligen Vorteile verloren gehen.

Übungsaufgaben zu Teil III

III.1 Kann organisationaler Wandel gesteuert werden?

III.2 Warum birgt Widerstand gegen Wandel nicht nur Nachteile?

III.3 Wie lassen sich die Ansätze der Organisationsentwicklung systematisieren?

III.4 Die Organisationsentwicklung hat vielfältige Kritik erfahren; nennen Sie wesentliche Kritikpunkte.

III.5 Auf welchem Wandelverständnis basiert Change Management? Welche Formen des Change Managements lassen sich unterscheiden?

III.6 Eine Versicherung hat im Verwaltungsbereich rund 5.000 Mitarbeiter; es gibt zwei Vorstände, 16 Direktoren und 150 Abteilungs- bzw. Teamleiter. Viele Kunden sind mit der Art des Services nicht zufrieden; Vorgänge dauern zu lang, es sind behörden-ähnliche Strukturen vorhanden. Eine Kundenbefragung führte lediglich zu mittelmäßi-gen Ergebnissen. Der Aufsichtsrat hat daraufhin den Vorstand beauftragt, die Kunden-orientierung des Unternehmens deutlich zu verbessern. Die Vorstände haben unter-schiedliche Interessen. Ein Vorstand ist kurz vor der Pensionierung, er würde am liebsten alles so lassen, wie es ist. Der andere Vorstand ist eher überzeugt, dass sich etwas ändern müsste. Der Leiter der Organisation soll nun einen Berater beauftragen, den Prozess der Veränderung zu unterstützen. Welche Probleme birgt diese Situation? Wie könnte vorgegangen werden?

III.7 Skizzieren Sie wesentliche Merkmale des organisationalen Lernens.

III.8 Lernen anhand eigener Erfahrungen hat den größten Einfluss auf das Verhalten. Wa-rum ist es nicht immer möglich oder anzustreben?

III.9 Welcher Zusammenhang besteht zwischen „theories-in-use" und „espoused theories" sowie den unterschiedlichen Lernniveaus bei Argyris/Schön?

III.10 Grenzen Sie Daten, Informationen und Wissen voneinander ab.

III.11 Welche beiden Sichtweisen prägen die Auseinandersetzung mit dem Wissensmana-gement?

III.12 Welche Anätze der Wissensmessung bzw. -bewertung lassen sich unterscheiden? Was leisten sie (nicht)?

Fallstudie

Projektorientierte Organisationsentwicklung bei der Postbank Systems AG[1]

Im internationalen Vergleich besitzt Deutschland eine hohe Banken- und Filialdichte. Die Produktpalette im Endkundengeschäft ist bei Vollbanken nahezu identisch. Entwicklungspotenziale liegen vor allem in der permanenten Optimierung interner Prozesse und Verfahren. Outsourcing wird bedeutsam und Spezialbanken für Back-Office-Funktionen wie Zahlungsverkehr oder Kontoführung werden möglich. Ende der 1990er Jahre stand die Postbank vor der Herausforderung, ihre Applikationslandschaft auf diesen Strukturwandel vorzubereiten. Es wurde eine Kooperation mit der SAP AG zur Entwicklung und Implementierung einer weltweit einsetzbaren Standardsoftware für Banken eingegangen. Die IT-Kompetenz des Konzerns wurde in einer eigenständigen und flexibel steuerbaren Aktiengesellschaft gebündelt. Die Mitarbeiter der neuen Postbank Systems AG kamen jeweils zu etwa einem Drittel von der Postbank, von der früheren IT-Tochter Postbank Data und vom freien IT-Markt. Es entstand eine neue Organisation mit unterschiedlichen Erfahrungs- und Kulturhintergründen. Die Entwicklung der Organisation verlief evolutionär und mit unterschiedlichen Geschwindigkeiten auf mehreren Ebenen zeitgleich. Aus heutiger Sicht sind drei Entwicklungsphasen erkennbar: Aufbruchphase (2000-2003), Ausbauphase (2003-2004) und Umbruchphase (2004-2005).

Die Aufbruchphase dauerte von der Gründung im Frühjahr 2000 bis Anfang des Jahres 2003. Mit der Entscheidung zur Kooperation zwischen der SAP AG und der Postbank wurde der Beschluss gefasst, das Programm „IT-2003" in einer bis dahin im deutschen Bankwesen nicht da gewesenen Größenordnung ins Leben zu rufen. Dies bildete die Initialzündung für die Entwicklung eines umfassenden Projektmanagementsystems. In dieser frühen Phase wurde Projektmanagement zunächst nicht als eigenständige Managementdisziplin anerkannt. Projekte wurden neben bzw. zusätzlich zum Tagesgeschäft durchgeführt. Ende 2002 gab es über 120 Mitarbeiter, die Projekte leiteten, aber nur 20 offizielle Projektmanager. Die Erfahrungen bei der Durchführung einzelner Projekte und die notwendige Zusammenarbeit der verschiedenen Projektgruppen machten es notwendig verbindliche Vorgehensweisen zu

---

[1] Gessler, Michael/Thyssen, David: Projektorientierte Organisationsentwicklung bei der Postbank Systems AG, in: Zeitschrift Führung + Organisation 75 (4/2006), S. 226-232

erarbeiten. Schrittweise wurden diese Vereinbarungen erweitert, auf neue Projekte ange-
wandt, an internationale Standards angeglichen und durch einige wenige vom Management
definierte Ergebnistypen ergänzt. Es wurden erste strukturelle Elemente wie die Bündelung
der IT-Kompetenz in einer eigenständigen Organisation, der Aufbau eines „PM-Office" und
die Grundgedanken eines PM-Karrieremodells geschaffen. Wichtig war die Erkenntnis der
am Programm beteiligten Projektleiter, dass durch eine abgestimmte Projektmanagementme-
thode operative Erfolge in einem fachlich und technologisch hochkomplexen Umfeld erreichbar sind.

Noch vor Abschluss des SAP-Programms im Oktober 2003 startete die Ausbauphase. Ihr
Kern war ein OE-Projekt unter dem Titel „Professional Services". Die unterschiedlichen
Professionalisierungsbemühungen zu den Themenfeldern PM-Handwerkszeug (Methoden,
Tools), PM-Mitarbeiter (Projektleiter, Projektassistenten) und PM-Services (Qualifizierung,
Zertifizierung, Networking, Audits) wurden in diesem Projekt koordiniert und gebündelt. Die
notwendige Managementunterstützung wurde erreicht, da ein Vorstand des Unternehmens
die Patenschaft übernahm und die Leitung des Projekts einem Programmmanager übertragen
wurde. Zahlreiche Veranstaltungen, Networking-Events und erste Inhouse-Trainings wurden
von den Projektleitern und den Projektteams gemeinsam entwickelt und realisiert. Zum Ende
der zweiten Phase war das Profil der Projektmanager deutlich geschärft: Nahezu das ganze
PM-Personal wurde qualifiziert und zertifiziert. Projekte durften nur noch von ausgebildeten
Projektmanagern geleitet werden und der Projektmanagementkarrierepfad war etabliert und
besetzt.

Im Mai 2004 hat die Umbruchphase mit einer strukturellen Neuorganisation des Unternehmens begonnen. Um Transparenz und eine bessere Steuerbarkeit herzustellen, wurden alle
Projektaktivitäten in einem eigenständigen Ressort gebündelt. Die Struktur dieses Ressorts
bildet heute eine reine Pool-Organisation. Neben IT-fachlichen Mitarbeiter-Pools sind alle
Projektleiter und Projektservicefunktionen in einer eigenen Organisationseinheit zusammengeführt worden. Die Mitarbeiter des neuen Ressorts stehen der Projektarbeit zu 100 % zur
Verfügung. Ziel- und Aufgabenkonflikte konnten dadurch deutlich reduziert werden. Die
ebenfalls neu eingeführte Projekt-Portfolio-Koordination bietet der Postbank Systems die
Möglichkeit, die Gesamtheit der Programme und Projekte zu steuern und zu priorisieren.

Aufgaben:

1   Handelt es sich hier um organisatorischen Wandel im Sinne der Organisationsentwick-
     lung?

2   Welche Vor- und Nachteile hat die Veränderung der Organisation in der beschriebe-
     nen Art und Weise?

Lösungen zu den Übungsaufgaben

I.1

Man kann zwischen dem funktionalen und dem institutionellen Organisationsbegriff unterscheiden. Der funktionale Organisationsbegriff bezeichnet die Handlungen des Organisierens. Das Organisieren umfasst dabei den Entwurf und die Implementierung eines Regelsystems, das der Realisierung angestrebter Ziele dient. Im Vordergrund der Organisationsfunktion steht die gezielt-intentionale Schaffung genereller Regeln aus deren Zusammenspiel sich eine zweckgerichtete Ordnung ergeben soll.

Im Gegensatz dazu richtet sich der institutionelle Organisationsbegriff auf die nicht nur gezielt gestalteten, sondern mitunter spontan entstehenden Regelstrukturen in einem sozialen Gebilde. Deshalb wird Organisation im institutionellen Sinne als die Gesamtheit der Regeln in einem Unternehmen, einer öffentlichen Verwaltung oder Non-Profit-Organisation verstanden. Wenn beispielsweise von einem spezifischen Unternehmen oder einer öffentlichen Verwaltung gesprochen wird, dann liegt im Grunde ein institutioneller Organisationsbegriff zugrunde.

I.2

Die Organisationstheorien verfolgen das Ziel, organisatorische Phänomene nach den Maßstäben wissenschaftlicher Erkenntnisgewinnung zu analysieren. Die (sozial-)wissenschaftliche Erkenntnisgewinnung basiert dabei auf den Verfahren des Erklärens und des Verstehens. Dabei ist das Erklären darauf ausgerichtet, organisationale Phänomene auf Ursachen zurückzuführen. Beispielsweise sollen die Ursachen für die Entstehung von Organisationen, die sich in ihnen herausbildenden Strukturen und Prozesse sowie für ihren Wandel aufgezeigt werden. Die zweite wissenschaftliche Analyseperspektive, das Verstehen, hebt hervor, dass das Handeln von Menschen von alltäglichen Weltinterpretationen, den sozialen Bedeutungs- bzw. Sinnzuweisungen, geprägt ist. Deshalb richtet sich das Verstehen darauf, den sozialen Sinn eines beobachteten organisationalen Phänomens und damit seine Bedeutung für das Verhalten in und von Organisationen herauszuarbeiten. Erst mittelbar sollen die Organisationstheorien auch dazu dienen, Gestaltungsempfehlungen für die Organisationspraxis zu entwickeln.

I.3

Weber unterscheidet drei Typen der Herrschaft nach den jeweils zugrunde liegenden Legitimitätsgründen. Die Legitimitätsgründe basieren auf dem Zusammenpassen des Legitimitätsanspruchs des Herrschers mit dem Legitimitätsglauben der Beherrschten.

Die charismatische Herrschaft beruft sich als Legitimitätsgrund auf die besonderen persönlichen Qualitäten und den Vorbildcharakter des Herrschers. Dieser Herrschaftstyp bleibt daher sehr personengebunden.

Demgegenüber basiert die traditionale Herrschaft auf den seit jeher geltenden und deshalb als unbezweifelbar angesehenen Sitten und Gebräuchen. Der Legitimitätsgrund dieses Herrschaftstyps wird somit von traditionellen Regeln getragen.

Die legale Herrschaft beruht auf dem Glauben an die Geltung rational gesetzter Ordnung (insbesondere in der Form von Gesetzen) und die Autorität der durch diese Ordnung zur Herrschaft berufenen Personen.

I.4

Die Anreiz-Beitrags-Theorie versteht die Organisation als einen zweckorientierten Kooperationsverband, dessen Funktionsfähigkeit davon abhängig ist, dass ihre Mitglieder ihre jeweils spezifischen Beiträge bzw. Ressourcen zur Verfügung stellen. Um die Mitglieder dazu zu motivieren, muss die Organisation ein Gleichgewicht von Anreizen und Beiträgen anstreben. Damit richtet sich die Anreiz-Beitrags-Theorie – ähnlich wie der Human-Relations-Ansatz – auf eine Analyse des Verhaltens der Organisationsmitglieder und hebt die Notwendigkeit hervor, ihre Bedürfnisse angemessen zu berücksichtigen. Ebenso wie der Human-Relations-Ansatz betont auch die Anreiz-Beitrags-Theorie die besondere Bedeutung der informalen Regeln und Beziehungen, weil sie wichtige Beiträge für das Anreiz-Beitrags-Gleichgewicht liefern. Gleichzeitig weist die Anreiz-Beitrags-Theorie über den Human-Relations-Ansatz hinaus, da sie mit der Analyse des organisationalen Systems der Kooperationsanreize auch organisationsstrukturelle Themen der klassischen Organisationstheorie aufgreift.

I.5

Nach der verhaltensorientierten Theorie der Firma treffen in Organisationen eine Vielzahl von Interessen und Koalitionen aufeinander, so dass auch organisationale Konflikte alltäglich auftreten. Wenn organisationale Konflikte jedoch die Prozesse der Aufgabenerfüllung dominieren, können sie die Existenz der Organisation gefährden. Um den Fortbestand der Organisation zu sichern, entstehen daher nicht selten so genannte Quasi-Konfliktlösungen. Solche Quasi-Konfliktlösungen sollen den Beteiligten die weitere Zusammenarbeit trotz grundlegender Interessendivergenzen ermöglichen. Im Zuge solcher Quasi-Konfliktlösungen werden Probleme nicht aus der Perspektive der Gesamtorganisation, sondern vor allem mit Blick auf die Erwartungen von Teileinheiten bearbeitet. Dazu wird das Gesamtproblem in Teilprobleme zerlegt, diese werden dann aus der Perspektive der betroffenen Teileinheiten gelöst. Hierdurch können im Hinblick auf das Gesamtproblem leichter Kompromisse zwischen divergierenden Interessen realisiert werden. Dabei entstehen regelmäßig Inkonsistenzen mit der Erreichung des Gesamtziels der Organisation.

Quasi-Konflikte weisen Analogien zur Problemlösung durch Übersehen im Ansatz der organisationalen Anarchie auf. Quasi-Konfliktlösungen ergeben sich daraus, dass einige Aspekte der zugrunde liegenden Probleme außer Acht gelassen werden. Erst dieses Vernachlässigen problemrelevanter Aspekte ermöglicht schließlich die Kompromissbildung. In diesem Sinne stellt die Quasi-Konfliktlösung eine spezifische Form der Entscheidung durch Übersehen dar.

I.6

Die klassischen Organisationstheorien setzen sich mit grundlegenden Strukturlösungen für Organisationen auseinander, die als unabhängig von den konkreten situativen Rahmenbedingungen angesehen wurden. So postulierte der Bürokratie-Ansatz die generelle Relevanz eines bürokratischen Verwaltungsstabs und der Taylorismus sah die Realisierung seiner drei Strukturprinzipien (hochgradige Arbeitszerlegung, Differentiallohnsystem sowie gezielte Personalauswahl und -unterweisung) als allgemein vorteilhaft an.

Der situative Ansatz setzt sich zwar gleichermaßen mit organisationsstrukturellen Fragestellungen auseinander; er wendet sich aber von den generalisierenden Aussagen der klassischen Organisationstheorie ab. In diesem Sinne unterstellt der situative Ansatz, dass es grundsätzlich keinen „one best way" des Organisierens gibt. Vielmehr müssen organisationale Strukturen immer den konkreten situativen Rahmenbedingungen entsprechen, um erfolgreich zu sein.

I.7

Die Agency-Theorie analysiert Auftraggeber-Auftragnehmer-Beziehungen und untersucht vor allem unterschiedliche vertragliche Ausgestaltungen dieser Beauftragungsverhältnisse. Sie richtet sich auf eine angemessene Vertragsgestaltung im Sinne des Auftraggebers. Man kann zwischen einer positiven und einer normativen Agency-Theorie unterscheiden. Die positive Agency-Theorie ist empirisch-deskriptiv ausgerichtet und analysiert unter Rückgriff auf eine qualitative Argumentation komplexe Vertragsgestaltungen in der Realität, die beobachtbaren Einflussfaktoren und ihre Wirkungen auf das Verhalten der Beteiligten. Im Gegensatz dazu greift die normative Agency-Theorie (auch Prinzipal-Agenten-Theorie) auf ein formal-analytisches Vorgehen zurück und ermittelt aus der Sicht des Auftraggebers (Prinzipal) die optimale Vertragsgestaltung als Grundlage des Beauftragungsverhältnisses. Die Analyse von Agency-Costs erfolgt im Rahmen der positiven Agency-Theorie.

I.8

Der ökonomische Neoinstitutionalismus basiert auf der Annahme des methodologischen Individualismus. Dieser unterstellt, dass sich soziale bzw. organisationale Phänomene aus den Entscheidungen bzw. dem Verhalten der Individuen ableiten lassen. Organisationale Phänomene weisen aus dieser Perspektive den Charakter einer eigenständigen Realität auf; sie stellen mithin lediglich derivative Phänomene dar, die sich unmittelbar aus den individuellen Handlungen ableiten lassen. Darüber hinaus basiert der ökonomische Neoinstitutionalismus – trotz der teilweise zugrunde liegenden Annahme der begrenzten Rationalität – auf der Annahme rational handelnder Wirtschaftssubjekte.

Demgegenüber folgt der soziologische Neoinstitutionalismus der Perspektive des methodologischen Kollektivismus. Soziale bzw. organisationale Phänomene stellen aus dieser Perspektive einen völlig eigenständigen Erkenntnisgegenstand dar, der nicht vollständig aus den individuellen Handlungen deduzierbar ist. Vielmehr ergeben sich die Handlungen der Individuen aus den kollektiven Erwartungsstrukturen. Sie sind somit nicht primär durch Rationalkalküle bestimmt, sondern durch die – teilweise selbstverständlich geltenden – Verhaltenserwartungen in den jeweils relevanten sozialen Kontexten. Deshalb wendet sich der soziologische Neoinstitutionalismus gegen die Anwendung von Rational-Aktor-Modellen bei der Analyse organisationaler Phänomene, wie sie z. B. durch den ökonomischen Neoinstitutionalismus vertreten werden.

I.9

Das aspektuale Verständnis interpretiert Mikropolitik als ein jeweils zeitlich begrenztes, weit gehend isolierbares und an spezifische Personen gebundenes Phänomen. Mikropolitik basiert damit auf dem Handeln eines spezifischen Menschentyps, der eine ausgeprägt machiavellistische Persönlichkeitsstruktur aufweist. Nur wenn solche Personen in einer Organisation auftreten, kann sich Mikropolitik entwickeln. Darüber hinaus wird unterstellt, dass sich mikropolitische von nicht-mikropolitischen Verhaltensmustern recht eindeutig abgrenzen lassen. Mikropolitisches Verhalten lässt sich mithin als Ausdruck der Anwendung machiavellistischer Taktiken von anderen Verhaltensmustern isolieren. Vor dem Hintergrund dieser ausgeprägt negativen Interpretation wird mikropolitisches Verhalten per se als illegitim und als Störfall in der Organisation betrachtet.

Von dieser Interpretation grenzt sich das konzeptuale Verständnis deutlich ab. Jedes menschliche Verhalten in Organisationen wird dabei als interessegeleitet, machtbeeinflusst und mikropolitisch durchdrungen verstanden. Mikropolitik ist somit kein Störfall in einer Organisation, sondern allgegenwärtig. Jeder Akteur in einer Organisation betätigt sich in diesem Sinne bewusst oder unbewusst als Mikropolitiker. Eine Personifizierung mikropolitischen Verhaltens erweist sich aus der Perspektive des konzeptualen Verständnisses als nicht sinnvoll. Es werden daher nicht primär Personen, sondern Interessen- und Machtstrukturen in Organisationen analysiert.

Die beiden Verständnisse der Mikropolitik schließen sich keineswegs vollständig aus. Trotz der – im konzeptualen Verständnis hervorgehobenen – Allgegenwart mikropolitischer Verhaltensmuster in Organisationen und der vielfältigen Einflüsse von Machtstrukturen scheint es zugleich – wie vom aspektualen Verständnis betont – Personen mit besonders ausgeprägt mikropolitischen Verhaltensmustern zu geben. Beide Verständnisse der Mikropolitik heben somit wichtige Aspekte der Politik in Organisationen hervor.

I.10

Unter Rückgriff auf die Strukturationstheorie lassen sich im Vergleich zur strategischen Organisationsanalyse die strukturell begründeten Quellen der Macht umfassender herausarbeiten. Die von Crozier/Friedberg genannten Quellen der Macht (Expertentum, Kontrolle von Umweltschnittstellen oder Informationskanälen sowie die Nutzung organisatorischer Regeln) sind sehr stark organisationsstrukturell geprägt. Demgegenüber erweist sich die strukturationstheoretische Analyse struktureller Macht als deutlich grundlegender, weil auf die – in jeder sozialen Wirklichkeit – grundsätzlich wirksamen Strukturationsdimensionen der Signifikation, Legitimation und Herrschaft zurückgegriffen wird. Strukturelle Macht drückt sich mithin bei weitem nicht nur in den von Crozier/Friedberg hervorgehobenen organisationsstrukturell begründeten Quellen der Macht aus, sondern ist bereits in allen grundlegenden Dimensionen sozialer Wirklichkeit enthalten.

I.11

Das postheroische Management basiert auf der Annahme, dass Manager Organisationen nur sehr begrenzt steuern und kontrollieren können. Dies verdeutlicht auch der Ansatz der organisationalen Anarchie. Im Sinne dieses Ansatzes weisen Managemententscheidungen regelmäßig die Eigenschaft der Mehrdeutigkeit bzw. Ambiguität auf. Solche mehrdeutigen Entscheidungen sind durch inkonsistente Ziele, die Unkenntnis von Kausalstrukturen, Ex-post-Unsicherheit sowie wechselnde Teilnehmer gekennzeichnet. In diesem Kontext erweisen sich Managemententscheidungen als das Resultat diffuser und unsystematisch ablaufender Prozesse, in denen Ströme von Problemen, Lösungen, wechselnden Teilnehmern quasi wie in einem „Mülleimer" aufeinander treffen und ohne rationale Wahl miteinander kombiniert werden. Solche durch die organisationale Anarchie gekennzeichneten Mülleimer-Prozesse sind für die beteiligten Manager nicht prognostizier- und beherrschbar, was dem postheroischen Managementverständnis entspricht. In diesem Sinne ist Managern auch ein strikt zweckrationales Vorgehen kaum möglich. Letzteres ist durch die so genannte „technology of foolishness" zu ersetzen. Nicht die umfassende Planung und Kontrolle stehen im Vordergrund des Managerhandelns, sondern ein spielerisches Experimentieren in den wechselnden Entscheidungssituationen der organisationalen Anarchie sowie die genaue Beobachtung der dabei entstehenden Wirkungen.

I.12

Systemische Interventionen in Organisationen sind stets ergebnisoffen. Um überhaupt Wirkungen erzielen zu können, müssen sie an den autopoietischen Prozess innerhalb der Organisation Anschluss finden. Wie jedoch Interventionen im Zuge der organisationalen Autopoiese verarbeitet werden, lässt sich im Voraus nie genau prognostizieren. Deshalb liegen ihnen ein postheroisches Managementverständnis und die Basisannahme äußerst begrenzter managerialer Steuerungskapazität zugrunde. Zugleich sind jedoch systemische Interventionen mit Erwartungen in Organisationen konfrontiert, die sehr weit reichende Gestaltungsmöglichkeiten des Managements voraussetzen. Diese Diskrepanz zwischen der begrenzten Steuerungskapazität einerseits und den Erwartungen an das Management andererseits führt zu einer charakteristischen Ambivalenz systemischer Intervention bzw. einem Auseinanderklaffen von Schein und Sein. Nur im Bewusstsein des begrenzten Einflusses auf die organisationale Autopoiese kann systemische Intervention langfristig Wirksamkeit entfalten und zugleich muss systemische Intervention zur Berücksichtigung organisationaler Erwartungen den eigenen Einflussbereich überzeichnen. Zu diesem Zweck werden unerwartete Effekte von Interventionen in Organisationssysteme nicht selten nachträglich als Resultat von Entscheidungen umgedeutet.

II.1

Zu den wichtigen internen Kontextfaktoren zählen vor allem spezifische Unternehmensmerkmale (Größe und Leistungsprogramm), die eingesetzte Technologie sowie die verfolgte Strategie. Zunehmende Unternehmensgröße erfordert eine stärkere Arbeitsteilung, die wiederum einen steigenden Koordinationsbedarf und gleichzeitig die Notwendigkeit struktureller Anpassungen auslöst. So kann z. B. der Einschub einer weiteren Hierarchieebene oder die Aufspaltung einer Abteilung in mehrere Einheiten notwendig werden. Außerdem muss die Unternehmensstruktur dem gewählten Leistungsprogramm des Unternehmens gerecht werden, das horizontal, vertikal oder lateral diversifiziert sein kann. Der Einsatz von Fertigungs-, Informations- und Kommunikationstechnologien stellt je nach Ausprägung unterschiedliche Anforderungen an Arbeitsteilung und Koordination und damit die Organisationsstruktur. Schließlich haben empirische Untersuchungen (z. B. Chandler) einen komplexen Zusammenhang zwischen der Strategie- und Strukturentscheidung nachgewiesen, der bei der Organisationsgestaltung zu beachten ist. So lassen sich Unternehmensstrategien, wie z. B. die Diversifikation oder Internationalisierung, aber auch Wettbewerbsstrategien und funktionale Strategien nur dann realisieren, wenn eine passende Organisationsstruktur geschaffen wird. Diese beschränkt ihrerseits die strategischen Freiheitsgrade.

II.2

Die Abgrenzung der organisationsrelevanten Umwelt für das Unternehmen und die Organisationsgestaltung kann nur in Abhängigkeit von der konkreten Fragestellung bzw. dem jeweiligen Analysezweck vorgenommen werden. Generell wird zwischen einer globalen Umwelt mit indirektem Einfluss auf die Aufgabenerfüllung und der Aufgabenumwelt mit Akteuren, die die Aufgabenerfüllung direkt beeinflussen können, unterschieden. Der Umwelteinfluss auf das Unternehmen lässt sich formal durch die Komplexität und Dynamik der Umwelt und die Umweltabhängigkeit des Unternehmens charakterisieren. Die Umweltkomplexität wirkt sich in erster Linie auf die (De-)Zentralisierung von Entscheidungen aus, da hohe Komplexität bei beschränkter Informationsverarbeitungskapazität nur durch Dezentralisation bewältigt werden kann. Die Umweltdynamik beeinflusst die Vorhersagbarkeit der organisationalen Aufgabenerfüllung und damit die Standardisierbarkeit von Verhalten. Dynamische Umwelten weisen veränderliche Elemente mit schwer vorhersagbarer Änderungsrichtung auf und erfordern deshalb z. B. flexible Koordination. Die Beurteilung der Umweltabhängigkeit, d. h. die Abhängigkeit von Interessengruppen, kann nicht losgelöst von der jeweiligen Unternehmenssituation erfolgen, da die Größe und Ressourcenausstattung die Handlungsspielräume des Unternehmens erheblich beeinflussen. Stärkere externe Kontrolle, die den Handlungsspielraum der Organisation einengt, kann beispielsweise zu tendenziell stärker zentralisierten und formalisierten Strukturen führen.

II.3

Die Mitarbeiter stellen eine kritische Ressource im Unternehmen dar, die nicht wegen ihrer formal geregelten Leistungserbringung, sondern aufgrund ihres Potenzials, d. h. der Motivation und Kreativität sowie der über die fachliche Komponente hinausgehenden Qualifikation, zentrale strategische Bedeutung hat. Damit rücken individuelle Bedürfnisse und Erwartungen der Mitarbeiter in den Mittelpunkt der Betrachtung. Nur wenn diesen entsprochen wird, kann organisationale Effektivität gewährleistet werden. Bei der Organisationsgestaltung muss man sich deshalb von den einfachen Vorstellungen vom Menschen im Unternehmen lösen und komplexere Menschenbilder zugrunde legen. Auch wenn die Mitarbeiter fachlich kompetent sind, die Regeln verstehen und in praktisches Handeln umsetzen können, kann regelgebundenes Verhalten nicht als selbstverständlich unterstellt werden.

II.4

Im Rahmen der Aufgabenanalyse ist eine Zerlegung der Gesamtaufgabe nach Verrichtungen, Objekten, der Phase, dem Rang und des Zwecks möglich. Sie erfolgt stufenweise, wobei die Gliederung und Beschreibung der Aufgabe mit jeder Analysestufe detaillierter wird. Anschließend sind die durch die Aufgabenanalyse gewonnenen Teilaufgaben zu verteilungsfähigen Aufgabenkomplexen zusammenzuführen. Dieser Prozess der Aufgabensynthese orientiert sich an den gleichen Aufgabenmerkmalen wie die Analyse (Verrichtung, Objekt, Rang, Phase und Zweck). Wenn als Ziel die hohe Motivation der Mitarbeiter und die optimale Nutzung ihres Potenzials im Vordergrund stehen, sind in der Aufgabensynthese insbesondere personale Aspekte – Qualifikation und Neigungen – zu beachten. Dieses führt tendenziell zu einer Verbesserung der Motivation und erhöhter Identifikation mit der Arbeit. Das Arbeitspensum sollte sich an dem „normalen" Leistungsvermögen eines Aufgabenträgers orientieren. Bei der aufgabenträgerbezogenen Stellenbildung kann noch ein Schritt weiter gegangen werden, wenn für spezifisch qualifizierte Mitarbeiter individuelle Aufgabenkombinationen gebildet werden, bei denen diese ihr Potenzial optimal einbringen können. Zu bedenken ist, dass die Zusammenfassung von Teilaufgaben nach einem Merkmal – hier der Person – tendenziell die Generalisierung nach den übrigen Merkmalen bedeutet. Das erhöht den Koordinationsbedarf, wodurch die Motivation der betrachteten Aufgabenträger oder anderer Mitarbeiter beeinträchtigt werden kann.

II.5

In den 70er Jahren wurde verstärkt darüber diskutiert, wie die Arbeitsbedingungen besser mit den individuellen Bedürfnissen in Einklang gebracht werden können. Die Arbeitssysteme waren zu jener Zeit noch stark nach tayloristischen Prinzipien gestaltet. Dabei führte ein Aufgabenträger nur einzelne Verrichtungen innerhalb eines funktional hoch arbeitsteiligen Prozesses aus, statt eine abgeschlossene Arbeitsleistung zu erbringen. Über den Arbeitsablauf konnte nicht selbst entschieden werden. Der Sinnzusammenhang der einzelnen Tätigkeiten innerhalb des gesamten Arbeitsablaufs war für den einzelnen Aufgabenträger nicht erkennbar, so dass eine Identifikation mit dem Arbeitsresultat nicht möglich war. Arbeit wurde vielmehr als monoton, fremdbestimmt und damit nicht motivierend erlebt und führte mitunter zu psychischen und physischen Ermüdungserscheinungen. Als Maßnahmen, um eine Überspezialisierung mit diesen negativen Effekten abzubauen, bieten sich die Erweiterung des Tätigkeitsspielraums und/oder des Entscheidungs- und Kontrollspielraums an.

Im Rahmen des Job enrichment vergrößern sich sowohl der Tätigkeitsspielraum als auch der Entscheidungs- und Kontrollspielraum eines Aufgabenträgers. Bisherige Aufgaben werden um planende und/oder kontrollierende Tätigkeiten ergänzt, wobei sich vorhandene fachliche Kenntnisse und Fähigkeiten eines Aufgabenträgers nutzen lassen. Fremdkontrolle wird durch Selbstkontrolle ersetzt und die horizontale und vertikale Arbeitsteilung sinkt. Dies trägt zur Vermeidung einseitiger Belastung und Monotonie bei. Mit dieser Form der Arbeitsorganisation kann außerdem dem Prinzip der Kongruenz von Aufgabe, Kompetenzen und Verantwortung in höherem Maße entsprochen werden. Die Gesamtsicht einer Arbeitsaufgabe führt tendenziell zu einer höheren Identifikation mit dieser. Höherrangige Bedürfnisse wie Selbstständigkeit, Persönlichkeitsentwicklung und Selbstverwirklichung können so besser befriedigt werden, wodurch die Motivation tendenziell steigt. Damit die angestrebten und beschriebenen Effekte eintreten, müssen die Aufgabenträger bereit und fähig sein, anspruchsvollere Aufgaben wahrzunehmen bzw. sich für diese qualifizieren zu lassen.

II.6

Bei einer teilautonomen Arbeitsgruppe handelt es sich um eine spezielle Form der Gruppe. Sie ist formal gebildet und besteht aus ca. 6 bis 20 Mitgliedern (im Produktionsbereich), die im Sinne einer Fortentwicklung des Job enrichment eine zusammenhängende Arbeitsaufgabe eigenverantwortlich erfüllen. Dabei verfügt die Gruppe über weit reichende Planungs-, Entscheidungs- und Kontrollkompetenzen und hat Freiräume bei der Gestaltung der Arbeitsabläufe. Im Unterschied zur Abteilung als dauerhafter Zusammenfassung von Stellen unter einer Instanz und damit eindeutigen Weisungsbeziehungen, stimmen sich die Mitglieder einer teilautonomen Arbeitsgruppe untereinander ab. Der Gruppensprecher wirkt dabei koordinierend und konfliktlösend.

Im Hinblick auf das Kriterium der Umweltorientierung von Entscheidungen über die organisatorische Gestaltung kann eine teilautonome Arbeitsgruppe nur sehr indirekt einen Beitrag leisten. Diesbezügliche Entscheidungen müssen zusammen mit der Vielzahl anderer Managemententscheidungen die Erreichung der Unternehmensziele sicherstellen. Bewegt sich das Unternehmen in einem dynamischen Umfeld und sind individuelle Flexibilität und Innovationsfähigkeit wichtige Ziele, können diese tendenziell eher in der teilautonomen Arbeitsgruppe erreicht werden. Kommt es der Unternehmensleitung dagegen auf eine effiziente Produktion von Massenartikeln an und bewegt sich das Unternehmen in einem stabilen Marktumfeld, ist die Abteilung mit ihren klaren und fixierten Strukturen eher geeignet.

Als weiteres Kriterium wurde die Ressourcennutzung identifiziert. Die teilautonome Arbeitsgruppe ermöglicht eine umfassende Nutzung der verschiedenen Qualifikationen und trägt zum Erhalt und Ausbau dieser bei, da ihre Mitglieder in der Regel eine Vielzahl an Teilaufgaben und mitunter neue Aufgaben bewältigen. In einer hierarchisch aufgebauten Abteilung spezialisiert sich normalerweise jeder Aufgabenträger auf eine Teilaufgabe, die er dann jedoch aufgrund von Lerneffekten mit der Zeit immer effizienter ausführt. So stehen den Vorteilen der Arbeitsanreicherung bei der teilautonomen Arbeitsgruppe die Vorteile der Spezialisierung bei der Abteilung gegenüber. Starke Spezialisierung in der Abteilung führt bei repetitiven Tätigkeiten zu einem höheren Output pro Zeiteinheit, während komplexe Aufgaben in einer teilautonomen Arbeitsgruppe aufgrund der höheren individuellen Qualifikation und Flexibilität vergleichsweise schneller bearbeitet werden. Greifen mehrere Gruppen oder Abteilungen auf gleiche Ressourcen zu, erfolgt die Abstimmung meist über den Gruppensprecher, der dabei nach außen keine andere Funktion als ein Abteilungsleiter wahrnimmt.

Bezüglich des Kriteriums der Entscheidungsqualität ist unter der Annahme, dass die Beteiligung mehrerer Aufgabenträger an einer Entscheidung zu einer höheren Qualität dieser führt, die teilautonome Arbeitsgruppe vergleichsweise positiv zu bewerten. Jedes Gruppenmitglied hat umfassende Informationen sowie einen Überblick über die Gesamtaufgabe und kann sich somit kompetent an der Entscheidungsfindung beteiligen. Voraussetzung ist dabei, dass auftretende Konflikte hinreichend schnell bewältigt werden, um auch in angemessener Zeit zu entscheiden. Ist eine Beteiligung der Mitarbeiter nicht erforderlich oder von ihnen nicht gewünscht, weist die Abteilung Vorteile auf.

Die Intensität von Kommunikation und Informationsversorgung in einer Abteilung hängt sehr stark vom Vorgesetzten ab. Demgegenüber stehen die Mitglieder der teilautonomen Arbeitsgruppe in häufiger und direkter Interaktion. Von Informationen wird hier niemand ausgeschlossen, so dass für jedes Gruppenmitglied die Grundlage zur qualifizierten Beteiligung an Entscheidungsprozessen besteht, wenn die Kommunikation auf dieser Ebene funktioniert.

Das Kriterium der Koordinierbarkeit zielt sowohl auf die abteilungs- bzw. gruppeninterne als auch die übergreifende Abstimmung mit anderen Organisationseinheiten. Die Aufgabe der übergreifenden Abstimmung mit anderen Organisationseinheiten nimmt in der Regel der Gruppensprecher oder der Abteilungsleiter wahr, so dass dieses Kriterium betreffend keine Unterschiede zwischen Gruppe und Abteilung bestehen. Innerhalb einer teilautonomen Arbeitsgruppe erfolgt die Koordination durch Interaktion und Selbstabstimmung selbstverantwortlich zwischen den Mitgliedern, während in einer Abteilung der Vorgesetzte für die Koordination verantwortlich ist. Tendenziell bietet sich in einem komplex-dynamischen Kontext mit hohem Koordinationsbedarf eher die teilautonome Arbeitsgruppe an, in einem stabilen Kontext dagegen die Koordination über Hierarchie, d. h. über den Vorgesetzten.

Die Konflikthandhabung wird durch mehrere Gestaltungsentscheidungen beeinflusst. Klare Kompetenzabgrenzungen und eindeutige Unterstellungsverhältnisse sprechen für die Abteilung, wenn es häufig schneller, wenig komplexer Entscheidungen bedarf. Bessere Kommunikationsmöglichkeiten, die ebenso eine wichtige Voraussetzung für die Konflikthandhabung darstellen können, bestehen demgegenüber in der teilautonomen Arbeitsgruppe. Eine wichtige Rolle spielt jedoch die individuelle Konfliktfähigkeit, die nur im Einzelfall zu beurteilen ist.

Das Kriterium der organisationalen Flexibilität zielt auf die Fähigkeit, sich schnell und reibungslos auf wechselnde quantitative, qualitative und strukturelle Anforderungen und Situationen einzustellen. Auf rein quantitative Änderungen kann tendenziell innerhalb einer Abteilung besser reagiert werden. Hier kommt es nur auf die bedarfsgerechte Erfüllung wiederholter, unverändert bleibender Aufgabenvollzüge an. Entscheidungen in diesem Kontext sind wenig komplex und können vom Vorgesetzten getroffen werden. Demgegenüber ist geänderten, komplexen Anforderungen qualitativer und struktureller Art wesentlich schwieriger und mit Änderungen von Abläufen zu begegnen. Tendenziell sind hier die Mitarbeiter in teilautonomen Arbeitsgruppen besser in der Lage, auf diese veränderten Anforderungen zu reagieren, da sie es gewohnt sind, eine Vielzahl verschiedener und mitunter neuer Aufgaben wahrzunehmen und sich durch Selbstabstimmung zu organisieren.

Mitarbeiter, die in der Arbeit höherrangige Bedürfnisse befriedigen möchten (z. B. Selbst-verantwortung, Entwicklung), können dieses besser in einer teilautonomen Arbeitsgruppe, so dass Motivation und Zufriedenheit der Mitarbeiter hier eher gegeben sind. Es kann jedoch nicht davon ausgegangen werden, dass dieses Verlangen bei allen Mitarbeitern vorhanden und somit die Abteilung grundsätzlich Nachteile aufweist.

Da die Vorteilhaftigkeit der teilautonomen Arbeitsgruppe sehr stark von den individuellen Voraussetzungen der Gruppenmitglieder abhängt, diese aber bei weitem nicht immer in aus-reichendem Maße gegeben sind, ist der Einsatz im konkreten Fall genau zu prüfen. Dabei darf man auch die Kosten für die Ausstattung der teilautonomen Arbeitsgruppe und die Per-sonalkosten für die höher qualifizierten Mitarbeiter nicht übersehen, die hier nicht betrachtet werden.

II.7

Die ursprüngliche Strukturierung von Weisungsbeziehungen stellen Einliniensysteme dar. Diese sind aber nicht in jeder Situation effektiv. Problematisch ist mitunter die hohe Bean-spruchung der Hierarchie sowie die langen Informations- und Entscheidungswege, die zu Informationsverzerrungen und geringer Reaktionsgeschwindigkeit führen können. Diese Effekte treten insbesondere dann auf, wenn schlecht strukturierte, sich häufig ändernde Un-ternehmensaufgaben bewältigt werden müssen. Das Mehrliniensystem stellt eine Reaktion darauf dar. Jeder Vorgesetzte spezialisiert sich auf eine Führungsaufgabe und hat nur für diese Weisungsbefugnisse. Durch diese Spezialisierung von Vorgesetzten ist es jedem ein-zelnen schneller möglich, fundiert und qualifiziert auf Probleme und Fragen zu reagieren bzw. in ihrem Verantwortungsbereich gestaltend zu wirken. Mitarbeiter können sich direkt an den auf einen Aufgabenbereich spezialisierten Vorgesetzten wenden, von dem sie dann eher umgehend eine kompetente Antwort erhalten. In einer komplexen und dynamischen Umwelt reicht die Kapazität eines einzigen Vorgesetzten hierfür meist nicht aus. Es ist schwierig, ausreichend kompetente Generalisten als Vorgesetzte zu finden.

II.8

Die Matrixorganisation stellt hohe Anforderungen an die Mitarbeiter der Matrixstellen und der Matrixschnittstellen. Die Matrixstellen sind für die konsequente Gesamtzielverfolgung auf Objekt- bzw. Funktionsbereichsebene verantwortlich und beide gegenüber den Schnitt-stellen weisungsbefugt. Daraus resultierende Kompetenzüberschneidungen können zu Kon-flikten führen. Die Mitarbeiter an den Schnittstellen haben zwei Vorgesetzte, denen sie ge-recht werden müssen. Um die bei dieser Organisationsform institutionalisierten Konflikte produktiv nutzen zu können, sind vielfältige individuelle Voraussetzungen der Mitarbeiter auf Matrixstellen und -schnittstellen nötig. Sie müssen Konflikte annehmen und konstruktiv bewältigen, d. h. konfliktfähig, stressresistent und zu einer umfassenden Kommunikation und zum Informationsaustausch in der Lage und motiviert sein. Die Mitarbeiter der Schnittstellen müssen mit der gegebenenfalls bestehenden Unsicherheit aufgrund divergierender Weisungen der beiden Vorgesetzten umgehen können. Bei allen Beteiligten sollte jedoch eine Gesamtzielorientierung über den eigenen Bereich hinaus vorhanden sein, da sonst Bereichsegoismen und Machtkämpfe Konflikte latent werden lassen und Entscheidungen verzögern.

II.9

Differenzierte Strukturen zeichnen sich durch eine organisatorische Trennung von Inlands- und Auslandsgeschäft aus. Alle Auslandsaktivitäten werden in der Regel in einer Abteilung, der International Division, gebündelt. Diese Abteilung kontrolliert das gesamte Auslandsgeschäft eines Unternehmens und tritt neben andere – ausschließlich für das Inland zuständige – Abteilungen. Somit wird bei differenzierten Strukturen eine deutliche strukturelle Trennung von Inlands- und Auslandsgeschäft vollzogen. Demgegenüber werden bei integrierten Strukturen nationale und internationale Aktivitäten in den bestehenden Abteilungen zusammengefasst.

Bei integrierten Strukturen stehen im internationalen Unternehmen die gleichen Gestaltungsalternativen wie in ausschließlich national tätigen Unternehmen zur Verfügung. Auf der zweithöchsten Hierarchieebene kann eindimensional nach Funktionen oder Objekten oder mehrdimensional durch gleichzeitige Berücksichtigung mehrerer Kriterien organisiert werden. Eine Funktionalstruktur hat Funktionen wie Beschaffung, Produktion und Absatz als Strukturierungskriterium. In den einzelnen Funktionsbereichen ist die Verantwortung für Inlands- und Auslandsgeschäft gebündelt. Bei einer objektorientierten Struktur sind demgegenüber Regionen oder Produkte das Strukturierungskriterium. Mehrdimensionale Strukturen versuchen durch eine simultane Berücksichtigung verschiedener Kriterien der Komplexität einer internationalen Geschäftstätigkeit Rechnung zu tragen.

Weder differenzierte noch integrierte Strukturalternativen sind frei von Schwächen. Diese resultieren in der Regel aus der mangelnden Berücksichtigung der Dimension, die nicht Gliederungskriterium ist. Entsprechend kommen Stärken wie z. B. Synergieeffekte oder die Bündelung von Know-how nur in der Dimension zum Tragen, die das strukturbildende Element darstellt. Auch mehrdimensionale Strukturen, die diese Schwächen beseitigen sollen, überzeugen nicht völlig: Vielmehr weisen sie eine hohe Eigenkomplexität auf, die durch unklare Kompetenzabgrenzung, aber auch lange Informations- und Kommunikationswege verursacht wird. Daher kann die Auswahl einer geeigneten Alternative stets nur vor dem Hintergrund der situativen Bedingungen eines Unternehmens und unter Berücksichtigung seiner Ziele erfolgen.

II.10

Die verschiedenen Organisationsformen lassen sich als Kontinuum zwischen der funktionalen Organisation und der Prozessorganisation darstellen. Auf der einen Seite steht die rein funktionale Organisation, bei der keine explizite prozessorientierte Stellenbildung stattfindet und lediglich funktionsbereichsintern gewohnte Abläufe betrachtet werden. Den Gegenpol bildet die reine Prozessorganisation, bei der das gesamte Unternehmen in Wertschöpfungsprozesse gegliedert ist und die Konfiguration sich an marktorientierte Kunden-Lieferanten-Beziehungen anlehnt. Diese strikte Polarität wird mit Hilfe einer Matrixorganisation aufgelöst, in der Schnittstellen zwischen Funktionen und Prozessen entstehen.

Kommt es zu einer Erweiterung der Primärorganisation um sekundärorganisatorische Formen ist die Ergänzung der funktionalen Organisation um prozessorientierte Stabsstellen denkbar, um bei einzelnen funktionsübergreifenden Ablaufproblemen Prozessexperten heranzuziehen. Umgekehrt kann auch die Prozessorganisation um funktionale Stabs- und Dienstleistungsstellen oder funktionale Spezialisten ergänzt werden. Schließlich können fallspezifisch Prozessteams aus funktionalen Spezialisten zusammengestellt werden.

Das Ziel der Kombination unterschiedlicher Organisationsformen liegt in dem Versuch einer gleichzeitigen Nutzung der Vorteile beider Gestaltungsalternativen. So bietet beispielsweise die Matrix aus funktionalen und prozessorientierten Organisationseinheiten eine Verbesserung der funktionsübergreifenden Abstimmung, ohne die Spezialisierungsvorteile der funktionalen Arbeitsteilung aufzugeben.

II.11

Durch Aufspaltung der Arbeitsaufgabe im Rahmen der Arbeitsteilung entsteht der Bedarf, die Einzelaktivitäten der Aufgabenträger auf das Gesamtziel der Organisation auszurichten und aufeinander abzustimmen, d. h. zu koordinieren. Da Einzelleistungen häufig nur durch die Interaktion mit anderen organisatorischen Einheiten ausgeführt werden können, bestehen Berührungspunkte (Schnittstellen) und Abhängigkeiten (Interdependenzen) zwischen diesen Einheiten. Der Koordinationsbedarf ist dabei umso höher, je größer die Arbeitsteilung ist und je stärker gegenseitige Abhängigkeiten bestehen. Distanzen zwischen organisatorischen Einheiten (räumlich, zeitlich und sachlich) beeinflussen den Koordinationsbedarf ebenso wie die Komplexität der zu bewältigenden Probleme. Zur Bewältigung des Koordinationsbedarfs steht einerseits hierarchische Koordination und andererseits Selbstabstimmung zur Verfügung.

Die Hierarchie stellt ein fest geordnetes System der Über- und Unterordnung dar, bei der eine untergeordnete Einheit ein Problem solange nach oben weiterreicht, bis eine entscheidungsbefugte Stelle erreicht ist, die dann entscheidet und durch bindende, persönliche Weisung die Umsetzung in Gang bringt. Neben der persönlichen Weisung existieren unpersönliche hierarchische Koordinationsinstrumente, die in Form genereller Regelungen Verfahrensrichtlinien verbindlich festlegen (Standardisierung, Pläne) und so die Instanz von persönlichen Weisungen entlasten.

Im Rahmen der Selbstabstimmung treten hierarchisch auf gleicher Ebene angeordnete Organisationseinheiten in direkte Interaktion. Über-/Unterordnungsverhältnisse bestehen nicht, so dass auch keine hierarchischen Kommunikationswege beschritten werden. Die Selbstabstimmung kann eigeninitiativ und spontan erfolgen und ermöglicht, kurzfristig auftretenden Koordinationsbedarf zu decken. Sie kann jedoch auch bewusst institutionalisiert werden. In diesem Fall wird hierarchisch vorgegeben, in welchen Situationen Selbstabstimmung zu erfolgen hat. Tritt die vordefinierte Situation ein, obliegt die Gestaltung der Selbstabstimmung den betroffenen Organisationseinheiten.

II.12

Die Standardisierung ist ein institutionalisiertes und nicht an Personen gebundenes Instrument der Vorauskoordination. Sie stellt ein hierarchisches Koordinationsinstrument dar, da die Anordnung zur Anwendung von Standardisierung, z. B. eines Programms, jeweils von einer übergeordneten Stelle an eine untergeordnete erfolgt. Mit Standardisierung wird festgelegt, wie wiederholt auftretende Aufgaben bewältigt werden sollen bzw. wie unter bestimmten Bedingungen zu handeln ist. Objekte der Standardisierung sind Arbeitsprozesse, Arbeitsergebnisse und Qualifikationen im Sinne von Rollen. Durch Standardisierung soll Koordinationsbedarf und damit die Notwendigkeit von einzelfallbezogener persönlicher Weisung oder Selbstabstimmung in bestimmten, vorher festgelegten Situationen, aufgehoben werden. Ein weiteres Ziel von Standardisierung ist die Konservierung von Lerneffekten, deren Ergebnisse z. B. in Form von Regeln schriftlich fixiert und für die Zukunft verbindlich festgelegt werden. Da so in der Regel wohldurchdachte, optimierte Lösungen zur Anwendung kommen, kann durch Standardisierung die Effizienz gesteigert werden. Festgelegte Vorgehensweisen sind für alle Beteiligten transparent, vergleichbar und gut kontrollierbar, weshalb sich die Leistungsqualität tendenziell erhöht.

III.1

Aus voluntaristischer Sicht kann die Frage bejaht werden. Von äußeren Einflüssen relativ unabhängige Organisationen werden von dem Management, das nach der Identifikation des Bedarfs Änderungsmaßnahmen einzuleiten hat, gesteuert. Demgegenüber erscheinen Organisationen aus einer deterministischen Perspektive von internen und externen Rahmenbedingungen bestimmt. Diese sind kaum durchschaubar, so dass Handeln nur als Reaktion auf Kontextänderungen angesehen werden kann. Einer mittleren Position (Interaktionismus oder gemäßigter Voluntarismus) entsprechend gibt es begrenzte intentionale Einflussmöglichkeiten, woraus sich eine wichtige Rolle des Managements ableitet.

III.2

Widerstand schafft die Notwendigkeit, aber auch die Möglichkeit zu einer umfassenderen Analyse, die es ermöglicht, Modetrends als solche zu erkennen und Fehlentscheidungen zu vermeiden. Er kann aber zudem Krisen auslösen, die dann eine Reorganisation gegebenenfalls sogar beschleunigen. Letztlich ist Widerstand auch Ausdruck der Stabilität, die organisationale Strukturen schaffen sollen.

III.3

Eine geläufige Systematisierung stellt auf den Fokus der verschiedenen Ansätze ab; sie orientieren sich primär entweder an individuellem Verhalten, sozialen Beziehungen oder strukturellen Gegebenheiten, wobei auch eine integrative Sicht eingenommen wird. Letztere macht deutlich, dass sich die jeweils zum Einsatz kommenden Interventionstechniken ergänzen können.

III.4

Die Kritik reicht von der problematischen Annahme der Zielharmonie zwischen Organisation und Organisationsmitgliedern über die veränderte Realität in Organisationen, d. h. die Verringerung der Arbeitsteilung und Hierarchie, sowie die Annahme, dass Wandel die Ausnahme bildet, langsam erfolgt und gesteuert werden kann, bis hin zu dem Vertrauen auf den Methodeneinsatz von Beratern.

III.5

Organisationen unterliegen inzwischen – so die Annahme – regelmäßigen Wandelerfordernissen und die in der Folge notwendige Änderung der Organisation muss systematisch gestaltet werden, um die Wandelprozesse zielgerichtet zu steuern. Dabei lassen sich verschiedene Schichten zwischen der Oberflächen- und Tiefenstruktur unterscheiden (Schichten- oder Zwiebelmodelle), die unterschiedliche Wandelprozesse erfordern und denen deshalb unterschiedliche Formen des Change Managements zugeordnet werden können. Krüger unterscheidet z. B. zwischen Restrukturierung, Reorientierung, Revitalisierung und Remodellierung.

III.6

Die Veränderung wird durch den Aufsichtsrat initiiert, im Vorstand fehlt noch die Überzeugung; man ist sich bezüglich der Zielsetzung nicht einig. Der Leiter der Organisation, dem das direkte Machtpotenzial fehlt, soll die Rolle des internen Treibers übernehmen. Daraus ergibt sich ein hohes Risiko für das Scheitern des Veränderungsprozesses. Um eine sichere Basis zu schaffen, muss in einem ersten Schritt im Vorstand Einigung bezüglich der Veränderungsziele erreicht werden. Dafür bietet sich beispielsweise ein Strategietag an. In einem zweiten Schritt gilt es, das Führungspersonal einzubinden, z. B. im Rahmen eines Workshops mit den Direktoren. Dabei muss der Vorstand seine Ziele äußern, damit gemeinsam Ideen entwickelt werden können, wie das Ziel zu erreichen ist. Die Einbindung des mittleren Managements kann entweder durch die Direktoren erfolgen (jeder spricht mit seinen Abteilungsleitern über die Ziele, die ihrerseits die Teamleiter informieren) oder im Rahmen einer gemeinsamen Veranstaltung, zu der alle Abteilungs- und Teamleiter eingeladen werden. Dort verkündet dann der Vorstand die Zielsetzungen und bittet um tatkräftige Mitarbeit. Im dritten Schritt werden Gruppen gebildet, die die Projekte planen und umsetzen. Durch die regelmäßige Information über den Projektfortschritt sind die Mitarbeiter einzubinden.

III.7

Organisationales Lernen erfolgt im Wechselspiel zwischen den verschiedenen organisationalen Ebenen (Individuum, Gruppe, Organisation) und ist beeinflusst von dem in der Organisation vorhandenen Wissen. Es verändert die organisationale Wissensbasis und das Verhalten in und von Organisationen sowie die Interaktion mit der Umwelt. Außerdem führt es zu einer Anpassung der Organisation an Anforderungen der internen und externen Umwelt und soll die Effektivität (bzw. Problemlösungsfähigkeit) erhöhen.

III.8

Fehlen konkrete Erfahrungen oder der Zugang zu diesen, ist Erfahrungslernen nicht möglich. Außerdem ist es nicht effizient, wenn dadurch vermeidbare Fehler wiederholt werden. Durch Lernen auf der Grundlage von Beobachtung vermeidet man Fehler sowie ihre Konsequenzen und verkürzt den Versuchs-Irrtums-Prozess. Beobachtungslernen geht über einfaches Imitieren hinaus und kann auch in proaktiver Form erfolgen.

III.9

Organisationales Lernen wird von Argyris/Schön als Veränderung der theories-in-use, d. h. grundlegender, nicht zwingend bewusster Handlungsmuster der Organisation, verstanden, das von den nicht handlungsleitenden, aber offiziell geäußerten espoused theories unterschieden werden muss. Es kann erfolgen in Form (1) des single-loop learning als Änderung der Handlungen auf Basis der theories-in-use ohne Änderung der Ziele, wenn Handlungserwartungen und -ergebnisse divergieren, (2) des double-loop learning, wenn man sich auch mit den grundlegenden Wertvorstellungen der Organisation auseinander setzt und bereit ist, die theories-in-use zu ändern, sowie (3) des deutero learning, bei dem – individuelles und organisationales – Lernverhalten und dessen Kontext reflektiert werden.

III.10

Daten ergeben sich durch die Kombination von Zeichen mit Syntaxregeln; sie werden – für einen Empfänger – zu Informationen, wenn sie in einen konkreten Kontext gestellt werden und dabei einen spezifischen Problembezug erhalten. Durch die Vernetzung von Informationen entsteht Wissen, das zwar ebenfalls situationsgebunden, aber in einem erweiterten Kontext nutzbar und leichter auf andere Situationen übertragbar ist. Es bildet sich vor dem Hintergrund subjektiver Erfahrungen und kann deshalb nicht als dauerhaft sowie objektiv angesehen werden. Wissen stellt die zentrale Grundlage des Handelns dar und bestimmt das Handlungspotenzial.

III.11

In einer technokratischen Sicht geht es bei dem Wissensmanagement darum, Wissensziele zu definieren, Wissen planmäßig aufzubauen und zu nutzen. Es wird als speicherbar und übertragbar angesehen und in Analogie zu anderen Ressourcen gehandhabt. Es stehen technische Lösungen im Vordergrund, wobei diesen enge Grenzen bei der Generierung neuen Wissens gesteckt sind. Aus einer soziologischen Perspektive entsteht Wissen zu einem wesentlichen Teil emergent im Rahmen von Interaktionsprozessen; seine Entwicklung entzieht sich daher weit gehend der Steuerung. Es geht deshalb vor allem darum, Rahmenbedingungen zu schaffen, in denen Wissen entstehen kann. Beiden Sichtweisen liegt die Annahme einer (zumindest begrenzten) Gestaltbarkeit der organisationalen Wissensbasis zugrunde, so dass wissenstechnische Lösungen und Kontextgestaltung kombiniert werden können.

III.12

Deduktiv-summarische Ansätze erfassen das immaterielle Vermögen durch den Unterschied zwischen Markt- und Buchwert eines Unternehmens und führen diesen auf bestimmte Einflussfaktoren zurück. Sie sind stark beeinflusst von bilanziellen Wahlrechten oder Börsenkursschwankungen. Der Zusammenhang zwischen Änderungen der Wissensbasis und dem Wert des immateriellen Vermögens bleibt aber weit gehend ungeklärt. Induktiv-analytische Ansätze wollen demgegenüber die Bestimmungsfaktoren des immateriellen Vermögens ermitteln, sie mittels Indikatoren messen und den Wert des immateriellen Vermögens durch Aggregation bestimmen. Da die Wirkungsbeziehungen nicht hinreichend bekannt sind und es die „richtige" indikatorgestützte Messung nicht gibt, wird man auch damit nicht zu verlässlichen Werten kommen, selbst wenn sich das Verständnis für das Wissen(-smanagement) in einer Organisation hierdurch verbessert.

Lösungen zu den Fallstudien

MobiPlay GmbH

Aufgabe 1

Die beschriebene Entscheidungssituation der MobiPlay GmbH ist fast durchgehend mehrdeutig, da sie die Merkmale eines inkonsistenten Zielsystems, weit reichender Unsicherheit über die zugrunde liegenden Kausalstrukturen, der Ex-post-Unsicherheit sowie wechselnder Zusammensetzung der Teilnehmer impliziert.

Mehrdeutigkeit drückt sich bereits darin aus, dass sich die Bewertung der Relevanz des Ausgangsproblems (fehlerhafte Gehaltsabrechnung) immer wieder verändert. Das Problem wird im Laufe des Prozesses mit ganz unterschiedlichen Bedeutungen verknüpft. Während die fehlerhaften Gehaltsabrechnungen zunächst kaum Aufmerksamkeit erregen, stößt der EDV-Mitarbeiter Agil schließlich einen Prozess an, der dazu führt, dass das Problem auf Geschäftsleitungsebene wahr- und ernst genommen wird. Es wird jedoch schnell wieder als unbedeutend eingeschätzt und durch das Problem der umfassenden Software-Integration sowie schließlich durch die sich verschlechternde Geschäftslage überdeckt. Die unterschiedliche Interpretation der Problemlage verdeutlicht die für Situationen der Ambiguität typische Inkonsistenz des Zielsystems. Im Zeitablauf tauchen z. B. die partiell widersprüchlichen Ziele der vereinfachten Personalverwaltungssoftware, der umfassenden Informationsbereitstellung für die Geschäftsleitung, des integrierten Softwaresystems oder der Kostenreduktion auf. Der sprunghafte Wechsel zwischen verschiedenen – meist nur implizit – verfolgten Zielen verdeutlicht, dass sie in kein umfassendes Zielsystem integriert sind.

Auch die für mehrdeutige Situationen charakteristische Unkenntnis der genauen Kausalstrukturen liegt in dem beschriebenen Fall vor. Von den Beteiligten wird nicht systematisch geprüft, ob die fehlerhaften Gehaltsabrechnungen tatsächlich ursächlich auf die Personalverwaltungssoftware zurückzuführen sind. Die angedeuteten Zusammenhänge zwischen einer umfassenden Software-Integration und einer verbesserten Informationsausstattung der Geschäftsleitung werden gleichermaßen nicht genau analysiert, und auch die angesichts der verschärften Marktsituation geforderte Kosten- und Investitionsreduktion basiert vor allem auf Plausibilitätsüberlegungen über mögliche Kausalstrukturen. Tatsächlich sind die dabei unterstellten Ursache-Wirkungs-Beziehungen teilweise äußerst komplex, so dass man sie in der Praxis nur begrenzt durchdringen kann.

Darüber hinaus lässt der dargestellte Prozess im Nachhinein noch viele Fragen darüber offen, ob tatsächlich „richtig" gehandelt wurde. Insofern besteht hohe Ex-post-Unsicherheit. Beispielsweise bleibt unklar, ob der Verzicht auf das Projekt zur umfassenden Software-Integration tatsächlich zur Steigerung der Wettbewerbsfähigkeit des Unternehmens beiträgt. Bei der Beurteilung dieser Frage wäre außerdem zu bedenken, dass bereits Ressourcen für dieses Projekt eingesetzt wurden.

Auch der Teilnehmerkreis an dem beschriebenen Prozess und die Aufmerksamkeit der Teilnehmer für die aufgegriffenen Themen wechseln ständig, worauf noch eingegangen wird.

Aufgabe 2

Im Fall tauchen sehr unterschiedliche Entscheidungsarenen (Mülleimersituationen) auf. Die erste Entscheidungsarena betrifft die Verbesserung der Softwareausstattung in der Personalverwaltung. Die zweite Arena dreht sich um die Realisierung einer umfassenden Software-Integration. Eine dritte Arena bezieht sich (implizit) auf die strategische Positionierung der MobiPlay GmbH angesichts des verschärften Wettbewerbsdrucks.

Im Kontext dieser Entscheidungsarenen fließen zwei Ströme diskutierter Probleme und möglicher Lösungen. Bei den aufgegriffenen Problemen handelt es sich um die Existenz fehlerhafter Gehaltsabrechnungen, die unzureichende Integration der gesamten Software des Verwaltungsbereichs sowie den zu erwartenden Gewinneinbruch. Im Strom der Lösungen tauchen im Wesentlichen folgende Diskussionsthemen auf: eine lokal begrenzte Software-Lösung für den Personalbereich, eine umfassende Software-Lösung für den gesamten Verwaltungsbereich und die strikte Kostenreduktion.

Schließlich ist noch der komplexe Strom der Teilnehmer zu berücksichtigen. Gemäß der nachstehenden Reihenfolge und jeweils im Hinblick auf eine Entscheidungsarena tauchen Personen auf und verschwinden gegebenenfalls wieder:

1. Entscheidungsarena „Verbesserung der Software-Ausstattung der Personalverwaltung": Herr Agil, Herr Findig, Herr Human, Herr Wichtig, Projektteam, Vertreter der Anbieter von Software-Lösungen. Herr Wichtig schließt die Entscheidungsarena wieder, indem er die zweite Arena eröffnet.
2. Entscheidungsarena „Realisierung einer umfassenden Softwareintegration": Anbieter einer umfassenden Softwarelösung, Herr Wichtig, Herr Erbse, Projektteam, Herr Human, Frau Butterfly. Herr Findig steigt aus der Arena aus, weil er das Unternehmen verlässt. Herr Erbse und Herr Wichtig schließen die Entscheidungsarena aufgrund des Ziels der Kostenreduktion.
3. Entscheidungsarena „strategische Positionierung und gestiegener Wettbewerbsdruck": Herr Wichtig und Herr Erbse dominieren diese Arena, die im beschriebenen Fall nicht abgeschlossen wird.

Aufgabe 3

Der Ansatz der organisationalen Anarchie unterscheidet zwischen drei Entscheidungsstilen: der Problemlösung, der Entscheidung durch Übersehen und der Entscheidung durch Flucht. Der Entscheidungsstil „Problemlösung" taucht erst am Ende des Fallbeispiels auf. Durch das Engagement von Frau Butterfly kann das Problem fehlerhafter Gehaltsabrechnungen tatsächlich gelöst werden. Diese Problemlösung hat jedoch zugleich den Charakter einer Entscheidung durch Übersehen, da Frau Butterfly erst aktiv werden kann, nachdem das Problem der umfassenden Software-Integration fallen gelassen wurde. Schließlich erfolgt auch eine Entscheidung durch Flucht. Im Rahmen dieser werden primär nur noch Arenen eröffnet, die mit dem Ziel der Kostenreduktion sowie der neuen strategischen Positionierung des Unternehmens kompatibel sind. Andere Probleme, wie z. B. die umfassende Software-Integration für den Verwaltungsbereich, wandern zu zukünftigen Entscheidungsarenen ab und werden dann wieder aufgegriffen, wenn die Arena zu den Themen der Kostenreduktion und strategischen Positionierung nicht mehr dominant ist.

Aufgabe 4

Der Ansatz der organisationalen Anarchie verfolgt kein Gestaltungsziel. Er dient vor allem der Beschreibung sowie der nachträglichen Rekonstruktion von Entscheidungsprozessen in Organisationen. Deshalb bietet er kaum Hilfestellungen für eine gezielte Beeinflussung (und Verbesserung) der beschriebenen Entscheidungsprozesse. Er eröffnet aber auch Managern eine modifizierte Perspektive auf die alltäglichen – und aus Sicht der organisationalen Anarchie häufig diffusen – organisationalen Prozesse.

Führungskräfte versuchen nicht selten, Entwicklungen in einer Organisation und die dabei auftretenden Entscheidungssituationen unter Kontrolle zu behalten. Sie reagieren deshalb mitunter verkrampft und agieren bei Zugang überraschender Informationen hektisch und sprunghaft. Im Fallbeispiel wird dies z. B. an dem Verhalten des Geschäftsführers Wichtig deutlich. Zunächst fordert er, das Problem fehlerhafter Gehaltsabrechnungen zu beheben, verliert dies aber angesichts der Gelegenheit der Realisierung einer umfassenden Software-Integration wieder aus den Augen und bricht auch dieses Projekt angesichts der verschlechterten Geschäftslage wieder ab. Ein solches sprunghaftes Manager-Verhalten trägt erheblich zur Entstehung von Mülleimer-Prozessen bei, da immer wieder neue Entscheidungsarenen eröffnet und geschlossen werden.

Der Ansatz der organisationalen Anarchie kann gerade Managern helfen, ein abgeklärtes Verhältnis gegenüber den meist mehrdeutigen organisationalen Prozessen zu gewinnen und dadurch ein weniger sprunghaftes Entscheidungsverhalten unterstützen. Empfohlen wird die so genannte „technology of foolishness", die sich selbst als Ausdruck einer (anderen) Rationalität in Situationen der Ambiguität versteht und kurz folgendermaßen charakterisieren lässt: „Handle in mehrdeutigen Entscheidungssituationen einfach irgendwie und beobachte, was dann passiert. Vielleicht bist du nachher klüger, vielleicht aber auch nicht."

Müller-IT AG

Beurteilung der organisationalen Effektivität anhand geeigneter Effektivitätskriterien:

Umweltorientierung: Die divisionale Gliederung ermöglicht eine klare Ausrichtung der einzelnen Divisionen an den verschiedenen Kunden, so dass hier die Markt- und Kundennähe sowie eine angemessene Steuerung der einzelnen Divisionen möglich sind. Die zentralisierten Marketingaktivitäten erweisen sich jedoch als kritisch. Aufgrund der in den Divisionen vorhandenen Kundennähe würde sich dort auch die Verortung von Marketingentscheidungen anbieten (zum Ziel der schnellen Reaktionsmöglichkeit auf externe Einflüsse vgl. die Ausführungen zum Kriterium Flexibilität).

Ressourcennutzung: In den Zentralbereichen werden divisionsübergreifende Aufgaben bewältigt, so dass hier eine Nutzung von Synergien erfolgt. Inwiefern eine weitere gemeinsame Ressourcennutzung durch einzelne Divisionen innerhalb einer SGE oder SGE-übergreifend sinnvoll wäre, kann anhand der Fallinformationen nicht beurteilt werden. Fehlende eindeutige Regelungen zum Kundenkontakt innerhalb einzelner Divisionen verursachen aber Verzögerungen und Abstimmungsschwierigkeiten.

Entscheidungsqualität: Die meisten Entscheidungen können innerhalb der jeweiligen Division getroffen werden, da dort die für die Aufgabenerfüllung notwendigen Informationen vorhanden sind. Schwierigkeiten treten unter Umständen auf, wenn Entscheidungen auf der Ebene der strategischen Geschäftseinheit getroffen werden müssen, weil hier eine größere Anzahl an Personen involviert ist und Spartenegoismus auftreten könnte. Ebenfalls nicht unproblematisch sind Entscheidungen hinsichtlich des Marketingmix aufgrund der Richtlinienkompetenz des kunden- und marktfernen Zentralbereichs sowie Entscheidungen, die andere Zentralbereiche betreffen.

Kommunikation und Informationsversorgung: Die vorhandene Rahmenstruktur bietet die Voraussetzung für eine effektive Kommunikation und Informationsversorgung, da die wesentlichen Prozesse innerhalb jeder Division ablaufen. Unter Umständen ist jedoch die Unternehmensleitung überlastet, da ihr direkt sechs Zentralbereiche und sieben Divisionen unterstehen. Durch die Leitungsteams der SGE lässt sich dieser kritische Aspekt relativieren.

Koordinierbarkeit: Der Koordinationsbedarf kann weit gehend innerhalb jeder Division gedeckt werden. Eine Ausnahme bilden Entscheidungen bezüglich des Marktauftritts. Der horizontale Abstimmungsbedarf ist gering und besteht nur zwischen den Divisionen einer SGE im Hinblick auf die strategische Ausrichtung. Die bereits angesprochene große Leitungsspanne der Unternehmensleitung kann auch hinsichtlich des Kriteriums der Koordinierbarkeit problematisch sein.

Konflikthandhabung: Aufgrund der klaren Kompetenzabgrenzungen der divisionalen Gliederung, wird diesem Kriterium weitgehend entsprochen. Innerhalb der SGE können jedoch Konflikte aufgrund von Spartenegoismen auftreten. Des Weiteren bietet die Kompetenzüberschneidung mit dem Marketingbereich Konfliktpotenziale. Erhebliche Probleme resultieren aus den nicht vorhandenen eindeutigen Regelungen im Kundenkontakt innerhalb der Divisionen, die nicht nur zu Unzufriedenheit bei den Mitarbeitern, sondern auch bei den Kunden führen.

Flexibilität: Die divisionale Gliederung berücksichtigt die Anforderungen an die dynamische Unternehmensumwelt. Auf quantitative und qualitative Veränderungen kann divisionsintern schnell reagiert werden. Strukturellen Änderungsbedarfen lässt sich durch Auflösung und Neubildung von Divisionen begegnen, die jedoch verhältnismäßig aufwändig sind. Demgegenüber lassen sich SGE recht flexibel ändern und bedarfsgerecht neu zusammensetzen.

Motivation und Zufriedenheit der Mitarbeiter: Innerhalb der Divisionen können die Mitarbeiter den Zusammenhang ihres Schaffens erkennen und sich an konkreten Zielen orientieren, womit sich tendenziell eine Identifikation mit der Arbeit einstellt. Dieses ist bei den Mitarbeitern der Zentralbereiche nicht gegeben. Nur die Mitarbeiter des Zentralbereichs Marketing, die für die Gestaltung der Marktaktivitäten die Gesamtverantwortung tragen, haben einen Bezug zum Endprodukt und dessen Erfolg, weshalb sich auch hier tendenziell Motivation, Identifikation und Zufriedenheit einstellen. Die Divisionsverantwortlichen haben unternehmerische Funktionen und damit die Möglichkeit, höherrangige Bedürfnisse zu befriedigen. Darüber hinaus bieten sich ihnen günstige Entwicklungsmöglichkeiten für weitergehende unternehmerische Aufgaben.

Überlegungen zur neuen Struktur der Division IT-Systeme Krankenhaus:

Dabei sind die in der Fallstudie eingangs genannten Ziele der Müller IT AG zu beachten. Es steht insbesondere die Kundenorientierung im Vordergrund, die nicht in idealer Weise gegeben ist. So müssen sich die Kunden häufig mit verschiedenen Ansprechpartnern auseinandersetzen, wodurch Reibungsverluste auftreten. Dies gilt es, durch die neue Struktur zu vermeiden. Weiterhin ist der Unternehmensleitung die Generierung von Unternehmertum wichtig, die ebenfalls durch eine veränderte Organisationsstruktur gefördert werden soll.

Die Division ist bisher als Einliniensystem sowohl nach Verrichtungen als auch nach Objekten strukturiert, woraus zahlreiche Probleme resultierten. Aufgrund der Komplexität der in der Division produzierten Systeme besteht ein hoher Koordinationsaufwand zwischen den einzelnen Abteilungen. Die Vielzahl an notwendigen Abstimmungen erfolgt in diesem Einliniensystem über die Divisionsleitung, weshalb sich Verzögerungen und Konflikte ergeben. Eine Überlastung der Spitze ist ergänzend anzunehmen. Der für die divisionsinterne Abstimmung der Marketingaktivitäten verantwortliche Vertrieb kann aufgrund der geänderten Marktsituation nicht mehr für eine ausreichende Kundenzufriedenheit sorgen. Bisher wird nicht gewährleistet, dass ein Kunde jeweils nur einen verantwortlichen Ansprechpartner im Unternehmen hat. Eine mitunter auftretende spontane Selbstabstimmung zwischen Mitarbeitern verschiedener Abteilungen läuft bisher nicht reibungslos ab, sondern schafft vielmehr Konflikte und Verunsicherung bei den Mitarbeitern.

Aufgrund der Komplexität der Produkte bietet sich eine Strukturierung der Division IT-Systeme Krankenhaus nach Objekt und Verrichtung an, d. h. eine Matrixstruktur, die die Mängel des Einliniensystems beseitigen soll.

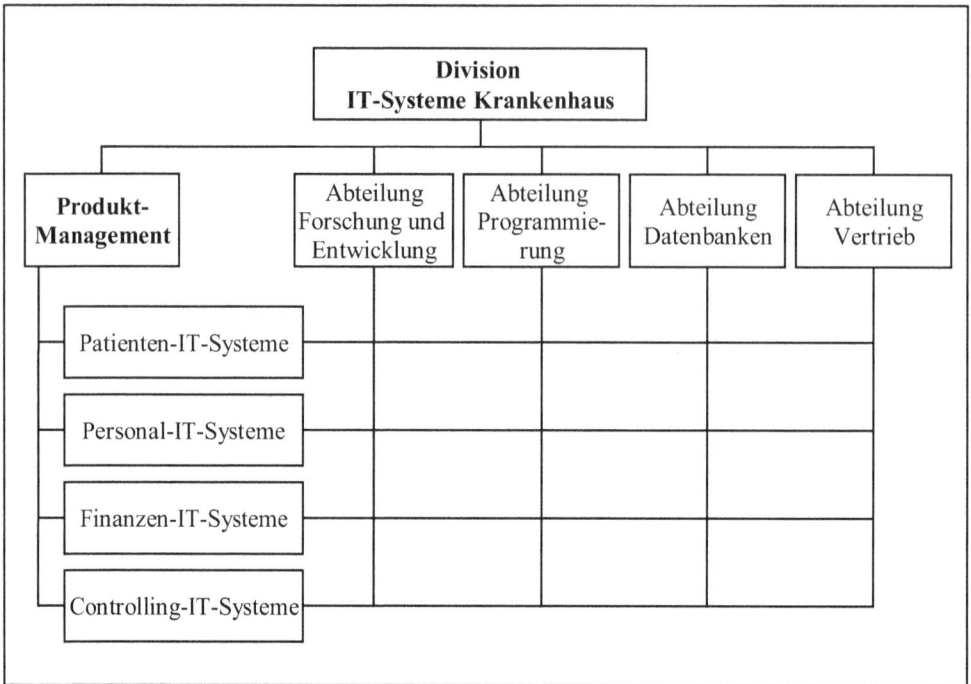

Matrixstruktur der Division IT-Systeme Krankenhaus

Innerhalb der vier Objektbereiche ist pro Kundenauftrag jeweils ein Produktmanager verantwortlich für die Koordination aller produktbezogenen Aktivitäten über die verschiedenen Funktionsbereiche von der Entwicklung bis hin zum Vertrieb. So ist außerdem gewährleistet, dass ein Kunde während des gesamten Erstellungsprozesses nur einen Ansprechpartner hat. Die Matrixstruktur schafft die Möglichkeit, bei den Produktmanagern Unternehmertum zu generieren. Allerdings birgt die Matrixstruktur ein erhöhtes Konfliktpotenzial zwischen Objekt- und Fachbereichen. Bei der Implementierung ist daher großer Wert darauf zu legen, dass alle Beteiligten die persönlichen Voraussetzungen für ein erfolgreiches Handeln innerhalb der Matrixstruktur entwickeln.

Mogul Medien AG

Ausgangslage

Der Fallstudie können folgende Problemfelder entnommen werden, die in der Lösung zu berücksichtigen sind: Organisationsstruktur, Ausbau/Auflösung bestimmter Unternehmensbereiche, Kernkompetenzen, Forschung und Entwicklung sowie Auslandsgeschäft.

Strukturalternativen

Den Ausgangspunkt bildet zunächst die Überlegung, welche Art von Organisationsstruktur im vorliegenden Fall am ehesten den Anforderungen des Vorstandes in strategischer Sicht entspricht. Grundsätzlich lassen sich funktionale, mehrdimensionale und divisionale Strukturen unterscheiden.

Aufgrund der Breite des Produktionsprogramms scheidet eine funktionale Gliederung bereits an dieser Stelle aus. Darüber hinaus würde die Unternehmensleitung nicht entlastet, da bei dieser Strukturform sämtliche Entscheidungen zentral getroffen werden. Eine mehrdimensionale Strukturform erscheint ebenfalls als nicht geeignet. Zwar wird die Unternehmensleitung entlastet, da sie nur für die gesamtunternehmensbezogene Zielerreichung verantwortlich ist, jedoch liegen bewusst herbeigeführte Kompetenzüberschneidungen vor, da z. B. bei der Matrixorganisation immer zwei Matrixstellen gegenüber den Schnittstellen weisungsbefugt sind. Gerade den unklaren Kompetenzzuweisungen soll die neue Organisationsstruktur aber entgegentreten.

Grundsätzlich sollte die bereits bestehende divisionale Organisationsstruktur beibehalten werden. Die Modul Medien AG weist einerseits die für diese Strukturform notwendige Größe auf, andererseits liegt ein heterogenes Leistungsprogramm vor. Eine Weiterentwicklung der divisionalen Organisation stellt die Holding dar. Nach der Leitungsintensität oder den Aufgabeninhalten der Obergesellschaft kann zwischen der Finanzholding und der Managementholding unterschieden werden. In einer Finanzholding nimmt die Obergesellschaft ausschließlich Finanzierungs- und Verwaltungsaufgaben wahr. Sie eignet sich besonders dann, wenn die Tochterunternehmen keine gemeinsamen Ressourcen nutzen und auch keine Synergieeffekte zwischen den Tochterunternehmen auftreten. Dem gegenüber übernimmt die Obergesellschaft in einer Managementholding die Verantwortung für unternehmensstrategische Führungsaufgaben. Operative Aufgaben und bereichsbezogene Strategien obliegen den Tochtergesellschaften. Zentralbereiche werden ausschließlich für Aufgaben gebildet, die für die einheitliche Führung und Entwicklung von entscheidender Bedeutung sind.

Vor dem Hintergrund, dass die Unternehmensleitung der Modul Medien AG in Zukunft primär unternehmensstrategische Aufgaben wahrnehmen soll, scheidet die Finanzholding bereits an dieser Stelle als Strukturalternative aus. Darüber hinaus sollen in Zukunft Ressourcen von der F & E für die verschiedenen Unternehmensbereiche bereitgestellt werden, so dass eine gemeinsame Ressourcennutzung gegeben ist. Da bei einer Managementholding Verkäufe von Teilbereichen und die Integration neuer Unternehmen leichter zu bewältigen sind, wird durch sie der geforderten Flexibilität für Käufe/Verkäufe von Produktbereichen Rechnung getragen. Die Unternehmensleitung wird entlastet, operative Aufgaben werden an die einzelnen Holdinggesellschaften übertragen. Die geforderten strategischen Änderungen können somit entsprechend dem Grundsatz „structure follows strategy" umgesetzt werden.

Ausbau/Auflösung von Unternehmensbereichen

Die Division „Digitales Fernsehen" wird aufgelöst, zumal sich dieser Bereich seit Jahren in einer Krise befindet und die starke Subventionierung in der Vergangenheit nichts an dieser Situation ändern konnte.

Das solide Geschäft in den Divisionen „Buch" und „Zeitung" wird fortgesetzt, da die beiden Bereiche auch auf lange Sicht noch gute Absatzchancen bieten. Sie werden aber zu der Einheit „Printmedien" zusammengefasst. Mit der Zusammenlegung wird den bisher vorliegenden Überschneidungen und unklaren Abgrenzungen entgegengetreten. Gleichzeitig existiert in dieser Konstellation nach außen ein einheitliches Unternehmensbild im Print- und Verlagsbereich. Ferner wird die Division „Printmedien" in eine selbstständige Holdinggesellschaft überführt. Diese Übereinstimmung von unternehmerischer Verantwortung und Struktur wird in der Fallbeschreibung explizit gefordert.

Auch die Divisionen „Multimedia" und „Musik" werden in der neuen Organisationsstruktur beibehalten. Ihre Geschäftsfelder bestehen zwar weiterhin zum großen Teil aus lokalen und historischen Strukturen, grundsätzlich steht damit aber auch ein struktureller Rahmen für Übergangslösungen zur Verfügung. Die Divisionen dienen somit als eine Art Auffangbecken für Produktbereiche, die in absehbarer Zeit nochmals neu geordnet werden sollen. Die Divisionen gilt es dabei so zusammenzufassen, dass sie ein neues Pfeilergeschäft bilden. Die in der Division „Multimedia" angesiedelten Bereiche Ton-, Elektro- und Radiotechnik werden aufgrund ihrer technischen und aufgabenbezogenen Nähe zum Bereich E-Technik zusammengefasst.

Der Bereich „Andere Produkte" in der Division „Service" bildet zum jetzigen Zeitpunkt nur ein Sammelbecken von unterschiedlichen Produkten bei denen noch nicht absehbar ist, wie sich diese in Zukunft entwickeln. Aufgrund der Heterogenität der hier angesiedelten Produkte, wird dieser Bereich aufgeteilt und zum einen in die Division „Multimedia", zum anderen in die Division „Musik" überführt. Die Zuordnung der Produkte erfolgt dabei nach der Nähe zu dem bereits bestehenden Produktprogramm dieser Einheiten. Aufgrund der Nähe zu der Musikindustrie und den diesbezüglichen Veranstaltungen wird das Event-Management in die Sparte Musik integriert.

Als einziger Produktbereich verspricht der Bereich „Software" profitable Geschäfte in der Zukunft. Dieser Bereich wird daher als ein neues Pfeilergeschäft definiert.

Kernkompetenzen

Mit der neuen Strategie soll eine Akzentuierung auf Kernkompetenzen erfolgen. Diese werden, wie aus der Aufgabenstellung hervorgeht, in den Bereichen Medientechnologie, Finanzmanagement, Personalmanagement und Marketing gesehen. Mit der Zusammenfassung der Kompetenzen zu vier Stabsbereichen an der Unternehmensspitze erfolgt eine klare Abgrenzung zu den anderen Unternehmensdivisionen. Damit wird einerseits die neue Konzernstruktur strategiekonform ausgestaltet, andererseits der Gefahr einer unklaren Kompetenzabgrenzung Rechnung getragen. Die Unternehmensstäbe übernehmen die volle Verantwortung für ihre Kosten. Hiermit wird eine Grundlage zur Überprüfung der Notwendigkeit der von den Konzernstäben erbrachten Leistungen geschaffen und den großen Gemeinkostenblöcken entgegengetreten.

Forschung und Entwicklung

Entscheidend für den zukünftigen Erfolg ist weiterhin die Neuzuordnung der F & E. Diese soll in Zukunft ein Basisangebot für alle Divisionen erbringen mit dem Fokus auf der Förderung zukunftsträchtiger Produkte. Hierzu wird diese aus der Umklammerung der Unternehmensdivisionen gelöst und als selbstständige und kostenverantwortliche Einheit „Innovation" der Unternehmensspitze zugeordnet. Mit der Übertragung der Kostenverantwortung soll auch hier sichergestellt werden, dass die gewünschte F & E-Leistung wirtschaftlich erbracht wird.

Der bisher in der Division „Service" liegende Produktbereich „Neue Produkte" wird in die neue Einheit „Innovation" integriert, da in diesem Produktbereich zum Großteil Entwicklungs- und Forschungsarbeiten geleistet werden. Die Division „Service" wird damit aufgelöst, die Produktbereiche sind in andere Divisionen überführt bzw. integriert.

Auslandsgeschäft

Um in der Zukunft Marktchancen wahrnehmen zu können, müssen die in der Vergangenheit aufgetretenen Probleme im internationalen Geschäft gelöst werden. Da die Call-Option auf die restlichen Anteile des Joint Ventures dieses Jahr ausläuft, ist zu überlegen, ob die Anteile übernommen werden sollen. Zwar finden sich in dem Fall keine näheren Angaben über das hierfür notwendige Kapital, allerdings werden die Konditionen als günstig bezeichnet. Nicht zuletzt aufgrund der unzureichenden Marktbearbeitung im Ausland wird diese Option ausgeübt, um in Zukunft stärkeren Einfluss auf die Marktbearbeitung nehmen zu können. Mit der Übernahme entfällt zudem der vertragliche Zwang, sämtliche Auslandsaktivitäten über die Mogul International abzuwickeln. Das Joint Venture wird in einen selbstständigen Geschäftsbereich „Mogul International" überführt, so dass dieser als Dienstleister für andere interne und externe Unternehmen fungieren kann. Zwar erfährt die Mogul International als reine Serviceorganisation eine Abwertung, jedoch kann damit versucht werden, den Interessen der Produktbereiche in Zukunft besser zu entsprechen und eine wesentlich größere Nähe der einzelnen Produkte zum Markt zu erreichen. Letztlich entscheiden die Produktmanager vor Ort, ob diese Leistung intern oder durch einen externen Konkurrenten erbracht wird. Hierdurch entsteht gleichzeitig ein Anreiz für die internationale Geschäftseinheit, marktgerecht zu arbeiten. Mit dieser Lösung soll es den Produktbereichen erleichtert werden, sich international zu betätigen.

Bewertung

Nach der Reorganisation entspricht die gewählte Struktur den zentralen Charakteristika der Managementholding. Gleichzeitig erfolgt eine strategiekonforme Ausgestaltung der neuen Unternehmensstruktur. Das Management erfährt eine Unterstützung durch die auf Kernkompetenzen ausgerichteten Stäbe. Somit kommt der dargestellte Vorschlag den Anforderungen des Vorstandes recht nahe. Grafisch lässt sich diese Lösung wie folgt darstellen:

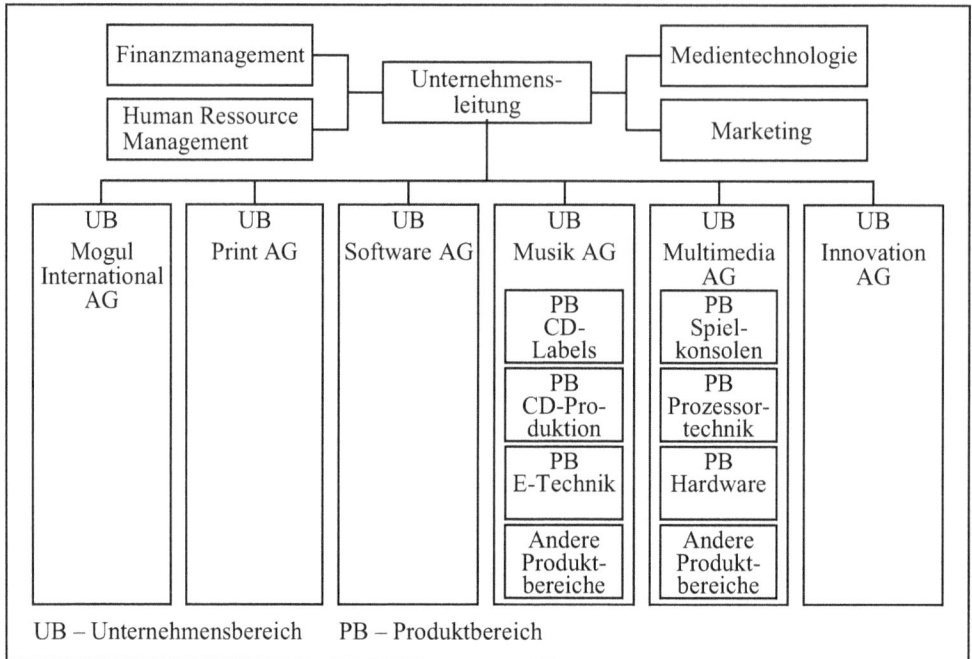

Die Mogul Medien AG nach der Reorganisation

Postbank Systems AG

Aufgabe 1

In der vorliegenden Fallstudie der Postbank Systems AG handelt es sich nur zu Beginn um einen organisatorischen Wandel 1. Ordnung im Sinne der Organisationsentwicklung. Dies wird durch die inkrementell-evolutionäre und personenorientierte Vorgehensweise des Unternehmens in der Aufbruch- und Ausbauphase deutlich. Die im Fallbeispiel skizzierten drei Entwicklungsphasen verlaufen mithin nur teilweise evolutionär, da vor allem die Umbruchphase durch ein eher revolutionäres Vorgehen geprägt ist.

Auch das grundlegende Phasenkonzept der Organisationsentwicklung (unfreezing, moving bzw. changing, refreezing) kommt nur begrenzt zur Anwendung. Ein gezieltes „unfreezing" („auftauen") findet kaum statt, weil sich das Auftauen der Strukturen vor allem als Folge der veränderten wirtschaftlichen Umweltbedingungen und nicht als Ergebnis eines gezielten Prozesses der Organisationsentwicklung ergibt. Die Aufbruchphase und die im Zuge dessen etablierte Kooperation mit der SAP AG lässt sich – im Sinne der Organisationsentwicklung – als Ausdruck der Phase des „moving" bzw. „changing" interpretieren. Kennzeichnend für diese Phase ist die aktive Partizipation der Organisationsmitglieder an der Gestaltung der Wandelprozesse, die von der Postbank Systems AG auch weitgehend erreicht wurde. Im Anschluss erfolgt im Rahmen der Ausbauphase eine weiter reichende Professionalisierung des Personals (Qualifizierung und Zertifizierung), die nicht zuletzt der Stabilisierung der gewandelten Strukturen dienen soll. Insoweit entspricht diese Ausbauphase dem Wieder-Einfrieren (refreezing) im Konzept der Organisationsentwicklung. Da sie der (temporären) Strukturstabilisierung diente, kann sie im Sinne der Organisationsentwicklung gleichzeitig die Basis für ein erneutes Auftauen bzw. unfreezing bilden.

Allerdings unterstellt die Organisationsentwicklung eine weit reichende Zielharmonie zwischen der Effizienz der Aufgabenerfüllung sowie der Realisierung grundlegender humanistischer Ziele. Aus diesem Grunde verfolgen Projekte der Organisationsentwicklung in der Regel beide Ziele mit gleicher Gewichtung. Im Fallbeispiel stehen jedoch primär die Ziele des Unternehmens im Vordergrund; die Förderung humaner Arbeitsbedingungen ist nicht ausdrücklich Projektziel.

Aufbruch- und Ausbauphase führten offenbar nicht zu gewünschten Resultaten, woraus die anschließende Umbruchphase hervorging. Diese Umbruchphase erweist sich jedoch eher als Ausdruck einer organisationalen Transformation, da im Fallbeispiel eine grundlegende strukturelle Neuorganisation des Unternehmens erfolgt. Es handelt sich dann um einen organisatorischen Wandel 2. Ordnung. Kennzeichnend für diesen revolutionären Wandel ist die konsequente Ausrichtung der Organisationsstrukturen (im Beispiel die Bildung eines eigenständigen Ressorts für die Integration aller Projektaktivitäten) und ihrer Mitglieder an der ursprünglich definierten Vision (Programm „IT 2003"). Ob allerdings neben den Oberflächenstrukturen auch die organisationalen Tiefenstrukturen verändert wurden, lässt das Fallbeispiel offen.

Zusammenfassend ist festzustellen, dass sich in dem Fallbeispiel zwar bestimmte grundlegende Muster der Organisationsentwicklung, insbesondere die Phasenabgrenzung (unfreezing, changing, refreezing) teilweise erkennen lassen; aber bereits die Ziele des Softwareentwicklungsprojektes bei der neu gegründeten Postbank Systems AG folgen primär wirtschaftlichen und eher sekundär den – für die Organisationsentwicklung aber gleichermaßen wichtigen – humanitären Gesichtspunkten. Die abschließende Hinwendung zur organisationalen Transformation verdeutlicht nochmals, dass es sich um kein klassisches Organisationsentwicklungsprojekt handelt.

Aufgabe 2

In den ersten beiden Phasen (Aufbruch und Ausbau) hatte das Vorgehen nur geringe Vorteile für die Postbank Systems AG. Die insbesondere in der Ausbauphase gebotenen, weit reichenden Partizipationsmöglichkeiten konnten zur Sicherung der Akzeptanz bei den Mitarbeitern beitragen. Gleichzeitig wurden die Mitarbeiter weiter qualifiziert und internationale Standards adaptiert. Allerdings erfolgt das Vorgehen in den ersten beiden Phasen auf einer konzeptionell diffusen Basis. Im Vordergrund steht die Softwareentwicklung und damit ein eindeutig markt- bzw. wettbewerbsbezogenes Ziel, auf das die Methoden der Organisationsentwicklung kaum ausgerichtet sind. Als ein wesentlicher Nachteil dieser konzeptionell unklaren Vorgehensweise kann der langwierige – ca. fünf Jahre andauernde – Prozess der Organisationsentwicklung identifiziert werden, der zum Teil erst infolge allmählich gesammelter Erfahrungen der Projektleiter und interner Schulungen Wirkungen entfaltet. Diese zeit- und kostenintensiven Verzögerungen wären unter Umständen bereits durch die Wahl eines anderen Basiskonzepts (z. B. des Change Managements) vermeidbar gewesen. Durch das schrittweise Vorgehen in den erst beiden Phasen wurden darüber hinaus umfangreiche personelle Ressourcen langfristig gebunden. Zudem entstanden Ziel- und Aufgabenkonflikte, die sich erst in der Umbruchphase reduzieren lassen. Diese Nachteile erklären den späteren Kurswechsel in der Umbruchphase und die Hinwendung zu einem Wandel im Sinne der organisationalen Transformation, die in ihrem Grundmuster einigen Formen des Change Managements entspricht.

Literaturverzeichnis

Ackermann, Rolf (2003): Die Pfadabhängigkeitstheorie als Erklärungsansatz unternehmerischer Entwicklungsprozesse, in: Schreyögg, Georg/Sydow, Jörg (Hrsg.): Strategische Prozesse und Pfade (Managementforschung 13), Wiesbaden 2003, S. 257-294

Akerlof, George A. (1970): The Market for Lemons: Quality Uncertainty and the Market Mechanism, in: Quarterly Journal of Economics 84 (3/1970), S. 488-500

Albert, Hans (1967): Marktsoziologie und Entscheidungslogik, Neuwied, Berlin 1967

Alderfer, Clayton P. (1972): Existence, Relatedness, and Growth – Human Needs in Organizational Settings, New York 1972

Alewell, Dorothea (2004): Arbeitsteilung und Spezialisierung, in: Schreyögg, Georg/Werder, Axel von (Hrsg.): Handwörterbuch Unternehmensführung und Organisation, 4. Aufl., Stuttgart 2004, Sp. 37-45

Al-Laham, Andreas (2003): Organisationales Wissensmanagement, München 2003

Alston, Lee J./Gillespie, William (1989): Resource Coordination and Transaction Costs. A Framework for Analyzing the Firm/Market Boundary, in: Journal of Economic Behavior and Organization 11 (2/1989), S. 191-212

Alt, Ramona (2001): Mikropolitik, in: Weik, Elke/Lang, Rainhart (Hrsg.): Moderne Organisationstheorien. Eine sozialwissenschaftliche Einführung, Wiesbaden 2001, S. 285-318

Amelingmeyer, Jenny (2000): Wissensmanagement: Analyse und Gestaltung der Wissensbasis von Unternehmen, Wiesbaden 2000

Antoni, Conny Herbert (1996): Teilautonome Arbeitsgruppen, Weinheim 1996

Antoni, Conny Herbert (2004): Gruppen und Gruppenarbeit, in: Schreyögg, Georg/Werder, Axel von (Hrsg.): Handwörterbuch Unternehmensführung und Organisation, 4. Aufl., Stuttgart 2004, Sp. 380-388

Argyris, Chris (1990): Overcoming Organizational Defences, Boston u. a. 1990

Argyris, Chris (1992): On Organisational Learning, Cambridge/Mass. 1992

Argyris, Chris/Schön, Donald (1978): Organizational Learning: A Theory of Action Perspective, Reading/Mass. 1978

Arnold, Alexander (1997): Kommunikation und unternehmerischer Wandel, Wiesbaden 1997

Astley, W. Graham/Van de Ven, Andrew H. (1983): Central Perspectives and Debates in Organization Theory, in: Administrative Science Quarterly 28 (2/1983), S. 245-273

Baecker, Dirk (1994): Postheroisches Management. Ein Vademecum, Frankfurt a. M. 1994

Balog, Andreas (2001): Neue Entwicklungen in der soziologischen Theorie, Stuttgart 2001

Bamberger, Ingolf/Wrona, Thomas (2004): Strategische Unternehmensführung, München 2004

Bandura, Albert (1979): Sozial-kognitive Lerntheorie, Stuttgart 1979

Bandura, Albert (1986): Social Foundations of Thought and Action. Englewood Cliffs/N.J. 1986

Bannier, Christina F. (2005): Vertragstheorie. Eine Einführung mit finanzökonomischen Beispielen und Anwendungen, Heidelberg 2005

Barnard, Chester I. (1938): The Functions of the Executive, Cambridge 1938

Barney, Jay B./Ouchi, William G. (1986): Introduction. The Search for New Microeconomic and Organization Theory Paradigm, in: Barney, Jay B./Ouchi, William G. (Hrsg.): Organizational Economics. Toward a New Paradigm for Understanding and Studying Organizations, San Francisco, London 1986, S. 1-17

Bartölke, Klaus (1992): Teilautonome Arbeitsgruppen in: Frese, Erich (Hrsg.): Handwörterbuch der Organisation, 3. Aufl., Stuttgart 1992, Sp. 2384-2399

Bea, Franz Xaver/Göbel, Elisabeth (2006): Organisation. Theorie und Gestaltung, 3. Aufl., Stuttgart 2006

Becker, Albrecht/Ortmann, Günther (1994): Management und Mikropolitik. Ein strukturationstheoretischer Ansatz, in: Hofmann, Michael/Al-Ani, Ayad (Hrsg.): Neue Entwicklungen im Management, Heidelberg 1994, S. 201-253

Becker, Gary S. (1976): The Economic Approach to Human Behavior, Chicago 1976

Beckhard, Richard/Harris, Reuben T. (1987): Organizational Transitions: Managing Complex Change, 2. Aufl., Reading/Mass. 1987

Bednarek, Edward et al. (1990): BMW Lernstatt. Organisationsentwicklung im Unternehmen, 4. Aufl., München 1990

Beer, Stafford (1993): Diagnozing the System for Organizations, Oxford 1993

Beer, Stafford (1994): Brain of the Firm, 2. Aufl., Chichester, New York 1994

Benson, J. Kenneth (1983): Paradigm and Practice in Organizational Analysis, in: Research in Organizational Behavior 5 (1/1983), S. 33-55

Berger, Peter L./Luckmann, Thomas (1966): The Social Construction of Reality, New York 1966

Berger, Peter L./Luckmann, Thomas (1993): Die gesellschaftliche Konstruktion der Wirklichkeit. Eine Theorie der Wissenssoziologie, 5. Aufl., Frankfurt a. M. 1993

Berger, Ulrike/Bernhard-Mehlich, Isolde (2002): Die Verhaltenswissenschaftliche Entscheidungstheorie, in: Kieser, Alfred (Hrsg.): Organisationstheorien, 5. Aufl., Stuttgart 2002, S. 133-168

Berger, Ulrike/Bernhard-Mehlich, Isolde (2006): Die Verhaltenswissenschaftliche Entscheidungstheorie, in: Kieser, Alfred/Ebers, Mark (Hrsg.): Organisationstheorien, 6. Aufl., Stuttgart 2006, S. 169-214

Berne, Eric (2007): Spiele der Erwachsenen. Psychologie der menschlichen Beziehungen, 5. Aufl., Reinbek bei Hamburg 2007

Bertalanffy, Ludwig von (1976): Zur allgemeinen Systemtheorie, in: Grochla, Erwin (Hrsg.): Organisationstheorie, Bd. 2, Stuttgart 1976, S. 542-553

Blake, Robert R./Mouton, Jane S. (1985): The Managerial Grid, 3. Aufl., Houston 1985

Bleicher, Knut (1971): Perspektiven für die Organisation und Führung von Unternehmungen, Baden-Baden, Bad Homburg 1971

Bleicher, Knut (1991): Organisation, 2. Aufl., Wiesbaden 1991

Blickle, Gerhard (2004a): Einfluss ausüben, Ziele verwirklichen. Ein Überblick über Einflusstaktiken in Organisationen und ihre situationsspezifischen Wirkmechanismen, in: Personalführung 37 (6/2004), S. 58-70

Blickle, Gerhard (2004b): Menschenbilder, in: Schreyögg, Georg/Werder, Axel von (Hrsg.): Handwörterbuch Unternehmensführung und Organisation, 4. Aufl., Stuttgart 2004, Sp. 836-843

Blum, Ulrich/Dudley, Leonard/Leibbrand, Frank/Weiske, Andreas (2005): Angewandte Institutionenökonomik. Theorien – Modelle – Evidenz, Wiesbaden 2005

Bogumil, Jörg/Schmidt, Josef (2001): Politik in Organisationen. Organisationstheoretische Ansätze und praxisbezogene Anwendungsbeispiele, Opladen 2001

Böhm, Jürgen (1981): Einführung in die Organisationsentwicklung. Instrumente – Strategien – Erfolgsbedingungen, Heidelberg 1981

Borchert, Jens (1987): Legitimation und partikulare Interessen. Zur gesellschaftlichen Funktion und institutionellen Struktur des Kongresses im amerikanischen Interventionsstaat, Frankfurt a. M. u. a. 1987

Bosetzky, Horst (1971): Die „kameradschaftliche Bürokratie" und die Grenzen der wissenschaftlichen Untersuchung von Behörden, in: Die Verwaltung 4 (3/1971), S. 325-355

Bosetzky, Horst (1972): Die instrumentelle Funktion der Beförderung, in: Verwaltungsarchiv 63 (5/1972), S. 372-384

Bosetzky, Horst (1974): Das Don Corleone-Prinzip in der öffentlichen Verwaltung, in: Baden-Württembergische Verwaltungspraxis 1 (1/1974), S. 50-53

Bosetzky, Horst (1977): Machiavellismus, Machtkumulation und Mikropolitik, in: Zeitschrift für Organisation 46 (2/1977), S. 121-125

Bosetzky, Horst (1980): Macht und die möglichen Reaktionen von Machtunterworfenen, in: Reber, Gerhard (Hrsg.): Macht in Organisationen, Stuttgart 1980, S. 135-150

Bosetzky, Horst (1992): Mikropolitik, Machiavellismus und Machtkumulation, in: Küpper, Willi/Ortmann, Günther (Hrsg.): Mikropolitik, Macht und Spiele in Organisationen, 2. Aufl., Opladen 1992, S. 27-37

Bosetzky, Horst/Heinrich, Peter/Schulz zur Wiesch, Jochen (2002): Mensch und Organisation. Aspekte bürokratischer Sozialisation. Eine praxisorientierte Einführung in die Soziologie und die Sozialpsychologie der Verwaltung, 6. Aufl., Stuttgart 2002

Brand, Dieter (1990): Der Transaktionskostenansatz in der betriebswirtschaftlichen Organisationstheorie. Stand und Weiterentwicklung der theoretischen Diskussion sowie Ansätze zur Messung des Einflusses kognitiver und motivationaler Persönlichkeitsmerkmale auf das transaktionskostenrelevante Informationsverhalten, Frankfurt a. M. u. a. 1990

Brehm, Carsten R. (2002): Kommunikation im Unternehmungswandel, in: Krüger, Wilfried (Hrsg.): Excellence in Change – Wege zur strategischen Erneuerung, 2. Aufl., Wiesbaden 2002, S. 261-291

Breid, Volker (1995): Aussagefähigkeit agencytheoretischer Ansätze im Hinblick auf die Verhaltens-steuerung von Entscheidungsträgern, in: Zeitschrift für betriebswirtschaftliche Forschung 47 (9/1995), S. 821-854

Breilmann, Ulrich (1995): Dimensionen der Organisationsstruktur. Ergebnisse einer empirischen Untersuchung, in: Zeitschrift Führung + Organisation 64 (3/1995), S. 159-164

Brentel, Helmut (1999): Soziale Rationalität. Entwicklungen, Gehalte und Perspektiven von Rationalitätskonzepten in den Sozialwissenschaften, Opladen u. a. 1999

Brickley, James A./Smith, Clifford W./Zimmerman, Jerold L. (2007): Managerial Economics and Organizational Architecture, 4. Aufl., Boston/Mass. 2007

Brignall, Stan/Modell, Sven (2000): An Institutional Perspective on Performance Measurement and Management in the 'New Public Sector', in: Management Accounting Research 11 (3/2000), S. 281-306

Brockhoff, Klaus/Hauschildt, Jürgen (1993): Schnittstellen-Management – Koordination ohne Hierarchie, in: Zeitschrift Führung + Organisation 11 (6/1993), S. 396-403

Bronner, Rolf (2004): Entscheidungsprozesse in Organisationen, in: Schreyögg, Georg/Werder, Axel von (Hrsg.): Handwörterbuch Unternehmensführung und Organisation, 4. Aufl., Stuttgart 2004, Sp. 229-239

Brüggemeier, Martin (1998): Controlling in der Öffentlichen Verwaltung, 3. Aufl., München, Mering 1998

Brüggemeier, Martin/Felsch, Anke (1992): Mikropolitik, in: Die Betriebswirtschaft 52 (1/1992), S. 133-136

Budde, Jörg (2000): Effizienz betrieblicher Informationssysteme. Vergleich unter Anreizaspekten, Wiesbaden 2000

Buhbe, Matthes (1980): Ökonomische Analyse von Eigentumsrechten. Der Beitrag der economics of property rights zur Theorie der Institutionen, Frankfurt a. M. 1980

Bühner, Rolf (1992): Management-Holding, Landsberg a. L. 1992

Bühner, Rolf (2004): Betriebswirtschaftliche Organisationslehre, 10. Aufl., München, Wien 2004

Bullinger, Hans-Jörg/Prieto, Juan (1998): Wissensmanagement: Paradigma des intelligenten Wachstums – Ergebnisse einer Unternehmensstudie in Deutschland, in: Pawlowsky, Peter (Hrsg.): Wissensmanagement – Erfahrungen und Perspektiven, Wiesbaden 1998, S. 87-118

Bundesministerium für Wirtschaft und Technologie (BMWI) (Hrsg.) (2006): Wissensbilanz – Made in Germany, Berlin 2006

Bünting, Hans F. (1995): Organisatorische Effektivität von Unternehmungen, Wiesbaden 1995

Burns, Tom (1961/1962): Micro politics. Mechanism of Institutional Chance, in: Administration Science Quarterly 6 (3/1961/1962), S. 257-281

Burns, Tom/Stalker, George M. (1961): The Management of Innovation, London 1961

Burr, Wolfgang (1999): Koordination durch Regeln in selbstorganisierenden Unternehmensnetzwerken, in: Zeitschrift für Betriebswirtschaft 69 (10/1999), S. 1159-1179

Burrell, Gibson/Morgan, Gareth (1979): Sociological Paradigms and Organizational Analysis: Elements of the Sociology of Corporate Life, London 1979

Camp, Robert C. (1994): Benchmarking, München, Wien 1994

Chandler, Alfred D. (1962): Strategy and Structure in the History of the American Enterprise, Cambridge/Mass. 1962

Child, John (1972): Organizational Structure, Environment and Performance: The Role of Strategic Choice, in: Sociology 6 (1/1972), S. 1-22

Claßen, Martin/Grasshoff, Richard (2005): Effizientes Geben und Nehmen, in: Personalwirtschaft 32 (3/2005), S. 20-21

Coase, Ronald H. (1937/1991): The Nature of the Firm, in: Williamson, Oliver E./Winter, Sidney G. (Hrsg.): The Nature of the Firm. Origins, Evolution, and Development, New York, Oxford 1991, S. 18-33 (Original erschienen in Zeitschrift "Economica" 1937)

Cohen, Ira J. (1989): Structuration Theory. Anthony Giddens and the Constitution of Social Life, Houndsmills 1989

Coleman, James S. (1979): Macht und Gesellschaftsstruktur, Tübingen 1979

Coleman, James S. (1986): Die asymmetrische Gesellschaft, Weinheim, Basel 1986

Commons, John R. (1931): Institutional Economics, in: American Economic Review 21 (4/1931), S. 648-657

Conlisk, John (1996): Why Bounded Rationality, in: Journal of Economic Literature 34 (2/1996), S. 669-700

Conrad, Peter (1998): Organisationales Lernen – Überlegungen und Anmerkungen aus betriebswirtschaftlicher Sicht, in: Geißler, Harald/Lehnhoff, Andre/Petersen, Jendrik (Hrsg.): Organisationslernen im interdisziplinären Dialog, Weinheim 1998, S. 31-45

Crozier, Michel/Friedberg, Erhard (1993): Die Zwänge kollektiven Handelns. Über Macht und Organisation, Frankfurt a. M. 1993

Cyert, Richard M./March, James G. (1992): A Behavioral Theory of the Firm, 2. Aufl., Cambridge/Mass. 1992

Cyert, Richard M./March, James G. (1995): Eine verhaltenswissenschaftliche Theorie der Unternehmung, 2. Aufl., Stuttgart 1995

Daft, Richard L./Huber, Georg P. (1987): How Organizations Learn: A Communication Framework, in: DiTomaso, Nancy/Bacharach, Samuel. B. (Ed.): Research in the Sociology of Organizations 5 (1987), S. 1-36

Dahl, Robert A. (1957): The Concept of Power, in: Behavioral Sience 2 (2/1957), S. 201-215

Dahrendorf, Ralf (1959): Homo Sociologicus. Ein Versuch zur Geschichte, Bedeutung und Kritik der Kategorie der sozialen Rolle, Opladen, Köln 1959

Davenport, Thomas H. (1993): Process Innovation, Boston/Mass. 1993

Deci, Edward L. (1975): Intrinsic Motivation, New York 1975

Deci, Edward L./Ryan, Richard M. (1980): The Empirical Exploration of Intrinsic Motivational Processes, in: Advances in Experimental Social Psychology 10 (1/1980), S. 39-80

DiMaggio, Paul J. (1989): Foreword, in: Meyer, Marshall W./Zucker, Lynne G. (Hrsg.): Permanently Failing Organizations, Newbury Park 1989, S. 9-11

DiMaggio, Paul J./Powell, Walter W. (1983): The Iron Cage Revisited: Institutional Isomorphism and Collective Rationality in Organizational Fields, in: American Sociological Review 48 (April/1983), S. 147-160

DiMaggio, Paul J./Powell, Walter W. (1998a): Introduction, in: Powell, Walter W./DiMaggio, Paul J. (Hrsg.): The New Institutionalism in Organizational Analysis, Chicago 1998, S. 1-40

DiMaggio, Paul J./Powell, Walter W. (1998b): The Iron Cage Revisited: Institutional Isomorphism and Collective Rationality in Organizational Fields, in: Powell, Walter W./DiMaggio, Paul J. (Hrsg.): The New Institutionalism in Organizational Analysis, Chicago 1998, S. 63-82

Doppler, Klaus/Lauterburg, Christoph (2005): Change Management, 11. Aufl., Frankfurt a. M., New York 2005

Dowling, John/Pfeffer, Jeffrey (1975): Organizational Legitimacy: Social Values and Organizational Behavior, in: Pacific Sociological Review 18 (1/1975), S. 122-136

Drexel, Gerhard (1987): Organisatorische Verankerung strategischer Geschäftsfelder, in: Die Unternehmung 41 (2/1987), S. 148-162

Drucker, Peter Ferdinand (1954): The Practice of Management, New York 1954

Drumm, Hans Jürgen (2004): Delegation (Zentralisation und Dezentralisation), in: Schreyögg, Georg/Werder, Axel von (Hrsg.): Handwörterbuch Unternehmensführung und Organisation, 4. Aufl., Stuttgart 2004, Sp. 179-189

Duncan, Robert B./Weiss, Andrew (1979): Organizational Learning: Implications For Organizational Design, in: Staw, Barry M. (Ed.): Research in Organizational Behavior, Vol. 1, Greenwich/Conn. 1979, S. 75-123

Durkheim, Emile (1965): Regeln der soziologischen Methode, hrsg. v. René König, 2. Aufl., Neuwied 1965

Eberl, Peter (1996): Die Idee des organisationalen Lernens, Bern, Stuttgart, Wien 1996

Eberl, Peter (1998): Eine managementbezogene Betrachtung organisationaler Lernprozesse, in: Geißler, Harald/Lehnhoff, Andre/Petersen, Jendrik (Hrsg.): Organisationslernen im interdisziplinären Dialog, Weinheim 1998, S. 47-63

Ebers, Mark (1992): Organisationstheorie, situative, in: Frese, Erich (Hrsg.): Handwörterbuch der Organisation, 3. Aufl., Stuttgart 1992, Sp. 1817-1838

Ebers, Mark/Gotsch, Wilfried (2006): Institutionenökonomische Theorien der Organisation, in: Kieser, Alfred/Ebers, Mark (Hrsg.): Organisationstheorien, 6. Aufl., Stuttgart 2006, S. 247-308

Eggertsson, Thráinn (1990): Econonomic Behavior and Institutions, Cambridge u. a. 1990

Eigler, Joachim (2004): Aufgabenanalyse, in: Schreyögg, Georg/Werder, Axel von (Hrsg.): Handwörterbuch Unternehmensführung und Organisation, 4. Aufl., Stuttgart 2004, Sp. 54-61

Elschen, Rainer (1991): Gegenstand und Anwendungsmöglichkeiten der Agency Theorie, in: Zeitschrift für betriebswirtschaftliche Forschung 43 (11/1991), S. 1002-1912

Elšik, Wolfgang (1996): Zur Legitimationsfunktion neuer Produktions- und Organisationskonzepte für das Personalmanagement, in: Zeitschrift für Personalforschung 10 (4/1996), S. 331-357

Elšik, Wolfgang (2004): Controlling aus neoinstitutionalistischer Perspektive, in: Scherm, Ewald/Pietsch, Gotthard (Hrsg.): Controlling – Theorien und Konzeptionen, München 2004, S. 801-822

Esser, Hartmut (1991): Alltagshandeln und Verstehen. Zum Verhältnis von erklärender und verstehender Soziologie am Beispiel von Alfred Schütz und „Rational Choice", Tübingen 1991

Esser, Hartmut/Klenovits, Klaus/Zehnpfennig, Helmut (1977): Wissenschaftstheorie 1. Grundlagen und Analytische Wissenschaftstheorie, Stuttgart 1977

Fayol, Henry (1916): Administration industrielle et générale, Paris 1916 (dt. Übersetzung: Allgemeine und industrielle Verwaltung, München, Berlin 1929)

Fehr, Ernst/Gächter, Simon (2000): Fairness and Retaliation: The Economics of Reciprocity, in: Journal of Economic Perspectives 14 (3/2000), S. 159-181

Fessmann, Klaus-Dieter (1980): Organisatorische Effizienz in Unternehmungen und Unternehmungsteilbereichen, Düsseldorf 1980

Fischer, Lorenz/Wiswede, Günter (2002): Grundlagen der Sozialpsychologie, 2. Aufl., München, Wien 2002

Foerster, Heinz von (1987): Abbau und Aufbau, in: Simon, Fritz B. (Hrsg.): Lebende Systeme. Wirklichkeitskonstruktionen in der Therapie, Frankfurt a. M. 1987, S. 19-33

Frambach, Hans/Eissrich, Daniel (2002): Transaktionskosten – konzeptionelle Überlegungen zu einem fundamentalen und kontrovers diskutierten Ansatz der Neuen Institutionenökonomik, in: Ipsen, Dirk/Peukert, Helge (Hrsg.). Institutionenökonomie. Theoretische Konzeptionen und empirische Studien, Frankfurt a. M. 2002, S. 43-65

Frech, Monika/Schmidt, Angelika/Heimerl-Wagner, Peter (1999): Management – drei klassische Konzepte und ihre Befunde, in: Eckardstein, Dudo von/Kasper, Helmut/Mayrhofer, Wolfgang (Hrsg.): Management. Theorien – Führung – Veränderung, Stuttgart 1999, S. 221-255

Freimuth, Joachim (2005): Zur Kritik an der Organisationsentwicklung, in: Organisationsentwicklung 24 (2/2005), S. 4-13

French, Wendell L./Bell, Cecil H. jr. (1994): Organisationsentwicklung, 4. Aufl., Bern, Stuttgart, Wien 1994

Frese, Erich (1992): Organisationsstrukturen, mehrdimensionale, in: Frese, Erich (Hrsg.): Handwörterbuch der Organisation, 3. Aufl., Stuttgart 1992, Sp. 1670-1688

Frese, Erich (2005): Grundlagen der Organisation, 9. Aufl., Wiesbaden 2005

Frese, Erich/Lehmann, Patrick (2002): Profit Center, in: Küpper, Hans-Ulrich/Wagenhofer, Alfred (Hrsg.): Handwörterbuch Unternehmensrechnung und Controlling, Stuttgart 2002, Sp. 1540-1551

Frey, Bruno S./Benz, Matthias (2004): Anreizsysteme, ökonomische und verhaltenswissenschaftliche Dimension, in: Schreyögg, Georg/Werder, Axel von (Hrsg.): Handwörterbuch Unternehmensführung und Organisation, 4. Aufl., Stuttgart 2004, Sp. 21-28

Frey, Bruno S./Osterloh, Margit (1997): Sanktionen oder Seelenmassage? Motivationale Grundlagen der Unternehmensführung, in: Die Betriebswirtschaft 57 (3/1997), S. 307-321

Friedberg, Erhard (1992): Zur Politologie von Organisationen, in: Küpper, Willi/Ortmann, Günther (Hrsg.): Mikropolitik. Rationalität, Macht und Spiele in Organisationen, 2. Aufl., Opladen 1992, S. 39-52

Fritsch, Michael (1983): Ökonomische Ansätze zur Legitimation kollektiven Handelns, Berlin 1983

Frost, Jetta (2004): Aufbau- und Ablauforganisation, in: Schreyögg, Georg/Werder, Axel von (Hrsg.): Handwörterbuch Unternehmensführung und Organisation, 4. Aufl., Stuttgart 2004, Sp. 45-53

Furubotn, Eirik G./Richter, Rudolf (1991): The New Institutional Economics. An Assessment, in: Furubotn, Eirik G./Richter, Rudolf (Hrsg.): The New Institutional Economics, Tübingen 1991 S. 1-32

Ganske, Torsten (1996): Mitbestimmung, Property-Rights-Ansatz und Transaktionskostentheorie. Eine ökonomische Analyse, Frankfurt a. M. 1996

Garvin, David A. (1994): Das lernende Unternehmen I. Nicht schöne Worte – Taten zählen, in: Harvard Business Manager 16 (1/1994), S. 74-85

Gebert, Diether (1992): Kommunikation, in: Frese, Erich (Hrsg.): Handwörterbuch der Organisation, 3. Aufl., Stuttgart 1992, Sp. 1110-1121

Gebert, Diether/Boerner, Sabine (1997): Mentale Lernbarrieren in Organisationen und Ansätze zu ihrer Überwindung, in: Dr. Wieselhuber & Partner (Hrsg.): Handbuch Lernende Organisation, Wiesbaden 1997, S. 237-248

Geiger, Daniel (2006): Wissen und Narration. Der Kern des Wissensmanagements, Berlin 2006

Gergen, Kenneth J. (1994): Organization Theory in the Postmodern Era, in: Reed, Michael/Hughes, Michael (Hrsg.): Rethinking Organization. New Directions in Organization Theory and Analysis, London u. a. 1994, S. 207-226

Ghoshal, Sumantra/Moran, Peter (1996): Bad for Practice: A Critique of the Transaction Cost Theory, in: Academy of Management Review 21 (1/1996), S. 13-47

Giddens, Anthony (1976): New Rules of Sociological Method. A Positive Critique of Interpretative Sociologies, New York 1976

Giddens, Anthony (1979): Central Problems in Social Theory, Berkeley 1979

Giddens, Anthony (1984): The Constitution of Society, Cambridge 1984

Glasl, Friedrich (1975): Situatives Anpassen der Strategie, in: Glasl, Friedrich/de la Houssaye, Leopold (Hrsg.): Organisationsentwicklung, Bern, Stuttgart 1975, S. 145-158

Glasl, Friedrich/de la Houssaye, Leopold (Hrsg.) (1975): Organisationsentwicklung, Bern, Stuttgart 1975

Gmür, Markus (2004): Bürokratie, in: Schreyögg, Georg/Werder, Axel von (Hrsg.): Handwörterbuch Unternehmensführung und Organisation, 4. Aufl., Stuttgart 2004, Sp. 113-122

Göbel, Elisabeth (2002): Neue Institutionenökonomik, Stuttgart 2002

Göbel, Markus (2003): Der Verwaltungsintrapreneur. Zur Legitimationsfunktion eines Managementleitbildes, in: Zeitschrift für Personalforschung 17 (1/2003), S. 110-128

Gomez, Peter/Müller-Stewens, Günter (1994): Corporate Transformation, in: Gomez, Peter/Hahn, Dietger/Müller-Stewens, Günter/Wunderer, Rolf (Hrsg.): Unternehmerischer Wandel: Konzepte zur organisatorischen Erneuerung, Wiesbaden 1994, S. 135-198

Grabatin, Günther (1981): Effizienz von Organisationen, Berlin 1981

Granovetter, Mark (1985): Economic Action and Social Structures. The Problem of Embeddedness, in: American Journal of Sociology 91 (3/1985), S. 481-510

Greiner, Larry E. (1967): Patterns of Organization Change, in: Harvard Business Review 45 (3/1967), S. 119-130

Greiner, Larry E. (1972): Evolution and Revolution as Organizations Grow, in: Harvard Business Review 50 (4/1972), S. 37-46

Griesinger, Donald W. (1990): The Human Side of Economic Organization, in: Academy of Management Review 15 (3/1990), S. 478-499

Grochla, Erwin (1982): Grundlagen der organisatorischen Gestaltung, Stuttgart 1982

Grote, Birgit (1990): Ausnutzung von Synergiepotentialen durch verschiedene Koordinationsformen ökonomischer Aktivitäten. Zur Eignung der Transaktionskosten als Entscheidungskriterium, Frankfurt a. M. u. a. 1990

Groves, Theodore (1973): Incentives in Teams, in: Econometrica 41 (4/1973), S. 617-632

Groves, Theodore/Loeb, Martin (1979): Inventices in a Divisionalized Firm, in: Management Science 25 (3/1979), S. 221-230

Grübel, Daniela/North, Klaus/Szogs, Günther (2004): Intellectual Capital Reporting – ein Vergleich von vier Ansätzen, in: Zeitschrift Führung + Organisation 73 (1/2004), S. 19-27

Grün, Oscar (1992): Projektorganisation, in: Frese, Erich (Hrsg.): Handwörterbuch der Organisation, 3. Aufl., Stuttgart 1992, Sp. 2102-2116

Güldenberg, Stefan (1997): Lernbarrieren und die Verhinderung des Verlernens in Organisationen, in: Dr. Wieselhuber & Partner (Hrsg.): Handbuch Lernende Organisation, Wiesbaden 1997, S. 227-235

Güldenberg, Stefan (1998): Wissensmanagement und Wissenscontrolling in lernenden Organisationen, Wiesbaden 1998

Gutenberg, Erich (1983): Grundlagen der Betriebswirtschaftslehre. Band 1: Die Produktion, 24. Aufl., Berlin u. a. 1983

Güth, Werner/Kliemt, Hartmut (2002): Experimentelle Ökonomik. Modell-Platonismus in neuem Gewande? Max Plack Institut zur Erforschung von Wirtschaftssystemen, Paper Nr. 21, Jena 2002

Güth, Werner/Kliemt, Hartmut/Napel, Stefan (2002): Wie du mir, so ich Dir! – Ökonomische Theorie und Experiment am Beispiel der Reziprozität. Max Planck Institut zur Erforschung von Wirtschaftssystemen, Paper Nr. 19, Jena 2002

Hamel, Winfried (2004): Funktionale Organisation, in: Schreyögg, Georg/Werder, Axel von (Hrsg.): Handwörterbuch Unternehmensführung und Organisation, 4. Aufl., Stuttgart 2004, Sp. 324-332

Hammer, Michael/Champy, James (1995): Business reengineering, 5. Aufl., Frankfurt a. M., New York 1995

Handy, Charles (1995): The Age of Unreason, 2. Aufl., Boston/Mass. 1995

Harbert, Ludwig (1982): Controlling-Begriffe und Controlling-Konzeptionen, Bochum 1982

Hasse, Raimund/Krücken, Georg (2005): Neo-Institutionalismus, 2. Aufl., Bielefeld 2005

Hauschildt, Jürgen/Chakrabarti, Alok K. (1988): Arbeitsteilung im Innovationsmanagement, in: Zeitschrift Führung + Organisation 57 (6/1988), S. 378-388

Heinl, Martin (1996): Ultramoderne Organisationstheorien. Management im Kontext des sozial- und naturwissenschaftlichen Paradigmenwechsels, Frankfurt a. M. u. a. 1996

Heins, Volker (1990): Strategien der Legitimation. Das Legitimationsparadigma in der politischen Theorie, Münster 1990

Henderson, Bruce D. (1984): Die Erfahrungskurve in der Unternehmensstrategie, 2. Aufl., Frankfurt a. M. 1984

Hennart, Jean-Francois (1991): The Transaction Costs Theory of Joint Ventures, in: Management Science 37 (4/1991), S. 483-497

Hennemann, Carola (1998): Organisationales Lernen und die lernende Organisation, München, Mering 1998

Herzberg, Frederick (1970): The Motivation to Work, 2. Aufl., New York 1970

Hoffmann, Friedrich/Kreder, Martina (1985): Situationsabgestimmte Strukturform – Ein Erfolgspotential der Unternehmung, in: Schmalenbachs Zeitschrift für betriebswirtschaftliche Forschung 37 (6/1985), S. 455-484

Höhn, Reinhard (1979): Stellenbeschreibung und Führungsanweisung, 10. Aufl., Bad Harzburg 1979

Huber, Georg P. (1991): Organizational Learning: The Contributing Processes and the Literature, in: Organization Science 2 (1/1991), S. 88-115

Hucke, Anja/Ammann, Helmut (1999): Die Holding aus juristischer und betriebswirtschaftlicher Gesamtsicht, in: Wirtschaftswissenschaftliches Studium 28 (7/1999), S. 342-348

Hummell, Hans J. (1991): Moralische Institutionen und die Ordnung des Handelns in der Gesellschaft. Die „utilitaristische" Theorietradition und die Durkheimsche Herausforderung, in: Esser, Hartmut/Troitsch, Klaus G. (Hrsg.): Modellierung sozialer Prozesse. Neuere Ansätze und Überlegungen zur soziologischen Theoriebildung, Bonn 1991, S. 79-110

Janich, Peter (1992): Die methodische Ordnung von Konstruktionen. Der Radikale Konstruktivismus aus der Sicht des Erlanger Konstruktivismus, in: Schmidt, Siegfried J. (Hrsg.): Kognition und Gesellschaft. Der Diskurs des Radikalen Konstruktivismus 2, Frankfurt a. M. 1992, S. 24-75

Jensen, Michael C. (1983): Organization Theory and Methodology, in: Accounting Review 58 (2/1983), S. 319-339

Jensen, Michael C./Meckling, William H. (1976): Theory of the Firm: Managerial Behavior, Agency Costs, and Ownership Structure, in: Journal of Financial Economics 3 (4/1976), S. 305-360

Jick, Todd D. (1993): Managing Change: Cases and Concepts, Homewood 1993

Jones, Gareth R. (1984): Task Visibility, Free Riding, and Shirking: Explaining the Effect of Structure and Technology on Employee Behavior, in: Academy of Management Review 9 (2/1984), S. 197-218

Jones, Gareth R. (1987): Organization-Client Transactions and Organizational Governance Structures, in: Academy of Management Journal 30 (2/1987), S. 197-218

Jörges, Katharina/Süß, Stefan (2000): Scheitert die Realisierung virtueller Unternehmen am realen Menschen? In: io management 69 (7/8/2000), S. 78-84

Jost, Peter-J. (2000): Organisation und Koordination. Eine ökonomische Einführung, Wiesbaden 2000

Jost, Peter-J. (2001): Der Transaktionskostenansatz im Unternehmenskontext, in: Jost, Peter-J. (Hrsg.): Der Transaktionskostenansatz in der Betriebswirtschaftslehre, Stuttgart 2001, S. 9-34

Jost, Peter-J. (2004): Transaktionskostentheorie, in: Schreyögg, Georg/Werder, Axel von (Hrsg.): Handwörterbuch Unternehmensführung und Organisation, 4. Aufl., Stuttgart 2004, Sp. 1450-1458

Kahle, Egbert (2004): Ausschüsse, in: Schreyögg, Georg/Werder, Axel von (Hrsg.): Handwörterbuch Unternehmensführung und Organisation, 4. Aufl., Stuttgart 2004, Sp. 71-78

Kanter, Rosabeth M. (1983): The Change Masters, New York 1983

Kanter, Rosabeth M./Stein, Barry A./Jick, Todd D. (1992): The Challenge of Organizational Change: How Companies Experience it and Leaders Guide it, New York 1992

Kaplan, Robert S./Norton, David P. (1997): Balanced Scorecard: Strategien erfolgreich umsetzen, Stuttgart 1997

Kaplan, Robert/Murdock, Laura (1991): Core Process Redesign, in: McKinsey Quarterly 28 (2/1991), S. 27-43

Kasper, Helmut (1990): Die Handhabung des Neuen in organisierten Sozialsystemen, Berlin 1990

Kasper, Helmut/Mayrhofer, Wolfgang/Meyer, Michael (1999): Management aus systemtheoretischer Perspektive – eine Standortbestimmung, in: Eckardstein, Dudo von/Kasper, Helmut/Mayrhofer, Wolfgang (Hrsg.): Management. Theorien – Führung – Veränderung, Stuttgart 1999, S. 161-209

Keller, Thomas (2002): Holdingkonzepte als organisatorische Lösungen bei hohem Internationalisierungsgrad, in: Macharzina, Klaus/Oesterle, Michael-Jörg (Hrsg.): Handbuch Internationales Management. Grundlagen – Instrumente – Perspektiven, 2. Aufl., Wiesbaden 2002, S. 797-821

Keller, Thomas (2004): Holding, in: Schreyögg, Georg/Werder, Axel von (Hrsg.): Handwörterbuch Unternehmensführung und Organisation, 4. Aufl., Stuttgart 2004, Sp. 421-428

Kieser, Alfred (1992): Abteilungsbildung, in: Frese, Erich (Hrsg.): Handwörterbuch der Organisation, 3. Aufl., Stuttgart 1992, Sp. 57-72

Kieser, Alfred (1996): Moden & Mythen des Organisierens, in: Die Betriebswirtschaft 56 (1/1996), S. 21-39

Kieser, Alfred (1999): Geschichte der Organisationslehre, in: Lingenfelder, Michael (Hrsg.): 100 Jahre Betriebswirtschaftslehre in Deutschland (1898-1998), München 1999, S. 107-123

Kieser, Alfred (2003): Ein kleiner Reisebericht aus einem benachbarten, aber doch fremden Gebiet, in: Weber, Jürgen/Hirsch, Bernhard (Hrsg.): Zur Zukunft der Controllingforschung. Empirie, Schnittstellen und Umsetzung in der Lehre, Wiesbaden 2003, S. 11-26

Kieser, Alfred (2006a): Managementlehre und Taylorismus, in: Kieser, Alfred/Ebers, Mark (Hrsg.): Organisationstheorien, 6. Aufl., Stuttgart 2006, S. 93-132

Kieser, Alfred (2006b): Der Situative Ansatz, in: Kieser, Alfred/Ebers, Mark (Hrsg.): Organisationstheorien, 6. Aufl., Stuttgart 2006, S. 215-246

Kieser, Alfred/Hegele, Cornelia (1998): Kommunikation im organisatorischen Wandel, Stuttgart 1998

Kieser, Alfred/Kubicek, Herbert (1992): Organisation, 3. Aufl., Berlin 1992

Kieser, Alfred/Walgenbach, Peter (2003): Organisation, 4. Aufl., Stuttgart 2003

Kieserling, André (1994): Interaktion in Organisationen, in: Damann, Klaus/Grunow, Dieter/Japp, Klaus P. (Hrsg.): Die Verwaltung des politischen Systems. Neue systemtheoretische Zugriffe auf ein altes Thema, Opladen 1994, S. 168-182

Kieserling, André (1999): Kommunikation unter Anwesenden. Studien über Interaktionssysteme, Frankfurt a. M. 1999.

Kirsch, Werner/Esser, Werner-Michael/Gabele, Eduard (1979): Das Management des geplanten Wandels von Organisationen, Stuttgart 1979

Kirsch, Werner/Meffert, Heribert (1970): Organisationstheorien und Betriebswirtschaftslehre, Wiesbaden 1970

Klein, Robert/Scholl, Armin: (2004): Planung und Entscheidung, München 2004

Klimecki, Rüdiger/Laßleben, Hermann (1998): Was veranlaßt Organisationen zu lernen? In: Geißler, Harald/Lehnhoff, Andre/Petersen, Jendrik (Hrsg.): Organisationslernen im interdisziplinären Dialog, Weinheim 1998, S. 65-89

Kloock, Josef (1992): Verrechnungspreise, in: Frese, Erich (Hrsg.): Handwörterbuch der Organisation, 3. Aufl., Stuttgart 1992, Sp. 2554-2572

Klüver, Jürgen (1971): Operationalismus. Kritik und Geschichte einer Philosophie der exakten Wissenschaften, Stuttgart, Bad Canstatt 1971

Kogut, Bruce (1988): Joint Ventures: Theoretical and Empirical Perspectives, in: Strategic Management Journal 9 (4/1988), S. 319-332

Koll, Marcus/Scherm, Ewald (1999): Selbstorganisation vs. organisatorische Gestaltung – eine Analyse, in: Journal für Betriebswirtschaft 49 (1/1999), S. 12-26

Konegen, Norbert/Sondergeld, Klaus (1985): Wissenschaftstheorie für Sozialwissenschaftler. Eine problemorientierte Einführung, Opladen 1985

Koontz, Harold/O'Donnell, Cyril (1972): Principles of Management. An Analysis of Managerial Functions, 5. Aufl., New York u. a. 1972

Kosiol, Erich (1962): Organisation der Unternehmung, Wiesbaden 1962

Kosiol, Erich (1976): Organisation der Unternehmung, 2. Aufl., Wiesbaden 1976

Kotter, John P. (1996): Leading Change, Boston 1996

Kräkel, Matthias (2004a): Organisation und Management, 2. Aufl., Tübingen 2004

Kräkel, Matthias (2004b): Prinzipal-Agenten-Ansatz, in: Schreyögg, Georg/Werder, Axel von (Hrsg.): Handwörterbuch Unternehmensführung und Organisation, 4. Aufl., Stuttgart 2004, Sp. 1174-1181

Kreikebaum, Hartmut (1977): Humanität in der Arbeitswelt. Eine kritische Betrachtung, in: Zeitschrift für Betriebswirtschaft 47 (8/1977), S. 481-508

Kriegesmann, Bernd/Bihl, Gerhard/Kley, Thomas/Schwering, Markus G. (2005): „Genial daneben" – vom Wert des kreativen Fehlers für die Unternehmensentwicklung, in: Zeitschrift Führung + Organisation 74 (2/2005), S. 94-98

Krüger, Wilfried (1992): Aufgabenanalyse und -synthese, in: Frese, Erich (Hrsg.): Handwörterbuch der Organisation, 3. Aufl., Stuttgart 1992, Sp. 221-236

Krüger, Wilfried (1994): Organisation der Unternehmung, 3. Aufl., Stuttgart, Berlin, Köln 1994

Krüger, Wilfried (2000): Organisationsmanagement: Vom Wandel der Organisation zur Organisation des Wandels, in: Frese, Erich (Hrsg.): Organisationsmanagement, Stuttgart 2000, S. 217-304

Krüger, Wilfried (2002a): Das 3W-Modell: Bezugsrahmen für das Wandlungsmanagement, in: Krüger, Wilfried (Hrsg.): Excellence in Change – Wege zur strategischen Erneuerung, 2. Aufl., Wiesbaden 2002, S. 15-33

Krüger, Wilfried (2002b): Strategische Erneuerung: Programme, Prozesse und Probleme, in: Krüger, Wilfried (Hrsg.): Excellence in Change – Wege zur strategischen Erneuerung, 2. Aufl., Wiesbaden 2002, S. 35-96

Krüger, Wilfried (2004): Wandel, Management des (Change Management), in: Schreyögg, Georg/Werder, Axel von (Hrsg.): Handwörterbuch Unternehmensführung und Organisation, 4. Aufl., Stuttgart 2004, Sp. 1605-1614

Krüger, Wilfried/Homp, Christian (1997): Kernkompetenzmanagement, Wiesbaden 1997

Krystek, Ulrich/Redel, Wolfgang/Reppegather, Sebastian (1997): Grundzüge virtueller Organisationen, Wiesbaden 1997

Kubicek, Herbert/Welter, Günter (1985): Messung der Organisationsstruktur. Eine Dokumentation von Instrumenten zur quantitativen Erfassung von Organisationsstrukturen, Stuttgart 1985

Küpper, Willi (2004): Mikropolitik, in: Schreyögg, Georg/Werder, Axel von (Hrsg.): Handwörterbuch Unternehmensführung und Organisation, 4. Aufl., Stuttgart 2004, Sp. 861-870

Küpper, Willi/Felsch, Anke (2000): Organisation, Macht und Ökonomie. Mikropolitik und die Konstitution organisationaler Handlungssysteme, Wiesbaden 2000

Küpper, Willi/Ortmann, Günther (1986): Mikropolitik in Organisationen, in: Die Betriebswirtschaft 46 (5/1986), S. 590-602

Kutschker, Michael/Schmid, Stefan (2005): Internationales Management, 4. Aufl., München 2005

Lawrence, Paul R./Lorsch, Jay W. (1967): Organization and Environment: Managing Differentiation and Integration, Bosten 1967

Lehner, Franz (2006): Wissensmanagement. Grundlagen, Methoden und technische Unterstützung, München, Wien 2006

Leonard-Barton, Dorothy (1994): Das lernende Unternehmen II. Die Fabrik als Ort der Forschung, in: Harvard Business Manager 16 (1/1994), S. 87-99

Lepper, Mark R./Greene, David (Hrsg.) (1978): The Hidden Costs of Reward. New Perspectives on the Psychology of Human Motivation, Hillsdale/N.Y. 1978

Levitt, Barbara/March, James G. (1988): Organizational Learning, in: Annual Review of Sociology, 14 (1988), S. 319-340

Levy, Amir/Merry, Uri (1986): Organizational Transformation: Approaches, Strategies, Theories, New York u. a. 1986

Lewin, Kurt (1947): Frontiers in Group Dynamics, in: Human Relations 1 (1/1947), S. 5-41

Lewin, Kurt (1963): Feldtheorie in den Sozialwissenschaften, Bern 1963

Liebig, Oliver (1997): Unternehmensführung aus der Perspektive der neueren Systemtheorie, München 1997

Lindblom, Charles E. (1959): The Science of Muddling Through, in: Public Administration Review 19 (2/1959), S. 79-88

Luhmann, Niklas (1975): Interaktion, Organisation, Gesellschaft, in: Luhmann, Niklas (Hrsg.): Sozio-
    logische Aufklärung. Band 2. Aufsätze zur Theorie der Gesellschaft, Opladen 1975, S. 9-20

Luhmann, Niklas (1976): Funktionen und Folgen formaler Organisation, 3. Aufl., Berlin 1976

Luhmann, Niklas (1980): Komplexität, in: Grochla, Erwin (Hrsg.): Handwörterbuch der Organisation,
    3. Aufl., Stuttgart 1980, Sp. 1064-1070

Luhmann, Niklas (1984): Soziale Systeme. Grundriß einer allgemeinen Theorie, Frankfurt a. M. 1984

Luhmann, Niklas (1985): Die Autopoiesis des Bewusstseins, in: Soziale Welt 36 (4/1985), S. 402-446

Luhmann, Niklas (1988): Die Wirtschaft der Gesellschaft, Frankfurt a. M. 1988

Luhmann, Niklas (1990): Ökologische Kommunikation, 3. Aufl., Opladen 1990

Luhmann, Niklas (1993): Soziologische Aufklärung. Band 5. Konstruktivistische Perspektiven, 2.
    Aufl., Opladen 1993

Luhmann, Niklas (1997): Die Gesellschaft der Gesellschaft, Frankfurt a. M. 1997

Luhmann, Niklas (2000): Organisation und Entscheidung, Opladen, Wiesbaden 2000

Macharzina, Klaus/Wolf, Joachim (2005): Unternehmensführung. Das internationale Managementwis-
    sen; Konzepte – Methoden – Praxis, 5. Aufl., Wiesbaden 2005

Machiavelli, Niccoló (1990): Der Fürst, Frankfurt a. M. 1990

Macho-Stadler, Inés/Pérez-Castrillo, J. David (2001): An Introduction to the Economics of Informa-
    tion. Incentives and Contracts, 2. Aufl., Oxford 2001

Mag, Wolfgang (1992): Ausschüsse, in: Frese, Erich (Hrsg.): Handwörterbuch der Organisation, 3.
    Aufl., Stuttgart 1992, Sp. 252-262

Maier, Günter W./Rosenstiel, Lutz von (1997): Lernende Organisationen und der Umgang mit Fehlern,
    in: Dr. Wieselhuber & Partner (Hrsg.): Handbuch Lernende Organisation, Wiesbaden 1997, S. 101-
    107

Mangler, Wolf-Dieter (2000): Grundlagen und Probleme der Organisation, Köln 2000

March, James G./Olsen, Johan P. (1975): The Uncertainty of the Past: Organizational Learning under
    Ambiguity, in: European Journal of Political Research 3 (2/1975), S. 147-171

March, James G./Olsen, Johan P. (1982): Ambiguity and Choice in Organizations, 2. Aufl., Bergen
    u. a. 1982

March, James G./Simon, Herbert A. (1958): Organizations, New York 1958

Marr, Rainer/Steiner, Karin (2004): Projektmanagement, in: Schreyögg, Georg/Werder, Axel von
    (Hrsg.): Handwörterbuch Unternehmensführung und Organisation, 4. Aufl., Stuttgart 2004, Sp.
    1196-1208

Martens, Will (2000): Organisation und gesellschaftliche Teilsysteme, in: Ortmann, Günther/Sydow,
    Jörg/Türk, Klaus (Hrsg.): Theorien der Organisation. Die Rückkehr der Gesellschaft, 2. Aufl., Wies-
    baden 2000, S. 263-311

Martiensen, Jörn (2000): Institutionenökonomik. Die Bedeutung von Regeln und Organisationen für
    die Effizienz ökonomischer Tauschbeziehungen, München 2000

Maslow, Abraham (1970): Motivation and Personality, Princeton/New Jersey 1970

Mast, Claudia (2004): Kommunikation, in: Schreyögg, Georg/Werder, Axel von (Hrsg.): Handwörterbuch Unternehmensführung und Organisation, 4. Aufl., Stuttgart 2004, Sp. 596-606

Matje, Andreas (1996): Kostenorientiertes Transaktionscontrolling. Konzeptioneller Rahmen und Grundlagen für die Umsetzung, Wiesbaden 1996

Maturana, Humberto R. (1982): Die Organisation des Lebendigen: eine Theorie der lebendigen Organisation, in: Maturana Humberto R. (Hrsg.): Erkennen. Die Organisation und Verkörperung von Wirklichkeit, Wiesbaden 1982, S. 138-156

Mayntz, Renate (1964): The Study of Organizations: A Trend Report and Bibliography, in: Current Sociology 13 (3/1964), S. 94-156

Mayo, Elton (1949): Probleme industrieller Arbeitsbedingungen, Frankfurt a. M. 1949

Mayrhofer, Wolfgang/Meyer, Michael (2004): Organisationskultur, in: Schreyögg, Georg/Werder, Axel von (Hrsg.): Handwörterbuch Unternehmensführung und Organisation, 4. Aufl., Stuttgart 2004, Sp. 1025-1033

McClelland, David C. (1978): Macht als Motiv, Stuttgart 1978

McClelland, David C. (1987): Human Motivation, Cambridge/Mass. 1987

Meckl, Reinhard (2000): Controlling im internationalen Unternehmen, München 2000

Meffert, Heribert (2000): Marketing, 9. Aufl., Wiesbaden 2000

Mellewigt, Thomas (2004): Stellen- und Abteilungsbildung, in: Schreyögg, Georg/Werder, Axel von (Hrsg.): Handwörterbuch Unternehmensführung und Organisation, 4. Aufl., Stuttgart 2004, Sp. 1356-1365

Mellewigt, Thomas/Decker, Carolin (2006): Messung des Organisationserfolgs, in: Werder, Axel von/Stöber, Harald/Grundei, Jens (Hrsg.): Organisations-Controlling, Wiesbaden 2006, S. 51-82

Mertins, Kai/Alwert, Kay/Heisig, Peter (2005): Wissensbilanzen – Intellektuelles Kapital erfolgreich nutzen, Berlin 2005

Meyer, John W./Rowan, Brian (1977): Institutionalized Organizations: Formal Structure as Myth and Ceremony, in: American Journal of Sociology 83 (2/1977), S. 340-363

Meyer, John W./Zucker, Lynne G. (1989): Permanently Failing Organizations, Newbury Park 1989

Meyer, Michael/Heimerl-Wagner, Peter (2000): Organisationale Veränderung: Transformationsreife und Umweltdruck, in: Die Betriebswirtschaft 60 (2/2000), S. 167-181

Meyer, Willi (1983): Entwicklung und Bedeutung des Property Rights-Ansatzes in der Nationalökonomie, in: Schüller, Alfred (Hrsg.): Property Rights und ökonomische Theorie, München 1983, S. 1-44

Michaelis, Elke (1985): Organisation unternehmerischer Aufgaben – Transaktionskosten als Beurteilungskriterium, Frankfurt a. M. u. a. 1985

Milgrom, Paul R./Roberts, John (1992): Economics, Organization and Management, Englewood Cliffs/N.J. 1992

Millonig, Klemens (2002): Wettbewerbsvorteile durch das Management des institutionalen Kontextes. Eine integrative Betrachtung von Institutionalismus und Strategischem Management, Berlin 2002

Mintzberg, Henry (1979): The Structuring of Organizations, Englewood Cliffs/N.J. 1979

Mintzberg, Henry (1983): Power In and Around Organizations, Englewood Cliffs/N.J. 1983

Mintzberg, Henry (1992): Die Mintzberg-Struktur, Landsberg a. L. 1992

Mintzberg, Henry/Quinn, James B. (2003): The Strategy Process, 4. Aufl., London 2003

Mizruchi, Mark S./Fein, Lisa C. (1999): The Social Construction of Organizational Knowledge, in: Administrative Science Quarterly 44 (4/1999), S. 653-683

Mohe, Michael (2007): Theorie, Praxis und Perspektiven des Inhouse Consulting, in: Personalführung 40 (5/2007), S. 23-32

Mohr, Niko (1997): Kommunikation und organisatorischer Wandel, Wiesbaden 1997

Mohr, Niko/Woehe, Jens Marcus (1998): Widerstand erfolgreich managen, Frankfurt a. M., New York 1998

Morgan, Gareth (1997): Bilder der Organisation, Stuttgart 1997

Müller, Matthias (1999): Institutionenökonomische Ansätze, in: Eckardstein, Dudo von/Kasper, Helmut/Mayrhofer, Wolfgang (Hrsg.): Management. Theorien – Führung – Veränderung, Stuttgart 1999, S. 107-125

Müller-Jentsch, Walther (2002): Organisationales Handeln zwischen institutioneller Normierung und strategischem Kalkül. Kommentar zu Peter Walgenbachs „Neoinstitutionalistische Organisationstheorie – State of the Art und Entwicklungslinien", in: Schreyögg, Georg/Conrad, Peter (Hrsg.): Theorien des Managements (Managementforschung 12), Wiesbaden 2002, S. 203-209

Müller-Stewens, Günter/Lechner, Christoph (2005): Strategisches Management, 3. Aufl., Stuttgart 2005

Muth, Insa/Süß, Stefan (2006): Homogenisierung der anreizbezogenen Managementforschung? Eine Analyse auf der Grundlage des Soziologischen Neo-Institutionalismus, in: Zeitschrift für Management 1 (2/2006), S. 168-199

Nadler, David A./Tushman, Michael J. (1989): Organizational Framebendig: Principles for Managing Reorientiation, in: Academy of Management Executive 3 (3/1989), S. 194-202

Nassehi, Armin (2002): Die Organisationen der Gesellschaft. Skizze einer Organisationssoziologie in gesellschaftstheoretischer Absicht, in: Allmendiger, Jutta/Hinz, Thomas (Hrsg.): Organisationssoziologie, Sonderheft der Kölner Zeitschrift für Soziologie und Sozialpsychologie 42/2002, Opladen 2002, S. 443-478.

Näther, Christian (1993): Erfolgsmaßstäbe der strategischen Unternehmensführung, Herrsching 1993

Nedelmann, Birgitta (1995): Gegensätze und Dynamik politischer Institutionen, in: Nedelmann, Birgitta (Hrsg.): Politische Institutionen im Wandel. Sonderheft der Kölner Zeitschrift für Soziologie und Sozialpsychologie 35/1995, Opladen 1995, S. 15-40

Neuberger, Oswald (1992): Spiele in Organisationen, Organisationen als Spiele, in: Küpper, Willi/Ortmann, Günther (Hrsg.): Mikropolitik, Macht und Spiele in Organisationen, 2. Aufl., Opladen 1992, S. 53-86

Neuberger, Oswald (1995): Mikropolitik. Der alltägliche Aufbau und Einsatz von Macht in Organisationen, Stuttgart 1995

Neuberger, Oswald (2006): Mikropolitik und Moral in Organisationen, 2. Aufl., Stuttgart 2006

Neumann, Robert (2000): Die Organisation als Ordnung des Wissens, Wiesbaden 2000

Neuwirth, Stefan (2004): Stäbe, in: Schreyögg, Georg/Werder, Axel von (Hrsg.): Handwörterbuch Unternehmensführung und Organisation, 4. Aufl., Stuttgart 2004, Sp. 1349-1356

Nonaka, Ikujiro (1992): Wie japanische Konzerne Wissen erzeugen, in: Harvard Manager 14 (2/1992), S. 95-103

Nonaka, Ikujiro/Takeuchi, Hirotaka (1995): The Knowledge-Creating Company, New York 1995

Nonaka, Ikujiro/Takeuchi, Hirotaka (1997): Die Organisation des Wissens, Frankfurt, New York 1997

North, Klaus (2005): Wissensorientierte Unternehmensführung, 4. Aufl., Wiesbaden 2005

North, Klaus/Grübel, Daniela (2005): Von der Intervention zur Wirkung: Das mehrstufige Indikatorenmodell, in: Mertens, Kai/Alwart, Kay/Heisig, Peter (Hrsg.): Wissensbilanzen – Intellektuelles Kapital erfolgreich nutzen und entwickeln, Berlin, Heidelberg 2005, S. 109-119

North, Klaus/Papp, Alexandra (1999): Erfahrungen bei der Einführung von Wissensmanagement, in: io management 68 (4/1999), S. 18-22

North, Klaus/Probst, Gilbert, J. B./Romhardt, Kai (1998): Wissen bewerten: Ansätze, Strategien und Fragen, in: Zeitschrift Führung + Organisation (3/1998), S. 158-166

Ochsenbauer, Christian (1989): Organisatorische Alternativen zur Hierarchie, München 1989

Odiorne, George S. (1980): Management by objectives, München 1980

Oelsnitz, Dietrich von der (1999): Mikropolitik in Organisationen, in: Wirtschaftsstudium 28 (5/1999), S. 710-716

Oelsnitz, Dietrich von der (2000): Marktorientierte Organisationsgestaltung, Stuttgart, Berlin, Köln 2000

Oelsnitz, Dietrich von der/Hahmann, Martin (2003): Wissensmanagement, Stuttgart 2003

Ortmann, Günther (1995): Formen der Produktion. Organisation und Rekursivität, Opladen 1995

Ortmann, Günther/Becker, Albrecht (1995): Management und Mikropolitik. Ein strukturationstheoretischer Ansatz, in: Ortmann, Günther: Formen der Produktion. Organisation und Rekursivität, Opladen 1995, S. 43-80

Ortmann, Günther/Sydow, Jörg/Windeler, Arnold (2000): Organisation als reflexive Strukturation, in: Ortmann, Günther/Sydow, Jörg/Türk, Klaus (Hrsg.): Theorien der Organisation. Die Rückkehr der Gesellschaft, 2. Aufl., Opladen 2000, S. 315-354

Ortmann, Günther/Windeler, Arnold/Becker, Albrecht/Schulz, Hans-Joachim (1990): Computer und Macht in Organisationen. Mikropolitische Analysen, Opladen 1990

Osborn, Richard N./Baughn, C. Christopher (1990): Forms of Interorganizational Governance for Multinational Alliances, in: Academy of Management Journal 33 (3/1990), S. 503-519

Ottaway, Richard N. (1983): The Change Agent: A Taxonomy in Relation to the Change Process, in: Human Relations 36 (4/1983), S. 361-392

Paetow, Kai/Schmitt, Marco (2002): Das Multiagentensystem als Organisation, in: Kron, Thomas (Hrsg.): Luhmann modelliert. Sozionische Ansätze zur Simulation von Kommunikationssystemen, Opladen 2002, S. 115-171

Parkhe, Arvind (1993): Strategic Alliance Structuring: A Game Theoretic and Transaction Cost Examination of Interfirm Cooperation, in: Academic of Management Journal 36 (4/1993), S. 794-829

Parsons, Talcott (1976): Grundzüge des Sozialsystems, in: Jensen, Stefan (Hrsg.): Talcott Parsons – Zur Theorie sozialer Systeme, Opladen 1976, S. 161-274

Pautzke, Gunnar (1989): Die Evolution der organisatorischen Wissensbasis, München 1989

Pawlowsky, Peter (1994): Wissensmanagement in lernenden Organisationen, Habil.-Schrift Paderborn 1994

Pawlowsky, Peter (2004): Exzellente Perspektive in der akademischen Ausbildung – „Executive master of knowledge management", http://digbib.ubka.uni-karlsruhe.de/diva/2005-118/, 23.01.07

Pawlowsky, Peter/Reinhardt, Rüdiger (1997): Wissensmanagement: Ein integrativer Ansatz zur Gestaltung organisationaler Lernprozesse, in: Dr. Wieselhuber & Partner (Hrsg.): Handbuch Lernende Organisation, Wiesbaden 1997, S. 145-155

Pedler, Mike/Boydell, Tom/Burgoyne, John (1996): Auf dem Weg zum „Lernenden Unternehmen", in: Sattelberger, Thomas (Hrsg.): Die lernende Organisation, 3. Aufl., Wiesbaden 1996, S. 57-65

Perich, Robert (1992): Unternehmensdynamik: Zur Entwicklungsfähigkeit von Organisationen aus zeitlich dynamischer Sicht, Bern u. a. 1992

Perrow, Charles (1986): Economic Theories of Organization, in: Theory and Society 15 (1/1986), S. 11-45

Perrow, Charles (1989): Eine Gesellschaft von Organisationen, in: Journal für Sozialforschung 28 (1/1989), S. 3-19

Perrow, Charles (1991): A Society of Organizations, in: Theory and Society 20 (6/1991), S. 725-726

Peters, Thomas J./Waterman, Robert H. (1984): Auf der Suche nach Spitzenleistungen, 10. Aufl., Landsberg a. L. 1984

Pfaff, Dieter (2004): Performancemessung aus agencytheoretischer Sicht, in: Scherm, Ewald/Pietsch, Gotthard (Hrsg.): Controlling – Theorien und Konzeptionen, München 2004, S. 167-189

Pfeffer, Jeffrey (1982): Organizations and Organization Theory, Boston u. a. 1982

Picot, Arnold (1982): Transaktionskostenansatz in der Organisationstheorie. Stand der Diskussion und Aussagewert, in: Die Betriebswirtschaft 42 (2/1982), S. 267-284

Picot, Arnold (1985): Transaktionskosten, in: Die Betriebswirtschaft 45 (2/1985), S. 224-225

Picot, Arnold (1991): Ökonomische Theorien der Organisation – Ein Überblick über neuere Ansätze und deren betriebswirtschaftliches Anwendungspotential, in: Ordelheide, Dieter/Rudolph, Bernd/Büsselmann, Elke (Hrsg.): Betriebswirtschaftslehre und ökonomische Theorie, Stuttgart 1991, S. 143-170

Picot, Arnold (1999): Organisation, in: Bitz, Michael et al. (Hrsg.): Vahlens Kompendium der Betriebswirtschaftslehre, Band 2, 4. Aufl., München 1999, S. 107-180

Picot, Arnold (2005): Organisation, in: Bitz, Michael/Domsch, Michel/Ewert, Ralf/Wagner, Franz W. (Hrsg.): Vahlens Kompendium der Betriebswirtschaftslehre, Band 2, 5. Aufl., München 2005, S. 43-121

Picot, Arnold/Dietl, Helmut/Franck, Egon (2005): Organisation. Eine ökonomische Perspektive, 4. Aufl., Stuttgart 2005

Picot, Arnold/Freudenberg, Heino/Gassner/Winfried (1999): Management von Reorganisationen, Wiesbaden 1999

Picot, Arnold/Reichwald, Ralf/Wigand, Rolf T. (2003): Die grenzenlose Unternehmung, 5. Aufl., Wiesbaden 2003

Picot, Arnold/Schuller, Susanne (2004): Institutionenökonomie, in: Schreyögg, Georg/Werder, Axel von (Hrsg.): Handwörterbuch Unternehmensführung und Organisation, 4. Aufl., Stuttgart 2004, Sp. 514-521

Pietsch, Gotthard (2003): Reflexionsorientiertes Controlling. Konzeption und Gestaltung, Wiesbaden 2003

Pietsch, Gotthard (2004): Die Informationsökonomik in der Controllingforschung, in: Scherm, Ewald/ Pietsch, Gotthard (Hrsg.): Controlling – Theorien und Konzeptionen, München 2004, S. 143-165

Pietsch, Gotthard (2005): Institutionenökonomik jenseits des Opportunismus: Forschungsprogramm statt Utopie, in: Schauenberg, Bernd/Schreyögg, Georg/Sydow, Jörg (Hrsg.): Institutionenökonomik als Managementlehre? (Managementforschung 15), Wiesbaden 2005, S. 1-44

Pietsch, Gotthard (2006): Wertorientierte Personalarbeit zwischen Mythos und Mikropolitik, in: Zeitschrift für Personalforschung 20 (2/2006), S. 160-182

Pietsch, Gotthard/Scherm, Ewald (2000a): Die Präzisierung des Controlling als Führungs- und Führungsunterstützungsfunktion, in: Die Unternehmung 54 (5/2000), S. 395-412

Pietsch, Gotthard/Scherm, Ewald (2000b): Managementwissenschaft und Controlling. Zur Rekonstruktion eines theoretischen Gesamtkonzepts, Diskussionsbeiträge des Fachbereichs Wirtschaftswissenschaft der FernUniversität in Hagen, Nr. 287, Hagen 2000

Pietsch, Gotthard/Scherm, Ewald (2004): Reflexionsorientiertes Controlling, in: Scherm, Ewald/ Pietsch, Gotthard (Hrsg.): Controlling: Theorien und Konzeptionen, München 2004, S. 529-553

Piller, Frank (2006): Mass Customization, 4. Aufl., Wiesbaden 2006

Pirker, Reinhard (2000): Die Unternehmung als soziale Institution: Eine Kritik der Transaktionskostenerklärung der Firma, in: Ortmann, Günther/Sydow, Jörg/Türk, Klaus (Hrsg.): Theorien der Organisation. Die Rückkehr der Gesellschaft, 2. Aufl., Wiesbaden 2000, S. 67-80

Polanyi, Michael (1985): Implizites Wissen, Frankfurt a. M. 1985

Porter, Michael E. (2000): Wettbewerbsvorteile, 6 Aufl., Frankfurt a. M., New York 2000

Porter, Michael E./Millar, Victor E. (1985): How Information Gives You Competitive Advantage, in: Harvard Business Review 63 (4/1985), S. 149-160

Probst, Gilbert J. B./Büchel, Bettina S. T. (1998): Organisationales Lernen, 2. Aufl., Wiesbaden 1998

Probst, Gilbert J. B./Raub, Steffen/Romhardt, Kai (2006): Wissen managen, 3. Aufl., Wiesbaden 2006

Pugh, Derek S./Hickson, David J. (1976): Organizational Structure in its Context. The Aston Programme I, Westmead, Farnborough 1976

Pugh, Derek S./Hickson, David J./Hinings, C. R. (Bob)/Turner, Christopher (1968): Dimensions of Organization Structure, in: Administrative Science Quarterly 13 (1/1968), S. 65-105

Pugh, Derek S./Hinings, C. R. (Bob) (1976): Organizational Structure. Extensions and Replications. The Aston Programme II, Westmead, Farnborough 1976

Quinn, Robert E./Cameron, Kim S. (1983): Organizational Life Cycles and Shifting Criteria of Effectiveness: Some Preliminary Evidence, in: Management Science 29 (1/1983), S. 33-51

Reber, Gerhard/Strehl, Franz (Hrsg.) (1988): Matrix-Organisation, Stuttgart 1988

Reckenfelderbäumer, Martin (2004): Zentralbereiche, in: Schreyögg, Georg/Werder, Axel von (Hrsg.): Handwörterbuch Unternehmensführung und Organisation, 4. Aufl., Stuttgart 2004, Sp. 1665-1673

Rehäuser, Jakob/Krcmar, Helmut (1996): Wissensmanagement im Unternehmen, in: Schreyögg, Georg/Conrad Peter (Hrsg.): Wissensmanagement (Managementforschung 6), Wiesbaden 1996, S. 1-40

Reihlen, Markus (2004): Hierarchie, in: Schreyögg, Georg/Werder, Axel von (Hrsg.): Handwörterbuch Unternehmensführung und Organisation, 4. Aufl., Stuttgart 2004, Sp. 407-413

Reiß, Michael (1997a): Change Management als Herausforderung, in: Reiß, Michael/Rosenstiel, Lutz von/Lanz, Anette (Hrsg.): Change Management, Stuttgart 1997, S. 5-29

Reiß, Michael (1997b): Aktuelle Konzepte des Wandels, in: Reiß, Michael/Rosenstiel, Lutz von/Lanz, Anette (Hrsg.): Change Management, Stuttgart 1997, S. 31-90

Richter, Rudolf (1998): "Neue Institutionenökonomik", in: Zeitschrift für Wirtschafts- und Sozialwissenschaften 256 (Beiheft 6/1998), S. 323-355

Richter, Rudolf/Bindseil, Ulrich (1995): Neue Institutionenökonomik, in: Wirtschaftswissenschaftliches Studium 24 (3/1995), S. 132-140

Richter, Rudolf/Furubotn, Eirik G. (2003): Neue Institutionenökonomik. Eine Einführung und kritische Würdigung, 3. Aufl., Tübingen 2003

Ridder, Hans-Gerd (2004): Arbeitsorganisation, in: Schreyögg, Georg/Werder, Axel von (Hrsg.): Handwörterbuch Unternehmensführung und Organisation, 4. Aufl., Stuttgart 2004, Sp. 28-37

Ripperger, Tanja (1998): Ökonomik des Vertrauens. Analyse eines Organisationsprinzips, Tübingen 1998

Roehl, Heiko (1999): Kritik des organisationalen Wissensmanagements, in: Projektgruppe wissenschaftliche Beratung (Hrsg.): Organisationslernen durch Wissensmanagement, Frankfurt a. M. 1999, S. 13-38

Roehl, Heiko (2002): Organisationen des Wissens, Stuttgart 2002

Roethlisberger, Fritz Jules/Dickson, William J. (1939): Management and the Worker, Cambridge 1939

Romhardt, Kai (1998): Die Organisation aus der Wissensperspektive. Möglichkeiten und Grenzen der Intervention, Wiesbaden 1998

Roos, Johan/Roos, Göran/Dragonetti, Nicola C./Edvinsson, Leif (1997): Intellectual Capital, London 1997

Rosenstiel, Lutz von (2003): Grundlagen der Organisationspsychologie, 5. Aufl., Stuttgart 2003

Ross, Steven A. (1973): The Economic Theory of Agency: The Principal's Problem, in: American Economic Review 63 (2/1973), S. 134-139

Rothschild, Michael/Stiglitz, Joseph E. (1976): Equilibrium in Competitive Insurance Markets. An Essay on the Economics of Imperfect Information, in: Quarterly Journal of Economics 90 (4/1976), S. 629-649

Rühli, Edwin (1992): Koordination, in: Frese, Erich (Hrsg.): Handwörterbuch der Organisation, 3. Aufl., Stuttgart 1992, Sp. 1164-1175

Rusch, Gebhard (2001): Was sind eigentlich Theorien? In: Hug, Theo (Hrsg.): Wie kommt die Wissenschaft zu Wissen? Hohengehren 2001, S. 93-116

Sackmann, Sonja (1992): Culture and Subcultures: An Analysis of Organizational Knowledge, in: Administrative Science Quarterly 37 (1/1992), S. 140-161

Salop, Joanne/Salop, Steven (1976): Self-Selection and Turnover in the Labor Market, in: Quarterly Journal of Economics 90 (4/1976), S. 619-627

Schäffer, Utz (1996): Koordination durch Selbstabstimmung, in: Das Wirtschaftsstudium 25 (12/1996), S. 1096-1101

Schanz, Günther (1994): Organisationsgestaltung, 2. Aufl., München 1994

Schanz, Günther (2006): Implizites Wissen. Phänomen und Erfolgsfaktor, neurobiologische und sozio-kulturelle Grundlagen, Möglichkeiten problembewussten Gestaltens, München 2006

Schein, Edgar H. (1984): Coming to a New Awareness of Organizational Culture, in: Sloan Management Review 25 (2/1984), S. 3-16

Schein, Edgar H. (2003): Prozessberatung für die Organisation der Zukunft, 2. Aufl., Bergisch Gladbach 2003

Scherer, Andreas Georg (2006): Kritik der Organisation oder Organisation der Kritik? Wissenschaftstheoretische Bemerkungen zum kritischen Umgang mit Organisationstheorien, in: Kieser, Alfred/Ebers, Mark (Hrsg.): Organisationstheorien, 6. Aufl., Stuttgart 2006, S. 19-62

Scherf-Braune, Sandra (2000): Organisationales Lernen, Wiesbaden 2000

Scherm, Ewald (1999): Internationales Personalmanagement, 2. Aufl., München, Wien 1999

Scherm, Ewald/Pietsch, Gotthard (2003): Die theoretische Fundierung des Controlling: Kann das Controlling von der Organisationstheorie lernen? In: Weber, Jürgen/Hirsch, Bernhard (Hrsg.): Zur Zukunft der Controllingforschung. Empirie, Schnittstellen und Umsetzung in der Lehre, Wiesbaden 2003, S. 27-62

Scherm, Ewald/Pietsch, Gotthard (2005): Erfolgsmessung im Personalcontrolling – Reflexionsinput oder Rationalitätsmythos? In: Betriebswirtschaftliche Forschung und Praxis 57 (1/2005), S. 43-57

Scherm, Ewald/Süß, Stefan (2000): Personalführung in virtuellen Unternehmen: Eine Analyse diskutierter Instrumente und Substitute der Führung, in: Zeitschrift für Personalforschung 14 (1/2000), S. 79-103

Scherm, Ewald/Süß, Stefan (2001): Internationales Management. Eine funktionale Perspektive, München 2001

Scherm, Ewald/Süß, Stefan (2003): Personalmanagement, München 2003

Schewe, Gerhard (1999): Unternehmensstrategie und Organisationsstruktur, in: Die Betriebswirtschaft 59 (1/1999), S. 61-75

Schewe, Gerhard (2004): Spartenorganisation, in: Schreyögg, Georg/Werder, Axel von (Hrsg.): Handwörterbuch Unternehmensführung und Organisation, 4. Aufl., Stuttgart 2004, Sp. 1333-1341

Schimank, Uwe (2005): Organisationsgesellschaft, in: Jäger, Wieland/Schimank, Uwe (Hrsg.): Organisationsgesellschaft. Facetten und Perspektiven, Wiesbaden 2005, S. 19-50

Schmalenbach, Eugen (1948): Pretiale Wirtschaftslenkung, Band 2, Bremen 1948

Schmid, Bernd (1992): Wirklichkeitsverständnisse und die Steuerung professionellen Handelns in der Organisationsberatung, in: Schmitz, Christof/Gester, Peter-W./Hetiger, Barbara (Hrsg.): Managerie – Systemisches Denken und Handeln im Management, Heidelberg 1992, S. 116-128

Schmidt, Götz (2002): Einführung in die Organisation, 2. Aufl., Wiesbaden 2002

Schmidt, Reinhard H. (1992): Organisationstheorie, transaktionskostenorientierte, in: Frese, Erich (Hrsg.): Handwörterbuch der Organisation, 3. Aufl., Stuttgart 1992, Sp. 1854-1865

Schmidt, Reinhart (1989): Internationalisierungsgrad, in: Macharzina, Klaus/Welge, Martin K. (Hrsg.): Handwörterbuch Export und Internationale Unternehmung, Stuttgart 1989, Sp. 964-973

Schmidt, Siegfried J. (1987): Der Radikale Konstruktivismus. Ein neues Paradigma im interdisziplinären Diskurs, in: Schmidt, Siegfried J. (Hrsg.): Der Diskurs des Radikalen Konstruktivismus, Frankfurt a. M. 1987, S. 11-88

Schneider, Dieter (1995): Betriebswirtschaftslehre. Band 1: Grundlagen, 2. Aufl., München, Wien 1995

Schneider, Dieter (1999): Geschichte der Betriebswirtschaftslehre, in: Lingenfelder, Michael (Hrsg.): 100 Jahre Betriebswirtschaftslehre in Deutschland 1898-1998, München 1999, S. 1-29

Schneider, Dieter (2001): Betriebswirtschaftslehre. Band 4: Geschichte und Methoden der Wirtschaftswissenschaft, München, Wien 2001

Schneider, Ursula (2004): Community of Practice, in: Schreyögg, Georg/Werder, Axel von (Hrsg.): Handwörterbuch Unternehmensführung und Organisation, 4. Aufl., Stuttgart 2004, Sp. 144-152

Scholz, Christian (1992): Effektivität und Effizienz, organisatorische, in: Frese, Erich (Hrsg.): Handwörterbuch der Organisation, 3. Aufl., Stuttgart 1992, Sp. 534-552

Scholz, Christian (1997): Strategische Organisation – Prinzipien zur Vitalisierung und Virtualisierung, Landsberg a. L. 1997

Scholz, Christian (2000): Personalmanagement, 5. Aufl., München 2000

Scholz, Christian (2002): Die virtuelle Personalabteilung: Stand der Dinge und Perspektiven, in: Personalführung 35 (2/2002), S. 22-31

Scholz, Rainer/Vrohlings, Alwin (1994): Realisierung von Prozeßmanagement, in: Gaitanides, Michael/Scholz, Rainer/Vrohlings, Alwin (Hrsg.): Prozeßmanagement, München, Wien 1994, S. 21-36

Schreyögg, Georg (1978): Umwelt, Technologie und Organisationsstruktur – Eine Analyse des kontingenztheoretischen Ansatzes, Bern, Stuttgart 1978

Schreyögg, Georg (1989): Zu den problematischen Konsequenzen starker Unternehmenskulturen, in: Zeitschrift für Betriebswirtschaftslehre 41 (2/1989), S. 94-113

Schreyögg, Georg (2003): Organisation. Grundlagen moderner Organisationsgestaltung. Mit Fallstudien, 4. Aufl., Wiesbaden 2003

Schreyögg, Georg/Eberl, Peter (1998): Organisationales Lernen: Viele Fragen, noch zu wenig neue Antworten, in: Die Betriebswirtschaft 58 (4/1998), S. 516-536

Schreyögg, Georg/Geiger, Daniel (2005): Zur Konvertierbarkeit von Wissen – Wege und Irrwege im Wissensmanagement, in: Zeitschrift für Betriebswirtschaft 75 (5/2005), S. 433-454

Schreyögg, Georg/Geiger, Daniel (2007): Wege und Irrwege im Wissensmanagement, in: Personalführung 40 (4/2007), S. 58-71

Schreyögg, Georg/Noss, Christian (1994): Hat sich das Organisieren überlebt? Grundfragen der Unternehmenssteuerung in neuem Licht, in: Die Unternehmung 48 (1/1994), S. 17-33

Schreyögg, Georg/Noss, Christian (1995): Organisatorischer Wandel: Von der Organisationsentwicklung zur lernenden Organisation, in: Die Betriebswirtschaft 55 (2/1995), S. 169-185

Schreyögg, Georg/Noss, Christian (2000): Von der Episode zum fortwährenden Prozess, in: Schreyögg, Georg/Conrad, Peter (Hrsg.): Organisatorischer Wandel und Transformation (Managementforschung 10), Wiesbaden 2000, S. 32-62

Schreyögg, Georg/Sydow, Jörg/Koch, Jochen (2003): Organisatorische Pfade – Von der Pfadabhängigkeit zur Pfadkreation? In: Schreyögg, Georg/Sydow, Jörg (Hrsg.): Strategische Prozesse und Pfade (Managementforschung 13), Wiesbaden 2003, S. 257-294

Schreyögg, Georg/Werder, Axel von (2004): Organisation, in: Schreyögg, Georg/Werder, Axel von (Hrsg.): Handwörterbuch Unternehmensführung und Organisation, 4. Aufl., Stuttgart 2004, Sp. 966-977

Schulte-Zurhausen, Manfred (2002): Organisation, 3. Aufl., München 2002

Schulte-Zurhausen, Manfred (2005): Organisation, 4. Aufl., München 2005

Schüppel, Jürgen (1996): Wissensmanagement, Wiesbaden 1996

Schwaninger, Markus/Kaiser, Christian (2007): Erfolgsfaktoren organisatorischen Wandels, in: Zeitschrift für betriebswirtschaftliche Forschung 59 (2/2007), S. 150-172

Scott, W. Richard (1961): Organization Theory: An Overview and an Appraisal, in: Academy of Management Journal 4 (April/1961), S. 7-26.

Scott, W. Richard (1974): Organization Theory: A Reassessment, in: Academy of Management Journal 17 (2/1974), S. 242-254

Scott, W. Richard (1986): Grundlagen der Organisationstheorie, Frankfurt a. M. 1986

Scott, W. Richard (1998): Organizations: Rational, Natural and Open Systems, 4. Aufl., Upper Saddle River 1998

Scott, W. Richard (2001): Institutions and Organizations, 2. Aufl., Thousand Oaks u. a. 2001

Scott, W. Richard/Meyer, John W. (1998): The Organization of Societal Sectors: Propositions and Early Evidence, in: Powell, Walter W./DiMaggio, Paul J. (Hrsg.): The New Institutionalism in Organizational Analysis, Chicago 1998, S. 108-140

Seidel, Eberhard (1992): Gremienorganisation, in: Frese, Erich (Hrsg.): Handwörterbuch der Organisation, 3. Aufl., Stuttgart 1992, Sp. 714-724

Senge, Peter M. (1990): The Fifth Discipline: The Art and Practice of the Learning Organization, New York 1990

Senge, Peter M. (1998): Die fünfte Disziplin, 6. Aufl., Stuttgart 1998

Shepsle, Kenneth A. (1986): Institutional Equilibrium and Equilibrium Institutions, in: Weisburg, Herbert F. (Hrsg.): Political Science. The Science of Politics, New York 1986, S. 51-82

Shrivastava, Paul (1983): A Typology of Organizational Learning Systems, in: Journal of Management Studies 20 (1/1983), S. 7-20

Sievers, Burkhard (1982): Aktionsforschung, ein Verlaufsmodell der Organisationsentwicklung, in: Koch, Ulrich/Meuers, Hans/Schuck, Manfred (Hrsg.): Organisationsentwicklung in Theorie und Praxis, 2. Aufl., Frankfurt a. M. 1982, S. 63-74

Simon, Herbert A. (1945): Administrative Behavior: A Study of Decision-Making Processes in Administrative Organization, New York 1945

Simon, Herbert A. (1957): Models of Man. Social and Rational, New York, London 1957

Simon, Herbert A. (1959): Theories of Decision-Making in Economics and Behavioral Science. In: The American Economic Review 49 (3/1959), S. 253-283.

Simon, Herbert A. (1976): Administrative Behavior: A Study of Decision-Making Processes in Administrative Organizations, 3. Aufl., New York 1976

Simon, Herbert A. (1977): Theorien der Entscheidung in den Wirtschafts- und Verhaltenswissenschaften, in: Witte, Eberhard/Thimm, Alfred L. (Hrsg.): Entscheidungstheorie. Texte und Analysen, Wiesbaden 1977, S. 82-108

Simon, Herbert A. (1979): Rational Decision Making in Business Organizations, in: American Economic Review 69 (4/1979), S. 493-513

Simon, Herbert A. (1983): Reason in Human Affairs, Stanford 1983

Söllner, Fritz (2001): Die Geschichte des ökonomischen Denkens, 2. Aufl., Berlin u. a. 2001

Spence, Michael A. (1974): Market Signaling, Cambridge/Mass. 1974

Spremann, Klaus (1990): Asymmetrische Information, in: Zeitschrift für Betriebswirtschaft 60 (5-6/1990), S. 561-586

Staehle, Wolfgang H. (1999): Management. Eine verhaltenswissenschaftliche Perspektive, 8. Aufl., München 1999

Staehle, Wolfgang H./Grabatin, Günther (1979): Effizienz von Organisationen, in: Die Betriebswirtschaft 39 (1/1979), S. 89-102

Staerkle, Robert (1992), Leitungssystem, in: Frese, Erich (Hrsg.): Handwörterbuch der Organisation, 3. Aufl., Stuttgart 1992, Sp. 1229-1239

Stapel, Wolfgang (2001): Mikropolitik als Gesellschaftstheorie? Zur Kritik einer aktuellen Variante des mikropolitischen Ansatzes, Berlin 2001

Starbuck, William H. (1973): Organizations and Their Environment, International Institute of Management, Berlin 1973

Starbuck, William H. (1981): A Trip to View the Elephants and Rattlesnakes in the Garden of Aston, in: Van de Ven, Andrew H./Joyce, William F. (Hrsg.): Perspectives on Organization Design and Behavior, New York 1981, S. 167-198

Stark, Carsten (1994): Autopoiesis und Integration – eine kritische Einführung in die Luhmannsche Systemtheorie, Hamburg 1994

Steers, Richard M./Black, Stewart J. (1994): Organizational Behavior, 5. Aufl., New York 1994

Steinle, Claus (1992): Stabsstelle, in: Frese, Erich (Hrsg.): Handwörterbuch der Organisation, 3. Aufl., Stuttgart 1992, Sp. 2310-2321

Steinmann, Horst/Hennemann, Carola (1997): Die lernende Organisation – eine Antwort auf die Herausforderung der Managementpraxis? In: Dr. Wieselhuber & Partner (Hrsg.): Handbuch Lernende Organisation, Wiesbaden 1997, S. 33-44

Steinmann, Horst/Löhr, Albert (1994): Grundlagen der Unternehmensethik, 2. Aufl., Stuttgart 1994

Steinmann, Horst/Schreyögg, Georg (2005): Management. Grundlagen der Unternehmensführung. Konzepte – Funktionen – Fallstudien, 6. Aufl., Wiesbaden 2005

Stewart, Thomas A. (1997): Intellectual Capital, London 1997

Stinchcombe, Arthur L. (1959): Bureaucratic and Craft Administration of Production – A Comparative Study, in: Administrative Science Quarterly 4 (2/1959), S. 168-187

Streich, Richard K. (1997): Veränderungsprozessmanagement, in: Reiß, Michael/Rosenstiel, Lutz von/Lanz, Anette (Hrsg.): Change Management, Stuttgart 1997, S. 31-90

Stünzner, Lilia (1996): Systemtheorie und betriebswirtschaftliche Organisationsforschung. Eine Nutzenanalyse der Theorien autopoietischer und selbstreferentieller Systeme, Berlin 1996

Suchman, Mark C. (1995): Managing Legitimacy: Strategic and Institutional Approaches, in: Academy of Management Review 20 (3/1995), S. 571-610

Süß, Stefan/Kleiner, Markus (2006): Diversity-Management in Deutschland: Mehr als eine Mode? In: Die Betriebswirtschaft 66 (5/2006), S. 521-541

Sveiby, Karl, E. (1997): The New Organizational Wealth, San Francisco 1997

Sydow, Jörg (1999): Quo Vadis Transaktionskostentheorie? Wege, Irrwege, Auswege, in: Edeling, Thomas/Jann, Werner/Wagner, Dieter (Hrsg.): Institutionenökonomie und Neuer Institutionalismus. Überlegungen zur Organisationstheorie, Opladen 1999, S. 163-176

Tacke, Veronika (2004): Systemtheorie, in: Schreyögg, Georg/Werder, Axel von (Hrsg.): Handwörterbuch Unternehmensführung und Organisation, 4. Aufl., Stuttgart 2004, Sp. 1392-1400

Taylor, Frederick W. (1920): Die Betriebsleitung, insbesondere der Werkstätten, 3. Aufl., Berlin 1920 [engl. Original: Shop Management, New York 1903]

Taylor, Frederick W. (1983): Die Grundsätze wissenschaftlicher Betriebsführung, 2. Aufl., München 1983 [engl. Original: The Principles of Scientific Management, New York 1911]

Terberger, Eva (1994): Neo-institutionalistische Ansätze. Entstehung und Wandel – Anspruch und Wirklichkeit, Wiesbaden 1994

Theis, Anna Maria (1994): Organisationskommunikation. Theoretische Grundlagen und empirische Forschungen, Opladen 1994

Theuvsen, Ludwig (1996): Entscheidungsvorbereitung und Organisationstheorie, in: Zeitschrift Führung + Organisation 65 (2/1996), S. 110-114

Theuvsen, Ludwig (1997): Interne Organisation und Transaktionskostenansatz. Entwicklungsstand – weiterführende Überlegungen – Perspektiven, in: Zeitschrift für Betriebswirtschaft 67 (9/1997), S. 971-996

Thom, Norbert (1992): Stelle, Stellenbildung und -besetzung, in: Frese, Erich (Hrsg.): Handwörterbuch der Organisation, 3. Aufl., Stuttgart 1992, Sp. 2321-2333

Thommen, Jean-Paul/Richter, Ansgar (2004): Matrix-Organisation, in: Schreyögg, Georg/Werder, Axel von (Hrsg.): Handwörterbuch Unternehmensführung und Organisation, 4. Aufl., Stuttgart 2004, Sp. 828-836

Tichy, Noel M./Devanna, Marry A. (1995): The Transformational Leader, Stuttgart 1995

Trebesch, Karsten (1982): 50 Definitionen der Organisationsentwicklung – und kein Ende. Oder: Würde Einigkeit stark machen? In: Zeitschrift für Organisationsentwicklung 1 (2/1982), S. 37-62

Trebesch, Karsten (2004): Organisationsentwicklung, in: Schreyögg, Georg/Werder, Axel von (Hrsg.): Handwörterbuch Unternehmensführung und Organisation, 4. Aufl., Stuttgart 2004, Sp. 988-997

Türk, Klaus (1989): Neuere Entwicklungen in der Organisationsforschung. Ein Trend Report, Stuttgart 1989

Türk, Klaus (1995): Die Organisation der Welt. Herrschaft durch Organisation in der modernen Gesellschaft, Opladen 1995

Türk, Klaus (2000): Organisation als Institution der kapitalistischen Gesellschaftsformation, in: Ortmann, Günther/Sydow, Jörg/Türk, Klaus (Hrsg.): Theorien der Organisation. Die Rückkehr der Gesellschaft, 2. Aufl., Wiesbaden 2000, S. 124-176

Türk, Klaus (2004): Neoinstitutionalistische Ansätze, in: Schreyögg, Georg/Werder, Axel von (Hrsg.): Handwörterbuch Unternehmensführung und Organisation, 4. Aufl., Stuttgart 2004, Sp. 923-931

Tushman, Michael L./Romanelli, Elaine (1985): Organizational Evolution: A Metamorphosis Model of Convergence and Reorientation, in: Research in Organizational Behavior 7 (1985), S. 171-222

Udy, Stanley H. Jr. (1958): „Bureaucratic" Elements in Organizations – Some Research Findings, in: American Sociological Review 23 (4/1958), S. 415-418

Ulrich, Hans (1994): Reflexionen über Wandel und Management, in: Gomez, Peter/Hahn, Dietger/Müller-Stewens, Günter/Wunderer, Rolf (Hrsg.): Unternehmerischer Wandel: Konzepte zur organisatorischen Erneuerung, Wiesbaden 1994, S. 5-29

Ulrich, Peter (2001): Integrative Wirtschaftsethik. Grundlagen einer lebensdienlichen Ökonomie, Bern u. a. 2001

Vahs, Dietmar (2005): Organisation, 5. Aufl., Stuttgart 2005

Vahs, Dietmar/Leiser, Wolf (2004): Change Management in schwierigen Zeiten, Wiesbaden 2004

Van de Van, Andrew H./Drazin, Robert (1985): The Concept of Fit in Contingency Theory, in: Research in Organizational Behavior 7 (1985), S. 333-365

Varela, Francisco J. (1990): Autonomie und Autopoiese, in: Schmidt, Siegfried J. (Hrsg.): Der Diskurs des radikalen Konstruktivismus, 3. Aufl., Frankfurt a. M. 1990, S. 119-132

Venkatraman, N. (1989): The Concept of Fit in Strategy Research. Toward Verbal and Statistical Correspondence, in: Academy of Management Review 14 (3/1989), S. 423-444

Vossen, Gottfried/Becker, Jörg (1996): Geschäftsprozeßmodellierung und Workflow-Management, Bonn, Albany 1996

Wagenhofer, Alfred (2002): Verrechnungspreise, in: Küpper, Hans-Ulrich/Wagenhofer, Alfred (Hrsg.): Handwörterbuch Unternehmensrechnung und Controlling, Stuttgart 2002, Sp. 2074-2083

Walgenbach, Peter (1998): Personalpolitik aus der Perspektive des Institutionalistischen Ansatzes, in: Martin, Albert/Nienhüser, Werner (Hrsg.): Personalpolitik. Wissenschaftliche Erklärung der Personalpraxis, München, Mering 1998, S. 267-290

Walgenbach, Peter (2000): Die normgerechte Organisation, Stuttgart 2000

Walgenbach, Peter (2002): Neoinstitutionalistische Organisationstheorie – State of the Art und Entwicklungslinien, in: Schreyögg, Georg/Conrad, Peter (Hrsg.): Theorien des Managements (Managementforschung 12), Wiesbaden 2002, S. 155-202

Walgenbach, Peter (2006a): Neoinstitutionalistische Ansätze in der Organisationstheorie, in: Kieser, Alfred/Ebers, Mark (Hrsg.): Organisationstheorien, 6. Aufl., Stuttgart 2006, S. 353-402

Walgenbach, Peter (2006b): Giddens' Theorie der Strukturierung, in: Kieser, Alfred/Ebers, Mark (Hrsg.): Organisationstheorien, 6. Aufl., Stuttgart 2006, S. 403-426

Walgenbach, Peter/Beck, Nikolaus (2004): Messung von Organisationsstrukturen, in: Schreyögg, Georg/Werder, Axel von (Hrsg.): Handwörterbuch Unternehmensführung und Organisation, 4. Aufl., Stuttgart 2004, Sp. 843-853

Walter-Busch, Emil (1996): Organisationstheorien von Weber bis Weick, Amsterdam 1996

Weber, Max (1985): Wirtschaft und Gesellschaft. Grundriss der verstehenden Soziologie, 5. Aufl., Tübingen 1985

Wegehenkel, Lothar (1980a): Coase-Theorem und Marktsystem, Walter Eucken Institut, Wirtschafts-wissenschaftliche und wirtschaftsrechtliche Untersuchungen, Tübingen 1980

Wegehenkel, Lothar (1980b): Transaktionskosten, Wirtschaftssystem und Unternehmertum, Walter Eucken Institut, Aufsätze und Vorträge 74, Tübingen 1980

Weibler, Jürgen (2001): Personalführung, München 2001

Weibler, Jürgen/Deeg, Jürgen (1999): Und noch einmal: Darwin und die Folgen für die Organisations-theorie, in: Die Betriebswirtschaft 59 (3/1999), S. 297-315

Weichselbaumer, Jürgen Stefan (1998): Kosten der Arbeitsteilung. Ökonomisch-theoretische Fundie-rung organisatorischen Wandels, Wiesbaden 1998

Welge, Martin K. (1989): Organisationsstrukturen, differenzierte und integrierte, in: Macharzina, Klaus/Welge, Martin K. (Hrsg.): Handwörterbuch Export und Internationale Unternehmung, Stutt-gart 1989, Sp. 1590-1602

Welge, Martin K./Fessmann, Klaus-D. (1980): Organisatorische Effizienz, in: Grochla, Erwin (Hrsg.): Handwörterbuch der Organisation, 2. Aufl., Stuttgart 1980, Sp. 577-592

Welge, Martin K./Holtbrügge, Dirk (2006): Internationales Management, 4. Aufl., Landsberg a. L. 2006

Welker, Carl Burkhard (1993): Produktionstiefe und vertikale Integration. Eine organisationstheore-tische Analyse, Wiesbaden 1993

Wenger, Etienne C. (1999): Communities of Practice: Learning, Meaning and Identity, Cambridge 1999

Werder, Axel von (2004): Organisatorische Gestaltung (Organization Design), in: Schreyögg, Ge-org/Werder, Axel von (Hrsg.): Handwörterbuch Unternehmensführung und Organisation, 4. Aufl., Stuttgart 2004, Sp. 1088-1011

Wiegand, Martin (1996): Prozesse Organisationalen Lernens, Wiesbaden 1996

Wiersma, Uco J. (1992): The Effects of Extrinsic Rewards on Intrinsic Motivation: A Meta-Analysis, in: Journal of Occupational and Organizational Psychology 65 (2/1992), S. 101-114

Wilkesmann, Uwe/Rascher, Ingolf (2003): Wissensmanagement – Analyse und Handlungsempfehlun-gen, Düsseldorf 2003

Wilkesmann, Uwe/Rascher, Ingolf (2004): Wissensmanagement, München, Mering 2004

Williamson, Oliver E. (1975): Markets and Hierarchies. Analysis and Antitrust Implications. A Study in the Economics of Internal Organization, New York, London 1975

Williamson, Oliver E. (1985): The Economic Institutions of Capitalism. Firms, Markets, Relational Contracting, New York, London 1985

Williamson, Oliver E. (1988): The Logic of Economic Organization, in: Journal of Law, Economics, and Organization 4 (1/1988), S. 65-93

Williamson, Oliver E. (1990): Die ökonomischen Institutionen des Kapitalismus. Unternehmen, Märkte, Kooperationen, Tübingen 1990

Williamson, Oliver E. (1991): Comparative Economic Organizaton: The Analysis of Discrete Structural Alternatives, in: Administrative Science Quarterly 36 (2/1991), S. 269-296

Williamson, Oliver E. (1997): Hierarchies, Markets and Power in the Economy. An Economic Perspective, in: Menard, Claude (Hrsg.): Transaction Cost Economics. Recent Developments, Cheltenham u. a. 1997, S. 1-29

Willke, Helmut (1991): Systemtheorie. Eine Einführung in die Grundprobleme, 3. Aufl., Stuttgart, New York 1991

Willke, Helmut (1992): Beobachtung, Beratung und Steuerung von Organisationen in systemtheoretischer Sicht, in: Wimmer, Rudolf (Hrsg.): Organisationsberatung. Neue Wege und Konzepte, Wiesbaden 1992, S. 17-42

Willke, Helmut (1996): Systemtheorie II. Interventionstheorie. Grundzüge einer Theorie der Intervention in komplexe Systeme, 2. Aufl., Stuttgart 1996

Willke, Helmut (1998): Systemtheorie III: Steuerungstheorie, 2 Aufl., Stuttgart 1998

Willke, Helmut (2001): Systemisches Wissensmanagement, 2. Aufl., Stuttgart 2001

Wimmer, Peter/Neuberger, Oswald (1998): Personalwesen, Band 2, Stuttgart 1998

Wimmer, Rudolf (1999): Wider den Veränderungsoptimismus. Zu den Möglichkeiten und Grenzen einer radikalen Transformation von Organisationen, in: Soziale Systeme. Zeitschrift für soziologische Theorie 5 (1/1999), S. 159-180

Wimmer, Rudolf (2004): Organisationsentwicklung, in: Gaugler, Eduard/Oechsler, Walter A./Weber, Wolfgang (Hrsg.): Handwörterbuch des Personalwesens, 3. Aufl., Stuttgart 2004, Sp. 1305-1318

Windeler, Arnold (2003): Kreation technologischer Pfade, in: Schreyögg, Georg/Sydow, Jörg (Hrsg.): Strategische Prozesse und Pfade (Managementforschung 13), Wiesbaden 2003, S. 295-328

Wiswede, Günter (1992): Gruppen und Gruppenstrukturen, in: Frese, Erich (Hrsg.): Handwörterbuch der Organisation, 3. Aufl., Stuttgart 1992, Sp. 735-765

Wiswede, Günter (2004): Rollentheorie, in: Schreyögg, Georg/Werder, Axel von (Hrsg.): Handwörterbuch Unternehmensführung und Organisation, 4. Aufl., Stuttgart 2004, Sp. 1289-1296

Witt, Frank H. (1995): Theorietraditionen der betriebswirtschaftlichen Forschung. Deutschsprachige Betriebswirtschaftslehre und angloamerikanische Management- und Organisationsforschung, Wiesbaden 1995

Witt, Sven-Ahrend (1998): Unternehmenserwerb und Mikropolitik. Mikropolitische Prozesse als kritische Erfolgsfaktoren beim Unternehmenserwerb, Hamburg 1998

Witte, Eberhard (1995): Effizienz der Führung, in: Kieser, Alfred/Reber, Gerhard/Wunderer, Rolf (Hrsg.): Handwörterbuch der Führung, 2. Aufl., Stuttgart 1995, Sp. 263-276

Witte, Erich (1973): Organisation von Innovationsentscheidungen, Göttingen 1973

Wolf, Joachim (2000): Strategie und Struktur 1955-1995. Ein Kapitel der Geschichte deutscher nationaler und internationaler Unternehmen, Wiesbaden 2000

Wolf, Joachim (2004): Strategie und Organisationsstruktur, in: Schreyögg, Georg/Werder, Axel von (Hrsg.): Handwörterbuch Unternehmensführung und Organisation, 4. Aufl., Stuttgart 2004, Sp. 1374-1382

Wolf, Joachim (2005): Organisation, Management und Unternehmensführung. Theorien und Kritik, 2. Aufl., Wiesbaden 2005

Womack, James P./Jones, Daniel T./Roos, Daniel (1992): Die zweite Revolution in der Autoindustrie, 7. Aufl., Frankfurt a. M., New York 1992

Woodward, Joan (1958): Management and Technology, London 1958

Wübbenhorst, Klaus L./Staudt, Karl-Udo (1982): Organisationsentwicklung, in: Die Unternehmung 36 (4/1982), S. 279-298

Zucker, Lynne G. (1977): The Role of Institutionalization in Cultural Persistance, in: American Sociological Review 42 (10/1977), S. 726-743

Zucker, Lynne G. (1983): Organizations as Institutions, in: Bacharach, Samuel B. (Hrsg.): Research in the Sociology of Organizations, Vol. 2, Greenwich, Conn. 1983, S. 1-42

Zucker, Lynne G. (1987): Institutional Theories of Organizations, in: Annual Review of Sociology 13 (1987), S. 443-464

Zucker, Lynne G. (1991): The Role of Institutionalization in Cultural Persistence, in: Powell, Walter W./DiMaggio, Paul J. (Hrsg.): The New Institutionalism in Organizational Analysis, Chicago 1991, S. 83-107

Stichwortverzeichnis

www.ingramcontent.com/pod-product-compliance
Lightning Source LLC
Chambersburg PA
CBHW081038220326
41598CB00038B/6920